이공계를 위한

확률과 통계학

제4판

SPSS 통계분석내용 포함

권용만 · 장인홍 지음

자유아카데미

제4판을 내면서

초판을 출간한 이후 지난 2015년 3판에서는 비모수 통계학 분야를 추가하였으며, 통계소프트웨어의 버전들이 급속히 변화하게 되어 이에 맞춰 4판을 출판하게 되었다.

이번 4판에서는 교과내용의 몇몇 부분에 대해 수정·보완을 하였으며, 비모수 통계학 분야의 통계분석 부분을 추가하였다. 또한 최신 버전인 SPSS 24.0을 사용하여 본문의 예제들에 대한 통계분석내용을 갱신하였으며, 초보자를 위하여 부록으로 SPSS 24.0 사용법을 추가하였다.

초판 이후 꾸준히 이 책을 교재로 채택하여 강의하시며 조언을 해주시는 많은 교수님과 선생님들께 감사드리며, 이후에도 지속적으로 학문적 변화에 맞춰 수정·보완하고자 한다. 출간 후에라도 수정사항이 있을 경우에는 자유아카데미 홈페이지(www.freeaca.com) 자료실에 제공할 예정이다.

끝으로 제4판을 내면서 통계분석내용 갱신과 편집에 도움을 준 박사과정의 이다혜 학생에게 감사의 마음을 전하며 자유아카데미에도 감사드린다.

2017년 7월
저자 씀

차 례

1장 서론

2장 자료의 정리

3장 확률과 확률변수

4장 확률분포

5장 표본분포

6장 추정

7장 가설검정

10장 범주형 자료분석

11장 통계적 품질관리

12장 비모수 통계학

13장 신뢰성

한글 SPSS 24.0 사용법

1장

서론

통계학(statistics)의 어원은 프랑스어 'status(상태)'로, 중세기 이후에 정치적인 의미로 "state"를 가르쳤으며 statistics는 국가의 상태를 조사·연구하는 것을 의미하였다. 그 역사는 대단히 오래되었는데, 고대의 이집트, 중국에서도 국가적인 대사업을 위해서 통계적 조사를 하였으며, 그리스, 로마시대에 이르러서는 사회기구가 점점 복잡해짐에 따라 위정자들에게 국가 전반에 걸친 통계적 지식이 점점 필요해지게 되었다. Aristotle는 그의 저서 『Politeiai』에서 다수에 의한 소국가의 정치, 학문, 종교, 풍속 등에 관하여 상세하게 기술하고 있는데 이것은 후세에 독일에서 발달한 국세학의 선구를 이룬 것으로 볼 수 있다. 이 분야의 학자로는 이탈리아의 F. Sansovino(1521~1586), 프랑스의 E. Pasquier(1529~1615) 및 독일의 S. Munster (1489~1552)를 들 수 있다. 학문으로서의 통계학은 17~18세기에 영국에서는 정치산술로, 독일에서는 국세학으로서 그 싹이 튼 것으로 생각된다.

1.1 통계학이란?

오늘날은 정보화시대라고 일컬어지며 우리는 일상생활에서 더욱 합리적인 판단을 하기 위한 방법으로 각종 통계를 접하며 살고 있다.

통계학이란 관심의 대상에 대한 자료를 수집하고 정리·요약하여 정보화하고 제한된 자료나 정보를 바탕으로 합리적인 의사결정을 내릴 수 있도록 그 방법을 제시한 학문이다.

가령 한국의 직업별 보험가입금액의 전국성향조사를 하였다고 하자. 이러한 조사 자료 자체로는 어떤 결론을 얻어내지 못할 것이다. 다시 말해서 방대한 자료의 숫자들을 하나하나씩 살펴보는 것으로는 전반적인 직업별 보험가입금액이 어떻게 차이가 나는지를 파악하기는 어려울 것이다. 만약 방대한 자료를 이용하여 어떤 정보를 얻었다고 하더라도 다른 사람들에게 자기의 결론을 이해시키기란 불가능할 것이다. 이러한 경우 우리는 얻은 정보를 쉽게 파악할 수 있도록 방대한 양의 자료를 정리·요약하는 방법이 필요하며 이때 통계적인 방법을 이용한다.

또 다른 예로써 어떤 TV 공장에서 생산되는 브라운관의 평균수명에 대하여 살펴보자. 브라운관의 평균수명을 알아내는 가장 완벽한 방법은 그 TV 공장에서 생산하는 모든 브라운관의 수명시간을 다 검사하는 일일 것이다. 그러나 이것은 불가능한 검사이며 한 번 검사한 브라운관은 폐기 처분되기 때문에 무의미한 검사이다. 이 경우 TV 공장에서 생산되는 브라운관 중에서 몇 개를 선택하여 그 선택된 브라운관의 수명시간을 조사함으로써 생산되는 모든 브라운관의 수명을 추측하는 방법을 생각할 수 있다.

또 다른 경우를 보면 은행에서 대출업무를 담당하는 사람은 대출을 신청한 기업이나 개인에게 대출 여부를 결정하는 기준에 관심을 가지고 있다. 은행에서 대출 받은 수많은 기업들 중에서 어떤 기업은 잘 갚지만 어떤 기업은 그렇지 못하다. 이 때문에 대출업무 담당자는 기업이 제출한 수십 개의 기업재무지표(순이익률, 부채비율, 자기자본)와 개인의 신상과 관련된 자료를 토대로 신용이 있는 기업(또는 개인)과 신용이 없는 기업(또는 개인)의 차이를 통계적으로 추측하여 대출 여부를 결정해야 할 것이다.

마지막으로 어떤 제약회사에서 개발한 치료약의 효과에 관심이 있다고 하자. 새로 개발한 치료약의 효과를 알아내는 방법은 기존의 치료약보다 더 좋은 효과가 있다는 것을 판정해야 할 것이다. 이 경우는 무작위로 추출한 환자들에게 새로 개발된 치료약과 기존의 치료약을 투여하여 치료효과를 통계적 기법을 이용하여 비교함으로써 그 효과를 추측하는 방법을 생각할 수 있다.

통계학은 현재 공학이나 과학 이외에도 사회 각 분야에 널리 이용되고 있으며, 경제학 통계, 치의학 통계, 생물 통계, 교육 및 심리학 통계 등 독자적인 학문분야를 형성하고 있다. 오늘날 통계학은 컴퓨터의 발달로 대량 정보의 신속한 처리가 가능해짐에 따라 통계학의 응용분야는 광범위하게 증가되고 있는 추세이다.

1.2 모집단과 표본

우리가 목적하는 특성치를 구하기 위해서는 대상인 통계집단을 이루는 낱낱의 통계단위를 조사하여야 한다. 이 조사의 결과를 **자료**(data)라고 한다.

통계자료를 얻는 방법에는 크게 두 가지가 있으며, 하나는 **전수조사**(complete survey)이고, 다른 하나는 **표본조사**(sampling survey)이다. 전수조사는 통계집단에 속하는 통계단위를 빠짐없이 전부 조사하는 것이고, 표본조사는 그 일부만을 뽑아서 조사하는 것이다. 이때 원래의 통계집단을 **모집단**(population)이라고 하고, 전체에서 뽑혀 나온 관찰용 부분집단을 **표본**(sample)이라고 하며 표본을 구성하는 통계단위의 수를 **표본의 크기**(size of sample)라고 한다. 모집단에는 유한개의 통계단위를 가진 유한모집단과 무한히 많은 통계단위를 가진 무한모집단이 있다.

예를 들어 통계청에서 전 국민을 대상으로 실시하는 인구조사를 한다거나, 구강보건 실태조사를 할 때에는 전 국민을 대상으로 전부 조사하는 전수조사를 하고, TV 공장에서 생산되는 브라운관의 평균수명을 검사하거나 새로 개발한 백신의 효과를 측정하기 위해 환자에게 임상실험을 할 때에는 그 일부를 추출하여 표본조사를 할 것이다. 이때에 연구대상이 되는 전체의 측정값으로 이루어지는 집합을 모집단이라고 하며, 조사하려는 모집단에서 일부를 추출한 측정값으로 이루어지는 집합을 표본이라고 한다.

통계집단의 특성에 관한 정보를 얻는 데 전수조사가 가장 이상적인 방법인 것처럼 생각되나 반드시 그렇지는 않으며 노력, 시간, 비용 등을 절약하고 싶을 때, 조사방법이 파괴적일 때와 무한모집단일 때는 표본조사를 실시하는 것이 좋다.

1.3 기술통계학과 추측통계학

주사위를 던지는 반복실험에서 주사위의 눈은 매회 불규칙하게 나타나지만 던지는 횟수를 여러 번 반복할수록 각 눈이 나타나는 횟수는 총 실험의 1/6 정도가 된다는 사실을 알 수 있다. 또 가구별로 남녀의 수를 조사할 때, 각 가구의 남녀의 수에는 많은 변이성을 나타낸다. 그러나 관찰의 대상을 넓힐 때에는 남녀의 수가 거의 동수라는 사실이 점점 더 나타난다.

이상의 실험이나 조사에서 본 바와 같이, 같은 조건하에서 관찰한 결과라고 할지라도 그 낱낱의 결과는 불규칙하지만, 이 결과들을 여러 개 모아놓고 집단으로서 관찰하면 어떤 특성이 나타나는 현상들이 많이 있다. 따라서 이러한 현상을 연구하려면 이를 집단현상으로서 관찰하여야 한다.

어떤 현상에 대한 정보를 얻기 위하여 조사를 실시하는 경우에 있어서 우선 자료를 수집하게 되는데, 수집된 자료 그 자체는 일반적으로 방대하기 때문에 직접적으로 어떤 정보를 얻기에 불가능한 경우가 많다. 이 경우 자료들이 가지고 있는 의미를 잘 파악할 수 있는 방법으로 자료들을 정리·요약할 수 있으면 이 자료들이 가지고 있는 정보를 쉽게 파악할 수 있다. 예를 들어 유권자 개개인의 투표행위에 대한 전국적인 자료는 그 자체가 너무 방대하기 때문에 직접적으로 어떤 정보를 얻는 것이 불가능하다. 그러나 이를 각 지역별 투표율과 당선자의 직업별, 연령별, 성별로 정리된 통계에 의하면 선거결과에 대한 비교적 정확한 정보를 얻을 수 있다. 이와 같이 의미 있는 정보를 얻기 위하여 일련의 자료를 수집하거나 서술하는 데 관련된 방법들을 기술통계학이라고 한다.

관찰 대상에 관한 통계집단의 특성을 수량화하여 나타낸 것을 그 집단의 **특성치**(characteristics)라고 한다. 집단의 특성을 기술하는 데는 합계, 평균, 분산, 비율, 상관계수 등이 있으며 이러한 양들을 특성치라고 한다. 통계집단의 특성을 특성치로 나타내는 방법을 주로 다루는 학문을 **기술통계학**(descriptive statistics)이라고 한다.

어떤 TV 공장에서 생산되는 브라운관의 평균수명을 검사하고자 할 때 TV 공장에서 생산되는 브라운관 중에서 몇 개를 선택하여 그 선택된 브라운관의 수명시간을 조사함으로써 생산되는 모든 브라운관의 수명을 추측하는 방법을 생각할 수 있다. 이와 같이 추출된 자료로 구성된 표본에 내포되어 있는 정보를 분석하여 모집단의 특성을 예측이나 추론을 하는 분야를 다루는 학문을 **추측통계학**(inductive statistics)이라고 한다.

표본조사에서는 표본에 관한 특성치밖에 구할 수 없으나, 그 목적은 표본에서 얻는 지식에서 모집단에 대한 일반적인 지식을 귀납적으로 추론하는 데 있다. 이때 모집단 자신을 조사한 것이 아니므로 당연히 오차가 따른다. 그러므로 다음과 같은 문제가 발생한다.

1) 표본조사에서는 어떤 방법으로 자료를 모아, 이에 어떤 가공을 하면 추정의 오차가 작아질 것인가? 그 추정의 결과는 어느 정도 믿음직한가?
2) 두 개 이상의 표본 특성치를 비교함으로써 알려져 있지 않은 모수 사이의 차이에 대하여 어떤 판정을 내릴 수 있는가?

추측통계학은 확률의 이론이 그 기본적인 밑바탕이 되고 있다. 그러나 추측통계학이라고 할지라도 표본집단의 특성을 기술하기 위하여 기술통계학적 방법을 사용해야 하므로 기술통계학과 추측통계학의 경계를 정하기는 어렵고, 최근에는 이 두 가지를 같이 다루는 학문을 **통계학**(statistics)이라고 하며, 특히 추측통계학에 중점을 두어 다루고 있다.

연습문제

01 기술통계학과 추측통계학을 논하여라.

02 전수조사와 표본조사에 대하여 논하여라.

03 다음은 기술통계 분야에 속하는가? 아니면 추측통계 분야에 속하는가?

1) 최근 산유국의 유가인상으로 내년에는 석유 값이 인상될 것 같다.
2) 어떤 도시에서 지난해에 발생한 모든 방화 중 적어도 5%는 방화범들이 저지른 것이다.
3) 지방진료소에서 특정한 약을 받은 환자의 60%는 복용 후에 부작용 증상이 나타났다.
4) 지난 겨울에 사과 생산량의 20% 미만이 얼어서 썩었다면 올해 봄에는 사과 상자당 1000원 미만이 오를 것이다.
5) 최근 여론조사에 의하면 우리나라 사람들은 농산물 수입을 원하지 않는다.

04 다음과 같이 표본추출하였다. 적당한 모집단을 정의하여라.

1) 어느 시에서는 200가구를 대상으로 시의원 선거에서 지지하는 후보자가 누구인가를 전화로 문의하였다.
2) 동전 한 개를 100번 던져서 뒷면이 34번 나왔다.
3) 신형 테니스 신발 200켤레를 테니스 선수를 대상으로 시험해 보니 평균 4개월을 신었다.

2장

자료의 정리

2.1 모수와 통계량

어느 도시에 있는 10개의 병원에서 고용인의 수가 17, 20, 19, 28, 37, 19, 28, 22, 24, 28일 때, 이 자료들은 하나의 모집단을 이루며, 이 모집단에서 가장 많은 고용인의 수 37, 평균 고용인의 수 24.2, 고용인의 최빈수 28 등은 모집단의 기술적 특성을 나타낸다. 이와 같이 모집단의 특성을 나타내는 모평균, 모분산, 모상관계수, 모표준편차 등을 그리스 문자 $\mu, \sigma^2, \rho, \sigma$으로 표기하며, 이들을 모집단의 모수(parameter)라고 한다.

정의 2.1 모수

모집단의 특성을 나타내는 값을 모수라고 한다.

만일 어느 대도시에서 임의로 뽑은 10개 병원의 고용인 수가 위와 같을 때 이는 하나의 표본을 이룬다. 표본은 모집단의 부분집합이며 표본의 특성치, 즉 표본평균, 표본분산, 표본표준편차, 표본상관계수 등을 영어의 알파벳 $\overline{X}$, S^2, S, r로 표기하고 이를 **통계량**(statistic)이라고 한다.

정의 2.2 통계량

표본의 특성을 나타내는 값을 통계량이라고 한다.

2.2 대푯값

자료의 분포상태는 도수분포표나 그래프를 통해 직접적으로 그 외양을 볼 수는 있으나, 그 특징을 수량적으로 나타낼 수는 없다. 자료를 수량적으로 나타내는 데는 자료의 중심을 수량적으로 나타내는 대푯값과 자료의 흩어진 정도를 수량적으로 나타내는 산포도로 크게 구분할 수 있다.

자료의 중심위치의 측도인 대푯값으로는 평균, 중위수, 최빈수, 기하평균, 조화평균 등이 있으나, 이 책에서는 가장 흔히 쓰이는 평균(산술평균), 중위수, 최빈수에 대해서만 알아보기로 한다.

2.2.1 평균

평균은 수량으로 관측된 자료의 중심위치를 측정하는 대표적인 통계량으로 가장 널리 사용되는 대푯값이다.

크기 N인 유한모집단의 자료값이 $x_1,\ x_2,\ \cdots,\ x_N$ 일 때 이 모집단의 **평균**(**모평균** : population mean)은

$$\mu = \frac{1}{N}\sum_{i=1}^{N} x_i$$

이며, 표본의 크기 n인 표본의 자료값이 $x_1,\ x_2,\ \cdots,\ x_n$일 때 **표본평균**(sample mean)은 다음과 같다.

$$\overline{x} = \frac{1}{n}\sum_{i=1}^{n} x_i$$

모평균을 μ로, 표본평균을 $\overline{x},\ \overline{y},\ \cdots$ 등으로 표시한다.

예제 2.1 어떤 식료품검사자가 참치통조림깡통에 들어 있는 불순물의 비율(%)을 알아보기 위해서 5개의 깡통을 검사한 결과 다음과 같은 데이터를 얻었다.

1.2, 1.3, 1.5, 1.7, 1.8

평균을 구하여라.

풀이 표본평균 $\overline{x} = \dfrac{1.2+1.3+1.5+1.7+1.8}{5} = 1.5\%$.

2.2.2 중위수

n개의 자료를 크기 순서로 배열하였을 때, 즉 $x_1,\ x_2,\ \cdots,\ x_n$이 크기 순서로 되었을 때 중앙의 위치인 $(n+1)/2$번째 자료의 값을 **중위수**(median)라고 한다. 만일 n이 짝수이면 $n/2$번째와 $(n/2)+1$번째 자료의 값의 중간값을 취한다. 중위수는 M_e로 표시한다. 그러나 n이 어느 정도 크면 $n/2$번째의 값을 중위수로 하여도 상관이 없다.

예제 2.2 다음 자료의 중위수를 구하여라.

1) 5, 7, 8, 10, 13, 15, 16, 18, 20
2) 10, 12, 13, 15, 18, 19, 20, 22

풀이 1) $n=9$(홀수)이고, 자료가 크기 순서로 배열되었으므로 $(9+1)/2=5$번째의 자료이다.

$$M_e = 13$$

2) $n=8$(짝수)이고 자료가 크기 순서이므로, $8/2=4$와 $(8/2)+1=5$, 즉 4번째와 5번째의 중간값이다.

$$M_e = \frac{15+18}{2} = 16.5.$$

평균과 중위수의 중요한 차이점은 평균은 자료의 아주 크거나 작은 관측값인 **이상점**(outlier)에 의하여 영향을 받으며 중위수는 가운데 순서에 위치한 값을 택하므로 이상점에 영향을 받지 않는다. 그러므로 경우에 따라서는 중위수가 평균보다 자료의 중심을 파악하는 더욱 합리적인 방법일 수 있다.

예제 2.3 임의로 선정된 7일 동안에 동해 항구에 도착한 외국선박의 수는 다음과 같다.

5, 2, 8, 5, 6, 9, 7

관측값에 대한 평균과 중위수를 구하여라.

풀이 평균 $\bar{x} = \frac{1}{7}(5+2+8+5+6+9+7) = \frac{42}{7} = 6,$

중위수 $M_e = 2,5,5,6,7,8,9$의 가운데 위치인 4번째 값으로 6이다.

만약 한 관측값이 9가 아닌 90인 경우 5, 2, 8, 5, 6, 90, 7일 때

$$\text{평균 } \bar{x} = \frac{1}{7}(5+2+8+5+6+90+7) = \frac{123}{7} \fallingdotseq 17.57$$

으로 변화하였으나 중위수는

중위수 $M_e = 2,5,5,6,7,8,90$의 4번째 값인 6으로 변함이 없다.

2.2.3 최빈수

최빈수(mode)는 관측도수가 가장 많은 값을 말하는데 관측값의 수가 많은 자료를 분석하는 경우에 대푯값으로 이용한다. 이러한 최빈수는 대학가에서 가장 많이 판매되는 라면의 종류를 조사하는 것과 같이 빈도가 가장 많은 관측값에 관심이 있는 경우에 이용된다.

예제 2.4 적십자 사업을 위해서, 10명의 주민이 다음과 같이 기부금을 내었다. 최빈수를 구하여라(단위: 만 원).

9, 10, 5, 9, 9, 7, 8, 6, 10, 11

풀이 최대도수로 나타나는 값을 찾으면 된다. 따라서 최빈수는 9(만 원)이다.

예제 2.5 12개 고등학교의 학생 중에서 한 사람씩 임의추출해서 지난달에 관람한 영화의 수를 알아보니, 다음과 같았다. 최빈수를 구하여라.

2, 0, 3, 1, 2, 4, 2, 5, 4, 0, 1, 4

풀이 2와 4는 둘 다 같은 최대도수로 나타나므로, 최빈수는 2와 4이다.

최빈수는 예제 2.4에서와 같이 1개가 존재할 수도 있고 예제 2.5에서와 같이 2개가 존재할 수도 있을 뿐만 아니라 존재하지 않을 수도 있다.

2.2.4 대푯값의 성질

평균은 추상적인 대푯값이다. 즉 어느 인구집단의 평균이 125.3명이라면 이 값은 실제 존재하지 않는 추상적인 대푯값이고, 이것은 변량 중의 극단적인 값의 영향을 많이 받는 단점이 있을 수 있으나, 수리적으로 편리한 점이 많고, 특히 추측통계학에서는 모집단의 평균의 추정값으로서 바람직한 성질을 가지고 있으므로 많이 쓰인다.

중위수와 최빈수는 변량 중의 극단값의 영향을 받지 않는 장점이 있으나 수리적으로 다루기 불편하므로, 극단값의 영향을 피해야 하는 등 특수한 경우에 사용된다. 다음 그림에서 최빈수는 최대점, 중위수는 넓이의 2등분점, 평균은 중심점의 횡축의 좌표이다.

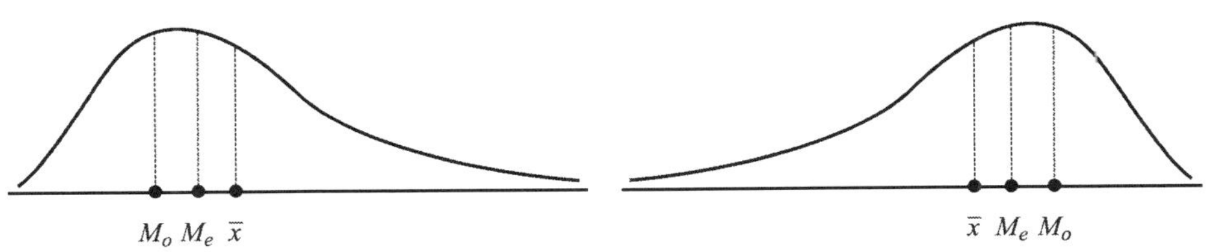

우측으로 기울 때 $M_o < M_e < \bar{x}$ 좌측으로 기울 때 $\bar{x} < M_e < M_o$

2.3 산포도

수집된 자료에 대하여 평균을 중심으로 흩어진 정도를 수량적으로 나타내는 측도를 **산포도**(dispersion)라고 한다. 산포도에는 평균편차, 분산, 표준편차, 사분편차, 범위 및 변동계수 등이 있다.

다음 표에서 자료 A, B, C의 평균은 10으로서 모두 같으나 흩어진 정도는 다르다.

자료 A	8	9	10	11	12
자료 B	6	8	10	12	14
자료 C	4	7	10	13	16

즉 A의 자료는 B, C보다도 평균 10에 가까이 모여 있고, B의 자료는 C보다도 평균에 가까이 있다. 따라서 자료의 특징을 기술함에 있어서 대푯값 외에도 산포도가 있다.

2.3.1 분산

평균으로부터의 편차는 주어진 측정값으로부터 자료에 대한 집합의 평균을 빼면 된다. 즉, 편차 = 측정값 − 평균이다. n개의 자료 $x_1, x_2, \cdots, x_n$에 대하여 $x_1 - a, x_2 - a, \cdots, x_n - a$를 a로부터의 편차라고 하고 $x_1 - \overline{x}, x_2 - \overline{x}, \cdots, x_n - \overline{x}$를 편차라고 한다. 편차의 합은 0이다. 즉,

$$\sum_{i=1}^{n}(x_i - \overline{x}) = 0$$

이다. 평균보다 측정값이 크면 양의 편차이고, 평균보다 측정값이 작으면 음의 편차가 된다.

이제 우리의 목적은 평균으로부터 모든 편차를 혼합해서 변이의 단일 수치적 측도를 얻는 것이다. 가장 좋은 방법은 이들 편차의 평균을 구하는 것이다. 그러나 평균으로부터의 편차의 합은 0이므로 그것의 평균도 역시 0이다. 이는 아무런 의미가 없으므로 같은 관찰값에 대한 변이의 측도로 사용할 수 없다.

정의 2.3 평균편차(mean deviation)

편차의 절댓값 평균을 평균편차라고 한다.

$$MD = \frac{1}{n}\sum |x_i - \overline{x}|$$

실제로 평균으로부터 편차의 절댓값에 대한 평균은 잘 이용되지 않는다. 평균편차는 절댓값 기호를 포함하고 있어 수리적으로 다루기 불편하므로 특별한 경우를 제외하고는 그다지 사용되지 않는다.

예제 2.6 자료: 3, 7, 7, 7, 8, 8, 8, 9, 15의 평균편차를 구하여라.

풀이 $\bar{x} = 8$이므로

$$x_i - \bar{x} = x_i - 8 : -5,\ -1,\ -1,\ -1,\ 0,\ 0,\ 0,\ 1,\ 7$$

이고, 따라서 평균편차는

$$M.D. = \frac{|-5|+|-1|+|-1|+|-1|+1+7}{9} = \frac{16}{9}$$

이다.

산포도, 즉 변이의 측도를 정의하는 데 있어서 편차의 평균은 언제나 0이 되어 측도로서 의미가 없으므로, 편차의 제곱의 평균을 분산으로 정의한다. 분산은 편차를 제곱하였으므로 단위가 제곱이 되어 불합리한 점이 있다. 예를 들면 신장의 단위는 길이(cm)인데 이때 분산의 단위는 cm^2가 되어 넓이가 되므로, 단위를 같이 맞추기 위해서 분산의 양의 제곱근을 표준편차로 정의하며, 표준편차의 단위는 원 자료의 단위와 같다.

정의 2.4 분산(variance)

크기가 N인 모집단에서 각각의 원소를 $x_1, x_2, \cdots, x_N$이라고 하면 모집단의 분산을

$$\text{모분산(population variance)}: \sigma^2 = \frac{\sum_{i=1}^{N}(x_i - \mu)^2}{N} = \frac{\sum^{N} x_i^2}{N} - \mu^2$$

이라고 정의하고, 이 모집단으로부터 얻어진 n개의 표본 $x_1, x_2, \cdots, x_n$에 대한 분산을

$$\text{표본분산(sample variance)}: S^2 = \frac{\sum_{i=1}^{n}(x_i - \bar{x})^2}{n-1} = \frac{\sum^{n} x_i^2 - n\bar{x}^2}{n-1}$$

으로 정의한다.

정의 2.5 표준편차(standard deviation)

분산에 대한 양의 제곱근을 표준편차라고 한다.

표준편차는 가장 좋은 변이의 측도라고 볼 수 있다. 그러나 이는 측정의 단위가 같고, 평균이 비슷한 두 개 이상의 자료를 비교할 때만 의미가 있다. 측정값의 분포가 작은 표준편차를 갖는다면, 대부분의 값이 평균에 가깝게 모여 있다고 볼 수 있다. 반면 표준편차가 크면 변화상태가 큰 것을 나타내고, 관찰값이 평균에서 더 멀리 퍼져 있다고 볼 수 있다.

예제 2.7 생산라인에서 생산된 제품 6개가 있다. 이 모집단의 제품무게가 7, 5, 9, 7, 8, 6(단위: kg)일 때 분산과 표준편차를 2가지 방법으로 구하여라.

풀이 i) 정의에 의한 방법:

평균: $\mu = (7+5+9+7+8+6)/6 = 7(\text{kg})$이므로

모분산: $$\sigma^2 = \frac{\sum(x_i-7)^2}{6} = \frac{0^2+(-2)^2+2^2+0^2+1^2+(-1)^2}{6} = \frac{5}{3},$$

모표준편차: $\sigma = \sqrt{5/3} = 1.29(\text{kg})$.

ii) 간편 계산방법:

$$\sigma^2 = \frac{7^2+5^2+9^2+7^2+8^2+6^2}{6} - 7^2 = \frac{5}{3},$$

$$\sigma = \sqrt{5/3} = 1.29(\text{kg}).$$

예제 2.8 임의의 대형마트 4곳을 선택하여 캔커피의 가격을 비교해 본 결과 지난해보다 30, 40, 30, 20(단위: 원)씩 가격이 인상되었다. 가격인상에 대한 표본분산과 표본표준편차를 2가지 방법으로 구하여라.

풀이 i) 표본평균: $\bar{x} = \dfrac{30+40+30+20}{4} = 30(\text{원})$,

표본분산: $$s^2 = \frac{(0)^2+(10)^2+(0)^2+(-10)^2}{3} = \frac{200}{3},$$

표본표준편차: $s = \sqrt{200/3}\ (\text{원})$.

ii) 표본분산: $$s^2 = \frac{30^2+40^2+30^2+20^2-4\cdot 30^2}{4-1} = \frac{200}{3},$$

표본표준편차: $s = \sqrt{200/3}\ (\text{원})$.

2.3.2 범위

자료 가운데서 가장 큰 자료의 값과 가장 작은 값의 차를 **범위**(range)라고 하며, R로 나타낸다.

$$R = X_{\max} - X_{\min}$$

범위는 구하기가 가장 쉽고, 자료의 값이 비슷하며, 크기가 작은 표본을 다룰 때 많이 사용한다. 예를 들면 공산품의 품질관리 등의 경우에 표본의 크기가 4 또는 5 정도일 때 산포도로서 범위를 사용한다. 일반적으로 자료 가운데 예외적인 극단의 값이 있을 때 범위는 매우 불안정한 산포도이므로, 공업적 품질관리 등 극히 제한된 분야에서만 사용된다.

예제 2.9 다음 표는 어떤 제조공장의 조립라인 A, B에서 임의추출한 500개에 포함된 불량품의 수를 10회에 걸쳐 조사한 것이다. 범위를 구하여라.

A	3	5	6	6	7	8	8	9	9	10
B	2	2	3	4	4	7	9	9	10	11

풀이 A의 범위: $R_A = 10 - 3 = 7$,

B의 범위: $R_B = 11 - 2 = 9$.

범위는 자료에 아주 큰 값이나 작은 값인 이상값들이 있는 경우 두 극단값의 차이만을 나타내기 때문에 올바른 산포도를 측정할 수 없다는 단점이 있다. 범위의 이러한 단점을 보완하기 위해 자료의 일정비율을 제거하여 산포도를 구하는 방법이 사분위편차이다.

2.3.3 사분위편차

자료를 크기순으로 나열하였을 경우 전체 자료가 4등분되는 위치의 관측값을 **사분위수**(quartile)라고 한다. 사분위수는 제일 작은 사분위수를 제1사분위수(Q_1), 두 번째로 작은 사분위수를 제2사분위수(Q_2), 다음 사분위수를 제3사분위수(Q_3)라 하며, 제2사분위수는 중위수가 된다.

제1사분위수, 제3사분위수를 Q_1, Q_3라고 할 때

$$Q = \frac{Q_3 - Q_1}{2}$$

인 Q를 사분위편차(quartile deviation)라고 한다. 사분위편차는 예외적인 극단의 값의 영향을 받지 않게 고안된 산포도이며 대푯값으로서 중위수를 사용할 때에도 많이 사용한다. 그러나 자료의 크기가 25보다 작을 때에는 불안한 산포도이며 자료의 크기가 어느 정도 클 때에 사용한다. 특히 Q_3와 Q_1의 차이를 사분위범위(interquartile range)

$$IQR = Q_3 - Q_1$$

로 나타낸다.

2.3.4 변동계수

표준편차를 S, 평균을 $\overline{X}$라고 할 때

$$CV = \frac{S}{\overline{X}} \left(\text{또는 } \frac{S}{\overline{X}} \times 100\%\right), \ \left(\frac{\sigma}{\mu}\text{: 모집단인 경우}\right)$$

인 CV를 **변동계수**(coefficient of variation)라고 하고 $(CV)^2$을 상대분산이라고 한다. 앞에서 다룬 산포도는 절대적인 산포도인 반면, 변동계수는 상대적인 산포도이다. 상대적인 산포도인 변동계수는 평균의 차이가 큰 두 자료나 또는 계량단위가 틀린 두 자료의 상대적인 산포도를 비교하기 위하여 사용되며, 표본설계에서 표본의 크기를 결정하는 데 많이 사용한다.

예제 2.10 어떤 약품공정에서 10개의 샘플을 뽑아 불순물 함량을 조사한 결과 불순물 함량의 평균이 1.78%이고, 표준편차가 0.55%이다. 이 10개 샘플의 불순물 함량을 제거하는 데 드는 평균비용은 250만 원, 표준편차가 10만 원이라고 한다. 불순물 함량이 비용보다 비교적 더 고르다고 할 수 있는가?

풀이 불순물 함량의 변동계수: $CV = \dfrac{S}{\overline{X}} = \dfrac{0.55}{1.78} = 0.31$,

비용의 변동계수: $CV = \dfrac{S}{\overline{X}} = \dfrac{10}{250} = 0.04$

이므로 비용이 불순물 함량보다 비교적 더 고르다.

2.4 상대적 위치의 측도

상대적 위치의 측도는 어떤 특정한 자료값이 주어진 전체자료의 어떤 위치에 있는지 알 수 있게 한다. 상대적 위치의 측도로는 사분위수, 십분위수, 백분위수, Z-점수 등이 있다.

아래 결과는 크기가 다른 페인트통 무게(단위: kg)를 측정한 60개 자료를 순서대로 나열한 자료이다.

10	15	17	23	25	32	34	36	41	41
43	48	52	52	54	55	57	60	60	61
62	63	64	64	65	67	67	69	70	71
72	74	74	74	75	76	76	77	78	78
79	79	80	80	80	81	81	82	82	83
84	84	85	85	88	89	90	92	95	98

페인트통 무게를 측정한 결과 83 kg인 페인트통이 전체 페인트통의 분포에서 어느 위치에 있는가를 알아보기 위해서는 대푯값이나 산포도만으로는 알 수 없고 상대적 위치의 측도를 이용해야 한다.

2.4.1 100분위수, 10분위수, 4분위수

자료전체의 집합에 관한 100분위수(percentiles), 10분위수(deciles) 및 4분위수(quartiles)를 다음과 같이 정의하고 이를 구하는 방법을 생각하자.

정의 2.6 100분위수

관찰값의 전체를 100등분하고, 그 가운데 r번째의 값을 제r백분위수라고 한다. 이들 값 $P_1, P_2, \ldots, P_{99}$는 자료의 1%가 P_1 안에, 2%가 P_2 안에 , $\cdots$, 99%가 P_{99} 안에 들어 있다.

$$P_r = (n+1) \times \frac{r}{100} \text{ 번째 값이고,}$$

소수가 나오는 경우 (r.yz)번째 값은 보간법을 사용하여 계산한다.
즉, (r.yz)번째 값 = r번째 값 + {(r+1)번째 값 − r번째 값}×0.yz에 의해 계산한다.

예제 2.11 앞의 페인트통 무게에서 P_{60}을 구하여라.

풀이 제60백분위수 P_{60}은 $(60+1)\times(60/100) = 36.6$번째의 값이고,

36번째 76, 37번째는 76이므로 제60백분위수 $P_{60} = 76 + (76-76) \times 0.6 = 76$이다.

정의 2.7 10분위수

관찰값의 전체를 10등분하고, 그 가운데 k번째의 값을 제k십분위수라고 한다. 이들 D_1, D_2, ⋯, D_9 값은 자료의 10%가 D_1 안에, 20%가 D_2 안에, ⋯, 90%가 D_9 안에 들어 있다.

$$D_k = (n+1) \times \frac{k}{10} \text{번째 값이고}$$

소수가 나오는 위의 백분위수와 마찬가지로 (k.yz)번째 값은 보간법을 사용하여 계산한다.

예제 2.12 앞의 페인트통 무게에서 D_3을 구하여라.

풀이 제3십분위수 D_3은 $(60+1) \times (3/10) = 18.3$번째의 값이고

18번째는 60, 19번째는 60이므로, 제3십분위수 $D_3 = 60 + (60-60) \times 0.3 = 60$이다.

정의 2.8 4분위수

앞 100분위수, 10분위수와 같이 전체를 4등분하고 이들 가운데서 첫 번째, 두 번째, 세 번째를 각각 Q_1, Q_2, Q_3라고 정의하고, 이들을 각각 제1사분위수, 제2사분위수, 제3사분위수라고 한다.

$$Q_i = (n+1) \times \frac{i}{4} \text{번째 값이고}$$

소수가 나오는 위의 백분위수와 마찬가지로 (i.yz)번째 값은 보간법을 사용하여 계산한다.

예제 2.13 앞의 페인트통 무게에서 Q_1을 구하여라.

풀이 제1사분위수 Q_1은 $(60+1) \times (1/4) = 15.25$번째의 값이고,

15번째는 54, 16번째는 55이므로, 제1사분위수 $Q_1 = 54 + (55-54) \times 0.25 = 54.25$이다.

2.4.2 Z-점수

어느 고등학교 학생의 수학 성적은 80점이고 사회 성적은 85점일 때, 사회과목의 성취도가 수학과목의 성취도보다 반드시 더 높다고 말할 수는 없다. 왜냐하면 이 학과목에 대한 학생 전체의 평균과 표준편차를 알아야 비교할 수 있고, 이때에 **Z-점수**(Z-score)가 필요하다.

더욱 구체적인 예를 들어 분석하여 보자. 어느 대학에서 한 학생의 한 학기간 성적

이 화학은 82점이고 경제학은 89점이라면, 화학보다 경제학에서 우수하다고 할 수 있는가? 이 경우에는 이 학생뿐만 아니라 다른 학생의 성적과도 관련시켜야 한다. 만일 수강생 전체의 화학 성적의 평균은 68, 표준편차는 8이고, 경제학 성적의 평균은 80, 표준편차는 6이라고 하자. 이제 이 학생의 성적이 전체 학생의 성적분포에서 어느 위치에 있는가를 알아보기 위하여 다음을 계산하자.

$$\text{화학: } \frac{82-68}{8}=1.75, \qquad \text{경제학: } \frac{89-80}{6}=1.50$$

화학 성적은 전체 평균 점수보다도 표준편차의 1.75배만큼 높은 점수이고, 경제학 성적은 전체 평균보다 표준편차의 1.50배만큼 높은 점수이므로 상대적으로 볼 때 화학 점수의 성취도가 더 높다고 할 수 있다.

정의 2.9 Z 점수

평균이 μ이고, 표준편차가 σ인 모집단에서 X의 Z-점수는 다음과 같다.

$$Z=\frac{X-\mu}{\sigma}$$

표본평균 $\overline{X}$이고, 표본표준편차 S인 표본에서 X의 Z-점수는 다음과 같다.

$$Z=\frac{X-\overline{X}}{S}$$

Z-점수는 관측값 x가 평균보다 표준편차의 Z배만큼 높다는 의미이며, 평균보다 작을 때에는 $x-\mu$가 음이 되므로 z값은 음으로 나타난다. 그리고 평균을 50으로 하고 표준편차를 10으로 환산한 점수를 **표준점수**(standard score) 또는 T-Score라고 하고 다음과 같이 구한다.

$$T=50+10\cdot\frac{X-\mu}{\sigma}$$

2.5 도표를 이용한 자료의 정리

2.5.1 도수분포표

많은 통계자료 집단을 적절한 표, 차트와 그래프로 요약해서 나타내면 자료에 관한 정보를 쉽게 알 수 있다. 자료가 많은 집단의 특성을 서로 다른 몇 개의 계급으로 묶고 그 안에 들어가는 관찰값들의 수를 결정함으로써 쉽게 평가할 수 있다. 이런 표 모양의 배열을 **도수분포표**(frequency distribution)라고 하고 도수분포의 형태로 표시된 자료를 **분류된 자료**(grouped data)라고 한다.

표 2.1과 같이 변량(여기서는 신장)을 적당한 간격으로 구분한다. 이때 구분을 **계급**(class)이라고 하며, 각 계급에 속하는 통계단위의 수를 **도수**(frequency)라고 하고, 이 표를 도수분포표라고 한다. 각 계급의 도수를 도수의 총계로 나눈 몫을 **상대도수**(relative frequency)라고 하며, 계급과 이에 대한 상대도수를 대응시킨 표를 **상대도수분포표**(relative frequency distribution)라고 한다.

표 2.1에서 첫째 계급 137.5~140.4의 양 끝의 값 137.5와 140.4를 이산변량의 경우에 있어서는 각각 자신의 값을 나타내나, 연속변량의 경우에 있어서는 반올림에 의한 근삿값을 나타내므로 이 계급은 137.45 이상 140.45 미만임을 나타낸다. 이때 137.45, 140.45를 각각 계급 137.5~140.4의 **급하한**(class lower limit), **급상한**(class upper limit)이라고 하며, 이들을 모두 가리켜 **급경계**(class boundary)라고 한다. 그리고 각 계급의 중앙의 값을 **계급 중앙값**이라고 하며, 표 2.1의 첫 번째 계급치는 137.5와 140.4의 평균값인 138.95이다. 두 이웃 계급값의 차를 **급간격**(class width)이라고 하며, 도수분포의 특별한 경우를 제외하고는 급간격을 일정하게 한다.

표 2.2는 어느 시의 취업인구를 산업이라는 표식으로 조사하여 얻은 자료이며 이때의 표식은 질적 표지인 속성이다. 이와 같은 표를 **속성통계표**라고 하며, 이에 대하여 표 2.1은 표지가 양적 표식이므로 도수통계표라고 하며, 이 도수통계표를 도수분포표라고 한다. 도수분포표라고 하면 도수통계표를 의미한다.

표 2.1 ▸▸▸ 도수분포표

신장(cm)	도수	상대도수 %
137.5~140.4	6	3.8
140.5~143.4	10	6.2
143.5~146.4	14	8.7
146.5~149.4	33	20.6
149.5~152.4	27	16.9
152.5~155.4	23	14.4
155.4~158.4	21	13.1
158.5~161.4	11	6.9
161.5~164.4	8	5.0
164.5~167.4	6	3.8
167.5~170.4	1	0.6
합계	160	100.0

표 2.2 ▸▸▸ 속성 통계표

산업	농·어업	광업	제조업	건설업	전기업	상업	통신	서비스업	기타
인구	810,534	5,184	30,579	7,844	11,211	74,788	12,126	148,655	92,250

도수분포표를 작성할 때는 먼저 계급의 수효를 결정해야 한다. 계급의 수효가 너무 적으면 분류의 의미가 없어지고, 너무 많으면 분포의 모양이 불규칙하여 또한 무의미하다. 자료의 총수에 따라 결정하며, Sturges가 제안한 다음 기준을 참고로 할 수 있다. N을 자료의 수, n을 계급의 수효라고 할 때 다음 식에 의한다.

$$n = 1 + \log_2 N = 1 + \log N / \log 2$$

도수분포표를 작성하는 데에는 표 2.3에 보인 바와 같이 여러 방법이 있다. (a)와 같은 법이 일반적으로 많이 사용되고 있으나, 도수분포끼리 비교하는 데에는 (b)와 같이 상대도수(relative frequency)를 기입한 **상대도수분포표**가 편리하다. (c)는 각 계급에 있어서 그 이전에 있는 모든 계급의 도수의 합계, 즉 누적도수(cumulative frequency)를 그 계급의 도수란에 기입한 것이다. 이러한 도수분포표를 **누적도수분포표**라고 한다. (d)는 각 누적도수를 자료의 총수로 나눈 몫, 즉 상대누적도수(cumulative relative frequency)를 기입한 것으로 이와 같은 도수분포표를 **상대누적도수분포표**라고 한다. 누적도수분포표나 상대누적도수분포표는 어느 변량의 값이 전체에 대하여 어느 위치에 있는가를 알아보기에 편리하며 이론분포와 비교하는 데에도 이용된다.

표 2.3 ▸▸▸ 여러 가지 도수분포표

신장(cm)	(a)도수(인원)	(b)상대도수	(c)누적도수	(d)누적상대도수
137.5~140.4	6	0.038	6	0.038
140.5~143.4	10	0.062	16	0.100
143.5~146.4	14	0.087	30	0.187
146.5~149.4	33	0.206	63	0.393
149.5~152.4	27	0.169	90	0.562
152.5~155.4	23	0.144	113	0.706
155.4~158.4	21	0.131	134	0.837
158.5~161.4	11	0.069	145	0.906
161.5~164.4	8	0.050	153	0.956
164.5~167.4	6	0.038	159	0.994
167.5~170.4	1	0.006	160	1.000
합계	160	1.000		

2.5.2 히스토그램

도수분포를 그래프로 나타내면 그 특징을 알아보기 쉽다. 횡축에 변량의 눈금을, 종축에 도수 또는 상대도수의 눈금을 넣은 직교 좌표면을 이용한 그래프가 이론적으로 많이 사용되며, 그 가운데에서 중요한 것들은 다음과 같다. 횡축 위에 도수분포표의 계급에 대응하는 구간을 잡고, 이 구간을 밑변으로 하여 도수 또는 상대도수에 비례하는 높이를 갖는 직사각형을 차례로 이은 그래프를 **히스토그램**(histogram)이라고 한다. 이때 각 직사각형의 넓이는 그 계급에 속하는 도수 또는 상대도수를 가리킨다.

그림 2.1은 표 2.3의 (a)에 대한 히스토그램이다.

도수분포표의 계급값을 횡좌표, 그에 대응하는 도수 또는 상대도수에 비례하는 길이를 종좌표로 하는 점을 직교좌표면상에 찍고 이들을 차례로 이은 선분으로 만든 그래프를 **도수다각형**(frequency polygon) 또는 절선도표라고 한다. 이는 히스토그램의 윗변의 중점을 차례로 선분으로 이은 것과 같으며, 변량의 구간에 대응하는 부분의 면적이 그 구간에 속하는 변량의 도수 또는 상대도수를 가리킨다.

도수분포표에 있어서 자료의 수를 많이 하면서 급간격을 아주 작게 하면 그의 도수분포다각형은 극한으로 그림 2.3의 점선과 같은 곡선형을 이루게 될 것이다.

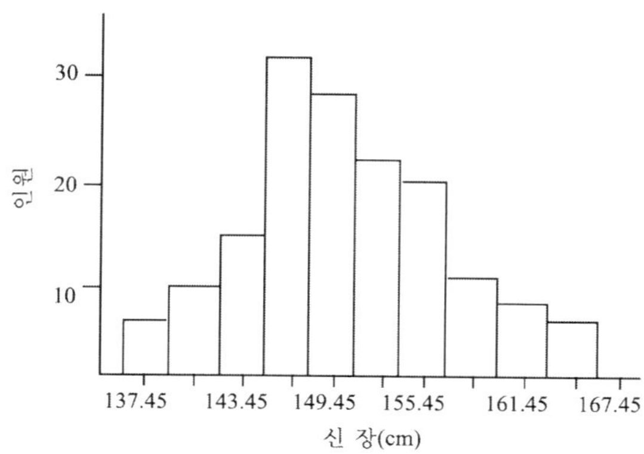

그림 2.1 ▸▸▸ 히스토그램

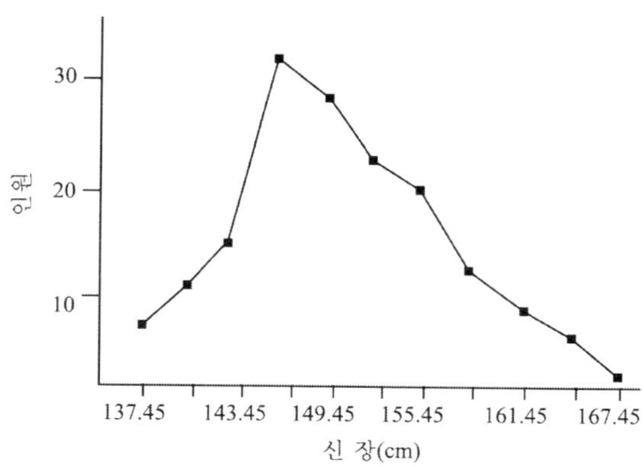

그림 2.2 ▸▸▸ 도수다각형

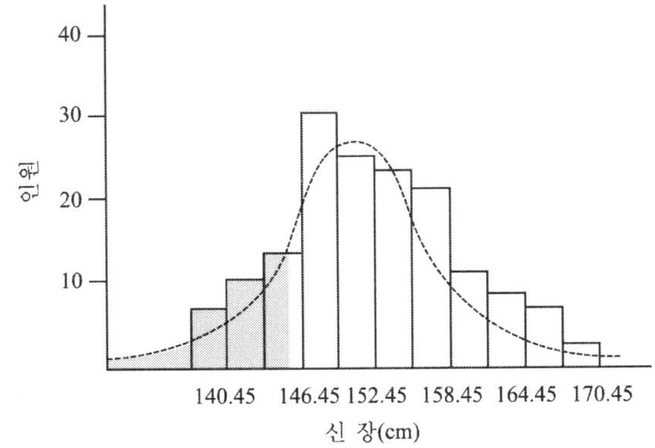

그림 2.3 ▸▸▸ 히스토그램과 도수곡선

그림 2.3의 점선과 같은 곡선의 방정식을 이론적으로 생각할 수 있다. 이 극한의 곡선을 도수곡선 또는 도수분포곡선이라고 한다.

2.5.3 줄기-잎 그림

줄기-잎 그림(stem and leaf display)은 특별한 노력 없이 수치 자료를 정리하는 효과적인 방법이다. 이 방법은 관측값을 두 가지 부분으로 분리한다.

(1) 줄기: 하나 이상의 중심 수치로 구성

(2) 잎: 남은 수치로 구성

가령, 자료값이 54라면 이는 $54=5\times10+4$로 표현되므로 이때 줄기는 5, 잎은 4가 된다. 그리고 **단위**란 줄기와 잎을 결합하여 얻을 수 있는 수치를 말하며, 이는 생략이 가능하나 주어진 자료에서 단위가 명확하지 않은 경우에는 반드시 명시해야 한다.

줄기-잎 그림의 작성 방법은 다음과 같은 절차를 따른다.

줄기-잎 그림의 작성 방법

① 자료의 각 값들을 줄기와 잎으로 구분

② 순차적인 줄기와 잎을 작성

- 줄기는 작은 값으로 위에서 아래로 기록
- 각 잎을 나타낼 때 통일 간격 유지
- 잎의 순서는 어느 것이 먼저 와도 무관하다. 순차적(오름차순 또는 내림차순)으로 적어주는 것이 편리

③ 도수를 기록
- 제1도수: 단순 도수 기록
- 제2도수 = 깊이(Depth): 중간도수(괄호로 표시)를 중심으로 앞과 뒤(그림의 위와 아래)에서 누적도수를 기록

④ 단위와 총계를 명시

예제 2.14 어느 대학 통계학과 학생 50명의 통계학 시험점수로서 다음과 같은 자료를 얻었다고 하자. 줄기-잎 그림을 그려라.

93	77	67	72	52	83	66	84	59	63
75	97	84	73	81	42	61	51	91	87
34	54	71	47	79	70	65	57	90	83
58	69	82	76	71	60	38	81	74	69
68	76	85	58	45	73	75	42	93	65

풀이 이 자료의 첫 번째 숫자 93에서 십의 자리 9가 줄기가 되고 잎의 자리 3은 잎이 된다. 두 번째 숫자 77 역시 줄기가 7이고 잎이 7이다. 이와 같은 과정을 거쳐서 정리하면 다음과 같은 줄기-잎 그림을 만들 수 있다.

단위: 1

제2도수	제1도수	줄기	잎
2	2	3	4 8
6	4	4	2 7 5 2
13	7	5	2 9 1 4 7 8 8
23	10	6	7 6 3 1 5 9 0 9 8 5
(13)	13	7	7 2 5 3 1 9 0 6 1 4 6 3 5
14	9	8	3 4 4 1 7 3 2 1 5
5	5	9	3 7 1 0 3

합계: 50

그림 2.4 ▸▸ 줄기-잎 그림

그림 2.5를 **정리된 줄기-잎 그림**(ordered stem-and-leaf display)이라고 하며, 대부분의 경우 정리된 그림이 더 다양한 정보를 제공한다.

제2도수	제1도수	줄기	잎
2	2	3	4 8
6	4	4	2 2 5 7
13	7	5	1 2 4 7 8 8 9
23	10	6	0 1 3 5 5 6 7 8 9 9
(13)	13	7	0 1 1 2 3 3 4 5 5 6 6 7 9
14	9	8	1 1 2 3 3 4 4 5 7
5	5	9	0 1 3 3 7

단위: 1

합계: 50

그림 2.5 ▸▸▸ (오름차순으로)정리된 줄기-잎 그림

줄기-잎 그림에서 관찰할 수 있는 자료의 특성

① 특정값이나 대푯값의 정의
② 집중도가 높은 구간과 수치 파악
③ 자료의 빈 구간 파악
④ 자료의 대칭성 여부
⑤ 특정한 값의 구간의 퍼진 정도 파악
⑥ 특이점의 존재 여부

줄기-잎 그림은 자료의 개수가 그리 많지 않은 경우 수작업이 용이하다.

두 가지 자료집합을 비교할 때도 사용한다. 예를 들어 두 반의 시험 성적을 비교하고자 할 때는 **비교 줄기-잎 그림**(Comparative stem-and-leaf display)을 사용한다. 이때 두 반의 성적의 비슷한 정도나 차이를 쉽게 알 수 있다. 그림 2.6에 제시된 예를 보면, 양쪽이 다소 비슷하나 오른쪽이 반대편보다 한 줄(약 10점) 정도 높은 것을 알 수 있다.

잎	줄기	잎
	9	6 5 8 6 1 8
9 4 4 7	8	1 3 7 5 4 3 8 0
2 2 0 8 9 6 5 6 5 5	7	5 3 1 2 2 6 7
2 4 3 2 8 7 5	6	4 5 1 0 4
5 8 8 2	5	9

그림 2.6 ▸▸▸ 시험 성적에 대한 비교 줄기-잎 그림

2.5.4 상자그림

자료에는 매우 크거나 작은 관측값인 이상점을 가질 수 있다. 이러한 자료를 이용하여 상자그림을 작성하면 쉽게 이상점으로 분류할 수 있다. **상자그림**(box plot)은 여러 종류의

자료를 요약·정리하는 그래프적 표현방법이다.

Tukey는 아래와 같은 상자그림의 구성요소로 구분하여 이상점을 식별하는 방법을 제시하였다.

① **안쪽 울타리**(inner fences): 각 사분위수에서 사분위범위의 1.5배 이내의 거리
- 아래 안쪽 울타리(lower inner fences): $f_L = Q_1 - (\text{사분위범위} \times 1.5)$
- 위 안쪽 울타리(upper inner fences): $f_U = Q_3 + (\text{사분위범위} \times 1.5)$

② **바깥쪽 울타리**(outer fences): 각 사분위수에서 사분위범위의 3배 이내의 거리
- 아래 바깥쪽 울타리(lower outer fences): $F_L = Q_1 - (\text{사분위범위} \times 3)$
- 위 바깥쪽 울타리(upper outer fences): $F_U = Q_3 + (\text{사분위범위} \times 3)$

③ **인접값**(adjacent value): 안쪽 울타리 안에 있으면서 안쪽 울타리에 가장 가까운 측정값

④ **보통 이상점**(mid outlier): 안쪽 울타리와 바깥쪽 울타리 사이에 있는 측정값

⑤ **극단 이상점**(extreme outlier): 바깥쪽 울타리 밖에 있는 측정값

이와 같은 구성요소를 가지고 상자그림을 그릴 수 있다.

예제 2.15 다음은 기계를 생산하는 15개의 공장에서 하루 동안 생산되는 기계대수를 조사한 자료이다.

33 38 40 41 43 51 56 57 58 64 110 146 195 320 480

풀이 조사한 자료를 이용하여 상자그림을 그려라.

제 1 사분위수 $Q_1 = 41$, 제 3 사분위수 $Q_3 = 146$,

중위수 $M_e = 57$, 사분위범위$= Q_3 - Q_1 = 146 - 41 = 105$,

$f_L = 41 - (105 \times 1.5) = -116.5$, $f_U = 146 + (105 \times 1.5) = 303.5$,

$F_L = 41 - (105 \times 3) = -274$, $F_U = 146 + (105 \times 3) = 461$.

안쪽 울타리 안에 있으면서 안쪽 울타리에 가장 가까운 각각의 측정값인 인접값은 각각 33, 195이다.

보통 이상점은 안쪽 울타리와 바깥쪽 울타리 사이에 있는 측정값인 320이고, 극단 이상점은 바깥쪽 울타리 밖에 있는 측정값인 480이다. 이러한 값들을 상자그림으로 표현하면 그림 2.7과 같다.

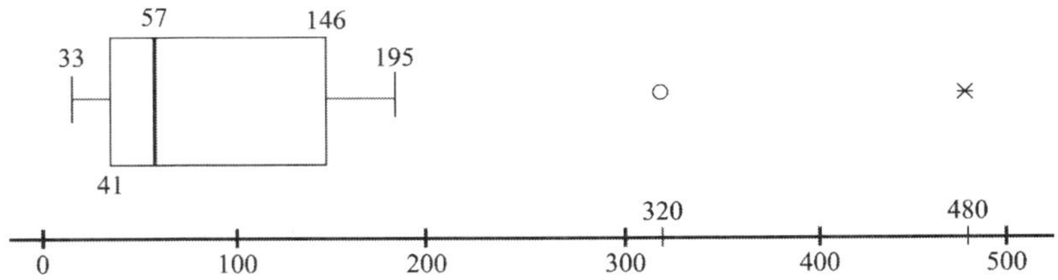

[○ : 보통 이상점, ⁎ : 극단 이상점]

그림 2.7 ▸▸▸ 상자그림

위의 상자그림으로부터 15개 공장에서 생산되는 기계대수의 분포는 중심부분에서 우측으로 기울어진 비대칭분포를 하고 자료의 분포는 우측으로 길게 늘어지는 분포의 형태를 갖는다. 이상점은 큰 값으로 2개가 나타남을 알 수 있다.

상자그림은 다음의 예제와 같이 두 개의 집단을 비교하는 데에도 이용될 수 있다.

예제 2.16 다음은 A, B 두 개의 용광로에서 생산된 철의 강도를 나타낸 자료이다.

A: 33 40 54 56 58 63 66 69 73 74

B: 34 35 36 36 38 48 49 58 86 110

두 자료에 대해 상자그림을 그려서 비교하여라.

풀이 A용광로: $Q_1 = 50.5$, $Q_3 = 70$, $M_e = 60.5$, 사분위범위 $= 19.5$

$f_L = 21.25$, $f_U = 99.25$, $F_L = -8$, $F_U = 128.5$,

인접값: 33, 74.

B용광로: $Q_1 = 35.75$, $Q_3 = 65$, $M_e = 43$, 사분위범위 $= 29.25$,

$f_L = -8.25$, $f_U = 108.87$, $F_L = -52$, $F_U = 152.75$,

인접값: 34, 86, 보통 이상점: 110.

이와 같은 값들을 이용하여 상자그림으로 표현하면 그림 2.8과 같다.

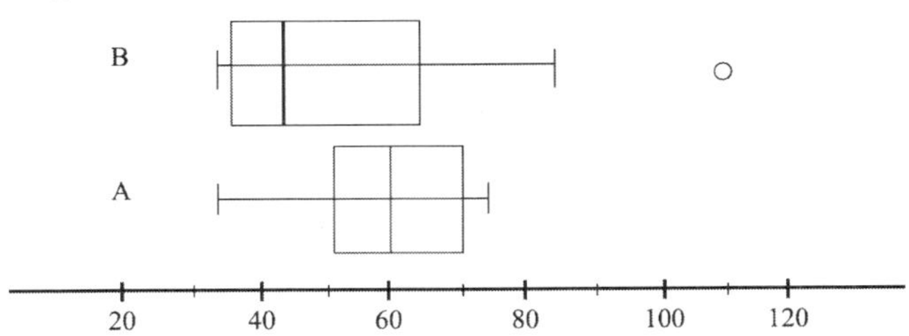

[○ : 보통 이상점]

그림 2.8 ▸▸▸ 두 용광로에서 생산된 철의 강도에 대한 상자그림

두 상자 그림을 살펴보면 A용광로에 생산된 철의 강도가 B용광로보다 산포도가 적고 중심부분에서 보다 더 대칭분포를 이루고 좌측으로 약간 길게 늘어진 분포형태를 보인다. 또한 전반적으로 A용광로에서 생산된 철의 강도가 B용광로보다 높음을 알 수 있다. B용광로에서 철의 강도에 대한 보통 이상점 1개가 존재한다.

2.6 SPSS 실습

2장에서 설명한 예제를 SPSS 22.0을 이용하여 자료를 정리하는 방법을 알아보도록 한다.

2.6.1 대푯값: 평균, 중위수, 최빈수

[예제 2.4]의 데이터를 이용하여 평균, 중위수, 최빈수를 구해 보자.

① 데이터 입력: [예제 2.4]를 아래와 같이 SPSS 데이터 편집기 창에 입력한다.

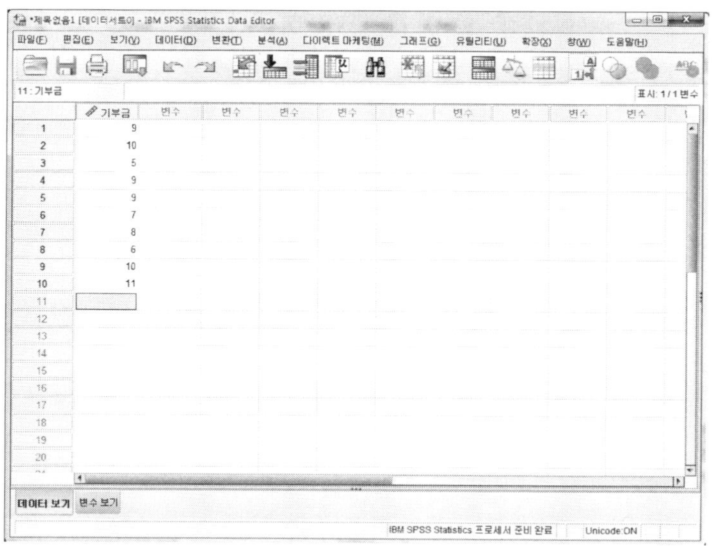

② 통계량을 구하기 위하여 **분석 → 기술통계량 → 빈도분석**과 같이 순서대로 실행명령을 지정한다.

③ 빈도분석 대화상자에서 [변수]란으로 기부금을 이동시킨다.

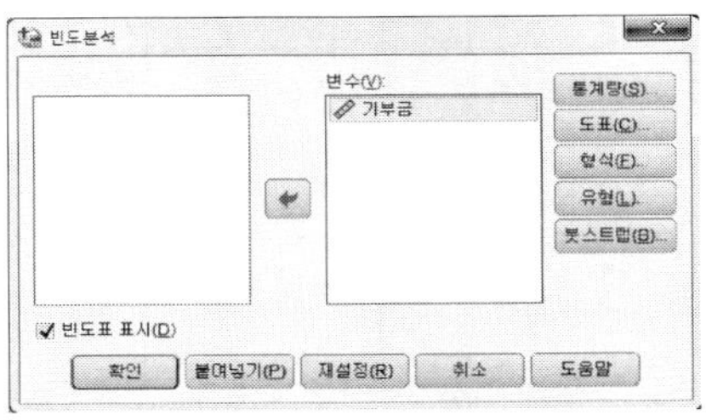

④ 빈도분석 대화상자에서 통계량을 선택한 후 중심경향에서 평균, 중위수, 최빈값을 체크하고 계속을 누른다.

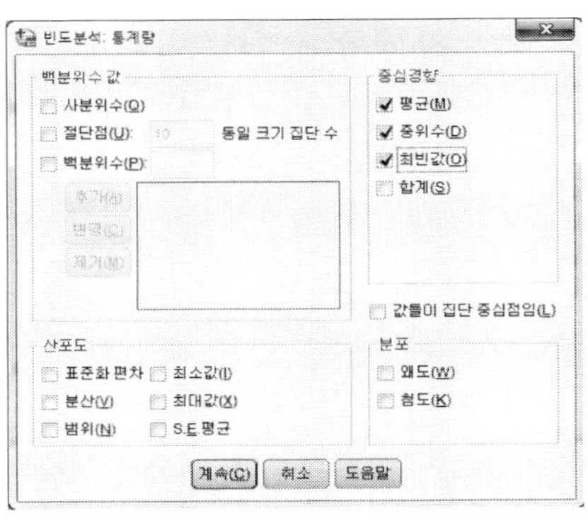

⑤ 필요한 부분을 모두 지정한 후 확인을 누르면 출력 결과창에 다음과 같은 분석결과가 나타난다.

통계량

기부금

N	유효	10
	결측	0
평균		8.40
중위수		9.00
최빈값		9

2.6.2 산포도: 분산, 표준편차, 범위

[예제 2.7]의 데이터에서 분산, 표준편차, 범위를 구해 보자.

① 데이터 입력: [예제 2.7]을 아래와 같이 SPSS 데이터 편집기 창에 입력한다.

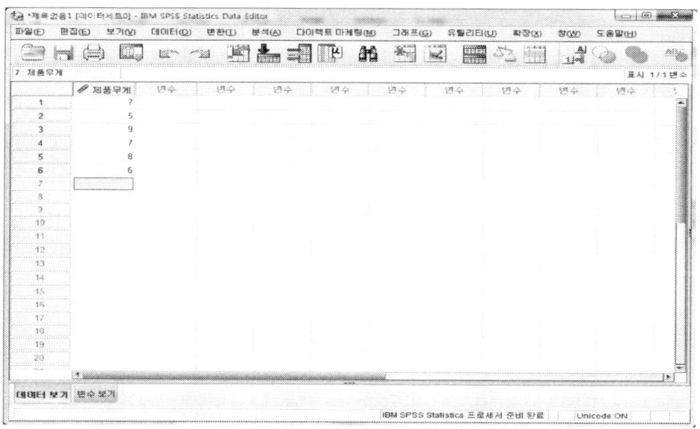

② 통계량을 구하기 위하여 분석 → 기술통계량 → 기술통계와 같이 순서대로 실행명령을 지정한다.

③ 기술통계 대화상자에서 [변수]란으로 제품무게를 이동시킨다.

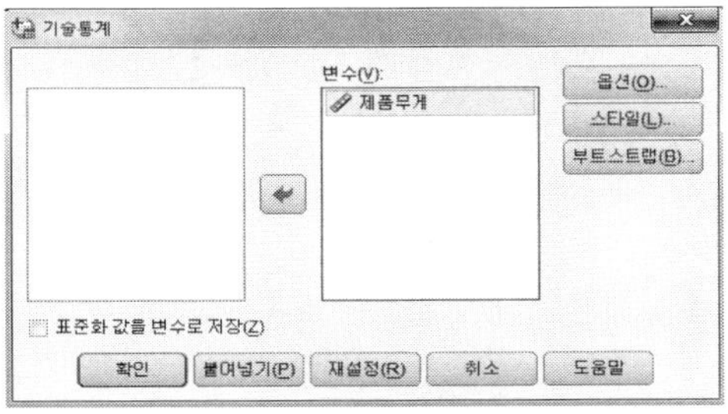

④ 기술통계 대화상자에서 옵션을 선택한 후 산포도에서 표준화 편차, 분산, 범위를 체크하고 계속을 누른다.

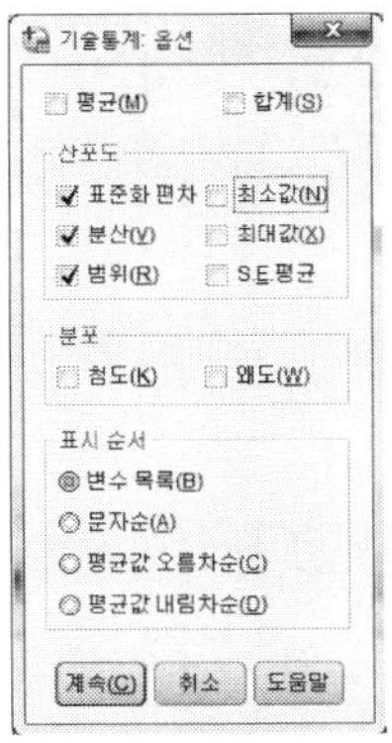

⑤ 필요한 부분을 모두 지정한 후 확인을 누르면 출력 결과창에 다음과 같은 분석결과가 나타난다.

기술통계량

	N	범위	표준편차	분산
제품무게	6	4	1.414	2.000
유효 N(목록별)	6			

2.6.3 상대적 위치의 측도: 100분위수, 10분위수, 4분위수

[예제 2.11]의 데이터에서 제60백분위수, 제3십분위수, 제1사분위수를 구해 보자.

① 데이터 입력: [예제 2.11]을 아래와 같이 SPSS 데이터 편집기 창에 입력한다.

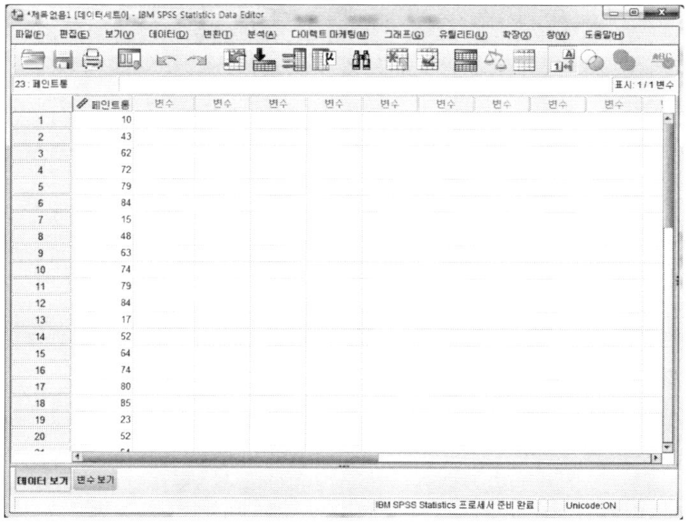

② 통계량을 구하기 위하여 **분석 → 기술통계량 → 빈도분석**과 같이 순서대로 실행명령을 지정한다.

③ 빈도분석 대화상자에서 [변수]란으로 페인트통을 이동시킨다.

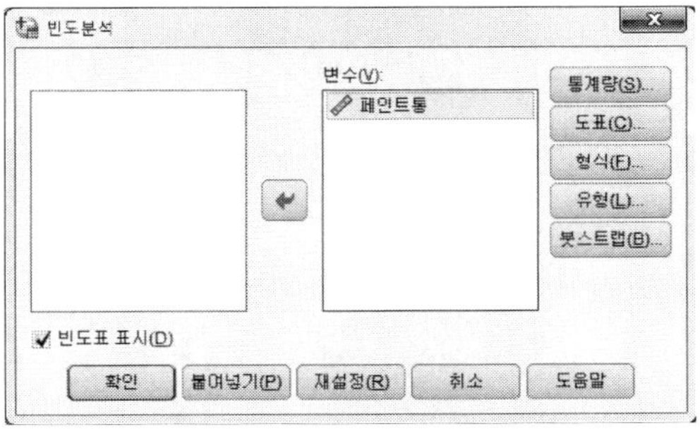

④ 빈도분석 대화상자에서 통계량을 선택한 후 제60백분위수를 구하기 위하여 [백분위수(P)]란에 60을 입력하고 추가를 선택하고 계속을 누른다.

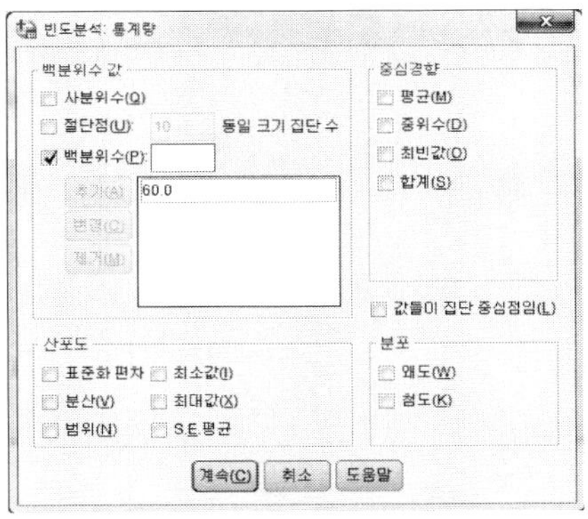

⑤ 필요한 부분을 모두 지정한 후 확인을 누르면 출력 결과창에 다음과 같은 분석결과가 나타난다.

통계량

페인트통

N	유효	60
	결측	0
백분위수	60	76.00

⑥ 빈도분석 대화상자에서 통계량을 선택한 후 제3십분위수를 구하기 위하여 [절단점(U)]란에 10을 입력하면 동일 크기 집단 수가 10인 결과를 얻을 수 있다. 계속을 누른다.

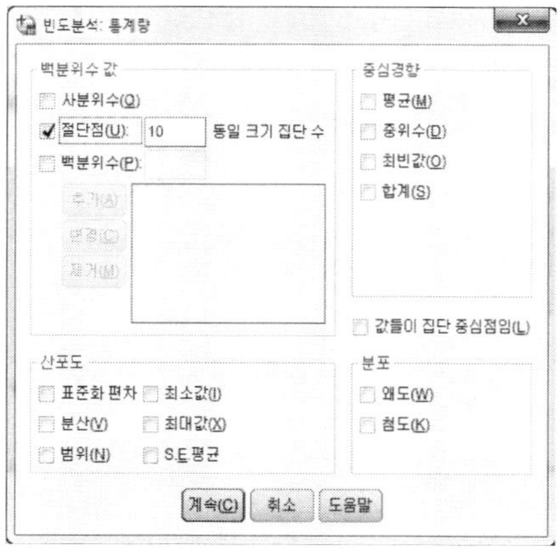

⑦ 확인을 누르면 출력 결과창에 다음과 같은 분석결과가 나타난다.

통계량

페인트통

N	유효	60
	결측	0
백분위수	10	32.20
	20	48.80
	30	60.00
	40	64.40
	50	71.50
	60	76.00
	70	79.70
	80	82.00
	90	87.70

⑧ 빈도분석 대화상자에서 통계량을 선택한 후 제1사분위수를 구하기 위하여 [사분위수(Q)]를 체크하고 계속을 누른다.

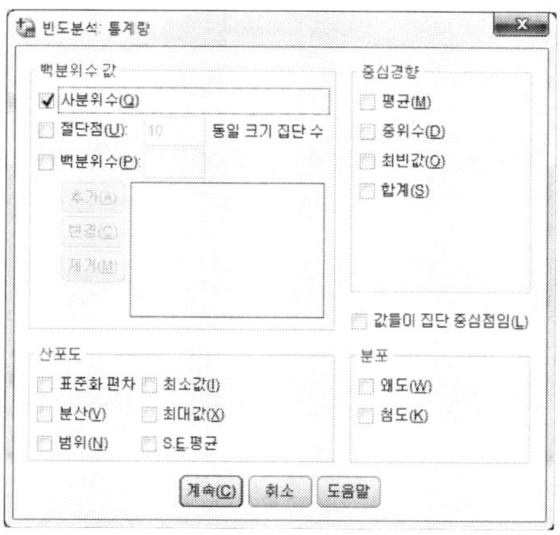

⑨ 확인을 누르면 출력 결과창에 다음과 같은 분석결과가 나타난다.

통계량

페인트등

N	유효	60
	결측	0
백분위수	25	54.25
	50	71.50
	75	80.75

2.6.4 줄기-잎 그림

[예제 2.14]의 데이터를 이용하여 줄기-잎 그림을 그려보자.

① 데이터 입력: [예제 2.14]를 아래와 같이 SPSS 데이터 편집기 창에 입력한다.

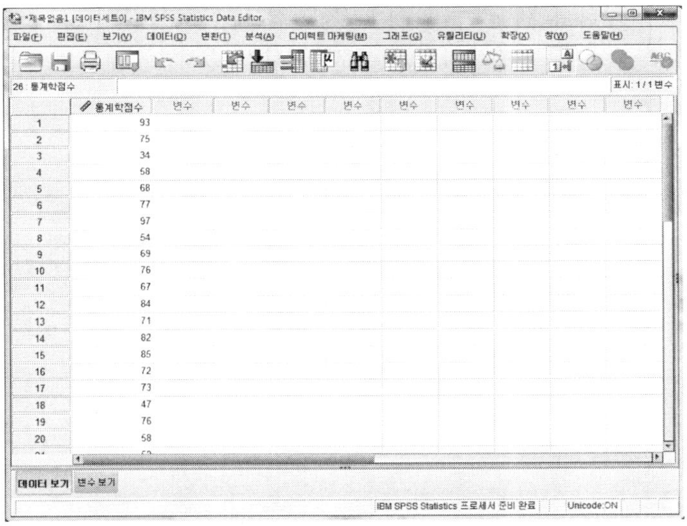

② 줄기-잎 그림을 그리기 위하여 **분석 → 기술통계량 → 데이터 탐색**과 같이 순서대로 실행명령을 지정한다.

③ 데이터 탐색 대화상자에서 [종속변수(D)]란으로 통계학점수를 이동시킨다.

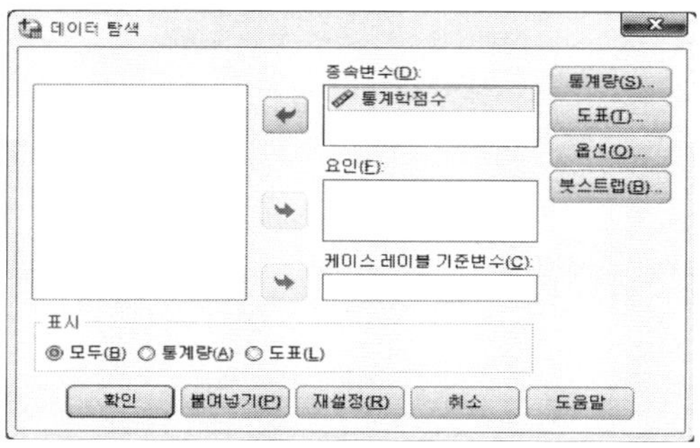

④ 데이터 탐색 대화상자에서 우측 상단의 [도표(T)]를 선택한 후 줄기와 잎그림을 체크하고 계속을 누른다.

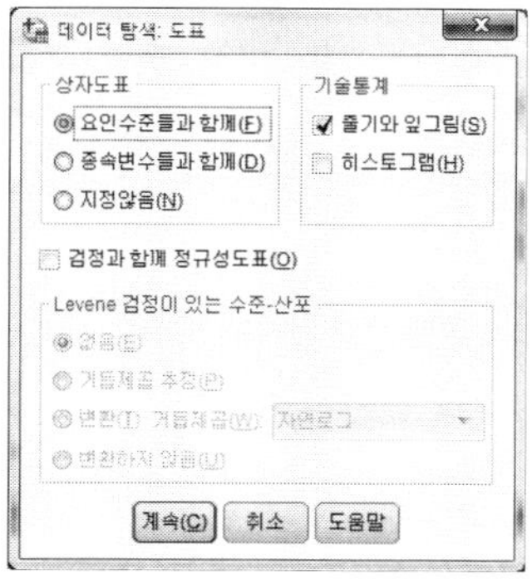

⑤ 확인을 누르면 출력 결과창에 다음과 같은 줄기-잎 그림이 나타난다.

```
통계학점수 줄기와 잎그림 도표

구매빈도 Stem &  잎

     2.00        3 .  48
     4.00        4 .  2257
     7.00        5 .  1247889
    10.00        6 .  0135567899
    13.00        7 .  0112334556679
     9.00        8 .  112334457
     5.00        9 .  01337

줄기 너비:        10
각 잎:        1 케이스
```

2.6.5 상자그림

[예제 2.16]의 데이터를 이용하여 상자그림을 그려 보자.

① 데이터 입력: [예제 2.16]을 아래와 같이 SPSS 데이터 편집기 창에 입력한다.

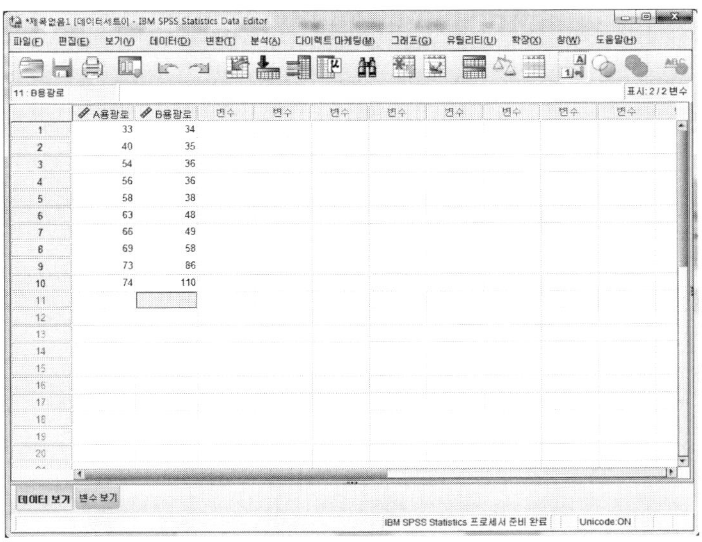

② 상자그림을 그리기 위하여 **그래프 → 레거시 대화상자 → 상자도표**와 같이 순서대로 실행명령을 지정한다.

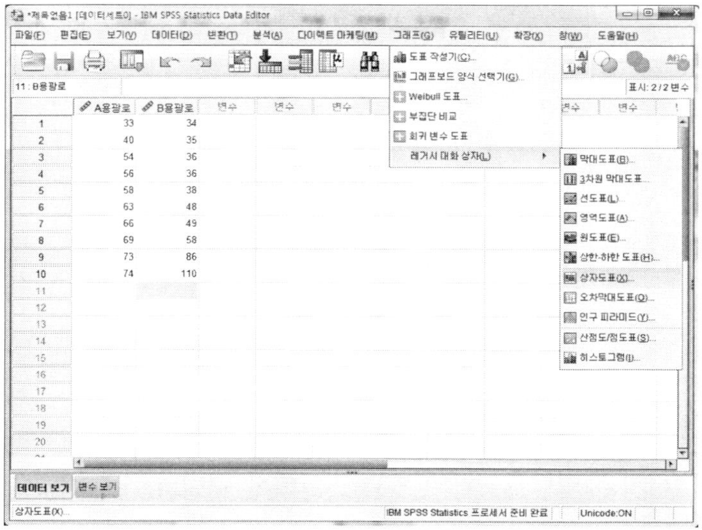

③ 상자도표 대화상자에서 [개별 변수의 요약값(V)]을 클릭 후 정의를 누른다.

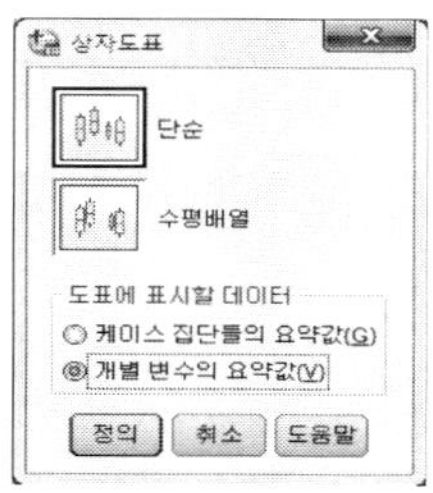

④ 단순 상자도표 정의 대화상자에서 A용광로, B용광로 변수를 [상자표시(B)]로 이동시킨다.

⑤ 확인을 누르면 출력 결과창에 다음과 같은 상자도표가 나타난다.

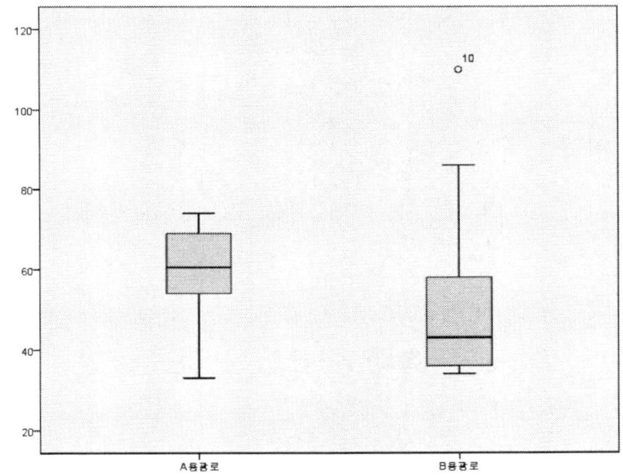

연습문제

01 다음 자료의 평균을 구하여라.

13, 18, 18, 28, 33, 33, 43, 48, 53, 58

02 다음 자료의 중위수를 구하여라.

A: 24.5 25.3 26.7 24.7 27.8 26.9

B: 2.9 3.1 4.6 5.2 3.6 4.2 4.9 3.9 5.7

03 다음 표는 공장에서 생산되는 기계부품들의 길이(mm)를 측정한 것이다. 이 경우의 최빈수를 구하여라.

길이	6	6.3	6.5	6.7	7	7.3	7.5	8
기계부품수	4	8	10	15	9	5	3	2

04 어떤 소도시에서 지난 달 12개 건설회사에 인가된 건축허가 수는 아래와 같다. 이 자료를 모집단으로 생각하고 다음 값을 구하여라.

4 7 0 7 11 4 1 15 3 5 8 7

1) 평균　　2) 중위수　　3) 최빈수

05 어떤 생태학자에 의하면, 가정용 세제에 포함된 인산염은 호수가 늪지가 되게 하고, 마침내 불모지로 만드는 원인이 되는데 이것은 바로 하수도를 통해서 나간다고 한다. 다음 자료는 사용 지침대로 사용한 여러 가지 세제의 임의표본에 관해서, 세탁물 뭉치당 인산염의 양을 그램(g)으로 나타낸 것이다.

세탁제	세탁물당 인산염(g)	세탁제	세탁물당 인산염(g)
가	48	사	31
나	47	아	30
다	42	자	29
라	42	차	29
마	41	카	29
바	34	타	26

주어진 인산염 자료에서 다음 값을 구하여라.

1) 평균　　2) 중위수　　3) 최빈수

06 어떤 원료에서 만들어지는 제품의 순도(단위: %)를 조사하였더니 다음과 같았다.

74.9, 75.5, 72.5, 73.4, 78.2, 77.8, 75.4, 76.8

순도데이터의 모분산과 모표준편차를 2가지 방법에 의하여 구하여라.

07 문제 6번의 자료가 크기 8인 표본일 때 표본분산과 표본표준편차를 구하여라.

08 다음 표는 어느 지방 농가의 평균경지면적과 평균연간소득을 표본조사한 결과이다. 이 지방 농가의 경지면적의 산포도와 농가소득의 산포도를 비교하여라.

	평균	표준편차
경지면적	56a	3.2a
농가소득	6.800.000원	640.000원

09 다음 자료의 1) 평균, 2) 표준편차(간편 계산법에 의하여)를 구하여라.

50.3, 50.7, 52.9, 51.6, 52.4, 50.1

10 어떤 소도시에서, 지난 달 12개 건설회사에 인가된 건축허가 수는 아래와 같다. 이 자료를 모집단으로 생각하고 다음을 구하여라.

4　7　0　7　11　4　1　15　3　4　8　7

1) 범위　　2) 분산　　3) 사분편차

11 자극제에 관한 9가지 실험재료의 반응시간에 대한 자료가 아래와 같다(단위: 초).

2.5　3.6　3.1　4.3　2.9　2.3　2.6　4.1　3.4

1) 범위　　2) 분산　　3) 변동계수

12 어떤 자동차 판매원은 평균 이익이 20,000원, 표준편차가 5000원인 소형차에서 24,500원 이익을 냈다. 같은 날 또 다른 판매원은 평균 이익이 50,000원, 표준편차가 15,000원인 대형차에서 62,000원의 이익을 냈다. 두 사람 중 어느 판매원의 이익이 더 높은가? 또 각각 표준점수를 구하여라.

13 어느 해 종업원의 평균 수입이 2,800,000원, 표준편차가 300,000원인 어떤 회사에서 일하는 사람이 있다. 그의 Z-점수가 -0.8이라면, 지난해에 그는 얼마나 벌었겠는가?

14 어느 학년에서 국어, 영어, 수학의 시험을 보았더니, A군의 성적과 학년의 성적은 아래 표와 같다고 한다. A군은 어느 과목의 성적이 가장 좋고, 어느 과목의 성적이 가장 나쁜가?

	국어	영어	수학
A군의 성적	80	74	78
학년의 평균	65	62	58
학년 표준편차	15	13	18

15 다음 자료는 A시에서 어느 상품의 소매상점 100개의 점포를 뽑아 그 소매 점포에 있는 해당 상품의 재고량을 조사한 것이다. 계급간격을 알맞게 하는 도수분포표를 만들어라.

85	14	14	62	0	0	122	0	72	21
4	20	0	0	18	8	30	4	159	142
10	34	63	6	12	0	192	33	98	0
19	64	0	0	0	4	263	0	21	282
0	43	25	55	25	47	27	17	61	187
35	90	0	0	29	20	186	75	193	100
39	169	27	0	178	0	23	133	0	0
28	4	12	43	8	16	41	125	47	0
0	81	161	75	110	91	18	13	97	225
0	44	62	61	0	20	44	164	0	42

16 아래 결과는 통계학의 시험성적이다. 10에서 시작한 최저값으로 9개의 구간을 사용해서 다음을 구하여라.

23	60	79	32	57	74	52	70	82	36
80	77	81	95	41	65	92	85	55	76
52	10	64	75	78	25	80	98	81	67
41	71	83	54	64	72	88	62	74	43
60	78	89	76	84	48	84	90	15	79
34	67	17	82	69	74	63	80	85	61

1) 도수분포표를 만들어라.

2) 누적도수분포표를 만들어라.

17 연구소에서 새로운 분무식 파리약을 임의추출한 파리 50마리를 대상으로 실험해 보니, 아래와 같이 살포 후의 죽는 시간(단위: 분)을 얻었다. 0.1에서 시작하여, 8구간으로 구분하여 다음을 구하여라.

2.4	0.7	3.9	2.8	1.3
1.6	2.9	2.6	3.7	2.1
3.2	3.5	1.8	3.1	0.3
4.6	0.9	3.4	2.3	2.5
0.4	2.1	2.3	1.5	4.3
1.8	2.4	1.3	2.6	1.8
2.7	0.4	2.8	3.5	1.4
1.7	3.9	1.1	5.9	2.0
5.3	6.3	0.2	2.0	1.9
1.2	2.5	2.1	1.2	1.7

1) 상대도수분포표를 만들어라.
2) 누적도수분포표를 만들어라.

18 다음은 1리터당 탄산칼슘의 농도(mg/l)이다.

130.8	129.9	131.5	131.2	129.5
132.7	131.5	127.8	133.7	132.2
134.8	131.7	133.9	129.8	131.4
128.8	132.7	132.8	131.4	131.3

1) 줄기를 127, 128, …, 134로 하여 순서 줄기-잎 그림을 그려라.
2) 범위, 사분위범위, 중위수, 표본평균, 표본분산을 구하여라.
3) 상자그림을 그려라.

19 26개의 CD-ROM 드라이버의 초당 읽는 속도(kb/sec)는 다음과 같다.

29.21	14.50	25.10	22.90	30.80	30.62	27.88	20.65	30.90
30.60	6.12	19.94	19.61	21.51	28.80	21.72	21.95	18.89
15.60	29.38	25.45	30.41	30.11	30.51	28.17	21.42	

1) 줄기-잎 그림을 그려라.
2) 최솟값, 제1사분위수, 제2사분위수, 제3사분위수, 최댓값을 구하여라.
3) 상자그림을 그려라.
4) 분포의 형태는 어떤가?

20 어떤 보험회사는 다음과 같은 50개의 이동식주택 재해손실(단위: 백만 원)을 입었다.

1	2	2	3	3	4	4	5	5	5
5	6	7	7	9	9	9	10	11	12
22	24	28	29	31	33	36	38	38	38
39	41	48	49	53	55	74	82	117	134
192	207	224	225	236	280	301	308	351	527

1) 최솟값, 제1사분위수, 제2사분위수, 제3사분위수, 최댓값을 구하고 상자그림을 그려라.

2) 사분위범위를 구하고, 안쪽과 바깥쪽 울타리의 위치를 구하여라.

3) 상자그림을 그리고, 울타리, 보통 이상점, 극단 이상점을 표시하여라.

3장

확률과 확률변수

3.1 확률

초기의 확률론의 발달을 이끌어온 것은 아마도 도박에 대한 인간의 억제할 수 없는 갈증이었을 것이다. 도박사들은 그들의 승률을 높이려는 노력에서, 다양한 우연의 게임에서 최적의 전술을 제공하기 위해 수학자들을 끌어들였다. 이런 전술을 제공한 수학자들 가운데 파스칼, 라이프니츠, 페르마, 제임스 베르누이 등이 있다. 이런 초기의 확률론의 발달의 결과로써 확률을 예측하고 일반화시키는 통계적 추론이 정치, 경제, 기상예측, 그리고 과학적인 연구와 같은 우연성이 발생하는 일과 관련된 많은 다른 분야를 포함해서 우연의 게임과는 거리가 먼 분야에까지 퍼지게 되었다. 우연의 결과와 관련된 확률을 구하기 위해서 만든 많은 계산기법들이 있다. 그러나 확률은 어떤 수학적인 법칙에 따르기 때문에, 종종 계산을 단순화시켜 나타낼 수 있다.

3.1.1 표본공간

우연적으로 일어나는 어느 사건이 앞으로 일어날 가능성의 정도를 수량적으로 나타내는 측도를 **확률**(probability)이라고 하며, 결과가 우연에 좌우되는 현상을 실현시키는 실험, 관찰, 조사 등을 **시행**(trial)이라고 한다.

통계학에서 자료들의 집합을 만드는 어떤 과정을 나타내기 위해서 **실험**(experiment)이란 말을 사용한다. 통계적 실험의 한 예로 동전던지기를 생각해 보자. 이 실험에서는 단지 두 가지의 가능한 결과, 앞면과 뒷면이 존재한다. 특히 같은 실험을 여러 번 반복해서 얻어지는 관측값들에 흥미를 가질 수도 있다. 동전 1개를 반복해서 던질 때, 나타난 결과가 반드시 한 번은 앞면이 나올 것이라고 확신할 수는 없다. 그러나 매번 던질 때마다의 가능성의 전체의 집합은 알 수 있다. 이와 같이 통계적 실험에서 모든 가능한 결과들의 집합을 **표본공간**(sample space)이라고 하며 일반적으로 S로 나타내고, 표본공간에서 각각의 결과를 그 표본공간의 **원소** 또는 **표본점**이라고 한다.

예제 3.1 한 개의 주사위를 던질 때 다음 표본공간을 구하여라.

1) 윗면에 나타난 눈의 수의 관찰

2) 윗면에 나타난 숫자의 홀수와 짝수의 관찰

풀이 1) $S=\{1,2,3,4,5,6\}$

2) $S=\{\text{짝수}, \text{홀수}\}$.

표본점은 1, 2, 3, 4, 5, 6과 짝수, 홀수이다.

어떤 실험에서는 **나무 그림**(tree diagram)을 이용하여 체계적으로 표본공간의 원소를 나열할 수 있다.

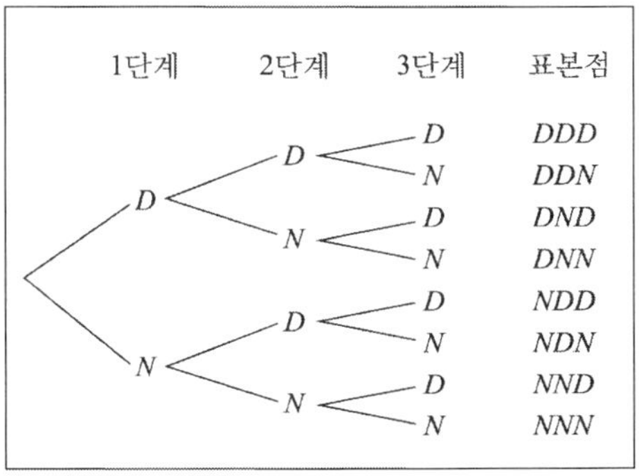

그림 3.1 ▸▸▸ 예제 3.2에 대한 나무 그림

예제 3.2 제품 3개를 임의로 뽑아서 불량품(D)인가, 불량품이 아닌가(N)를 조사하였다. 표본공간을 구하여라.

풀이 $S = \{DDD, DDN, DND, DNN, NDD, NDN, NND, NNN\}$.

3.1.2 사상

어떤 주어진 실험에서는 표본공간의 원소에 대한 결과보다는 오히려 특정한 사상들이 일어나는 것에 관심이 있을 수 있다.

예를 들어 한 개의 주사위를 던졌을 때, 3의 배수가 나타날 결과인 사상 A에 관심이 있을 수 있다. 이 사상은 예제 3.1에서 표본공간 S의 부분집합 $A = \{3,6\}$이 된다.

하나의 예를 더 들면, 예제 3.2에서 불량품수가 1보다 큰 사상 B에 관심이 있다고 하면 이 사상은 표본공간 S의 부분집합 $B = \{DDN, DND, NDD, DDD\}$가 된다. 이와 같이 표본공간의 부분집합을 **사상**(event)이라고 한다.

표본공간에 오직 한 요소만을 포함하는 사상을 **단순사상**(simple event)이라고 하고, 2개 이상의 요소를 포함하는 사상을 **복합사상**(compound event)이라고 한다. 즉 어떤 사상이 표본공간의 하나의 원소만을 포함하는 집합이라면 그 사상을 단순사상이라고 하고 단순사상의 합으로써 나타낼 수 있는 사상을 복합사상이라고 한다.

예제 3.3 52장짜리 카드 한 벌에서 한 장의 하트를 뽑을 사상 A는 표본공간 $S =$ {하트, 스페이드, 크로버, 다이아몬드}의 부분집합 $A =$ {하트}이다. 그러므로 A는 단순사상이다.

이제 붉은색 카드를 뽑는 사상을 B라고 할 때,

$$B = \{하트 \cup 다이아몬드\} = \{하트, 다이아몬드\}$$

이므로 B는 복합사상이다.

단순사상의 합은 복합사상이 되고 그 복합사상도 여전히 표본공간의 부분집합이다. 그런데 만일 52장의 카드들을 표본공간의 원소라고 하면 예제 3.3의 사상 A도 복합사상이 된다.

원소를 하나도 포함하지 않는 표본공간의 부분집합을 **영공간**(null space)이라고 하고, 이 사상을 $\varnothing$로 나타낸다.

사상과 그와 관련된 표본공간은 다음과 같이 벤다이어그램으로 보일 수 있다.

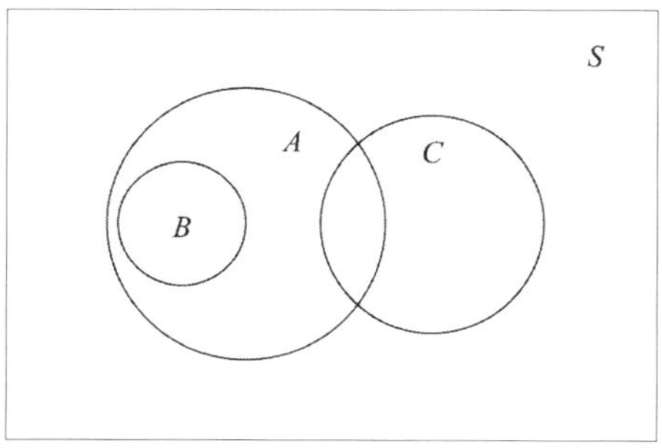

그림 3.2 ▸▸▸ 표본공간의 사상들

그림 3.2의 벤다이어그램에서 표본공간을 직사각형으로 표시하고, 사상은 그 안에 그린 원으로 나타낸다. 사상 A, B, C는 표본공간 S의 부분집합이며, 사상 B는 사상 A의 부분집합이다. 사상 B와 C는 공통인 표본점이 없으며, 사상 A와 C는 적어도 한 개의 표본점을 공통으로 갖는다.

3.1.3 사상의 연산

사상들의 연산으로 새로운 사상들의 형태를 만들어 내는 것을 생각해 보자. 이 새로운 사상들은 주어진 사상들과 마찬가지로 같은 표본공간의 부분집합이 될 것이다.

두 사상 A와 B의 **곱사상**(intersection event)은 A와 B에 공통인 모든 원소들로 구성된 사상이라고 하고 $A \cap B$로 나타낸다. 집합 $A \cap B$에 속하는 원소들은 A와 B에서 동시에 일어남을 나타내고 두 사상들의 원소여야 하며 다 같이 A와 B에 속해야 하고, 오직 A와 B에만 속하는 원소들이어야 한다. 이를 $A \cap B = \{x | x \in A$ 그리

고 $x \in B\}$으로 나타내며, 그것의 벤다이어그램은 다음과 같다.

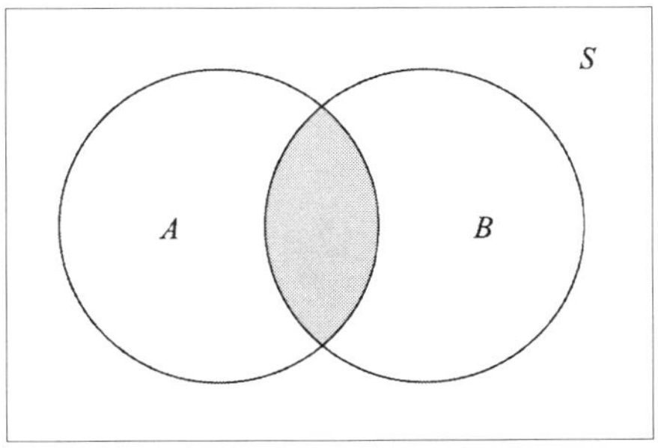

그림 3.3 ▸▸▸ A와 B의 곱사상

예제 3.4 다음 사상들의 곱사상을 구하여라.

(1) $A = \{1, 2, 3, 4, 5\}$, $B = \{2, 4, 6, 8\}$

(2) $P = \{a, e, i, o, u\}$, $Q = \{r, s, t\}$

풀이 (1) $A \cap B = \{2, 4\}$

(2) $P \cap Q = \varnothing$.

어떤 통계적 실험에서 두 사상 A와 B가 동시에 일어날 수 없는 경우도 있을 수 있다. 그 사상 A와 B를 서로 **배반**(mutually exclusive)이라고 한다.

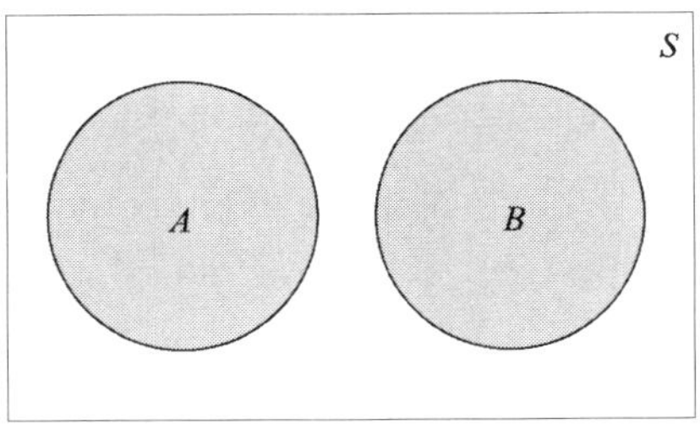

그림 3.4 ▸▸▸ 서로 배반인 사상

예제 3.5 한 개의 주사위를 던질 때 A를 짝수의 눈, B를 홀수의 눈이라고 하면, $A \cap B = \varnothing$ 이고, A와 B는 서로 배반인 사상이다.

가끔 하나의 실험과 관련된 두 사상 중 적어도 하나에서 사상이 일어나는 것에 관심을 갖는 경우가 있다. 이를 두 사상의 합집합(union)이라고 한다.

두 사상 A와 B의 **합사상**(union of event)은 A나 B에 속하거나 A, B 양쪽에 속하는 원소를 모두 포함하는 사상으로, $A \cup B$로 나타낸다. 합사상 $A \cup B = \{x | x \in A$ 또는 $x \in B\}$으로 나타내며, 그것의 벤다이어그램은 다음과 같다.

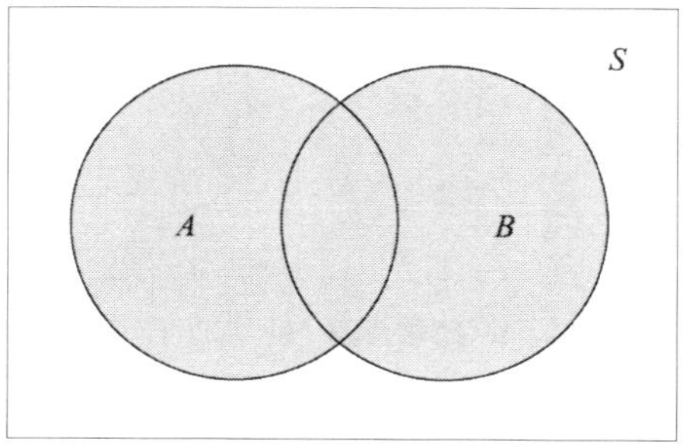

그림 3.5 ▸▸ A와 B의 합사상

예제 3.6 다음 사상들의 합사상을 구하여라.

(1) $A = \{2, 3, 5, 6\}$, $B = \{3, 6, 8\}$

(2) $M = \{x | 3 < x < 9\}$, $N = \{y | 5 < y < 12\}$

풀이 (1) $A \cup B = \{2,3,5,6,8\}$

(2) $M \cup N = \{z | 3 < z < 12\}$.

표본공간 S의 부분집합 A에 관해서 S 중에는 사상 A가 일어나는 것과 관계없는 사상이 있다. 이를 사상 A의 **여사상**(complement event)이라고 한다.

예를 들면 어느 제조회사의 종업원들의 담배 피우는 습관을 표본공간으로 생각하자. 담배를 피우는 사람들의 부분집합은 어떤 사상에 대응된다. 담배를 피우지 않는 모든 사람들의 집합도 어떤 사상에 대응되고 이 또한 S의 부분집합이 된다. 그 사상을 담배를 피우는 사람들의 집합의 여사상이라고 한다.

A의 여사상은 A'으로 나타내고, $A' = \{x | x \in S$ 이고 $x \not\in A\}$으로 정의되며 그의 벤다이어그램은 다음과 같다.

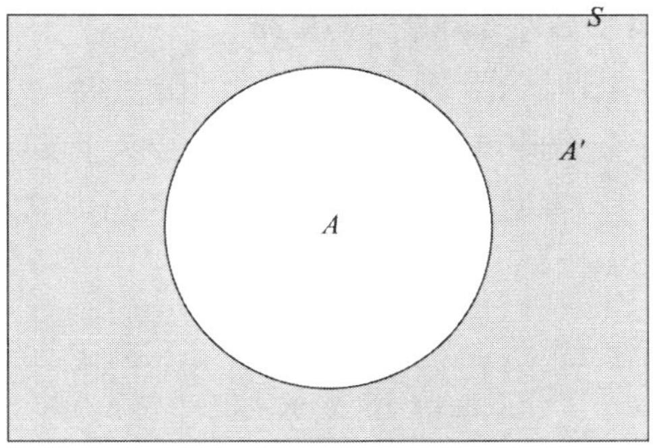

그림 3.6 ▸▸▸ A의 여사상

예제 3.7 표본공간 $S=\{$책, 개, 담배, 동전, 지도, 전쟁$\}$,
사상 $A=\{$개, 전쟁, 책, 담배$\}$라고 하자. A'을 구하여라.

풀이 $A'=\{$동전, 지도$\}$.

3.1.4 사상의 확률

주사위를 던져서 1의 눈이 나올 확률, 내일 비가 올 확률, 한 공정에서 불량품이 생산될 확률, 대통령후보 A가 당선될 확률 등과 같이 확률이란 단어는 우리의 일상생활에서 매우 자주 사용된다. 이제 확률의 정의와 그 성질에 대하여 생각해 보자.

표본공간 S가 정의되었을 때 사상 A에 대하여 A가 출현할 가능성을 숫자로 나타내고자 한다면 우리는 확률이라는 개념을 사용하게 된다. 예를 들어 하나의 주사위를 던져서 윗면에 나타나는 수가 짝수일 가능성을 알고자 한다면, 표본공간 $S=\{1,2,3,4,5,6\}$이고 짝수일 사상 $A=\{2,4,6\}$이다. 여기서 S의 원소 6개의 표본점들이 출현할 가능성은 같은 정도라고 할 수 있다. 따라서 사상 A에는 3개의 표본점이 있으므로 사상 A가 출현할 확률은

$$P(A)=\frac{3}{6}=\frac{1}{2}$$

과 같이 된다. 이와 같이 각각의 실현결과가 일어날 가능성이 같은 경우에 사상 A의 확률은 다음과 같이 정의한다.

정의 3.1 확률의 고전적 정의(수학적 확률)

한 시행에서 일어날 수 있는 모든 경우의 수가 n가지이고, 이 중에서 사상 A가 일어나는 경우의 수가 a가지이며, 서로 배반이고 각 경우가 동등하게(equally likely) 일어날 때, 사상 A가 일어날 확률 $P(A)$는 다음과 같으며, 이를 수학적 확률이라고 한다.

$$P(A) = \frac{a}{n}$$

예제 3.8 동전을 2회 던지는 실험에서 앞면이 1회 나오는 확률을 구하여라.

풀이 표본공간 $S = \{HH, HT, TH, TT\}$, 앞면이 1회 나오는 사상은 $A = \{HT, TH\}$으로 2가지이므로 앞면이 1회 나오는 확률은 $P(A) = 2/4 = 1/2$이다.

예제 3.9 어떤 상자 속에 양품 5개와 불량품 3개가 들어 있다. 여기서 3개의 제품을 꺼낼 때 양품이 2개 뽑일 확률을 구하여라.

풀이 모든 경우의 수는 ${}_8C_3 = 56$, 사상 A를 양품이 2개 뽑힐 사상이라고 하면, 사상 A의 경우의 수는 ${}_5C_2 \times {}_3C_1 = 10 \times 3 = 30$이므로

$$P(A) = \frac{{}_5C_2 \times {}_3C_1}{{}_8C_3} = \frac{30}{56} = \frac{15}{28}$$

이다.

확률의 다른 개념으로 상대도수의 극한을 확률로 사용하는 **경험적 확률**(frequency probability)을 다음과 같이 정의한다.

정의 3.2 경험적 확률(상대도수의 극한확률)

n회의 독립반복 시행에서 사상 A가 x회 일어났을 때 $\frac{x}{n}$를 상대도수라고 하며, n을 크게 할수록 $\frac{x}{n}$가 일정한 값 p에 접근하며 이 p를 **경험적 확률**이라고 한다.

$$P(A) = p$$

확률은 이외에도 다음과 같은 수학적인 공리에 의한 방법으로 정의될 수 있다. 일반적으로 다음의 3가지 조건을 만족할 때 확률이라고 정의하며, 이러한 확률을 확률의

공리적 확률이라고 한다.

정의 3.3 확률(probability)

1. 임의의 사상 A에 대하여 $0 \le P(A) \le 1$
2. 표본공간으로 이루어진 사상 S에 대하여 $P(S) = 1$
3. 2개 이상의 사상 A, B, C, $\cdots$가 서로 배반사상이면

$$P(A \cup B \cup C \cdots) = P(A) + P(B) + P(C) + \cdots$$

이제 확률의 정의로부터 유도된 몇 가지 성질을 증명 없이 소개하고 이 성질에 대한 몇 가지 예제를 적용하여 보자.

정리 3.1 확률의 기본성질

1. 일어나지 않는 사상 ϕ(공사상)에 대하여 $P(\phi) = 0$
2. A'가 A의 여사상일 때 $P(A') = 1 - P(A)$
3. 두 사상 A, B에 대하여 $P(A \cup B) = P(A) + P(B) - P(A \cap B)$

   특히 A와 B가 서로 배반사상이면, 즉 $A \cap B = \phi$이면 $P(A \cup B) = P(A) + P(B)$이 성립한다.

예제 3.10 어떤 자동차정비공이 하루 동안 정비하는 자동차의 수가 3, 4, 5, 6, 7 혹은 8대 이상이 될 확률이 각각 0.12, 0.19, 0.28, 0.24, 0.10, 0.07이라고 할 때, 그가 다음 번 작업일에 적어도 5대 이상을 정비할 확률은 얼마인가?

풀이 적어도 5대의 차를 수리할 사상을 E라고 하면, $P(E) = 1 - P(E')$가 되는데, E'은 5대 미만의 차를 수리할 사상이다.

$$P(E') = 0.12 + 0.19 = 0.31 \text{이므로}$$

$$P(E) = 1 - 0.31 = 0.69 \text{이다.}$$

예제 3.11 어떤 기계에서 만든 A제품이 품질검사에 통과할 확률이 $\frac{2}{3}$, 그 기계가 만든 B제품이 품질검사에 통과할 확률이 $\frac{4}{9}$이다. 두 제품 모두 품질검사에 통과할 확률이 $\frac{2}{5}$라면 적어도 한 제품이 품질검사에 통과할 확률은 얼마인가?

풀이 사상 A: A제품이 품질검사에 통과할 사상,

사상 B: B제품이 품질검사에 통과할 사상

두 제품 중 적어도 한 제품이 품질검사에 통과할 확률은

$$\begin{aligned} P(A \cup B) &= P(A) + P(B) - P(A \cap B) \\ &= \frac{2}{3} + \frac{4}{9} - \frac{2}{5} = \frac{32}{45} \end{aligned}$$

이다.

예제 3.12 새 자동차를 사려고 하는 어느 고객이 백색과 적색의 자동차를 구입할 확률이 각각 0.15, 0.21이라고 할 때, 그 고객이 두 가지 색 중 어느 한 가지 색의 차를 구입할 확률은 얼마인가?

풀이 고객이 백색과 적색의 차를 구입할 사상을 각각 W, R이라고 하면, 이 두 사상은 서로 배반이므로 구하는 확률은

$$\begin{aligned} P(W \cup R) &= P(W) + P(R) \\ &= 0.15 + 0.21 \\ &= 0.36 \end{aligned}$$

이 된다.

3.2 독립사상

3.2.1 조건부 확률

아래 표는 2개의 생산라인에서 생산된 n개 제품에 대하여 불량품 여부를 검사한 결과이다.

표 3.1 ▸▸ 생산라인별 불량품 여부

불량품 여부 / 생산라인	B(불량품)	$\overline{B}$(양품)	계
A(제1생산라인)	$A \cap B$ a개	$A \cap \overline{B}$ b개	$a+b$
$\overline{A}$(제2생산라인)	$\overline{A} \cap B$ c개	$\overline{A} \cap \overline{B}$ d개	$c+d$
계	$a+c$	$b+d$	n

여기서, $n = a+b+c+d$

사상 A가 일어난 것을 알고 있을 때, 사상 B가 일어날 확률을 사상 A가 주어졌을 때 사상 B의 **조건부 확률**(conditional probability)이라고 하며, 기호 $P(B|A)$로 나타낸다.

위의 표 3.1의 결과에서 임의로 1개의 제품을 뽑을 때 그 제품이 제1생산라인일 사상을 A, 불량품일 사상을 B, 제1생산라인이며 동시에 불량품일 사상을 $A \cap B$라고 할 때 사상 A, B, $A \cap B$의 확률은 각각

제1생산라인에서 뽑을 확률: $P(A) = \dfrac{a+b}{n}$,

불량품을 뽑을 확률: $P(B) = \dfrac{a+c}{n}$,

제1생산라인에서 불량품을 뽑을 확률: $P(A \cap B) = \dfrac{a}{n}$

이다.

또 뽑힌 제품이 제1생산라인(A)임을 알고 있을 때 그 제품이 불량품(B)일 조건부 확률은

$$P(B|A) = \frac{a}{a+b} = \frac{a/n}{(a+b)/n} = \frac{P(A \cap B)}{P(A)}$$

이다.

정의 3.4 조건부 확률

A가 주어졌을 때, B의 조건부 확률은 $P(B|A)$로 나타내고 $P(A) > 0$이면

$$P(B|A) = \frac{P(A \cap B)}{P(A)}$$

으로 정의된다.

조건부 확률의 정의로부터 다음의 승법공식이 성립함을 알 수 있다.

정리 3.2 승법공식

$P(A) > 0$, $P(B) > 0$이면

$$P(A \cap B) = P(A|B) \cdot P(B) = P(B|A) \cdot P(A)$$

가 성립한다.

예제 3.13 다음은 2개의 생산라인에서 생산된 40개 제품에 대하여 불량품 여부를 검사한 결과이다.

표 3.2 ▸▸ 생산라인별 불량품 여부

생산라인 \ 불량품 여부	B(불량품)	$\overline{B}$(양품)	계
A(제1생산라인)	5	15	20
$\overline{A}$(제2생산라인)	3	17	20
계	8	32	40

조사한 결과에서 임의로 1개의 제품을 뽑을 때 제1생산라인의 제품이라는 조건하에서 그 제품이 불량품일 확률을 구하여라.

풀이 제품이 제1생산라인일 사상을 A, 불량품일 사상을 B라고 하자. 뽑힌 제품이 제1생산라인에서 나왔다는 가정하에서 그것이 불량품일 확률은

$$P(B|A)=\frac{P(A\cap B)}{P(A)}=\frac{5/40}{20/40}=\frac{5}{20}=\frac{1}{4}$$

이다.

3.2.2 독립사상

두 사상 A, B에 대하여 A의 여부(나오느냐, 나오지 않느냐)에 따라 B의 확률이 다를 때, 즉 $P(B|A)\neq P(B|\overline{A})$일 때 두 사상 A와 B는 **종속**(dependent)이라고 하고, A의 출현 여부에 관계없이 B의 확률이 같을 때, 즉 $P(B|A)=P(B|\overline{A})$일 때 두 사상 A와 B는 **독립**(independent)이라고 한다.

따라서 독립사상에 대하여 다음과 같이 정의한다.

정의 3.5 독립사상

두 개의 사상 A, B에 대하여

$$P(A|B)=P(A) \text{ 또는 } P(B|A)=P(B)$$

이면 사상 A와 B를 **독립사상**(independent event)이라고 하며, 그렇지 않은 경우 **종속사상**(dependent event)이라고 한다.

특히 사상 A, B가 독립사상이면 정리 3.2의 승법공식을 다음과 같이 나타낼 수 있다.

정리 3.3 확률의 곱셈법칙

두 사상 A, B가 독립사상이면

$$P(A \cap B) = P(A) \cdot P(B)$$

이다.

위의 정리에 대하여 $P(A \cap B) = P(A) \cdot P(B)$가 성립하면 A와 B를 독립사상이라고 정의한다. 따라서 $P(A \cap B) = P(A) \cdot P(B)$는 두 사상 A와 B가 독립사상이기 위한 필요충분조건이 된다.

예제 3.14 두 개의 동전을 던질 때, 앞면의 수가 0 또는 1일 사상을 A라고 하고, 앞면과 뒷면이 각각 1개일 사상을 B라고 하자. 사상 A와 B는 서로 독립인지 조사하여라.

풀이 표본공간은 $S = \{HH, HT, TH, TT\}$이며, $A = \{HT, TH, TT\}$, $B = \{HT, TH\}$, $A \cap B = \{HT, TH\}$이다. 따라서

$$P(A) = \frac{3}{4}, \quad P(B) = \frac{2}{4}, \quad P(A \cap B) = \frac{2}{4}$$

이므로 $P(A \cap B) \neq P(A)P(B)$, 즉 A와 B는 서로 종속이다.

예제 3.15 불량품 20개, 양품 80개로 구성된 로트에서 랜덤하게 1개씩 두 번 샘플링할 때 첫 번째는 불량품이고 두 번째는 양품일 확률을 구하여라. (단, 한 번 샘플링한 것은 다시 넣는다.)

풀이 A를 첫 번째 뽑힌 것이 불량품일 사상, B를 두 번째 뽑힌 것이 양품일 사상이라고 하면 A와 B는 서로 독립이므로

$$P(A \cap B) = P(A)P(B) = \frac{20}{100} \cdot \frac{80}{100} = \frac{4}{25}$$

이다.

예제 3.16 어떤 한 생산라인에서 생산된 불량품이 40개였다. 이 불량품에 대해 두께 불량은 25개, 무게 불량은 15개였다. 40개 불량품 중 1개씩 차례로 2개를 검사할 때 처음에 두께 불량, 나중에 무게 불량이 검사될 확률을 구하여라. (단, 한

번 검사한 제품은 다시 검사하지 않는다.)

풀이 첫 번째 검사한 제품이 두께 불량일 사상을 A, 두 번째 검사한 제품이 무게 불량일 사상을 B라고 하면 A와 B는 서로 독립이 아니다. 따라서 구하고자 하는 확률은

$$P(A\cap B)=P(A)P(B|A)=\frac{25}{40}\cdot\frac{15}{39}=\frac{75}{312}$$

이다.

위 예제에서 꺼낸 제품을 다시 집어넣지 않을 때는 **비복원추출**(sampling without replacement)이라고 하고, 꺼낸 제품을 다시 집어넣을 때는 **복원추출**(sampling with replacement)이라고 한다.

정리 3.3의 두 개의 사상의 경우를 n개의 사상까지 확장시키면 다음의 정리를 얻는다.

정리 3.4 n개의 사상의 독립성

n개의 사상 $A_1, A_2, \cdots, A_n$에 대하여

$$P(A_i\cap A_j)=P(A_i)P(A_j),\quad (1\le i<j\le n)$$
$$P(A_i\cap A_j\cap A_k)=P(A_i)P(A_j)P(A_k),\quad (1\le i<j<k\le n)$$
$$\cdots\cdots\cdots\cdots\cdots$$
$$P(A_1\cap A_2\cap\cdots\cap A_n)=P(A_1)P(A_2)\cdots P(A_n)$$

이 성립할 때 $A_1, A_2, \cdots, A_n$은 서로 독립이라고 한다.

위의 정리 3.4의 결과에 의해 $n=3$인 경우는

$$P(A\cap B)=P(A)\cdot P(B),$$
$$P(A\cap C)=P(A)\cdot P(C),$$
$$P(B\cap C)=P(B)\cdot P(C),$$
$$P(A\cap B\cap C)=P(A)P(B)P(C)$$

이 성립할 때, 세 사상 A, B, C는 서로 독립이 된다.

예제 3.17 2개의 주사위를 던질 때,

$$\Omega=\{\text{모든 순서쌍 } (i,\ j)\mid i, j=1,\ 2,\ 3,\ 4,\ 5,\ 6\}$$

이고, 어떤 사상이 일어날 확률이 $\frac{1}{36}$이다. 이때 다음 사상들에 대하여 독립성을 살펴보아라.

(1) $A=\{$처음 주사위의 눈$=1,\ 2$ 또는 $3\}$,
$B=\{$처음 주사위의 눈$=3,\ 4$ 또는 $5\}$,
$C=\{$2개의 주사위의 눈의 합$=9\}$

(2) $A=\{$첫 번째 주사위의 눈$=1,\ 2$ 또는$3\}$,
$B=\{$두 번째 주사위의 눈$=4,\ 5$ 또는$6\}$,
$C=\{$2개의 주사위의 눈의 합$=7\}$

풀이 (1) $A\cap B=\{(3,1),\ (3,2),\ (3,3),\ (3,4),(3,5),\ (3,6)\}$,
$A\cap C=\{(3,6)\}$,
$B\cap C=\{(3,6),\ (4,5),\ (5,4)\},\ A\cap B\cap C=\{(3,6)\}$

이므로, 다음이 성립한다.

$$P(A\cap B)=\frac{1}{6},\ P(A)P(B)=\left(\frac{1}{2}\right)\left(\frac{1}{2}\right)=\frac{1}{4}$$
$$\Rightarrow P(A\cap B)\neq P(A)P(B),$$
$$P(A\cap C)=\frac{1}{36},\ P(A)P(C)=\left(\frac{1}{2}\right)\left(\frac{4}{36}\right)=\frac{1}{18}$$
$$\Rightarrow P(A\cap C)\neq P(A)P(C),$$
$$P(B\cap C)=\frac{1}{12},\ P(B)P(C)=\left(\frac{1}{2}\right)\left(\frac{1}{9}\right)=\frac{1}{18}$$
$$\Rightarrow P(B\cap C)\neq P(B)P(C).$$

그러나

$$P(A)P(B)P(C)=\left(\frac{1}{2}\right)\left(\frac{1}{2}\right)\left(\frac{1}{9}\right)=\frac{1}{36},\ P(A\cap B\cap C)=\frac{1}{36}$$

이므로 다음이 성립된다.

$$P(A\cap B\cap C)=P(A)P(B)P(C)$$

따라서 4개의 관계식 중 마지막 관계식만이 성립되므로 세 사상 A, B, C는 상호독립이 아님을 알 수 있다.

(2) $A\cap C=\{(1,6),\ (2,5),\ (3,4)\}=A\cap B\cap C$ 이므로 다음이 성립한다.

$$P(A \cap B) = \frac{1}{4},\ P(A)P(B) = \left(\frac{1}{2}\right)\left(\frac{1}{2}\right) = \frac{1}{4}$$
$$\Rightarrow P(A \cap B) = P(A)P(B),$$
$$P(A \cap C) = \frac{1}{12},\ P(A)P(C) = \left(\frac{1}{2}\right)\left(\frac{1}{6}\right) = \frac{1}{12}$$
$$\Rightarrow P(A \cap C) = P(A)P(C),$$
$$P(B \cap C) = \frac{1}{12},\ P(B)P(C) = \left(\frac{1}{2}\right)\left(\frac{1}{6}\right) = \frac{1}{12}$$
$$\Rightarrow P(B \cap C) = P(B)P(C),$$

그리고 $P(A)P(B)P(C) = \frac{1}{24}$, $P(A \cap B \cap C) = \frac{1}{12}$ 이므로 다음이 성립된다.

$$P(A \cap B \cap C) \neq P(A)P(B)P(C)$$

따라서 세 사상 A, B, C는 서로 독립이 아님을 알 수 있다.

정리 3.5 승법정리의 확장

사상 $A_1, A_2, \cdots, A_n$가 일어나는 실험에서

$$P(A_1 \cap A_2 \cap \cdots \cap A_n) = P(A_1)P(A_2 \mid A_1)P(A_3 \mid A_1 \cap A_2) \cdots P(A_n \mid A_1 \cap A_2 \cap \cdots \cap A_{n-1})$$

위의 정리 3.5에서, 특히 세 사상 A, B, C에 대하여는

$$P(A \cap B \cap C) = P(A)P(B|A)P(C|A \cap B)$$

가 된다.

예제 3.18 빨간 상자 속에는 5개의 양품과 4개의 불량품이 들어 있고, 파란 상자 속에는 4개의 양품과 6개의 불량품이 들어 있다. 1개의 제품을 빨간 상자 속에서 꺼내어 보이지 않고, 파란 상자 속에 넣었다. 이제 파란 상자 속에서 꺼낸 한 공이 불량품일 확률을 구하여라.

풀이 B_1, B_2, W_1을 각각 빨간 상자 속에서 불량품, 파란 상자 속에서 불량품, 빨간 상자 속에서 양품을 꺼내는 사상이라고 하면, $B_1 \cap B_2$와 $W_1 \cap B_2$는 서로 배반인 사상이다. 그러므로 구하는 확률은 다음과 같이 구한다.

$$
\begin{aligned}
P[(B_1 \cap B_2) \cup (W_1 \cap B_2)] &= P(B_1 \cap B_2) + P(W_1 \cap B_2) \\
&= P(B_1)P(B_2|B_1) + P(W_1)P(B_2|W_1) \\
&= \frac{4}{9} \times \frac{7}{11} + \frac{5}{9} \times \frac{6}{11} \\
&= \frac{28}{99} + \frac{30}{99} = \frac{58}{99}.
\end{aligned}
$$

3.3 베이즈의 정리

조건부 확률의 또 다른 정리로 베이즈의 정리가 있다. 이 베이즈 정리를 유도하기 위해 표본공간 S의 분할에 대하여 생각해 보자.

집합 S는 표본공간이고 $A_1, A_2, \cdots, A_n$는 S의 부분집합이라고 할 때

1. $A_i > 0$
2. 모든 i, j에 대하여 $A_i \cap A_j = \phi \ (i \neq j)$
3. $A_1 \cup A_2 \cup \cdots \cup A_n = S$

이면 A_i를 S의 **분할**(partition)이라고 한다.

위와 같은 분할에 어떤 사상이 일어날 때 이 사상이 일어날 확률을 구해 보자. 그림 3.7에서 $P(A_i) > 0$, $i = 1, 2, \cdots, n$일 때 임의의 사상 B는 서로 배반하는 사상 $A_1 \cap B$, $A_2 \cap B$, $\cdots$, $A_n \cap B$의 합이다. 즉 $B = (A_1 \cap B) \cup (A_2 \cap B) \cup \cdots \cup (A_n \cap B)$이며, 이들은 서로 배반사상이므로

$$P(B) = P(A_1 \cap B) + P(A_2 \cap B) + \cdots + P(A_n \cap B)$$

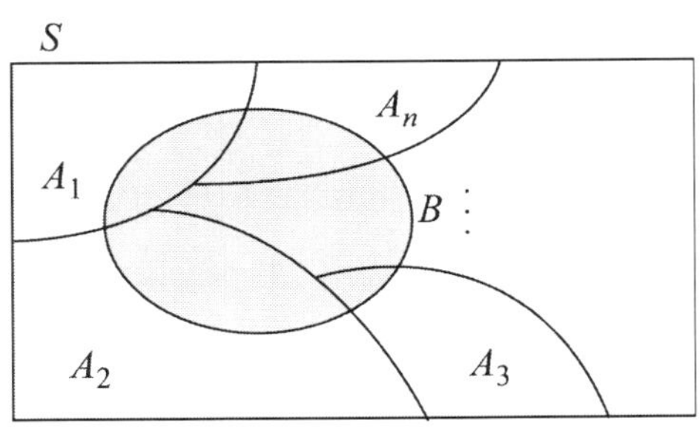

그림 3.7 ▸▸▸ 표본공간 S의 분할

$$= P(A_1)P(B|A_1) + P(A_2)P(B|A_2) + \cdots + P(A_n)P(B|A_n)$$
$$= \sum_{i=1}^{n} P(A_i)P(B|A_i)$$

이 성립함을 알 수 있다. 이를 **전확률의 정리**(Theorem of total probability)라고 한다.

정리 3.6 전확률의 정리

사상 $A_1, A_2, \cdots, A_n$가 표본공간 S의 분할이고 $P(A_i) > 0$이면 임의의 사상 B에 대하여

$$P(B) = P(A_1)P(B|A_1) + P(A_2)P(B|A_2) + \cdots + P(A_n)P(B|A_n)$$

이 성립한다.

예제 3.19 A, B, C 3종류의 기계를 사용하고 있는 공장이 있다. A, B, C에 의하여 생산되는 제품의 양은 각각 전체 생산량의 50%, 30%, 20%를 차지하며, A, B, C에서 만들어진 제품의 불량률은 각각 3%, 2%, 1%라고 한다. 이 공장의 제품에서 임의로 뽑은 하나의 제품이 불량품일 확률을 구하여라.

풀이 아래 그림에서 A, B, C는 S를 분할한다. D가 불량품인 사상이라면 전확률의 정리를 이용할 수 있다.

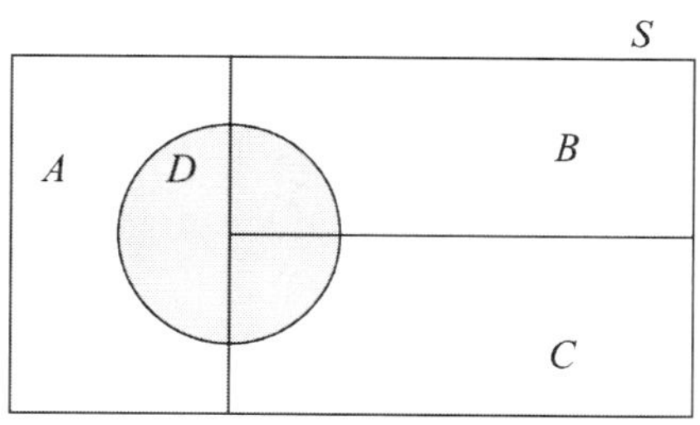

$$\begin{aligned} P(D) &= P(A \cap D) + P(B \cap D) + P(C \cap D) \\ &= P(A)P(D|A) + P(B)P(D|B) + P(C)P(D|C) \\ &= 0.5 \times 0.03 + 0.3 \times 0.02 + 0.2 \times 0.01 \\ &= 0.023. \end{aligned}$$

위 예제 3.19에서 하나의 제품을 뽑아 검사하였더니 불량품이었다. 이 제품이 A에 의해서 생산된 제품일 확률을 구하자. 정리 3.7의 베이즈 정리를 이용하여, 이 제품

이 불량품이므로 사상 D가 주어진 조건부 확률 $P(A|D)$을 구하는 문제이며 전확률의 정리에 의하여 구한 $P(D)$를 적용한다.

$$P(A|D) = \frac{P(A \cap D)}{P(D)}$$

$$= \frac{P(A)P(D|A)}{P(A)P(D|A) + P(B)P(D|B) + P(C)P(D|C)}$$

$$= \frac{0.5 \times 0.03}{0.5 \times 0.03 + 0.3 \times 0.02 + 0.2 \times 0.01}$$

$$= \frac{0.015}{0.023}$$

$$\fallingdotseq 0.652$$

또한 위와 같은 방법으로 $P(B|D)$와 $P(C|D)$도 구할 수 있다.

정리 3.7 베이즈의 정리(Bayes' theorem)

사상 $A_1, A_2, \cdots, A_n$가 S의 분할이고 $P(A_i) > 0$일 때, 다른 사상 B에 대하여 $P(B) > 0$이면

$$P(A_i|B) = \frac{P(A_i \cap B)}{P(B)}$$
$$= \frac{P(A_i)P(B|A_i)}{P(A_1)P(B|A_1) + P(A_2)P(B|A_2) + \cdots + P(A_n)P(B|A_n)}$$

이 성립한다.

위 정리 3.7에서 원인 A_i에 대하여 $P(A_i)$를 **사전확률**(prior probability), $P(A_i|B)$를 **사후확률**(posterior probability)이라고 한다.

예제 3.20 어느 제조업체에서는 제품을 개발할 때 세 가지 제조공법을 적용하고 있다. 비용의 문제로 제조공법 1, 2, 3을 제품의 50%, 30%, 20%에 각각 적용하고 있다. 세 가지 방법에 따라 불량률이 각각 2%, 1%, 3%인 것으로 알려졌다.
한 제품을 임의로 선택한 후 검사한 결과 이 제품이 불량이었다면, 이 제품이 제조공법 1을 사용하였을 확률을 구하여라.

풀이 다음 사상들을 생각하자.

B_1: 제조공법 1이 적용될 사상

B_2: 제조공법 2가 적용될 사상

B_3: 제조공법 3이 적용될 사상,

그리고 A: 불량이 나올 사상, 세 가지 방법에 따라 불량이 나올 확률은 각각

$$P(A|B_1) = 0.02,\ P(A|B_2) = 0.01, P(A|B_3) = 0.03$$

여기서 전확률 정리를 적용하면 불량이 나올 확률은 다음과 같다.

$$P(A) = P(B_1)P(A|B_1) + P(B_2)P(A|B_2) + P(B_3)P(A|B_3) = 0.019$$

따라서 선택한 제품이 불량이었다면, 이 제품이 제조공법 1이 적용되었을 확률은 다음과 같다.

$$P(B_1|A) = \frac{P(B_1)P(A|B_1)}{P(B_1)P(A|B_1) + P(B_2)P(A|B_2) + P(B_3)P(A|B_3)}$$

$$= \frac{(0.50)(0.02)}{(0.50)(0.02) + (0,3)(0.01) + (0.20)(0.03)} = 0.526$$

이다.

위의 예제에서 $P(B_2|A) = 0.158, P(B_3|A) = 0.316$을 얻을 수 있다.

3.4 확률변수와 확률분포

3.4.1 확률변수

통계학은 모집단이나 모집단의 특성을 추론하는 분야이다. 또 실험에 의하여 우연한 결과들이 얻어진다. 전자부품의 수를 검사하는 여러 가지 우연한 관측들이 수행되는 어떤 과정을 설명하기 위하여 사용되는 용어인 **통계적 실험**(statistical experiment)의 한 예이다.

때때로 실험결과를 수치로 나타내는 것이 아주 중요한 의미를 가지게 된다. 예를 들어 2개의 전자부품을 검사하였을 때 출현 가능한 모든 결과들을 자세하게 보여 주는 표본공간은 다음과 같다.

$$S = \{NN, ND, DN, DD\}$$

N은 양호한 부품을 의미하고, D는 결함이 있는 부품을 의미한다. 당연히 결함이 있는 부품의 수에 관심을 가지게 될 것이다. 따라서 각 표본점에 0, 1의 숫자들을 대응시킬 수 있다. 결함이 있는 부품의 수를 실수 X로 표시하면 사상 (NN)는 $X=0$, (ND, DN)는 $X=1$, (DD)는 $X=2$이다. 표본공간 S의 모든 표본점들에 실숫값을 대응시키는 함수를 **확률변수**(random variable)라고 한다.

정의 3.6 확률변수(random variable)

표본공간에서 정의된 실숫값 함수를 확률변수라고 한다.

표본공간에서 확률변수는 $X, Y, Z, \ldots$ 등 여러 가지로 정의될 수 있으며, 변수를 확률과 결부시켜 이론적으로 전개해 나간 것이다. 표본공간이 셀 수 있는 표본점으로 이루어지면 **이산표본공간**(discrete sample space)이라고 하며, 어떤 실수 구간에 있는 점의 수와 같이 셀 수 없는 무한개의 가능성을 품고 있으면 **연속표본공간**(continuous sample space)이다. 확률변수에 있어서는 이와 같이 이산확률변수, 연속확률변수를 정의하며, 위 예에서 동전의 앞면의 수 X와 제품의 불량품의 수 Y는 **이산확률변수**(discrete random variable)이고, 제품의 순도와 강도, 브라운관의 수명시간, 실의 장력 등은 **연속확률변수**(continuous random variable)의 예이다.

정의 3.7 이산확률변수와 연속확률변수

확률변수 X가 유한이거나 셀 수 있는 값을 취할 때 X를 이산확률변수라고 하고, X가 적절한 구간 내의 셀 수 없는 모든 실숫값을 취할 때 연속확률변수라고 한다.

3.4.2 이산확률분포

동전을 3회 던질 때 뒷면이 나오면 N, 앞면이 나오면 D라고 하고, 앞면이 나오는 수를 확률변수 X로 나타내면, 그림 3.8과 같이 나무 그림을 이용하여 표본공간의 원소로

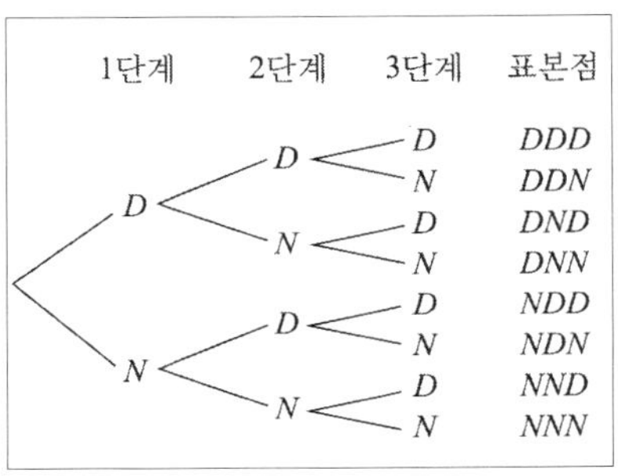

그림 3.8 ▸▸▸ 나무 그림

나열할 수 있다.

이때 사상(NNN)은 $X=0$, (NND, NDN, DNN)은 $X=1$, (NDD, DND, DDN)은 $X=2$이고 (DDD)는 $X=3$이므로 $P(X=0)=\frac{1}{8}$, $P(X=1)=\frac{3}{8}$, $P(X=2)=\frac{3}{8}$, $P(X=3)=\frac{1}{8}$이며 이들을 다음과 같이 나타낼 수 있다.

표 3.3

앞면이 나오는 수: X	확률: $P(X)$
0	1/8
1	3/8
2	3/8
3	1/8
합 계	1

여기서 $P(X=x)$는 이산변수 $X=x$에 대응하는 확률이다. 순서쌍$(x,\ P(x))$를 **확률함수**(probability function) 또는 **확률분포**(probability distribution)라고 하며 이산확률변수의 모든 값에 그의 확률을 대응시키는 식 또는 표를 **이산확률분포**(discrete probability distribution) 또는 **이산분포**(discrete distribution)라고 한다. $P(X \le x)$를 **누적확률분포**(cumulative probability distribution)라고 한다.

정의 3.8 이산확률변수의 확률질량함수

이산확률변수 X가 $x_1,\ x_2,\ \cdots$의 값을 취할 때, X의 **확률질량함수**(probability mass function) $f(x)$는

$$f(x)=\begin{cases} P(X=x), & x=x_1,\ x_2,\ \cdots \\ 0, & \text{기타} \end{cases}$$

으로 정의된다.

확률질량함수는 다음과 같은 성질을 갖는다.

정리 3.8 확률질량함수의 성질

X를 이산확률변수라고 할 때 X의 확률질량함수 $f(x)$에 대하여

1. $f(x) \ge 0$
2. $\sum_{x_i \in s} f(x_i)=1$
3. $P(a< X \le b)=\sum_{a< x_i \le b} f(x_i)$

이 성립한다.

예제 3.21 어느 백화점에서 연말 매출용으로 내놓은 15개의 계산기 가운데 5개의 불량품이 있다고 하자. 한 고객이 이 가운데서 3개를 택하였을 때, 그 중의 불량품의 개수를 X라고 하면 X의 확률분포표와 히스토그램을 나타내어라.

풀이 15개 중에서 3개를 택하는 방법의 수는 ${}_{15}C_3 = 455$이고, 15개의 계산기 가운데 5개는 불량품이고 10개가 양품이므로 X를 불량품의 개수로 나타내면

$$P(X=0) = \frac{{}_{10}C_3\,{}_5C_0}{{}_{15}C_3} = \frac{120}{455} = \frac{24}{91},$$

$$P(X=1) = \frac{{}_{10}C_2\,{}_5C_1}{{}_{15}C_3} = \frac{45 \cdot 5}{455} = \frac{45}{91},$$

$$P(X=2) = \frac{{}_{10}C_1\,{}_5C_2}{{}_{15}C_3} = \frac{10 \cdot 10}{455} = \frac{20}{91},$$

$$P(X=3) = \frac{{}_{10}C_0\,{}_5C_3}{{}_{15}C_3} = \frac{10}{455} = \frac{2}{91}.$$

이를 정리하면 표 3.4와 같은 확률분포표를 얻으며, 또한 그림 3.9와 같은 히스토그램을 얻는다.

표 3.4 ▸▸▸ 확률분포표

x	0	1	2	3
$P(X=x)$	24/91	45/91	20/91	2/91

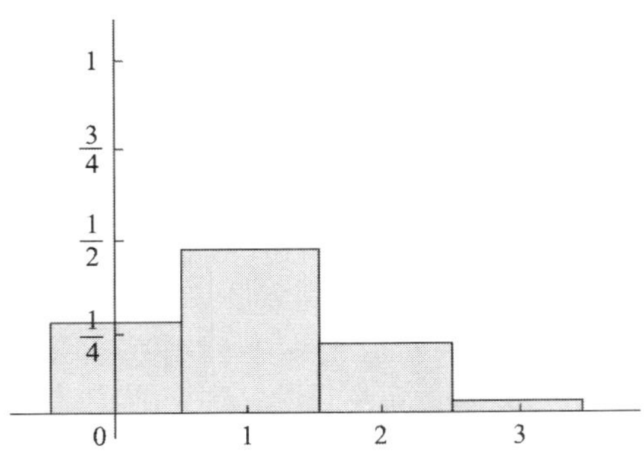

그림 3.9 ▸▸▸ 히스토그램

3.4.3 연속확률분포

연속형 확률변수가 정확히 어느 하나의 값을 가지게 될 확률은 0이다. 따라서 그것의 확률분포는 이산형 확률분포에서와 같이 분포표 형태로 나타낼 수 없다. 연속확률변수에 대응하는 확률은 어떻게 처리해야 할 것인가? 즉 연속확률분포를 예를 들어 설명하자.

어떤 기계에 의하여 만들어지는 제품의 무게를 확률변수 X로 나타내자. 제품의 무게가 73.5 kg과 76.8 kg 또는 78.1 kg과 80.2 kg 사이에 무수히 많은 확률변수값이 있을 것이다. 이 두 확률변수 사이에 있는 확률은 구할 수 있으나 정확히 $X=70.5$ kg인 확률은 무의미하다.

어떤 원료에서 만들어지는 제품의 순도(단위: %), 어느 TV 공장에서 생산되는 브라운관의 수명시간(단위: 시간), 어느 회사에서 만드는 실의 장력(단위: kg/cm^2), 어떤 공정온도에서 만들어지는 제품의 강도 등이 연속확률분포를 갖는다.

연속확률변수는 그 값을 차례로 배열하여 번호를 붙일 수 없으므로 i번째의 값 x_i를 지정할 수 없다. 따라서 이 경우에는 이산확률변수처럼 확률을 식으로 정의할 수 없으며, 연속확률변수에 관한 확률은 확률밀도함수를 이용하여 구한다.

연속변수의 확률분포표는 만들 수 없으나 식으로 표시할 수 있다. 이 식은 연속변수의 실수값 함수이며, 연속곡선으로 나타낼 수 있다. 이 곡선을 나타내는 확률함수를 **확률밀도함수**(probability density function) 또는 간단히 **밀도함수**(density function)라고 한다.

> **정의 3.9 연속확률변수의 확률밀도함수**
>
> X를 연속확률변수라고 할 때, 다음의 조건
>
> 1. 모든 X에 대하여 $f(x) \geq 0$
> 2. $\int_{-\infty}^{\infty} f(x)dx = 1$
> 3. $P(a < X \leq b) = \int_a^b f(x)dx$ (단, $-\infty \leq a < b \leq \infty$)
>
> 를 만족하는 함수 $f(x)$를 X의 확률밀도함수(probability density function 또는 pdf.)라고 한다.

연속확률변수 X의 경우 $P(X=a) = \int_a^a f(x)dx = 0$이므로 $<$와 $\leq$, $>$와 $\geq$은 같다.

연속변수의 한 값에 대한 것보다 구간에서의 확률을 다루어 보자. 연속변수의 여러 구간에서의 확률, 즉 $P(a < X < b)$, $P(W > 0), \cdots$ 등을 취급하는 것이 편리하다. 그런데 X가 연속일 때,

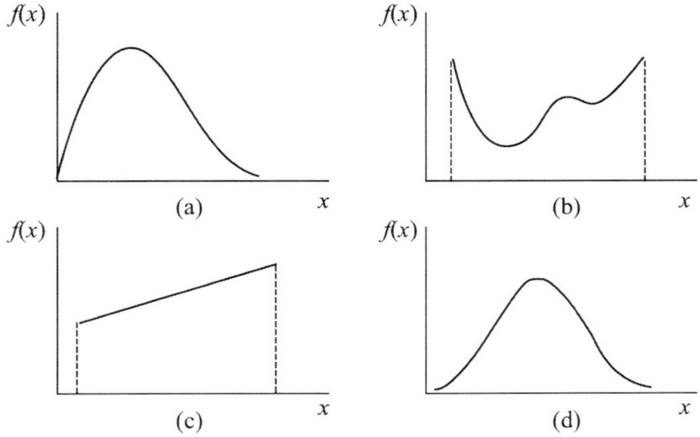

그림 3.10 ▸▸▸ 확률밀도함수

$$P(a< X\leq b) = P(a< X< b) + P(X=b)$$
$$= P(a< X< b)$$

임을 주의하자.

연속변수 X의 모든 값에 대해서, 통계적 자료의 해석에서 실제로 이용되는 대부분의 밀도함수는 연속이다. 이 그래프의 개형을 생각해 보자. 실제로 이 면적은 확률을 나타내고, 확률은 양의 실숫값이므로 밀도함수는 x축 윗부분에 있어야 한다. 다음 그림 3.10과 같은 모양이 될 것이다.

확률밀도함수가 나타내는 곡선 아래와 x축 위에 있는 면적은 1이다. 확률밀도함수가 그림 3.11과 같다면 그늘진 부분의 확률은 $P(a < X < b)$로 나타낸다.

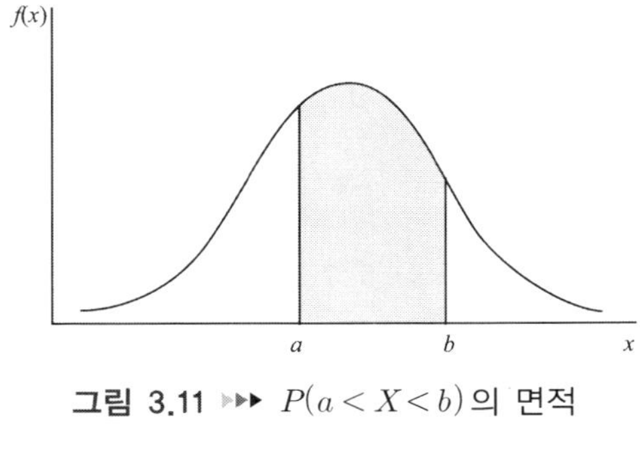

그림 3.11 ▸▸▸ $P(a< X< b)$의 면적

예제 3.22 확률변수 X의 pdf.가 다음과 같을 때

$$f(x) = \begin{cases} \dfrac{x+1}{8}, & 2 < x < 4 \\ 0, & \text{그 밖에서} \end{cases}$$

1) $P(2 < X < 4) = 1$임을 밝혀라.

2) $P(X < 3.5)$를 구하여라.

3) $P(2.4 < X < 3.5)$를 구하여라.

풀이 1) $P(2 < X < 4) = \int_2^4 f(x)dx = \int_2^4 \dfrac{x+1}{8}dx$

$$= \frac{1}{8}\left[\frac{1}{2}x^2 + x\right]_2^4 = 1.$$

2) $P(X < 3.5) = \int_2^{3.5} f(x)dx = \int_2^{3.5} \dfrac{x+1}{8}dx$

$$= \frac{1}{8}\left[\frac{1}{2}x^2 + x\right]_2^{3.5} = 0.703.$$

3) $P(2.4 < X < 3.5) = \int_{2.4}^{3.5} f(x)dx = \int_{2.4}^{3.5} \dfrac{x+1}{8}dx$

$$= \frac{1}{8}\left[\frac{1}{2}x^2 + x\right]_{2.4}^{3.5} = 0.543.$$

예제 3.23 확률변수 X의 pdf.가

$$f(x) = \begin{cases} k(1-x^2), & -1 < x < 1 \\ 0, & \text{그 밖에서} \end{cases}$$

1) $\int_{-\infty}^{\infty} f(x)dx = 1$이 되도록 상수 k의 값을 구하여라.

2) $P(-0.5 < X < 0.3)$을 구하여라.

풀이 1) $\int_{-\infty}^{\infty} f(x)dx = \int_{-1}^{1} f(x)dx = \int_{-1}^{1} k(1-x^2)dx$

$$= k\left[x - \frac{1}{3}x^3\right]_{-1}^{1} = \frac{4}{3}k,$$

$\dfrac{4}{3}k = 1$이므로 $k = \dfrac{3}{4}$이다.

2) $P(-0.5 < X < 0.3) = \int_{-0.5}^{0.3} \frac{3}{4}(1-x^2)\,dx$

$$= \frac{3}{4}\left[x - \frac{1}{3}x^3\right]_{-0.5}^{0.3} = 0.562.$$

3.5 결합확률분포

지금까지는 하나의 확률변수 X 또는 Y에 관한 1차원 확률변수와 확률분포를 다루었으나 여기서는 2개의 확률변수의 쌍 (X, Y)의 경우를 생각해 보기로 하자. (X, Y)를 2차원 확률변수라고 하며, 확률변수가 3개 이상인 경우도 똑같이 정의할 수 있다. X는 어느 공장에서 생산된 제품의 강도, Y는 제품의 무게를 나타내는 경우 또는 X는 오른손의 악력, Y는 왼손의 악력을 나타내는 경우 등 여러 가지 예를 들 수 있다.

2차원 확률분포를 예를 들어 설명하자. 어떤 생산라인에서 하루 동안 생산된 불량품이 8개일 때 이들 불량품 중에서 두께 불량이 3개, 무게 불량이 2개, 길이 불량이 3개 검사되었다. 8개의 불량품 중에서 임의로 2개를 검사할 때, X는 두께 불량품의 수, Y는 무게 불량품의 수라고 정의하면

$$X = 0,\ 1,\ 2, \qquad\qquad Y = 0,\ 1,\ 2$$

를 취할 수 있고, 가능한 (x, y)쌍은 $(0, 0)$, $(0, 1)$, $(1, 0)$, $(1, 1)$, $(0, 2)$, $(2, 0)$의 6가지이다. 이 6쌍의 $(x,\ y)$에 대하여 $X = x$이고 $Y = y$일 확률 $P(X = x,\ Y = y)$은 다음과 같다.

$$P(X = x,\ Y = y) = \frac{{}_3C_x \cdot {}_2C_y \cdot {}_3C_{2-x-y}}{{}_8C_2}$$

$$x = 0, 1, 2, \quad y = 0, 1, 2, \quad 0 \le x + y \le 2.$$

이를 계산하여 표로 나타내면 표 3.5와 같다.

표 3.5 ▸▸▸ X와 Y의 결합확률분포표

x \ y	0	1	2	합계
0	3/28	6/28	1/28	10/28
1	9/28	6/28	0	15/28
2	3/28	0	0	3/28
합계	15/28	12/28	1/28	1

일반적으로 이산확률변수 X, Y에 대해서

$$X\text{의 값: } x_1, x_2, \cdots, x_k$$
$$Y\text{의 값: } y_1, y_2, \cdots, y_l$$

일 때, $k\times l$개의 쌍 $(x_i,\ y_j)$, $i=1,\ 2,\ \cdots,\ k$, $j=1,\ 2,\ \cdots,\ l$에 대하여

$$P(X=x_i,\ \ Y=y_j)=f(x_i,\ y_j)$$

형태로 표시하고 이를 확률변수 (X, Y)의 **결합확률질량함수**(joint probability mass function)라고 하며, 이산확률변수 X, Y에 대하여 X와 Y의 결합확률질량함수는

$$f(x,y)=\begin{cases} P(X=x, Y=y), & X=x,\ Y=y\text{일 때} \\ 0, & \text{기타} \end{cases}$$

와 같이 정의한다.

확률변수가 2개인 경우에 대하여도 1변수의 경우에서와 마찬가지로 결합확률질량함수 $f(x,y)$도 다음의 성질을 만족하게 된다.

정리 3.9 이산형 결합확률질량함수의 성질

$f(x,\ y)$를 이산확률변수 X와 Y의 결합확률질량함수라고 할 때, $f(x,\ y)$는 다음의 조건을 만족해야 한다.

1. $f(x,\ y)=P(X=x,\ Y=y)\geq 0$
2. $\displaystyle\sum\sum_{(x,y)\in S} f(x,\ y)=1$
3. $\displaystyle P[(X, Y)\in A]=\sum\sum_{(x,y)\in A} f(x,\ y),\ \ A\subset S$

또, 확률변수 X와 Y에 대하여 표 3.6과 같은 표를 만들면 이 표에 의해 두 확률변수 X, Y의 분포상태를 잘 알 수 있는데, 이 표를 결합확률분포표라고 한다.

표 3.6 ▸▸▸ 결합확률분포표

x \ y	y_1	y_2	$\cdots$	y_j	$\cdots$	y_l	합계
x_1	$f(x_1, y_1)$	$f(x_1, y_2)$	$\cdots$	$f(x_1, y_j)$	$\cdots$	$f(x_1, y_l)$	$f_1(x_1)$
x_2	$f(x_2, y_1)$	$f(x_2, y_2)$	$\cdots$	$f(x_2, y_j)$	$\cdots$	$f(x_2, y_l)$	$f_1(x_2)$
$\vdots$	$\vdots$	$\vdots$		$\vdots$		$\vdots$	$\vdots$
x_i	$f(x_i, y_1)$	$f(x_i, y_2)$	$\cdots$	$f(x_i, y_j)$	$\cdots$	$f(x_i, y_l)$	$f_1(x_i)$
$\vdots$	$\vdots$	$\vdots$		$\vdots$		$\vdots$	$\vdots$
x_k	$f(x_k, y_1)$	$f(x_k, y_2)$	$\cdots$	$f(x_k, y_j)$	$\cdots$	$f(x_k, y_l)$	$f_1(x_k)$
합계	$f_2(y_1)$	$f_2(y_2)$	$\cdots$	$f_2(y_j)$	$\cdots$	$f_2(y_l)$	1

표 3.6에서 다음 관계식을 쉽게 알 수 있다.

$$P(X=x_i)=\sum_{j=1}^{l} f(x_i, y_j)=f_1(x_i),$$

$$P(Y=y_j)=\sum_{i=1}^{k} f(x_i, y_j)=f_2(y_j),$$

$$\sum_{i=1}^{k}\sum_{j=1}^{l} f(x_i, y_j)=\sum_{i=1}^{k} f_1(x_i)=\sum_{j=1}^{l} f_2(y_j)=1$$

이다.

연속분포에서는 $a<X\le b$, $c<Y\le d$일 확률은

$$P(a<X\le b, c<Y\le d)=\int_c^d\int_a^b f(x,y)dxdy$$

와 같이 정의하고, 연속확률변수 X, Y에 대하여

$$f(x,y)\ge 0\ , \qquad \int_{-\infty}^{\infty}\int_{-\infty}^{\infty} f(x,y)dxdy=1$$

인 성질을 갖는 2변수함수 $f(x,y)$를 결합확률밀도함수라고 하고, 간단히 결합 pdf.라고 한다.

연속확률분포에서도 이산확률분포에서와 같이 다음 식이 성립한다.

$$\int_{-\infty}^{\infty} f(x,y)dy=f_1(x),$$

$$\int_{-\infty}^{\infty} f(x,y)dx=f_2(y),$$

$$\int_{-\infty}^{\infty}\int_{-\infty}^{\infty} f(x,y)dxdy=\int_{-\infty}^{\infty} f_1(x)dx=\int_{-\infty}^{\infty} f_2(y)dy=1$$

위에서 $f_1(x)$는 X만의 pdf.이며, $f_2(y)$는 Y만의 pdf.이고 이들을 각각 X의 주변 pdf., Y의 주변 pdf.라고 하며, 이들은 (X, Y)의 분포에서 X만의 확률 또는 Y만의 확률을 구하는 데 쓰이고, 다음에 나오는 조건부 확률분포를 구할 때도 이용된다.

정의 3.10 주변확률밀도함수

두 확률변수 X, Y의 2차원 pdf $f(x, y)$를 2차원 결합확률분포 또는 2차원 결합확률밀도함수라고 하고 $f_1(x)$, $f_2(y)$를 각각 X, Y의 주변확률밀도함수(marginal pdf)라고 한다.

예제 3.24 앞의 표 3.5에서 X, Y의 주변확률분포를 구하여라.

풀이 표 3.5에서 X의 주변확률과 Y의 주변확률들을 구하면

$$f_1(0) = \sum_y f(0,y) = f(0,0) + f(0,1) + f(0,2) = \frac{3}{28} + \frac{6}{28} + \frac{1}{28} = \frac{10}{28},$$

$$f_1(1) = \sum_y f(1,y) = \frac{15}{28},$$

$$f_1(2) = \sum_y f(2,y) = \frac{3}{28},$$

$$f_2(0) = \sum_x f(x,0) = f(0,0) + f(1,0) + f(2,0) = \frac{3}{28} + \frac{9}{28} + \frac{3}{28} = \frac{15}{28},$$

$$f_2(1) = \sum_x f(x,1) = \frac{12}{28},$$

$$f_2(2) = \sum_x f(x,2) = \frac{1}{28},$$

X의 주변확률분포표

x	0	1	2	합계
$f_1(x)$	10/28	15/28	3/28	1

Y의 주변확률분포표

y	0	1	2	합계
$f_2(y)$	15/28	12/28	1/28	1

예제 3.25 2차원 확률변수 (X, Y)의 결합확률밀도함수가 다음과 같을 때,

$$f(x,y) = \begin{cases} 8xy, & 0 \le x \le 1, \quad 0 \le y \le \dfrac{1}{\sqrt{2}} \\ 0, & \text{그 밖에서} \end{cases}$$

X, Y의 주변확률밀도함수를 구하여라. 그리고 주변확률 $P\left(0 \le X \le \dfrac{1}{2}\right)$를 구하여라.

풀이 X의 주변 pdf: $f_1(x) = \displaystyle\int_0^{\frac{1}{\sqrt{2}}} 8xy\,dy = 2x, \quad (0 \le x \le 1),$

Y의 주변 pdf: $f_2(y) = \displaystyle\int_0^1 8xy\,dx = 4y, \quad \left(0 \le y \le \dfrac{1}{\sqrt{2}}\right),$

$$P\left(0 \le X \le \frac{1}{2}\right) = \int_0^{\frac{1}{2}} f_1(x)dx = \int_0^{\frac{1}{2}} 2xdx = [x^2]_0^{\frac{1}{2}} = \frac{1}{4}.$$

3.6 조건부 확률분포

앞서 두 개의 사상 A, B에 대하여 A가 주어졌을 때 B의 조건부 확률은

$$P(B|A) = \frac{P(A \cap B)}{P(A)}, \quad P(A) > 0$$

으로 정의하였다. 이제 확률변수에서의 조건부 확률을 고려해 보자.

위의 조건부 확률 수식에서 X, Y는 이산변수이고, A를 $X=x$, B를 $Y=y$라고 하면 $X=x$가 주어졌을 때 Y의 조건부 확률밀도함수(conditional pdf.)는 $f(y|x)$라고 표시한다.

정의 3.11 조건부 분포

$X=x$가 주어졌을 때 확률변수 Y의 조건부 확률밀도함수는 다음과 같다.

$$f(y|x) = \frac{f(x, y)}{f_1(x)}, \quad f_1(x) > 0$$

$Y=y$가 주어졌을 때 확률변수 X의 조건부 확률밀도함수는 다음과 같다.

$$f(x|y) = \frac{f(x, y)}{f_2(y)}, \quad f_2(y) > 0$$

예제 3.26 표 3.5에서 $x=2$가 주어졌을 때 Y의 조건부 확률분포를 구하여라. 또 $y=1$이 주어졌을 때 X의 조건부 확률분포를 구하여라.

풀이 $f(y|x=2) = \dfrac{f(2,y)}{f_1(2)} = \dfrac{f(2,y)}{3/28}$ (예제 3.24 참조),

$y=0$이면 $f(0|2) = \dfrac{f(2,0)}{f_1(2)} = \dfrac{3/28}{3/28} = 1$,

$y=1$이면 $f(1|2) = \dfrac{f(2,1)}{f_1(2)} = \dfrac{0}{3/28} = 0$,

$y=2$이면 $f(2|2) = \dfrac{f(2,2)}{f_1(2)} = \dfrac{0}{3/28} = 0$,

y	0	1	2	합계
$f(y\|2)$	1	0	0	1

x	0	1	2	합계
$f(x\|1)$	$\frac{1}{2}$	$\frac{1}{2}$	0	1

$$f(x|y=1) = \frac{f(x,1)}{f_2(1)} = \frac{f(x,1)}{12/28} \quad (\text{예제 3.24 참조}),$$

$$x=0\text{이면 } f(0|1) = \frac{f(0,1)}{f_2(1)} = \frac{6/28}{12/28} = \frac{1}{2},$$

$$x=1\text{이면 } f(1|1) = \frac{f(1,1)}{f_2(1)} = \frac{6/28}{12/28} = \frac{1}{2},$$

$$x=2\text{이면 } f(2|1) = \frac{f(2,1)}{f_2(1)} = \frac{0}{12/18} = 0.$$

두 개의 사상 A, B에 대하여 $P(A \cap B) = P(A) \cdot P(B)$를 만족할 때 두 사상 A, B는 서로 독립이라고 정의한 것과 마찬가지로 확률변수 X, Y에 대하여 다음과 같이 두 확률변수의 독립을 정의한다.

정의 3.12 확률변수의 독립성

$f(x, y)$를 X와 Y의 결합확률밀도함수, $f_1(x)$, $f_2(y)$를 각각 X, Y의 주변확률밀도함수라고 하면

$$f(x, y) = f_1(x) \cdot f_2(y)$$

가 성립하면 X, Y는 서로 독립(independent)인 확률변수라고 하고, 그렇지 않은 경우는 종속인 확률변수라고 한다.

예제 3.27 예제 3.25에서 $X=x$가 주어졌을 때 Y의 조건부 분포를 구하고, X와 Y는 서로 독립임을 보여라.

풀이 $f(x,y) = 8xy\,(0 < x < 1,\ 0 < y < 1/\sqrt{2})$에서

$f_1(x) = \int_0^{1/\sqrt{2}} 8xy\,dy = 2x$이므로 조건부 분포 $f(y|x)$는

$$f(y|x) = \frac{f(x,y)}{f_1(x)} = \frac{8xy}{2x} = 4y, \qquad (0 < y < 1/\sqrt{2})$$

이고 $f_2(y) = \int_0^1 8xy\,dx = 4y$, $f(x,y) = 8xy = 2x4y = f_1(x)f_2(y)$이므로 X, Y는 서로 독립이다.

3.7 확률변수의 기댓값과 분산

3.7.1 확률변수의 기댓값

2장에서 주어진 자료의 중심위치에 대한 측도로써 자료의 평균을, 분포에 대한 측도로써 자료의 분산을 다루었다. 이제 확률분포의 특성을 나타내는 측도에 대해서 생각해 보자. 예를 들어 수집합 0, 2, 2, 1, 2, 3, 0, 1, 2, 1의 평균을 다음과 같이 구할 수 있다.

$$0\left(\frac{2}{10}\right)+1\left(\frac{3}{10}\right)+2\left(\frac{4}{10}\right)+3\left(\frac{1}{10}\right)=\sum(\text{수값}\times\text{상대도수})$$

많은 반복실험을 통해서 확률변수 X값을 기록하였다면, 반복횟수의 증가와 더불어 상대도수는 확률에 접근한다. 그러므로 확률변수 X의 평균은 다음과 같다.

$$X\text{의 평균}=\sum(\text{수값}\times\text{상대도수})$$

X의 평균을 X의 기댓값이라고도 하고, 이를 μ 또는 $E(X)$로 표시한다. 연속확률변수인 경우에는 $\sum$ 대신에 적분 기호 $\int$를 쓴다.

정의 3.13 확률변수의 기댓값

X가 이산확률변수일 때 X의 기댓값은

$$\mu=E(X)=\sum_{i=1}^{k}x_i f(x_i)$$

이고, X가 연속확률변수일 때 X의 기댓값은

$$\mu=E(X)=\int_{-\infty}^{\infty}x f(x)dx$$

으로 정의한다.

예제 3.28 공정관리자가 두 기계에 관한 확률분포를 평가하기 위해 한 달간 기계의 고장횟수를 기록하였다.

$X=$ 한 달간 A기계의 고장횟수,

$Y=$ 한 달간 B기계의 고장횟수

이들 확률분포표는 아래와 같다. 두 기계에 관한 확률분포의 평균을 구하여라.

A의 확률분포표

x	0	1	2	3	4	5
$f(x)$	0.1	0.1	0.2	0.3	0.2	0.1

B의 확률분포표

y	0	1	2
$f(x)$	0.23	0.48	0.29

풀이 다음 표에 의해서 평균을 구할 수 있다.

x	0	1	2	3	4	5	합계
$f(x)$	0.1	0.1	02	0.3	0.2	0.1	1.0
$xf(x)$	0	0.1	0.4	0.9	0.8	0.5	2.7

X의 평균은 $E(X)=\sum_{i=0}^{5}x_i f(x_i)=2.7$이다.

y	0	1	2	합계
$f(y)$	0.23	0.48	0.29	1.0
$yf(y)$	0	0.48	0.58	1.06

Y의 평균은 $E(Y)=\sum_{i=0}^{2}y_i f(y_i)=1.06$이다.

위 두 기계의 히스토그램을 그리면 다음과 같다.

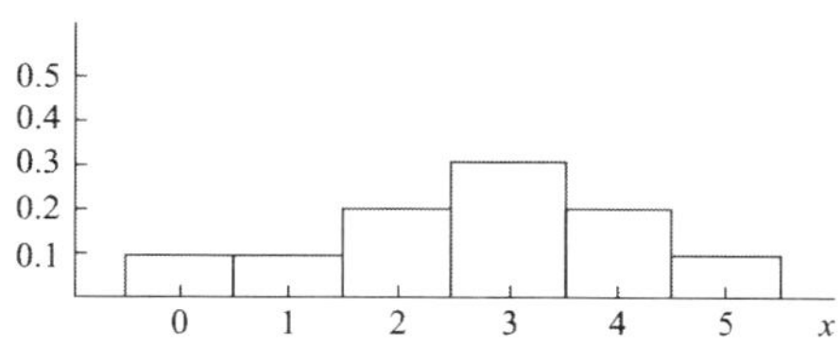

A기계

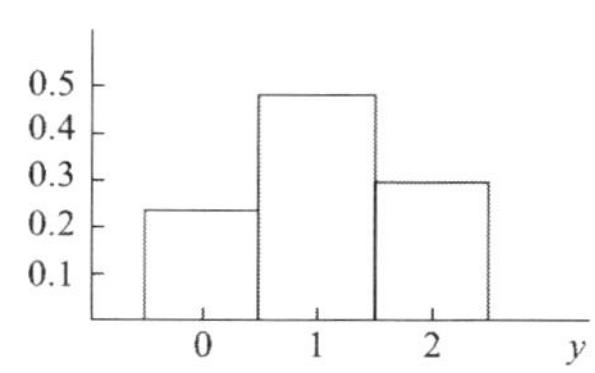

B기계

두 기계의 차이점은 A기계의 평균 $E(X)=2.7$, B기계의 평균 $E(Y)=1.06$이고, A기계의 분포상태는 B기계의 분포상태보다 넓게 퍼져 있다.

평균값 $E(X)$는 대량분포의 중심과 같은 중요한 물리적 해석을 갖고 있다. 이는 분포의 중심의 측도로서 사용하게 되는 것이다. 이런 이유로 $E(X)$를 모평균(population mean)이라고도 하고, 이를 μ 또는 μ_x로 나타낸다. 또한 두 집단의 비교가 주관적 평가에 치우치지 않도록 산포의 특별한 양상에 대한 강한 수치적 측도를 지정하기 위해서 확률분포의 중심과 범위에 관한 수치적 측도를 유도해야 한다.

예제 3.29 확률변수 X의 pdf. $f(x)$가 다음과 같을 때 $E(X)$를 구하여라.

$$f(x)=\begin{cases}1-\frac{1}{2}x, & (0<x<2)\\ 0, & (\text{그 밖에서})\end{cases}$$

풀이 $E(X)=\int_0^2 x\left(1-\frac{1}{2}x\right)dx=\int_0^2\left(x-\frac{1}{2}x^2\right)dx=\left[\frac{x^2}{2}-\frac{x^3}{6}\right]_0^2=\frac{2}{3}$.

예제 3.30 내기에서 한 사람이 세 개의 동전을 던져서 모두 앞면이 나오거나, 모두 뒷면이 나오면 500원을 받고, 앞면이 한 개 또는 두 개가 나오면 300원을 주기로 하였다. 이 사람의 기대이익은 얼마인가?

풀이 표본공간 $S=\{HHH, HHT, HTH, THH, HTT, THT, TTH, TTT\}$이다. 위 표본공간 S에서 가능한 표본점은 8개이며, 이들은 동등하게 일어나므로 각 표본점이 일어날 확률은 1/8이다.

확률변수 X를 받을 수 있는 상금의 액수라고 하자.

$X=500$(원)인 경우는 $\{HHH, TTT\}$와 같이 2개의 표본점이고 $X=-300$(원)인 경우는 $\{HHT, HTH, THH, HTT, THT, TTH\}$의 6개 표본점이므로 기대할 수 있는 이익은

$$E(X)=500\times\frac{2}{8}+(-300)\times\frac{6}{8}=-100\text{원}$$

이다.

예제 3.30에서 구한 값을 수학적 기댓값 또는 **기댓값**(expectation)이라고 하고, $E(X)$로 나타내며 평균과 같다. 표 3.7에서

$$E(X)=x_1f(x_1)+x_2f(x_2)+\cdots+x_kf(x_k)=\sum_{i=1}^{k}x_if(x_i)$$

표 3.7

x	$f(x)$
x_1	$f(x_1)$
x_2	$f(x_2)$
$\vdots$	$\vdots$
x_3	$f(x_3)$
합계	1

표본에서 구한 평균은 표본평균, 모집단에서 구한 평균은 모평균이라고 하며, 표본평균은 $\overline{X}$, $\overline{Y}$이고 모평균은 μ, μ_x, μ_y, $E(X)$, $E(Y)$ 등으로 표시한다.

확률변수의 함수 $aX+b$, X^2 등의 기댓값에 대하여 논의하자. 확률분포가

x	-2	-1	0	1	2	합계
$f(x)$	$f(-2)$	$f(-1)$	$f(0)$	$f(1)$	$f(2)$	1

일 때, $g(X)=X^2$의 기댓값을 구해 보자.

$$P[g(X)=X^2=0] = P(X=0) = f(0),$$
$$P[g(X)=X^2=1] = P(X=-1)+P(X=1) = f(-1)+f(1),$$
$$P[g(X)=X^2=4] = P(X=-2)+P(X=2) = f(-2)+f(2)$$

이므로 $g(X)=X^2$의 기댓값 $E[g(X)]$는 공식에 의해서 다음과 같이 구한다.

$$\begin{aligned}E[g(X)] &= 0\cdot f(0)+1\cdot[f(-1)+f(1)]+4\cdot[f(-2)+f(2)]\\ &= 0\cdot f(0)+1\cdot f(-1)+1\cdot f(1)+4\cdot f(-2)+4\cdot f(2)\\ &= (-2)^2\cdot f(-2)+(-1)^2\cdot f(-1)+0^2\cdot f(0)\\ &\quad +1^2\cdot f(1)+2^2\cdot f(2)\\ &= \sum g(x_i)f(x_i).\end{aligned}$$

정의 3.14 확률변수 X의 함수 $g(X)$의 기댓값

이산확률변수인 경우: $\mu = E[g(X)] = \sum_{i=1}^{n} g(x_i)f(x_i)$

연속확률변수인 경우: $\mu = E[g(X)] = \int_{-\infty}^{\infty} g(x)f(x)dx$

예제 3.31 어느 세차장에 오전 10시부터 오전 11시 사이에 세차하기 위해 들어오는 차의 대수를 X라고 할 때, 이것의 확률분포가 다음과 같으며, $g(X)=2X-1$을 종업원이 받는 세차비라고 하면 이 종업원의 평균 세차비는 얼마인가? (단위: 천 원).

x	4	5	6	7	8	9	합계
$f(x)$	$\frac{1}{12}$	$\frac{1}{12}$	$\frac{1}{4}$	$\frac{1}{4}$	$\frac{1}{6}$	$\frac{1}{6}$	1

풀이 $E[g(X)]=E(2X-1)=\sum_{x=4}^{9}(2x-1)f(x)$

$$=7\cdot\frac{1}{12}+9\cdot\frac{1}{12}+11\cdot\frac{1}{4}+13\cdot\frac{1}{4}+15\cdot\frac{1}{6}+17\cdot\frac{1}{6}$$

$$=12.670(\text{천 원}).$$

예제 3.32 연속확률변수 X의 pdf.가 다음과 같을 때 $g(X)=3X+1$의 기댓값과 $h(X)=(X-\mu)^2$의 기댓값을 구하여라.

$$f(x)=\begin{cases}\dfrac{x+1}{8}, & 2<x<4\\ 0, & \text{그 밖에서}\end{cases}$$

풀이 $E[g(X)]=E(3X+1)=\int_2^4(3x+1)\frac{x+1}{8}dx$

$$=\frac{1}{8}\int_2^4(3x^2+4x+1)dx=\frac{41}{4},$$

$$\mu=E(X)=\int_2^4 x\frac{x+1}{8}dx=\frac{1}{8}\int_2^4(x^2+x)dx=\frac{37}{12},$$

$$E[h(X)]=E[(X-\mu)^2]=E\left[\left(X-\frac{37}{12}\right)^2\right]$$

$$=\int_2^4\left(x-\frac{37}{12}\right)^2\frac{x+1}{8}dx=\frac{47}{144}.$$

3.7.2 확률변수의 분산

$\mu=E(X)$는 분포의 중심이다. 필연적으로 분포의 산포를 측정하기 위해서 μ로부터의 X의 흩어짐 정도를 생각해야 한다. 먼저 편차를 구해 보자.

편차 $(X-\mu)$는 $(x_1-\mu)$, $(x_2-\mu)$, $\cdots$, $(x_k-\mu)$이고 관계되는 확률은 $f(x_1)$, $f(x_2)$, $\cdots$, $f(x_k)$이다. 그런데

$$E(\text{편차}) = E(X-\mu) = \sum (x_i-\mu)f(x_i)$$
$$= \sum (x_i)f(x_i) - \mu \sum f(x_i) = 0$$

이다. 이는 양의 편차와 음의 편차가 상반되기 때문이다.

따라서 흩어짐 정도를 측정하기 위해서는 편차의 크기만을 생각해야 한다. $(x_i-\mu)$에서 부호를 없애기 위해서 편차의 제곱 $(x_i-\mu)^2$을 생각하였다. 이제 분산이라고 하는 확률분포의 산포를 측정하는 양을 다루기로 하자.

예를 들어 모집단이 측정값 2, 5, 5, 8, 8, 8로 이루어지고 이들 평균이 $E(X)=6$이다. $Var(X)=E[(\text{편차})^2]$을 구하면

$$Var(X) = \frac{(2-6)^2+(5-6)^2+(5-6)^2+(8-6)^2+(8-6)^2+(8-6)^2}{6} = 5$$

이다. 이는 다음과 같이 쓸 수 있다.

$$Var(X) = \frac{(2-6)^2(1)+(5-6)^2(2)+(8-6)^2(3)}{6}$$
$$= (2-6)^2\left(\frac{1}{6}\right) + (5-6)^2\left(\frac{2}{6}\right) + (8-6)^2\left(\frac{3}{6}\right)$$
$$= 5$$

따라서 $Var(X)=E[(\text{편차})^2]=\sum(\text{편차})^2 \cdot (\text{상대도수})$로 계산된다. 상대도수는 결국 이산변수 X에 관한 확률이 될 것이다. 연속확률변수인 경우에는 $\sum$ 대신에 적분기호 $\int$를 쓴다.

정의 3.15 확률변수의 분산

이산확률변수인 경우: $\sigma^2 = V(X) = E[(X-\mu)^2] = \sum_{i=1}^{n}(x_i-\mu)^2 f(x_i)$

연속확률변수인 경우: $\sigma^2 = V(X) = E[(X-\mu)^2] = \int_{-\infty}^{\infty}(x-\mu)^2 f(x)dx$

예제 3.33 어느 기계에서 생산되는 7개의 제품 중 불량품의 수가 4개, 양품의 수가 3개 있다. 이 중에서 임의로 3개를 뽑을 때 불량품의 수를 X라고 하자. 확률변수 X의 분산을 구하여라.

풀이 불량품의 수 X의 평균을 구하자. X의 확률밀도함수는

$$f(x) = \frac{\binom{4}{x}\binom{3}{3-x}}{\binom{7}{3}}, \quad x = 0, 1, 2, 3$$

이므로,

$$f(0) = \frac{1}{35},\ f(1) = \frac{12}{35},\ f(2) = \frac{18}{35},\ f(3) = \frac{4}{35}.$$

따라서

$$E(X) = (0)\left(\frac{1}{35}\right) + (1)\left(\frac{12}{35}\right) + (2)\left(\frac{18}{35}\right) + (3)\left(\frac{4}{35}\right) = \frac{12}{7}.$$

그러므로 구하는 분산 $Var(X)$는

$$V(X) = \sum_{i=0}^{3}(x_i - \mu)^2 f(x_i)$$

$$= \left(0 - \frac{12}{7}\right)^2\left(\frac{1}{35}\right) + \left(1 - \frac{12}{7}\right)^2\left(\frac{12}{35}\right) + \left(2 - \frac{12}{7}\right)^2\left(\frac{18}{35}\right) + \left(3 - \frac{12}{7}\right)^2\left(\frac{4}{35}\right)$$

$$= \frac{24}{49}$$

이다.

예제 3.34 예제 3.29에서 X의 분산을 구하여라.

풀이

$$\begin{aligned} V(X) &= E[(X-\mu)^2] \\ &= \int_0^2 \left(x - \frac{2}{3}\right)^2 \left(1 - \frac{1}{2}x\right) dx \\ &= \left[-\frac{1}{8}x^4 + \frac{5}{9}x^3 - \frac{7}{9}x^2 + \frac{4}{9}x\right]_0^2 \\ &= \frac{2}{9}. \end{aligned}$$

분산을 다음과 같이 간편한 계산법을 이용할 수 있다.

정리 3.10

X의 분산은

$$\sigma^2 = V(X) = E[(X-\mu)^2] = E(X^2) - [E(X)]^2$$

X의 함수 $g(X)$의 분산 $V[g(X)]$는

$$V[g(X)] = E[(g(X) - E[g(X)])^2] = E[g(X)^2] - [E(g(X))]^2$$

예제 3.35 예제 3.31에서 $\sigma^2 = V(X)$를 정리 3.10을 이용하여 구하여라.

풀이

$$\mu = E(X) = \sum_{x=4}^{9} x f(x)$$

$$= 4 \cdot \frac{1}{12} + 5 \cdot \frac{1}{12} + 6 \cdot \frac{1}{4} + 7 \cdot \frac{1}{4} + 8 \cdot \frac{1}{6} + 9 \cdot \frac{1}{6}$$

$$= \frac{41}{6},$$

$$\sigma^2 = V(X) = E(X^2) - [E(X)]^2$$

$$= 4^2 \cdot \frac{1}{12} + 5^2 \cdot \frac{1}{12} + 6^2 \cdot \frac{1}{4} + 7^2 \cdot \frac{1}{4} + 8^2 \cdot \frac{1}{6} + 9^2 \cdot \frac{1}{6} - \left(\frac{41}{6}\right)^2$$

$$= \frac{77}{36}.$$

예제 3.36 예제 3.32에서 $\sigma^2 = V(X)$를 정리 3.10을 이용하여 구하여라.

풀이

$$\sigma^2 = V(X) = E(X^2) - (E(X))^2 = \int_2^4 x^2 \cdot \frac{x+1}{8} dx - \left[\int_2^4 x \cdot \frac{x+1}{8} dx\right]^2$$

$$= \frac{47}{144}.$$

이제 분산의 개념을 확률변수 $g(X)$로 확장하자. 이 분산을 $Var(g(X))$라고 쓰고 정의에 의해서 계산할 수 있다.

정의 3.16 확률변수 X의 함수 $g(X)$의 분산

이산확률변수인 경우

$$Var((g(X)) = E\{[g(X) - E(g(X))]^2\} = \sum_{i=1}^{n}[g(x_i) - E(g(x))]^2 f(x_i)$$

연속확률변수인 경우

$$Var((g(X)) = E\{[g(X) - E(g(X))]^2\} = \int_{-\infty}^{\infty}[g(x) - E(g(x))]^2 f(x)dx$$

예제 3.37 확률변수 X의 확률분포는 아래와 같다. $g(X) = 2X + 3$의 평균과 분산을 구하여라.

x	0	1	2	3	합계
$f(x)$	$\frac{2}{8}$	$\frac{1}{8}$	$\frac{4}{8}$	$\frac{1}{8}$	1

풀이 확률변수 $2X+3$의 평균을 구하면

$$E(2X+3) = \sum_{x=0}^{3}(2x+3)\cdot f(x)$$
$$= 3\cdot\frac{2}{8} + 5\cdot\frac{1}{8} + 7\cdot\frac{4}{8} + 9\cdot\frac{1}{8} = 6,$$

그리고 $2X+3$의 분산을 구하면

$$E\{[g(X) - E(g(X))]^2\} = \sum_{x=0}^{3}((2x+3)-6)^2\cdot f(x)$$
$$= \sum_{x=0}^{3}(2x-3)^2\cdot f(x) = \frac{32}{8} = 4$$

이다.

3.7.3 2차원 확률변수의 기댓값, 분산 및 공분산

두 확률변수 X, Y의 결합 pdf.가 $f(x,y)$이고, $g(X, Y)$가 X, Y의 함수일 때 $g(X, Y)$는 또한 확률변수이며 기댓값과 분산은 다음과 같이 구할 수 있다.

$$E[g(X,Y)] = \begin{cases} \sum\sum g(x_i, y_j) f(x_i, y_j) & : \text{이산변수인 경우} \\ \int_{-\infty}^{\infty}\int_{-\infty}^{\infty} g(x,y) f(x,y) dx dy & : \text{연속변수인 경우} \end{cases}$$

또한 (X, Y)의 2차원분포에서 X의 평균 μ_x와 Y의 평균 μ_y, X의 분산 σ_x^2, Y의 분산 σ_y^2는 주변 pdf.를 이용하면 쉽게 구할 수 있다.

즉 X의 평균 μ_x는

$$\mu_x = E(X) = \begin{cases} \sum_i\sum_j x_i f(x_i, y_j) = \sum_i x_i f_1(x_i) \\ \int_{-\infty}^{\infty}\int_{-\infty}^{\infty} x f(x,y) dx dy = \int_{-\infty}^{\infty} x f_1(x) dx, \end{cases}$$

Y의 평균 μ_y는

$$\mu_y = E(Y) = \begin{cases} \sum_i\sum_j y_j f(x_i, y_j) = \sum_j y_j f_2(y_j) \\ \int_{-\infty}^{\infty}\int_{-\infty}^{\infty} y f(x,y) dx dy = \int_{-\infty}^{\infty} y f_2(y) dy, \end{cases}$$

X의 분산 σ_x^2는

$$\sigma_x^2 = V(X) = \begin{cases} \sum_i\sum_j (x_i - \mu_x)^2 f(x_i, y_j) = \sum_i (x_i - \mu_x)^2 f_1(x_i) \\ \int_{-\infty}^{\infty}\int_{-\infty}^{\infty} (x-\mu_x)^2 f(x,y) dx dy = \int_{-\infty}^{\infty} (x-\mu_x)^2 f_1(x) dx, \end{cases}$$

Y의 분산 σ_y^2는

$$\sigma_y^2 = V(Y) = \begin{cases} \sum_i\sum_j (y_j - \mu_y)^2 f(x_i, y_j) = \sum_j (y_j - \mu_y)^2 f_2(y_j) \\ \int_{-\infty}^{\infty}\int_{-\infty}^{\infty} (y-\mu_y)^2 f(x,y) dx dy = \int_{-\infty}^{\infty} (y-\mu_y)^2 f_2(y) dy \end{cases}$$

이다.

이제 두 변수 사이의 관계정도를 측정하는 공분산을 살펴보자. X의 편차와 Y의 편차의 곱의 기댓값, 즉 $E[(X-\mu_x)(Y-\mu_y)]$를 X, Y의 **공분산**(covariance)이라고 하며 $Cov(X, Y)$로 표시한다.

$$Cov(X, Y) = E[(X-\mu_x)(Y-\mu_y)]$$
$$= \begin{cases} \sum_i \sum_j (x_i-\mu_x)(y_j-\mu_y)f(x_i, y_j) \\ \int_{-\infty}^{\infty}\int_{-\infty}^{\infty}(x-\mu_x)(y-\mu_y)f(x,y)dxdy \end{cases}$$

정리 3.11 공분산

두 확률변수 X와 Y의 공분산은 다음과 같다.

$$Cov(X, Y) = E(XY) - E(X)E(Y)$$

공분산이 나타내는 의미는 다음과 같다. X가 μ_X보다 클 때 Y도 μ_Y보다 큰 경향이 있거나 또는 X가 μ_X보다 작을 때 Y도 μ_Y도 작은 경향이 있으면 $Cov(X, Y)$의 값은 양이 되고 그림 3.12의 (a)와 같이 나타내어진다. 반대로 X가 μ_X보다 클 때 Y가 μ_Y보다 작은 경향이 있거나 또는 X가 μ_X보다 작을 때 Y가 μ_Y보다 큰 경향이 있으면 $Cov(X, Y)$는 음의 값을 갖고, 그림 3.12의 (b)와 같이 나타내어진다. 또 $Cov(X, Y)$의 값이 양 또는 음으로 크면 상관의 정도가 크다고 하고 0에 가까우면 상관의 정도가 작다고 하여 (c)와 같이 나타내어진다.

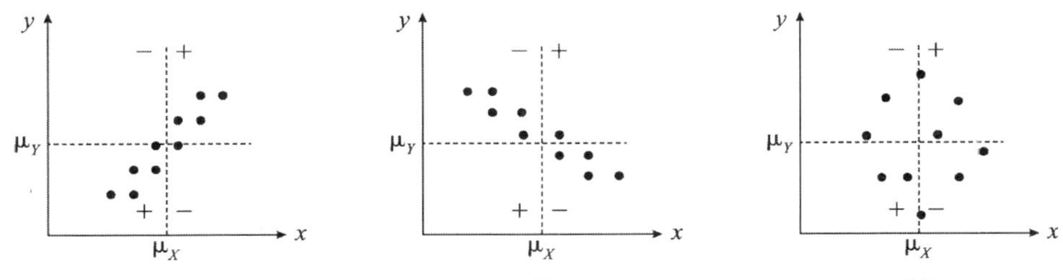

그림 3.12 공분산의 예

공분산이 두 확률변수 사이의 결합의 방향을 측정하는 반면에, 결합의 강도를 측정하는 값으로는 상관계수(correlation coefficient)가 있다.

정의 3.17 상관계수

두 확률변수 X와 Y 사이의 상관계수는 다음과 같이 정의한다.

$$\rho_{X \cdot Y} = \frac{Cov(X, Y)}{\sqrt{V(X) \cdot V(Y)}}$$

상관계수는 $-1 \leq \rho_{X \cdot Y} \leq 1$인 값을 갖는다. $\rho = 1$은 두 확률변수가 완전히 양의 상관을 가지는 경우를 말하며, $\rho = -1$은 역시 두 확률변수가 완전한 음의 상관을 가지는 경우이며, $\rho = 1$ 또는 $\rho = -1$이면 Y는 X에 대하여 $Y = aX + b$의 선형관계가 존재하여야 한다. 또한 $\rho = 0$은 Y가 X의 변화에 아무런 영향을 받지 않는 경우를 말한다.

만일 X와 Y가 독립인 확률변수이면 $E[XY] = E[X]E[Y]$이므로, 정리 3.11을 이용하여 X와 Y가 독립이면 $Cov(X, Y) = 0$임을 알 수 있다. 그러나 그 역이 반드시 성립하는 것은 아니다. 이를 정리하면 X와 Y가 독립이면 $\rho = 0$이지만, $\rho = 0$이 두 확률변수의 독립을 의미하지는 않는다.

예제 3.38 다음 2차원 분포표에서 μ_x, μ_y, σ_x^2, σ_y^2 및 $Cov(X, Y)$, $\rho_{X \cdot Y}$를 구하여라.

x \ y	0	1	2	$f_1(x)$
0	$\frac{3}{28}$	$\frac{6}{28}$	$\frac{1}{28}$	$\frac{10}{28}$
1	$\frac{9}{28}$	$\frac{6}{28}$	0	$\frac{15}{28}$
2	$\frac{3}{28}$	0	0	$\frac{3}{28}$
$f_2(y)$	$\frac{15}{28}$	$\frac{12}{28}$	$\frac{1}{28}$	1

풀이 $\mu_x = E[X] = \sum_{y=0}^{2} \sum_{x=0}^{2} x\, f(x, y)$

$$= 0 \cdot \left(\frac{3}{28} + \frac{6}{28} + \frac{1}{28}\right) + 1 \cdot \left(\frac{9}{28} + \frac{6}{28} + 0\right) + 2 \cdot \left(\frac{3}{28} + 0 + 0\right)$$

$$= \frac{3}{4},$$

$$\mu_y = E[Y] = \sum_{y=0}^{2}\sum_{x=0}^{2} y\,f(x,y)$$

$$= 0 \cdot \left(\frac{3}{28} + \frac{9}{28} + \frac{3}{28}\right) + 1 \cdot \left(\frac{6}{28} + \frac{6}{28} + 0\right) + 2 \cdot \left(\frac{1}{28} + 0 + 0\right)$$

$$= \frac{1}{2}.$$

주변 pdf.를 이용하여 계산하면 더욱 간편하다.

$$\mu_x = E(X) = 0 \cdot \frac{10}{28} + 1 \cdot \frac{15}{28} + 2 \cdot \frac{3}{28} = \frac{3}{4},$$

$$\mu_y = E(Y) = 0 \cdot \frac{15}{28} + 1 \cdot \frac{12}{28} + 2 \cdot \frac{1}{28} = \frac{1}{2},$$

$$\sigma_x^2 = V(X) = E(X^2) - [E(X)]^2$$

$$= 0^2 \cdot \frac{10}{28} + 1^2 \cdot \frac{15}{28} + 2^2 \cdot \frac{3}{28} - \left[\frac{3}{4}\right]^2 = \frac{45}{112},$$

$$\sigma_y^2 = V(Y) = E(Y^2) - [E(Y)]^2$$

$$= 0^2 \cdot \frac{15}{28} + 1^2 \cdot \frac{12}{28} + 2^2 \cdot \frac{1}{28} - \left[\frac{1}{2}\right]^2 = \frac{9}{28},$$

$$E[XY] = \sum_{x=0}^{2}\sum_{y=0}^{2} xyf(x,y) = 0 \cdot 0 \cdot \frac{3}{28} + 0 \cdot 1 \cdot \frac{6}{28} + 0 \cdot 2 \cdot \frac{1}{28}$$

$$+ 1 \cdot 0 \cdot \frac{9}{28} + 1 \cdot 1 \cdot \frac{6}{28} + 1 \cdot 2 \cdot 0 + 2 \cdot 0 \cdot \frac{3}{28}$$

$$+ 2 \cdot 1 \cdot 0 + 2 \cdot 2 \cdot 0$$

$$= \frac{3}{14},$$

$$Cov(X, Y) = E(XY) - E(X)E(Y) = \frac{3}{14} - \frac{3}{4} \cdot \frac{1}{2} = -\frac{18}{112} = -\frac{9}{56},$$

$$\rho_{X \cdot Y} = Corr(X, Y) = \frac{Cov(X, Y)}{\sqrt{V(X) \cdot V(Y)}} = -0.4472.$$

예제 3.39 $(X,\ Y)$의 2차원분포가 다음과 같이 주어졌다. X, Y의 주변 pdf., 기댓값, 분산 및 공분산, 즉 $f_1(x), f_2(y), \mu_x, \mu_y, \sigma_x^2, \sigma_y^2$ 및 $Cov(X, Y)$, $\rho_{X \cdot Y}$를 구하여라.

$$f(x,y) = \begin{cases} 4xy, & 0 \le x \le 1, 0 \le y \le 1 \\ 0, & \text{그 밖에서} \end{cases}$$

풀이 $f_1(x) = \int_0^1 (4xy)dy = [2xy^2]_0^1 = 2x, \quad (0 \le x \le 1)$

$$f_2(y) = \int_0^1 (4xy)dx = [2x^2y]_0^1 = 2y, \quad (0 \le y \le 1)$$

$$\mu_x = E(X) = \int_0^1 x\, 2x dx = \left[\frac{2}{3}x^3\right]_0^1 = \frac{2}{3},$$

$$\mu_y = E(Y) = \int_0^1 y\, 2y dy = \left[\frac{2}{3}y^3\right]_0^1 = \frac{2}{3},$$

$$\sigma_x^2 = E(X^2) - [E(X)]^2 = \int_0^1 x^2 2x\, dx - \left(\frac{2}{3}\right)^2 = \frac{1}{18},$$

$$\sigma_y^2 = E(Y^2) - [E(Y)]^2 = \int_0^1 y^2 2y\, dy - \left(\frac{2}{3}\right)^2 = \frac{1}{18},$$

$$Cov(X, Y) = E(XY) - E(X)E(Y) = \int_0^1 \int_0^1 xy \cdot 4xy\, dxdy - \frac{2}{3} \cdot \frac{2}{3}$$

$$= \int_0^1 \frac{4}{3}y^2 dy - \frac{2}{3} \cdot \frac{2}{3} = 0,$$

$$\rho_{X \cdot Y} = \frac{Cov(X, Y)}{\sqrt{V(X) \cdot V(Y)}} = 0.$$

3.8 기댓값과 분산의 성질

이 절에서는 평균과 분산에 관한 계산을 더욱 간편하게 하기 위하여 몇 가지 유용한 성질을 규명하기로 한다. 이산인 경우와 연속인 경우가 비슷한 방법으로 증명할 수 있으므로 연속인 경우만 증명하겠다.

정리 3.12

a, b가 상수이면

$$E(aX+b) = aE(X) + b = a\mu_x + b, \qquad V(aX+b) = a^2 V(X) = a^2\sigma_x^2$$

이 성립한다.

증명 $E(aX+b) = \int_{-\infty}^{\infty} (ax+b)f(x)dx = a\int_{-\infty}^{\infty} x\,f(x)dx + b\int_{-\infty}^{\infty} f(x)dx$

$$= aE(X)+b,$$

$$V(aX+b) = E[(aX+b-a\mu_x-b)^2] = E[a^2(X-\mu_x)^2]$$

$$= a^2E[(X-\mu_x)^2] = a^2V(X).$$

예제 3.40 앞 예제 3.31에서 $g(X)=2X-1$의 기댓값과 분산을 정리 3.12를 이용하여 구하여라.

풀이 $E(X) = 4\cdot\frac{1}{12}+5\cdot\frac{1}{12}+6\cdot\frac{1}{4}+7\cdot\frac{1}{4}+8\cdot\frac{1}{6}+9\cdot\frac{1}{6}=\frac{41}{6}$,

$$E(2X-1) = 2E(X)-1 = 2\cdot\frac{4}{6}-1=\frac{38}{3},$$

$$V(X) = E(X^2)-(E(X))^2 = 4^2\cdot\frac{1}{12}+5^2\cdot\frac{1}{12}+6^2\cdot\frac{1}{4}+7^2\cdot\frac{1}{4}+8^2\cdot\frac{1}{6}+9^2\cdot\frac{1}{6}-\left(\frac{41}{6}\right)^2$$

$$=\frac{293}{6}-\left(\frac{41}{6}\right)^2=\frac{77}{36},$$

$$V[g(X)] = V(2X-1) = 2^2V(X) = 2^2\cdot\frac{77}{36}=\frac{77}{9}.$$

정리 3.13 두 확률변수의 합의 평균과 분산

a, b가 상수이고, X, Y가 두 확률변수이면

1. $E(aX+bY) = aE(X)+bE(Y)$
2. $V(X+Y) = V(X)+V(Y)+2Cov(X, Y)$
3. $V(X-Y) = V(X)+V(Y)-2Cov(X, Y)$
4. $V(aX+bY) = a^2V(X)+b^2V(Y)+2abCov(X, Y)$

이 성립한다.

특히 두 확률변수가 독립일 때 평균, 분산, 공분산에 대하여 정리 3.14와 같이 나타낸다.

정리 3.14

a, b가 상수이고 두 확률변수 X, Y가 서로 독립일 때,

1. $E(XY) = E(X) \cdot E(Y)$
2. $Cov(X, Y) = 0$, $Corr(X, Y) = 0$
3. $V(aX \pm bY) = a^2 V(X) + b^2 V(Y) = a^2\sigma_x^2 + b^2\sigma_y^2$

이 성립한다.

예제 3.41 예제 3.38에서의 결과와 정리 3.13, 3.14를 이용하여 $g(X, Y) = 2X - 3Y$의 평균과 분산을 구하여라.

풀이 예제 3.38에서

$E(X) = 3/4$, $E(Y) = 1/2$, $V(X) = 45/112$, $V(Y) = 9/28$,

$Cov(X, Y) = -9/56$이므로

$$E[g(X, Y)] = E(2X - 3Y) = 2E(X) - 3E(Y) = 2 \cdot \frac{3}{4} - 3 \cdot \frac{1}{2} = 0,$$

$$\begin{aligned} V[g(X, Y)] &= V(2X - 3Y) \\ &= 2^2 V(X) + (-3)^2 V(Y) + 2 \cdot 2 \cdot (-3) Cov(X, Y) \\ &= 4 \cdot \frac{45}{112} + 9 \cdot \frac{9}{28} + 12 \cdot \frac{9}{56} = \frac{45}{7}. \end{aligned}$$

예제 3.42 X, Y의 결합 pdf가 다음과 같을 때 예제 3.39의 결과와 정리 3.13, 3.14를 이용하여 $g(X, Y) = 3X + Y$의 평균과 분산을 구하여라.

$$f(x, y) = 4xy, \quad (0 < x < 1,\ 0 < y < 1)$$

풀이 예제 3.39에서

$E(X) = 2/3$, $E(Y) = 2/3$, $V(X) = 1/18$, $V(Y) = 1/18$이므로

$$E[g(X, Y)] = E(3X + Y) = 3E(X) + E(Y) = 3 \cdot \frac{2}{3} + \frac{2}{3} = \frac{8}{3},$$

$$V[g(X, Y)] = V(3X + Y) = 3^2 V(X) + V(Y) = 9 \cdot \frac{1}{18} + \frac{1}{18} = \frac{5}{9}.$$

연습문제

01 표본공간 S={책, 개, 담배, 동전, 지도, 전쟁}, 사상 A={개, 전쟁, 담배}일 때 A의 여사상 A^c를 구하여라.

02 다음 표본공간의 원소를 나열하여라.

1) 1에서 50 사이에 있는 8의 배수인 정수의 집합

2) $S = \{x \mid x^2 + 4x - 5 = 0\}$

3) 한 번 뒷면이 나오거나, 세 번 앞면이 나올 때까지 한 개의 동전을 던질 때, 나오는 결과의 집합

4) $S = \{x \mid x$는 대륙이다$\}$

5) $S = \{x \mid 2x - 4 \geq 0$이고 $x < 1\}$

03 녹색 주사위 한 개와 적색 주사위 한 개를 던져서 나오는 숫자를 기록하는 실험에서, X를 녹색 주사위에서 나온 결과라고 하고, Y를 적색 주사위에서 나온 결과라고 하여, 표본공간 S를 다음과 같이 표시하여라.

1) (x, y)의 표에 의해서

2) 규칙을 사용해서

04 한 개의 주사위를 던져서 짝수가 나오면 한 개의 동전을 한 번 던지고, 홀수가 나오면 동전을 두 번 던지는 실험에서 다음과 같이 표시한다. 즉 주사위가 4가 나오고, 동전이 앞면이 나오는 단일사상을 4H라고 표시한다. 또 주사위가 3이 나오고, 동전이 앞면이 나온 다음 뒷면이 나오는 단일사상을 3HT라고 표시한다. 표본공간 S의 18개의 요소를 나열하여라.

05 원점이 중심이고, 반지름 3인 원의 경계와 내부에 있는 모든 점 (x, y)로 이루어진 표본공간 S를 표시하여라.

06 문제 4의 표본공간에 대해서 다음을 나열하여라.

1) 주사위가 3 미만의 숫자가 나오는 사상 A에 관한 모든 원소들

2) 동전이 두 번 뒷면이 나오는 사상 B에 관한 원소들

3) 사상 A^c에 관한 원소들

4) 사상 $A^c \cap B$에 관한 원소들

5) 사상 $A \cup B$에 관한 원소들

07 주사위를 3이 나타날 때까지 던지는 실험에서 다음을 구하여라.

1) 이 실험의 표본공간을 구하여라.

2) 네 번째 던지기 전에 3이 나타나는 사상을 E라고 하고, E의 원소를 나열하여라.

08 S={1, 2, 3, 4, 5, 6, 7, 8, 9}, A={2, 4 ,7, 9}, B={1, 3, 5, 7, 9}, C={2, 3, 4, 5}, D={1, 6, 7}이다. 다음 사상에 관한 원소들을 나열하여라.

1) $A^c \cup C$ 2) $B \cap C^c$ 3) $(S \cap B^c)^c$

4) $(C^c \cap D) \cup B$ 5) $(B \cap C^c) \cup A$ 6) $A \cap C \cap D^c$

09 어떤 공장이 A지역에 위치할 확률이 0.7, B지역에 위치할 확률이 0.4, 그리고 A지역 또는 B지역에 위치할 확률이 0.8이다. 그 공장이 다음과 같이 위치할 확률은 얼마인가?

1) 두 도시 양쪽에 모두 위치할 확률

2) 두 도시 어느 쪽에서 위치하지 않을 확률

10 한 제품을 두 명의 검사자가 연속적으로 검사하고 있다. 첫 번째 검사자가 불량품을 발견할 확률은 0.10이고 두 번째 검사자는 첫 번째 검사자의 반만큼을 발견한다. 불량품이 양 검사자에 의해 발견되지 못할 확률을 구하여라.

11 어떤 작업장에서 생산된 코일의 40%는 적합한 저항을 갖는다. 적합한 저항을 갖는 코일의 50%는 적합한 자기력을 갖는다. 생산된 모든 코일의 55%는 적합한 자기력을 갖는다. 이때 무작위로 추출된 코일이 저항과 자기력에서 모두 불량일 확률을 구하여라.

12 카탈로그에 있는 물품의 각 코드가 3개의 다른 문자로 시작되어 그 뒤에는 0이 아닌 4개의 서로 다른 숫자로 되어 있다면, 이들 코드가 기입된 물품들 중에서 임의로 하나를 선택할 때 첫 글자가 모음자이고 끝 글자가 짝수일 확률을 구하여라.

13 어떤 작은 도시에서는 응급 시에 대비해서 한 대의 소방차와 한 대의 앰뷸런스가 있다. 소방차가 필요할 때, 이용할 수 있는 확률은 0.97이고, 앰뷸런스가 필요할 때 이용할 수 있는 확률은 0.93이다. 빌딩 화재로 상해를 입은 사상에서 소방차와 앰뷸런스를 모두 이용할 수 있는 확률을 구하여라.

14 흰 공 6개, 검은 공 4개가 들어 있는 주머니에서 1개씩 차례로 3개의 공을 꺼낼 때 흰 공, 검은 공, 흰 공의 순으로 공이 나올 확률을 구하여라.

15 위 문제 14에서 매번 꺼낸 공을 색만 보고 다시 집어넣는다면 어떻게 되는가?

16 가솔린을 가득 채운 차가 오일을 교환해야 할 확률은 0.25이고, 새로운 필터를 교환해야 할 확률은 0.40이다. 그리고 오일과 필터를 모두 교환해야 할 확률은 0.14이다.

1) 만약 오일을 교환해야 할 때 필터 역시 교환해야 할 확률을 구하여라.

2) 만약 필터를 교환해야 할 때 오일 역시 교환해야 할 확률을 구하여라.

17 특정한 자동차 부품이 주간에 65%, 야간에 35%가 생산된다고 한다. 주간에 생산된 것 중에는 5%가, 야간에 생산된 것 중에는 8%가 불량이라고 한다. 한 생산관리자가 하루 전체 생산제품에 대하여 검사한다고 한다. 하나의 부품이 불량이라고 판정되었을 경우에 그것이 주간에 생산된 것일 확률을 구하여라.

18 한 회사에서 생산력을 향상시키는 기술을 위한 세미나를 정기적으로 개최한다. 과거 경험상, 참석자의 89%는 세미나에 나온 새로운 기술을 사용하고, 참석하지 않는 사람의 42%는 그 기술을 사용하지 않는다고 한다. 작업자의 80%는 그 세미나에 참석한다고 할 때, 무작위로 추출된 작업자가 그 기술을 사용할 확률을 구하여라.

19 어떤 클럽에서 세 명의 회원이 회장으로 추천되었다. 이씨가 선출될 확률은 0.3, 김씨가 선출된 확률은 0.5, 최씨가 선출될 확률이 0.2이다. 이씨가 선출되면 회비가 증가될 확률이 0.8, 김씨가 선출되면 회비가 증가될 확률이 0.1, 최씨가 선출되면 회비가 증가될 확률이 0.4라고 한다. 그런데 회비가 인상되었다. 최씨가 회장에 당선되었을 확률을 구하여라.

20 어느 공장에서 종업원의 70%는 남자이고 30%는 여자이다. 또 남자의 35%와 여자의 25%가 안경을 쓰고 있다. 공장 안에 남녀용을 알 수 없는 종업원의 안경이 떨어져 있었다. 이것이 여자의 것일 확률을 구하여라.

21 어떤 지역에서, 과거의 경험으로부터 40세 넘은 사람이 암에 걸릴 확률은 0.02로 알려져 있다. 의사가 정확히 암에 걸린 사람으로 진찰할 확률이 0.78이고, 암에 걸리지 않은 사람을 오진할 확률이 0.06이라면, 한 사람이 암 환자로 진찰 받을 확률은 얼마인가?

22 문제 21에서 암환자로 진찰 받은 사람이 실제로 그 병을 가질 확률을 구하여라.

23 구별할 수 없는 세 상자에 색깔이 있는 공을 다음과 같이 분배하였다고 하자.

	상 자		
	1	2	3
적 색	2	4	3
백 색	3	1	4
청 색	5	3	3

한 공을 임의로 뽑고, 그것이 들어 있는 한 상자를 뽑아서 그 상자 안의 한 개의 공을 뽑는다.

1) 그 공이 적색일 확률을 구하여라.

2) 그 공이 적색일 때 이 공이 상자 3에서 뽑혔을 확률은 얼마인가?

24 한 용의자에게 투여한 진실 토로약은 범죄행위를 하였을 때 90% 신뢰할 수 있고, 결백할 때 99% 신뢰할 수 있다고 한다. 다시 말하면, 범죄자의 10%는 약에 의해서는 무죄가 되고, 결백한 사람의 1%는 약에 의해서는 범죄자가 된다. 이제까지 죄를 범한 경우 5% 용의자 집단으로부터 뽑힌 용의자가 그 약에 의해서 범죄자로 지목되었다면, 그가 결백할 확률을 구하여라.

25 흰 공 4개, 검은 공 5개가 들어 있는 주머니에서 동시에 4개의 공을 집어내고, 이 가운데 흰 공의 수를 X라고 하자. X의 확률분포를 구하여라.

26 100원짜리 4개, 10원짜리 2개의 동전이 들어 있는 상자 속에서 임의로 3개를 꺼낼 때, 그 세 동전의 합을 T라고 할 때 확률분포를 구하여라. 그리고 그것을 히스토그램으로 나타내어라.

27 5장의 재즈 레코드, 2장의 고전 레코드, 3장의 폴카 레코드 중에서 임의로 4장을 뽑을 때, 재즈 레코드의 수에 관한 확률분포를 구하여라.

28 52장의 트럼프 카드에서 차례로 3장의 카드를 비복원추출로 뽑는다. 이때 스페이드의 수에 관한 확률분포를 구하여라.

29 선적되는 7대의 TV 중 2대가 결함이 있다고 한다. 한 호텔에서 이들 중 3대를 임의로 구입하기로 하였다. 만약 X가 호텔에서 구입한 결함이 있는 TV의 수라고 했을 때 확률변수 X의 확률분포를 구하여라. 그리고 그 결과를 확률히스토그램으로 나타내어라.

30 어느 가족이 일 년 동안 진공청소기를 사용하는 총 시간은 다음과 같은 확률밀도함수를 가지는 연속형 확률변수라고 한다(단위: 100시간).

$$f(x) = \begin{cases} x, & 0 < x < 1 \\ 2-x, & 1 \le x < 2 \\ 0, & \text{그 밖에서} \end{cases}$$

1) $P(0 < X < 2) = 1$이 됨을 보여라.
2) 확률 $P(1 \le X \le 1.5)$을 구하여라.

31 연속확률변수 X에 대해서 $x = 2$와 $x = 5$ 사이의 확률밀도함수가 $f(x) = \dfrac{1}{3}$이라고 하자.

1) $P(X < 4)$를 구하여라.
2) $P(3 \le X < 4)$를 구하여라.

32 2차원 확률분포에서 X, Y의 주변분포가 아래 표와 같으며, X, Y는 서로 독립이라고 한다. $f(x,y)$의 값을 구하여 표 안의 빈곳에 써넣어라.

X \ Y	y_1	y_2	y_3	$f_1(x)$
x_1				0.6
x_2				0.4
$f_2(y)$	0.4	0.2	0.4	1

33 다음 함수가 확률변수 X와 Y의 결합확률밀도함수가 되도록 c값을 결정하여라.

1) $f(x,y) = cxy,\ x = 1, 2, 3\ ;\ y = 1, 2, 3$
2) $f(x,y) = c|x-y|,\ x = -2, 0, 2\ ;\ y = -2, 3$

34 X와 Y의 결합확률밀도함수가 다음과 같이 주어져 있다.

$$f(x,y) = \frac{(x+y)}{30}, \qquad x = 0, 1, 2, 3\ ;\ y = 0, 1, 2$$

다음을 구하여라.

1) $P(X \le 2, Y = 1)$
2) $P(X > 2, Y \le 1)$
3) $P(X > Y)$
4) $P(X + Y = 4)$
5) X의 주변분포
6) Y의 주변분포

35 어떤 주류대리점에서는 고객들이 차를 탄 채로 이용할 수 있는 시설과 차에서 내려야만 이용할 수 있는 시설 모두를 운영하고 있다. 어느 날의 차를 탄 채로 이용할 수 있는 시설과 다른 시설의 이용시간의 비율을 각각 X, Y라고 할 때, 확률변수의 결합확률밀도함수는 다음과 같이 주어진다.

$$f(x,y)=\begin{cases}\dfrac{2}{3}(x+2y), & 0<x\le 1,\ 0\le y<1\\ 0, & \text{그 밖에서}\end{cases}$$

1) X의 주변확률밀도함수를 구하여라.
2) Y의 주변확률밀도함수를 구하여라.
3) 차를 탄 채로 이용할 수 있는 시설의 이용시간이 30분 미만일 확률을 구하여라.

36 어느 수치제어기계가 잘못 작동되는 횟수 X는 하루동안에 1, 2, 3의 값을 가진다고 한다. Y는 기술자의 긴급호출횟수라고 한다. 다음의 결합확률분포를 이용하여 각 항을 구하여라.

X \ Y	1	2	3
1	0.05	0.05	0.1
2	0.05	0.1	0.35
3	0	0.2	0.1

1) X의 주변확률밀도함수를 구하여라.
2) Y의 주변확률밀도함수를 구하여라.
3) $P(Y=3|X=2)$를 구하여라.

37 귤 3개, 사과 2개, 배 3개가 들어 있는 주머니에서 4개의 과일을 임의로 꺼냈다. 그 중에 귤의 개수는 X이고, 사과의 개수는 Y라고 하였을 때, 다음을 구하여라.

1) X와 Y의 결합확률밀도함수
2) $P\{(X,Y)\in A\}$ 단, $A=\{(x,y)|x+y\le 2\}$이다.
3) 조건부 분포 $f(y|2)$
4) 조건부 분포 $P(Y=1|X=2)$

38 X와 Y는 아래와 같은 결합확률분포를 갖는다고 하자. 다음을 구하여라.

y	x	
	2	4
1	0.10	0.15
2	0.20	0.30
3	0.10	0.15

1) 확률변수 X의 주변분포　　2) 확률변수 Y의 주변분포

39 문제 38번에서 X와 Y의 독립성 여부를 밝혀라.

40 1개의 주사위를 한 번 던질 때 나오는 눈의 수 X의 기댓값을 구하여라.

41 확률변수 X의 pdf $f(x)$가 다음과 같을 때 X의 기댓값 $E(X)$를 구하여라.

$$f(x) = \begin{cases} 2x, & 0 < x < 1 \\ 0, & \text{그 밖에서} \end{cases}$$

42 확률변수 X의 pdf.가 다음과 같을 때 $g(X) = (X - \mu)^2$의 기댓값과 $h(X) = 2X + 1$의 기댓값을 구하여라.

$$f(x) = \begin{cases} 2x, & 0 < x < 1 \\ 0, & \text{그 밖에서} \end{cases}$$

43 어느 주머니 안에 들어 있는 흰 공의 수 X와 검은 공의 수 Y의 확률분포가 아래와 같다. X와 Y의 주변 pdf. $f_1(x)$, $f_2(y)$를 구하고, $\mu_x = E(X)$, $\mu_y = E(Y)$, $E(XY)$, $\sigma_x^2 = V(X)$ 및 $\sigma_y^2 = V(Y)$를 구하여라.

$$f(x, y) = \frac{{}_3C_x \cdot {}_2C_y \cdot {}_4C_{3-x-y}}{{}_9C_3}, \quad \left(\begin{array}{c} x = 0,\ 1,\ 2,\ 3,\ y = 0,\ 1,\ 2, \\ 0 \le x + y \le 3 \end{array} \right)$$

44 확률변수 X, Y의 결합확률밀도함수가

$$f(x, y) = \begin{cases} 12xy(1-y), & 0 < x < 1,\ 0 < y < 1 \\ 0, & \text{그 밖에서} \end{cases}$$

일 때, 두 확률변수 X, Y의 주변 pdf., 기댓값, 분산 및 공분산, 즉 $f_1(x)$, $f_2(y)$, μ_x, μ_y, σ_x^2, σ_y^2 및 $Cov(X, Y)$, $\rho_{X \cdot Y}$를 구하여라.

45 흰 공 6개, 검은 공 4개가 들어 있는 주머니에서 동시에 5개의 공을 꺼낼 때, 이 중 흰 공의 수를 X라고 할 때, X의 확률분포, $E(X)$ 및 $V(X)$를 구하여라.

46 확률변수 X의 확률분포가 다음과 같다. X의 평균과 분산을 구하여라.

x	1	2	3	4	5	합계
$f(x)$	0.1	0.2	0.35	0.25	0.1	1.0

47 문제 46에서 $g(X)=2X+1$일 때 $E[g(X)]$와 $V[g(X)]$를 구하여라.

48 X는 초록색 주사위를 던져서 나오는 눈의 수, Y는 흰색 주사위를 던져서 나오는 눈의 수일 때 $2X+Y$의 기댓값과 분산을 구하여라.

49 확률변수 X의 pdf.가 다음과 같을 때, $E(X)$와 $V(X)$를 구하여라.

1) $f(x)=1-\frac{1}{2}x,\ (0<x<2)$ 2) $f(x)=\frac{x+1}{2},\ (-1<x<1)$

50 어느 상점에서 50,000원의 상품을 살 때마다 표와 같은 상금이 붙은 복권을 한 장씩 주고 복권을 받지 않은 사람에게는 2500원씩 할인해 준다고 한다. 물건을 많이 살 때, 복권을 받는 것과 할인 받는 것 중 어느 것이 유리한가?

등위	상금	개수
1등	500,000원	1개
2등	50,000원	9개
3등	10,000원	90개
4등	1,000원	900개
합계		1000개

51 두 확률변수 X, Y의 결합 pdf.가 다음과 같을 때

$$f(x,y)=\begin{cases} 8xy, & 0<x<1,\ 0<y<1/\sqrt{2} \\ 0, & \text{그 밖에서} \end{cases}$$

$f_1(x)$, $f_2(y)$, $E(X)$, $E(Y)$, $V(X)$, $V(Y)$ 및 $Cov(X,Y)$, $\rho_{X\cdot Y}$를 구하여라.

52 한 기계가 생산해 내는 제품이 모두 양품일 확률, 한 개가 불량품일 확률, 두 개가 불량품일 확률은 각각 0.2, 0.6, 0.2이다. X의 기댓값과 분산을 구하여라.

53 확률변수 X의 확률분포가 다음과 같다. $g(X)=3X+2$의 기댓값과 분산을 구하여라.

x	1	2	3	4	합계
$f(x)$	0.2	0.3	0.4	0.1	1.0

54 확률변수 X의 pdf.가 다음과 같을 때 $g(X)=2X+5$의 기댓값과 분산을 구하여라.

$$f(x,y)=\begin{cases} 2x, & 0<x<1 \\ 0, & \text{그 밖에서} \end{cases}$$

55 확률변수 X, Y의 결합 pdf.가

$$f(x,y)=12xy(1-y), \qquad (0<x<1,\ 0<y<1)$$

일 때, $g(X,Y)=3X-2Y$의 기댓값과 분산을 구하여라.

56 X의 확률분포가 다음과 같을 때 $g(X)=(2X+1)^2$의 기댓값과 분산을 구하여라.

x	1	2	3	4	5	합계
$f(x)$	0.01	0.25	0.4	0.3	0.04	1.00

4장

확률분포

4.1 균등분포
4.2 베르누이 분포
4.3 이항분포와 다항분포
4.4 초기하분포
4.5 포아송분포
4.6 기하분포와 음이항분포
4.7 정규분포
4.8 지수분포
4.9 감마분포와 와이블분포
연습문제

4.1 균등분포

모든 확률분포 중에서 가장 간단한 확률분포가 균등분포이며 이산확률분포인 경우와 연속확률분포인 경우가 있는데, 확률밀도함수는 확률변수에 관계없이 일정한 상수값을 갖는다.

정의 4.1 균등분포(Uniform distributon)

1) 이산확률변수인 경우

확률변수 X의 모든 값 $x = x_1, x_2, \cdots, x_k$에 대하여 균등분포의 확률밀도함수는 다음과 같이 정의된다.

$$f(x) = \frac{1}{k}, \qquad x = x_1, x_2, \cdots, x_k$$

2) 연속확률변수인 경우

확률변수 X가 $a \le x \le b$에서 정의될 때 확률밀도함수는

$$f(x) = \frac{1}{b-a}, \qquad a \le x \le b$$

이며, 기호 $X \sim U(a, b)$로 표시한다.

균등분포를 그림으로 표시하면 $f(x)$가 X축에 평행하다. 이산균등분포인 경우에 pdf.는 그림 4.1과 같고 연속균등분포인 경우 pdf.는 그림 4.2와 같으며, $P(a < x < b) = 1$이 되어야 하므로 $f(x) = \dfrac{1}{b-a}$이다.

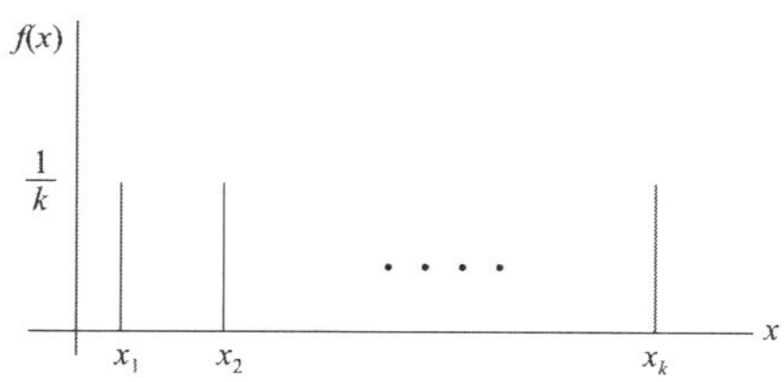

그림 4.1 ▸▸ 이산균등분포

그림 4.2 ▸▸ 연속균등분포

예제 4.1 1개의 주사위를 던져서 나타나는 눈의 수를 확률변수 X라고 하면 X의 pdf.는

$$f(x)=\frac{1}{6},\ x=1,\ 2,\ \cdots,\ 6$$

인 균등분포를 따른다.

$X\sim U(a,b)$일 때 기댓값과 분산을 구하면 다음과 같다.

$$E(X)=\int_a^b x\,f(x)\,dx=\int_a^b x\cdot\frac{1}{b-a}dx=\frac{a+b}{2},$$

$$V(X)=E(X^2)-[E(X)]^2=\int_a^b x^2\frac{1}{b-a}dx-\left(\frac{a+b}{2}\right)^2=\frac{(b-a)^2}{12}$$

정리 4.1 균등분포의 평균과 분산

이산확률변수 X의 pdf.가 $f(x)=\frac{1}{k},\ x=1,\ 2,\ \cdots,\ k$일 때 평균과 분산은 다음과 같다.

$$\mu=E(X)=\frac{k+1}{2},\qquad \sigma^2=V(X)=\frac{k^2-1}{12}$$

연속확률변수 X가 구간 $(a,\ b)$에서 균등분포 $U(a,\ b)$를 따를 때 평균과 분산은 다음과 같다.

$$\mu=E(X)=\frac{a+b}{2},\qquad \sigma^2=V(X)=\frac{(b-a)^2}{12}$$

예제 4.2 확률변수 X가 $U(2,6)$인 분포를 따를 때 X의 pdf.와 평균 및 분산을 구하여라.

풀이 $X\sim U(2,\ 6)$이므로 X의 pdf.는 $f(x)=\frac{1}{6-2}=\frac{1}{4},\ (2<x<6)$이고, 평균과 분산은 다음과 같다.

$$E(X)=\frac{2+6}{2}=4,\quad V(X)=\frac{(6-2)^2}{12}=\frac{4}{3}$$

4.2 베르누이 분포

확률실험의 결과가 오직 두 가지 가능한 결과만을 가질 때, 이를 **베르누이 시행**(Bernoulli trial)이라고 한다. 예를 들면 동전을 던질 때 앞면이나 뒷면의 두 가지 결과가 나오거나 생산 공정에서 제품검사를 할 때 합격이나 불합격의 두 가지 결과가 나오는 것과 같이, 두 가지만의 결과가 성공(S)과 실패(F)로 나타날 수 있는 확률실험을 말한다. 이때 표본 공간은 $\{S, F\}$이며, $P(S)+P(F)=1$이다.

베르누이 시행, 즉 성공과 실패에 확률변수 X를 대응시키자. 성공하면 $X=1$이라고 하고, 실패하면 $X=0$이라고 하면

$$X(S)=1, \qquad X(F)=0$$

이다. 이때 X는 **베르누이 확률변수**(Bernoulli random variable)가 된다. 따라서 베르누이 확률분포를 다음과 같이 정의할 수 있다.

정의 4.2 베르누이 분포(Bernoulli distribution)

성공일 때는 $X=1$, 실패일 때는 $X=0$이라고 하고 성공할 확률이 p, 실패할 확률이 $q=1-p$라고 하면, 베르누이 분포의 확률밀도함수는

$$f(x)=p^x q^{1-x}, \qquad (x=0,1)$$

이다. 이를 표로 나타내면 아래와 같고 $X \sim ber\ (p)$로 표시한다.

x	0	1
$f(x)$	$q=1-p$	p

많은 경우에 있어서 베르누이 시행이 독립적으로 반복되는 실험에 접하게 되며, 다음 절에서 다루게 될 이항분포와 관계가 있다.

$X \sim ber(p)$인 분포에서 평균과 분산을 구하자.

$$\mu=E(X)=\sum_{x=0}^{1} x\, f(x)=0\cdot f(0)+1\cdot f(1)=0\cdot q+1\cdot p=p,$$

$$\sigma^2=V(X)=E(X^2)-(E(X))^2=\sum_{x=0}^{1} x^2 f(x)-p^2=0^2 f(0)+1^2 f(1)-p^2$$

$$=0^2\cdot q+1^2\cdot p-p^2=p(1-p)=pq.$$

정리 4.2 베르누이 분포의 평균과 분산

확률변수 X가 성공의 확률이 p인 베르누이 분포 $X \sim ber(p)$를 따를 때 X의 평균과 분산은 다음과 같다.

$$\mu = p, \quad \sigma^2 = p(1-p) = pq$$

예제 4.3 불량률이 10%인 어떤 공장의 생산공정에서 1개의 제품을 검사하여 불량품이면 $X=1$, 양품이면 $X=0$으로 나타낼 때

$$P(X=1)=0.1,\ P(X=0)=0.9$$

이므로, 확률변수 X는 다음과 같은 이산형 밀도함수 $f(x)$를 갖는 베르누이 분포를 한다. 즉

$$f(x)=(0.1)^x(0.9)^{1-x}, \quad x=0,1$$

이다.

예제 4.4 구별할 수 없는 흰 공 3개, 노란 공 2개가 들어 있는 주머니에서 1개의 공을 꺼낼 때 흰 공이면 성공이고, 노란 공이면 실패라고 하자. 이때 확률변수 X의 평균과 분산을 구하여라.

풀이 $X \sim ber(0.6)$이므로 $P(X=0)=0.4$, $P(X=1)=0.6=p$이고, 평균과 분산은 다음과 같다.

$$E(X)=0.6,\ V(X)=0.6 \times 0.4=0.24.$$

4.3 이항분포와 다항분포

n회의 독립적인 베르누이 시행을 반복할 때, 성공횟수를 확률변수 X라고 하면, X는 시행횟수 n과 성공의 확률이 p인 이항분포(binomial distribution)를 따른다. 예를 들면 4회의 베르누이 시행에서 가능한 시행의 결과를 S 또는 F라고 하고 $P(S)=p$, $P(F)=q=1-p$라고 하면 일어날 수 있는 모든 가능한 경우는 2개에서 4개를 취하는 중복순열이므로 ${}_2\Pi_4=2^4=16$가지이다. 성공의 수, 즉 S의 수를 X라고 하면 X

가 취하는 값은 $X=0,\ 1,\ 2,\ 3,\ 4$이고, 16가지의 결과는 표 4.1과 같다.

표 4.1 ▸▸▸ $n=4$인 베르누이 시행결과

16가지의 결과	X	각 결과의 확률	경우의 수
FFFF	0	p^0q^4	${}_4C_0=1$
SFFF FSFF FFSF FFFS	1	p^1q^3	${}_4C_1=4$
SSFF SFSF SFFS FSSF FSFS FFSS	2	p^2q^2	${}_4C_2=6$
SSSF SSFS SFSS FSSS	3	p^3q^1	${}_4C_3=4$
SSSS	4	p^4q^0	${}_4C_4=1$

위의 표 4.1에서 보는 바와 같이 $X=1$인 확률은 p^1q^3이 ${}_4C_1=4$인 경우가 있으므로 $P(X=1)=f(1)={}_4C_1p^1q^3$이고, $X=2$인 확률은 p^2q^2이 ${}_4C_2=6$인 경우가 있으므로 $P(X=2)=f(2)={}_4C_2p^2q^2$이다. 따라서 $n=4$일 때 이항분포표는 표 4.2와 같다.

표 4.2 ▸▸▸ $n=4$인 이항분포표

x	0	1	2	3	4	합
$f(x)$	${}_4C_0p^0q^4$	${}_4C_1p^1q^3$	${}_4C_2p^2q^2$	${}_4C_3p^3q^1$	${}_4C_4p^4q^0$	1

표 4.2를 식으로 표시하면 즉, $n=4$인 이항분포의 pdf.는

$$f(x)={}_4C_xp^xq^{4-x},\qquad x=0,1,2,3,4$$

이다. 일반적으로 확률변수 X가 시행횟수 n, 성공률 p인 이항분포의 pdf.는

$$f(x)={}_nC_xp^xq^{n-x},\qquad x=0,1,2,\cdots,n$$

이며, 다음과 같은 기호로 표시한다.

$$X\sim B(n,p)$$

이항분포의 pdf. $f(x)$는 $b(x;n,p)$로 나타내기도 한다.

정의 4.3 이항분포(Binomial distribution)

성공의 확률이 p인 베르누이 시행을 독립적으로 n회 반복하였을 때 성공의 횟수 X의 분포를 이항분포라고 하며, X의 확률밀도함수는 다음과 같다.

$$b(x;n,p)=f(x)={}_nC_xp^x(1-p)^{n-x},\quad x=0,1,2,\cdots,n$$

이항분포는 이항정리와 관계가 있다. $x=0, 1, 2, \cdots, n$일 확률은

$$1=(p+q)^n={}_nC_0p^0q^n+{}_nC_1pq^{n-1}+\cdots+{}_nC_np^nq^0$$

이다. 이는 이항분포의 밀도함수 $f(x)$가 확률밀도함수이기 위한 조건을 만족함을 확인할 수 있다.

이항분포에 대한 확률을 구할 때는 계산이 불편하므로 n이 작을 때는 부록의 표 1을 이용하면 편리하고, n이 클 때에는 뒤에서 다루게 될 정규근사식을 이용할 수 있다.

부록의 표 1에는

$$P(X\le r)=\sum_{x=0}^{r}b(x;n,p)={}_nC_0p^0q^n+{}_nC_1pq^{n-1}+\cdots+{}_nC_rp^rq^{n-r}$$

의 값들이 수록되어 있는 누적확률분포표이다. 예를 들어 $b(x;n,p)$에서 $X=5$일 확률 $f(5)$를 구하려면 다음과 같이 계산한다.

$$f(5)=P(X\le 5)-P(X\le 4)$$

예제 4.5 한 주사위를 4회 던질 때 1의 눈이 나오는 횟수를 X라고 하면, 확률분포는

$$f(x)=b\left(x;4,\frac{1}{6}\right)={}_4C_x\left(\frac{1}{6}\right)^x\left(\frac{5}{6}\right)^{4-x},\quad x=0, 1, 2, 3, 4$$

이며 계산하면 아래 표와 같다.

x	0	1	2	3	4	계
$f(x)$	0.482	0.386	0.116	0.015	0.001	1.0

예제 4.6 퓨즈를 생산하는 어느 회사의 제품불량률은 10%라고 한다. 이 공장에서 생산되는 제품 중 4개를 임의로 추출하였을 때

(1) 정확하게 1개가 불량품일 확률을 구하여라.

(2) 추출된 4개의 퓨즈 가운데 적어도 1개 이상이 불량품일 확률을 구하여라.

풀이 X를 4개의 제품 중 불량품의 수를 확률변수 X라고 하면 X는 $n=4$, $p=0.1$인 이항분포 $X\sim B(4, 0.1)$를 따른다.

(1) $P(X=1)={}_4C_1(0.1)^1(0.9)^3=0.2916$.

(2) $P(X\ge 1)=1-P(X=0)$

$$= 1 - {}_4C_0(0.1)^0(0.9)^4$$
$$= 1 - (0.9)^4$$
$$= 0.3439.$$

예제 4.7 위 예제에서 $n = 10$개를 임의로 추출하였을 때

(1) 정확하게 1개가 불량품일 확률을 구하여라.

(2) 추출된 10개의 퓨즈 가운데 3개 이상이 불량품일 확률을 구하여라.

풀이 X를 10개의 제품 중 불량품의 수를 확률변수 X라고 하면 X는 $n = 10$, $p = 0.1$인 이항분포 $X \sim B(10, 0.1)$를 따른다.

(1) $P(X=1) = {}_{10}C_1(0.1)^1(0.9)^9 = 0.3874.$

(2) $P(X \geq 3) = 1 - P(X \leq 2) = 1 - 0.9298 = 0.0702.$

아래의 그림 4.3은 이항분포 $B(n,p)$의 모수 n과 p의 변화에 따른 확률히스토그램을 보여 준다.

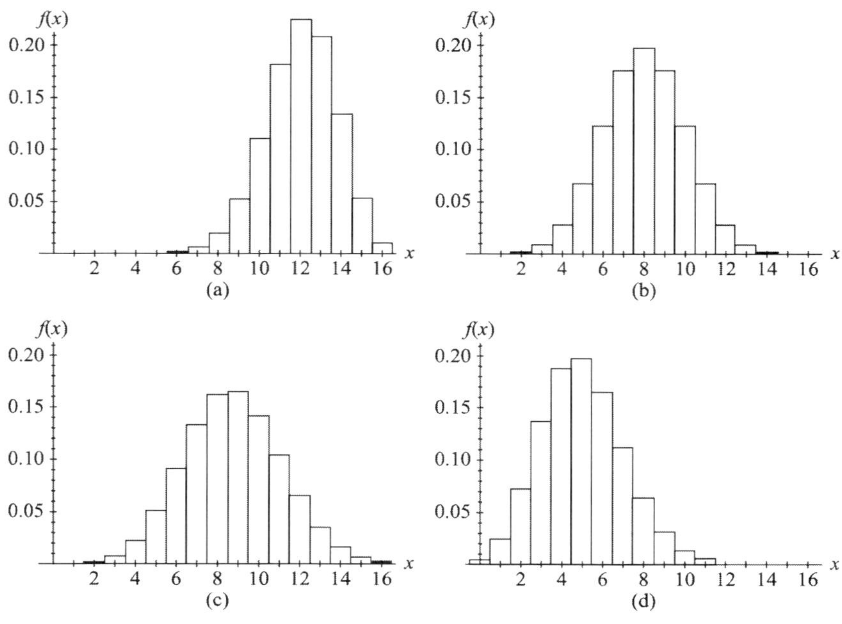

그림 4.3 ▸▸▸ 이항확률히스토그램
(a) b(16, 0.75), (b) b(16, 0.50), (c) b(25, 0.35), (d) b(25, 0.20)

확률변수 X가 이항분포를 따를 때, X의 평균과 분산을 구해 보자.

정리 4.3 이항분포의 평균과 분산

$X \sim B(n, p)$에서 X의 평균과 분산은 다음과 같다.

$$E(X) = np, \qquad V(X) = npq, \qquad q = 1 - p$$

증명 크기 n인 확률표본을 $(X_1, X_2, \cdots, X_n)$이라고 할 때, X_i는 1(성공) 또는 0(실패)의 값을 가지므로 모든 i에 대하여 $X_i \sim ber(p)$이고 $E(X_i) = p$, $V(X_i) = pq$이다.

성공횟수 $X = X_1 + \cdots + X_n = \sum X_i$이므로

$$E(X) = E(X_1 + \cdots + X_n) = E(X_1) + \cdots + E(X_n) = p + \cdots + p = np,$$

$$\begin{aligned} V(X) &= V(X_1 + \cdots + X_n) = V(X_1) + \cdots + V(X_n) \\ &= pq + \cdots + pq = npq = np(1-p). \end{aligned}$$

예를 들어 주사위를 60회 던질 때 1의 눈이 나온 횟수를 X라고 하면 $n = 60$, $p = \frac{1}{6}$이고

$$X \sim B\left(60, \frac{1}{6}\right)$$

이므로 평균과 분산은

$$E(X) = 60 \cdot \frac{1}{6} = 10, \quad V(X) = 60 \cdot \frac{1}{6} \cdot \frac{5}{6} = \frac{50}{6}, \quad \sigma = 2.887$$

이다. 이것은 주사위를 60회 던질 때 1의 눈이 나타나는 횟수 X의 분포는 평균이 10이고 10을 중심으로 해서 표준편차가 2.887만큼 흩어진다는 뜻이다.

예제 4.8 예제 4.5에서 확률변수 X의 평균과 분산을 구하여라.

풀이 $X \sim B\left(4, \frac{1}{6}\right)$이므로 평균과 분산은 다음과 같다.

$$E(X) = 4 \cdot \frac{1}{6} = \frac{2}{3}, \qquad V(X) = 4 \cdot \frac{1}{6} \cdot \frac{5}{6} = \frac{5}{9}$$

이제 이항분포를 확장하여 한 번의 실험에서 k개의 사건이 발생하는 경우를 생각해 보자. k가 3인 경우의 예를 들어 보면, 주머니 안에 흰 공 3개, 검은 공 4개, 노란

공 5개가 들어 있는 경우에는 결과가 세 가지이므로 이항이 아니라 삼항이 된다. 즉 삼항분포이다. 삼항 이상인 분포를 다항분포라고 한다. 이 주머니에서 6개의 공을 복원추출할 때, 흰 공의 수를 X_1, 검은 공의 수를 X_2, 노란 공의 수를 X_3라고 할 때 (X_1, X_2, X_3)의 분포를 조사하여 보자.

P(흰 공)=3/12, P(검은 공)=4/12, P(노란 공)=5/12이므로 흰 공이 X_1개, 검은 공이 X_2개, 노란 공이 X_3개일 확률은$(3/12)^{x_1}(4/12)^{x_2}(5/12)^{x_3}$이며 이러한 경우의 수는 $\frac{6!}{x_1!x_2!x_3!}$가지이므로

$$P(X_1 = x_1, X_2 = x_2, X_3 = x_3) = \frac{6!}{x_1!x_2!x_3!}\left(\frac{3}{12}\right)^{x_1}\left(\frac{4}{12}\right)^{x_2}\left(\frac{5}{12}\right)^{x_3},$$

$x_1 = 0,1,2,3,\ x_2 = 0,1,2,3,4,\ x_3 = 0,1,2,3,4,5$이며 $x_1 + x_2 + x_3 = 6$이다.

일반적으로 n회의 시행에서 나타날 수 있는 모든 결과가 $E_1, E_2, \cdots, E_k$이고, 이 결과가 일어날 확률은 각각 $p_1, p_2, \cdots, p_k$이며, 이들이 일어나는 횟수가 각각 x_1, x_2, $\cdots$, x_k일 때 $f(x_1, x_2, \cdots, x_k) = \frac{n!}{x_1!x_2!\cdots x_k!}p_1^{x_1}p_2^{x_2}\cdots p_k^{x_k}$이다.

표 4.3 ▸▸▸ 다항분포표

사건	E_1	E_2	$\cdots$	E_k	합계
확률	p_1	p_2	$\cdots$	p_k	1
일어날 횟수	x_1	x_2	$\cdots$	x_k	n

정의 4.4 다항분포(Multinomial distribution)

n회의 독립시행에서 각각의 시행의 모든 가능한 결과가 E_1, E_2, $\cdots$, E_k이고, 이 결과들이 일어날 확률은 p_1, p_2, $\cdots$, p_k이며, 일어나는 횟수가 x_1, x_2, $\cdots$, x_k이면 확률변수 X_1, X_2, $\cdots$, X_k의 확률분포는 다음과 같다.

$$f(x_1, x_2, \ldots, x_k; p_1, p_2, \ldots, p_k, n) = \frac{n!}{x_1!\,x_2!\ldots x_k!}p_1^{x_1}\ldots p_k^{x_k}$$

여기서 $\sum_{i=1}^{k} x_i = n$, $\sum_{i=1}^{k} p_i = 1$이다.

예제 4.9 어느 공장에서 생산된 제품을 조사하니 1급품이 50%, 2급품이 30%, 3급품이 20%이었다. 10개의 제품을 임의로 추출하였을 때, 1급품이 4개, 2급품이 3개, 3급품이 3개일 확률을 구하여라.

풀이 E_1: 추출된 제품이 1급품인 경우,

E_2: 추출된 제품이 2급품인 경우,

E_3: 추출된 제품이 3급품인 경우

와 같이 분류되고, 이들 각각이 나올 확률은 p_1, p_2, p_3라고 하면

$$p_1 = 0.5, \quad p_2 = 0.3, \quad p_3 = 0.2$$

가 된다. 또 E_1, E_2, E_3가 일어나는 횟수를 x_1, x_2, x_3라고 하면 $x_1 = 4$, $x_2 = 3$, $x_3 = 3$이고 $n = 10$이 된다. 따라서 구하고자 하는 확률은

$$f(x_1, x_2, x_3; p_1, p_2, p_3, n) = \frac{n!}{x_1!x_2!x_3!} p_1^{x_1} p_2^{x_2} p_3^{x_3}$$

이므로

$$f(4, 3, 3\,; 0.5, 0.3, 0.2) = \frac{10!}{4!3!3!}(0.5)^4(0.3)^3(0.2)^3 = 0.0567$$

이다.

예제 4.10 2개의 주사위를 여섯 번 던질 때 같은 눈이 한 번, 눈의 합이 7 또는 11인 것이 두 번, 그 외의 경우가 세 번 일어날 확률을 구하여라.

풀이 E_1: 두 주사위의 눈이 같은 경우,

E_2: 두 눈의 합이 7 또는 11인 경우,

E_3: 그 외의 경우

와 같이 분류하고 이들이 나올 확률을 p_1, p_2, p_3, 또 이들이 일어나는 횟수를 x_1, x_2, x_3라고 하면 다음과 같이 다항분포표가 만들어진다.
두 개의 주사위를 던질 때 일어나는 모든 경우의 수는 $6 \times 6 = 36$이다.

$$p_1 = \frac{6}{36} = \frac{1}{6}, \quad p_2 = \frac{6+2}{36} = \frac{2}{9}, \quad p_3 = 1 - \frac{1}{6} - \frac{2}{9} = \frac{11}{18},$$
$$x_1 = 1, \quad x_2 = 2, \quad x_3 = 3, \quad n = 6$$

경우	E_1	E_2	E_3	합계
p	1/6	2/9	11/18	1
x	1	2	3	6

$$f(x_1,\ x_2,\ x_3;\ p_1,\ p_2,\ p_3,\ n) = \frac{n!}{x_1!x_2!x_3!} p_1^{x_1} p_2^{x_2} p_3^{x_3}$$

이므로

$$f\left(1,\ 2,\ 3; \frac{1}{6}, \frac{2}{9}, \frac{11}{18}, 6\right) = \frac{6!}{1!2!3!}\left(\frac{1}{6}\right)^1\left(\frac{2}{9}\right)^2\left(\frac{11}{18}\right)^3 = 0.1127$$

이다.

4.4 초기하분포

유한모집단으로부터 크기 n인 표본을 비복원추출하는 경우에 어떤 사건의 출현 횟수 X의 분포를 알아보자.

3개의 불량품과 5개의 양품으로 구성된 로트에서 랜덤하게 5개의 제품을 비복원추출할 때, 추출된 제품 가운데 불량품의 수가 2개일 확률을 구하는 문제를 생각해 보자. 일어날 수 있는 모든 경우의 수는 로트에서 8개의 제품 가운데서 5개를 취하므로 ${}_8C_5$가지이고, 우리가 구하려는 경우는 불량품 3개에서 2개를 취하여야 하므로 양품 5개에서 3개를 취해야 하고 그 경우의 수는 ${}_3C_2 \times {}_5C_3$가지이다.

그러므로 추출된 5개의 제품 가운데 불량품이 2개일 확률은

$$P(X=2) = \frac{{}_3C_2 \cdot {}_5C_3}{{}_8C_5} = \frac{30}{56}$$

이며, 추출된 5개의 제품 가운데 불량품의 수를 확률변수 X라고 하면 X의 확률분포는

$$P(X=x) = \frac{{}_3C_x \cdot {}_5C_{5-x}}{{}_8C_5}, \qquad x = 0,\ 1,\ 2,\ 3$$

이다. 그리고 뽑힌 불량품의 수 $x = 0,\ 1,\ 2,\ 3$에 대해서 확률분포표를 만들면 아래와 같다.

$$P(X=0) = \frac{{}_3C_0 \cdot {}_5C_5}{{}_8C_5} = \frac{1}{56},$$

$$P(X=1)=\frac{{}_3C_1 \cdot {}_5C_4}{{}_8C_5}=\frac{15}{56},$$

$$P(X=2)=\frac{{}_3C_2 \cdot {}_5C_3}{{}_8C_5}=\frac{30}{56},$$

$$P(X=3)=\frac{{}_3C_3 \cdot {}_5C_2}{{}_8C_5}=\frac{10}{56}.$$

x	0	1	2	3	합계
$P(X=x)$	$\frac{1}{56}$	$\frac{15}{56}$	$\frac{30}{56}$	$\frac{10}{56}$	1

위의 예를 일반화해 보자. 성공(S)인 경우가 k개, 실패(F)인 경우가 $N-k$개인 크기 N인 유한모집단에서 크기 n인 표본을 비복원추출할 때 이 표본 가운데 들어 있는 성공의 수를 확률변수 X라고 하면, 이 X를 **초기하확률변수**(hypergeometric random variable)라고 하고 이 확률분포를 **초기하분포**(hypergeometric distribution)라고 하며 $X \sim h(N, n, k)$로 표시하고 그 확률의 값을 $h(x; N, n, k)$로 나타낸다. 그러므로 앞의 보기에서 $P(X=0)$, $P(X=1)$, $P(X=2)$, $P(X=3)$을 각각 $h(0; 8, 5, 3)$, $h(1: 8, 5, 3)$, $h(2; 8, 5, 3)$, $h(3; 8, 5, 3)$으로 표시할 수 있다.

크기 N인 모집단에서 크기 n인 표본을 비복원추출하는 모든 경우의 수는 ${}_NC_n$가지이고, 이들 표본들은 동등하게(equally likely) 일어난다. 또 우리가 바라는 경우는 성공의 경우 k개에서 x개 취하고 그 경우의 수는 ${}_kC_x$가지이다. 이들 각각의 경우에 대하여 실패의 경우 $N-k$개에서 $n-x$개를 취해야 하는 ${}_{N-k}C_{n-x}$가지이므로 필요한 경우의 총수는 ${}_kC_x \cdot {}_{N-k}C_{n-x}$가지이다. 따라서 구하는 확률은 다음과 같다.

정의 4.5 초기하분포(Hypergeometric distribution)

크기 N인 유한모집단 가운데 성공(S)인 것이 k개 있고, 실패(F)인 것이 $N-k$개일 때, 이로부터 크기 n인 표본을 비복원추출한다. 이 표본 중에 포함된 성공(S)의 수가 확률변수 X라면 X는 초기하분포를 하며 확률밀도함수는 다음과 같다.

$$f(x)=h(x; N, n, k)=\frac{{}_kC_x \, {}_{N-k}C_{n-x}}{{}_NC_n},$$

$$x=0,1,2,\cdots,\min(n,k)$$

예제 4.11 100개의 퓨즈가 한 묶음으로 다음의 절차에 의하여 품질검사가 이루어진다고 하자. 먼저 검사요원이 5개의 퓨즈를 임의로 선택하여 끊어지지 않은 퓨즈가 1개 이하일 때 합격판정을 한다. 퓨즈 한 묶음에는 10개의 불량퓨즈가 포함되어 있는 데도 그 묶음이 합격판정을 받을 확률을 구하여라.

풀이 묶음 속에는 $N=100$개의 퓨즈가 들어 있고 그 중에는 $k=10$개의 불량퓨즈와 $N-k=90$개의 정상퓨즈가 들어 있다.

확률변수 X를 5개의 퓨즈 중에서 결함이 있는 퓨즈의 수라고 하면, X는 $N=100$, $n=5$, $k=10$인 초기하분포 $h(x;100,5,10)$를 따른다고 할 수 있다. 따라서 X의 확률밀도함수는

$$P(X=x)=h(x;100,5,10)=\frac{\binom{10}{x}\binom{90}{5-x}}{\binom{100}{5}},\ x=0,1,2,\cdots,5$$

이고, 퓨즈 한 묶음이 합격판정을 받을 확률은

$$P(X\le 1)=\sum_{x=0}^{1}h(x;100,5,10)=\frac{\binom{10}{0}\binom{90}{5}}{\binom{100}{5}}+\frac{\binom{10}{1}\binom{90}{4}}{\binom{100}{5}}$$

$$=0.923$$

이다.

예제 4.12 26매의 붉은색 카드와 26매의 검은색 카드가 들어 있는 상자에서 비복원 추출로 5매의 카드를 뽑을 때, 5매의 카드에 포함된 붉은색 카드의 수를 확률변수 X라고 하자. X의 확률분포를 구하여라.

풀이 확률변수 X는 $N=52$, $k=26$, $n=5$인 초기하분포를 하므로 X의 pdf.는 다음과 같다.

$$f(x)=h(x\ ;52,5,26)$$

$$=\frac{{}_{26}C_x\cdot{}_{26}C_{5-x}}{{}_{52}C_5},\quad x=0,1,2,3,4,5$$

그림 4.4는 모수 N, n, k의 변화에 따른 초기하분포의 확률히스토그램을 보여 준다.

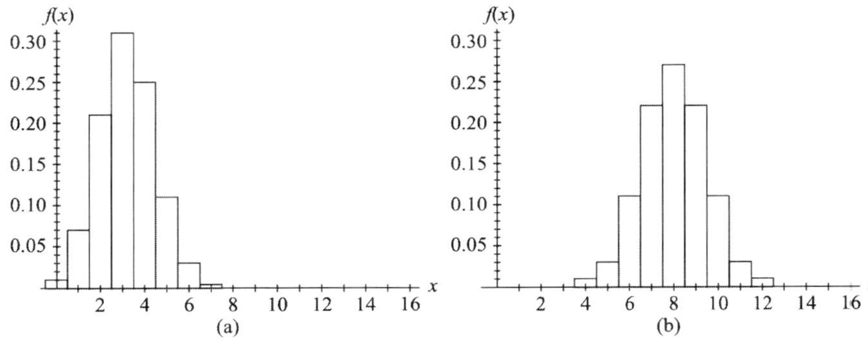

그림 4.4a ▸▸▸ 초기하 확률히스토그램: (a) N = 40, n = 16, k = 8, (b) N = 32, n = 16, k = 16,

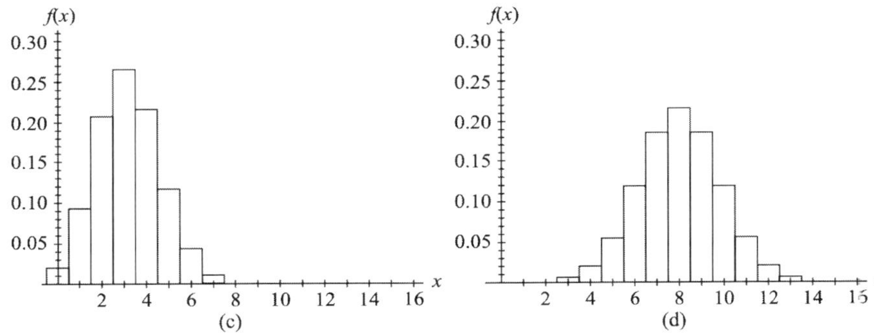

그림 4.4b ▸▸▸ 초기하 확률히스토그램: (c) N = 72, n = 16, k = 8, (d) N = 80, n = 16, k = 40

초기하분포의 평균과 분산에 대한 다음 정리는 증명없이 소개한다.

정리 4.4 초기하분포의 평균과 분산

확률변수 X의 확률분포가 초기하분포 $h(N, n, k)$를 따를 때 평균과 분산은 다음과 같다.

$$E(X) = \frac{nk}{N}, \qquad V(X) = \frac{N-n}{N-1} \cdot n \cdot \frac{k}{N}\left(1 - \frac{k}{N}\right)$$

정리 4.4에서 $k/N = p$라면

$$E(X) = \frac{nk}{N} = np$$

이므로 이항분포의 평균과 같고, 분산 $V(X) = \frac{N-n}{N-1} \cdot n \cdot \frac{k}{N}\left(1 - \frac{k}{N}\right)$에서 N이 n에 비하여 매우 크면

$$\lim_{N\to\infty}\frac{N-n}{N-1}=1$$

이므로 분산은

$$V(X)=n\cdot\frac{k}{N}\left(1-\frac{k}{N}\right)=n\cdot p(1-p)=npq$$

이다. 즉 초기하분포의 분산은 이항분포의 분산과 같게 된다. 따라서 N이 n에 비하여 상당히 크면 초기하분포는 이항분포에 접근한다.

정리 4.5 초기하분포의 이항분포수렴

$$\lim_{N\to\infty}\frac{{}_kC_x\cdot{}_{N-k}C_{n-x}}{{}_NC_n}\approx{}_nC_xp^xq^{n-x}$$

즉, $\lim_{N\to\infty}h(x;N,n,k)\approx B(n,p)$

위의 정리 4.5는 모집단의 크기 N이 클 때 초기하분포는 이항분포에 가까워짐을 뜻하는 중요한 정리이다. 초기하분포는 모수가 (N, n, k) 3개이므로 이항분포의 모수(n, p) 2개보다 크므로 초기하분포의 확률계산은 이항분포의 확률계산보다 복잡하다. 따라서 초기하분포에서 N이 어느 정도 크면 이항분포에 접근시켜 계산하는 것이 편리하다.

예제 4.13 예제 4.11에서 확률변수 X를 임의로 선택된 5개의 퓨즈 중에 결함이 있는 퓨즈의 수라고 할 때, 변수 X의 평균과 분산을 구하여라.

풀이 X는 $N=100$, $n=5$, $k=10$인 초기하분포 $h(x;100,5,10)$를 따르므로 정리 4.5에 의하여 평균과 분산은 다음과 같다.

$$E(X)=n\cdot\frac{k}{N}=5\left(\frac{10}{100}\right)=\frac{1}{2},$$

$$V(X)=\frac{N-n}{N-1}\cdot n\cdot\frac{k}{N}\left(1-\frac{k}{N}\right)$$

$$=\left(\frac{100-5}{100-1}\right)\cdot 5\cdot\left(\frac{10}{100}\right)\left(1-\frac{10}{100}\right)=\frac{19}{44}$$

예제 4.14 어떤 전화회사에 따르면 가정에서 사용하는 전화기의 5000개 가운데 4000개는 발신자 확인이 가능한 전화기를 사용하고 있다고 한다. 만일 10명에게 무작위로 전화를 걸었을 때 3명이 발신자 확인이 되지 않는 전화기로 받을 확률은 얼마인가?

풀이 확률변수 X를 10명 중 발신자 확인이 되지 않는 전화기로 전화를 받는 사람의 수라고 하면 X는 $N=5000$, $k=1000$, $n=10$인 초기하분포에 따른다고 할 수 있다.

$N=5000$은 $n=10$에 비하여 매우 크므로 $h(x=3;\ 5000, 10, 1000)$는 $n=10$이고 $p=\dfrac{k}{N}=\dfrac{1000}{5000}=0.2$인 이항분포 $B(10, 0.2)$로 근사시킬 수 있다.

즉
$$\begin{aligned} h(x=3;\ 5000, 10, 1000) &= \frac{{}_{1000}C_3 \cdot {}_{4000}C_7}{{}_{5000}C_{10}} \\ &\approx {}_{10}C_3\, 0.2^3\, 0.8^{10-3} \\ &= \sum_{x=0}^{3} b(x;\ 10, 0.2) - \sum_{x=0}^{2} b(x;\ 10, 0.2) \\ &= 0.8791 - 0.6778 \\ &= 0.2013. \end{aligned}$$

지금까지의 초기하분포에서는 모집단을 구성하고 있는 요인이 두 가지 경우(성공 S와 실패 F, 양품과 불량품, 흡연자와 금연자, 남자와 여자 … 등)였으나 요인이 3개 이상인 경우도 같은 방법으로 생각할 수 있다.

모집단이 k개의 요인 $A_1, A_2, \cdots, A_k$로 이루어지고 이 요인들은 각각 $a_1, a_2, \cdots, a_k$개의 요소가 포함되어 있고 여기에서 비복원으로 n개의 표본을 추출할 때 이들 각각이 뽑힌 개수를 $X_1, X_2, \cdots, X_k$라고 하자. 그러면 확률변수 $X_1, X_2, \cdots, X_k$는 **다변량 초기하분포**(multivariate hypergeometric distribution)를 한다.

모집단 요인	A_1	A_2	· · ·	A_k	합계
모집단 요소	a_1	a_2	· · ·	a_k	N
표본	x_1	x_2	· · ·	x_k	n

정의 4.6 다변량 초기하분포의 확률밀도함수

$$h(x_1, x_2, \cdots, x_k;\ N, n,\ a_1, a_2, \cdots, a_k) = \frac{{}_{a_1}C_{x_1}\, {}_{a_2}C_{x_2} \cdots\ {}_{a_k}C_{x_k}}{{}_{N}C_n}$$

여기서 $\sum x_i = n$, $\sum a_i = N$이다.

예제 4.15 한 생산라인에서 생산된 불량품에 대해 강도 불량이 3개, 무게 불량이 4개, 두께 불량이 3개가 검사되었다. 이 불량품에서 5개를 꺼낼 때 1개의 강도 불량, 2개의 무게 불량, 2개의 두께 불량이 꺼내질 확률을 구하여라.

풀이 $a_1 = 3,\ a_2 = 4,\ a_3 = 3,\ N = 10,\ x_1 = 1,\ x_2 = 2,\ x_3 = 2,\ n = 5$인 경우이므로 구하고자 하는 확률은

$$h(1,2,2\ ;10,5,3,4,3) = \frac{{}_3C_1 \cdot {}_4C_2 \cdot {}_3C_2}{{}_{10}C_5} = \frac{3}{14}$$

이다.

4.5 포아송분포

주어진 시간 혹은 주어진 면적(영역)에서 평균 λ개의 사건이 발생하는 것이 알려져 있을 때, 단위시간 또는 단위면적당 발생하는 사건의 수를 X라고 하면 X를 **포아송 확률변수**(Poisson random variable)라고 하고, 그의 분포를 **포아송분포**(Poisson distribution)라고 하며 $X \sim P(\lambda)$로 표시한다.

정의 4.7 포아송분포(Poisson distribution)

확률변수X의 pdf.가

$$f(x) = P(x\ ;\lambda) = \frac{\lambda^x e^{-\lambda}}{x!}, \qquad x = 0,\ 1,\ 2,\ \cdots$$

으로 주어진다면, X는 모수 λ를 갖는 포아송분포(Poisson distribution)를 갖는다.

포아송분포를 따르는 예를 들어 보자. 한 시간 동안의 전화신청의 수, 어느 특정 지역에서 1일 동안 일어나는 교통사고의 수, 어느 책의 1페이지당 오자의 수, 어느 용기에 들어 있는 박테리아의 수 등은 포아송분포를 한다.

위의 포아송분포 확률밀도함수에서 e는 $e = 2.71828\cdots$의 무리수로 자연대수(natural logarithm)를 취할 때 밑(base)으로 사용되는 수이다. 그리고 누적 포아송분포의 누적확률값 $F(x\,;\lambda) = P(X \le x) = \sum_{y=0}^{x} \frac{\lambda^y e^{-\lambda}}{y!}$은 부록의 표 2에 수록되어 있으며, 이항분포의 확률값 표를 이용할 때와 같은 방법으로 표 2는 포아송분포의 확률을 구하는 데 사용된다.

예제 4.16 어느 양곡저장창고에서는 한 달 동안 쥐덫에 평균적으로 4.5마리가 잡힌다고 한다. 한 달 동안 정확하게 5마리가 잡힐 확률을 구하여라.

풀이 한 달 동안 쥐덫에 잡히는 쥐의 수를 X라고 하고 X는 $\lambda = 4.5$인 포아송분포를 따른다고 할 수 있다. 따라서 구하고자 하는 확률은

$$P(X=5) = \frac{e^{-4.5}(4.5)^5}{5!} = 0.1708$$

이다.

예제 4.17 어느 전화 교환대에 매분 평균적으로 2건의 통화가 이루어진다고 한다. 포아송분포를 한다는 가정하에 3분 동안에 4건 이하의 통화가 이루어질 확률을 구하여라.

풀이 3분이 단위시간으로 정해지므로 $\lambda = 2 \times 3 = 6$이고 $X \sim P(6)$인 포아송분포를 한다. 구하고자 하는 확률값은 부록의 표 2를 이용하면 다음과 같이 된다.

$$P(X \leq 4) = \sum_{x=0}^{4} \frac{6^x e^{-6}}{x!} = 0.285$$

아래의 그림 4.5는 모수 λ의 변화에 따른 포아송분포의 확률히스토그램을 보여 준다.

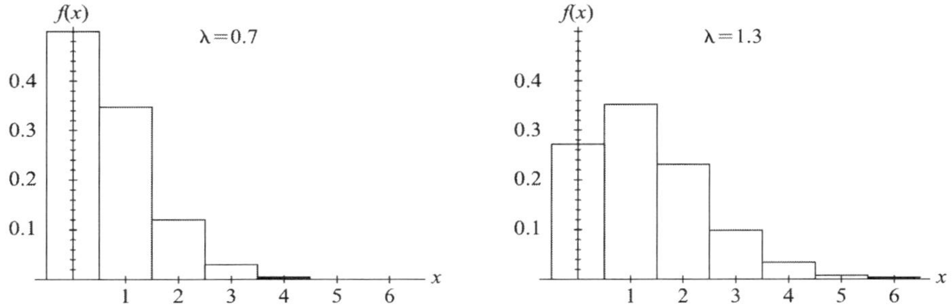

그림 4.5a ▸▸▸ 포아송 확률히스토그램

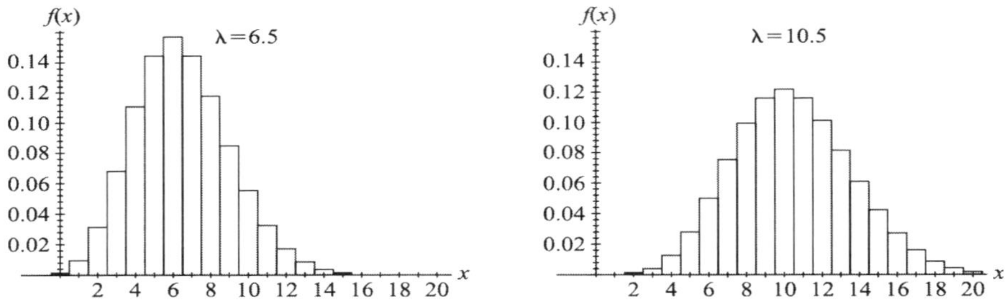

그림 4.5b ▸▸▸ 포아송 확률히스토그램

확률변수 X가 포아송분포를 따를 때 확률변수 X의 평균과 분산을 구해 보자.

정리 4.6 포아송분포의 평균과 분산

확률변수 X가 포아송분포 $P(\lambda)$를 따르는 확률변수일 때 평균과 분산은 각각 다음과 같다.

$$E(X)=\lambda, \qquad V(X)=\lambda$$

증명

$$E(X)=\sum_{x=0}^{\infty} x\cdot\frac{\lambda^x e^{-\lambda}}{x!}=\lambda e^{-\lambda}\sum_{x=1}^{\infty}\frac{\lambda^{x-1}}{(x-1)!}$$

$$=\lambda e^{-\lambda}\sum_{y=0}^{\infty}\frac{\lambda^y}{y!} \qquad (x-1=y\text{라면})$$

$$=\lambda e^{-\lambda}e^{\lambda}=\lambda,$$

$$V(X)=E(X^2)-(E(X))^2=E[X(X-1)+X]-\lambda^2$$

$$=E[X(X-1)]+E(X)-\lambda^2$$

$$=\sum_{x=0}^{\infty} x(x-1)\cdot\frac{\lambda^x e^{-\lambda}}{x!}+\lambda-\lambda^2$$

$$=\lambda^2 e^{-\lambda}\sum_{x=2}^{\infty}\frac{\lambda^{x-2}}{(x-2)!}+\lambda-\lambda^2 \qquad (x-2=z\text{라면})$$

$$=\lambda^2 e^{-\lambda}\sum_{z=0}^{\infty}\frac{\lambda^z}{z!}+\lambda-\lambda^2=\lambda^2 e^{-\lambda}e^{\lambda}+\lambda-\lambda^2=\lambda\ .$$

다음으로 포아송분포와 이항분포의 근사관계를 알아보자.

정리 4.7 **이항분포의 포아송분포 근사**

$X \sim B(n,p)$인 분포를 할 때, $np=\lambda$(일정)이고 p가 0에 가까운 작은 값일 때 n이 커짐에 따라 $x=0,\ 1,\ 2,\ \cdots$에 대해서

$$\lim_{n\to\infty} {}_nC_x p^x (1-p)^{n-x} \approx \frac{e^{-\lambda}\lambda^x}{x!} = P(\lambda)$$

증명 $np=\lambda$이므로 $p=\dfrac{\lambda}{n}$,

$$\begin{aligned}\lim_{n\to\infty} {}_nC_x p^x (1-p)^{n-x} &= \lim_{n\to\infty} {}_nC_x \left(\frac{\lambda}{n}\right)^x \left(1-\frac{\lambda}{n}\right)^{n-x} \\ &= \lim_{n\to\infty} \frac{n!}{x!(n-x)!}\lambda^x \left(\frac{1}{n}\right)^x \left(1-\frac{\lambda}{n}\right)^{-x} \left(1-\frac{\lambda}{n}\right)^n \\ &= \frac{\lambda^x}{x!} \lim_{n\to\infty} \frac{n!}{(n-x)!(n-\lambda)^x} \cdot (1-\frac{\lambda}{n})^n \\ &= \frac{\lambda^x}{x!} \cdot 1 \cdot e^{-\lambda} = \frac{e^{-\lambda}\lambda^x}{x!},\end{aligned}$$

(※여기에서 $n\to\infty$이면 $(1-\dfrac{\lambda}{n})^n \to e^{-\lambda}$이고

$$\lim_{n\to\infty} \frac{n!}{(n-x)!(n-\lambda)^x} = \lim_{n\to\infty} \frac{n(n-1)\cdots\ (n-x+1)}{(n-\lambda)\cdots\ (n-\lambda)} = 1$$이므로)

위의 정리 4.7은 $np=\lambda$(일정)이며, n이 커지면 p는 0에 가깝고

$$\lim_{n\to\infty} B(n,p) = P(\lambda = np)$$

이므로, np가 일정하고 n이 커지면(p가 작아짐) 이항분포는 포아송분포에 접근한다. 따라서 위 조건을 만족할 때 이항분포의 확률계산은 포아송분포를 이용하면 더욱 편리하다.

분포들의 근사를 살펴보면, 초기하분포에서 N이 n에 비하여 매우 크면 초기하분포는 이항분포에 접근하고, 이항분포에서 np가 일정하고 n이 크면 이항분포는 포아송분포에 접근한다. 포아송분포는 모수가 λ 하나뿐이므로 계산이 더욱 간결하다.

$$h(N,n,k) \xrightarrow{(N \ge n)} B(n,p) \xrightarrow{(np=\lambda,\ n\to\infty)} P(\lambda = np)$$

예제 4.18 상자 안에 2000개의 공이 들어 있는데 1900개가 흰 공이고 100개가 검은 공이다. 이 상자에서 20개의 공을 꺼낼 때 검은 공의 수를 X라고 하고, $x=0,1,2$에 대한 확률을 초기하분포, 이항분포 및 포아송분포에 의하여 구하고 이들 결과를 비교하여라.

풀이 초기하분포: $h(x;2000,\ 20,\ 100)=\dfrac{{}_{100}C_x\cdot{}_{1900}C_{20-x}}{{}_{2000}C_{20}}$,

$$h(0;2000,\ 20,\ 100)=\frac{{}_{100}C_0\cdot{}_{1900}C_{20}}{{}_{2000}C_{20}}=0.3567,$$

$$h(1;2000,\ 20,\ 100)=\frac{{}_{100}C_1\cdot{}_{1900}C_{19}}{{}_{2000}C_{20}}=0.3793,$$

$$h(2;2000,\ 20,\ 100)=\frac{{}_{100}C_2\cdot{}_{1900}C_{18}}{{}_{2000}C_{20}}=0.1895.$$

초기하분포에서 $N=2000>n=20$이므로 $p=100/2000=0.05$인 이항분포에 접근시킨다.

이항분포: $B(x;20,\ 0.05)={}_{20}C_x0.05^x0.95^{20-x}$,

$$B(0;20,\ 0.05)={}_{20}C_00.05^00.95^{20}=0.3595,$$

$$B(1;20,\ 0.05)={}_{20}C_10.05^10.95^{19}=0.3774,$$

$$B(2;20,\ 0.05)={}_{20}C_20.05^20.95^{18}=0.1887.$$

이항분포에서 $\lambda=20\cdot0.05=1$(일정)이고, $n=20$은 어느 정도 크고 $p=0.05$는 0에 접근하므로 포아송분포에 접근시켜 계산하자.

포아송분포: $P(x;\lambda=1)=\dfrac{1^xe^{-1}}{x!}$,

$$P(0;\lambda=1)=\frac{1^0e^{-1}}{0!}=0.3679,$$

$$P(1;\lambda=1)=\frac{1^1e^{-1}}{1!}=0.3679,$$

$$P(2;\lambda=1)=\frac{1^2e^{-1}}{2!}=0.1839.$$

k	0	1	2
초기하분포: $h(x;2000,20,100)$	0.3567	0.3793	0.1895
이항분포: $B(x;20,0.05)$	0.3595	0.3774	0.1887
포아송분포: $P(x;\lambda=1)$	0.3679	0.3679	0.1839

예제 4.18에서 초기하분포의 확률계산은 복잡하므로 컴퓨터의 도움을 받아야 한다. 이항분포에 의한 계산은 조합계산표 등을 사용하여 계산할 수 있으나 좀 복잡하다. 그러나 포아송분포에서의 계산은 $e^{-\lambda}$을 수표에서 구하면 좀 더 간편하게 계산할 수 있다. 계산 결과도 위 표에 나타난 바와 같이 실제 사용하는 데 큰 지장이 없을 정도로 정확한 값에 가깝다. 그러므로 출현도수의 문제를 다룰 때에는 가능한 한 초기하분포의 식보다는 이항분포를, 이항분포의 식보다는 포아송분포에 접근시킬 수 있는가를 고려해 보는 것이 좋을 것이다.

4.6 기하분포와 음이항분포

성공의 확률이 p인 베르누이 시행을 독립적으로 반복할 때, 첫 번째 성공이 일어날 때까지의 반복시행횟수를 X라고 하면 확률변수 X는 **기하분포**(geometric distribution)라고 한다.

정의 4.8 기하분포(Geometric distribution)

확률변수 X가 성공확률 p인 기하분포를 하면 X의 pdf.는 다음과 같고, $X \sim g(p)$로 표시한다.

$$f(x) = g(x; p) = pq^{x-1}, \qquad x = 1, 2, \cdots$$

예제 4.19 어떤 제품의 제조과정에서 평균적으로 제품 100개 중 2개꼴로 불량품이 나온다고 한다. 불량품이 발견되기까지 5개의 제품을 검사할 확률을 구하여라.

풀이 불량률 $p = 0.02$이고 양품일 확률은 0.98이므로 확률변수 X를 불량품이 발견되기까지의 제품을 검사한 횟수라고 하면, X는 기하분포 $g(0.02)$를 따른다고 할 수 있다. 따라서 구하려는 확률은

$$P(X=5) = (0.02)(0.98)^4 = 0.01845$$

이다.

예제 4.20 주사위의 1의 눈이 처음 나올 때까지 반복해서 던지는데 4번째에서 처음으로 1의 눈이 나올 확률을 구하여라.

풀이 1의 눈이 나올 확률은 $\frac{1}{6}$이므로, $X \sim g\left(\frac{1}{6}\right)$이다. 따라서 구하고자 하는 확률은

$$f(4) = g\left(4 : \frac{1}{6}\right) = \frac{1}{6}\cdot\left(\frac{5}{6}\right)^3 = 0.0965$$

이다.

확률변수 X가 기하분포를 할 때 X의 평균과 분산은 다음과 같다.

정리 4.8 기하분포의 평균과 분산

$X \sim g(p)$인 분포를 할 때 평균과 분산은 다음과 같다.

$$E(X) = \frac{1}{p}, \qquad V(X) = \frac{1-p}{p^2} = \frac{q}{p^2}$$

기하분포에서 X의 평균이 $1/p$임은 그 의미를 쉽게 알 수 있다. 예제 4.20에서 주사위의 1의 눈이 나올 확률 $p = 1/6$이며, 이때 $E(X) = 6$이고 이 의미는 주사위를 6번 던질 때 1의 눈이 한 번 나온다는 뜻이다.

앞에서 첫 번째 '성공'할 때까지의 반복시행 횟수 X는 기하분포를 한다고 하였다. 이제 첫 번째의 성공이 아니라 r번째의 '성공'이 일어날 때까지의 시행횟수들의 분포를 생각해 보자. 시행횟수 X는 **음이항분포**(negative binomial distribution)라고 하고 $X \sim NB(r, p)$로 표시한다. 예를 들면 어떤 생산공정에서 불량품이 3개 나올 때까지 반복해서 제품을 검사한 결과 6번째 제품에서 불량품이 3개째 조사되었다면,

$$X \sim NB(3, 0.5), \quad x = 6, \quad r = 3, \quad p = 0.5$$

이고 6번째 제품에서 불량품이 3개째 조사되기 위해서는 6번째에는 반드시 불량품(D)이 나오고 1회부터 5회까지의 5개 제품 가운데서 2개의 불량품(D)이 나오고 나머지 3개는 양품 (N)이 나와야 한다. 그런 경우는

DDNNND, DNDNND, DNNDND, DNNNDD, NNDNDD
NDDNND, NDNDND, NDNNDD, NNDDND, NNNDDD

의 10가지이며, 이것은 1, 2, 3, 4, 5회의 5자리에 D가 2자리를 취하는 방법이며, 이는 ${}_5C_2 = {}_{6-1}C_{3-1} = {}_{x-1}C_{r-1}$의 경우가 있다. 따라서

$$f(6) = NB(x = 6;\ 3, 0.5) = {}_5C_2\, 0.5^3\, 0.5^3 = \frac{10}{64}$$

이며, 즉 x번째 시행에서 r번의 성공이 발생할 확률은 $x-1$번째까지의 시행에서는 $r-1$번의 성공이 일어나고 x번째 시행에서 반드시 성공이 일어나야 하므로 음이항분포를 아래와 같이 정의할 수 있다.

정의 4.9 음이항분포(Negative binomial distribution)

성공확률이 p이고, x번째 시행에서 r번 '성공'하면 X의 pdf.는

$$f(x)=NB(x;r,p)={}_{x-1}C_{r-1}p^r(1-p)^{x-r}, \qquad x=r,\ r+1,\ \cdots$$

와 같이 정의되고, $X\sim NB(r,p)$로 간단히 표기한다.

아래의 그림 4.6은 모수 r, p의 변화에 따른 음이항분포의 확률히스토그램이다.

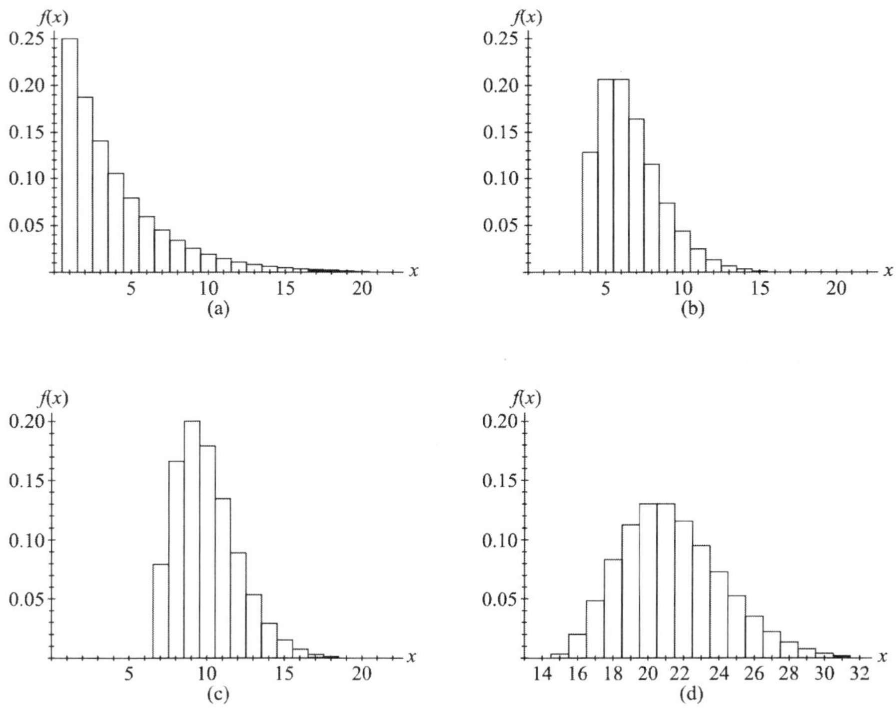

그림 4.6 ▸▸▸ 음이항 확률히스토그램

(a) r = 1, p = 0.25, (b) r = 4, p = 0.6, (c) r = 7, p = 0.7, (d) r = 15, p = 0.7

예제 4.21 주사위를 던지는 실험을 하는데 5번째에서 1의 눈이 2번째로 나올 확률을 구하여라.

풀이 $r=2, \quad p=\frac{1}{6}, \quad X\sim NB\left(2, \frac{1}{6}\right),$

$$f(5)={}_{5-1}C_{2-1}\left(\frac{1}{6}\right)^2\left(\frac{5}{6}\right)^{5-2}=\frac{4\cdot 5^3}{6^5}=\frac{125}{1944}.$$

정리 4.9 음이항분포의 평균과 분산

$X\sim NB(r, p)$인 분포를 할 때 평균과 분산은 다음과 같다.

$$E(X)=\frac{r}{p}, \qquad V(X)=\frac{r(1-p)}{p^2}$$

위 예제 4.21에 대한 평균은 $\mu=\frac{r}{p}=\frac{2}{1/6}=12$이고, 분산은 $\sigma^2=\frac{r(1-p)}{p^2}=\frac{2(1-1/6)}{(1/6)^2}=60$이다.

4.7 정규분포

정규분포(normal distribution)는 통계 응용에서 가장 많이 이용되는 확률분포이다. 정규분포는 Gauss의 분포라고도 하며, 이는 Gauss가 물리 계측의 오차에 대한 확률분포로서 처음 도입하였다. 측정오차를 비롯하여 제품의 무게, 강도나 실의 장력 등 자연계에는 그 확률분포가 정규분포를 한다고 알려진 것이 매우 많다. 더욱 중요한 것은 후에 다루게 될 중심극한정리로 설명되는 것을 비롯하여 많은 분포가 표본의 크기가 클 때 그 극한의 분포가 정규분포를 이루며, 또 정규모집단으로부터의 여러 가지 통계량의 표본분포가 유도되고 있다. 그러므로 정규분포는 추측통계학에 있어서 그 이론의 중심적 구실을 하고 있다. 정규분포의 pdf.는 다음과 같으며 그 그래프는 종모양의 곡선으로 되며 이를 정규곡선(normal curve)이라고 한다.

정의 4.10 정규분포(normal distribution)

확률변수 X가 평균 μ, 분산 σ^2인 정규분포를 따를 때 X의 확률밀도함수는 다음과 같으며 $X \sim N(\mu,\ \sigma^2)$으로 표시한다.

$$f(x) = \frac{1}{\sqrt{2\pi}\,\sigma} e^{-\frac{(x-\mu)^2}{2\sigma^2}}, \qquad -\infty < x < \infty$$

또, X의 평균과 분산은 다음과 같다.

$$E(X) = \mu, \qquad V(X) = \sigma^2$$

정규곡선은 그림 4.7과 같으며, 이 곡선의 특징은 $x = \mu$에서 최댓값을 가지고, μ의 양쪽으로 멀어짐에 따라서 좌우대칭으로 낮아져서 $x = \mu \pm \sigma$에서 변곡점을 가지며, $x = \mu \pm 3\sigma$에서 거의 x축에 접하고 x축이 점근선이 된다.

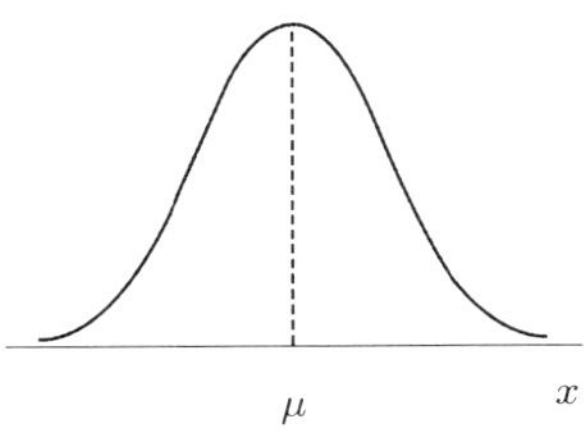

그림 4.7

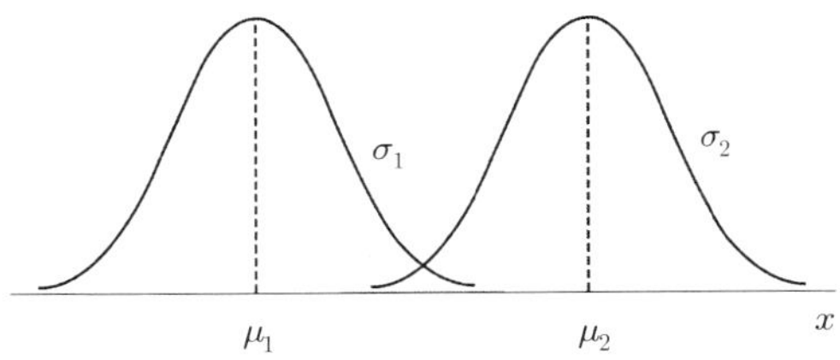

그림 4.8

정규분포는 평균 μ와 분산 σ^2만 주어지면 결정되며 σ^2에 의하여 곡선의 모양이 결정되고, μ에 의하여 곡선의 중심의 위치가 결정된다. 그림 4.8은 두 정규분포의 분산은 같고, 평균이 다른 경우, 즉 $\sigma_1^2 = \sigma_2^2$, $\mu_1 \neq \mu_2$이며 두 곡선은 동일한 형태이지만 위치는 다르다. 그림 4.9는 두 정규분포의 평균은 같고 분산이 다른 경우, 즉 $\mu_1 = \mu_2$, $\sigma_1^2 < \sigma_2^2$이며, 두 곡선의 중심의 위치는 동일점이고, 분산이 크면 낮고 넓게 퍼져 있으며 분산이 작으면 높고 좁게 퍼져 있다. 두 곡선의 넓이는 1이다.

그림 4.10은 두 정규분포의 평균과 분산이 다른 경우이다. 곡선은 평균이 크면 중심의 위치가 오른쪽으로, 분산이 크면 폭이 넓지만, 넓이는 항상 1이다.

이제 정규분포에서 확률을 구하는 문제를 생각해 보자. 예를 들어 어떤 기계에서 생산된 제품의 무게는 평균이 60 kg, 분산이 9 kg인 정규분포를 한다고 하자. 여기에서 제품의 무게가 57 kg부터 64.5 kg 사이에 속할 확률을 구하려면 $\mu = 60$, $\sigma^2 = 9$인 다음의 정규분포의 pdf.

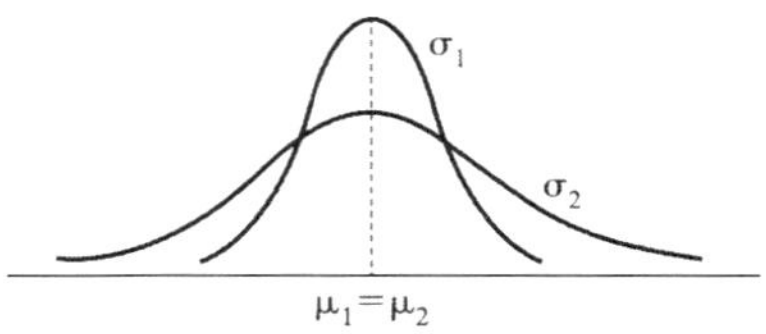

그림 4.9

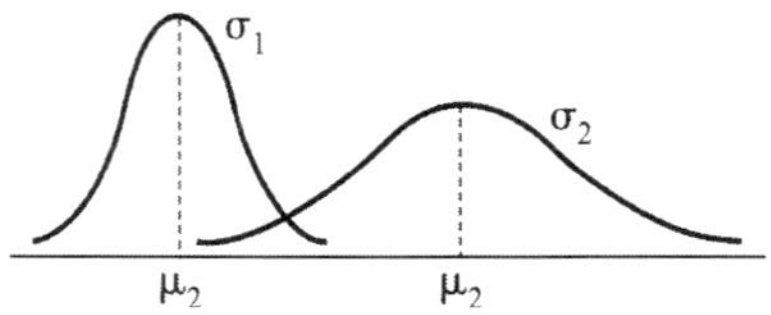

그림 4.10

$$f(x) = \frac{1}{\sqrt{2\pi}\cdot 3} e^{-\frac{(x-60)^2}{2\cdot 9}}, \qquad -\infty < \ x < \infty$$

를 이용해서

$$P(57 < X < 64.5) = \int_{57}^{64.5} \frac{1}{\sqrt{2\pi}\cdot 3} e^{-\frac{(x-60)^2}{2\cdot 9}} dx$$

를 계산해야 하는데 이 계산은 보통 번거로운 일이 아니다. 그러므로 정규분포에서의 확률계산을 편리하게 하기 위해서 평균이 0이고 분산이 1인 표준정규분포를 유도한다. $X \sim N(\mu, \sigma^2)$에서 $Z = \frac{X-\mu}{\sigma}$라고 하면

$$E(Z) = E\left[\frac{X-\mu}{\sigma}\right] = \frac{1}{\sigma}E\,[X-\mu] = \frac{1}{\sigma}\cdot 0 = 0,$$

$$V(Z) = V\left[\frac{X-\mu}{\sigma}\right] = \frac{1}{\sigma^2}V(X) = \frac{1}{\sigma^2}\cdot\sigma^2 = 1$$

이므로 $Z = \frac{X-\mu}{\sigma}$의 평균은 0이고 분산은 1이다.

정의 4.11 표준정규분포

$X \sim N(\mu, \sigma^2)$일 때 $Z = \frac{X-\mu}{\sigma}$이라고 하면 Z의 확률밀도함수는

$$\phi(z) = \frac{1}{\sqrt{2\pi}} e^{-\frac{z^2}{2}}, \qquad -\infty < z < \infty$$

이다. $E(Z) = 0$, $V(Z) = 1$이며 확률변수 Z는 **표준정규분포**(standard normal distribution)를 한다고 하며 $Z \sim N(0,1)$로 표시한다.

앞의 제품의 무게에 관한 예에서 확률 $P(57 < X < 64.5)$를 계산하는 것을 다시 논의하자.

$Z = \dfrac{X-\mu}{\sigma} = \dfrac{X-60}{3}$ 라고 하면

$$P(57 < X < 64.5) = P\left(\frac{57-60}{3} < \frac{X-60}{3} < \frac{64.5-60}{3}\right) = P(-1 < Z < 1.5)$$
$$= \int_{-1}^{1.5} \frac{1}{\sqrt{2\pi}} e^{-\frac{z^2}{2}} dz$$

와 같이 평균 μ와 분산 σ^2에 아무런 관련이 없는 식이 되어 다루기에 간편하게 되었다. 그러므로 위에서 $\int_{-1}^{1.5} \frac{1}{\sqrt{2\pi}} e^{-\frac{z^2}{2}} dz$를 일일이 계산해야 하는 번거로움을 없애기 위해서 여러 가지 z값에 대한

$$P(Z \le z) = \Phi(z) = \int_{-\infty}^{z} \frac{1}{\sqrt{2\pi}} e^{-\frac{z^2}{2}} dz$$

를 계산하여 부록의 표 4에 표준정규분포표를 만들었다.

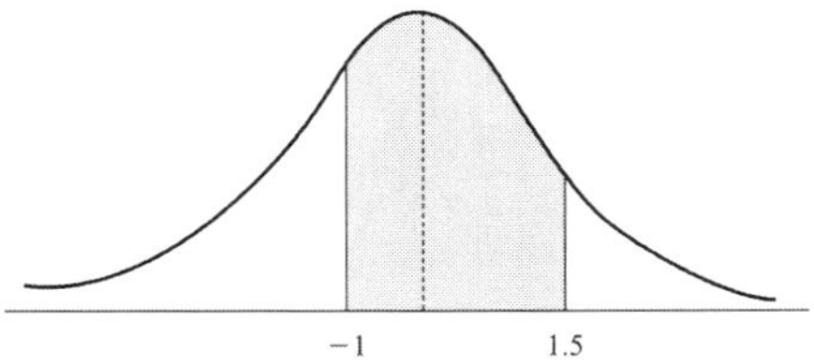

그림 4.11

그림 4.11과 부록의 표 4에서

$$P(-1 \le Z \le 1.5) = P(Z \le 1.5) - P(Z \le -1) = 0.9332 - 0.1587 = 0.7745$$

이며, 부록의 표 4를 이용할 때는 표준정규분포 곡선을 $z=0$에 대하여 대칭임을 참고해야 한다.

예제 4.22 $X \sim N(50, 10^2)$인 정규분포에서 $P(55 < X < 62)$를 구하여라.

풀이 $Z = \dfrac{X-50}{10} \sim N(0,1)$를 이용한다.

$$P(55 < X < 62) = P\left(\frac{55-50}{10} < \frac{X-50}{10} < \frac{62-50}{10}\right) = P(0.5 < Z < 1.2)$$
$$= P(Z < 1.2) - P(Z < 0.5) = 0.8849 - 0.6915 = 0.1934$$

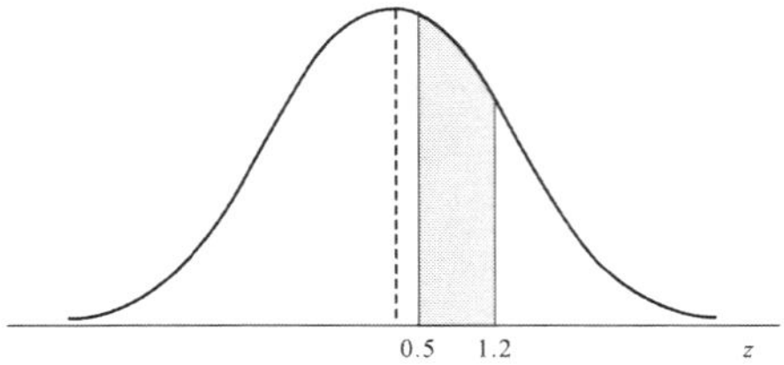

예제 4.23 $X \sim N(300, 50^2)$인 정규분포에서 $P(X \geq 362)$를 구하여라.

풀이 $Z = \dfrac{X-300}{50} \sim N(0,1)$이므로

$$P(X \geq 362) = P\left(\frac{X-300}{50} \geq \frac{362-300}{50}\right) = P(Z \geq 1.24)$$
$$= 1 - P(Z < 1.24) = 1 - 0.8925 = 0.1075$$

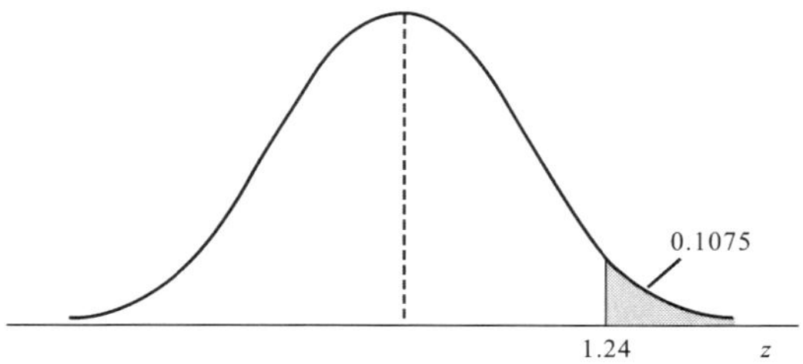

예제 4.24 $X \sim N(40,\ 6^2)$인 정규분포에서 왼쪽의 면적이 0.3783인 x_1과 오른쪽의 면적이 0.05인 x_2를 구하여라.

풀이

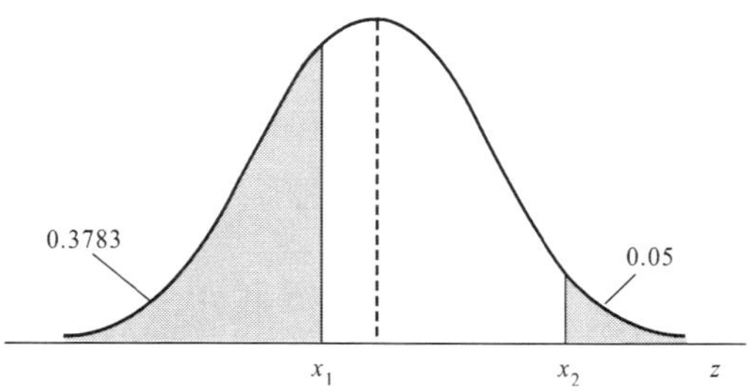

$z = (x_1 - 40)/6$에서 $x_1 = 40 + 6z$이고 부록 표 4의 표준정규분포표에서 $P(Z < -0.31) = 0.3783$이므로 $z = -0.31$이고 $x_1 = 40 + 6(-0.31) = 38.14$이다. 같은

방법으로 $P(Z > z) = 0.05$이면 $P(Z \leq z) = 0.95$이고 $z = 1.645$이므로 $x_2 = 40 + 6 \times 1.645 = 49.87$이다.

예제 4.25 대학 신입생 300명의 평균 학점은 2.1이고 표준편차가 0.8인 정규분포에 근사한다. 학점이 2.5와 3.5 사이에 있을 신입생은 몇 명 정도인지 구하여라. 단 평균점수는 소숫점 첫째 자리까지의 근삿값으로 계산되었다.

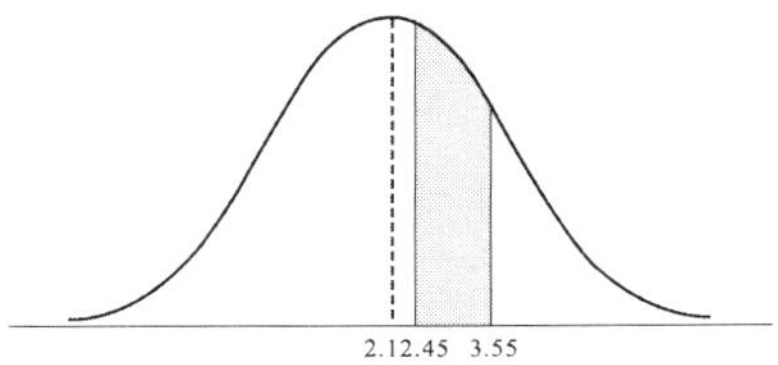

그림 4.12 ▸▸▸ 예제 4.25에 대한 면적

풀이 점수는 소수 첫째 자리까지 기록되었기 때문에, 그림 4.12에서처럼 $x_1 = 2.45$와 $x_2 = 3.55$ 사이의 면적을 구해야 한다. 대응되는 z를 구하면

$$z_1 = \frac{2.45 - 2.1}{0.8} = 0.44, \quad z_2 = \frac{3.55 - 2.1}{0.8} = 1.81$$

이다. 그러므로

$$\begin{aligned} P(2.45 < X < 3.55) = P(0.44 < Z < 1.81) \\ &= P(Z < 1.81) - P(Z < 0.44) \\ &= 0.9649 - 0.6700 \\ &= 0.2949 \end{aligned}$$

이다. 따라서 2.5점과 3.5점 사이의 학점을 받을 신입생의 수는 29.49% 또는 300명 중 약 88명이다.

예제 4.26 통계학 시험성적이 평균은 70점이고, 표준편차가 8점인 정규분포를 따른다고 할 때, 상위 30%에 해당하는 점수를 얻으면 A학점을 받을 수 있다고 한다면, A학점을 받을 가장 낮은 성적을 구하여라.

풀이 X를 통계학 시험성적이라고 하면, $X \sim N(70,\ 8^2)$이다. A학점을 받을 학생 중 최하 성적을 y라고 하면, $P(X \geq y) = 0.3$이므로 y는 X의 분포의 제70백

분위수이므로, $P(X \le y) = 0.7$이다. 따라서

$$y = 70 + 8z_{0.3} = 70 + 8(0.524)$$
$$= 74.208$$

이므로 A학점을 받을 가장 낮은 성적은 74.208점이다.

이항분포에서 n이 작을 때는 $B(x; n, p)$의 pdf. 또는 부록의 표 1로부터 이항분포의 확률을 얻을 수 있다. 앞 4.5절에서 n이 크고 p가 0이나 1에 가까울 때(p가 0에 가까우면 q는 1에 가까우므로)는 이항분포에 대한 근사식으로 포아송분포를 사용할 수 있다. 그러나 n이 충분히 크고 p가 0에 가깝지 않을 때는 이항분포를 이용한 계산이 까다로우므로 근사적으로 정규분포에 접근시켜 확률을 계산한다. n이 충분히 크고 p가 0.5에 가까울 때 이항분포는 밀접하게 정규분포에 접근한다. n이 크지 않고 p가 0이나 1에 가깝지 않을 때에도 근사식은 상당히 접근한다.

정리 4.10

$X \sim B(n, p)$이고 $n \to \infty$, p가 0이나 1에 가깝지 않으면

$$X \mathrel{\dot{\sim}} N(np, npq), \quad Z = \frac{X - np}{\sqrt{npq}} \sim N(0, 1)$$

이다.

이 정리의 증명은 이 책에서 다루는 범위를 넘어서므로 생략한다. 그림 4.13은 $n = 20$이고 $p = 0.6$일 때의 이항분포의 정규분포에 근사하는 것을 보여 준다.

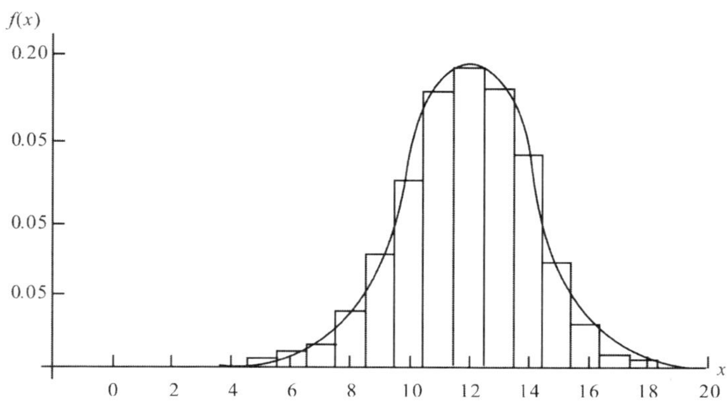

그림 4.13 ▸▸ $n = 20$, $p = 0.6$인 이항분포의 정규분포곡선에 근사

이산확률변수의 분포를 연속확률변수의 분포로 근사시킬 때는 이산변수 X에 수정을 가해야 한다. 예를 들어 이산확률변수 $X=5$를 연속확률변수로 접근시키려면 $4.5 \le X \le 5.5$로 수정해야 한다. 그러므로 이항분포에서 $3 \le X \le 6$은 정규분포에서는 $2.5 \le X \le 6.5$로 수정해야 한다.

정리 4.11 이항분포의 정규근사

$$P(a \le X \le b) \fallingdotseq P\left(\frac{a-np-0.5}{\sqrt{npq}} \le Z \le \frac{b-np+0.5}{\sqrt{npq}}\right)$$

(X는 이항변수, Z는 표준정규변수)

이 수정을 연속수정(continuity correction)이라고 한다.

예제 4.27 $X \sim B(15,\ 0.4)$인 분포일 때 $P(7 \le X \le 9)$를 이항분포와 정규근사법에 의하여 구하고 그 결과를 비교하여라.

풀이 이항분포: $f(x) = {}_{15}C_x\, 0.4^x\, 0.6^{15-x}, \quad x = 0, 1, 2, \cdots, 15,$

$$P(7 \le X \le 9) = \sum_{x=7}^{9} {}_{15}C_x\, 0.4^x\, 0.6^{15-x}$$

$$= \sum_{x=0}^{9} {}_{15}C_x\, 0.4^x\, 0.6^{15-x} - \sum_{x=0}^{6} {}_{15}C_x\, 0.4^x\, 0.6^{15-x}$$

$$= 0.9662 - 0.6098 = 0.3564 \qquad (\text{부록 표 1 이용}),$$

정규근사: $Z = \dfrac{X - 15 \times 0.4}{\sqrt{15 \times 0.4 \times 0.6}} \sim N(0, 1)$이고 또 연속수정을 이용하면

$$P(7 \le X \le 9) \approx P\left(\frac{7 - 15 \times 0.4 - 0.5}{\sqrt{15 \times 0.4 \times 0.6}} \le Z \le \frac{9 - 15 \times 0.4 + 0.5}{\sqrt{15 \times 0.4 \times 0.6}}\right)$$

$$= P(0.263 \le Z \le 1.842) = P(Z \le 1.842) - P(Z \le 0.263)$$

$$= 0.3646$$

이다.

정규근사법에 의해 구한 값 0.3636은 이항분포에 의해 구한 값 0.3564에 접근함을 알 수 있으며, 여기서는 $n=15$로서 n이 크지 않아도 상당히 접근함을 보여 준다.

이항분포와 정규분포의 관계를 종합하면, p가 0이나 1에 가깝지 않으면 언제나 이항분포에서의 확률은 정규분포에 근사시킬 수 있고, 이 경우 n이 크면 거의 일치하며,

p의 값이 0.5에 가까워질 때는 n이 크지 않아도 좋은 근삿값을 얻을 수 있다. 일반적으로 np와 nq가 5보다 큰 경우에는 이항분포는 정규분포에 거의 접근함을 알 수 있다.

예제 4.28 희귀한 혈액병에 걸린 환자가 회복할 확률이 0.6이다. 만일 100명이 이 병에 걸렸다면, 반수 미만이 생존할 확률은 얼마인가?

풀이 이항변수 X를 생존한 환자의 수로 표기하자. $n=100$이기 때문에 정규곡선 근사를 이용하여 다음과 같은 정확한 값을 얻는다.

$$\mu = np = (100)(0.6) = 60,$$
$$\sigma = \sqrt{npq} = \sqrt{(100)(0.6)(0.4)} = 4.9$$

원하는 확률을 얻기 위해서, $x=49.5$의 왼쪽 면적을 구해야 한다. 49.5에 대응되는 z를 구하면

$$z = \frac{49.5-60}{4.9} = -2.14$$

이고, 100명의 환자 중에서 생존하는 환자수가 50명보다 작을 확률은 그림 4.14에서 어두운 영역의 면적으로 주어진다.

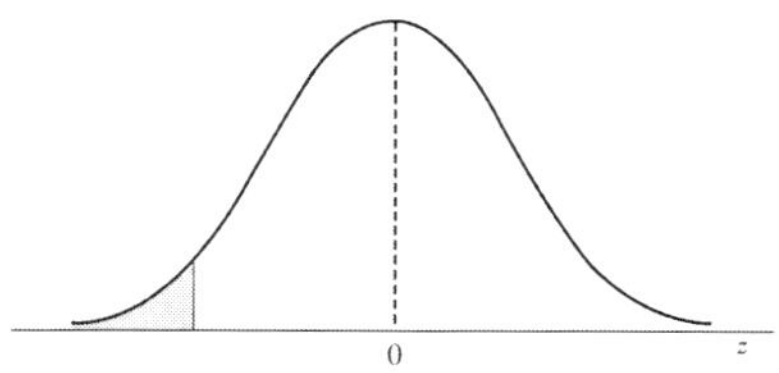

그림 4.14 ▸▸▸ 예제 4.28에 대한 면적

따라서 이항분포의 정규근사를 이용하여 구하면

$$\begin{aligned} P(X<50) = P(X\le 49) &= \sum_{x=0}^{49} b(x;100,0.6) \\ &= P\left(Z \le \frac{49+0.5-60}{4.9}\right) \\ &= P(Z\le -2.14) \\ &= 0.0162 \end{aligned}$$

이다.

4.8 지수분포

공학과 과학분야에서 매우 폭넓게 사용되는 연속분포인 지수분포에 대하여 살펴본다. 지수분포는 종종 연속적인 사건들이 발생할 때 다음 사건이 발생할 때까지 걸린 시간의 분포에 대한 모형으로 사용된다. 예를 들어 한 번 전화가 걸려온 후에 다음 전화가 걸려올 때까지 걸린 시간, 식당에 첫 번째 손님이 들어온 이후 두 번째 손님이 올 때까지 걸린 시간 등이 모두 지수분포를 따르는 경우이다.

정의 4.12 지수분포

확률변수 X의 확률밀도함수 $f(x)$가

$$f(x;\lambda)=\begin{cases}\lambda e^{-\lambda x}, & x\ge 0,\ \lambda>0\\ 0, & x<0\end{cases}$$

로 주어질 때, X는 **지수분포**(exponential distribution)를 한다고 한다.

지수분포는 4.9절의 감마분포의 확률밀도함수에서 $\alpha=1$이고 $\beta=\frac{1}{\lambda}$인 특수한 경우의 분포이다. 따라서 지수분포의 확률밀도함수를 $\frac{1}{\beta}e^{-\frac{x}{\beta}}$로 나타내기도 한다.

정리 4.12 지수분포의 평균과 분산

확률변수 X가 모수 λ를 갖는 지수분포를 따를 때, 평균과 분산은 다음과 같다.

$$\mu=E(X)=\frac{1}{\lambda},\qquad \sigma^2=Var(X)=\frac{1}{\lambda^2}$$

위의 정리에서 지수분포의 평균과 표준편차는 $\frac{1}{\lambda}$로 같다는 것을 알 수 있으며, 상수 λ가 변함에 따른 지수분포의 확률밀도함수의 그래프가 그림 4.15에 나타나 있다.

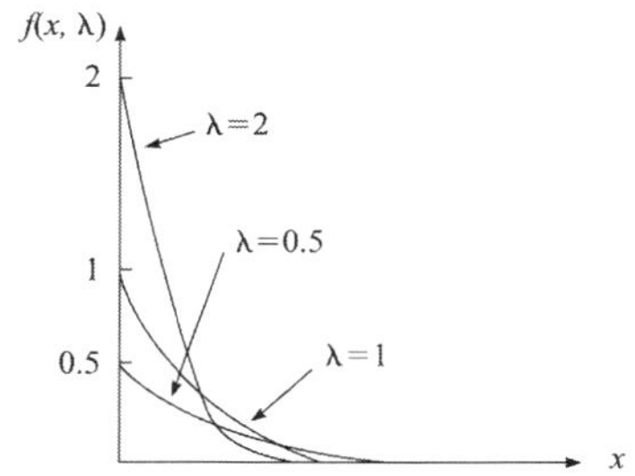

그림 4.15 ▸▸▸ 지수분포의 그래프

확률변수 X가 모수 λ를 갖는 지수분포를 따를 때, X의 누적분포함수(cdf)는 다음과 같다.

$$F(x;\lambda)=\begin{cases}0, & x<0\\ 1-e^{-\lambda x}, & x\geq 0\end{cases}$$

예제 4.29 어느 가정에서 구입한 A회사의 냉장고는 평균 10년 동안 고장이 없다고 한다. 이 냉장고가 고장날 확률이 지수분포를 따를 때, 이 냉장고가 20년 이상 고장이 없을 확률을 구하여라. 또 5년 이내에 고장날 확률을 구하여라.

풀이 X를 냉장고가 고장날 때까지의 시간이라고 하면, X는 $\lambda=\frac{1}{10}$인 지수분포를 하므로 확률밀도함수는

$$f(x)=\frac{1}{10}e^{-\frac{1}{10}x}\ (\text{단}, x>0)$$

이 된다. 따라서 구하고자 하는 확률은 다음과 같이 구해진다.

$$P(X\geq 20)=\int_{20}^{\infty}\frac{1}{10}e^{-\frac{1}{10}x}\,dx=\left[-e^{-\frac{1}{10}x}\right]_{20}^{\infty}=e^{-2},$$

$$P(X\leq 5)=\int_{0}^{5}\frac{1}{10}e^{-\frac{1}{10}x}\,dx=\left[-e^{-\frac{1}{10}x}\right]_{0}^{5}=1-e^{-\frac{1}{2}}.$$

예제 4.30 확률변수 X를 인터넷에 연결된 컴퓨터 단말기의 반응시간(즉 사용자의 조회가 끝난 시점과 반응의 시작시간)이라고 하면 X는 평균반응시간이 5초인 지수분포를 한다고 한다. 반응시간이 10초보다 작을 확률을 구하여라. 또 반응시간이 5초와 10초 사이일 확률을 구하여라.

풀이 $E(X)=\frac{1}{\lambda}=5$이므로 $\lambda=0.2$이다. 따라서 X는 $\lambda=0.2$인 지수분포를 따르게 된다. 따라서 구하고자 하는 확률은 지수분포의 분포함수를 이용하여 다음과 같이 구할 수 있다.

$$P(X\leq 10)=F(10;0.2)=1-e^{-(0.2)(10)}=1-0.135=0.865,$$

$$\begin{aligned}P(5\leq X\leq 10)&=F(10;0.2)-F(5;0.2)\\&=(1-e^{-2})-(1-e^{-1})=e^{-1}-e^{-2}=0.233\end{aligned}$$

지수분포는 4.5절에서 다루었던 포아송분포와 매우 밀접한 관계가 있다.

> 임의의 t시간 동안에 발생하는 사건들의 수는 모수 λt인 포아송분포를 한다고 하고(여기서 λ는 주어진 1단위시간에 발생하는 사건들의 평균횟수) 겹치지 않는 시간 동안 발생하는 사건들의 수는 서로 독립이라고 하자. 연속적으로 발생하는 두 사건 간 경과시간의 분포는 지수분포를 따른다.

예제 4.31 미래산업의 자동화기계는 평균 1개월에 3번씩 고장을 일으킨다. 기계가 고장 나서 고친 후에 다시 고장 날 때까지의 걸리는 시간을 측정하는 분포를 구하고 2개월 이내에는 고장 나지 않을 확률을 구하여라. 또 자동화기계가 한 번 고장 난 후에 다시 고장 날 때까지 걸리는 시간의 평균은 얼마인가?

풀이 시간의 기본단위를 월 단위로 할 때, $\lambda t = 3$에서 $t = 1$이므로 $\lambda = 3$이다. 한 번 고장이 난 후에 다음 고장 날 때까지 걸리는 시간을 확률변수 X라고 할 때, X는 $\lambda = 3$인 지수분포를 따른다. 따라서 X의 확률밀도함수는

$$f(x) = 3e^{-3x}, \quad x > 0$$

이다. 한 번 고장이 난 후에 2개월 이내에는 다시 고장 나지 않을 확률은

$$\begin{aligned} P(X \geq 2) &= 1 - P(X \leq 2) \\ &= 1 - \int_0^2 3e^{-3x}\,dx = e^{-6} = 0.00248 \end{aligned}$$

이다. 또 $\lambda = 3$이므로

$$E(X) = \frac{1}{\lambda} = \frac{1}{3}(\text{개월}) = 10(\text{일})$$

이다. 기계가 한 번 고장 난 후에 다시 고장 날 때까지 걸리는 시간은 $\frac{1}{3}$개월, 즉 10일이다.

지수분포가 수명분포에 많이 이용되는 또 다른 이유는 다음의 비기억성을 갖기 때문이다.

만일 모든 $s, t \geq 0$에 대하여

$$P\{X > s+t \mid X > t\} = P\{X > s\} \tag{1}$$

이면, 음이 아닌 확률변수, X는 비기억성(memoryless property)을 만족한다고 한다.

만일 X를 어떤 기계의 수명으로 생각하면, 위의 식 (1)은 기계가 이미 t시간 동안 사용된 상태에서 적어도 $s+t$시간 동안 작동할 확률은 최초 기계가 적어도 s시간 동안 작동할 확률과 같다. 다시 말하면, 기계를 이미 t시간 동안 사용하였다면, 그 기계가 작동될 나머지 시간의 분포는 원래의 수명분포와 같다는 것이다. 즉 마치 t시간 동안 이미 사용하였다는 사실을 기억하지 못하는 것과 같다.

조건 (1)은 다음과 같은 식으로 나타낼 수도 있다.

$$\frac{P\{X > s+t,\ X > t\}}{P\{X > t\}} = P\{X > s\}$$

또는

$$P\{X > s+t\} = P\{X > s\}P\{X > t\}. \tag{2}$$

X가 지수분포를 따를 때 식 (2)가 만족되므로(왜냐하면 $e^{-\lambda(s+t)} = e^{-\lambda s}e^{-\lambda t}$이므로), 지수분포를 하는 확률변수는 비기억성질을 갖는다.

예제 4.32 어느 자동차는 배터리가 다하기 전에 주행할 수 있는 거리가 평균 10,000마일인 지수분포를 따른다고 한다. 만일 어떤 사람이 5,000마일 거리의 여행을 계획하고 있다면, 배터리를 교환하지 않고 여행을 마칠 확률은 얼마인가?

풀이 지수분포의 비기억성에 의해 배터리의 잔여수명(단위: 1,000마일)을 확률변수 X라고 할 때, X는 모수가 $\lambda = \frac{1}{10}$인 지수분포를 따르므로, 구하고자 하는 확률은

$$P(X > 5) = 1 - F(5) = e^{-5\lambda} = e^{-\frac{1}{2}} \approx 0.604$$

이다.

4.9 감마분포와 와이블분포

정의 4.13 감마분포

연속확률변수 X의 확률밀도함수가

$$f(x;\alpha,\beta)=\begin{cases}\dfrac{1}{\Gamma(\alpha)\beta^{\alpha}}x^{\alpha-1}e^{-\frac{x}{\beta}}, & x\geq 0\\ 0, & x<0\end{cases}$$

일 때, X는 모수가 (α,β), $\alpha>0$, $\beta>0$인 **감마분포**(gamma distribution)를 따른다고 한다.

특히 위의 감마분포의 밀도함수에서 $\beta=1$인 경우를 **표준감마분포**(standard gamma distribution)라고 하며, 확률밀도함수는 식 (3)과 같이 나타낸다. 또 감마함수 $\Gamma(\alpha)$를 다음과 같이 정의한다.

임의의 $\alpha\ (\alpha>0)$에 대하여 감마함수(gamma function) $\Gamma(\alpha)$는

$$\Gamma(\alpha)=\int_0^{\infty}x^{\alpha-1}e^{-x}\,dx$$

로 정의된다.

감마함수의 중요한 성질들은 다음과 같다.

1. 임의의 $\alpha>1$에 대하여 $\Gamma(\alpha)=(\alpha-1)\cdot\Gamma(\alpha-1)$(부분적분에 의해 보인다.)
2. 임의의 양수 n에 대하여 $\Gamma(n)=(n-1)!$
3. $\Gamma\left(\dfrac{1}{2}\right)=\sqrt{\pi}$

위의 감마함수 $\Gamma(\alpha)$에 의하여 감마확률밀도함수에서 $\beta=1$인 경우 확률밀도함수는

$$f(x;\alpha)=\begin{cases}\dfrac{x^{\alpha-1}e^{-x}}{\Gamma(\alpha)}, & x\geq 0\\ 0, & x<0\end{cases} \tag{3}$$

이 되고 $f(x;\alpha)\geq 0$, $\displaystyle\int_{\alpha}^{\infty}f(x;\alpha)dx=\Gamma(\alpha)/\Gamma(\alpha)=1$이 되므로 $f(x;\alpha)$는 확률밀도함수가 된다.

그림 4.16은 감마확률밀도함수 $f(x;\alpha,\beta)$의 그래프로 다양한 (α,β)쌍들에 대하여 나타내었다. 특히 $\alpha=1$이고 $\beta=\frac{1}{\lambda}$인 경우를 4.8절에서 다룬 감마분포의 특수한 분포인 지수분포를 나타낸다. 또한 밀도함수의 곡선을 x축 방향으로 좁혀지거나 펼쳐지므로 모수 β를 척도모수(scale parameter)라고 한다.

기댓값 $E(X)$와 $E(X^2)$은 적분에 의하여 직접 구할 수 있고, $Var(X)=E(X^2)-(E(X))^2$을 이용하면 감마분포의 평균과 분산을 구할 수 있다.

정리 4.13 감마분포의 평균과 분산

연속인 확률변수 X가 감마분포 $f(x;\alpha,\beta)$를 따를 때 X의 평균과 분산은 다음과 같다.

$$E(X)=\mu=\alpha\beta,\qquad Var(X)=\alpha\beta^2$$

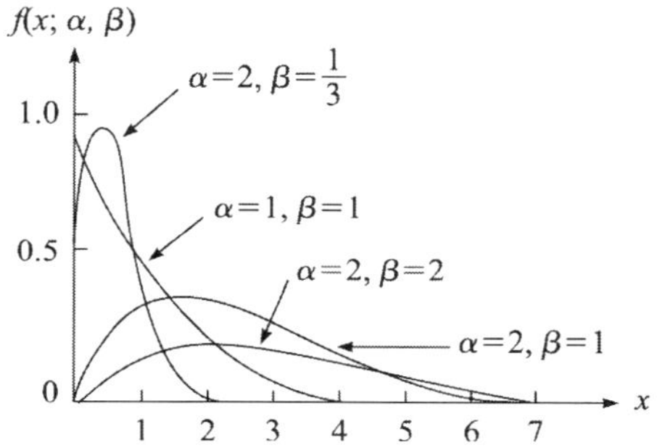

그림 4.16 ▸▸▸ 감마확률밀도함수의 그래프

예제 4.33 어느 가게는 포아송과정에 따라 시간당 평균 30명의 고객이 방문한다고 한다. 시간의 단위를 분으로 정한다면 $\lambda=1/2$이다. 처음 두 명의 고객이 방문하기까지 가게 주인이 기다리는 시간이 5분 이상일 확률을 구하여라.

풀이 X를 두 번째 고객이 도착할 때까지 기다리는 시간이라고 한다면, X는 $\alpha=2, \beta=1/\lambda=2$를 갖는 감마분포를 따른다. 따라서 구하는 확률은

$$P(X>5)=\int_5^\infty \frac{x^{2-1}e^{-x/2}}{\Gamma(2)2^2}dx=\int_5^\infty \frac{x\,e^{-x/2}}{4}dx$$

$$=\frac{1}{4}[(-2)x\,e^{-x/2}-4\,e^{-x/2}]_5^\infty$$

$$=\frac{7}{2}e^{-5/2}=0.287$$

이다.

연속분포 가운데 중요한 또 다른 분포인 와이블분포는 그 용도의 다양성 때문에 실제로 공학에서 널리 사용된다. 특히 와이블분포는 어떤 제품의 수명분포와 같이 수명현상의 분야에서 널리 이용된다. 또한 많은 부품들로 구성되어 있는 제품이 그 부품들 중 어느 하나가 고장 날 때 고장 나는 모형에 적절한 분포이며, 제품의 수명분포에 가까운 근사를 제공한다. 와이블분포에 대한 자세한 내용과 신뢰성의 적용은 12장에서 다루기로 한다.

정의 4.14 와이블분포

연속확률변수 X가 다음과 같은 확률밀도함수를 가질 때 X는 모수 α, $\beta(\alpha > 0, \beta > 0)$를 갖는 **와이블분포**(Weibull distribution)를 한다고 한다.

$$f(x;\alpha,\beta)=\begin{cases}\dfrac{\alpha}{\beta^{\alpha}}x^{\alpha-1}e^{-\left(\frac{x}{\beta}\right)^{\alpha}}, & x\ge 0\\[2ex] 0, & x<0\end{cases}$$

와이블분포는 위의 확률밀도함수에서 α, β의 특별한 값에 따라 여러 가지 분포로 표현되는 매우 활용도가 높은 분포이다. 특히 $\alpha=1$일 때 $\lambda=\dfrac{1}{\beta}$인 지수분포의 밀도함수가 되므로, 지수분포는 와이블분포의 특수한 분포임과 동시에 감마분포의 특수한 분포가 되기도 한다. 그러나 감마분포는 와이블분포가 아니며 와이블분포 역시 감마분포가 아니다. 그림 4.17은 다양한 (α, β)쌍에 따라 변하는 서로 다른 형태를 갖는 와이블 확률밀도함수의 그래프가 나타나 있고 x축에 따라 그래프의 형태가 좁혀지고 넓혀지게 되어 모수 β를 **척도모수**(scale parameter)라고 한다.

적분에 의하여 $\int_0^x f(y;\alpha,\beta)\,dy$는 쉽게 계산되고 따라서 x의 누적분포함수는 다음과 같이 얻어진다.

X가 모수 α, β를 갖는 와이블분포를 따를 때, X의 누적분포함수는 다음과 같다.

$$F(x;\alpha,\beta)=\begin{cases}1-e^{-\left(\frac{x}{\beta}\right)^{\alpha}}, & x\ge 0\\[2ex] 0, & x<0\end{cases}$$

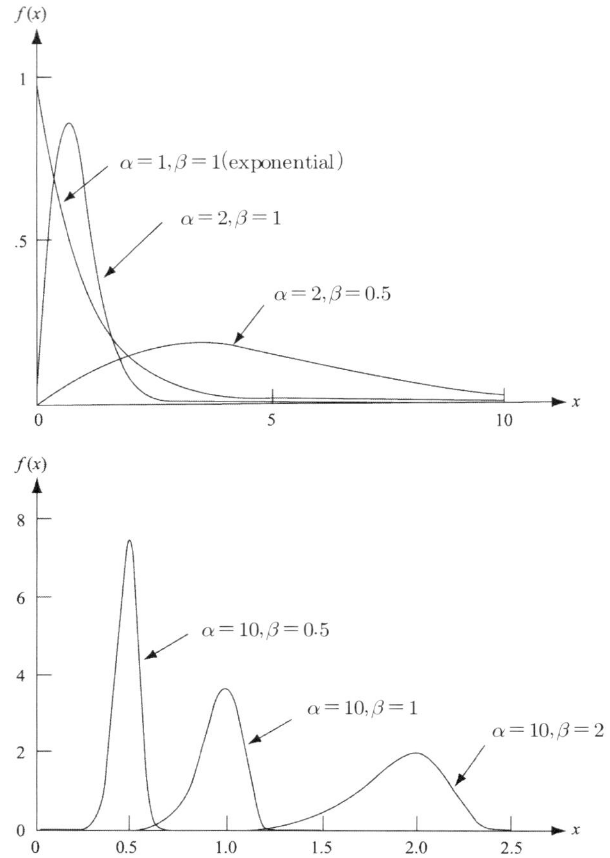

그림 4.17 ▸▸▸ 와이블분포의 그래프

정리 4.14 와이블분포의 평균과 분산

연속확률변수 X가 모수 α, β를 갖는 와이블분포를 따를 때, X의 평균과 분산은 다음과 같다.

$$E[X] = \mu = \beta\Gamma\left(1+\frac{1}{2}\right),\quad Var(X) = \alpha^2 = \beta^2\left\{\Gamma\left(1+\frac{2}{\alpha}\right) - \left[\Gamma\left(1+\frac{1}{2}\right)\right]^2\right\}$$

연습문제

01 한 개의 동전을 던져서 앞면이 나오면 승리하고 뒷면이 나오면 패배한다고 할 때 확률변수 X의 평균과 분산을 구하여라.

02 어느 공장에서 생산되는 전구의 불량률이 3%라고 한다. 이 공장에서 생산되는 전구 10개를 임의추출하였을 때, 그 가운데 들어 있는 불량 전구의 수 X의 확률분포를 구하여라.

03 20개의 물건 중에서 3개가 불량품이다. 임의로 3개를 뽑을 때, 그중에 불량품의 수를 X라고 하고, X의 확률분포를 구하여라.

04 확률변수 $X \sim U(3,5)$인 분포를 할 때 X의 평균과 분산을 구하여라.

05 4개 중 하나를 택하는 선다형문제가 15문항이 있는 시험에서 임의로 답하였을 때 5개에서 10개 사이의 정답을 맞힐 확률은 얼마인가?

06 어떤 보건연구소에서 진정제에 관해서 조사하였다. 이 조사결과 응답자 중 거의 70%가 진정제는 사실 병을 치료해 주는 것이 아니라 고통을 덜어 줄 뿐이라고 믿고 있었다. 이 조사에 의해서, 다음 임의로 뽑은 5명 중 적어도 3명이 진정제는 단지 고통을 덜어 주는 것이 아니라, 실제로 병을 치료해 주는 것이라는 의견을 가질 확률은 얼마인가?

07 항공기의 엔진들은 운항할 때 독립적으로 작동하며, 그들은 확률 $q = 1/5$로 고장이 난다고 한다. 적어도 엔진들의 2분의 1만 작동하면 안전운항을 할 수 있다고 가정하자. 안전운항을 위한 가장 높은 확률을 갖는 것은 4엔진 항공기인가, 2엔진 항공기인가?

08 유전학 이론에 의하면, 어떤 쥐의 잡종은 $8:4:3$의 비율로 빨간, 검은, 흰 쥐를 낳는다고 한다. 8마리 중에서 빨간 쥐가 5마리, 검은 쥐가 2마리, 흰 쥐가 1마리일 확률을 구하여라.

09 어느 회사원 2000명 중에서 흡연자가 20%이다. 이 가운데서 15명을 뽑았을 때 5명이 흡연자일 확률을 구하여라.

10 4명의 남자와 2명의 여자 중에서 임의로 선출한 3명의 위원이 있다. 이 위원 중에서 남자의 수를 나타내는 확률변수 X의 확률분포를 구하여라. 그리고 $P(2 \le X \le 3)$의 값을 구하여라.

11 어느 주변도시에 거주하는 주민 1200명이 행정구역분할에 반대하는 합병소송을 고려 중이다. 거주하는 주민 중에 반이 합병을 반대한다면, 임의추출한 10명 중에서 적어도 3명이 합병소송에 찬성할 확률을 구하여라.

12 어느 나라에서는 인구 5000명당 평균 3명이 알콜 중독자라고 한다. 이 나라에서 임의로 뽑은 1000명 중 알콜 중독자가 1명 이하일 확률을 구하여라.

13 어떤 교차로에서는 매달 평균 3건의 교통사고가 일어난다. 이 교차로에서 한 달 동안 일어난 교통사고에 대해서 다음 확률을 구하여라.

1) 정확히 5건이 일어날 확률

2) 3건 미만이 일어날 확률

14 어느 회사의 제품 중에서 2%가 불량품이라고 한다. 이 회사 제품 500개 중에서 10개의 제품을 임의추출할 때 불량품이 2개 이하일 확률을 초기하분포, 이항분포 및 포아송분포에 의해서 구하고 그 결과를 비교하여라.

15 어느 도시에 사는 사람의 30%가 안경을 쓴 사람이다. 이 도시에서 임의추출하여 인터뷰한 10번째 사람이 안경을 쓴 4번째 사람이 될 확률을 구하여라.

16 어느 도시의 학생의 신장이 평균 170 cm, 표준편차 4 cm인 정규분포를 한다고 한다. 이 학생집단 100,000명 중 다음 학생 수를 추정하여라.

1) 신장이 165 ~ 170 cm인 학생수

2) 175 cm 이상인 학생수

17 확률변수 X가 $\mu = 18$이고 $\sigma = 2.5$인 정규분포라고 할 때 다음을 구하여라.

1) $P(X < 15)$

2) $P(17 < X < 21)$

3) $P(X < k) = 0.2578$인 k의 값

4) $P(X > k) = 0.1539$인 k의 값

18 어떤 종류의 배터리의 수명은 평균 3.0년, 표준편차 0.5년이다. 배터리의 수명이 정규분포에 따른다고 하면 주어진 배터리의 수명이 2.3년 이하일 확률을 구하여라.

19 소형 완구용 개의 평균신장은 30 cm, 표준편차 4.1 cm이고 신장이 정규분포에 따른다고 한다. 신장이 35 cm 이상인 소형 완구용 개가 몇 퍼센트나 되는지 구하여라.

20 어떤 대학에 응시한 응시자 600명의 IQ는 $\mu = 115$, $\sigma = 12$의 근사적 정규분포를 한다. 그 대학에서 적어도 IQ가 95 이상이어야 응시자격을 부여한다면 몇 명의 학생이 그런 조건을 만족하겠는가?

21 2000명의 노동자 임금의 분포는 1개월 평균 100만 원, 표준편차 15만 원의 정규분포에 따른다고 한다. 65만 원 이하의 임금을 받는 노동자는 몇 명인가?

22 어떤 질병에 걸린 환자가 회복할 확률은 0.4이다. 이 병에 감염된 환자 200명 중에서 100명 이하가 회복될 확률을 정규근사법에 의하여 구하여라.

23 심장병 환자가 수술을 받고 회복될 확률은 0.9이다. 이 수술을 받은 100명의 환자 중 84명에서 95명 사이의 환자가 완쾌될 확률을 구하여라.

24 어떤 도시 거주자의 20%가 다른 어떤 여러 색깔 중에서 흰색 전화기를 좋아하고 있다면 이 도시의 등록된 1000대의 전화기 중에서

1) 170과 185대 사이의 전화기가 흰색 전화기일 확률을 구하여라.
2) $P(210 \le X < 225)$를 구하여라.

25 어떤 제약회사는 평균적으로 어떤 형태의 알약의 5%가 최저농도 이하의 성분을 갖고 있어 허용할 수 없다는 것을 알고 있다. 200개의 알약 표본에서 10개 미만 정도 허용할 수 없는 확률을 구하여라.

26 어떤 라디오의 수명(단위: 연)은 모수가 $\lambda = \frac{1}{8}$인 지수분포를 따른다. 어떤 사람이 중고 라디오를 구입하였다면, 앞으로 8년 이상 더 사용할 확률은 얼마인가?

27 어떤 기계를 수리하는 데 걸린 시간은 모수가 $\lambda = \frac{1}{2}$ 인 지수분포를 따른다.

1) 수리시간이 2시간을 초과할 확률은 얼마인가?
2) 수리시간이 9시간을 초과하였다고 할 때, 수리시간이 적어도 10시간 소요될 조건부 확률을 구하여라.

28 톨게이트에 도착하는 차의 수는 매 10분당 평균 5대의 비율로 포아송과정을 따른다고 한다. 여덟 번째 차가 도착하기까지 26분 이상을 기다릴 확률을 구하여라.

5장

표본분포

5.1 서론

어떤 모집단의 특성을 나타내는 측도, 즉 모평균 μ, 모분산 σ^2, 모비율 p 등의 값들은 일반적으로 알려져 있지 않다. 이때 관심의 대상인 어떤 모집단의 각 모수의 값을 파악하기 위해서는 모집단을 구성하고 있는 관측값들 전체를 관측하여 모수의 값을 파악할 수 있다.

그러나 모집단의 크기가 큰 경우에는 모집단 전체를 조사하기에 너무나 많은 시간과 경비가 소요될 뿐만 아니라 경우에 따라서는 모집단 전체를 관측하는 것이 불가능한 경우가 있으므로 모집단의 일부분인 표본자료를 근거로 하여 원래의 모집단의 모수들에 대한 특성을 파악해야 할 때가 있다. 그러나 표본자료를 근거로 모집단의 모수들에 대한 의사결정을 하는 것은 본질적으로 불확실성을 내포하게 되며, 따라서 표본자료를 근거로 확률의 개념을 활용하여 모집단의 모수들에 대한 합리적인 의사결정을 내려야 한다. 이러한 통계학의 분야를 **통계적 추론**이라고 하며, 표본분포이론은 통계적 추론을 하는 데 있어서 매우 중요한 부분이며, 이 단원의 결과들이 통계적 추론분야에 활용된다.

5.2 모집단과 확률표본

유한개이거나 무한개인 관찰값의 총수는 **모집단**(population)을 이룬다. 과거에 모집단은 사람을 대상으로 한 통계적 연구에서 얻은 관찰값에만 관계되었으나, 오늘날 통계학자들은 사람, 동물 또는 어떤 대상의 집합에 관련된 어떤 것에 관한 관찰값에도 이 말을 사용하고 있다. 모집단에서 관찰값들의 수를 **모집단의 크기**(population size)라고 하고 N으로 나타낸다.

예를 들면 두 주사위를 한없이 던져서 일어나는 눈의 총수를 기록한다면, 무한개의 수의 집합이 되며, 각 값은 두 주사위를 한 번 던진 결과로 나타난다. 이때 모집단의 크기는 무한이다. 또 전국에 배포되어 있는 수많은 공장에서 생산되는 배터리의 모든 가능한 수명에 대해서 생각해 보자. 이때 각 공장에서 생산되는 것은 유한이나, 많은 공장에서 생산되는 것은 전체적으로 개수가 너무 많아서 이론적으로 무한이라고 가정할 수 있다.

통계조사의 목적은 관찰값의 모든 집합을 조사하기 불가능한 경우에 대해서도 모집단들에 대한 정보를 알아내는 것이다. 모집단에 대한 정보(information)란 모집단의 평균 μ, 모집단의 분산 σ^2 또는 모집단의 비율 p와 같은 모집단의 특성치를 말하며, 이러한 모집단의 특성값을 **모수**(parameter)라고 한다. 모집단에 관한 추론을 하기 위해서는 모집단 전체를 조사해야만 알 수 있다. 그러나 대부분의 연구에서는 모집단 전체를 조사한다는 것이 불가능하기 때문에 모집단으로부터 추출한 관찰값의 부분집합, 즉 표본에 의존해야만 한다. 이때 표본으로부터 계산되는 표본의 평균 $\overline{X}$, 표본의 분산 S^2과 같은 표본의 특성치를 **통계량**(statistic)이라고 하고, 이 통계량을 이용하여 모집단의 모수를 추정하게 된다.

표본조사에 의하여 모집단의 성질을 알기 위해서는 먼저 표본을 뽑는 방법이 중요하며, 표본이 모집단을 대표할 수 있어야 한다. 조사자의 주관에 의하지 않고, 추첨을 하거나 난수표를 사용하는 방법 등 기계적으로 뽑는 방법을 **임의추출**, **확률추출** 또는 **무작위추출**(random sampling)이라고 한다. 이 추출방법에 의하여 뽑혀진 표본을 **확률표본**(random sample)이라고 한다.

정의 5.1 확률표본

모집단에서 n개의 관찰값의 각 표본이 같은 확률로 추출되는 표본을 **단순확률표본**(simple random sample) 또는 간단히 **확률표본**(random sample)이라고 한다.

확률표본은 개인적인 편견에 좌우되지 않고, 모집단의 각 자료가 확률적으로 추출되는 것이므로 사후의 처리에 확률의 이론을 적용할 수 있다.

난수표(random numbers)는 부록 표 7에서와 같이 0에서 9까지의 10개의 정수가 무질서하면서 모든 숫자가 동등한 확률로서 일어날 수 있도록 배열하여 만든 표이며 0부터 9까지 균등분포 U(0,9)를 이룬다. 다음 숫자는 무엇인지 알 수 없으나, 전체적으로 볼 때 10개의 각 숫자가 나타날 확률은 1/10로 동일하다. 다음에 난수표를 이용하여 유한모집단으로부터 확률표본을 추출하는 예를 들어 보겠다.

예제 5.1 크기 5000인 모집단으로부터 크기 10인 표본을 난수표를 이용하여 추출하여라.

풀이 1) 난수표가 여러 페이지로 되어 있을 때 주사위 또는 카드, 제비 등에 의하여 몇 번째 페이지를 사용할 것인가를 정한다.

2) 마찬가지 방법으로 그 페이지에 있어서의 출발점을 무작위로 정한다. 예를 들어 부록에 있어서 제14행 제8열이 이와 같이 정해진 출발점이라고 하자.

3) 다음에 출발점으로부터 난수표를 좌우상하 어느 방향으로 읽어나갈 것인가를 무작위로 정한다. 예를 들어 우측 방향으로 정해졌다고 하자.

4) 모집단의 크기는 5000이므로 표본의 추출번호는 고작 4자리의 수이다. 그러므로 부록의 제14행 제8열의 숫자 3으로부터 시작하여 우측 방향으로 나가면서 4자리씩 끊어

3488, (7517), (6496), (9918), 2608, (9289), 3785, (6136), (8234), (7834), 1136, (5481), 1767, 4174, (6850), (9505), (8047), (7697), 4730, 3957, 1864, 0218

과 같이 기록한다. 이 가운데서 5000을 넘는 것(괄호로 묶은 것)을 버리면 추출 번호는 다음과 같이 정해진다.

3488, 2608, 3785, 1136, 1767, 4174, 4730, 3957, 1864, 0218

이상은 난수표를 사용하는 방법의 하나의 예에 지나지 않으며, 이 밖에도 여러 가지 방법을 생각할 수 있을 것이다.

확률밀도함수가 $f(x)$인 모집단으로부터 확률표본 $(X_1, X_2, \cdots, X_n)$을 추출하였다면 $(X_1, X_2, \cdots, X_n)$은 독립적이고 동일한 분포를 따르는데(independently identical distribution, iid) 결합확률밀도함수는 다음과 같다.

$$f(x_1, x_2, \cdots, x_n) = f(x_1)f(x_2)\cdots f(x_n)$$

예제 5.2 확률밀도함수 $f(x)$가 다음과 같은 모집단으로부터 표본 (X_1, X_2, X_3)을 추출하였을 때 (X_1, X_2, X_3)의 결합확률밀도함수를 구하여라.

$$f(x) = 2x, \quad (0 < x < 1)$$

풀이 X_1, X_2, X_3의 결합 pdf.는

$$\begin{aligned} f(x_1, x_2, x_3) &= f(x_1) \cdot f(x_2) \cdot f(x_3) \\ &= (2x_1)(2x_2)(2x_3) \\ &= 8x_1x_2x_3, \quad 0 < x_i < 1, \quad i = 1, 2, 3 \end{aligned}$$

이다.

5.3 표본평균 $\overline{X}$와 중심극한정리

모집단에서 추출된 표본에서 통계량을 계산하고 이 통계량으로 모집단의 특성치, 즉 모수의 값에 대하여 추측을 하게 된다. 동일한 크기의 확률표본들이 동일한 모집단으로부터 추출될 수 있고 이들 표본으로 통계량을 계산할 수 있으므로 통계량은 확률변

수이다. 확률변수에 대한 표시는 적절한 통계량을 나타내기 위해 대문자를 사용하고 그들의 값은 소문자를 사용한다. 즉 표본평균은 $\overline{X}$, 실현치는 $\overline{x}$로 나타내며, 표본중앙값은 $\widetilde{X}$으로, 그의 값은 $\widetilde{x}$, 표본분산은 S^2으로, 그의 값은 s^2으로 표시한다. 통계량은 확률변수이므로 확률분포를 갖는다.

정의 5.2 표본분포와 표준오차

통계량의 확률분포를 **표본분포**(sampling distribution)라고 한다. 표본평균 $\overline{X}$의 확률분포인 **표본평균의 분포**(sampling distribution of the mean)도 또한 표본분포이고, 표본분포의 표준편차를 **표준오차**(standard error)라고 한다.

무한모집단 또는 복원추출하는 유한모집단으로부터 크기 n인 표본$(X_1, X_2, \cdots, X_n)$을 추출하면, 표본의 평균 $\overline{X}$는 $\overline{X}=\frac{1}{n}\sum X_i$이며, 이는 n개의 확률변수 $X_1, X_2, \cdots, X_n$의 함수로서 또한 확률변수이고, 다음 $\overline{X}$의 평균과 분산에 관한 정리가 성립한다.

정리 5.1 $\overline{X}$**의 평균과 분산 (무한모집단인 경우)**

모평균이 μ, 모분산이 σ^2인 무한모집단 또는 복원추출인 유한모집단으로부터 임의추출한 크기 n인 표본평균 $\overline{X}$의 평균과 분산 $E(\overline{X}), V(\overline{X})$는 다음과 같다.

$$E(\overline{X}) = \mu, \qquad V(\overline{X}) = \frac{\sigma^2}{n}$$

증명 기댓값과 분산의 성질을 이용한다.

$$E(\overline{X}) = E\left(\frac{X_1 + \cdots + X_n}{n}\right) = \frac{1}{n}[E(X_1) + \cdots + E(X_n)] = \mu,$$

$$V(\overline{X}) = V\left(\frac{X_1 + \cdots + X_n}{n}\right) = \frac{1}{n^2}[V(X_1) + \cdots + V(X_n)] = \frac{\sigma^2}{n}.$$

위 정리를 실제 수치로 예를 들어 설명하자. 크기 $N=4$인 모집단이 $\{1,2,3,4\}$이고 이들이 표본으로 추출될 확률이 다음과 같다고 하면

$$f(x) = \frac{1}{4}, \ x = 1,2,3,4,$$

모평균과 모분산은

$$\mu = E(x) = \sum_{x=1}^{4} xf(x) = 1 \cdot \frac{1}{4} + 2 \cdot \frac{1}{4} + 3 \cdot \frac{1}{4} + 4 \cdot \frac{1}{4} = \frac{5}{2},$$

$$\sigma^2 = E[(X-\mu)^2] = E(X^2) - (E(X))^2 = \sum_{x=1}^{4} x^2 f(x) - \left(\frac{5}{2}\right)^2$$

$$= 1^2 \cdot \frac{1}{4} + 2^2 \cdot \frac{1}{4} + 3^2 \cdot \frac{1}{4} + 4^2 \cdot \frac{1}{4} - \frac{25}{4} = \frac{5}{4}$$

이며, 이 모집단으로부터 크기 $n=2$인 표본 X_1, X_2를 복원추출하여 표본평균 $\overline{X} = \frac{X_1 + X_2}{2}$와 그의 분포를 구하면 다음 표 5.1, 표 5.2와 같다.

표 5.1 ▸▸▸ 복원추출인 경우 $\overline{X} = \frac{X_1 + X_2}{2}$의 값

x_1, x_2	$\overline{x}$	x_1, x_2	$\overline{x}$	x_1, x_2	$\overline{x}$	x_1, x_2	$\overline{x}$
1 1	1.0	2 1	1.5	3 1	2.0	4 1	2.5
1 2	1.5	2 2	2.0	3 2	2.5	4 2	3.0
1 3	2.0	2 3	2.5	3 3	3.0	4 3	3.5
1 4	2.5	2 4	3.0	3 4	3.5	4 4	4.0

표 5.2 ▸▸▸ 복원추출인 경우 표본평균 $\overline{X}$의 분포

$\overline{x}$	1.0	1.5	2.0	2.5	3.0	3.5	4.0	합계
빈도수	1	2	3	4	3	2	1	16
$f(\overline{x})$	1/16	2/16	3/16	4/16	3/16	2/16	1/16	1

표 5.2에서 표본평균 $\overline{X}$의 평균과 분산을 구하자.

$$E(\overline{X}) = \mu_{\overline{X}} = \sum \overline{x}\, f(\overline{x})$$

$$= 1.0 \cdot \frac{1}{16} + 1.5 \cdot \frac{2}{16} + 2.0 \cdot \frac{3}{16} + 2.5 \cdot \frac{4}{16}$$

$$+ 3.0 \cdot \frac{3}{16} + 3.5 \cdot \frac{2}{16} + 4.0 \cdot \frac{1}{16} = \frac{5}{2} = \mu = E(X),$$

$$V(\overline{X}) = \sigma_{\overline{X}}^2 = \sum \left(\overline{x} - \frac{5}{2}\right)^2 = E(\overline{X}^2) - \left(\frac{5}{2}\right)^2$$

$$= 1.0^2 \cdot \frac{1}{16} + 1.5^2 \cdot \frac{2}{16} + 2.0^2 \cdot \frac{3}{16} + 2.5^2 \cdot \frac{4}{16}$$

$$+ 3.0^2 \cdot \frac{3}{16} + 3.5^2 \cdot \frac{2}{16} + 4.0^2 \cdot \frac{1}{16} - \frac{25}{4} = \frac{5}{8}$$

$$= \frac{\frac{5}{4}}{2} = \frac{\sigma^2}{n}.$$

위 실제 예에서와 같이 정리 5.1이 성립함을, 즉 $E(\overline{X}) = \mu$, $V(\overline{X}) = \sigma^2 / n$임을 알 수 있다.

위 정리 5.1이 갖는 뜻은 중요하다. 표본평균 $\overline{X}$의 분포는 $\overline{X}$의 평균이 모평균 μ와 같고 $\overline{X}$의 분산은 모분산 σ^2의 $1/n$에 불과하므로 표본의 크기 n이 크면 $\overline{X}$의 분산은 σ^2/n이어서 아주 작아진다. 만일 표본의 크기 $n = 100$이라면 $\overline{X}$의 분산은 $\sigma^2/100$이어서 모분산 σ^2의 $1/100$에 불과한 아주 작은 값이 되어 $\overline{X}$의 분포는 모평균 μ에 밀집하게 되므로 표본조사에 의해서 모수를 추정할 때 표본오차가 작게 되는 것이다. 즉 표본의 크기 n이 크게 되면 표준오차 $\sqrt{\sigma^2/n}$은 작게 된다.

앞에서는 복원추출(유한모집단이라도 무한모집단과 같음)인 경우였으나 여기서는 비복원추출(유한모집단)의 경우에 표본평균 $\overline{X}$를 계산하고, $\overline{X}$의 분포를 구하면 다음 표 5.3, 표 5.4와 같이 된다.

표 5.3 ▸▸▸ 비복원추출인 경우 $\overline{X}$의 값

x_1, x_2	$\overline{x}$	x_1, x_2	$\overline{x}$	x_1, x_2	$\overline{x}$	x_1, x_2	$\overline{x}$
1 2	1.5	2 1	1.5	3 1	2.0	4 1	2.5
1 3	2.0	2 3	2.5	3 2	2.5	4 2	3.0
1 4	2.5	2 4	3.0	3 4	3.5	4 3	3.5

표 5.4 ▸▸▸ 비복원추출인 경우 표본평균 $\overline{X}$의 분포

$\overline{x}$	1.5	2.0	2.5	3.0	3.5	합계
빈도수	2	2	4	2	2	12
$f(\overline{x})$	2/12	2/12	4/12	2/12	2/12	1

앞에서의 복원추출인 경우와 같이 표본평균 $\overline{X}$의 평균과 분산을 구하고 모평균, 모분산과 비교해 보자.

$$E(\overline{X}) = \mu_{\overline{X}} = \sum \overline{x}\, f(\overline{x})$$

$$= 1.5 \cdot \frac{2}{12} + 2.0 \cdot \frac{2}{12} + 2.5 \cdot \frac{4}{12} + 3.0 \cdot \frac{2}{12} + 3.5 \cdot \frac{2}{12}$$

$$= \frac{5}{2} = \mu = E(X),$$

$$V(\overline{X}) = \sigma_{\overline{X}}^2 = \sum\left(\overline{x} - \frac{5}{2}\right)^2 = E(\overline{X}^2) - \left(\frac{5}{2}\right)^2$$

$$= 1.5^2 \cdot \frac{2}{12} + 2.0^2 \cdot \frac{2}{12} + 2.5^2 \cdot \frac{4}{12} + 3.0^2 \cdot \frac{2}{12}$$

$$+ 3.5^2 \cdot \frac{2}{12} - \frac{25}{4}$$

$$= \frac{5}{12} = \frac{2}{3} \cdot \frac{\frac{5}{4}}{2} = \frac{4-2}{4-1} \cdot \frac{\frac{5}{4}}{2} = \frac{N-n}{N-1} \cdot \frac{\sigma^2}{n}.$$

위 예에서 보듯이 유한모집단에서 비복원추출인 경우에는 다음 정리가 성립함을 알 수 있다.

정리 5.2 $\overline{X}$**의 평균과 분산 (유한모집단에서 비복원추출인 경우)**

모평균이 μ, 모분산이 σ^2이고, 크기 N인 유한모집단으로부터 크기 n인 표본을 비복원추출할 때, 표본평균 $\overline{X}$의 평균과 분산은 다음과 같다.

$$E(\overline{X}) = \mu_{\overline{X}} = \mu, \quad V(\overline{X}) = \sigma_{\overline{X}^2} = \frac{N-n}{N-1}\frac{\sigma^2}{n}, \quad \sigma_{\overline{X}} = \sqrt{\frac{N-n}{N-1}}\frac{\sigma}{\sqrt{n}}$$

여기서 $\frac{N-n}{N-1}$을 유한모집단 수정계수(finite population correction factor)라고 한다.

예제 5.3 모집단 1, 1, 1, 3, 4, 5, 6, 6, 6, 7에서 비복원추출된 크기 $n = 4$인 표본 (X_1, X_2, X_3, X_4)에 대한 표본평균 $\overline{X}$의 분포의 평균과 분산을 구하여라.

풀이 모평균: $\mu = \frac{1+1+1+3+4+5+6+6+6+7}{10} = 4$,

모분산: $\sigma^2 = E(X^2) - (E(X))^2 = \frac{1^2 + \cdots + 7^2}{10} - 4^2 = 5$

이므로, 표본평균 $\overline{X}$의 평균 $E(\overline{X})$와 분산 $V(\overline{X})$는

$$E(\overline{X}) = \mu = 4,$$

$$V(\overline{X}) = \frac{N-n}{N-1} \cdot \frac{\sigma^2}{n} = \frac{10-4}{10-1} \cdot \frac{5}{4} = \frac{5}{6}$$

이다.

표본평균에 관한 중요한 정리를 증명 없이 소개하겠다.

정리 5.3 정규모집단으로부터의 표본평균 $\overline{X}$의 분포

정규모집단 $N(\mu,\ \sigma^2)$으로부터의 크기 n인 표본$(X_1,\ X_2,\ \cdots,\ X_n)$의 평균 $\overline{X}$의 분포는 $N\left(\mu, \dfrac{\sigma^2}{n}\right)$이고, $Z = \dfrac{\overline{X}-\mu}{\sigma/\sqrt{n}}$는 표준정규분포 $N(0, 1)$을 따른다.

예제 5.4 $\overline{X}$를 $N(75, 100)$으로부터 추출된 크기 25인 표본의 평균이라고 할 때, $P(71 < \overline{X} < 79)$를 구하여라.

풀이 $Z = \dfrac{\overline{X}-\mu}{\sigma/\sqrt{n}} = \dfrac{\overline{X}-75}{10/\sqrt{25}} = \dfrac{\overline{X}-75}{2}$는 $N(0,\ 1)$를 따르므로,

$$\begin{aligned} P(71 < \overline{X} < 79) &= P\left(\frac{71-75}{10/\sqrt{25}} < \frac{\overline{X}-75}{2} < \frac{79-75}{10/\sqrt{25}}\right) \\ &= P(-2 < Z < 2) \\ &= 0.954. \end{aligned}$$

정리 5.4 두 정규모집단으로부터의 표본평균 차의 분포

정규모집단 $N(\mu_1,\ \sigma_1^2)$으로부터의 크기 n_1인 표본 $(X_1,\ X_2,\ \cdots,\ X_{n_1})$의 평균 $\overline{X}$와 정규모집단 $N(\mu_2,\ \sigma_2^2)$으로부터의 크기 n_2인 표본 $(Y_1,\ Y_2,\ \cdots,\ Y_{n_2})$의 평균 $\overline{Y}$의 차 $\overline{X}-\overline{Y}$의 분포는

$$(\overline{X}-\overline{Y}) \sim N\left(\mu_1-\mu_2, \frac{\sigma_1^2}{n_1}+\frac{\sigma_2^2}{n_2}\right)$$

이 성립한다

위 정리 5.3은 모평균에 대한 추정과 검정에서 유용하게 쓰이며, 정리 5.4는 두 모집단의 평균의 차에 대한 추정과 검정에서 쓰인다.

예제 5.5 두 정규모집단 $N(50,\ 9)$, $N(40,\ 4)$으로부터 각각 표본의 크기 $n_1 = 5$, $n_2 = 4$인 표본을 임의추출하였을 때 표본평균의 차 $\overline{X_1}-\overline{X_2}$가 8.2보다 작을 확률 $P(\overline{X_1}-\overline{X_2} < 8.2)$를 구하여라.

풀이 $(\overline{X_1} - \overline{X_2}) \sim N\left(\mu_1 - \mu_2, \frac{\sigma_1^2}{n_1} + \frac{\sigma_2^2}{n_2}\right)$이므로

$$Z = \frac{(\overline{X_1} - \overline{X_2}) - (\mu_1 - \mu_2)}{\sqrt{\sigma_1^2/n_1 + \sigma_2^2/n_2}} \sim N(0, 1)$$

이다. 따라서 구하고자 하는 확률은

$$\begin{aligned} P(\overline{X_1} - \overline{X_2} < 8.2) &= P\left(\frac{(\overline{X_1} - \overline{X_2}) - (\mu_1 - \mu_2)}{\sqrt{\sigma_1^2/n_1 + \sigma_2^2/n_2}} < \frac{8.2 - (\mu_1 - \mu_2)}{\sqrt{\sigma_1^2/n_1 + \sigma_2^2/n_2}}\right) \\ &= P\left(Z < \frac{8.2 - (50 - 40)}{\sqrt{9/5 + 4/4}}\right) \\ &= P(Z < -1.08) = 0.1401 \end{aligned}$$

이다.

아래의 중심극한정리(central limit theorem)는 정규분포가 아닌 모집단, 즉 비정규모집단의 경우이며 여기에서는 표본의 크기 n이 클 때 표본평균은 정규분포에 근사함을 보여 주는 아주 유용한 정리이다.

정리 5.5 중심극한정리(Central limit theorem)

평균 μ, 분산 σ^2인 임의의 모집단으로부터 크기 n인 표본 $(X_1, X_2, \cdots, X_n)$의 평균 $\overline{X}$의 분포는 $n \to \infty$ 일 때

$$\overline{X} \dot{\sim} N\left(\mu, \frac{\sigma^2}{n}\right), \quad Z = \frac{\overline{X} - \mu}{\sigma/\sqrt{n}} \sim N(0,1).$$

앞의 정리에서 모집단이 유한모집단이고, 비복원추출인 경우에도 표본의 크기 n이 충분히 크면 표본평균 $\overline{X}$는 근사적으로 $N\left(\mu, \frac{N-n}{N-1}\frac{\sigma^2}{n}\right)$인 분포를 한다.

예제 5.6 $\mu = 20$, $\sigma^2 = 16$인 무한모집단으로부터 추출한 크기 64인 표본평균 $\overline{X}$가 19부터 21 사이에 들어갈 확률을 구하여라.

풀이 중심극한정리에 의하여 $\overline{X}$는 근사적으로 $N(20, 16/64)$인 정규분포를 한다.

$$Z = \frac{\overline{X} - \mu}{\sigma / \sqrt{n}} = \frac{\overline{X} - 20}{1/2} \sim N(0,1)$$

이므로, 구하고자 하는 확률은

$$P(19 < \overline{X} < 21) = P\left(\frac{19-20}{0.5} < Z < \frac{21-20}{0.5}\right)$$
$$= P(-2 < Z < 2) \fallingdotseq 0.95$$

이다.

다음은 표본비율에 대하여 논의하자. 성공확률, 즉 모비율이 p인 어느 사건 A가 크기 n인 독립표본 가운데 X개가 나타났다면 X/n는 **표본비율**(sample proportion)이다. n회의 독립시행 중에서 사건 A가 X회 나타나는 경우도 X/n는 표본비율이다.

이항분포에서 어떤 사건의 성공률 p를 모비율이라고 하고, n회의 독립시행 중 X회 성공하였다면 X/n를 표본비율이라고 하며 $\hat{p}$으로 표시한다. 즉 $\hat{p} = X/n$이며 표본비율 $\hat{p}$의 평균과 분산은 다음과 같다.

정리 5.6 표본비율의 평균과 분산

어떤 사건에 관한 모비율 p인 이항모집단으로부터의 크기 n인 독립표본 가운데, 그 사건의 표본비율 $\hat{p} = X/n$의 평균과 분산은 다음과 같다.

$$E(\hat{p}) = p, \qquad V(\hat{p}) = \frac{pq}{n}, \qquad q = 1 - p$$

증명 확률변수 X는 이항분포를 따르므로

$$E(\hat{p}) = E\left(\frac{X}{n}\right) = \frac{E(X)}{n} = \frac{np}{n} = p,$$
$$V(\hat{p}) = V\left(\frac{X}{n}\right) = \frac{V(X)}{n^2} = \frac{npq}{n^2} = \frac{pq}{n}.$$

정리 5.7 표본비율의 분포

모비율 p인 어떤 사건이 크기 n인 독립표본 가운데 X개가 나타났다면 표본비율 $\hat{p} = X/n$의 분포는 $n \to \infty$ 일 때

$$\hat{p} = \frac{X}{n} \,\dot{\sim}\, N\left(p, \frac{pq}{n}\right), \quad Z = \frac{\hat{p} - p}{\sqrt{pq/n}} \sim N(0,1).$$

정리 5.7은 모비율의 추정과 검정에서 쓰인다.

5.4 χ^2, F, t 분포

정규모집단으로부터 추출된 표본평균, 표본비율 외에도 통계적 추론분야에 응용이 되는 표본의 통계량에 대하여 여러 가지 중요한 표본분포인 χ^2, F, t 분포들에 대하여 다루고자 한다. 먼저 증명없이 다음의 정리를 이용하여 카이제곱분포에 대하여 알아본다.

정리 5.8 χ^2 **분포(Chi-square distribution)**

정규모집단 $N(\mu, \sigma^2)$으로부터 크기 n인 표본 $(X_1, X_2, \cdots, X_n)$을 추출하였을 때

$$\chi^2 = \frac{\sum_{i=1}^{n}(X_i - \overline{X})^2}{\sigma^2} = \frac{(n-1)S^2}{\sigma^2}$$

은 자유도(degree of freedom) $n-1$인 χ^2 분포를 한다.

확률변수 X가 자유도 n인 카이제곱분포를 하면 $X \sim \chi^2(n)$으로 표시한다. χ^2 분포는 통계적 추론 분야에서 모집단의 분산에 대한 추정과 검정, 적합도 검정, 독립성의 검정을 하는 데 이용된다.

확률변수 X가 자유도 n인 카이제곱분포 $\chi^2(n)$를 따를 때 X의 확률밀도함수 $f(x)$는 다음과 같이 주어진다.

$$f(x) = \frac{1}{\Gamma\left(\frac{n}{2}\right) 2^{\frac{n}{2}}} x^{\frac{n}{2}-1} e^{-\frac{x}{2}}, \quad 0 \leq x < \infty$$

그림 5.1은 자유도의 변화에 따른 카이제곱분포를 나타낸 것으로 자유도 n이 $n = 2, 3, 5, 8$인 경우에 있어서 카이제곱분포의 곡선이 그려져 있으며, 자유도 n이 커짐에 따라 곡선이 대칭화됨을 알 수 있다.

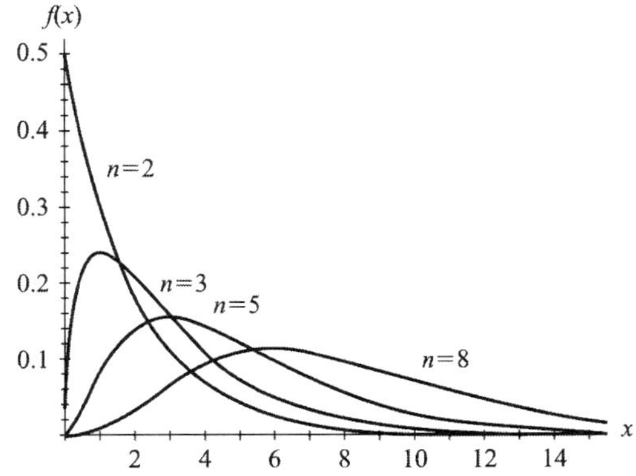

그림 5.1 ▸▸▸ $n=2,3,5,8$일 때의 카이제곱 pdf.

다음과 같이 정의되는 $\chi^2(n)$ 분포의 백분위수는 통계적 추론 분야에서 매우 유용하다.

즉 $\chi^2_\alpha(n)$은

$$P[X \geq \chi^2_\alpha(n)] = \alpha$$

를 만족하는 $\chi^2(n)$ 분포의 제$100(1-\alpha)$백분위수이고, $\chi^2_{1-\alpha}(n)$은

$$P[X \leq \chi^2_{1-\alpha}(n)] = \alpha$$

를 만족하는 $\chi^2(n)$ 분포의 제100α백분위수이다(그림 5.2 참조).

예를 들어 자유도가 5일 때 $\alpha=0.1$은 부록의 표 3에서 $\chi^2_{0.1}(5)=9.236$이고 $\alpha=0.9$는 역시 $\chi^2_{0.9}(5)=1.610$을 찾을 수 있다. 이러한 값들은 그림 5.2에서와 같이 나타내어진다.

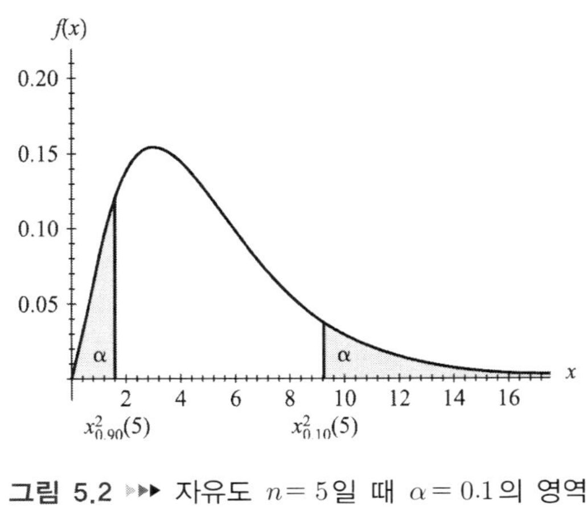

그림 5.2 ▸▸▸ 자유도 $n=5$일 때 $\alpha=0.1$의 영역

예제 5.7 확률변수 X가 자유도 4인 카이제곱분포를 따를 때

$$P[X \geq x] = 0.05$$

가 성립하는 x의 값을 구하여라.

풀이 부록의 표 3에서 자유도 $n=4$, $\alpha=0.05$인 경우이므로

$$P[X \geq 9.488] = 0.05$$

가 되고, 따라서 $x = 9.488$가 된다.

F 분포는 2개의 독립인 χ^2 분포를 하는 확률변수를 각각의 자유도로 나눈 것의 비로 정의되는 분포로서, 다음과 같이 정의할 수 있다.

정리 5.9 **F 분포 (Fisher의 F 분포)**

U와 V를 각각 자유도가 n_1, n_2인 χ^2 분포를 하는 독립인 확률변수라고 하면 확률변수

$$F = \frac{U/n_1}{V/n_2}$$

는 분자의 자유도 n_1, 분모의 자유도 n_2인 F 분포를 하며, $F(n_1, n_2)$로 표시한다.

F 분포는 두 모집단의 분산의 비에 대한 추정과 검정, 분산분석, 회귀분석 등에서 널리 쓰인다.

확률변수 X가 자유도 n_1과 n_2인 F 분포를 갖는다면 X의 확률밀도함수 $f(x)$는 다음과 같다.

$$f(x) = \frac{\Gamma\left(\frac{n_1+n_2}{2}\right)}{\Gamma\left(\frac{n_1}{2}\right)\Gamma\left(\frac{n_2}{2}\right)} \left(\frac{n_1}{n_2}\right)^{\frac{n_1}{2}} x^{\frac{n_1}{2}-1} \left(1+\frac{n_1}{n_2}x\right)^{-\frac{n_1+n_2}{2}}, \quad 0 < x < \infty$$

확률변수 X가 위와 같은 분포를 갖는다면 간단히 $X \sim F(n_1, n_2)$로 표시한다.

F 분포 역시 자유도에 따라 그 모양이 다르게 나타나며, 그림 5.3은 자유도 n_1과 n_2의 변화에 따른 F 분포의 곡선 모양이 나타나 있다.

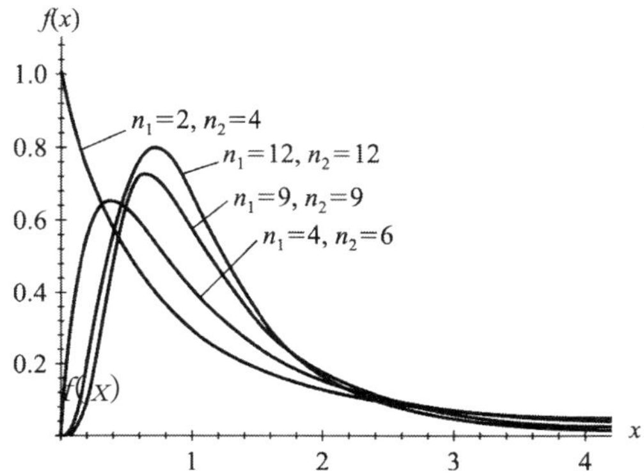

그림 5.3 ▸▸▸ 자유도 n_1, n_2의 변화에 따른 F 분포

부록의 표 5에는 자유도 (n_1, n_2)에 대하여

$$P[F \geq F_\alpha(n_1, n_2)] = \alpha$$

를 만족하는 α에 대한 $F_\alpha(n_1, n_2)$값(그림 5.4 참조)들이 주어져 있으면, F 분포에 대한 여러 가지 확률들을 계산하는 데 이용할 수 있다.

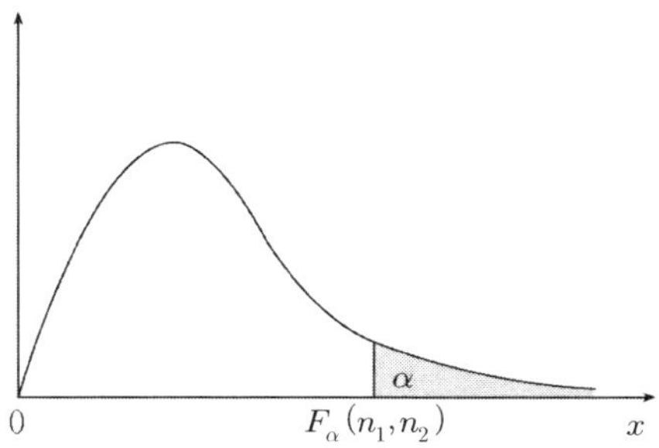

그림 5.4 ▸▸▸ $F_\alpha(n_1, n_2)$의 분포

예제 5.8 확률변수 F가 자유도 (7, 8)인 F 분포를 따를 때

$$P[F \geq f] = 0.05$$

인 f의 값을 구하여라.

풀이 부록의 표 5에서 자유도 $n_1 = 7$, $n_2 = 8$, $\alpha = 0.05$인 경우이므로

$$P[F \geq 3.50] = 0.05$$

를 만족하는 $f = 3.50$의 값을 얻는다.

정리 5.10 F 분포에 대한 정리

1) 두 정규모집단 $N(\mu_1, \sigma_1^2)$, $N(\mu_2, \sigma_2^2)$로부터 각각 크기 n_1, n_2인 표본 $(X_1, X_2, \cdots, X_{n_1})$, $(Y_1, Y_2, \cdots, Y_{n_2})$을 추출하였을 때 표본분산 S_1^2, S_2^2는

$$S_1^2 = \frac{\sum^{n_1}(X_i - \overline{X})^2}{n_1 - 1}, \quad S_2^2 = \frac{\sum^{n_2}(Y_i - \overline{Y})^2}{n_2 - 1}$$

이며, 이들의 비 S_1^2/S_2^2의 분포는

$$F = \frac{\sigma_2^2 S_1^2}{\sigma_1^2 S_2^2} \sim F(n_1 - 1,\ n_2 - 1)$$

2) 확률변수 X는 분포가 $F(n_1, n_2)$를 따를 때 $\frac{1}{F} \sim F(n_2, n_1)$이 성립한다.

즉 $F_{1-\alpha}(n_1, n_2) = \dfrac{1}{F_\alpha(n_2, n_1)}$

모집단의 평균에 대한 추정 또는 검정을 할 때, 모분산 σ^2이 알려져 있지 않는 경우에는 $Z = \dfrac{\overline{X} - \mu}{\sigma/\sqrt{n}}$의 분포를 이용할 수 없다. 그러나 표본의 크기가 $n \geq 30$일 때는 σ^2 대신 표본분산 S^2을 사용하여도 근사적으로

$$\frac{\overline{X} - \mu}{S/\sqrt{n}} \ \dot{\sim}\ N(0,\ 1)$$

임이 알려져 있으나, 표본의 크기 $n < 30$일 때는 정규분포에 따르지 않으므로

$$T = \frac{\overline{X} - \mu}{S/\sqrt{n}}$$

는 자유도 $n-1$인 t 분포(t-distribution)를 사용해야 한다. t 분포는 영국의 통계학자 W. S. Gosset가 처음으로 Student라는 가명으로 발표한 후 통계적 추론에서 중요하게 쓰이고 있다.

정리 5.11 t **분포**

$X_1, X_2, \cdots, X_n$이 정규분포 $N(\mu, \sigma^2)$에서 확률표본일 때

$$T = \frac{\overline{X} - \mu}{S/\sqrt{n}}$$

은 자유도 $n-1$인 t 분포(t-distribution)를 따른다. 확률변수 X가 자유도 n인 t 분포를 갖는다면, X의 확률밀도함수는 다음과 같다.

$$f(x) = \frac{\Gamma\left(\frac{n+1}{2}\right)}{\Gamma\left(\frac{n}{2}\right)\sqrt{n\pi}}\left(1 + \frac{x^2}{n}\right)^{-\frac{n+1}{2}}, \quad -\infty < x < \infty$$

t 분포의 모양은 표준정규분포와 마찬가지로 0을 중심으로 좌우대칭이다. 그러나 표준정규분포보다는 두터운 꼬리를 갖고 있다. t 분포의 곡선도 카이제곱분포나 F 분포와 마찬가지로 자유도 n에 따라 모양이 다르게 나타나며, 아래의 그림 5.5는 자유도 n이 $n=1,3,7$인 경우에 대하여 t 분포의 곡선이 나타나 있으며, 또한 표준정규분포의 곡선이 동시에 비교되어 나타나 있다. 즉 t 분포는 자유도 n이 증가함에 따라 표준정규분포에 접근하게 되며, 정리 5.12에 나타나 있다.

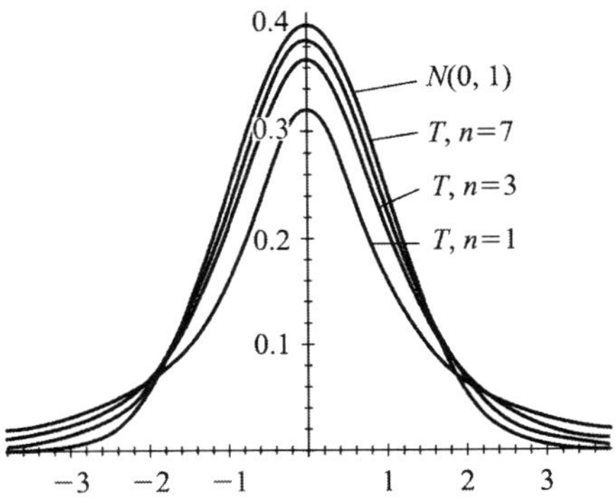

그림 5.5 ▸▸▸ t 분포와 표준정규분포 곡선

자유도가 n인 t 분포를 $t(n)$으로 나타내며, 자유도 n인 t 분포에서

$$P[T > t_{\alpha}(n)] = \alpha$$

인 $t_{0.1}(7)$값이 그림 5.6에 나타나 있다.

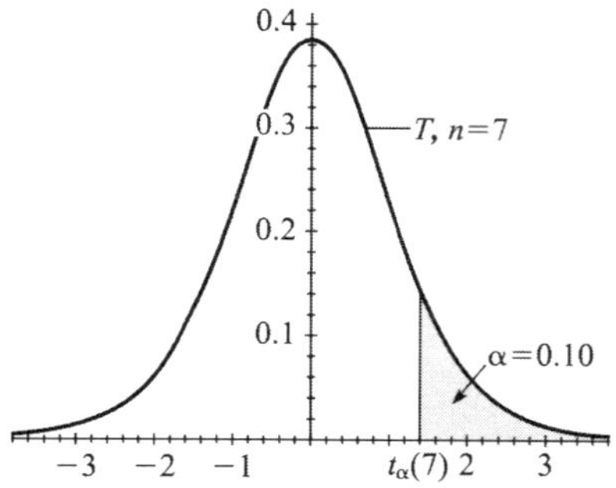

그림 5.6 ▸▸▸ 자유도 $n=7$, $\alpha=0.1$인 t 분포

예제 5.9 T는 자유도가 7인 t 분포를 가진다고 하자. 부록의 표 6에서

$$P(T \le 1.415) = 0.90$$

이므로

$$P(T \le -1.415) = 1 - P(T < 1.415) = 0.10$$

이다.

예제 5.10 자유도가 $n=20$이고 $\alpha=0.025$일 때

$$P(T \ge t) = 0.025$$

인 t를 구하여라.

풀이 T는 자유도 $n=20$, $\alpha=0.025$이므로 부록의 표 6에서

$$P(T \ge 2.086) = 0.025$$

를 만족하므로 $t=2.086$이 된다.

예제 5.11 정규모집단으로부터 뽑은 크기 15인 표본에 대하여 $P(t_1 < T < -1.761) = 0.045$인 t_1을 구하여라.

풀이 표본의 크기가 15이므로 자유도 $n=14$이고, 부록 표 6에서 $t=1.761$일 때 $\alpha=0.05$이므로

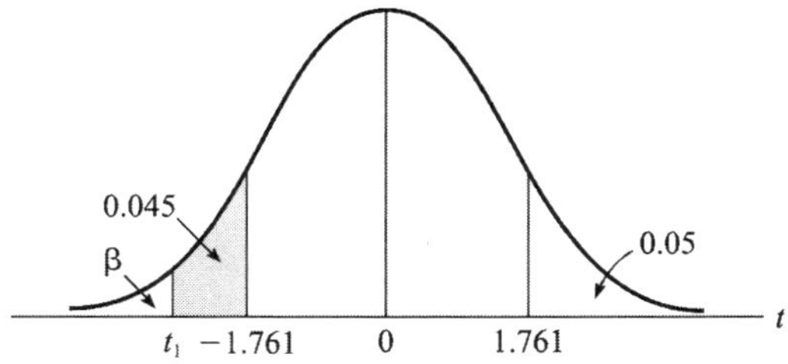

$P(t_1 \leq T \leq -1.761) = P(T \leq -1.761) - P(T \leq t_1) = 0.05 - \beta = 0.045$이려면 $\beta = 0.05 - 0.045 = 0.005 = P(T \leq t_1)$. 부록 표 6에서 $t_1 = -2.977$이다.

정리 5.12

1) Z는 $N(0,1)$인 확률변수이고, U는 $\chi^2(n)$인 확률변수이며, Z와 U가 독립이면

$$T = \frac{Z}{\sqrt{U/n}}$$

는 자유도 n인 t 분포를 한다.

2) t 분포는 자유도 n이 커짐에 따라 표준정규분포 $N(0,1)$에 가까워진다.
즉, $n \to \infty$ 이면 $t(n) \to N(0,1)$

모분산 σ^2이 알려져 있지 않고, 표본의 크기 n이 작을 때는 정규분포대신 t 분포를 많이 사용한다. 일반적으로 실험에 의한 통계적 추론을 할 때는 많은 표본을 얻을 수 없기 때문에 t 분포가 유용하게 사용된다.

연습문제

01 크기 4500인 모집단으로부터 크기 15인 표본의 추출번호를 난수표에 의하여 구하여라. 또 난수표를 이용하지 않고 확률표본을 얻는 다른 방법을 생각하여라.

02 유한모집단의 요소 2, 2, 4, 6, 6이 있다.

1) 크기 2인 25개 표본이 복원추출되었다. 표본평균 $\overline{X}$의 분포를 구하여라.
2) 표본평균 $\overline{X}$의 분포에 대한 히스토그램을 그려라.
3) $\mu_{\overline{X}} = \mu$와 $\sigma^2_{\overline{X}} = \sigma^2/n$을 확인하여라.

03 어떤 실의 평균 장력강도가 78.3 kg, 표준편차 5.6 kg으로 제조되고 있다. 무한모집단에서 표본의 크기가 다음과 같이 변할 때 평균의 표준오차를 구하여라.

1) 64에서 196으로 증가　　2) 784에서 49로 감소

04 호두가 들어 있는 과자에 호두의 수를 나타내는 확률변수 X가 다음과 같은 확률분포를 갖는다.

x	4	5	6	7
$P(X=x)$	0.2	0.4	0.3	0.1

1) 평균 μ, 분산 σ^2을 구하여라.
2) 호두가 들어 있는 36개 과자의 확률표본에 대한 평균 $\overline{X}$의 $\mu_{\overline{X}}$와 $\sigma^2_{\overline{X}}$을 구하여라.

05 A회사의 TV 평균수명은 6.5년이고 표준편차는 0.9년인 정규분포를 따른다. 한편 B회사의 TV의 평균수명은 6년, 표준편차 0.8년인 정규분포를 따른다. A회사의 제품으로부터 36개의 확률표본의 평균수명이 B회사의 제품으로부터 49개의 확률표본의 평균수명보다 적어도 1년 이상 길 확률을 구하여라.

06 정규모집단 $N(\mu, \sigma^2)$으로부터 추출한 크기 n인 표본의 평균 $\overline{X}$에 대하여 다음을 만족하는 Z_1, Z_2의 값을 표준정규분포를 이용하여 구하여라.

1) $P\left(\left|\dfrac{\overline{X}-\mu}{\sigma/\sqrt{n}}\right| < Z_1\right) \fallingdotseq 0.950$　　2) $P\left(\left|\dfrac{\overline{X}-\mu}{\sigma/\sqrt{n}}\right| < Z_2\right) \fallingdotseq 0.990$

07 어느 야구선수의 과거 10년간 타율이 0.300이라고 한다. 앞으로 남은 100타석에서 안타를 칠 타율이 0.320 이상일 확률을 구하여라.

08 $X \sim \chi^2(23)$이라면 다음을 구하여라.

1) $\chi^2_{0.05}(23)$ 2) $\chi^2_{0.95}(23)$

09 $\chi^2(5)$분포에서 $P(\chi^2 < \chi^2_\alpha) = 0.95$가 되는 χ^2_α의 값을 구하여라.

10 다음을 구하여라.

1) $F_{0.05}(5,10)$ 2) $F_{0.95}(5,10)$ 3) $F_{0.90}(10,5)$

11 모분산이 같은 정규분포에서 표본의 크기가 $n_1 = 8$, $n_2 = 12$인 독립인 임의표본을 추출하였다. 각각의 표본분산을 S_1^2, S_2^2이라고 할 때 $P\left(\dfrac{S_1^2}{S_2^2} > 4.89\right)$를 구하여라.

12 다음을 구하여라.

1) $t_{0.05}(15)$ 2) $t_{0.975}(10)$

13 어떤 공장에서 생산되는 전구들의 수명시간의 분포는 $\mu = 800$(시간)이고 표준편차는 $\sigma = 40$(시간)인 정규분포를 따른다고 알려져 있다. 이 모집단으로부터 정의되는 크기가 $n = 64$(개)인 확률표본의 평균수명시간 $\overline{X}$가 791시간 이상이 될 확률, 즉 $P(\overline{X} \geq 791)$의 값을 결정하라.

6장

추정

현대인들은 통계적 추정에 많은 관심을 갖고 있다. 새로운 약의 효과를 추정하거나 다음 학년에 대학에 들어가는 신입생의 수, 앞으로 치를 선거에서 입후보자들의 지지율 등 많은 분야에서 통계적 추정을 하게 된다. 통계적 추론은 표본조사로 얻은 자료에서 미지모수의 값을 추정하기 위한 것으로 5장의 표본분포의 이론을 바탕으로 추정한다.

모평균, 모분산, 모비율 등과 같은 모수에 대한 어떤 판단을 내리기 위하여 모집단에서 표본을 추출하여 데이터를 얻고 이 데이터를 기초로 하여 통계이론에 의한 결론을 내리게 된다. 이와 같은 추론의 과정을 **통계적 추론**(statistical inference)이라고 한다.

통계적 추론은 통계적 추정과 통계적 가설검정으로 나누며, 통계적 가설검정은 다음 7장에서 다루기로 한다. 모수의 추정은 표본분포의 이론에 근거하여 추정량 또는 추정값의 신뢰한계를 계산하는 방법, 즉 **구간추정**(interval estimation)과 모집단을 한 개의 값으로 추정하는 **점추정**(point estimation)이 있다.

모평균, 모분산 등 모집단의 특성을 나타내는 **모수**(parameter)를 θ로 표시하고, 표본평균, 표본분산 등 표본의 특성을 나타내는 **통계량**(statistic)을 T로 나타내며, pdf.가 $f(x:\theta)$인 모집단으로부터 추출한 크기 n인 표본을 $(X_1, X_2, \cdots, X_n)$이라고 할 때 통계량 T는 이것의 함수로서

$$T = T(X_1, X_2, \cdots, X_n)$$

으로 나타낼 수 있으며, T도 일정한 확률분포, 즉 표본분포를 갖는다. θ는 일반적으로 미지이고, T는 변수이지만 조사의 결과에 따라 그 값이 결정된다.

6.1 점추정

통계량 T는 표본 $(X_1, X_2, \cdots, X_n)$의 함수 T가 취하는 값으로 모수 θ의 값을 추정한다. 이때 모수의 추정에 사용되는 통계량을 **추정량**(estimator)이라고 하며, 추정량에 관측값을 대입하여 얻은 추정량의 값을 **추정값**(estimate)이라고 한다. 즉 추정량은 통계량으로서의 확률변수이나, 추정값은 추정량에 데이터를 대입하여 얻은 관측값이다. 따라서 T를 θ의 점추정량(point estimator)이라고 하고, T의 값을 θ의 추정값이라고 한다.

추정값을 t로 표시하며

$$t = t(x_1, x_2, \cdots, x_n)$$

를 의미하고 $(x_1, x_2, \cdots, x_n)$는 $X_1, X_2, \cdots, X_n$의 실현치이다.

한 모집단에 대한 대표적인 모수인 모평균 μ, 모분산 σ^2, 모비율 p의 점추정법에 대하여 생각해 보자.

6.1.1 모평균의 점추정

모평균 μ는 가장 많이 사용되는 모수이다. μ를 추정하기 위한 여러 가지 방법들이 있으나 그 중에 대표적인 방법이 **표본평균**(sample mean)이다. 모평균이 μ이고 모표준편차가 σ인 임의의 모집단으로부터의 크기 n인 확률표본을 $X_1, \cdots, X_n$이라고 할 때, 표본평균은 다음과 같이 정의된다.

$$\overline{X} = \frac{X_1 + \cdots + X_n}{n} = \frac{1}{n}\sum_{i=1}^{n} X_i$$

예제 6.1 새로운 전구를 개발하여 판매하는 회사가 있다. 판매되는 전구 중 9개를 임의추출하여 그 수명시간을 기록한 결과가 다음과 같다.

2000, 1975, 1900, 2000, 1950, 1850, 1950, 2100, 1975

전구의 수명이 정규분포를 따른다고 할 때, 주어진 자료를 이용하여 평균수명 μ를 추정하여라.

풀이 자료로부터 표본평균이 $\overline{x} = \frac{1}{9}\sum_{i=1}^{9} x_i = 1966.7$이므로 평균수명 μ의 추정값은 $\hat{\mu} = \overline{x} = 1966.7$이다.

6.1.2 모분산의 점추정

모분산은 모집단의 분포가 흩어져 있는 정도를 나타내는 양을 말하며 모분산에 대한 정보를 주는 대표적인 통계량으로서 **표본분산**(sample variance)이 있다.

$X_1, \cdots, X_n$을 평균이 μ이고, 분산이 σ^2인 모집단에서의 임의표본이라고 하였을 때 이 임의표본의 표본분산은 다음과 같이 정의된다.

$$S^2 = \frac{\sum_{i=1}^{n}(X_i - \overline{X})^2}{n-1}$$

예제 6.2 다음은 어떤 음료의 화학분석에 의해 얻은 데이터이다. 당분함량의 분산 σ^2을 추정하라.

15.6 14.8 15.1 13.5 15.8 14.0 14.2 15.1 13.7 14.5

풀이 $$\sum_{i=1}^{n}(x_i-\overline{x})^2=\sum_{i=1}^{n}x_i^2-\frac{\left(\sum_{i=1}^{n}x_i\right)^2}{n}=2145.89-\frac{(146.3)^2}{10}=5.521,$$

σ^2의 추정값은 다음과 같다.

$$\widehat{\sigma^2}=s^2=\frac{\sum_{i=1}^{n}\left(x_i-\overline{x}\right)^2}{n-1}=\frac{5.521}{9}=0.6131$$

6.1.3 모비율의 점추정

모비율(population proportion)은 합격률, 찬성률, 실업률과 같이 모집단에서 특정한 속성을 갖는 것의 비율을 말한다. 크기 n인 임의표본에서 그 속성을 갖는 것의 개수를 X라고 할 때 X는 이항분포 $B(n,\ p)$를 따른다. 이때 모비율 p의 추정량으로는 **표본비율**(sample proportion)을 사용한다.

$$\text{모비율 } p\text{의 추정량: } \hat{p}=\frac{X}{n}$$

예제 6.3 어떤 도시의 20대 1600명을 임의추출하여 조사한 결과 96명이 실업자였다. 이 도시의 실업률 p를 추정하여라.

풀이 주어진 자료로부터 $n=1600$이고 실업자의 수 $x=96$이므로

$$\hat{p}=\frac{96}{1600}=0.06$$

이다.

점추정의 문제를 해결하는 데 도움이 되는 여러 가지 중요한 성질이 있다. 보다 좋은 추정량을 찾는 데 여러 가지 성질이 있으나 여기서는 가장 중요한 **불편성**(unbiasedness)과 **유효성**(efficiency), **일치성**(consistency)만을 다루기로 한다.

정의 6.1 불편추정량

표본통계량 T의 기댓값이 모수와 같을 때 통계량 T를 모수 θ의 불편추정량(unbiased estimator)이라고 한다.

$$\text{즉,} \quad E(T) = \theta$$

이면 T는 θ의 불편추정량이며, $\hat{\theta} = T$라고 표시한다.

예제 6.4 $E[\overline{X}] = \mu$이고, 따라서 $\overline{X}$는 μ의 불편추정량이다.

$$\hat{\mu} = \overline{X}$$

예제 6.5 표본분산 S^2는 모분산 σ^2의 불편추정량, 즉

$$E[S^2] = \sigma^2, \qquad \hat{\sigma}^2 = S^2 = \frac{\sum_{i=1}^{n}(X_i - \overline{X})^2}{n-1}$$

임을 증명하라.

증명

$$\begin{aligned} S^2 &= \frac{1}{n-1}\sum_{i=1}^{n}(X_i - \overline{X})^2 = \frac{1}{n-1}\left\{\sum_{i=1}^{n}[(X_i - \mu) - (\overline{X} - \mu)]^2\right\} \\ &= \frac{1}{n-1}\left\{\sum_{i=1}^{n}(X_i - \mu)^2 - 2(\overline{X} - \mu)\sum_{i=1}^{n}(X_i - \mu) + n(\overline{X} - \mu)^2\right\} \\ &= \frac{1}{n-1}\left\{\sum_{i=1}^{n}(X_i - \mu)^2 - 2(\overline{X} - \mu)n(\overline{X} - \mu) + n(\overline{X} - \mu)^2\right\}, \end{aligned}$$

$$\begin{aligned} E(S^2) &= \frac{1}{n-1}E\left[\sum_{i=1}^{n}(X_i - \mu)^2 - n(\overline{X} - \mu)^2\right] \\ &= \frac{1}{n-1}\left[\sum_{i=1}^{n}E[(X_i - \mu)^2] - nE(\overline{X} - \mu)^2\right] \\ &= \frac{1}{n-1}\left(\sum_{i=1}^{n}\sigma^2 - n \cdot \frac{\sigma^2}{n}\right) \\ &= \frac{1}{n-1}(n\sigma^2 - \sigma^2) = \frac{n-1}{n-1}\sigma^2 = \sigma^2. \end{aligned}$$

정의 6.2 유효추정량

T_1, T_2, $\cdots$가 모두 모수 θ의 추정량이고, 이들 가운데서 분산이 최소인 추정량 T_e를 θ의 유효추정량(efficient estimator)이라고 하며, 분산이 작은 추정량을 분산이 큰 추정량보다 더욱 유효한 추정량이라고 한다.

예제 6.6 모평균이 μ이고, 모분산이 σ^2인 모집단으로부터 서로 독립인 표본 (X_1, X_2, X_3)를 추출하고, 통계량 T_1, T_2, T_3를

$$T_1 = \frac{X_1 + X_2 + X_3}{3} = \overline{X}, \quad T_2 = \frac{2X_1 + 2X_2 + X_3}{5}, \quad T_3 = \frac{3X_1 + X_3}{4}$$

와 같이 정의할 때

$$E[T_1] = E\left[\frac{X_1 + X_2 + X_3}{3}\right] = \frac{E(X_1) + E(X_2) + E(X_3)}{3} = \frac{3\mu}{3} = \mu,$$

$$E[T_2] = E\left[\frac{2X_1 + 2X_2 + X_3}{5}\right] = \frac{2E(X_1) + 2E(X_2) + E(X_3)}{5} = \mu,$$

$$E[T_3] = E\left[\frac{3X_1 + X_3}{4}\right] = \frac{3E(X_1) + E(X_3)}{4} = \frac{4\mu}{4} = \mu$$

이다.

$E[T_1] = \mu, E[T_2] = \mu, E[T_3] = \mu$이므로 T_1, T_2, T_3는 모두 μ의 불편추정량이며

$$V[T_1] = V\left[\frac{X_1 + X_2 + X_3}{3}\right] = \frac{V(X_1) + V(X_2) + V(X_3)}{9} = \frac{3\sigma^2}{9} = \frac{\sigma^2}{3},$$

$$V[T_2] = V\left[\frac{2X_1 + 2X_2 + X_3}{5}\right] = \frac{4V(X_1) + 4V(X_2) + V(X_3)}{25} = \frac{9}{25}\sigma^2,$$

$$V[T_3] = V\left[\frac{3X_1 + X_3}{4}\right] = \frac{9V(X_1) + V(X_3)}{16} = \frac{10\sigma^2}{16} = \frac{5}{8}\sigma^2$$

이다.

$\frac{\sigma^2}{3} < \frac{9}{25}\sigma^2 < \frac{5}{8}\sigma^2$이므로 $V[T_1] < V[T_2] < V[T_3]$이고 추정량 T_1이 T_2보다 유효하며, T_2는 T_3보다 유효한 추정량이다. 위 예제에서 보는 바와 같이 표본평균 $\overline{X}$는 모평균 μ의 유효추정량이다.

정의 6.3 일치추정량

표본의 크기가 증가함에 따라서 추정량의 값이 모수에 한없이 접근해 가는 성질을 일치성이라고 하는데 이 성질을 만족시켜 주는 추정량을 일치추정량(consistent estimator)이라고 하며, 임의의 양수 ϵ값에 대하여 다음이 성립한다.

$$\lim_{n \to \infty} P\{|T_n - \theta| < \epsilon\} = 1$$

6.2 모평균의 구간추정

6.2.1 신뢰구간

2개의 통계량 T_1, T_2를 적당하게 정하고, 구간 $(T_1,\ T_2)$가 모수 θ를 포함하는 확률이 일정한 값 $1-\alpha$가 되게 하였을 때 구간 $(T_1,\ T_2)$를 **신뢰도**(degree of confidence) $1-\alpha$ 또는 **신뢰계수**(confidence coefficient) $1-\alpha$인 **신뢰구간**(confidence interval)이라고 하며, T_1, T_2를 각각 **신뢰하한**(confidence lower limit), **신뢰상한**(confidence upper limit)이라고 한다.

정의 6.4 신뢰수준 100(1 − α)% 신뢰구간

T_1, T_2가 2개의 통계량이고, θ가 알려지지 않은 모수일 때

$$P\{T_1(X_1,\ X_2,\ \cdots,\ X_n) < \theta < T_2(X_1,\ X_2,\ \cdots,\ X_n)\} = 1-\alpha$$

인 $(T_1,\ T_2)$를 신뢰도 $1-\alpha$ 또는 신뢰계수 $1-\alpha$인 신뢰구간이라고 하고, T_1, T_2를 각각 신뢰하한, 신뢰상한이라고 한다.

구간추정에서 가장 많이 이용되는 신뢰계수는 0.95, 0.99, 0.90이며, 이 가운데서도 0.95가 가장 많이 쓰인다. 신뢰구간의 폭이 크면 클수록 주어진 구간은 미지모수를 포함하는 것을 더욱더 신뢰할 수 있으나 폭이 너무 크면 추정의 의의가 적어지는 단점도 있다. 신뢰도 95%라는 뜻은 $P(T_1 < \mu < T_2) = 0.95$이므로, 모평균 μ가 신뢰구간 내에 있을 확률이 0.95라는 뜻이다. 그러므로 모평균이 항상 그 신뢰구간 내에 존재한다는 뜻은 아니고 이러한 실험을 반복하여 100번 추정할 때 모평균이 실제 95번 정도는 그 구간 내에 존재하고 5번쯤은 그 구간을 벗어날 수 있다는 의미이다.

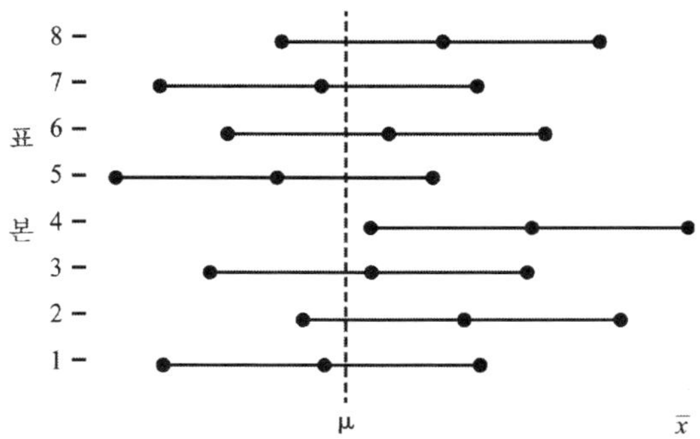

그림 6.1 ▸▸ 다른 표본들에 대한 μ의 구간추정값들

신뢰도로서 100%를 취하는 것이 바람직한 것처럼 보이지만 그렇지 않다. 100%에 가까운 99.7%의 신뢰구간과 95%의 신뢰구간

$$\bar{x}-3\frac{\sigma}{\sqrt{n}} < \mu < \bar{x}+3\frac{\sigma}{\sqrt{n}},$$

$$\bar{x}-1.96\frac{\sigma}{\sqrt{n}} < \mu < \bar{x}+1.96\frac{\sigma}{\sqrt{n}}$$

을 비교하여 보면 99.7%일 때의 구간의 폭은 95%인 구간의 폭보다 50% 이상 넓다. 신뢰구간의 폭은 좁을수록 좋은데, 신뢰도를 4.7% 높이기 위해서 신뢰구간의 폭을 50% 이상 늘려야 하므로 이 추정방법은 바람직하지 못하다. 이것은 신뢰도 95%를 가장 많이 사용하는 이유이다.

예제 6.7 어느 대학교 신입생의 학력고사 평균 μ가 구간 (275, 295) 사이에 있을 확률이 0.95, 즉 $P(275 < \mu < 295) = 0.95 = 1-0.05$이라면, 신뢰도 또는 신뢰계수는 0.95이고 신뢰구간은 (275, 295)이다.

6.2.2 정규모집단이고 모분산이 알려져 있는 경우

정규모집단 $N(\mu, \sigma^2)$으로부터 추출한 크기 n인 표본 $X_1, X_2, \cdots, X_n$에 의하여 미지 모평균 μ를 구간추정하는 것을 생각하자. 5장의 정리 5.3에서 정규모집단으로부터 추출한 표본평균 $\overline{X}$의 분포는 평균이 μ이고 분산이 σ^2/n인 정규분포를 한다고 하였다. 즉

$$\overline{X} \sim N\left(\mu, \frac{\sigma^2}{n}\right)$$

이므로 $\overline{X}$를 표준화시킨 Z 통계량은

$$Z=\frac{\overline{X}-\mu}{\sigma/\sqrt{n}} \sim N(0,1)$$

이다. Z는 표준정규분포를 하므로 그림 6.2에서 확률변수 Z가 $-z_{\frac{\alpha}{2}}$(왼쪽으로 넓이가 $\alpha/2$인 z의 값)와 $z_{\frac{\alpha}{2}}$(오른쪽으로 넓이가 $\alpha/2$인 z의 값) 사이에 놓여 있을 확률은 $1-\alpha$이다.

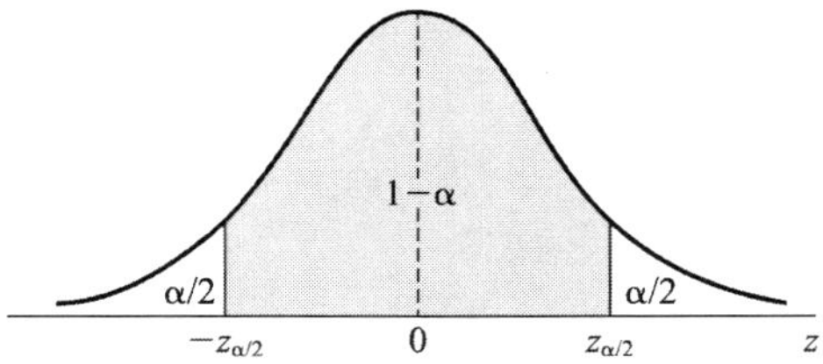

그림 6.2 ▸▸ $P(-z_{\alpha/2} < Z < z_{\alpha/2}) = 1-\alpha$

따라서

$$P\left(-z_{\frac{\alpha}{2}} < \frac{\overline{X}-\mu}{\sigma/\sqrt{n}} < z_{\frac{\alpha}{2}}\right) = 1-\alpha$$

이고 괄호 안의 부등식을 μ에 관하여 정리하면

$$P\left(\overline{X}-z_{\frac{\alpha}{2}}\frac{\sigma}{\sqrt{n}} < \mu < \overline{X}+z_{\frac{\alpha}{2}}\frac{\sigma}{\sqrt{n}}\right) = 1-\alpha$$

정리 6.1 정규모집단이고 모분산 σ^2이 알려져 있을 때 모평균 μ의 신뢰구간

신뢰도 $1-\alpha$(또는 $100(1-\alpha)\%$)인 모평균 μ의 신뢰구간은

$$\overline{X}-z_{\frac{\alpha}{2}}\frac{\sigma}{\sqrt{n}} < \mu < \overline{X}+z_{\frac{\alpha}{2}}\frac{\sigma}{\sqrt{n}}$$

또는 $$\left[\overline{X}-z_{\frac{\alpha}{2}}\frac{\sigma}{\sqrt{n}},\ \overline{X}+z_{\frac{\alpha}{2}}\frac{\sigma}{\sqrt{n}}\right]$$

이다.

비정규모집단인 경우에는 표본의 크기가 $n \geq 30$이면 정리 5.5의 중심극한정리에 의하여 표본평균 $\overline{X}$의 분포는 정규분포에 근사하므로 위의 정리 6.1을 이용할 수 있다.

예제 6.8 한 전구제조회사에서 판매한 60촉짜리 전구의 수명을 X라고 하자. X의 분포가 정규분포 $N(\mu, 1296)$라고 가정하자. 27개의 전구의 확률표본을 가지고 그 전구들이 모두 수명이 다할 때까지 시험하여 표본평균 $\overline{x}=1478$시간을 구하였다면, 전구의 평균수명 μ에 대한 95% 신뢰구간을 구하여라.

풀이 표준정규분포표에서 $\alpha = 0.05$일 때, $z_{\frac{\alpha}{2}} = z_{0.025} = 1.96$이다.

또한 $\bar{x}=1478$, $\sigma^2=1296$, $\sigma=36$이므로 모평균 μ의 95% 신뢰구간은

$$\begin{aligned}&\left[\bar{x}-1.96\frac{\sigma}{\sqrt{n}},\ \bar{x}+1.96\frac{\sigma}{\sqrt{n}}\right]\\&=\left[1478-1.96\frac{36}{\sqrt{27}},\ 1478+1.96\frac{36}{\sqrt{27}}\right]\\&=[1478-13.58,\ 1478+13.58]\\&=[1464.42,\ 1491.58]\end{aligned}$$

이다.

예제 6.9 어떤 하천의 36곳으로부터 1m^3당 아연농도(단위: ppm)를 측정한 후 평균을 구하였더니 2.6이었다. 이 하천의 아연농도의 평균에 대한 95% 신뢰구간을 구하여라. 단 모표준편차는 0.3이라고 한다.

풀이 모평균 μ의 95% 신뢰구간은

$$\overline{X}-z_{0.025}\frac{\sigma}{\sqrt{n}}<\mu<\overline{X}+z_{0.025}\frac{\sigma}{\sqrt{n}}$$

이며, $\sigma=0.3$, $\bar{x}=2.6$이므로 신뢰구간은 다음과 같다.

$$2.6-1.96\frac{0.3}{\sqrt{36}}<\mu<2.6+1.96\frac{0.3}{\sqrt{36}}$$

$$2.50<\mu<2.70$$

6.2.3 모분산이 알려져 있지 않은 경우

1) 대표본인 경우

표본의 크기 n이 크면 정리 5.5의 중심극한정리에 의하여 표본평균 $\overline{X}$는 평균이 μ이고 분산이 σ^2/n인 정규분포에 근사함을 이용한다. 그러므로 모집단이 정규분포 또는 비정규분포에 관계없이

$$\overline{X}\ \dot{\sim}\ N\left(\mu,\frac{\sigma^2}{n}\right)$$

를 이용할 수 있으며, 모분산 σ^2의 불편추정량인

$$S^2 = \frac{\sum^{n}(X_i - \overline{X})^2}{n-1}$$

을 σ^2 대신 사용하면 된다.

정리 6.2 모분산 σ^2가 알려져 있지 않고 대표본인 경우 μ의 신뢰구간

σ^2이 알려져 있지 않고 표본의 크기 n이 클 때 신뢰도 $1-\alpha$인 모평균 μ의 신뢰구간은

$$\overline{X} - z_{\frac{\alpha}{2}}\frac{S}{\sqrt{n}} < \mu < \overline{X} + z_{\frac{\alpha}{2}}\frac{S}{\sqrt{n}}$$

또는

$$\left[\overline{X} - z_{\frac{\alpha}{2}}\frac{S}{\sqrt{n}}\ ,\ \overline{X} + z_{\frac{\alpha}{2}}\frac{S}{\sqrt{n}}\right]$$

이다.

대표본이라고 함은 신뢰도 95%인 경우에는 $n \geq 30$, 신뢰도 99%인 경우에는 $n \geq 100$ 정도면 위의 정리를 이용할 수 있다.

예제 6.10 어느 공장에서 생산되는 철선의 평균 인장강도를 추정하기 위하여 50개의 표본을 추출하여 인장강도를 조사한 결과 표본평균과 표준편차가 각각

$$\overline{x} = 62.50\,(\mathrm{kg/cm^3}),\ s = 3.75$$

이었다. 평균 인장강도에 대한 95% 신뢰구간을 구하여라.

풀이 정리 6.2에 의하여, 모평균 μ의 95% 신뢰구간은

$$\overline{X} - z_{0.025}\frac{S}{\sqrt{n}} < \mu < \overline{X} + z_{0.025}\frac{S}{\sqrt{n}}$$

이며, $\overline{x} = 62.50$, $s = 3.75$, $z_{0.025} = 1.96$이다. 따라서 신뢰구간은

$$62.50 - 1.96\frac{3.75}{\sqrt{50}} < \mu < 62.50 + 1.96\frac{3.75}{\sqrt{50}}$$

$61.46 < \mu < 63.54$이므로 μ의 95% 신뢰구간은 (61.46, 63.54)이다.

2) 소표본인 경우

정규모집단으로부터 임의추출한 크기 n인 표본평균 $\overline{X}$에 의하여 모평균 μ를 추정할 때 모분산 σ^2이 알려져 있지 않은 경우에도 대표본(n이 클 때)일 때에는 중심극한정리에 의하여 표본평균이 정규분포를 하므로 표준정규분포에 의하여 모평균을 추정하였으나, 모분산 σ^2이 미지이고 소표본(n이 작을 때)일 때에는 5장의 정리 5.11에 의하여

$$T=\frac{\overline{X}-\mu}{S/\sqrt{n}} \sim t(n-1)$$

인 t 분포를 이용하여 모평균 μ에 대한 신뢰구간을 추정한다. 6.2.2절 정리 6.1의 표준정규분포를 이용한 방법과 같이 $P\left(-t_{\frac{\alpha}{2}}<\frac{\overline{X}-\mu}{S/\sqrt{n}}<t_{\frac{\alpha}{2}}\right)=1-\alpha$이므로 괄호 안의 부등식을 μ에 관하여 정리하면

$$P\left(\overline{X}-t_{\frac{\alpha}{2}}\frac{S}{\sqrt{n}}<\mu<\overline{X}+t_{\frac{\alpha}{2}}\frac{S}{\sqrt{n}}\right)=1-\alpha$$

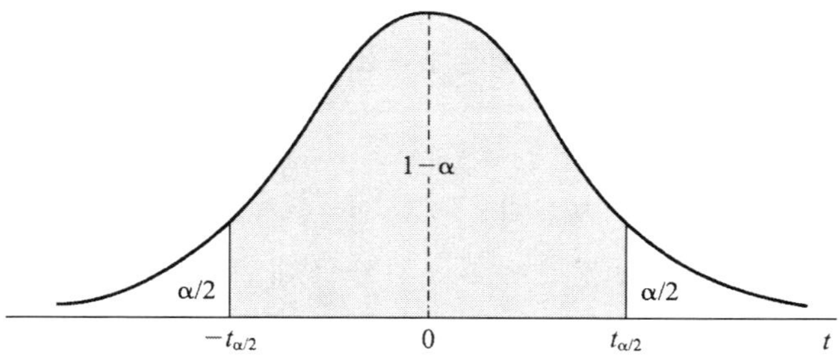

그림 6.3 ▸▸▸ $P(-t_{\alpha/2}<T<t_{\alpha/2})=1-\alpha$

이다. 따라서 μ에 대한 100(1− α)% 신뢰구간은 다음과 같다.

$$\overline{X}-t_{\frac{\alpha}{2}}\frac{S}{\sqrt{n}}<\mu<\overline{X}+t_{\frac{\alpha}{2}}\frac{S}{\sqrt{n}}$$

정리 6.3 정규모집단이고 σ^2가 알려져 있지 않고 소표본인 경우 μ의 신뢰구간

표본평균 $n<30$이고 σ^2이 알려져 있지 않을 때 신뢰수준 100(1−α)%인 μ의 신뢰구간은

$$\overline{X}-t_{\frac{\alpha}{2}}\frac{S}{\sqrt{n}}<\mu<\overline{X}+t_{\frac{\alpha}{2}}\frac{S}{\sqrt{n}}$$

이다.

예제 6.11 어떤 화학제품의 제조공정 중 발생되는 유황함유율을 분석하기 위해서 4번의 실험을 통해 아래와 같은 유황함유율 자료를 얻었다(단위: %).

45.32, 45.53, 45.47, 45.48

유황함유율이 정규분포를 따른다고 할 때 평균 유황함유율 μ의 95% 신뢰구간을 구하여라.

풀이 4개의 자료로부터 $\overline{x} = 45.45$, $s = 0.09$를 얻는다. $n = 4$이고, 자유도는 $\nu = 3$이므로 $t_{0.025} = 3.182$이다. 그러므로 μ의 95% 신뢰구간은

$$45.45 - 3.182\frac{0.09}{\sqrt{4}} < \mu < 45.45 + 3.182\frac{0.09}{\sqrt{4}}$$
$$45.31 < \mu < 45.59$$

이 된다.

6.2.4 표본의 크기 결정

다음에는 추정값 $\overline{X}$로 모평균 μ를 추정할 때 생기는 오차에 대하여 생각해 브자. 신뢰도 $100(1-\alpha)$%인 μ의 신뢰한계는

$$\overline{X} \pm z_{\frac{\alpha}{2}}\frac{\sigma}{\sqrt{n}}$$

이므로 추정값 $\overline{X}$로 모평균 μ를 추정할 때 오차는 $z_{\alpha/2}\frac{\sigma}{\sqrt{n}}$를 초과하지 않는다. 즉 신뢰도 $100(1-\alpha)$%일 때

$$\overline{X} - z_{\frac{\alpha}{2}}\frac{\sigma}{\sqrt{n}} < \mu < \overline{X} + z_{\frac{\alpha}{2}}\frac{\sigma}{\sqrt{n}}$$

이므로 $|\overline{X} - \mu| < z_{\alpha/2}\frac{\sigma}{\sqrt{n}}$이며, $z_{\alpha/2}\frac{\sigma}{\sqrt{n}}$는 오차한계가 된다. 이를 e로 표시하자. 즉 $e = z_{\frac{\alpha}{2}}\frac{\sigma}{\sqrt{n}}$이고, $\overline{X}$로 μ를 추정할 때 오차의 한계 e를 정해 놓고 표본의 크기를 결정할 수 있다. 오차의 한계를 e(일정)로 정하면

$$e = z_{\frac{\alpha}{2}}\frac{\sigma}{\sqrt{n}}$$

이다. 이를 정리하면

$$n = \left(\frac{z_{\alpha/2} \cdot \sigma}{e} \right)^2$$

이므로 표본의 크기 n이 결정된다.

정리 6.4 오차한계가 주어질 때의 표본의 크기

오차의 한계 e가 일정한 값으로 주어지고 신뢰도 $100(1-\alpha)\%$이고 μ를 추정할 때 표본의 크기 n은 다음과 같다.

$$n = \left(\frac{z_{\alpha/2} \cdot \sigma}{e} \right)^2$$

예제 6.12 앞에서 다룬 예제 6.9에서 95%의 확신을 가지고 μ의 추정값이 0.05 이하의 오차를 가지는 데 필요한 표본의 크기는 얼마인가?

풀이 신뢰도 95%이므로 $z_{0.025} = 1.96$, $\sigma = 0.3$, $e = 0.05$이다. 따라서 n은

$$n = \left(\frac{1.96 \cdot 0.3}{0.05} \right)^2 = 138.3$$

이 된다. 따라서 확률표본의 크기는 139가 되며 이로부터 구한 추정값 $\overline{x}$가 μ로부터 0.05 이내에 있음을 95%로 확신할 수 있다.

6.3 두 모평균의 차에 대한 구간추정

어느 두 회사에서 생산되고 있는 자동차 배터리의 수명을 비교하고자 할 때 두 회사 제품을 임의로 표본추출하여 이들 두 표본의 수명을 비교함으로써 두 회사 제품의 수명을 비교할 수 있다. 이와 같이 두 모집단으로부터 표본을 추출하고, 두 표본평균의 차 $\overline{X} - \overline{Y}$에 의하여 서로 다른 두 모집단의 모평균을 비교하는 것이다.

6.3.1 두 모분산 σ_1^2과 σ_2^2이 알려져 있는 경우

두 모분산 σ_1^2, σ_2^2이 알려져 있는 경우, 독립인 표본이 두 정규모집단에서 추출되었다

면, $\mu_1-\mu_2$에 대한 신뢰구간은 $\overline{X}-\overline{Y}$에 의하여 추정하게 된다. 즉 두 정규모집단 $N(\mu_1,\sigma_1^2)$, $N(\mu_2,\sigma_2^2)$으로부터 임의추출한 크기 n_1, n_2인 표본 $X_1, X_2, \cdots, X_{n_1}$과 $Y_1, Y_2, \cdots, Y_{n_2}$의 표본평균을 각각 $\overline{X}$, $\overline{Y}$라고 하면 5장 정리 5.4에 의하여

$$\overline{X}-\overline{Y} \sim N\left(\mu_1-\mu_2, \frac{\sigma_1^2}{n_1}+\frac{\sigma_2^2}{n_2}\right)$$

이고, $\overline{X}-\overline{Y}$를 표준화시킨 Z 통계량은

$$Z=\frac{(\overline{X}-\overline{Y})-(\mu_1-\mu_2)}{\sqrt{\sigma_1^2/n_1+\sigma_2^2/n_2}} \sim N(0,1)$$

이므로 $\mu_1-\mu_2$의 신뢰구간은

$$P\left(-z_{\frac{\alpha}{2}}<\frac{(\overline{X}-\overline{Y})-(\mu_1-\mu_2)}{\sqrt{\sigma_1^2/n_1+\sigma_2^2/n_2}}<z_{\frac{\alpha}{2}}\right)=1-\alpha$$

이고, 위 식을 $\mu_1-\mu_2$에 대하여 정리하면 다음의 식으로 나타낼 수 있다.

$$P\left((\overline{X}-\overline{Y})-z_{\frac{\alpha}{2}}\sqrt{\frac{\sigma_1^2}{n_1}+\frac{\sigma_2^2}{n_2}}<\mu_1-\mu_2<(\overline{X}-\overline{Y})+z_{\frac{\alpha}{2}}\sqrt{\frac{\sigma_1^2}{n_1}+\frac{\sigma_2^2}{n_2}}\right)=1-\alpha$$

정리 6.5 **σ_1^2, σ_2^2이 알려져 있는 경우의 $\mu_1-\mu_2$ 신뢰구간**

σ_1^2과 σ_2^2이 알려진 두 정규모집단들에서 각각 크기가 n_1과 n_2인 독립인 두 확률분포들의 표본평균을 $\overline{X}$와 $\overline{Y}$라고 하면, 두 모평균의 차 $\mu_1-\mu_2$에 대한 $100(1-\alpha)\%$ 신뢰구간은

$$(\overline{X}-\overline{Y})-z_{\frac{\alpha}{2}}\sqrt{\frac{\sigma_1^2}{n_1}+\frac{\sigma_2^2}{n_2}}<\mu_1-\mu_2<(\overline{X}-\overline{Y})+z_{\frac{\alpha}{2}}\sqrt{\frac{\sigma_1^2}{n_1}+\frac{\sigma_2^2}{n_2}}$$

이다.

표본의 크기 n_1과 n_2가 모두 30보다 크면, 임의의 비정규모집단의 경우에도 두 모집단의 모평균들의 차 $\mu_1-\mu_2$에 대한 $100(1-\alpha)\%$ 근사신뢰구간으로 위의 정리 6.5에 제시된 신뢰구간 $(\overline{X}-\overline{Y})\pm z_{\frac{\alpha}{2}}\sqrt{\frac{\sigma_1^2}{n_1}+\frac{\sigma_2^2}{n_2}}$을 이용한다.

예제 6.13 한 음료수 회사는 음료수를 병 속에 주입하는데, A, B 두 대의 자동주입설비를 이용하고 있다. 병 속에 주입되는 음료수의 용량은 각각 대략 정규분포 $N(\mu_A,\ 0.04)$, $N(\mu_B,\ 0.09)$임을 알고 있다. 이 설비에서 주입되는 음료수의 평균 용량에 심각한 차이가 있는지를 알아보기 위하여 A, B에서 각각 10, 15개의 표본을 추출하여 다음과 같은 자료를 얻었다.

$$n_A = 10,\ \bar{x}_A = 5.65,\ \sigma_A^2 = 0.04,\ n_B = 15,\ \bar{y}_B = 5.40,\ \sigma_B^2 = 0.09$$

두 설비에 의해 주입되는 음료수의 평균 용량의 차이에 대한 95% 신뢰구간을 구하여라.

풀이 $n_A = 10,\ \bar{x}_A = 5.65,\ \sigma_A^2 = 0.04,\ n_B = 15,\ \bar{y}_B = 5.40,\ \sigma_B^2 = 0.09$이고, $A \sim N(\mu_A,\ 0.04)$, $B \sim N(\mu_B, 0.09)$이다. 음료수의 평균 용량의 차 $\mu_A - \mu_B$에 대한 95% 신뢰구간은

$$\left[(\overline{x_A} - \overline{y_B}) - z_{0.025}\sqrt{\frac{\sigma_A^2}{n_A} + \frac{\sigma_B^2}{n_B}},\ (\overline{x_A} - \overline{y_B}) + z_{0.025}\sqrt{\frac{\sigma_A^2}{n_A} + \frac{\sigma_B^2}{n_B}}\right]$$
$$= \left[(5.65 - 5.40) - 1.96\sqrt{\frac{0.04}{10} + \frac{0.09}{15}},\right.$$
$$\left.(5.65 - 5.40) + 1.96\sqrt{\frac{0.04}{10} + \frac{0.09}{15}}\right]$$
$$= [0.25 - 0.196, 0.25 + 0.196]$$
$$= [0.054, 0.446]$$

이다.

예제 6.14 A형과 B형 엔진 간의 연비(miles/gallon)를 비교하는 실험이 수행되었다. 사용된 휘발유와 기타 실험조건은 동일한 상태로 주행시험을 A형 엔진에 대하여 75회, B형 엔진에 대하여 50회 수행한 결과 평균연비는 각각 $\bar{x}_A = 42$, $\bar{x}_B = 36$로 나타났다. A형과 B형 엔진의 연비의 모평균을 각각 μ_A와 μ_B라고 할 때 $\mu_A - \mu_B$의 95% 신뢰구간을 구하여라. 단, A형과 B형 엔진의 연비의 모표준편차는 각각 8과 6으로 알려져 있다.

풀이 $n_A = 75,\ n_B = 50,\ \bar{x}_A = 42,\ \bar{y}_B = 36,\ \sigma_A^2 = 64,\ \sigma_B^2 = 36$이다. $\alpha = 0.05$이므로 $z_{0.025} = 1.96$이다. 따라서 $\mu_A - \mu_B$의 95% 근사신뢰구간은

$$(42-36)-1.96\sqrt{\frac{64}{75}+\frac{36}{50}} < \mu_A-\mu_B < (42-36)+1.96\sqrt{\frac{64}{75}+\frac{36}{50}}$$

즉 $3.43 < \mu_A-\mu_B < 8.57$이 된다.

6.3.2 두 모분산 σ_1^2과 σ_2^2이 알려지지 않은 경우

1) 대표본인 경우

두 모분산 σ_1^2, σ_2^2가 알려져 있지 않고, n_1과 n_2가 충분히 크면, 모분산 σ_1^2, σ_2^2 대신 표본분산 S_1^2, S_2^2을 이용한다. 6.3.1절에서와 마찬가지로 $\mu_1-\mu_2$에 대한 신뢰구간은

$$(\overline{X}-\overline{Y}) \pm z_{\frac{\alpha}{2}}\sqrt{\frac{S_1^2}{n_1}+\frac{S_2^2}{n_2}}$$

이 된다.

예제 6.15 표본의 크기 $n_1=50$, $n_2=100$이고, 모분산 σ_1^2, σ_2^2이 알려져 있지 않아서 표본분산을 계산한 결과 $\overline{x}=100$, $\overline{y}=90$, $s_1^2=25$, $s_2^2=50$이라고 할 때 두 모평균의 차 $\mu_1-\mu_2$의 95% 신뢰구간을 구하여라.

풀이 $n_1=50$, $n_2=100$, $\overline{x}=100$, $\overline{y}=90$, $s_1^2=25$, $s_2^2=50$, $z_{0.025}=1.96$ 이므로 $\mu_1-\mu_2$의 95% 신뢰구간은

$$(100-90)-1.96\sqrt{\frac{25}{50}+\frac{50}{100}} < \mu_1-\mu_2 < (100-90)+1.96\sqrt{\frac{25}{50}+\frac{50}{100}}$$

$8.04 < \mu_1-\mu_2 < 11.96$.

2) 소표본인 경우

정규분포를 하는 두 모집단의 분산 σ_1^2, σ_2^2이 알려져 있지 않고 표본의 크기 n_1, n_2가 크지 않으며, $\sigma_1^2=\sigma_2^2=\sigma^2$인 경우에 $\mu_1-\mu_2$의 신뢰구간을 구해 보자.

일반적으로 두 모집단의 평균의 차의 신뢰구간을 구하는 문제에서 대체로 두 모분산이 알려져 있지 않으며, 두 모분산의 차가 큰 경우는 거의 없으므로 $\sigma_1^2 \neq \sigma_2^2$인 경우는 다루지 않는다.

두 모집단으로부터 추출한 표본 $X_1, X_2, \cdots, X_{n_1}$과 $Y_1, Y_2, \cdots, Y_{n_2}$에서 $\sigma_1^2 = \sigma_2^2 = \sigma^2$의 **합동추정량**(pooled estimator)인 **합동표본분산** S_p^2 을 다음과 같이 구한다.

$$S_p^2 = \frac{\sum^{n_1}(X_i - \overline{X})^2 + \sum^{n_2}(Y_i - \overline{Y})^2}{n_1 + n_2 - 2} = \frac{(n_1 - 1)S_1^2 + (n_2 - 1)S_2^2}{n_1 + n_2 - 2}$$

앞 절에서와 마찬가지로 $\mu_1 - \mu_2$에 대한 추론에 사용될 통계량은 $\overline{X} - \overline{Y}$이며

$$E[\overline{X} - \overline{Y}] = \mu_1 - \mu_2, \qquad Var(\overline{X} - \overline{Y}) = \frac{\sigma_1^2}{n_1} + \frac{\sigma_2^2}{n_2}$$

이고, $\overline{X} - \overline{Y}$의 표준화된 통계량은

$$Z = \frac{(\overline{X} - \overline{Y}) - (\mu_1 - \mu_2)}{\sqrt{\dfrac{\sigma_1^2}{n_1} + \dfrac{\sigma_2^2}{n_2}}} \sim N(0,1)$$

이고,

$$\frac{\sum(X_i - \overline{X})^2}{\sigma^2} + \frac{\sum(Y_i - \overline{Y})^2}{\sigma^2} = \frac{(n_1 - 1)S_1^2}{\sigma^2} + \frac{(n_2 - 1)S_2^2}{\sigma^2} \sim \chi^2(n_1 + n_2 - 2)$$

이므로,

$$\chi^2 = \frac{(n_1 + n_2 - 2)S_p^2}{\sigma^2} \sim \chi^2(n_1 + n_2 - 2)$$

이다. 정리 5.12의 t 분포의 정의로부터

$$T = \frac{(\overline{X} - \overline{Y}) - (\mu_1 - \mu_2)}{S_p\sqrt{\dfrac{1}{n_1} + \dfrac{1}{n_2}}} \sim t(n_1 + n_2 - 2)$$

이 성립한다. $\mu_1 - \mu_2$의 $100(1-\alpha)\%$ 신뢰구간을 다음과 같이 구할 수 있다.

$$P\left(-t_{\frac{\alpha}{2}} < \frac{(\overline{X} - \overline{Y}) - (\mu_1 - \mu_2)}{S_p\sqrt{\dfrac{1}{n_1} + \dfrac{1}{n_2}}} < t_{\frac{\alpha}{2}}\right) = 1 - \alpha$$

$\mu_1 - \mu_2$에 대하여 괄호 안을 정리하면 $\mu_1 - \mu_2$의 $100(1-\alpha)\%$ 신뢰구간은 아래의 정리 6.6과 같다.

정리 6.6 σ_1^2, σ_2^2**이 알려져 있지 않고, 소표본인 경우** $\mu_1-\mu_2$**의 신뢰구간**

두 정규모집단의 분산 $\sigma_1^2=\sigma_2^2=\sigma^2$이 알려져 있지 않고 n_1과 n_2가 크지 않을 때 $(n_1,\ n_2<30)$, $\mu_1-\mu_2$의 $100(1-\alpha)\%$ 신뢰구간은

$$(\overline{X}-\overline{Y})-t_{\frac{\alpha}{2}}S_p\sqrt{\frac{1}{n_1}+\frac{1}{n_2}}<\mu_1-\mu_2<(\overline{X}-\overline{Y})+t_{\frac{\alpha}{2}}S_p\sqrt{\frac{1}{n_1}+\frac{1}{n_2}}$$

이다. t 분포의 자유도는 $\nu=n_1+n_2-2$이고 S_p^2은 σ^2의 합동추정량이다.

예제 6.16 어느 두 제약회사에서 만든 약의 효과를 비교하기 위하여 두 회사의 제품 중 각각 5회, 7회의 실험을 하여 다음 표와 같은 결과를 얻었다. 두 회사 제품의 효과는 정규분포를 하고 모분산은 동일하다고 가정할 때 $\mu_1-\mu_2$의 95% 신뢰구간을 구하여라.

	지속시간(분)						
회사 1	103	94	110	87	98		
회사 2	97	82	123	92	175	88	118

풀이 $n_1=5,\ n_2=7$,$\overline{x}=98.4$, $\overline{y}=110.7143$, $s_1^2=76.3$, $s_2^2=1035.905$

$\nu=5+7-2=10$일 때 $t_{0.025}=2.228$ 이고,

$$s_p^2=\frac{(5-1)\cdot 76.3+(7-1)\cdot 1035.905}{5+7-2}=652.063,\ s_p=25.536$$

이다. 따라서 $\mu_1-\mu_2$의 95% 신뢰구간은

$$(98.4-110.7143)-2.228\cdot 25.536\sqrt{\frac{1}{5}+\frac{1}{7}}<\mu_1-\mu_2$$

$$<\ (98.4-110.7143)+2.228\cdot 25.536\sqrt{\frac{1}{5}+\frac{1}{7}},$$

$$-45.63<\mu_1-\mu_2<21.00$$

이다.

6.3.3 두 표본이 대응(쌍)을 이룬 경우 $\mu_1 - \mu_2$의 신뢰구간

두 확률표본이 독립이 아니며 대응을 이루고 있을 때, 두 모평균의 차에 대한 신뢰구간을 구하여 보자.

예를 들어 A회사에서는 여성들의 비만에 특효가 있는 새로운 다이어트 식품을 개발하여 이 다이어트 식품이 비만치료에 효과가 있는지를 확인하고자 한다. 이를 위해서 n명의 여성을 랜덤하게 추출하여 이들에게 다이어트 식품을 복용하기 전의 체중을 측정한 다음, 동일한 n명의 여성들에게 다이어트 식품을 복용한 후의 체중을 측정하여 얻은 크기가 n인 짝지워진 표본 관측값들을 이용하여 다이어트 식품 복용 전과 복용 후의 여성들의 평균 체중들에 차이가 있는지를 추정하고자 한다.

랜덤하게 추출된 i번째$(i = 1, 2, \cdots, n)$ 여성에게 다이어트 식품을 복용하기 전에 측정된 체중을 나타내는 확률변수를 X_i라고 하고, 식품을 복용한 후의 체중을 나타내는 확률변수를 Y_i라고 하자. 이때 얻어진 크기 n인 짝지워진 표본 관측값들은 동일한 여성 n명을 대상으로 측정되었기 때문에 다이어트 식품을 복용하기 전에 i번째의 경우 체중은 식품 복용 후의 i번째 여성의 체중에 영향을 주는 것이 일반적이므로, 식품 복용 전의 체중과 복용 후의 체중이 상관관계가 있을 것이다. 그러므로 이와 같이 얻어진 크기 n인 짝지워진 표본 관측값은 독립적으로 얻어진 확률표본이라고 할 수 없으므로 6.3.1절과 6.3.2절에 다루었던 독립인 두 모집단의 평균의 차에 대한 추정방법을 적용하면 문제가 발생한다.

따라서 다이어트 식품 복용 전의 체중을 X_i, 복용 후의 체중을 Y_i, 그리고 각각의 모평균을 μ_1, μ_2라고 하자. i번째 쌍 내의 X_i와 Y_i는 일반적으로 독립이 아니지만, 다이어트 식품 복용 전과 복용 후의 관측값을 나타내는 짝지워진 확률변수 (X_1, Y_1), (X_2, Y_2), $\cdots$, (X_n, Y_n)을 짝지워진 표본 또는 쌍을 이룬 표본이라고 할 때, 이들 n개의 쌍들은 독립이 된다.

이제 다이어트 식품 복용 전과 복용 후의 체중의 차이를 $D_i = X_i - Y_i$로 나타내면 $D_1, D_2, \cdots, D_n$은 모평균이 $\mu_D = \mu_1 - \mu_2$이고 모분산이 σ_D^2인 하나의 모집단으로부터 얻어진 크기가 n인 독립인 확률표본으로 간주될 수 있고, 앞의 6.2절에서의 하나의 모집단에서 모평균 μ에 대한 구간추정을 구하는 방법을 적용하여 대응인 두 모집단의 평균의 차에 대한 추정을 할 수 있다. 위의 설명을 간단히 정리해 보자.

A, B 두 모집단으로부터 뽑은 표본이 대응을 이루고 있을 때 다음과 같이 각 대응에서의 차이 $D_i = X_i - Y_i$를 생각하자.

쌍	1	2	⋯	i	⋯	n
A 모집단	X_1	X_2	⋯	X_i	⋯	X_n
B 모집단	Y_1	Y_2	⋯	Y_i	⋯	Y_n
차 이	D_1	D_2	⋯	D_i	⋯	D_n

표본의 차이 $D_1, D_2, \cdots, D_n$ 은 평균이 μ_D이고, 분산 σ_D^2인 정규모집단에서 추출된 표본이라고 생각하고 μ_D 와 σ_D^2 대신 표본평균 $\overline{D}=\frac{1}{n}\sum D_i$, 표본분산 $S_D^2=\frac{\sum(D_i-\overline{D})^2}{n-1}$을 사용한다. 그러면 두 모집단의 모평균의 차 $\mu_D=\mu_1-\mu_2$의 $100(1-\alpha)\%$ 인 신뢰구간은 통계량

$$T=\frac{\overline{D}-\mu_D}{S_D/\sqrt{n}} \sim t\ (n-1)$$

에 의하여

$$P\left[-t_{\frac{\alpha}{2}}<\frac{\overline{D}-\mu_D}{S_D/\sqrt{n}}<t_{\frac{\alpha}{2}}\right]=1-\alpha$$

이고, μ_D에 대하여 괄호 안을 정리하면 다음 정리 6.7과 같다.

정리 6.7 표본이 대응을 이룬 경우 $\mu_1-\mu_2=\mu_D$의 신뢰구간

n개의 대응을 이룬 표본의 차의 평균과 표준편차를 각각 $\overline{D}, S_D$라고 하면 $\mu_D=\mu_1-\mu_2$의 $100(1-\alpha)\%$ 신뢰구간은 다음과 같다.

$$\overline{D}-t_{\frac{\alpha}{2}}(n-1)\frac{S_D}{\sqrt{n}}<\mu_D<\overline{D}+t_{\frac{\alpha}{2}}(n-1)\frac{S_D}{\sqrt{n}}$$

예제 6.17 다음 표는 두 가지 수면제 A, B를 10명의 환자에게 복용시켰을 때의 연장된 수면시간을 조사한 표이다. A, B 두 수면제의 연장된 수명시간의 차이에 관한 95% 신뢰구간을 구하여라.

환자	1	2	3	4	5	6	7	8	9	10
$A(X)$	1.9	0.8	1.1	0.1	−0.1	4.4	5.5	1.6	4.6	3.4
$B(Y)$	0.7	−1.6	−0.2	1.2	−0.1	3.4	3.7	0.8	0.0	2.0

풀이

환자	1	2	3	4	5	6	7	8	9	10	합계
$A(X)$	1.9	0.8	1.1	0.1	−0.1	4.4	5.5	1.6	4.6	3.4	
$B(Y)$	0.7	−1.6	−0.2	1.2	−0.1	3.4	3.7	0.8	0.0	2.0	
차이	1.2	2.4	1.3	−1.1	0	1.0	1.8	0.8	4.6	1.4	13.4

위 표에서 $\sum d_i = 13.4$이므로

$$\bar{d} = \frac{13.4}{10} = 1.34,$$

$$s_d^2 = \frac{1}{n-1}[\sum d_i^2 - n\bar{d}^2] = \frac{1}{10-1}[38.1 - 10 \cdot (1.34)^2] = 2.23822,$$

$s_d = \sqrt{2.2382} = 1.496$, $\alpha = 0.05$, 자유도 $\nu = 10 - 1 = 9$, $t_{0.025}(9) = 2.262$이다.
그러므로 A, B 두 수면제의 차 $\mu_D = \mu_X - \mu_Y$에 대한 95% 신뢰구간은

$$1.34 - 2.262\frac{1.496}{\sqrt{10}} < \mu_D < 1.34 + 2.262\frac{1.496}{\sqrt{10}}, \quad 0.27 < \mu_D < 2.41$$

이다.

6.4 모비율의 구간추정

6.4.1 대표본에서의 모비율의 구간추정

성공률, 실패율, 불량률, 지지율 등과 같이 비율을 자주 다루게 된다. 대통령 선거전에서 여론조사에 의하면 A후보의 지지자가 1000명 중 400명이었다면 지지도의 표본비율은 $\hat{p} = 400/1000 = 0.4$이고 이 $\hat{p} = 0.4$에 의해 전체 유권자의 지지율, 즉 모비율 p의 구간추정을 생각하게 된다.

또 다른 예로 어느 지역의 실직자 조사에서 500명 중 75명이 실업자라고 한다면 실업자의 표본비율은 $\hat{p} = 75/500 = 0.15$이며, 이 표본비율 $\hat{p} = 0.15$에 의하여 이 지역 전체의 실업률, 즉 모비율 p의 신뢰구간을 구하는 문제 등을 생각할 수 있다.

일반적으로 n회의 독립시행에서 X회 성공하였다면 통계량 $\hat{p} = X/n$는 표본비율이고, 표본비율 $\hat{p} = X/n$는 모비율 p의 점추정량이며 앞 5.3절의 정리 5.7에 의하여 n이 충분히 크면

$$\hat{p} \dot{\sim} N\left(p\ ,\ \frac{pq}{n}\right)$$

이므로 $\hat{p}$의 분포에 의해 모비율 p에 대한 신뢰구간을 추정할 수 있다. 표준화 정규분포로 변환하면

$$Z = \frac{\hat{p}-p}{\sqrt{pq/n}} \sim N(0,1)$$

이다. p에 대한 신뢰구간은

$$P\left(-z_{\alpha/2} < \frac{\hat{p}-p}{\sqrt{pq/n}} < z_{\alpha/2}\right) = 1-\alpha$$

이고, 이를 간단히 변형하면 모비율 p에 대한 $100(1-\alpha)\%$ 신뢰구간은

$$P\left(\hat{p} - z_{\alpha/2}\sqrt{\frac{pq}{n}} < p < \hat{p} + z_{\alpha/2}\sqrt{\frac{pq}{n}}\right) = 1-\alpha$$

에 의하여

$$\hat{p} - z_{\alpha/2}\sqrt{\frac{pq}{n}} < p < \hat{p} + z_{\alpha/2}\sqrt{\frac{pq}{n}}$$

이 된다.

그러나 p에 대한 $100(1-\alpha)\%$ 신뢰구간은 미지모수 p, q를 포함하고 있으므로 실제로 값을 계산할 수 없다. 그런데 실제 문제에서 n이 크면 p, q 대신에 표본비율 $\hat{p}$, $\hat{q}$를 써도 오차가 거의 없으므로 $\hat{p}$, $\hat{q}$으로 대체하면 모비율 p에 대한 신뢰구간은 정리 6.8과 같다.

정리 6.8 표본의 크기 n이 클 때 모비율 p의 신뢰구간

$\hat{p} = \frac{X}{n}$가 표본비율, 즉 표본에서의 성공률일 때 모비율 p의 $100(1-\alpha)\%$의 신뢰구간은 n이 클 때

$$\hat{p} - z_{\alpha/2}\sqrt{\frac{\hat{p}\hat{q}}{n}} < p < \hat{p} + z_{\alpha/2}\sqrt{\frac{\hat{p}\hat{q}}{n}}$$

이다. 여기서 $\hat{q} = 1-\hat{p}$이고, n의 크기는 $p \le 0.5$일 때에는 $np > 5$, $p > 0.5$일 때에는 $n(1-p) > 5$를 만족하면 대표본으로 생각할 수 있다.

예제 6.18 어느 공정에서 크기 100개의 부품을 확률표본으로 추출하여 검사한 결과 8개가 불량품으로 확인되었다. 공정의 모불량률에 대한 95% 신뢰구간을 구하여라.

풀이 $\hat{p}=8/100=0.08$, $\hat{q}=1-0.08=0.92$, $n=100$이므로 모불량률에 대한 95% 신뢰구간은

$$0.08-1.96\sqrt{\frac{0.08\times0.92}{100}} < p < 0.08+1.96\sqrt{\frac{0.08\times0.92}{100}},$$

$$0.027 < p < 0.133$$

이다.

6.4.2 두 모집단의 모비율의 차에 대한 구간추정

다음에는 두 모집단의 모비율의 차이에 대한 신뢰구간을 구해 보자. 모비율이 p_1인 A 모집단에서 크기 n_1인 표본을 임의추출하고 그 중에 X_1개가 성공한 것이었고, 모비율이 p_2인 B모집단에서 크기 n_2인 표본을 임의추출하여 그 중에서 X_2개가 성공의 것이었다면 표본비율은 $\hat{p}_1=X_1/n_1$, $\hat{p}_2=X_2/n_2$이다. n_1과 n_2가 클 때에 두 모비율의 차 p_1-p_2의 신뢰구간을 5.3절의 정리 5.4와 정리 5.7을 결합하면 $\hat{p}_1-\hat{p}_2$의 분포는

$$\hat{p}_1-\hat{p}_2 \dot{\sim} N\left(p_1-p_2,\ \frac{p_1q_1}{n_1}+\frac{p_2q_2}{n_2}\right)$$

이고,

$$Z=\frac{(\hat{p}_1-\hat{p}_2)-(p_1-p_2)}{\sqrt{\frac{p_1q_1}{n_1}+\frac{p_2q_2}{n_2}}} \sim N(0,1)$$

임을 알 수 있다. 또

$$P\left[-z_{\frac{\alpha}{2}} < \frac{(\hat{p}_1-\hat{p}_2)-(p_1-p_2)}{\sqrt{\frac{p_1q_1}{n_1}+\frac{p_2q_2}{n_2}}} < z_{\frac{\alpha}{2}}\right]=1-\alpha$$

를 정리하면 두 모비율의 차 p_1-p_2에 대한 $100(1-\alpha)\%$ 신뢰구간은

$$(\hat{p}_1-\hat{p}_2)-z_{\frac{\alpha}{2}}\sqrt{\frac{p_1q_1}{n_1}+\frac{p_2q_2}{n_2}} < p_1-p_2 < (\hat{p}_1-\hat{p}_2)+z_{\frac{\alpha}{2}}\sqrt{\frac{p_1q_1}{n_1}+\frac{p_2q_2}{n_2}}$$

이고 p_1, p_2, q_1, q_2를 $\hat{p}_1, \hat{p}_2, \hat{q}_1, \hat{q}_2$으로 바꾸면 다음 정리 6.9와 같이 된다.

정리 6.9 **두 모비율의 차이 $p_1 - p_2$의 신뢰구간**

크기 n_1인 확률표본 가운데서 X_1개 성공, 크기 n_2인 확률표본 가운데서 X_2개 성공하였다면, 표본비율은 $\hat{p}_1 = X_1/n_1$, $\hat{p}_2 = X_2/n_2$이며, n_1, n_2가 클 때 모비율의 차이 $p_1 - p_2$의 $100(1-\alpha)\%$ 신뢰구간은 다음과 같다.

$$(\hat{p}_1 - \hat{p}_2) - z_{\frac{\alpha}{2}}\sqrt{\frac{\hat{p}_1\hat{q}_1}{n_1} + \frac{\hat{p}_2\hat{q}_2}{n_2}} < p_1 - p_2 < (\hat{p}_1 - \hat{p}_2) + z_{\frac{\alpha}{2}}\sqrt{\frac{\hat{p}_1\hat{q}_1}{n_1} + \frac{\hat{p}_2\hat{q}_2}{n_2}}$$

예제 6.19 어느 공장에서 부품조립순서에 따른 불량률을 각각 현재의 방법과 새로운 방법에 대하여 비교하여 그 결과에 따라 조립순서를 변경하려고 한다. 현재의 방법으로 조립된 1500개의 부품을 조사하였더니 불량품이 75개, 새로운 방법에 의해 조립된 2000개의 부품 중에서는 불량품이 80개로 나타났다. 현 방법과 새 방법의 불량률 차이에 대한 90% 신뢰구간을 구하여라.

풀이 $\hat{p}_1 = 75/1500 = 0.05$, $\hat{p}_2 = 80/2000 = 0.04$, $n_1 = 1500$, $n_2 = 2000$, $z_{0.10/2} = z_{0.05} = 1.645$이므로 $p_1 - p_2$의 90% 신뢰구간은 다음과 같다.

$$(0.05 - 0.04) - 1.645\sqrt{\frac{0.05 \times 0.95}{1500} + \frac{0.04 \times 0.96}{2000}} < p_1 - p_2$$
$$< (0.05 + 0.04) - 1.645\sqrt{\frac{0.05 \times 0.95}{1500} + \frac{0.04 \times 0.96}{2000}}$$
$$-0.0017 < p_1 - p_2 < 0.0217$$

6.4.3 표본크기의 결정

대표본에서 표본비율 $\hat{p}$의 $100(1-\alpha)\%$ 오차한계는

$$z_{\alpha/2}\sqrt{\hat{p}(1-\hat{p})/n}$$

로 주어진다. 따라서 오차한계를 d 이내로 하기 위한 표본크기 n은 등식

$$z_{\alpha/2}\sqrt{\hat{p}(1-\hat{p})/n} = d$$

를 만족하며, 위 식을 n에 관하여 풀면

$$n = \hat{p}(1-\hat{p})\left(\frac{z_{\alpha/2}}{d}\right)^2$$

이때 $\hat{p}$는 추정된 p값이거나, 사전조사에 의해 추정된 p값이다. 그러나 p값에 대한 정보가 없거나 사전조사가 어려운 경우 $\hat{p}(1-\hat{p})$의 최댓값을 사용할 수 있다. 즉 $\hat{p}+(1-\hat{p})=1$ 이므로 $\hat{p}(1-\hat{p})$은 $\hat{p}=\frac{1}{2}$일 때 최댓값 $\frac{1}{4}$을 갖는다. 따라서 표본의 크기는 다음과 같다.

$$n = \frac{1}{4}\left(\frac{z_{\alpha/2}}{d}\right)^2$$

예제 6.20 어느 대학에서 학생들의 흡연율을 조사하고자 한다. 흡연율의 90% 추정 오차한계가 5% 이내가 되기 위한 표본크기를 구하여라.

풀이 $\alpha = 0.1$, $d = 0.05$이며, 흡연율에 대한 사전정보가 전혀 없으므로, 표본크기 n은 다음과 같다.

$$n \geq \frac{1}{4}\left(\frac{z_{0.05}}{d}\right)^2 = \frac{1}{4}\left(\frac{1.645}{0.05}\right)^2 = 270.6$$

따라서 필요한 표본의 크기는 $n = 271$ 이다.

6.5 모분산의 구간추정

6.5.1 모분산의 구간추정

모분산 σ^2이 알려지지 않은 정규모집단 $N(\mu, \sigma^2)$으로부터 크기 n인 확률표본 $X_1, X_2, \cdots, X_n$을 추출하였을 때 표본분산

$$S^2 = \frac{1}{n-1}\sum_{i=1}^{n}(X_i - \overline{X})^2$$

은 모분산 σ^2의 불편추정량이고(6.1절 예제 6.5 참조),

$$\chi^2 = \frac{\sum^{n}(X_i - \overline{X})^2}{\sigma^2} = \frac{(n-1)S^2}{\sigma^2}$$

은 자유도 $\nu = n-1$인 χ^2 분포를 한다(5.4절 정리 5.7 참조). 그림 6.4와 같이 $\chi^2_{1-\alpha/2}$와 $\chi^2_{\alpha/2}$은 자유도 $n-1$인 χ^2 분포곡선에서 오른쪽으로부터 $1-\frac{\alpha}{2}$(또는 왼쪽으로부터 $\frac{\alpha}{2}$)와 $\frac{\alpha}{2}$만큼의 넓이를 각각 떼어낸 값이다.

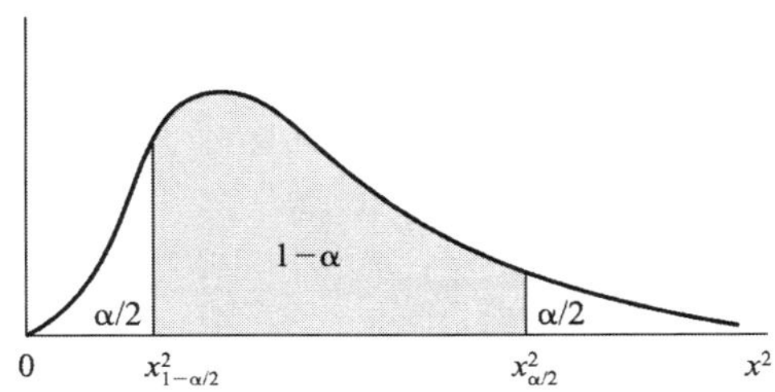

그림 6.4 ▸▸▸ $P(\chi^2_{1-\alpha/2} < \chi^2 < \chi^2_{\alpha/2}) = 1-\alpha$

그러므로

$$P\left(\chi^2_{1-\frac{\alpha}{2}} < \frac{(n-1)S^2}{\sigma^2} < \chi^2_{\frac{\alpha}{2}}\right) = 1-\alpha$$

에서 괄호 안을 σ^2에 관하여 정리하면, 다음 정리 6.10과 같이 σ^2의 신뢰구간이 구해진다.

정리 6.10 모분산 σ^2의 신뢰구간

σ^2가 알려지지 않은 정규모집단으로부터의 크기 n인 확률표본의 분산이 S^2이면 σ^2의 $100(1-\alpha)\%$ 신뢰구간은

$$\frac{(n-1)S^2}{\chi^2_{\frac{\alpha}{2}}} < \sigma^2 < \frac{(n-1)S^2}{\chi^2_{1-\frac{\alpha}{2}}}$$

이며, χ^2는 자유도 $n-1$인 χ^2 분포이고, 모집단의 표준편차 σ의 $100(1-\alpha)\%$ 신뢰구간은 다음과 같다.

$$\sqrt{\frac{(n-1)S^2}{\chi^2_{\frac{\alpha}{2}}}} < \sigma < \sqrt{\frac{(n-1)S^2}{\chi^2_{1-\frac{\alpha}{2}}}}$$

예제 6.21 어떤 통조림의 무게에 대한 분산을 추정하기 위하여 임의로 10개를 추출하여 측정한 무게이다.

46.4, 46.1, 45.8, 47.0, 46.1, 45.9, 45.8, 46.9, 45.2, 46.0

통조림의 무게가 정규분포를 따른다고 할 때, 모분산 σ^2에 대한 95% 신뢰구간을 구하여라.

풀이 표본분산 s^2을 계산하면 $s^2 = 0.286$, 자유도는 $\nu = 10 - 1 = 9$이므로, 부록 표 3에서 $\chi^2_{0.025} = 19.023$과 $\chi^2_{0.975} = 2.700$을 찾는다. 따라서 σ^2에 대한 95% 신뢰구간은 다음과 같다.

$$\frac{(9)(0.286)}{19.023} < \sigma^2 < \frac{(9)(0.286)}{2.700}, \quad 0.135 < \sigma^2 < 0.953$$

6.5.2 두 모분산의 비에 대한 구간추정

두 정규모집단의 분산의 비 σ_1^2/σ_2^2의 신뢰구간을 구해 보자. 모분산이 각각 σ_1^2, σ_2^2인 두 정규모집단으로부터의 크기 n_1, n_2인 확률표본의 분산을 S_1^2, S_2^2라고 하면, 정리 5.10에 의하여 통계량

$$F = \frac{S_1^2/\sigma_1^2}{S_2^2/\sigma_2^2} = \frac{\sigma_2^2 S_1^2}{\sigma_1^2 S_2^2}$$

은 분자의 자유도 $n_1 - 1$ 분모의 자유도 $n_2 - 1$인 F분포 $F(n_1 - 1, n_2 - 1)$를 따른다. 그림 6.5와 같이 $F(\nu_1, \nu_2)$ 분포곡선에서 $F_{1-\alpha/2}(\nu_1, \nu_2)$과 $F_{\alpha/2}(\nu_1, \nu_2)$은 각각 오른쪽으로부터 $1-\alpha/2$와 $\alpha/2$만큼의 넓이를 떼어낸 F분포의 값이다.

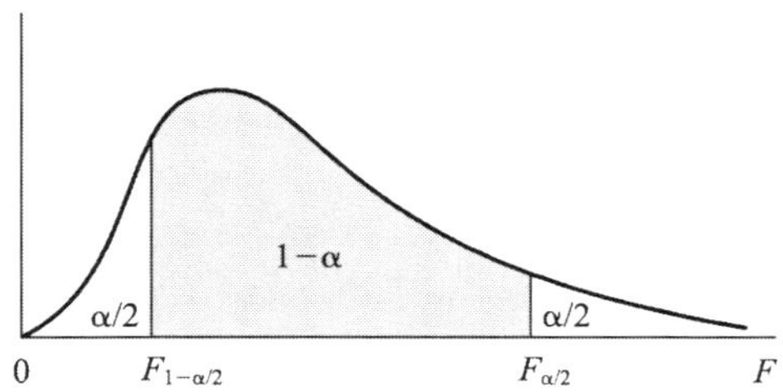

그림 6.5 ▸▸▸ $P[F_{1-\frac{\alpha}{2}}(\nu_1, \nu_2) < F < F_{\frac{\alpha}{2}}(\nu_1, \nu_2)] = 1-\alpha$

그러므로 $\dfrac{\sigma_1^2}{\sigma_2^2}$에 대한 $100(1-\alpha)\%$ 신뢰구간을 구하기 위해 통계량 F를 이용하면

$$P\left[F_{1-\frac{\alpha}{2}}(\nu_1,\nu_2) < \frac{\sigma_2^2 S_1^2}{\sigma_1^2 S_2^2} < F_{\frac{\alpha}{2}}(\nu_1,\nu_2)\right] = 1-\alpha$$

이고, 정리 5.9에 의해서 $F_{1-\alpha/2}(\nu_1,\nu_2) = \dfrac{1}{F_{\alpha/2}(\nu_2,\nu_1)}$으로 쓸 수 있으므로 σ_1^2/σ_2^2에 대한 $100(1-\alpha)\%$ 신뢰구간은

$$P\left[\frac{S_1^2}{S_2^2}\frac{1}{F_{\frac{\alpha}{2}}(\nu_1,\nu_2)} < \frac{\sigma_1^2}{\sigma_2^2} < \frac{S_1^2}{S_2^2}\frac{1}{F_{1-\frac{\alpha}{2}}(\nu_1,\nu_2)}\right] = 1-\alpha$$

에 의하여 정리 6.11과 같이 구할 수 있다.

정리 6.11 모분산의 비 σ_1^2/σ_2^2의 신뢰구간

두 정규분포로부터 크기 n_1, n_2의 확률분포의 분산이 각각 S_1^2, S_2^2이라면, 모분산의 비 σ_1^2/σ_2^2의 $100(1-\alpha)\%$ 신뢰구간은

$$\frac{S_1^2}{S_2^2}\cdot\frac{1}{F_{\frac{\alpha}{2}}(\nu_1,\nu_2)} < \frac{\sigma_1^2}{\sigma_2^2} < \frac{S_1^2}{S_2^2}\cdot F_{\frac{\alpha}{2}}(\nu_2,\nu_1)$$

여기서 자유도는 $\nu_1 = n_1 - 1,\ \nu_2 = n_2 - 1$이다.

예제 6.22 두 가지 방법 1,2에 의해 생산되는 제품의 균등성을 조사하려고 한다. 방법 1에 의해 생산된 제품 중 25개를 측정한 결과 표준편차는 8이었고, 방법 2에 의해 생산된 제품 중 16개를 측정한 결과 표준편차는 7이었다. 두 모분산의 비율 σ_1^2/σ_2^2에 대한 98% 신뢰구간을 구하여라.

풀이 $n_1 = 25$, $n_2 = 16$, $s_1 = 8$, $s_2 = 7$이고 $\alpha = 0.02$이다. 부록 표 5를 사용하면 $F_{0.01}(24,15) = 3.29$, $F_{0.01}(15,24) = 2.89$이므로 두 모분산의 비율 σ_1^2/σ_2^2에 대한 98% 신뢰구간은 다음과 같다.

$$\frac{64}{49}\left(\frac{1}{3.29}\right) < \frac{\sigma_1^2}{\sigma_2^2} < \frac{64}{49}(2.89)$$

$$0.397 < \frac{\sigma_1^2}{\sigma_2^2} < 3.775$$

6.6 SPSS 실습

6장에서 설명한 모수의 구간추정에 관한 예제를 SPSS 22.0을 이용하여 분석하는 방법을 알아보도록 한다.

6.6.1 모평균(μ)의 구간추정

[예제 6.11]에서 모분산이 알려져 있지 않고 소표본인 경우의 μ의 신뢰구간을 구해 보자.

① 데이터 입력: [예제 6.11]을 아래와 같이 SPSS 데이터 편집기 창에 입력한다.

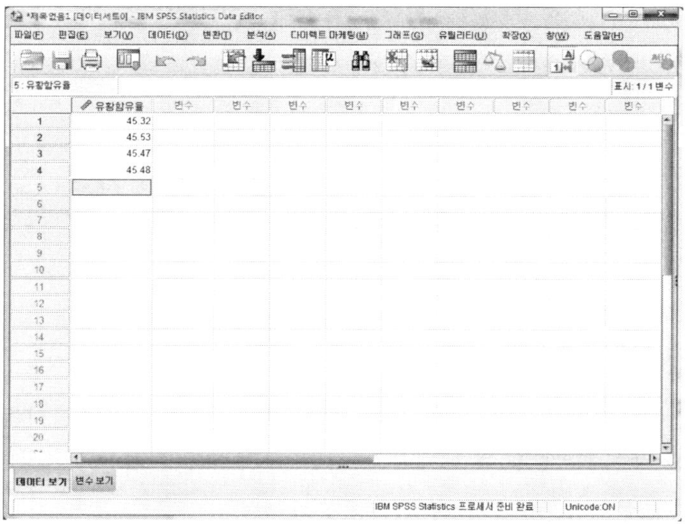

② 모평균의 구간추정을 위하여 **분석 → 평균비교 → 일표본 T 검정**과 같이 순서대로 실행 명령을 지정한다.

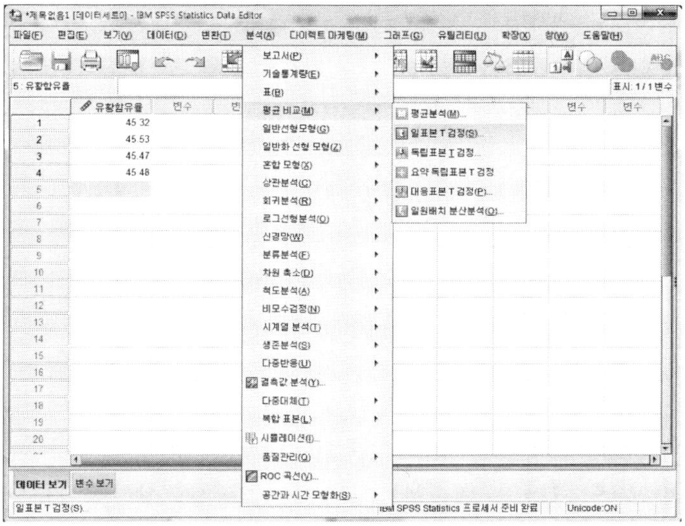

③ 일표본 T 검정 대화상자에서 유황함유율 변수를 [검정 변수(T)]란으로 이동시키고 모평균의 신뢰구간을 구하기 위하여 [검정값(V)]란에 0을 입력한다.

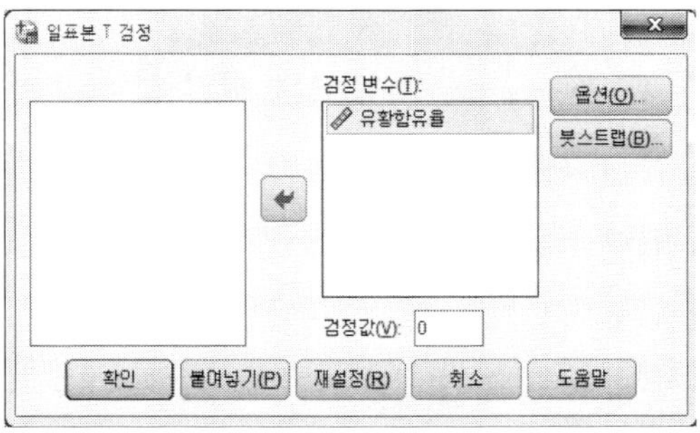

④ 일표본 T 검정 대화상자에서 우측 상단의 옵션을 선택한 후 95%의 신뢰구간을 구하기 위하여 [신뢰구간(C)]란에 95을 입력하고 계속을 누른다.

⑤ 확인을 누르면 출력 결과창에 다음과 같은 분석결과가 나타난다.

일표본 통계량

	N	평균	표준편차	평균의 표준오차
유황함유율	4	45.4500	.09055	.04528

일표본 검정

	검정값 = 0					
					차이의 95% 신뢰구간	
	t	자유도	유의확률 (양측)	평균차이	하한	상한
유황함유율	1003.823	3	.000	45.45000	45.3059	45.5941

일표본 통계량 분석결과를 보면, 4개의 자료에서 평균이 45.45이고 표준편차가 0.09055, 평균의 표준오차가 0.04528로 나타났다. 평균 유황함유율의 95% 신뢰구간에 관한 추정 결과, 신뢰하한이 45.3059이고 신뢰상한이 45.5941로 나타났다.

6.6.2 두 모평균의 차($\mu_1 - \mu_2$)에 대한 구간추정

1) 두 모집단이 독립일 때 두 모평균의 차에 대한 구간추정

[예제 6.16]의 두 모분산 σ_1^2, σ_2^2이 알려져 있지 않고 소표본인 경우의 $\mu_1 - \mu_2$의 신뢰구간을 구해 보도록 한다.

① 데이터 입력: [예제 6.16]을 아래와 같이 SPSS 데이터 편집기 창에 입력한다. 회사 변수에서 회사 1을 1, 회사 2를 2로 코딩한다.

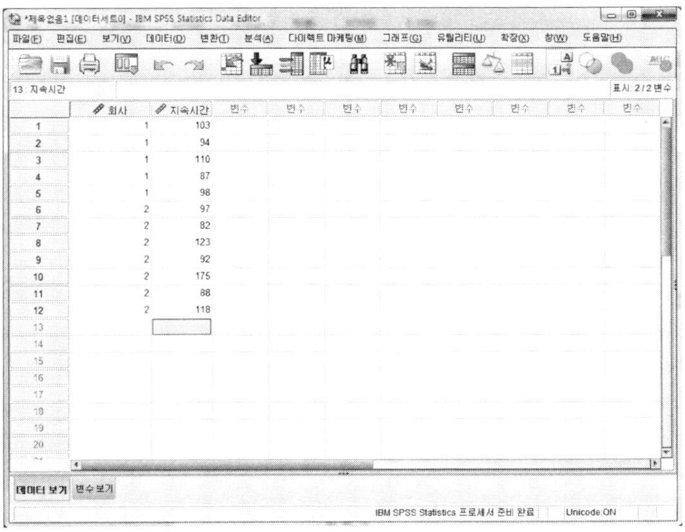

② 두 모평균 차의 구간추정을 위하여 **분석 → 평균비교 → 독립표본 T 검정**과 같이 순서대로 실행명령을 지정한다.

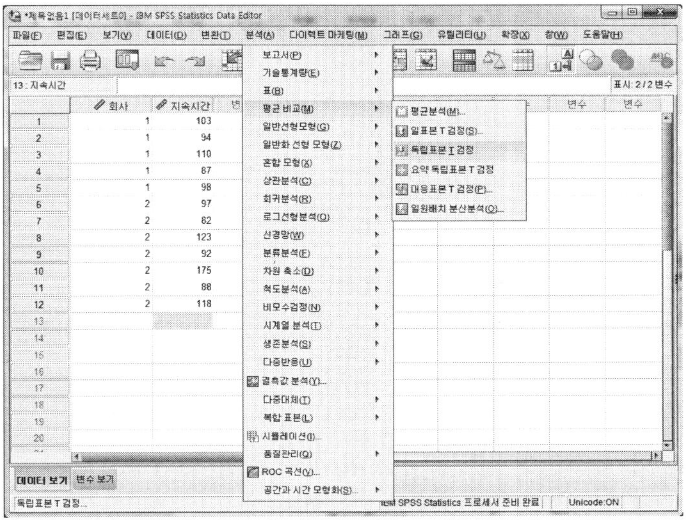

③ 독립표본 T 검정 대화상자에서 지속시간 변수를 [검정 변수(T)]란으로 이동시키고 회사 변수를 [집단변수(G)]로 이동시킨 후 [집단 정의(D)]가 활성화되면 선택하여 회사를 1과 2로 구분하였으므로 집단 1에 1, 집단 2에 2를 입력하고 계속을 누른다.

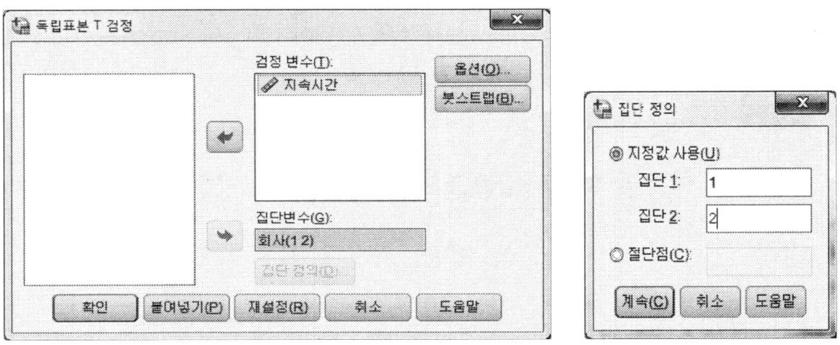

④ 독립표본 T 검정 대화상자에서 우측 상단의 [옵션(O)]을 선택한 후 95%의 신뢰구간을 구하기 위하여 [신뢰구간(C)]란에 95을 입력하고 계속을 누른다.

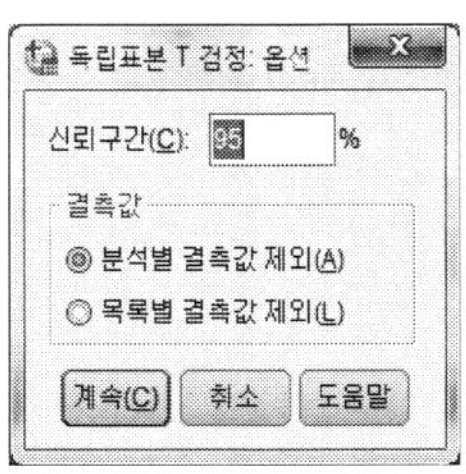

⑤ 확인을 누르면 출력 결과창에 다음과 같은 분석결과가 나타난다.

집단통계량

	회사	N	평균	표준편차	평균의 표준오차
지속시간	1	5	98.40	8.735	3.906
	2	7	110.71	32.185	12.165

독립표본 검정

		Levene의 등분산 검정		평균의 동일성에 대한 T 검정						
									차이의 95% 신뢰구간	
		F	유의확률	t	자유도	유의확률 (양측)	평균차이	차이의 표준오차	하한	상한
지속시간	등분산을 가정함	3.887	.077	-.824	10	.429	-12.314	14.952	-45.630	21.001
	등분산을 가정하지 않음			-.964	7.187	.366	-12.314	12.777	-42.368	17.740

집단통계량 분석결과를 보면, 회사 1 집단은 5개의 자료에서 평균이 98.40이고 표준편차가 8.735, 평균의 표준오차가 3.906을 보이고 있다. 반면 회사 2 집단의 경우에는 7개의 자료에서 평균이 110.71이고 표준편차가 32.185, 평균의 표준오차가 12.165로 나타났다.

두 집단이 독립일 때, 두 모평균의 차에 관한 신뢰구간 추정을 구하기 위하여 먼저 Levene의 등분산 검정을 살펴보아야 한다. Levene의 등분산 검정은 두 집단의 분산이 동일한지를 검정하는 방법이다. 독립표본 검정 결과에서 보면 F값이 3.887이고 유의확률 값이 0.077로 유의수준 0.05보다 크기 때문에 모집단의 분산이 동일하다는 귀무가설이 채택된다. 따라서 모집단의 분산이 동일하다는 가정하에서 신뢰구간을 추정해야 한다. 따라서 독립표본 검정 결과에서 "등분산을 가정함"에 의한 신뢰구간 추정 결과 두 모평균 차의 95% 신뢰구간의 신뢰하한은 −45.630이고 신뢰상한은 21.001로 나타났다.

2) 두 모집단이 대응일 때 두 모평균의 차에 대한 구간추정

[예제 6.17]의 두 표본이 대응을 이룬 경우의 $\mu_1 - \mu_2$의 신뢰구간을 구해 보도록 한다.

① 데이터 입력: [예제 6.17]을 아래와 같이 SPSS 데이터 편집기 창에 입력한다. 독립표본과 대응표본은 자료를 입력하는 방법이 다르다는 것에 주의한다. 독립표본에서 두 집단의 변수값들은 각기 다른 사람들에 의한 변수값이기 때문에 한 사례당 하나의 변수값이 생성되는 데 반하여 대응표본의 두 집단 변수값은 동일한 사람에 의한 사전-사후 대응값이기 때문에 한 사례당 두 개의 변수값이 생성된다.

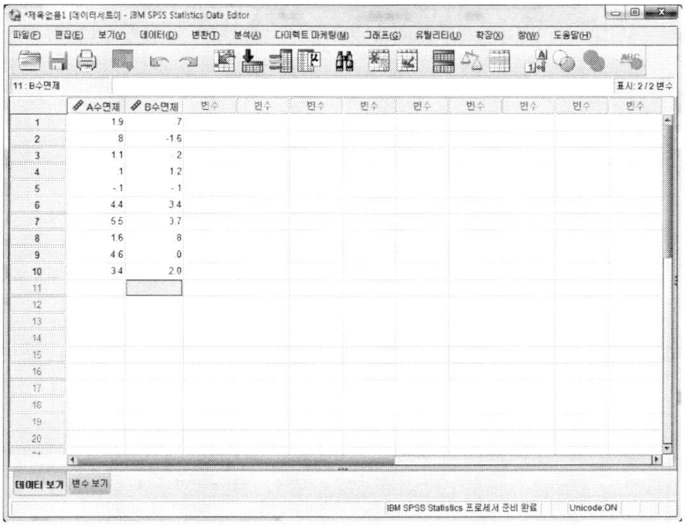

② 두 모평균 차의 구간추정을 위하여 **분석 → 평균비교 → 대응표본 T 검정**과 같이 순서대로 실행명령을 지정한다.

③ 대응표본 T 검정 대화상자에서 A수면제와 B수면제 변수를 [대응 변수(V)]란으로 이동시킨다.

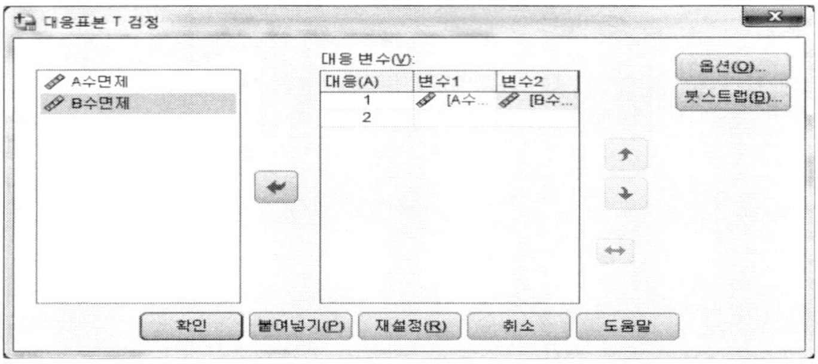

④ 대응표본 T 검정 대화상자에서 우측 상단의 [옵션(O)]을 선택한 후 95%의 신뢰구간을 구하기 위하여 [신뢰구간(C)]란에 95를 입력하고 계속을 누른다.

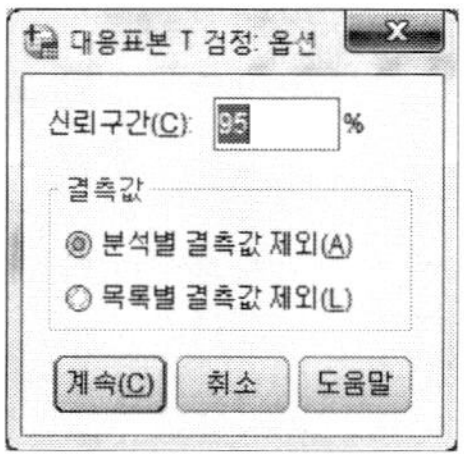

⑤ 확인을 누르면 출력 결과창에 다음과 같은 분석결과가 나타난다.

대응표본 통계량

		평균	N	표준편차	평균의 표준오차
대응 1	A수면제	2.330	10	2.0022	.6332
	B수면제	.990	10	1.6543	.5231

대응표본 상관계수

		N	상관관계	유의확률
대응 1	A수면제 & B수면제	10	.680	.030

대응표본 검정

		대응차					t	자유도	유의확률 (양측)
		평균	표준편차	평균의 표준오차	차이의 95% 신뢰구간				
					하한	상한			
대응 1	A수면제 - B수면제	1.3400	1.4961	.4731	.2698	2.4102	2.832	9	.020

대응표본 검정 결과를 보면 A수면제에서 B수면제를 뺀 대응 차이에 관한 데이터의 평균이 1.34이고 표준편차가 1.4961, 평균의 표준오차가 0.4731로 나타났다. 따라서 대응표본 검정 결과에서 두 모평균의 차에 관한 95% 신뢰구간은 신뢰하한이 0.2698이고 신뢰상한은 2.4102로 나타났다.

연습문제

01 어느 통조림의 내용물이 300 g이라고 표시되어 있다. 실제 무게를 추정하기 위하여 10개의 통조림을 랜덤하게 뽑아 조사한 결과가 다음과 같다. 통조림 무게의 평균을 추정하고 분산을 구하여라.

29	30	28	31	29	29	30	30	29	28
5	2	5	0	0	8	5	0	2	7

02 어떤 정치안건에 대한 여론조사를 하기 위하여 전국에서 1200명을 랜덤하게 추출하여 찬반을 조사하였다. 조사결과 960명이 찬성하였다. 찬성률에 대한 추정값을 구하여라.

03 크기 5인 유한모집단 (2, 3, 5, 7, 8)으로부터 크기 4인 표본 (X_1, X_2, X_3, X_4)을 복원추출하고 통계량 T_1, T_2, T_3을 다음과 같이 정할 때, T_1, T_2, T_3는 불편추정량임을 보이고, 또 어느 추정량이 더욱 유효한지 밝혀라.

$$T_1 = \frac{X_1 + X_2 + X_3 + X_4}{4} = \overline{X},\quad T_2 = \frac{3X_2 + 2X_4}{5},\quad T_3 = \frac{2X_1 + 3X_4 + X_3}{6}$$

04 분산 $\sigma^2 = 10^2$인 정규모집단에서 49개의 표본을 추출하여 평균을 구한 결과 $\overline{x} = 53$으로 나타났다. 모평균 μ에 대한 95% 신뢰구간을 구하여라.

05 표본의 크기 $n = 26$, 표본평균 $\overline{x} = 14.60$, 표본표준편차 $s = 2.23$이라고 할 때 모평균 μ에 대한 99% 신뢰구간을 구하여라.

06 초등학교 신입생 남자의 신장이 표준편차 $\sigma = 5$(cm)임을 알고 있다. 전국에서의 신장의 평균을 오차 0.1(cm) 이내로 추정하려고 한다. 이를 위해서 몇 명 이상을 추출해야 하는가를 신뢰수준 95%에서 결정하라.

07 어떤 공장에서 임의추출한 기능공이 어떤 일을 완성하기까지 걸리는 시간은 표준편차 12(분)인 근사적 정규분포를 한다고 한다. 95% 신뢰구간으로 모평균을 2(분) 이내의 오차로 추정하려면 표본의 크기를 얼마 이상으로 할 것인가?

08 실험용 동물 80마리를 어떤 사료로 2주간 길렀더니 평균체중증가 1.20 kg 표준편차 0.142 kg이었다.

(a) 모평균 μ의 95% 신뢰구간을 구하여라.

(b) 95%의 신뢰수준으로 추정할 때 모평균 μ와의 오차를 0.02 이내로 하려면 표본의 크기를 얼마로 할 것인가?

09 흰 쥐 6마리의 편식실험을 하여 아래와 같은 결과를 얻었다. 체중증가의 모평균 μ의 95% 신뢰구간을 구하여라.

흰 쥐	1번	2번	3번	4번	5번	6번	합계
체중증가(kg)	0.1	0.1	0.2	0.3	0.2	0.1	1.0

10 신입생 30명을 임의추출하여 그 신장을 조사하였더니 평균 $\bar{x} = 113.1\,(\text{cm})$, 표준편차 $s = 5.8\,(\text{cm})$을 얻었다. μ를 신뢰수준 95%로 추정하여라(t 분포 이용). 만약 이 문제를 표본평균이 근사적 정규분포를 한다면 어느 정도의 오차가 생기는가?

11 두 종류의 실의 장력을 비교하려고 한다. 같은 조건하에서 두 종류의 실 50개씩을 조사하였다. 상표 A의 장력은 평균 78.3 kg, 표준편차 5.6 kg이며 상표 B의 장력은 평균 87.2 kg, 표준편차 6.3 kg이다. 모평균의 차 $\mu_A - \mu_B$에 대한 95% 신뢰구간을 구하여라.

12 독립인 두 정규모집단으로부터 크기 $n_1 = 9$, $n_2 = 16$인 표본을 추출하여 $\bar{x}_1 = 64$, $\bar{x}_2 = 59$, $s_1 = 6$, $s_2 = 5$를 얻었다. $\sigma_1^2 = \sigma_2^2$이라는 가정하에서 $\mu_1 - \mu_2$에 대한 95% 신뢰구간을 구하여라.

13 택시회사가 상품 A 또는 상품 B의 타이어를 구입할 것인지를 결정하려고 한다. 두 상품의 가치를 추정하기 위하여 각 상품 12개를 사용하는 실험을 하였다. 타이어가 다 닳아 없어질 때까지 운행하여 다음 결과를 얻었다.

상품 A: $\bar{x}_1 = 36{,}300\,\text{km}$, $s_1 = 5{,}000\,\text{km}$

상품 B: $\bar{x}_2 = 38{,}100\,\text{km}$, $s_2 = 6{,}100\,\text{km}$

모집단이 근사적으로 정규분포를 따른다고 가정하고 $\mu_1 - \mu_2$에 대한 95% 신뢰구간을 추정하여라.

14 정부는 9개 종합대학의 농학과에 밀의 두 가지 새로운 품종에 대한 생산량을 조사하기 위하여 보조금을 주었다. 9개의 각 대학에서 2개의 품종을 같은 구획에서 재배하여 다음과 같은 생산량을 얻었다(단위: kg).

	대학								
	1	2	3	4	5	6	7	8	9
품종 1	38	23	35	41	44	29	37	31	38
품종 2	45	25	31	38	50	33	36	40	43

생산량의 분포가 정규분포를 따른다고 할 때, 두 품종의 평균 생산량의 차에 대한 95% 신뢰구간을 구하여라.

15 어떤 도시의 1000가구를 조사하였을 때 628가구에서 프로판 가스를 사용하고 있는 것으로 나타났다. 모비율 p의 95% 신뢰구간을 구하여라.

16 국회의원 선거에서 10,000명의 총 유권자 중에서 784명을 임의추출하여 K씨의 지지율을 조사하였더니 64%가 나왔다. 이 유권자 전체의 K씨에 대한 지지율을 신뢰수준 95%에서 구간추정하여라.

17 어느 제조업자는 그의 생산품 중 5% 가량이 불량품이라고 생각하고 있다. 불량률(모비율 p)을 신뢰수준 99%에서 구간추정하고, 신뢰구간의 폭을 3% 이내로 하려면 표본의 크기를 얼마로 할 것인가?

18 상품 A의 담배가 상품 B의 담배보다 8% 더 팔린다고 한다. 200명의 애연가 중 42명이 상품 A를 좋아하고 150명 중 18명이 상품 B를 좋아하는 것으로 나타났다. 모비율의 차에 대한 95% 신뢰구간을 구하여라.

19 한 유전학자는 빈혈을 갖고 있는 모집단에서 남녀의 비율에 관심을 갖고 있다. 100명의 남자 중에서 24명, 100명의 여자 중에서 13명이 빈혈인 것으로 조사되었다. 모티율의 차에 대한 99% 신뢰구간을 구하여라.

20 자동차 배터리 제조업자는 그들이 제조한 배터리의 수명이 평균 3년이라고 한다. 이들 배터리를 임의로 5개 추출한 표본의 수명은 다음과 같다.

1.9, 2.4, 3.0, 3.5, 4.2.(단위: 년)

σ^2에 대한 95% 신뢰구간을 구하여라.

21 보건복지부에서 A상표와 B상표 담배의 니코틴 함유량에 대한 산포도를 비교하고자 한다. 이를 위해 보건복지부에서는 A상표와 B상표 담배 중에서 독립적으로 각각 10개와 8개를 랜덤하게 추출하여 이들의 니코틴 함유량의 각 표본분산을 조사하였더니 $s_1^2 = 0.25$이고, $s_2^2 = 0.49$임을 알았다. 두 대상모집단은 정규모집단들이라고 가정하고 두 모집단의 모분산들의 비 $\dfrac{\sigma_1^2}{\sigma_2^2}$에 대한 98% 신뢰구간을 구하여라.

7장

가설검정

7.1 가설검정의 원리

우리가 직면하는 문제에는 6장에서 논의된 모수의 추정보다는 모집단에 대한 어떤 명제나 주장, 추측 등의 가설을 수용할 것인가 또는 버릴 것인지 결단을 내려야 하는 경우가 있다. 예를 들어 어느 제약회사에서 새로 제조한 수면제는 종전의 것보다 효과가 더 있는지, 어느 프로야구팀의 평균타율은 0.250으로 알려져 있었는데 1주일간의 특수훈련을 받은 후 타율이 0.270으로 올랐다면 특수훈련의 효과가 있는지와 같은 문제를 해결해야 하는 일에 직면하게 된다. 예와 같이 모집단에 관한 주장, 추측 또는 명제를 **통계적 가설**(statistical hypothesis)이라고 한다.

일반적으로 모집단의 분포의 모양이나 모수 등에 대한 가설을 세우고 모집단에서 추출한 표본에 기초하여 가설의 **채택**(accept)이나 **기각**(reject)을 결정하는 통계적 기법을 **가설검정**(hypothesis testing)이라고 한다. 가설검정은 표본분포와 확률의 이론에 의하여 행해진다. 우리가 세우는 가설은 일반적으로 이것이 기각되는 것을 (無로 돌리는) 예정하고 세우는 일이 많다. 이러한 뜻에서 가설을 **귀무가설**(null hypothesis)이라고도 한다. 그리고 우리가 세운 가설이 채택되지 않을 때에 선택해야 하는 가설을 **대립가설**(alternative hypothesis)이라고 한다.

귀무가설은 H_0로 표시하고 대립가설은 H_1으로 나타낸다. 그리고 대립가설 H_1은 문제의 성격에 따라 달라진다. 즉 다음의 세 가지의 경우를 생각할 수 있다.

1) $H_0: \mu = 100, \quad H_1: \mu \neq 100$
2) $H_0: \mu = 100, \quad H_1: \mu > 100$
3) $H_0: \mu = 100, \quad H_1: \mu < 100$

1)의 경우는 $H_1: \mu \neq 100$이므로 $\mu > 100$ 또는 $\mu < 100$을 뜻하므로 **양측검정**(two-sided test)을 하여야 하고, 2)의 경우에는 $H_1: \mu > 100$인데 문제의 뜻에서 μ가 100보다 작을 수는 없으므로 **우측검정**(right-sided test)을 하며, 3)의 경우 $H_1: \mu < 100$은 μ가 100보다 클 수 없으므로 **좌측검정**(left-sided test)을 한다. 이와 같이 좌-우측검정을 통틀어서 **단측검정**(one-sided test)이라고 한다.

한 예로 모표준편차 $\sigma = 5$인 정규모집단으로부터 10의 확률표본을 추출하여 65, 70, 73, 75, 69, 74, 76, 73, 74, 78과 같은 값을 얻었다면 이 값들은 $\mu = 70$인 정규모집단에서 추출되었다고 할 수 있는가? 크기 10인 표본의 평균을 구하면 $\overline{X} = 72.7$이 되어 $\mu = 70$보다 2.7이 더 크다. 이 차이 2.7은 $\mu = 70$인 모집단으로부터의 표본추출과정에서 우연히 생긴 오차인가? 그렇지 않으면 $\mu \neq 70$인 모집단이기 때문에 생긴

오차인가? 하는 의문이 생긴다. 실제로 모평균 $\mu=70$이라도 꼭 표본평균 $\overline{X}=70$이 되기는 어려운 일이다. 그러므로 표본평균의 분포와 확률을 이용하여 이론적으로 검정을 행하여야 한다. 이 경우 다음과 같이 가설을 세울 수 있다.

$$H_0 : \mu=70, \quad H_1 : \mu \neq 70$$

> **대립가설:** 표본으로부터 확실한 근거에 의하여 입증하고자 하는 가설. H_1으로 나타낸다.
>
> **귀무가설:** 대립가설이 참이라는 확실한 근거가 없을 때 받아들이며 대립가설과 반대되는 가설. H_0로 나타낸다.

귀무가설 H_0와 대립가설 H_1 중에서 어느 것을 선택할 것인가를 판단하는 기준은 표본평균 $\overline{X}$의 값에 의존한다. 즉 $\overline{X}$의 값이 충분히 크면 대립가설 H_1을 채택한다. 그러나 $\overline{X}$의 값이 얼마나 클 때 충분히 크다고 할 수 있는지를 결정해야 하는 문제가 생긴다. $\overline{X}$를 표준화시킨 Z-통계량

$$Z=\frac{\overline{X}-70}{5/\sqrt{10}}$$

을 생각해 보자. Z는 표준정규분포를 하며 표본평균 $\overline{X}$가 모평균 $\mu=70$에 가까우면 Z는 0에 수렴할 것이다. 따라서 표준정규분포에서 Z가 0에 가까운 값이면 가설 $\mu=70$을 채택하고 0에서 멀어지면, 즉 표준정규곡선에서 양끝 꼬리로 가면 가설 $\mu=70$을 기각하고 대립가설 $H_1 : \mu \neq 70$이 채택된다.

가설검정의 과정에서 **오류**(error)가 발생할 수 있다. 오류를 범하는 것을 두 가지로 나누어 설명할 수 있다. 귀무가설이 옳은데(가설이 참인데) 이를 기각하는 오류를 **제1종 오류**(type I error)라고 하며, 이와 반대로 귀무가설이 옳지 않은데(가설이 거짓인데) 이를 채택하는 오류를 **제2종 오류**(type II error)라고 하고, 이들 오류를 범할 확률을 각각 **제1종 오류의 크기**(α로 표시), **제2종 오류의 크기**(β로 표시)라고 한다. 다시 말하면 귀무가설 H_0가 옳은데 이를 기각하고 H_1을 채택할 확률이 α이고, H_0가 옳지 않은데 이를 채택할 확률이 β이다. 즉

$$P(H_1|H_0)=\alpha, \ P(H_0|H_1)=\beta$$

이다. 요약하면 다음 표와 같다.

실제 사실 \ 검정 결과	H_0 채택	H_1 채택
H_0 참	$1-\alpha$	α
H_1 참	β	$1-\beta$

통계적 가설검정에서는 제1종 오류와 제2종 오류를 범할 확률을 주어진 값 이내로 관리하게 된다. 그러나 일정한 표본크기에서는 제1종 오류의 가능성을 줄이려고 하면 제2종 오류의 가능성이 커지므로 두 종류의 오류를 동시에 관리할 수는 없다. 따라서 표본크기가 미리 정해진 경우에는 제1종 오류만 관리하게 된다. 귀무가설 H_0가 참일 때, 이를 기각하고 대립가설 H_1을 채택하는 오류를 범할 확률의 허용한계를 유의수준(significance level)이라고 하며, 흔히 유의수준을 α로 나타낸다. 사용되는 α값은 0.05(5%), 0.01(1%), 0.10(10%) 등이다.

앞의 예제를 계속하면 $P(-1.96 < Z < 1.96) = 0.95$, $P(Z < -1.96) + P(Z > 1.96) = P(|Z| > 1.96) = 0.05$이므로 Z가 0에서 멀어져서 $|Z| > 1.96$일 확률이 0.05이다. 그리고 $-1.96 < Z < 1.96$일 확률은 0.95이며, 이것은 Z가 ± 1.96 내에 들어 있을 확률이 0.95, 즉 $|Z| < 1.96$일 확률이 95%이다. 따라서 $|Z| < 1.96$이면 가설 $H_0: \mu = 70$을 채택하고 $|Z| > 1.96$이면 $H_0: \mu = 70$을 기각한다. 즉

$$Z = \frac{72.7 - 70}{5/\sqrt{10}} = 1.708 < 1.96$$

이므로 가설 $H_0: \mu = 70$을 채택한다.

위와 같이 검정통계량의 값 z가 $|z| < z_{\frac{\alpha}{2}}$이면 $H_0: \mu = \mu_0$를 채택하고 $|z| > z_{\frac{\alpha}{2}}$이면 $H_0: \mu = \mu_0$를 기각한다. 즉, $\overline{X}$와 μ_0 간의 차이는 **유의적**(significant)이라고 하고, 제1종 오류의 크기 α를 **유의수준**(level of significance)이라고 한다. 위 그림 7.1에서

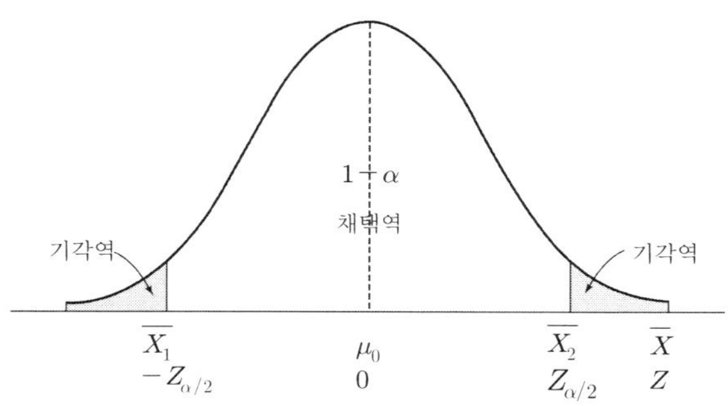

그림 7.1 ▸▸▸ 대립가설 $\mu \neq \mu_0$에 대한 기각역

$H_0 : \mu = \mu_0$를 기각하는 영역 $z < -z_{\alpha/2}$와 $z > z_{\alpha/2}$을 **기각역**(critical region)이라고 하고 $H_0 : \mu = \mu_0$를 채택하는 영역 $-z_{\alpha/2} < z < z_{\alpha/2}$을 **채택역**(acceptance region)이라고 하며, $-z_{\alpha/2}$와 $z_{\alpha/2}$를 **임곗값**(critical value)이라고 한다. 그리고 검정할 때 쓰이는 통계량 $Z = \dfrac{\overline{X} - \mu_0}{\sigma/\sqrt{n}}$를 **검정통계량**(test statistic)이라고 한다.

> **기각역**: 귀무가설 H_0를 기각시키는 검정통계량의 관측값의 영역
> **유의수준**: 귀무가설 H_0가 참일 때 대립가설 H_1을 채택하는 오류를 범할 확률의 최대 허용한계
> **검정통계량**: 표본의 결과에 따라 귀무가설과 대립가설 중에서 하나를 선택하는 데 사용하는 통계량

그림 7.1에서의 기각역은 대립가설이 $H_1 : \mu \neq \mu_0$인 양측검정의 경우이고, 우측검정일 때의 기각역은 그림 7.2에서 $z \geq z_\alpha$이다. 마지막으로 좌측검정일 때는 기각역은 $z \leq -z_\alpha$임을 그림 7.3에서 쉽게 알 수 있다.

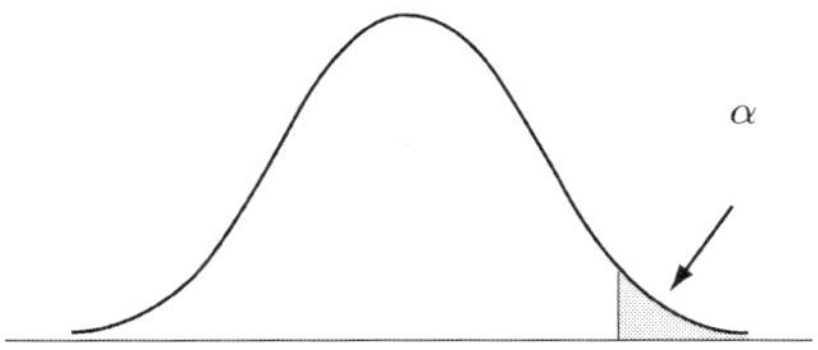

그림 7.2

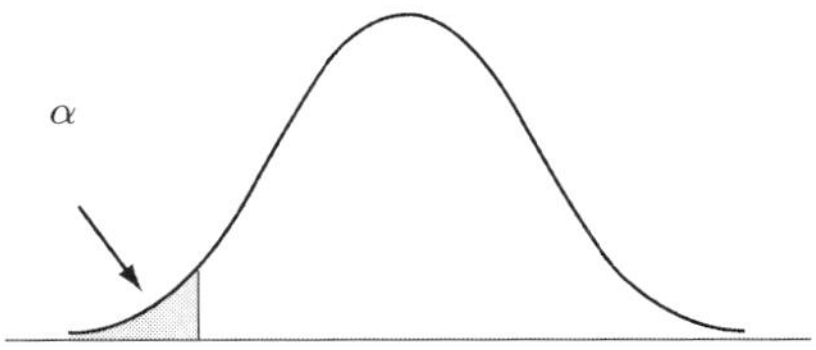

그림 7.3

유의수준	영역	양측검정	우측검정	좌측검정
α	기각역 채택역	$\lvert z \rvert \geq z_{\frac{\alpha}{2}}$ $\lvert z \rvert \leq z_{\frac{\alpha}{2}}$	$z \geq z_\alpha$ $z \leq z_\alpha$	$z \leq -z_\alpha$ $z \geq -z_\alpha$
0.05	기각역 채택역	$\lvert z \rvert \geq 1.96$ $\lvert z \rvert \leq 1.96$	$z \geq 1.645$ $z \leq 1.645$	$z \leq -1.645$ $z \geq -1.645$
0.01	기각역 채택역	$\lvert z \rvert \geq 2.58$ $\lvert z \rvert \leq 2.58$	$z \geq 2.33$ $z \leq 2.33$	$z \leq -2.33$ $z \geq -2.33$

가설검정은 다음의 5단계를 통하여 이루어진다.

1. H_0와 H_1을 설정한다.

2. 유의수준 α를 정한다.
3. 검정통계량을 선택한다.
4. 기각역을 구한다.
5. 주어진 데이터로부터 유의성을 판정하고, 결과를 해석한다.

위의 5단계에서 H_0를 기각시키고 H_1을 채택할 때 유의성이 있다고 한다. 즉 검정통계량의 값이 기각역 속에 들어갈 때 유의성이 있다고 한다.

7.2 모평균의 검정

7.2.1 정규모집단이고 모분산이 알려져 있는 경우

1) 모평균 μ에 대한 검정

모분산 σ^2이 알려진 정규모집단 $N(\mu, \sigma^2)$에서 모평균 μ의 검정은 검정통계량의 분포

$$Z = \frac{\overline{X} - \mu}{\sigma / \sqrt{n}}$$

가 표준정규분포 $N(0,1)$을 따른다는 사실을 이용하여 다룰 수 있다.

즉 모분산이 알려진 경우의 모평균의 검정에 있어서 귀무가설

$$H_0 : \mu = \mu_0$$

에 대한 검정통계량의 값은

$$z = \frac{\overline{x} - \mu_0}{\sigma / \sqrt{n}}$$

이며, 기각역은 다음과 같다.

표 7.1

귀무가설(H_0)	대립가설(H_1)	기각역
$\mu = \mu_0$	$\mu > \mu_0$	$z \geq z_\alpha$
$\mu = \mu_0$	$\mu < \mu_0$	$z \leq -z_\alpha$
$\mu = \mu_0$	$\mu \neq \mu_0$	$\lvert z \rvert \geq z_{\frac{\alpha}{2}}$

그리고 다음의 검정 절차에 의하여 모평균에 대한 검정을 한다.

정리 7.1 **σ^2이 알려져 있을 때 $\mu=\mu_0$에 관한 검정 절차**

1. $H_0 : \mu=\mu_0$, $H_1 : \mu\neq\mu_0$(또는 $\mu>\mu_0$, $\mu<\mu_0$)을 세운다.
2. 표본의 관찰값 $x_1, x_2, \cdots, x_n$에서 $\overline{x}=\frac{1}{n}\sum_{i=1}^{n}x_i$를 구한다.
3. 검정통계량의 값 $z=\frac{\overline{x}-\mu_0}{\sigma/\sqrt{n}}$를 계산한다.
4. 검정통계량의 값 z가 기각역에 포함되면 귀무가설을 기각하고, 채택역에 포함되면 귀무가설을 채택한다.

   $\alpha=0.05$에서 $H_0 : \mu=\mu_0$가 기각되면 $\overline{X}$와 μ_0의 차이는 유의적이라고 하고 $\alpha=0.01$에서 기각되면 $\overline{X}$와 μ_0의 차이는 매우 유의적이라고 한다.

예제 7.1 스포츠용 제조업자가 인조낚싯줄을 개발하였다. 단, 신제품의 인장강도는 정규분포를 따른다고 가정한다. 제조업자는 신제품의 평균인장강도 표준편차를 각각 8 kg과 0.5 kg이라고 주장하고 있다. 이 주장을 확인하기 위해 낚싯줄 50개를 표본으로 추출하여 강도시험을 한 결과 평균인장강도는 7.8 kg으로 나타났다. 유의수준 $\alpha=0.01$로 검정하여라.

풀이
1. 가설설정: $H_0 : \mu=8\text{kg}$, $H_1 : \mu\neq 8\text{kg}$
2. 유의수준: $\alpha=0.01$
3. 검정통계량 계산

$$n=50,\ \overline{x}=7.8,\ \sigma=0.5,\ z=\frac{7.8-8}{0.5/\sqrt{50}}=-2.83$$

4. 기각역: $|z|\geq 2.576$
5. 결과 판정: 유의수준 $\alpha=0.01$에서 $|z|=2.83>2.576$이므로 H_0를 기각한다. 즉 현재의 평균인장강도는 8 kg이라고 할 수 없다.

예제 7.2 미국사람의 평균수명을 알아보기 위하여 사망자 100명을 표본으로 추출하여 조사하였더니 평균 71.8년으로 나타났다. 모표준편차를 8.9년으로 가정할 재, 현재의 평균수명은 70년보다 길다고 할 수 있는가를 유의수준 $\alpha=0.05$로 검정하여라.

풀이
1. 가설설정: $H_0 : \mu=70$, $H_1 : \mu>70$
2. 유의수준: $\alpha=0.05$

3. 검정통계량의 값: $z=\dfrac{71.8-70}{8.9/\sqrt{100}}=2.02$
4. 기각역: $z>1.645$
5. 결과판정: $z=2.02>1.645$이므로 H_0를 기각한다. 즉 현재의 평균수명은 70년보다 길다고 판정한다.

2) 두 모평균의 차이 $\mu_1-\mu_2$에 대한 검정

다음은 모분산이 알려져 있는 두 정규모집단의 평균이 같은가를 검정하여 보자. 모분산 σ_1^2과 σ_2^2이 알려져 있는 두 정규모집단

$$X:\ N(\mu_1,\ \sigma_1^2),\qquad Y:\ N(\mu_2,\ \sigma_2^2)$$

으로부터 각각 크기 $n_1,\ n_2$인 표본 $X_1, X_2, \cdots, X_{n_1}$과 $Y_1, Y_2, \cdots, Y_{n_2}$을 추출하고 표본평균을 각각 $\overline{X}$, $\overline{Y}$라고 하면 $\overline{X}-\overline{Y}$의 분포는 $\overline{X}-\overline{Y}\sim N\left(\mu_1-\mu_2,\ \dfrac{\sigma_1^2}{n_1}+\dfrac{\sigma_2^2}{n_2}\right)$이므로 이를 이용하여 $\mu_1=\mu_2$를 검정하는 데 필요한 검정통계량을 구할 수 있다. 즉

$$Z=\frac{(\overline{X}-\overline{Y})-(\mu_1-\mu_2)}{\sqrt{\sigma_1^2/n_1+\sigma_2^2/n_2}}\ \sim\ N(0,1)$$

이다. 이때 귀무가설 $H_0:\mu_1=\mu_2$하에서 검정통계량의 분포

$$Z=\frac{\overline{X}-\overline{Y}}{\sqrt{\sigma_1^2/n_1+\sigma_2^2/n_2}}$$

는 $N(0,1)$를 따른다는 것을 활용하여 평균의 차에 대한 검정을 할 수 있다. 유의수준 α에서 세 가지 대립가설에 대한 기각역은 i) $z\geq z_\alpha$, ii) $z\leq -z_\alpha$, iii) $|z|\geq z_{\frac{\alpha}{2}}$가 될 것이다. 이와 같은 검정법과 그에 따른 기각역이 표 7.2에 나와 있다.

표 7.2

귀무가설(H_0)	대립가설(H_1)	기각역
$\mu_1=\mu_2$	$\mu_1>\mu_2$	$z\geq z_\alpha$
$\mu_1=\mu_2$	$\mu_1<\mu_2$	$z\leq -z_\alpha$
$\mu_1=\mu_2$	$\mu_1\neq\mu_2$	$\lvert z\rvert\geq z_{\frac{\alpha}{2}}$

그리고 아래의 검정절차에 의하여 두 모평균의 차에 대한 검정을 한다.

정리 7.2 σ_1^2, σ_2^2**이 알려져 있을 때 두 평균의 차** $\mu_1 - \mu_2$**에 대한 검정절차**

1. $H_0 : \mu_1 = \mu_2, H_1 : \mu_1 \neq \mu_2$을 세운다.
2. 두 표본의 관찰값 $x_1, x_2, \cdots, x_{n_1}$과 $y_1, y_2, \cdots, y_{n_2}$에서 $\bar{x} = \frac{1}{n_1}\sum_{i=1}^{n_1} x_i$, $\bar{y} = \frac{1}{n_2}\sum_{j=1}^{n_2} y_j$ 를 구한다.
3. 검정통계량의 값 $z = \dfrac{(\bar{x} - \bar{y})}{\sqrt{\sigma_1^2/n_1 + \sigma_2^2/n_2}}$ 를 계산한다.
4. 검정통계량의 값 z가 기각역에 포함되면 $H_0 : \mu_1 = \mu_2$을 기각하고, 채택역에 포함되면 귀무가설을 채택한다.

위의 검정은 양측검정이며 단측검정의 경우에도 표 7.2에서의 대립가설에 따라 위의 검정절차에 따라 검정을 한다.

예제 7.3 병속에 5.50 ℓ의 용액제품을 주입하는 데 X, Y 두 대의 자동주입설비를 이용하고 있다. 병속에 주입되는 제품의 용량은 대략 정규분포를 따르며, $\sigma_1^2 = 0.04$, $\sigma_2^2 = 0.09$임을 알고 있다. 이 두 설비에서 주입되는 제품의 평균 용량에 심각한 차이가 있는지 알아보기 위해 X, Y에서 각각 10, 15개의 표본을 추출하여 다음과 같은 자료를 얻었다.

$$n_1 = 10,\ \bar{x} = 5.65,\ \sigma_1^2 = 0.04$$

$$n_2 = 15,\ \bar{y} = 5.40,\ \sigma_2^2 = 0.09$$

두 평균 용량에 심각한 차이가 있는지를 유의수준 5%에서 검정하여라.

풀이 1. $H_0 : \mu_1 = \mu_2$, $H_1 : \mu_1 \neq \mu_2$

2. 유의수준: $\alpha = 0.05$

3. 검정통계량의 값:

$$z = \frac{(\bar{x} - \bar{y})}{\sqrt{\sigma_1^2/n_1 + \sigma_2^2/n_2}} = \frac{(5.65 - 5.40)}{\sqrt{0.04/10 + 0.09/15}} = \frac{0.25}{0.1} = 2.5$$

4. 기각역: $|z| \geq 1.96$
5. 결과판정: $|z| = 2.5 > 1.96$이므로 H_0를 기각한다. 즉 두 제품의 평균 용량은 차이가 있다고 판정한다.

7.2.2 모분산이 알려져 있지 않은 경우

1) 모평균 μ에 대한 검정

분산 σ^2이 알려져 있지 않더라도 표본의 크기 n이 클 때에는, 즉 대표본인 경우에는 σ^2 대신 표본분산 $S^2 = \sum_{i=1}^{n}(X_i - \overline{X})^2/(n-1)$을 사용하여 z 검정을 하면 된다. 여기에서는 소표본(표본의 크기 $n < 30$)이고 σ^2이 알려져 있지 않은 경우만을 생각하기로 한다. 5장 표본분포와 6장 추정에서의 이론과 같이 소표본이고 σ^2이 알려져 있지 않을 때는 t 분포를 이용한다. 즉 검정통계량은 $H_0 : \mu = \mu_0$가 사실일 때

$$T = \frac{\overline{X} - \mu_0}{S/\sqrt{n}} \sim t(n-1)$$

이므로 기각역이나 채택역을 정할 때에는 7.2.1절에서 $z_{\alpha/2}$, z_α 대신 자유도 $n-1$인 t 분포의 $t_{\alpha/2}$, t_α의 값을 구하여 사용한다. 유의수준 α에서 세 가지 대립가설에 대한 검정법과 기각역이 표 7.3에 나와 있다.

표 7.3

귀무가설(H_0)	대립가설(H_1)	기각역
$\mu = \mu_0$	$\mu > \mu_0$	$t \geq t_\alpha(n-1)$
$\mu = \mu_0$	$\mu < \mu_0$	$t \leq -t_\alpha(n-1)$
$\mu = \mu_0$	$\mu \neq \mu_0$	$\lvert t \rvert \geq t_{\frac{\alpha}{2}}(n-1)$

그러면 검정 절차나 방법은 정리 7.1이나 정리 7.2에서와 같이, 정리 7.3과 같다. t 분포를 이용한 가설검정을 t 검정(t-test)이라고 한다.

정리 7.3 **σ^2 이 알려져 있지 않고, 소표본($n < 30$)인 경우 $\mu = \mu_0$에 관한 검정절차**

1. $H_0 : \mu = \mu_0, H_1 : \mu \neq \mu_0$(또는 $\mu > \mu_0$, $\mu < \mu_0$)을 세운다.
2. 표본의 관찰값 $x_1, x_2, \cdots, x_n$ 에서 $\overline{x} = \frac{1}{n}\sum_{i=1}^{n} x_i$, $s = \sqrt{\frac{1}{n-1}\sum_{i=1}^{n}(x_i - \overline{x})^2}$ 을 구한다.
3. 검정통계량의 값 $t = \frac{\overline{x} - \mu_0}{s/\sqrt{n}}$ 를 계산한다.
4. 검정통계량의 값 t가 기각역에 포함되면 귀무가설을 기각하고, 채택역에 포함되면 귀무가설을 채택한다.

예제 7.4 통계학을 새로운 교육방법으로 강의한 후 수강생 100명을 표본추출하여 시험을 친 결과 평균 71.8점, 표준편차 8.9점이었다. 이것은 시행 전 평균 70점보다 더 나아졌다고 볼 수 있는가? 유의수준 0.05로 검정하여라.

풀이 1. 가설설정: $H_0 : \mu = 70, H_1 : \mu > 70$

2. 유의수준: $\alpha = 0.05$
3. 검정통계량 계산: $n = 100, \overline{x} = 71.8, s = 8.9$

$$z = \frac{71.8 - 70}{8.9/\sqrt{100}} = 2.02$$

4. 기각역: $z \geq 1.645$
5. 결과판정: $z = 2.02 > 1.645$ 이므로 $H_0 : \mu = 70$은 기각된다. 따라서 새로운 방법에 의한 것이 이전의 방법에서보다 더 낫다고 할 수 있다.

예제 7.5 어떤 페인트의 건조시간은 평균 50분이라고 한다. 이를 생산하는 회사에서 건조시간을 단축하기 위하여 새로운 화약약품을 첨가할 것을 고려하고 있다. 이들의 예측을 검정하기 위해 새로운 화학약품을 첨가한 페인트를 12번에 걸쳐 칠을 하고 건조시간을 측정한 결과이다. 모평균이 50분보다 작다는 가설을 유의수준 0.05를 이용하여 검정하여라. 건조시간은 정규분포를 따른다고 하자.

40 50 45 34 44 41 50 40 42 43 41 36

풀이 모표준편차 σ가 미지이고, 소표본($n = 12$)이므로 t 분포를 이용한 t 검정을 행한다.

1. 가설설정: $H_0 : \mu = 50, H_1 : \mu < 50$
2. 유의수준: $\alpha = 0.05$

3. 검정통계량 계산: $n=12$, $\overline{x}=42.17$, $s=4.783$, $\nu=n-1=11$,

$$t=\frac{\overline{x}-\mu_0}{s/\sqrt{n}}=\frac{42.17-50}{4.783/\sqrt{12}}=-5.673$$

4. 기각역: $t \le -t_{0.05}(11)$
5. 결과판정: $t=-5.673$은 $-t_{0.05}(11)=-1.796$보다는 작아 기각역에 포함되므로 $\alpha=0.05$에서는 가설 $H_0: \mu=50$을 기각한다.

2) 두 모평균의 차이 $\mu_1-\mu_2$에 대한 검정

모분산 σ_1^2, σ_2^2이 미지이고 소표본(n_1, $n_2 < 30$)인 경우, 두 모평균의 차이 $\mu_1-\mu_2$에 대한 검정을 생각해 보자. 두 정규모집단

$$X: N(\mu_1, \sigma_1^2), \qquad Y: N(\mu_2, \sigma_2^2)$$

으로부터 각각 크기 n_1, n_2인 표본 $X_1, X_2, \cdots, X_{n_1}$과 $Y_1, Y_2, \cdots, Y_{n_2}$를 임의추출하고, 표본평균의 차 $\overline{X}-\overline{Y}$의 분포에 의하여 두 모평균의 차에 대한 검정을 행한다. 여기서는 $\sigma_1^2=\sigma_2^2=\sigma^2$인 경우만을 고려한다. 이러한 경우에서는 σ^2 대신 이것의 불편추정량인 합동추정량 S_p^2을 구하여 사용하는데 S_p^2은 아래와 같다.

$$S_p^2=\frac{(n_1-1)S_1^2+(n_2-1)S_2^2}{n_1+n_2-2}$$

여기서 S_1^2, S_2^2은 두 확률표본에서의 분산이다. 그리고 5장의 표본분포와 6장의 추정에서

$$T=\frac{(\overline{X}-\overline{Y})-(\mu_1-\mu_2)}{S_p\sqrt{\frac{1}{n_1}+\frac{1}{n_2}}} \sim t(n_1+n_2-2)$$

이므로 이를 이용한 검정방법과 절차를 생각한다. $\mu_1=\mu_2$인지를 검정해야 하므로 귀무가설 $H_0: \mu_1=\mu_2$에서 검정통계량 T는

$$T=\frac{\overline{X}-\overline{Y}}{S_p\sqrt{\frac{1}{n_1}+\frac{1}{n_2}}} \sim t(n_1+n_2-2)$$

를 따른다.

가설 H_0의 채택역 또는 기각역은 7.2.1절의 $z_{\alpha/2}$와 z_α 대신에 자유도 $\nu = n_1 + n_2 - 2$인 t 분포에서 $t_{\alpha/2}$와 t_α를 구하여 사용하며, 표 7.4에 나와 있다. 또한 검정의 절차나 방법은 정리 7.4와 같다.

표 7.4

귀무가설(H_0)	대립가설(H_1)	기각역
$\mu_1 = \mu_2$	$\mu_1 > \mu_2$	$t \geq t_\alpha(n_1 + n_2 - 2)$
$\mu_1 = \mu_2$	$\mu_1 < \mu_2$	$t \leq -t_\alpha(n_1 + n_2 - 2)$
$\mu_1 = \mu_2$	$\mu_1 \neq \mu_2$	$\lvert t \rvert \geq t_{\frac{\alpha}{2}}(n_1 + n_2 - 2)$

정리 7.4 **$\sigma^2(\sigma_1^2 = \sigma_2^2 = \sigma^2)$을 모르고 소표본일때 두 평균의 차이에 대한 검정절차**

1. $H_0 : \mu_1 = \mu_2$, $H_1 : \mu_1 \neq \mu_2$(또는 $\mu_1 > \mu_2$, $\mu_1 < \mu_2$)을 세운다.
2. 두 표본의 관측값 $x_1, x_2, \cdots, x_{n_1}$과 $y_1, y_2, \cdots, y_{n_2}$에서 σ^2의 합동추정량 s_p^2을 구한다.

$$s_p^2 = \frac{(n_1 - 1)s_1^2 + (n_2 - 1)s_2^2}{n_1 + n_2 - 2}$$

3. 검정통계량의 값 t를 계산한다.

$$t = \frac{\overline{x} - \overline{y}}{s_p\sqrt{\frac{1}{n_1} + \frac{1}{n_2}}}$$

4. 검정통계량의 값 t가 기각역에 포함되면 $H_0 : \mu_1 = \mu_2$을 기각하고, 채택역에 포함되면 귀무가설을 채택한다.

예제 7.6 수학의 한 강좌에서 12명에게 재래식 교육방법으로 강의를 하고 10명의 두 번째 그룹에게는 신교육방법에 의하여 같은 수업 내용을 강의한 후 학기말에 이 두 그룹에 똑같은 시험을 실시하였다. 유의수준 0.10에서 두 교육방법의 효과가 같다는 가설을 검정하여라. 두 그룹의 모집단은 같은 분산을 갖는 정규모집단임을 가정하여라.

재래식방법	87	87	86	87	80	88	78	86	86	87	78	90
신교육방법	75	81	80	82	76	92	79	85	83	77		

풀이 σ_1^2, σ_2^2이 알려져 있지 않고, n_1, $n_2 < 30$이므로 t 검정을 행한다.

1. 가설설정: $H_0: \mu_1 = \mu_2$, $H_1: \mu_1 \neq \mu_2$
2. 유의수준: $\alpha = 0.10$

$$n_1 = 12,\ n_2 = 10,\ \bar{x} = 85,\ \bar{y} = 81,\ s_1 = 4,\ s_2 = 4.99,$$

$$\nu = 12 + 10 - 2 = 20$$

$$s_p = \sqrt{\frac{(12-1)\times(4)^2 + (10-1)\times(4.99)^2}{12+10-2}} = 4.473$$

3. 검정통계량의 값: $t = \dfrac{85-81}{4.473\sqrt{\dfrac{1}{12}+\dfrac{1}{10}}} = 2.089$
4. 기각역: $\alpha = 0.10$이므로 $|t| > t_{0.05}(20)$
5. 결과판정: $|t| = 2.089 > 1.725 = t_{0.05}(20)$이므로 $H_0: \mu_1 = \mu_2$를 기각한다.

예제 7.7 두 강재의 마모량을 비교하기 위한 실험이 실시되었다. 강재 1과 강재 2에 대하여 각각 12회 및 10회씩 시험한 결과 강재 1의 마모량은 평균이 85, 표본표준편차가 4였고, 강재 2에서는 81과 5로 나타났다. 강재 1의 평균 마모량이 강재 2의 그것보다 2 이상 심한지를 유의수준 5%로 검정하여라. 단, 두 모집단은 분산이 같은 정규분포를 근사적으로 따른다고 한다.

풀이
1. 가설설정: $H_0: \mu_1 - \mu_2 = 2$, $H_1: \mu_1 - \mu_2 > 2$
2. 유의수준: $\alpha = 0.05$
3. $\bar{x}_1 = 85$, $s_1 = 4$, $n_1 = 12$, $\bar{x}_2 = 81$, $s_2 = 5$, $n_2 = 10$

$$s_p = \sqrt{\frac{11\cdot 16 + 9\cdot 25}{12+10-2}} = 4.478$$

검정통계량의 값 $t = \dfrac{(85-81)-2}{4.478\sqrt{\dfrac{1}{12}+\dfrac{1}{10}}} = 1.04$

4. 기각역: $t \geq t_{0.05}(20)$
5. 결과판정: $t = 1.04 < t_{0.05}(20) = 1.725$ 이므로 H_0를 기각하지 않는다.
   강재 1의 마모량이 강재 2의 그것보다 2 단위만큼 크다고 할 수는 없다.

3) 대응을 이룬 경우의 두 모평균의 차 $\mu_1 - \mu_2$에 대한 검정

6.3.3절에서 대응을 이룬 경우의 두 평균의 차에 대한 구간추정을 다루었고, 여기서는 대응을 이룬 경우의 두 모평균의 차에 대한 검정에 대하여 살펴보고자 한다. 6.3.3절에서 대응을 이룬 자료에 대하여 다루었던 내용을 검정의 과정에서 맞추어 정리해 보면, 대응을 이루는 확률표본의 자료구조는 아래의 표 7.5와 같이 나타낼 수 있다. 이 표에서 대응을 이룬 확률표본 $(X_1, Y_1), (X_2, Y_2), \cdots, (X_n, Y_n)$은 서로 독립이며 X_i와 Y_i는 일반적으로 독립이 아니다. 이러한 경우에서는 각 표본의 차이 $D_i = X_i - Y_i (i=1, 2, \cdots, n)$에 근거하여 두 모집단 평균의 차이를 검정한다.

대응비교(paired comparison)란 실험단위를 동질적인 쌍으로 묶은 다음, 각 쌍에서 랜덤하게 두 처리를 적용하고, 각 쌍에서 얻은 관측값의 차를 이용하여 두 모평균을 비교하는 방법을 말한다.

표 7.5 ▸▸▸ 대응을 이룬 표본의 자료구조

대응번호	1	X_1	Y_1	$D_1 = X_1 - Y_1$
	2	X_2	Y_2	$D_2 = X_2 - Y_2$
	⋮	⋮	⋮	⋮
	n	X_n	Y_n	$D_n = X_n - Y_n$

$D_1, D_2, \cdots, D_n$을 모평균이 μ_D, 모분산이 σ_D^2인 정규분포를 따르는 확률표본이라고 할 때 표본평균과 표본분산은 각각

$$\overline{D} = \frac{\sum_{i=1}^{n} D_i}{n}, \quad S_D^2 = \frac{\sum_{i=1}^{n} (D_i - \overline{D})^2}{n-1}$$

이고, 귀무가설 $H_0 : \mu_1 = \mu_2$가 사실이라면 검정통계량은

$$T = \frac{\overline{D}}{S_D / \sqrt{n}} \sim t(n-1)$$

이므로 유의수준 α에서 표 7.6과 같이 양측검정에서는 검정통계량의 값 t에 대하여 $|t| > t_{\frac{\alpha}{2}}(n-1)$이면 H_0를 기각한다.

우측검정과 좌측검정인 경우에서는 각각 $t > t_\alpha(n-1)$, $t < -t_\alpha(n-1)$이면 H_0를 기각한다. 대응비교에서 두 모집단의 모평균의 차에 대한 검정절차는 다음과 같다.

표 7.6

귀무가설(H_0)	대립가설(H_1)	기각역
$\mu_1 = \mu_2$	$\mu_1 > \mu_2$	$t \ge t_\alpha(n-1)$
$\mu_1 = \mu_2$	$\mu_1 < \mu_2$	$t \le -t_\alpha(n-1)$
$\mu_1 = \mu_2$	$\mu_1 \ne \mu_2$	$\lvert t \rvert \ge t_{\frac{\alpha}{2}}(n-1)$

정리 7.5 대응비교에 의한 $\mu_1 - \mu_2$에 대한 검정

1. $H_0 : \mu_1 = \mu_2$, $H_1 : \mu_1 \ne \mu_2$(또는 $\mu_1 > \mu_2$, $\mu_1 < \mu_2$)
   [$H_0 : \mu_D = 0$, $H_1 : \mu_D \ne 0$(또는 $\mu_D > 0$, $\mu_D < 0$)]
2. 두 모집단의 차이를 계산한다.

$$\bar{d} = \frac{\sum_{i=1}^{n} d_i}{n}, \quad s_d^2 = \frac{\sum_{i=1}^{n} (d_i - \bar{d})^2}{n-1}$$

3. 검정통계량의 값 t를 구한다.

$$t = \frac{\bar{d}}{s_d / \sqrt{n}}$$

4. 검정통계량의 값 t가 기각역에 포함되면 $H_0 : \mu_1 = \mu_2$을 기각하고, 채택역에 포함되면 귀무가설을 채택한다.

예제 7.8 다음 표는 두 가지 수면제 A, B를 10명의 환자에게 복용시켰을 때의 연장된 수면시간을 조사한 표이다. A, B 두 수면제의 효과에 유의적인 차이가 있는가를 유의수준 0.05에서 검정하여라.

환자	1	2	3	4	5	6	7	8	9	10
$A(X)$	1.9	0.8	1.1	0.1	−0.1	4.4	5.5	1.6	4.6	3.4
$B(Y)$	0.7	−1.6	−0.2	1.2	−0.1	3.4	3.7	0.8	0.0	2.0

풀이 $H_0 : \mu_1 = \mu_2$는 $H_0 : \mu_D = 0$과 같은 의미를 갖는다. 그러므로 $D = X - Y$인 D에 대한 가설 $H_0 : \mu_D = 0$를 검정하면 된다.

1. 가설설정: $H_0 : \mu_D = 0$, $H_1 : \mu_D \ne 0$
2. 유의수준: $\alpha = 0.05$

3. 위의 표에서 A, B 수면제에 의한 수면연장시간을 각각 X, Y라고 하고 $D = X - Y$와 $D^2 = (X-Y)^2$를 계산한다.

환자	1	2	3	4	5	6	7	8	9	10
$d = x - y$	1.2	2.4	1.3	−1.1	0.0	1.0	1.8	0.8	4.6	1.4
d^2	1.44	5.76	1.69	1.21	0.0	1.0	3.24	0.64	21.16	1.96

$$\bar{d} = \frac{13.4}{10} = 1.34,\quad s_d = \sqrt{\frac{38.10 - 10 \times 1.34^2}{9}} = 1.496$$

4. 검정통계량의 값: $t = \dfrac{1.34 - 0}{1.496/\sqrt{10}} = 2.832$
5. 기각역: $|t| \geq t_{0.025}(9) = 2.262$
6. 결과판정: $|t| = 2.832 > t_{0.025}(9) = 2.262$이므로 H_0를 기각한다. 따라서 두 수면제의 수면연장시간에는 서로 차이가 있다고 판정할 수 있다.

유의확률(p-value)

가설검정에서 검정통계량의 값과 검정통계량의 분포에 대한 임곗값($z_{\alpha/2}$, z_α, $t_{\alpha/2}$, t_α 등)을 비교하여 귀무가설 H_0의 채택 여부를 결정하였으나 통계패키지에서는 임곗값보다는 p-값으로 귀무가설의 채택 여부를 유의수준 α와 비교하여 결정한다.

정의 7.1 유의확률(p-값)

귀무가설하의 검정통계량 분포에서 검정통계량의 값을 임곗값으로 하는 최소의 유의수준을 유의확률이라고 한다.

p-값을 계산하는 방법을 예를 통해 살펴보면 다음과 같다. 예제 7.8에서 검정통계량의 값은 $t = 2.832$이고 자유도 9인 t 분포에서 $P(T > 2.832) \approx 0.01$이고 양측검정이므로 p-값은 $0.01 \times 2 = 0.02$이다. 예제 7.6에서 검정통계량의 값은 $t = 2.089$이고 자유도 20인 t 분포에서 $P(T > 2.089) \approx 0.025$이고 양측검정이므로 p-값은 $0.025 \times 2 = 0.050$이다. 예제 7.5는 좌단측검정이고 검정통계량의 값은 $t = -5.673$, 자유도 11인 t 분포에서 $P(T < -5.673) = 0.000$이므로 p-값은 0.000이다.

위의 예에서 보는 바와 같이 양측검정은 꼬리부분이 오른쪽, 왼쪽에 있으므로 유의확률은 2배를 해야 하고, 단측검정에서는 한쪽의 확률만 구한다. 예를 들어 $H_1: \mu \neq 8$인 양측검정에서 검정통계량의 값이 $z = 2.828$이면 유의확률 p-값은 다음과 같다.

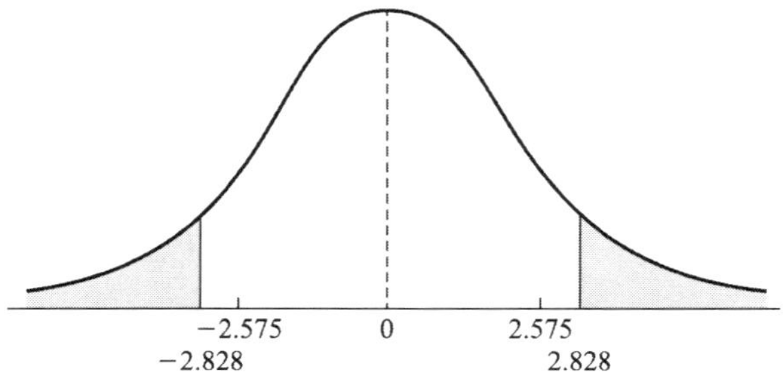

그림 7.4

양측검정인 경우에는 기각역이 그림 7.4와 같이 양측에 있으므로 $p-$값은 다음과 같이 구한다. 즉

$$p-\text{값} = p(|Z| \geq 2.828) = P(Z \leq -2.828) + P(Z \geq 2.828)$$
$$= 2P(Z \geq 2.828) = 2 \times 0.00232 = 0.00464$$

우측검정인 경우는 다음과 같다.

$$p-\text{값} = P(Z \geq 2.828) = 1 - P(Z \leq 2.828) = 1 - 0.99768 = 0.00232$$

좌측검정인 경우는 다음과 같다.

$$p-\text{값} = P(Z \leq -2.828) = 0.00232$$

예제 7.9 크기가 5인 표본을 추출하여 표본평균 $\bar{x} = 65$, 표준편차 $s = 11.6$을 얻었다. 유의수준 $\alpha = 0.05$에서 모평균이 $\mu \neq 50$인가를 검정하는 문제에서 $p-$값을 구하여라.

풀이 검정통계량의 값을 계산하면

$$t = \frac{65 - 50}{11.6/\sqrt{5}} = 2.89$$

이고 양측검정이므로 자유도 $n-1 = 5-1 = 4$인 $t_{0.025} = 2.776$이다. 그림 7.5에서와 같이 2.89의 값은 $t_{0.025} = 2.776$ 오른쪽에 있고 꼬리부분의 확률은 0.025보다 적다. 이는 $p-$값이

$$p-\text{값} < 0.025$$

인 것을 의미한다. 따라서 이와 같이 작은 $p-$값으로는 H_0를 채택할 수 없다. 즉 H_0를 기각할 수 있다.

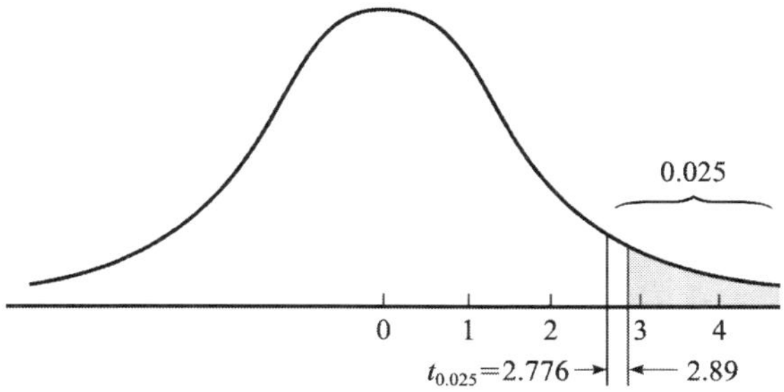

그림 7.5

7.3 비율의 검정

7.3.1 소표본의 경우

n회의 시행에서 X회 성공하였다면 표본비율은 $\hat{p} = X/n$이고, X는 모비율 p인 이항분포를 한다. $n < 30$인 소표본인 경우에는 정규분포를 사용할 수 없고 이항분포를 사용해야 한다. 소표본인 경우 비율의 검정을 예제 7.10에서 설명하겠다.

예제 7.10 한 건축업자의 주장에 의하면, 어떤 도시에 신축된 모든 주택의 70%에는 냉난방설비가 되어 있다고 한다. 이 도시에 신축된 주택 15채를 무작위로 추출하여 조사한 결과 8채에 냉난방설비가 되어 있었다면, 건축업자의 주장에 동의할 수 있겠는가? 단, 유의수준은 0.10으로 하여라.

풀이 1. 가설설정: $H_0 : p = 0.7$, $H_1 : p \neq 0.7$

2. 유의수준: $\alpha = 0.10$

3. 이항분포의 확률계산:

$p = 0.7$과 $n = 15$인 이항확률변수 X는 $X \sim B(15,\ 0.7)$

$$p = 2P(X \leq 8 | p = 0.7) = 2\sum_{x=0}^{8} B(x; 15,\ 0.7) = 0.2662 > 0.10$$

4. 결과판정: 0.2662는 $\alpha = 0.1$보다 크므로 가설 $H_0 : p = 0.7$을 기각하지 않는다. 건축업자의 주장을 의심할 만한 충분한 이유는 없다고 할 수 있다.

정리 7.6 **소표본인 경우의 $p=p_0$ 검정**

$n<30$일 때 크기 n인 표본 가운데 우리가 바라는 것이 X개 있다면 $\hat{p}=\dfrac{X}{n}$이고 X는 이항분포를 한다.

1. 좌측검정 $H_0: p=p_0$, $H_1: p<p_0$

$$p-값=P(X\le x)=\sum_{i=0}^{x}{}_nC_i p_0^i(1-p_0)^{n-i}=\sum_{i=0}^{x}B(n,p_0)$$

2. 우측검정 $H_0: p=p_0$, $H_1: p>p_0$

$$\begin{aligned}p-값=P(X\ge x)&=\sum_{i=x}^{n}{}_nC_i p_0^i(1-p_0)^{n-i}\\&=1-\sum_{i=0}^{x-1}p_0^i(1-p_0)^{n-i}\\&=1-\sum_{i=0}^{x-1}B(n,p_0)\end{aligned}$$

위에서 구한 $p-$값이 정해진 유의수준 α보다 크면 가설 $H_0: p=p_0$를 채택하고 작으면 $H_0: p=p_0$를 기각하며 $H_1: p>p_0$ 또는 $p<p_0$를 채택한다.

예제 7.11 A, B 야구선수단이 경기에서 A가 8승 2패를 하였다. A팀이 B팀보다 우세한가? 유의수준 0.05에서 검정하여라.

풀이 $n=10$, $x=8$, H_0: $p=0.5$, H_1: $p>0.5$

$$p-값=\sum_{i=8}^{10}{}_{10}C_i\ 0.5^i(1-0.5)^{10-i}=1-\sum_{i=0}^{7}B(10,0.5)=0.0547.$$

$\alpha=0.05$로 하면 $p-값=0.0547>0.05$이므로 가설 H_0: $p=0.5$를 채택한다. 따라서 유의수준 0.05에서 두 팀의 기량은 같다고 할 수 있다.

7.3.2 대표본의 경우

1) 하나의 모비율에 대한 검정

성공의 모비율이 p인 이항모집단으로부터 크기가 n인 확률표본 중 성공의 횟수 X를 확률변수 X라고 하면 표본비율 $\hat{p}=\dfrac{X}{n}$의 기댓값과 분산은 각각 p, $\dfrac{p(1-p)}{n}$이며 표

본의 크기 n이 충분히 클 때,

$$\hat{p} = \frac{X}{n} \dot{\sim} N\left(p, \frac{p(1-p)}{n}\right)$$

이고,

$$Z = \frac{\hat{p} - p}{\sqrt{pq/n}} \quad \sim \ N(0,1)$$

임을 이용하여, 귀무가설 $H_0: p = p_0$하에서 이 검정통계량

$$Z = \frac{\hat{p} - p_0}{\sqrt{p_0 q_0 / n}}$$

은 표준정규분포 $N(0,1)$에 수렴한다.

표 7.7

귀무가설(H_0)	대립가설(H_1)	기각역
$p = p_0$	$p > p_0$	$z \geq z_\alpha$
$p = p_0$	$p < p_0$	$z \leq -z_\alpha$
$p = p_0$	$p \neq p_0$	$\lvert z \rvert \geq z_{\alpha/2}$

유의수준 α에서 세 가지 대립가설에 대한 기각역은 표 7.7에 나와 있고, 대표본에서 모비율 p에 대한 검정은 정리 7.7의 절차를 따라한다.

정리 7.7 대표본인 경우 $p = p_0$의 검정

1. $H_0: p = p_0$, $H_1: p \neq p_0$ (또는 $p > p_0$, $p < p_0$)
2. 표본비율 $\hat{p} = \frac{X}{n}$를 구한다.
3. 검정통계량의 값 $z = \frac{\hat{p} - p_0}{\sqrt{p_0(1-p_0)/n}}$를 구한다.
4. $\lvert z \rvert < z_{\frac{\alpha}{2}}$ (또는 $z < z_\alpha$, $z > -z_\alpha$)이면 $H_0: p = p_0$를 채택하고

   $\lvert z \rvert \geq z_{\frac{\alpha}{2}}$ (또는 $z \geq z_\alpha$, $z \leq -z_\alpha$)이면 $H_0: p = p_0$를 기각한다.

예제 7.12 과거 수년간의 자료에 의하면 어떤 제품의 불량률은 14.0%라고 한다. 어느 업체에서 조사하였더니 제품 120개 중에서 18개만이 불량으로 나타났다. 이 업체의 불량률은 과거의 자료와 유의한 차이가 있는가? 유의수준 0.05에서 검정하여라.

풀이 1. 가설설정: $H_0 : p = 0.140,\quad H_1 : p \neq 0.140$

2. 표본비율: $\hat{p} = \dfrac{18}{120} = 0.150$

3. 검정통계량의 값: $z = \dfrac{0.150 - 0.140}{\sqrt{0.140 \times (1 - 0.140)/120}} = 0.316$

4. 결과판정: $z = 0.316 < 1.96 = z_{0.025}$이므로 가설 $H_0 : p = 0.140$을 채택한다. 따라서 이 업체의 불량률과 기존의 자료와는 유의한 차이가 있다고 할 수 없다.

2) 두 모비율의 차에 대한 검정

두 모집단의 비율의 차에 대한 검정을 대표본을 이용하여 두 모평균의 차에 대한 검정과 같은 방법으로 행할 수 있다. 모비율 p_1, p_2인 A, B 모집단으로부터 크기 n_1, n_2인 표본을 임의추출하여 그 중 X_1, X_2개가 얻어졌다면 표본비율은

$\hat{p}_1 = X_1/n_1$, $\hat{p}_2 = X_2/n_2$이고, 표본비율의 차 $\hat{p}_1 - \hat{p}_2$의 분포는

$$\widehat{P_1} - \widehat{P_2} \;\dot{\sim}\; N\left(p_1 - p_2, \frac{p_1(1-p_1)}{n_1} + \frac{p_2(1-p_2)}{n_2}\right)$$

이고,

$$Z = \frac{(\hat{p}_1 - \hat{p}_2) - (p_1 - p_2)}{\sqrt{p_1(1-p_1)/n_1 + p_2(1-p_2)/n_2}} \sim N(0,1)$$

이 된다. 귀무가설 $H_0 : p_1 = p_2$하에서 검정통계량의 분포는 Z를 검정통계량으로 하여 정규검정을 다음 정리와 같이 행할 수 있다.

$$Z = \frac{\hat{p}_1 - \hat{p}_2}{\sqrt{\bar{p}(1-\bar{p})(\frac{1}{n_1} + \frac{1}{n_2})}} \sim N(0,1)$$

여기서 $\bar{p}$는 합동표본비율 $\bar{p} = \dfrac{X_1 + X_2}{n_1 + n_2}$이다.

정리 7.8 **대표본인 경우, 모비율의 차 $p_1 - p_2$의 검정**

1. $H_0 : p_1 = p_2$,　$H_1 : p_1 \neq p_2$ (또는 $p_1 > p_2$, $p_1 < p_2$)

2. 표본비율 $\hat{p}_1 = \dfrac{X_1}{n}$, $\hat{p}_2 = \dfrac{X_2}{n}$와 합동표본비율 $\bar{p} = \dfrac{X_1 + X_2}{n_1 + n_2}$를 구한다.

3. 검정통계량의 값 $z = \dfrac{\hat{p}_1 - \hat{p}_2}{\sqrt{\bar{p}(1-\bar{p})(\frac{1}{n_1} + \frac{1}{n_2})}}$를 구한다.

4. $|z| < z_{\frac{\alpha}{2}}$ (또는 $z < z_\alpha$, $z > -z_\alpha$)이면 가설 H_0: $p_1 = p_2$를 채택하고

$|z| \geq z_{\frac{\alpha}{2}}$ (또는 $z \geq z_\alpha$, $z \leq -z_\alpha$)이면 가설 H_0: $p_1 = p_2$를 기각한다.

예제 7.13 어떤 도시의 외곽지역에 건설예정인 화학공장건설안에 대하여 시와 인접지역 주민을 대상으로 찬반투표를 실시하여, 시와 인접지역 주민들의 지지율 사이에 유의한 차이가 있는지를 알아보려고 한다. 만일 공장건설안에 찬성하는 유권자가 시에서 200명 중 120명, 인접지역에서 500명 중 240명으로 나타났다면, 시에서의 유권자의 지지율이 인접지역의 지지율보다 높다고 할 수 있는가? 단, 유의수준 0.05로 검정하여라.

풀이 1. 가설설정: H_0: $p_1 = p_2$,　H_1: $p_1 > p_2$

2. 표본비율과 합동표본비율 계산: $n_1 = 200$, $n_2 = 500$, $x_1 = 120$, $x_2 = 240$,

$$\hat{p}_1 = \frac{120}{200} = 0.60,\ \hat{p}_2 = \frac{240}{500} = 0.48,\ \bar{p} = \frac{x_1 + x_2}{n_1 + n_2} = \frac{120 + 240}{200 + 500} = 0.51$$

3. 검정통계량의 값: $z = \dfrac{0.60 - 0.48}{\sqrt{0.51 \times 0.49(1/200 + 1/500)}} = 2.9$

4. 결과판정: $z = 2.9 > 1.645 = z_{0.05}$이므로 H_0: $p_1 = p_2$를 기각할 수 있다.

7.4 분산의 검정

7.4.1 단일모집단

모집단의 산포도를 나타내는 모표준편차 σ에 대한 가설검정을 예를 들어 설명해 보자. 어느 시계공장에서 생산되는 시계의 표준편차는 $\sigma = 0.4$초라고 알려져 있다. 시계의 성능을 향상시키기 위하여 새 기술을 도입하여 제조된 시계 20개를 임의추출하

고 표준편차를 구하니 0.3초였다. 새로 도입한 기술에 의하여 생산된 시계의 성능이 과거 기존의 성능보다 향상되었는가? 이를 검정하려면 $H_0 : \sigma = 0.4$, $H_1 : \sigma < 0.4$와 같은 가설을 세워야 할 것이다.

이와 같이 단일모집단에 대한 가설검정인 경우는 정규모집단 $N(\mu, \sigma^2)$에서 추출한 표본 $X_1, X_2, \cdots, X_n$의 표본분산이 S^2일 때 귀무가설 $H_0 : \sigma^2 = \sigma_0^2$하에서 검정통계량의 분포는

$$\chi^2 = \frac{(n-1)S^2}{\sigma_0^2} \sim \chi^2(n-1)$$

이 되고 유의수준 α가 주어졌을 때 세 가지 대립가설에 대한 기각역이 표 7.8과 같이 나와있고, 양측검정의 경우에 대하여 기각역이 그림 7.6에 나타나 있다.

표 7.8

귀무가설(H_0)	대립가설(H_1)	기각역
$\sigma^2 = \sigma_0^2$	$\sigma^2 > \sigma_0^2$	$\chi^2 \geq \chi_\alpha^2(n-1)$
$\sigma^2 = \sigma_0^2$	$\sigma^2 < \sigma_0^2$	$\chi^2 \leq \chi_{1-\alpha}^2(n-1)$
$\sigma^2 = \sigma_0^2$	$\sigma^2 \neq \sigma_0^2$	$\chi^2 \geq \chi_{\alpha/2}^2(n-1)$ 또는 $\chi^2 \leq \chi_{1-\alpha/2}^2(n-1)$

모집단의 모분산 σ^2에 대한 검정은 정리 7.9의 절차에 따라 이루어진다.

정리 7.9 **모분산 σ^2에 대한 검정**

1. $H_0 : \sigma^2 = \sigma_0^2$, $H_1 : \sigma^2 \neq \sigma_0^2$ (또는 $\sigma^2 > \sigma_0^2$, $\sigma^2 < \sigma_0^2$)
2. 검정통계량의 값 $\chi^2 = \dfrac{(n-1)s^2}{\sigma_0^2}$을 구한다.
3. $\chi^2_{1-\frac{\alpha}{2}} < \chi^2 < \chi^2_{\frac{\alpha}{2}}$ (또는 $\chi^2 < \chi^2_\alpha$, $\chi^2 > \chi^2_{1-\alpha}$)이면 가설 H_0: $\sigma^2 = \sigma_0^2$을 채택하고 $\chi^2 \leq \chi^2_{1-\frac{\alpha}{2}}$, $\chi^2 \geq \chi^2_{\frac{\alpha}{2}}$ (또는 $\chi^2 \geq \chi^2_\alpha$, $\chi^2 \leq \chi^2_{1-\alpha}$)이면 가설 H_0: $\sigma^2 = \sigma_0^2$을 기각한다.

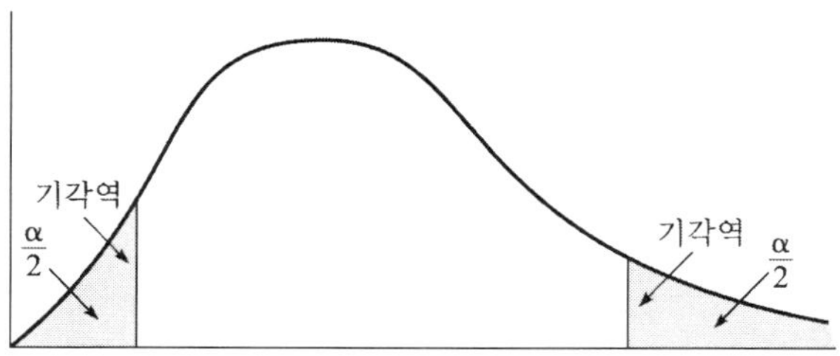

그림 7.6 ▸▸▸ α에 대한 양측검정의 기각역

예제 7.14 자동차 배터리 제조업자는 그들의 배터리의 수명은 분산 0.9년이라고 주장한다. 이들 배터리 10개의 확률표본은 1.2년의 분산을 갖는다고 한다면 $\sigma^2 > 0.9$라고 할 수 있는지 유의수준 0.05로 검정하여라.

풀이 1. 가설설정: H_0: $\sigma^2 = 0.9$, H_1: $\sigma^2 > 0.9$

2. 검정통계량의 값: $s^2 = 1.2$, $n = 10$, $\nu = 9$인

$$\chi^2_{0.05} = 16.919,\ \chi^2 = \frac{(10-1)\times 1.2}{0.9} = 12$$

3. 결과판정: $\chi^2 = 12 < 16.919 = \chi^2_{0.05}$이므로 $H_0 : \sigma^2 = 0.9$을 기각할 수 없다.

7.4.2 두 모집단의 분산 σ_1^2과 σ_2^2 를 비교

두 기계 A, B에 의해서 생산되는 제품의 균등성을 비교하기 위하여 A공장의 제품 중에서 뽑은 표본 20개의 표준편차는 2.0이고, B공장의 제품 30개의 표준편차는 1.5로 나타났다. 이때 A공장 제품의 산포도가 B공장 제품의 산포도보다 더 높다고 할 수 있는지, 두 모집단의 표준편차를 비교하는 검정의 경우에 대하여 알아본다.

$H_0 : \sigma_1^2 = \sigma_2^2 (\sigma_1^2/\sigma_2^2 = 1)$, $H_1 : \sigma_1^2 \neq \sigma_2^2 (\sigma_1^2/\sigma_2^2 \neq 1)$, $\sigma_1^2 > \sigma_2^2 (\sigma_1^2/\sigma_2^2 > 1)$, $\sigma_1^2 < \sigma_2^2$ $(\sigma_1^2/\sigma_2^2 < 1)$으로 쓸 수 있으므로 두 모분산의 비교는 σ_1^2/σ_2^2와 관련 있는 F 분포

$$F = \frac{S_1^2/\sigma_1^2}{S_2^2/\sigma_2^2}$$

를 이용하면 귀무가설 H_0: $\sigma_1^2 = \sigma_2^2$가 사실일 때 검정통계량은

$$F = \frac{S_1^2}{S_2^2} \quad \sim \quad F(n_1 - 1, n_2 - 1)$$

이 된다. 여기서 S_1^2과 S_2^2은 각각 첫 번째와 두 번째 확률표본에서의 표본분산이다. 유의수준 α가 주어졌을 때 세 가지 대립가설에 대한 기각역은 표 7.9에 나와 있고 양측검정의 기각역이 그림 7.7에 나타나 있다. 두 모집단의 분산의 비에 대한 검정은 정리 7.10에 의하여 이루어진다.

표 7.9

귀무가설(H_0)	대립가설(H_1)	기각역
$\sigma_1^2 = \sigma_2^2$	$\sigma_1^2 > \sigma_2^2$	$F \geq F_\alpha(n_1-1,\ n_2-1)$
$\sigma_1^2 = \sigma_2^2$	$\sigma_1^2 < \sigma_2^2$	$F \leq F_{1-\alpha}(n_1-1,\ n_2-1)$
$\sigma_1^2 = \sigma_2^2$	$\sigma_1^2 \neq \sigma_2^2$	$F \geq F_{\alpha/2}(n_1-1,\ n_2-1)$ 또는 $F \leq F_{1-\alpha/2}(n_1-1,\ n_2-1)$

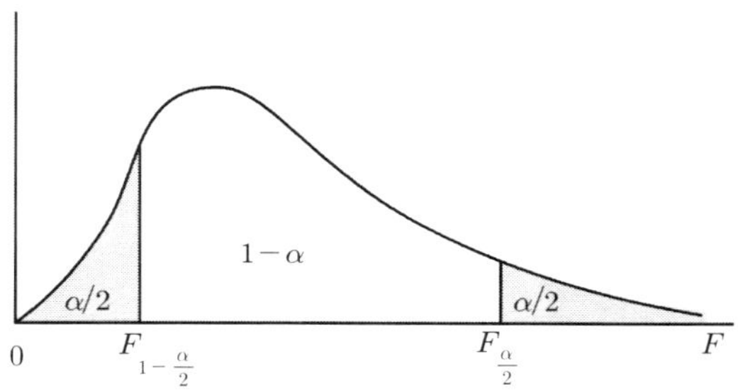

그림 7.7

정리 7.10 $\sigma_1^2 = \sigma_2^2$**에 대한 검정**

1. H_0: $\dfrac{\sigma_1^2}{\sigma_2^2} = 1$, H_1: $\dfrac{\sigma_1^2}{\sigma_2^2} \neq 1$ $\left(\text{또는 } \dfrac{\sigma_1^2}{\sigma_2^2} > 1,\ \dfrac{\sigma_1^2}{\sigma_2^2} < 1\right)$
2. 두 모분산 σ_1^2, σ_2^2의 불편추정량인 표본분산 S_1^2, S_2^2을 구한다.
3. 검정통계량의 값 F를 구한다.

$$F = \frac{s_1^2}{s_2^2}$$

4. 검정통계량의 값 F에서

$F_{1-\frac{\alpha}{2}} < F < F_{\frac{\alpha}{2}}$ (또는 $F < F_\alpha$, $F > F_{1-\alpha}$)이면 가설 H_0: $\sigma_1^2 = \sigma_2^2$을 채택하고,

$F \leq F_{1-\frac{\alpha}{2}}$, $F \geq F_{\frac{\alpha}{2}}$ (또는 $F \geq F_\alpha$, $F \leq F_{1-\alpha}$)이면 가설 H_0: $\sigma_1^2 = \sigma_2^2$를 기각한다.

임곗값을 구할 때에 $F_{(1-\alpha)}(\nu_1, \nu_2) = \dfrac{1}{F_{\alpha}(\nu_2, \nu_1)}$를 이용하는 경우가 있다.

예제 7.15 2가지 교육방법으로 강의를 하였다. 11명에게는 재래식 방법으로 강의를 하였는데 시험결과 평균 80점 표준편차가 4점이었고, 10명에게는 신교육방법에 의하여 수업을 하였으며 평균은 83점 표준편차는 5점이었다. 두 가지 교육방법에 의한 분산은 같다고 할 수 있는가? 유의수준 0.1에서 검정하여라.

풀이
1. 가설설정: H_0: $\sigma_1^2 = \sigma_2^2$, H_1: $\sigma_1^2 \neq \sigma_2^2$
2. 계산 $n_1 = 11$, $n_2 = 10$이므로 자유도 $v_1 = 10$, $v_2 = 9$, $s_1 = 4$, $s_2 = 5$, $F_{0.05}(10,9) = 3.14$, $F_{(1-0.05)}(10,9) = 1/F_{0.05}(9.10) = 0.33$
3. 결과판정: $F = 16/25 = 0.64$, $0.33 < 0.64 < 3.14$이므로 H_0: $\sigma_1^2 = \sigma_2^2$를 채택한다.

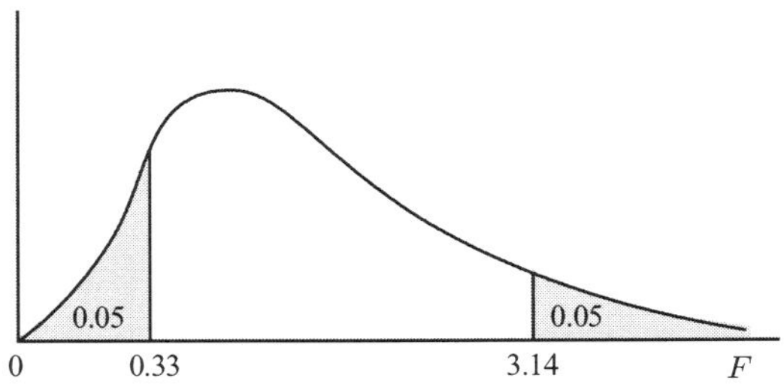

7.5 SPSS 실습

SPSS는 구간추정과 검정의 결과를 동일한 메뉴에서 다루고 있다. 7장에서 설명한 모수의 검정에 관한 예제를 SPSS 22.0을 이용하여 분석하는 방법을 알아보도록 한다.

7.5.1 모평균(μ)의 검정

[예제 7.5]처럼 모분산이 알려져 있지 않고 소표본인 경우에 대하여 검정을 하도록 한다.

① 데이터 입력: [예제 7.5]를 다음과 같이 SPSS 데이터 편집기 창에 입력한다.

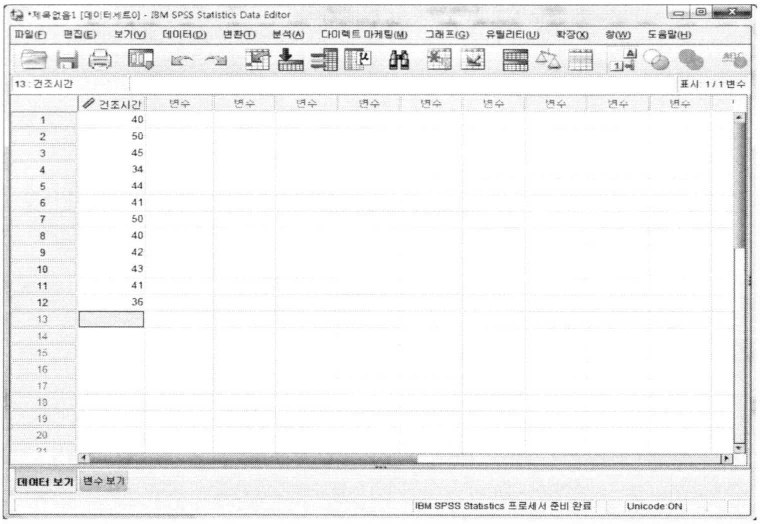

② 모평균의 검정을 위하여 분석 → 평균비교 → 일표본 T 검정과 같이 순서대로 실행명령을 지정한다.

③ 일표본 T 검정 대화상자에서 건조시간 변수를 [검정 변수(T)]란으로 이동시키고 귀무가설이 참일 때 모평균의 값 50을 [검정값(V)]란에 입력한다.

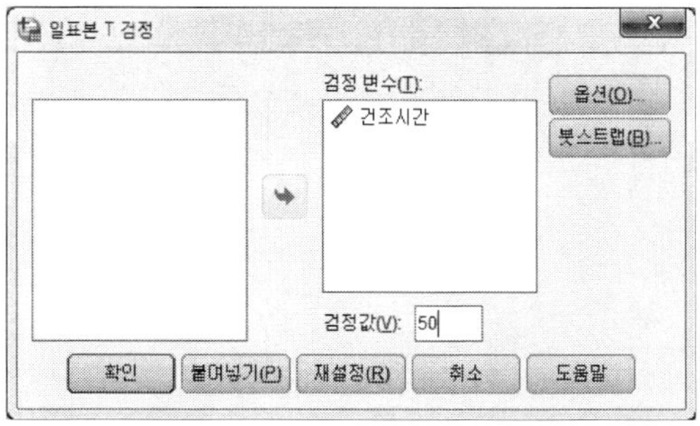

④ 확인을 누르면 출력 결과창에 다음과 같은 분석결과가 나타난다.

일표본 통계량

	N	평균	표준편차	평균의 표준오차
건조시간	12	42.17	4.783	1.381

일표본 검정

	검정값 = 50					
					차이의 95% 신뢰구간	
	t	자유도	유의확률 (양측)	평균차이	하한	상한
건조시간	-5.673	11	.000	-7.833	-10.87	-4.79

일표본 검정 결과를 보면 t 검정통계량 값은 -5.673이고 구해진 p-값은 0.000이다. 검정 결과에 나온 $p-$값은 양쪽검정일 때 사용하고 단측검정일 때는 검정 결과에서 산출된 $p-$값을 $p/2$로 수정한 후 유의수준과 비교해야 할 것이다. 따라서 유의수준 $a=0.05$를 고려한다면 $p/2$값 $< \alpha$이므로 귀무가설을 기각한다. 그러므로 건조시간은 50분보다 적다고 할 수 있다.

7.5.2 두 모평균의 차에 대한 검정

1) 독립표본

[예제 7.6]은 두 모분산 σ_1^2, σ_2^2을 모르고 소표본인 경우에 해당하는 검정문제이다. 교육방법에 따라서 시험성적에 차이가 나는지 알아보고자 한다.

① 데이터 입력: [예제 7.6]을 다음과 같이 SPSS 데이터 편집기 창에 입력한다. 교육방법에서 재래식방법을 1, 신교육방법을 2로 코딩한다.

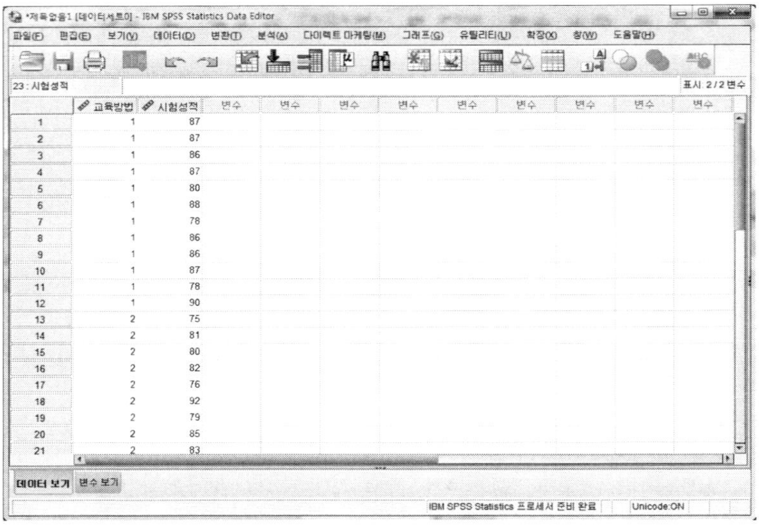

② 독립표본 검정을 위하여 **분석 → 평균비교 → 독립표본 T 검정**과 같이 순서대로 실행명령을 지정한다.

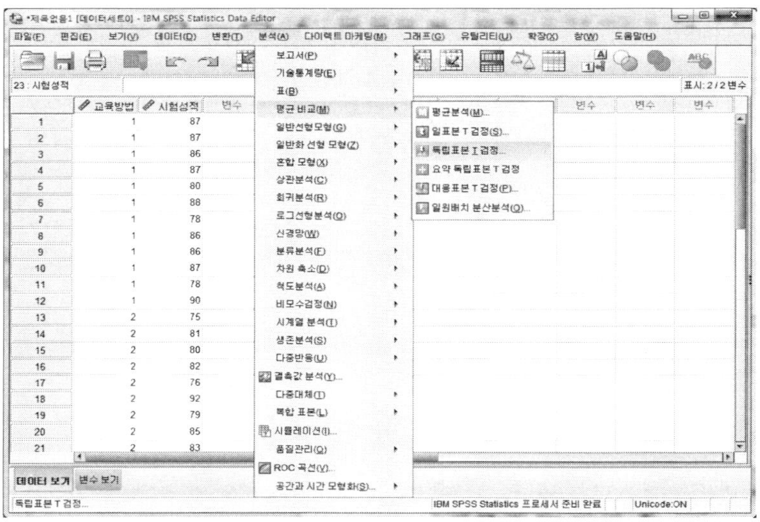

③ 독립표본 T 검정 대화상자에서 시험성적 변수를 [검정 변수(T)]란으로 이동시키고 교육방법 변수를 [집단변수(G)]으로 이동시킨 후 [집단 정의(D)]가 활성화되면 선택하여 교육방법을 1과 2로 구분하였으므로 집단 1에 1, 집단 2에 2를 입력하고 계속을 누른다.

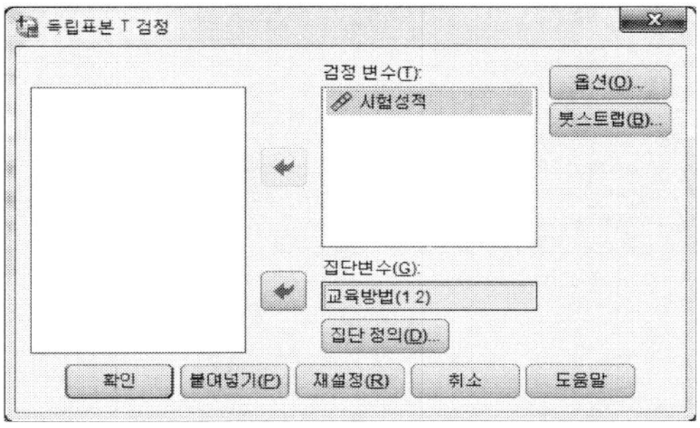

④ 확인을 누르면 출력 결과창에 다음과 같은 분석결과가 나타난다.

집단통계량

	교육방법	N	평균	표준편차	평균의 표준오차
시험성적	1	12	85.00	4.000	1.155
	2	10	81.00	4.989	1.578

독립표본 검정

		Levene의 등분산 검정		평균의 동일성에 대한 T 검정						
									차이의 95% 신뢰구간	
		F	유의확률	t	자유도	유의확률 (양측)	평균차이	차이의 표준오차	하한	상한
시험성적	등분산을 가정함	.137	.716	2.089	20	.050	4.000	1.915	.006	7.994
	등분산을 가정하지 않음			2.046	17.190	.056	4.000	1.955	-.121	8.121

기술통계 분석결과를 보면, 재래식 교육방법 집단은 12개의 자료에서 평균이 85.00이고 표준편차가 4.000, 평균의 표준오차가 1.155를 보이는 반면 신교육방법 집단의 경우에는 10개의 자료에서 평균이 81.00이고 표준편차가 4.989, 그리고 평균의 표준오차가 1.578로 나타났다.

독립표본 검정 결과에서 우선 Levene의 등분산 검정을 살펴보면 F값이 0.137이고 유의확률 값이 0.716으로 유의수준 0.05보다 크기 때문에 모집단의 분산이 동일하다는 귀무가설이 채택된다. 따라서 모집단의 분산이 동일하다는 가정된다. 그 다음의 평균의 동일성에 대한 T 검정에서 검정값인 t값은 2.089이고 유의확률 값은 0.050로 유의수준 0.1보다 작기 때문에 귀무가설을 기각한다. 따라서 재래식 교육방법과 신교육방법의 효과는 차이가 있다고 할 수 있다.

2) 대응표본

표본이 대응을 이룬 경우의 검정을 하는 문제에 대하여 알아보자. [예제 7.8]은 두 종류의 수면제 효과 차이를 알아보기 위한 검정 문제이다.

① 데이터 입력: [예제 7.8]은 대응표본 데이터이므로 아래와 같이 SPSS 데이터 편집기 창에 입력한다.

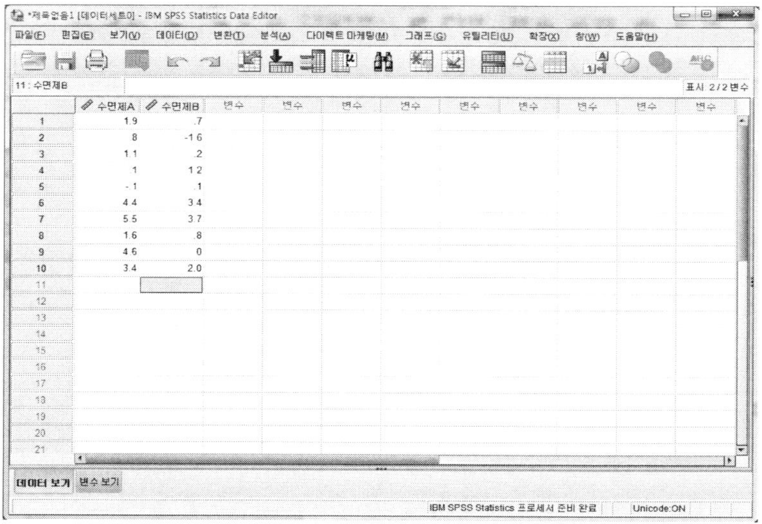

② 대응표본 검정을 위하여 **분석 → 평균비교 → 대응표본 T 검정**과 같이 순서대로 실행명령을 지정한다.

③ 대응표본 T 검정 대화상자에서 A수면제와 B수면제 변수를 [대응 변수(V)]란으로 이동시킨다.

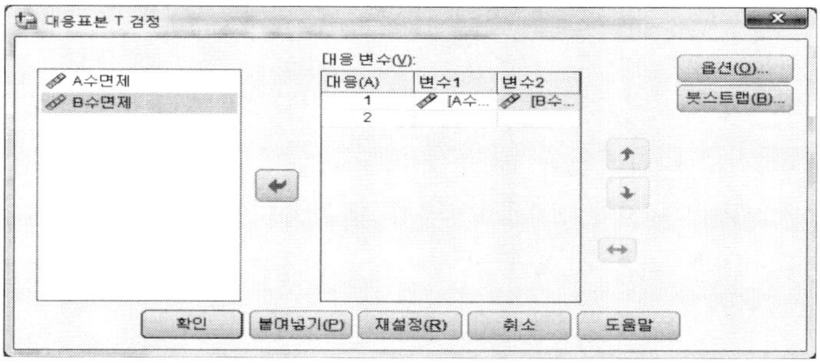

④ 확인을 누르면 출력 결과창에 다음과 같은 분석결과가 나타난다.

대응표본 통계량

		평균	N	표준편차	평균의 표준오차
대응 1	A수면제	2.330	10	2.0022	.6332
	B수면제	.990	10	1.6543	.5231

대응표본 상관계수

		N	상관관계	유의확률
대응 1	A수면제 & B수면제	10	.680	.030

대응표본 검정

		대응차							
					차이의 95% 신뢰구간				
		평균	표준편차	평균의 표준오차	하한	상한	t	자유도	유의확률 (양측)
대응 1	A수면제 - B수면제	1.3400	1.4961	.4731	.2698	2.4102	2.832	9	.020

대응표본 검정 결과를 보면 A수면제에서 B수면제를 뺀 대응차에 관한 데이터의 평균이 1.3400이고 표준편차가 1.4961, 평균의 표준오차가 0.4731로 나타났다. 따라서 대응표본 검정 결과에서 t값은 2.832이고 유의확률이 0.020로 유의수준 0.05보다 작으므로 귀무가설을 기각한다. 즉, 두 종류의 수면제의 효과에 차이가 있다고 할 수 있다.

연습문제

01 어떤 대학 연구소에서 평균수명이 32개월인 생쥐가 그들의 사료에서 칼로리의 40%를 비타민과 단백질로 대치하였을 때 약 40개월을 살았다고 주장한다. 만일 64마리의 생쥐에서 이와 같은 식이요법으로 대치하였더니 평균 38개월의 수명과 표준편차 5.8개월이라면 $\mu < 40$라는 것을 믿을 이유가 있는가를 유의수준 0.025로 검정하여라. 또한 p-값을 구하여라.

02 자동차는 매년 평균 20,000 km 이내에서 운전된다고 주장한다. 이 주장을 검정하기 위하여 100명의 자동차 소유자의 확률표본을 추출하여 그들이 운행한 거리를 기록하도록 하였다. 확률표본에서 평균이 17,500 km이고 표준편차가 3,900 km임을 보였다면 이 주장에 동의하는지 유의수준 0.01로 검정하여라.

03 어떤 공정의 모평균은 50이었다. 그런데 새로운 기계의 도입으로 공정의 일부가 바뀌었다. 바뀐 공정으로부터 조사한 데이터가 다음과 같을 때, 기존의 공정과 새 기계 도입 후의 공정에 차이가 있는지 검정하여라. 단, 표준편차는 알려져 있지 않고 유의수준은 0.05이다.

53, 52, 47, 49, 54, 50

04 K 회사가 생산하는 100대의 형광등의 표본에서 평균 수명 $\bar{x} = 1570$시간, 표준편차 $s = 120$시간을 얻었다. 대립가설 $H_1 : \mu \neq 1600$시간, 귀무가설 $H_0 : \mu = 1600$시간을 유의수준 0.05와 0.01로 각각 검정하여라.

05 한 의학 잡지에 따르면 지나친 나트륨 섭취는 위궤양, 위암, 편두통의 원인이 된다고 한다. 인간의 소금 필요량은 매일 220 mg 정도라고 하는데 한끼 식사량에는 이를 대개 능가하고 있다. 만일 비슷한 한끼 식사량 20개의 확률표본이 평균함량 240 mg의 나트륨과 표준편차 24.5 mg의 나트륨을 갖고 있다면, 한끼 식사량에 평균 나트륨함량이 220 mg을 능가하는지 유의수준 0.05로 검정하여라. 나트륨함량은 정규분포를 따른다고 가정하여라.

06 어떤 기계공장에서 프레스된 부품의 지름 기준치는 1.00 cm이다. 제조 공정의 일부를 변경하고 10개의 표본을 샘플링하여 측정한 결과가 아래와 같을 때 프레스된 부품의 지름이

달라졌다고 할 수 있겠는가? 유의수준 0.05로 검정하여라.

1.69, 1.48, 1.17, 1.23, 1.83, 0.88, 1.87, 1.21, 1.41, 1.53

07 한 제조업자는 실 A의 평균장력이 실 B의 평균장력보다 적어도 12 kg이나 능가한다고 주장한다. 이 주장을 검정하기 위하여 각각의 실 50개 조각을 같은 조건하에서 조사하였다. A형의 실은 평균장력이 86.7 kg, 표준편차 6.28 kg이었고 B형의 실은 평균장력이 77.8 kg, 표준편차 5.61 kg이었다. 제조자의 주장을 유의수준 0.05로 검정하여라.

08 독립인 두 정규모집단으로부터 뽑힌 $\overline{x}_1 = 75$, $\overline{x}_2 = 60$, $s_1 = 6.1$, $s_2 = 5.3$이고 크기 $n_1 = 11$, $n_2 = 14$인 두 확률표본이 주어졌을 때 $H_1 : \mu_1 \neq \mu_2$라는 대립가설에 대비하여 $H_0 : \mu_1 = \mu_2$라는 가설을 유의수준 0.05로 검정하여라.

09 한 조사팀은 물리학 강좌에서 실험이 그 강좌의 한 부분으로 구성되었을 때 이해가 더 나은지를 결정하려고 한다. 실험이 없는 3학점짜리 강좌와 실험이 있는 4학점짜리 강좌를 학생들이 선택하도록 허락되었다. 실험이 있는 강좌에서 11명 학생의 평균점수는 85점이고 표준편차 4.7점이었다. 한편 실험이 없는 강좌에서 17명 학생의 평균점수는 79점이고 표준편차는 6.1점이었다. 실험실 강좌가 평균 8점이나 증가되었는지를 유의수준 0.01로 검정하여라. 모집단은 분산이 같은 정규모집단으로 가정하여라.

10 상표 A와 상표 B의 타이어의 주행거리에 따른 타이어 수명을 비교하려고 두 상표 A, B의 타이어를 임의로 추출된 8대의 택시에 달고 주행하여 다음과 같은 자료를 얻었다(단위: km). 대립가설 $\mu_1 < \mu_2$에 대한 $\mu_1 = \mu_2$인 가설을 유의수준 0.01로 검정하여라.

택시	상표 A	상표 B
1	34,400	36,700
2	45,500	46,800
3	36,700	37,700
4	32,000	31,100
5	48,400	47,800
6	32,800	36,400
7	38,100	38,900
8	30,100	31,500

11 2개의 회사의 제품을 각각 랜덤하게 뽑아서 인장 강도를 측정하였더니 다음과 같은 데이터가 나타났다. 두 회사의 제품의 평균값에 차이가 있다고 할 수 있는가? 유의수준 0.05로 검정하여라.

S사	26	27	18	26	25	24
Q사	14	9	13	15	23	21

12 원료에 A, B가 있고 개개를 사용하여 생성된 어떤 약재의 수확량을 계산해 보았더니 다음 표의 결과를 얻었다. 두 원료에 의한 약재의 수확량에 차이가 있는지를 검정하여라. 단, 분산에는 차이가 없고 유의수준은 0.01이다.

원료	A	B
n	9	16
s^2	25.0	20.0
$\overline{x}$	350	225

13 어떤 도시에 현재 건설되고 있는 모든 집들의 70%에 열펌프가 설치된다고 어느 건축업자가 주장한다. 이 도시의 새 집들을 무작위로 조사한 결과 15집 중 8집에 열펌프가 설치되었다면 당신은 이 주장에 동의하겠는가? 유의수준 0.10을 사용하여라.

14 A는 지금까지의 수학시험에서 5문제 중 2문제 정도밖에 풀 수 없었는데, 이번 시험에서는 지금까지와 같은 정도의 문제에 대하여 10문제 중 8문제를 풀 수 있었다. A의 실력이 나아졌다고 판정할 수 있는가? 유의수준 0.05로 검정하여라.

15 가스 회사는 어떤 도시에서 주택의 2/3가 천연가스로 난방을 하고 있다고 주장한다. 이 도시에서 주택 1000가구의 확률표본에서 618가구만이 천연가스로 난방을 하고 있는 것이 밝혀졌다면 이 주장을 의심할 이유가 있는가? 유의수준 0.01을 사용하여라.

16 어느 도시에서 출생아 500명 중 남아가 270명이었다. 이 도시의 남녀 출생률이 같다고 할 수 있는가? 유의수준 0.05로 검정하여라.

17 핵발전소 건설에 찬성하는 비율을 추정하는 조사에서 도시거주자는 100명 중 63명이 건설을 찬성하고 시외거주자는 125명 중 단지 59명만이 찬성하는 것으로 판명되었다. 핵발전소 건설에 찬성하는 도시와 시외거주자의 비율 사이에 유의적인 차가 있는지 유의수준 0.05로 검정하여라.

18 특별한 윤활유 용기들의 용량은 분산 0.03리터의 분산을 가지고 정규분포를 따르는 것으로 알려져 있다. 모분산이 0.03인가를 검정하기 위하여 10개의 용기를 추출하여 다음 자료(단위: 리터)를 얻었다. 유의수준 0.01로 검정하여라.

10.2, 9.7, 10.1, 10.3, 10.1, 9.8, 9.9, 10.4, 10.3, 9.8

19 기계에 의해 채워지는 음료수는 만일 함량의 분산이 1.15 dl를 초과하면 관리하에 있지 않다고 한다. 이 기계로부터 25개의 음료수를 추출하여 함량을 조사해 보니 표본분산이 2.03 dl로 나타났다. 기계가 관리하에 있지 않다는 것을 유의수준 0.05로 검정하여라. 함량의 분포는 근사적으로 정규분포를 따른다고 가정한다.

20 한 조사에서 어떤 제작물을 조립하는 데 남자와 여자 사이에 시간의 길이를 비교하는 것이 시행되었다. 과거의 경험에 의하면 남녀 모두 조립시간의 분포는 정규분포를 따르지만, 여자에 대한 시간의 분산이 남자보다 작은 것으로 나타나고 있다. 남자 11명과 여자 14명을 조사하여 다음과 자료를 얻었다.

남자	여자
$n_1 = 11$	$n_2 = 14$
$s_1 = 6.1$	$s_2 = 5.3$

대립가설 $\sigma_1^2 > \sigma_2^2$에 대한 $\sigma_1^2 = \sigma_2^2$인 가설을 유의수준 0.01로 검정하여라.

21 원료 I과 원료 II에 의하여 같은 공정과 작업방법으로 제품을 만들어 보았더니 다음의 순도(단위 %)를 얻었다.

원료 I	74.9	74.0	75.5	73.9	74.7	74.3	75.8	74.2	74.4	73.8
원료 II	75.3	76.5	74.4	74.9	75.0	77.9	75.3	75.0	75.2	

원료 I과 원료 II에서 얻어지는 제품순도의 분산의 차이가 있다고 말할 수 있는가? 유의수준 0.05에서 검정하여라.

8장

분산분석

8.1 서론

7장에서 다루었던 두 모평균의 비교를 확장하여 3개 이상의 정규분포의 모평균에 대해 검정하는 문제를 생각하여 보자. 실제로 많은 실험이나 관찰에서 두 모집단의 비교보다는 세 개 이상의 모집단의 비교가 일반적이라고 할 수 있다. **분산분석**(Analysis of variance: ANOVA)은 2개 또는 그 이상의 모집단이 각각 정규분포를 따른다고 할 때, 각 모집단으로부터 추출된 독립표본을 이용하여 모집단 평균들이 같은가를 검정하는 통계적 분석방법으로, ANOVA라고도 한다.

예를 들어 1) '3품종의 벼의 수확량이 평균적으로 같다'라는 귀무가설을 검정하는 일, 2) 온도가 50℃, 70℃, 90℃일 때 '어느 식물의 성장량이 같다'라는 귀무가설을 검정하는 일, 3) '종류가 다른 어느 기계 A, B, C, D에서 생산되는 제품의 성능이 같다'라는 귀무가설을 검정하는 일, 4) 어느 화학실험에서 온도 60℃, 80℃, 100℃인 각각의 조건에 대하여 농도 10%, 15%, 20%, 25%인 경우의 실험효과의 비교에 대하여 검정하는 일, 5) 돼지를 사육하는 데 돼지의 종류 A, B, C의 각각에 대하여 4종의 사료 1, 2, 3, 4의 먹이로 길렀을 때의 체중을 비교하는 것, 6) 어느 물질을 합성하는 데 촉매량 1 mg, 2 mg, 3 mg를 투입하고 이를 각 촉매에 대하여 온도 100℃, 120℃, 140℃를 가열하여 시간을 5분, 10분 동안 실험을 하였을 때 이들 모든 경우에 대한 합성량을 비교하는 것 등 우리 주위에는 이런 일이 많이 일어난다.

위의 여러 가지 예에서 벼의 품종, 온도, 기계의 종류, 농도, 돼지의 종류, 사료, 촉매량, 시간 등과 같이 실험결과에 영향을 미치는 원인을 **인자**(factor)라고 한다. 온도가 50℃, 70℃, 90℃, 기계의 종류가 A, B, C, D, 농도가 1 mg, 2 mg, 3 mg, 시간이 5분, 10분 등과 같이 인자의 상태를 지정하는 조건을 **수준**(level)이라고 한다. 그리고 인자 단독의 효과를 **주효과**(main effect)라고 하고, 2개 이상의 인자의 상승작용, 또는 상쇄작용을 **교호작용**(interaction)이라고 한다. 앞의 예 1), 2), 3)에서와 같이 인자가 1개일 때에 일원배치법, 4), 5)의 경우에는 인자가 2개이므로 관찰값을 2개의 기준에 따라 분류하는 것을 이원배치법, 6)의 경우에서처럼 인자가 3개인 경우는 삼원배치법이라고 한다.

8.2 일원배치법

8.2.1 일원배치 분산분석

일원배치 분산분석법(one-way ANOVA)이란 실험결과에 영향을 미치는 인자가 1개이고 1개의 인자를 k개의 수준으로 분류하며, 각 수준에서 $n_1, n_2, \cdots, n_k$개의 관측값을 얻어 표 8.1과 같은 **일원배치법**(one-way classification)의 구조를 얻는다. 즉 표 8.1은 k개의 모집단에서 각각 $n_1, n_2, \cdots, n_k$개의 표본을 추출하여 얻은 표이며 표본의 총합은 $n = \sum n_i$이다.

k개의 모집단 또는 k개의 수준을 **처리**(treatment)라고도 하며 표 8.1과 같이 분류한다. k개의 모집단의 평균이 $\mu_1, \mu_2, \cdots, \mu_k$이고 분산이 모두 σ^2인 정규분포를 한다고 가정한다.

표 8.1 ▸▸▸ 일원배치의 자료구조

인자 A		관측값	계	자료수 n_i	평균
처리	A_1	x_{11} $x_{12} \cdots$ $x_{1j} \cdots$ x_{1n_1}	$T_{1\cdot}$	n_1	$\bar{x}_{1\cdot} = T_{1\cdot}/n_1$
	A_2	x_{21} $x_{22} \cdots$ $x_{2j} \cdots$ x_{2n_2}	$T_{2\cdot}$	n_2	$\bar{x}_{2\cdot} = T_{2\cdot}/n_2$
	$\vdots$	$\vdots$ $\vdots$ $\vdots$ $\vdots$	$\vdots$	$\vdots$	$\vdots$
	A_k	x_{k1} $x_{k2} \cdots$ $x_{kj} \cdots$ x_{kn_k}	$T_{k\cdot}$	n_k	$\bar{x}_{k\cdot} = T_{k\cdot}/n_k$
합계			$T_{\cdot\cdot}$	n	$\bar{x}_{\cdot\cdot} = T_{\cdot\cdot}/n$

표 8.1에서 보는 바와 같이 인자 A가 k개의 수준 $A_1, A_2, \cdots, A_k$로 되어 있고, 수준 $A_i (i = 1, 2, \cdots, k)$에서 n_i개의 관측값 $x_{i1}, x_{i2}, \cdots, x_{in_i}$으로 자료배치표를 만들면 표 8.1과 같이 일원배치법의 자료구조를 나타낼 수 있다. 일원배치법의 자료배열에 나타난 관측값에 의하여 각 수준 사이의 자료의 특성치가 차이가 있는지의 여부를 검정하는 일이 일원배치에 의한 분산분석인데, 이는 결국 두 평균의 차의 유의성 검정을 3개 이상의 평균의 경우로 확장한 것과 같다.

i번째 수준 A_i에서 j번째 관측값 x_{ij}를 나타내는 확률변수를 X_{ij}라고 하면, X_{ij}는 다음과 같은 **모형**(model)으로 표시할 수 있다.

$$X_{ij} = \mu + \alpha_i + \epsilon_{ij} \quad (i = 1, 2, \cdots, k, \quad j = 1, 2, \cdots, n_i)$$

여기서 μ는 전체의 모평균, α_i는 수준 A_i의 주효과를 나타내고, ϵ_{ij}는 i번째 수준 j번째 관측값의 우연오차의 부분인 오차항으로서 $\epsilon_{ij} \sim N(0, \sigma^2)$인 분포를 한다. i번

째 수준 A_i는 i번째 모집단과 같은 뜻이다. 수준 A_i의 모평균을 μ_i라고 하면

$$\mu_i = \mu + \alpha_i,$$
$$\sum_{i=1}^{k} \alpha_i = \sum_{i=1}^{k} (\mu_i - \mu) = 0$$

i번째의 모집단 A_i에서 j번째 관측값 x_{ij}의 오차항 ϵ_{ij}의 분포는 $\epsilon_{ij} \sim N(0, \sigma^2)$이므로 k개의 각 수준(각 모집단)의 분산은 σ^2으로 모두 같다. 즉 등분산이며 이것은 7장에서 두 평균의 차의 검정에서 등분산임을 전제한 것과 같은 의미를 갖는다. 위의 내용을 요약하면 다음과 같다.

일원배치법의 모형

$X_{ij} = \mu + \alpha_i + \epsilon_{ij}, \quad i = 1, 2, \cdots, k, \; j = 1, 2, \cdots, n_i$

단, μ: 총평균,

α_i: i번째 처리효과,

ϵ_{ij}: 서로 독립인 $N(0, \sigma^2)$를 따르는 오차

k개의 모집단의 평균이 모두 동일한지 가설을 세워 검정의 절차를 생각하여 보자. 즉 k개의 각 수준 $A_1, A_2, \cdots, A_k$의 주효과 사이에 차이가 없다는 가설은

$$H_0 : \alpha_1 = \alpha_2 = \cdots = \alpha_k = 0$$

이다. $\alpha_i = 0$은 i번째 수준 A_i의 주효과는 없다를 뜻하며 이는 각 수준의 평균은 $\mu + \alpha_i = \mu_i$가 되어 서로 같다는 것이다. 따라서 가설 H_0가 채택되면 각 수준의 효과는 차이가 없다. 즉 k개의 평균은 차이가 없다를 뜻한다. 이제 귀무가설과 대립가설을 다음과 같이 표시하자.

$$H_0 : \alpha_i = 0, \quad H_1 : \alpha_i \neq 0 \quad (i = 1, 2, \cdots, k)$$

$\alpha_i \neq 0$는 α_i $(\alpha_1, \alpha_2, \cdots, \alpha_k)$ 중 적어도 하나는 0이 아니다라는 뜻이다.

가설을 검정하기 위하여 몇 가지 **변동**(variation) 사이의 관계를 알아보자. 기호는 표 8.1의 일원배치표에 표시한 바와 같다. 자료 전체의 변동을 **총변동**(total variation) 또는 **총제곱합**(total sum of squares)이라고 하며, 이것은 각 관찰값과 관찰값 전체의 평균과의 차의 제곱합, 즉 편차의 제곱합을 말하며 SS_T로 표시한다.

$$SS_T = \sum_{i=1}^{k}\sum_{j=1}^{n_i}(X_{ij} - \overline{X}..)^2$$

k개의 각 수준(각 모집단) 내의 변동의 합을 **급내변동**(variation within class) 또는 **잔차변동**(residual variation)이라고 하며, 이것은 관찰값 x_{ij}와 각 수준 A_i 내의 평균 $\overline{X_i}.$의 차의 제곱합들을 합한 것이며 SS_E로 표시한다.

$$SS_E = \sum_{i=1}^{k}\sum_{j=1}^{n_i}(X_{ij} - \overline{X_i}.)^2$$

각 수준(각 모집단)의 평균 $\overline{X_i}.$와 전체평균 $\overline{X}..$의 차의 제곱합, 즉 수준과 수준 사이의 변동을 **급간변동**(variation between treatments)이라고 하며 SS_A로 표시하고, 기호 SS_A의 A는 인자 A를 뜻하며 만일 검정하려는 인자가 B라면 SS_B로 표시한다.

$$SS_A = \sum_{i=1}^{k} n_i(\overline{X_i}. - \overline{X}..)^2$$

다음으로 **자유도**(degree of freedom)에 살펴보자. 제곱합의 자유도는 제곱을 한 편차의 개수에서 편차들의 선형제약조건의 개수를 뺀 것과 같다. 정리하면

(제곱합의 자유도) = (제곱을 한 편차의 개수) − (편차들의 선형제약 조건의 개수)

이다. 따라서 $SS_T = \sum\sum(X_{ij} - \overline{X}..)$에서 제곱을 한 편차의 개수는 $n = \sum_{i=1}^{k} n_i$이며, 선형제약조건은 $\sum\sum(X_i - \overline{X}..) = 0$인 한 개가 있으므로 SS_T의 자유도는

$$\nu_T = \sum^{k} n_i - 1 = n - 1$$

이고, 급내변동에 대한 자유도 ν_E는 각 수준에서의 자유도 $n_1 - 1, n_2 - 1, \cdots, n_k - 1$의 합이므로

$$\nu_E = (n_1 - 1) + (n_2 - 1) + \cdots + (n_k - 1) = \sum_{i=1}^{k} n_i - k = n - k$$

이다. 또한 급간변동에 있어서의 자유도 ν_A는 $k-1$이다.

앞에서 변동은 평방합이나 제곱합으로 나타내기도 한다. 그러므로 전변동, 급내변동, 오차변동, 처리간 변동 등은 총제곱합, 처리제곱합, 잔차제곱합 등으로 표시하기도 한다. 제곱합들 사이에 다음 정리 8.1이 성립하며 이 정리는 분산분석에서 유용한 정리이다.

정리 8.1 **제곱합**

$$SS_T = SS_A + SS_E,\ \sum_{i=1}^{k}\sum_{j=1}^{n_i}(X_{ij}-\overline{X}..)^2 = \sum_{i=1}^{k} n_i(\overline{X}_i.-\overline{X}..)^2 + \sum_{i=1}^{k}\sum_{j=1}^{n_i}(X_{ij}-\overline{X}_i.)^2,$$

$$\nu_T = n-1,\quad \nu_A = k-1,\quad \nu_E = n-k,\quad \nu_T = \nu_A + \nu_E$$

증명

$$SS_T = \sum_i\sum_j(X_{ij}-\overline{X}_i.+\overline{X}_j.-\overline{X}..)^2$$

$$= \sum_i\sum_j(X_{ij}-\overline{X}_i.)^2 + 2\sum_i(\overline{X}_i.-\overline{X}..)\sum_{j=1}^{n_i}(X_{ij}-\overline{X}_i.)$$

$$+ \sum_{i=1}^{k} n_i(\overline{X}_i.-\overline{X}..)^2$$

$$= \sum_i\sum_j(X_{ij}-\overline{X}_i.)^2 + 2\sum_i(\overline{X}_i.-\overline{X}..)\cdot 0$$

$$+ \sum_{i=1}^{k} n_i(\overline{X}_i.-\overline{X}..)^2$$

$$= SS_A + SS_E$$

$SS_T,\ SS_A,\ SS_E$를 계산할 때 다음 정리를 이용하면 편리하다.

정리 8.2 **$SS_T,\ SS_A,\ SS_E$의 계산**

$$SS_T = \sum_{i=1}^{k}\sum_{j}^{n_i} x_{ij}^2 - \frac{T..^2}{n},\qquad \nu_T = n-1,$$

$$SS_A = \sum_{i=1}^{k}\frac{T_{i\cdot}^2}{n_i} - \frac{T..^2}{n},\qquad \nu_A = k-1,$$

$$SS_E = SS_T - SS_A,\qquad \nu_E = \nu_T - \nu_A$$

위 계산식의 끝항에 있는 $\frac{T..^2}{n}$을 수정항(correction term)이라고 하고 CT로 표시한다.

증명

$$SS_T = \sum_i^{k}\sum_j^{n_i}(x_{ij}-\overline{x}..)^2 = \sum_i\sum_j x_{ij}^2 - 2\overline{x}..\sum_i\sum_j x_{ij} + n\overline{x}..^2$$

$$= \sum_i\sum_j x_{ij}^2 - 2\frac{T..}{n}T.. + n\left(\frac{T..}{n}\right)^2$$

$$= \sum_i\sum_j x_{ij}^2 - \frac{T..^2}{n} = \sum_i\sum_j x_{ij}^2 - CT,$$

$$SS_A = \sum_{i=1}^{k} n_i(\overline{x}_{i\cdot} - \overline{x}_{\cdot\cdot})^2 = \sum_{i=1}^{k} n_i \overline{x}_{i\cdot}^{\,2} - 2\overline{x}_{\cdot\cdot}\sum_i n_i \overline{x}_{i\cdot} + \overline{x}_{\cdot\cdot}^{\,2}\sum_i n_i$$

$$= \sum_{i=1}^{k} n_i\left(\frac{T_{i\cdot}}{n_i}\right)^2 - 2\frac{T_{\cdot\cdot}}{n_i}\sum_i n_i\frac{T_{i\cdot}}{n_i} + \left(\frac{T_{\cdot\cdot}}{n}\right)^2 n$$

$$= \sum_i \frac{T_{i\cdot}^{\,2}}{n_i} - \frac{T_{\cdot\cdot}^{\,2}}{n} = \sum_i \frac{T_{i\cdot}^{\,2}}{n_i} - CT$$

이제 분산 σ^2의 불편추정량, 즉 불편분산을 구해 보자. 6.1절 예제 6.5에서 '불편분산은 제곱합을 그의 자유도로 나눈 몫이다.'를 이용하자. 가설 $H_0: \alpha_i = 0$이 참이면 각 수준은 등분산을 갖게 되며 처리제곱합 $SS_A = \sum(\overline{x}_{i\cdot} - \overline{x}_{\cdot\cdot})^2$의 자유도는 $\nu_A = k-1$이므로, 제곱합을 자유도로 나누면

$$MS_A = \frac{SS_A}{k-1}$$

은 분산 σ^2의 불편추정값이 되며, 이를 평균제곱(mean square)이라고 한다. 그러나 대립가설 $H_1: \alpha_i \neq 0$이 참이면 SS_A가 더 큰 값을 갖는 경향이 있고 $E[MS_A] > \sigma^2$이다. 그리고 오차제곱합 $SS_E = \sum_i\sum_j(x_{ij} - \overline{x}_{i\cdot})^2$의 자유도는 $\nu_E = n-k$이므로 오차의 평균제곱

$$MS_E = \frac{SS_E}{n-k}$$

는 가설에 관계없이 σ^2의 불편추정량이다.

앞에서 MS_A과 MS_E은 다 같이 σ^2의 불편추정량이며 자유도가 각각 $k-1, n-k$이므로 5.4절의 F 분포의 정의 및 정리에 의하여

$$F = \frac{MS_A}{MS_E} \sim F(k-1, n-k)$$

이며, H_0가 참이 아닐 때 $MS_A > \sigma^2$이므로 기각역은 분포의 오른쪽에 갖는 우측검정이다. 이때 기각역은 유의수준 α에서 F 통계량의 값

$$F > F_\alpha(k-1, n-k)$$

이다. 이상을 요약하면 일원배치의 분산분석은 다음 절차를 거쳐서 표 8.2의 분산분석표를 만들고 이 표에 의하여 검정의 판정을 유도한다.

1. 가설설정: $H_0 : \alpha_1 = \alpha_2 = \cdots = \alpha_k = 0$,

   $H_1 : \alpha_i \neq 0$ 인 i가 적어도 하나 존재한다.

2. 계산:

   총제곱합: $SS_T = \sum_i^k \sum_j^{n_i} x_{ij}^2 - \frac{T..^2}{n}$, $v_T = n-1$,

   처리제곱합: $SS_A = \sum_i^k \frac{T_i.^2}{n_i} - \frac{T..^2}{n}$, $v_A = k-1$,

   오차제곱합: $SS_E = SS_T - SS_A$, $v_E = n-k$,

   처리의 평균제곱: $MS_A = \frac{SS_A}{k-1}$,

   오차의 평균제곱: $MS_E = \frac{SS_E}{n-k}$,

   검정통계량의 값: $F = \frac{MS_A}{MS_E}$

3. 결과판정: 귀무가설 H_0하에서

$$F > F_\alpha(k-1, n-k)$$

일 때 유의수준 α에서 기각된다.

표 8.2 ▸▸▸ 일원배치법에 대한 분산분석표

요인	제곱합	자유도	평균제곱	검정통계량의 값	임곗값
처리(급간)	SS_A	$\nu_A = k-1$	$MS_A = \frac{SS_A}{k-1}$	$F = \frac{MS_A}{MS_E}$	$F_\alpha(k-1, n-k)$
오차(급내)	SS_E	$\nu_E = n-k$	$MS_E = \frac{SS_E}{n-k}$		
총합	SS_T	$\nu_T = n-1$			

따라서 앞의 결과들을 정리하면, 일원배치법에서 귀무가설 $H_0 : \alpha_1 = \alpha_2 = \cdots = \alpha_k$에 대한 검정법을 아래와 같이 요약할 수 있다.

귀무가설: $H_0 : \alpha_1 = \alpha_2 = \cdots = \alpha_k$,

검정통계량의 값: $F = \frac{MS_A}{MS_E}$,

결과판정: $F > F_\alpha(k-1, n-k)$이면 H_0를 기각한다.

일원배치법에서는 반복수가 같은 경우와 반복수가 같지 않은 경우 두 가지 자료구조가 있으며 예제 8.1은 반복수가 같은 경우, 예제 8.2는 반복수가 다른 경우의 예제이다.

예제 8.1 다음 표는 5종류의 수면제를 각각 5명씩 투약하고 증가한 수면시간을 조사한 표이다. 5종류의 수면제의 효과가 같다는 가설을 유의수준 5%로 검정하여라.

표 8.3 ▸▸▸ 수면의 증가시간

수면제의 종류	수면의 증가시간	$T_{i\cdot}$	$\overline{x}_{i\cdot}$
1	5 4 8 6 3	26	5.2
2	9 7 8 6 9	39	7.8
3	3 5 2 3 7	20	4.0
4	2 3 4 1 4	14	2.8
5	7 6 9 4 7	33	6.6
계		132	5.28

풀이 1. 가설설정 $H_o: \alpha_1 = \alpha_2 = \cdots = \alpha_5 = 0$, $H_1: \alpha_i \neq 0$인 i가 존재한다.

2. 계산

$$SS_T = 5^2 + 4^2 + \cdots + 7^2 - \frac{132^2}{25} = 834 - 696.960 = 137.040,$$

$$SS_A = \frac{26^2}{5} + \frac{39^2}{5} + \cdots + \frac{33^2}{5} - \frac{132^2}{25} = 776.400 - 696.960 = 79.440,$$

$$SS_E = 137.040 - 79.440 = 57.600.$$

위의 값을 이용하여 분산분석표를 작성하면 아래의 표 8.4와 같다.

표 8.4 ▸▸▸ 예제 8.1의 분산분석표

요인	제곱합	자유도	평균제곱	검정통계량의 값	임곗값
처리(급간)	79.440	4	$\frac{79.440}{4} = 19.860$	$F = \frac{19.860}{2.880} = 6.90$	$F_{0.05}(4,20) = 2.87$
오차(급내)	57.600	20	$\frac{57.600}{20} = 2.880$		
총합	137.040	24			

3. 결과판정: 검정통계량의 값 $F = 6.90 > 2.87 = F_{0.05}(4, 20)$이므로 $H_0: \alpha_i = 0$을 기각한다. 따라서 5종의 수면제의 효과는 모두 동일하다고 할 수 없다.

예제 8.2 어느 공장의 세 종류의 공정에서 만들어지는 플라스틱의 강도를 측정하여 다음 표 8.5를 얻었다. 이 표의 측정값에 의하면 세 종류의 공정에서 생산되는 플라스틱의 강도가 모두 동일하다고 할 수 있는지 유의수준 5%로 검정하여라.

표 8.5 ▸▸▸ 플라스틱의 강도

공정	강도의 측정값	계
1	4 7 6 6	23
2	5 1 3 5 3 4	21
3	8 6 8 9 5	36

풀이 1. 가설설정: H_0: $\alpha_1 = \alpha_2 = \alpha_3 = 0$, H_1: $\alpha_i \neq 0 (i = 1, 2, 3)$인 i가 존재한다.

2. 계산: $SS_T = 4^2 + 7^2 + ... + 5^2 - \dfrac{80^2}{15} = 65.333$,

$$SS_A = \frac{23^2}{4} + \frac{21^2}{6} + \frac{36^2}{5} - \frac{80^2}{15} = 38.283,$$

$$SS_E = 65.333 - 38.283 = 27.050,$$

이에 대한 분산분석표를 만들면 표 8.6과 같다.

표 8.6 ▸▸▸ 예제 8.2의 분산분석표

요인	제곱합	자유도	평균제곱	검정통계량의 값	임곗값
처리	38.283	2	38.283/2=19.142	$\dfrac{19.142}{2.254} = 8.49$	$F_{0.05}(2,12) = 3.89$
오차	27.050	12	27.650/12=2.254		
전체	65.333	14			

3. 결과판정: 검정통계량의 값 $F = 8.49 > 3.89 = F_{0.05}(2, 12)$이므로 가설 H_0를 기각한다. 따라서 플라스틱의 강도는 동일하다고 할 수 없다.

8.2.2 두 수준 사이의 효과차이 검정

모든 수준의 효과가 동일하다는 가설 $H_0: \alpha_i = 0$이 기각되었을 때, 즉 모든 수준의 평균이 같다라는 가설이 기각되었을 때 두 수준 사이의 효과 α_i와 α_j가 같은가를 검정하는 2가지 방법을 알아보자.

1) Duncan의 다중범위검정

가설 $H_0: \alpha_i = 0$이 기각되었을 때 주효과 간에 차이가 있는가를 검정해야 한다. 차이가 있는 효과들은 동일한 효과들의 부분집합으로 분류하는데 Duncan의 다중범위검정

(Duncan's multiple-range test)이 필요한 k개 수준의 각 관찰값이 모두 n_i로 일정하다고 하자. R_p를 p개 수준의 효과의 값에 대한 **최소유의범위**(the least significant range)라고 하고

$$R_p = \gamma_p \sqrt{\frac{MS_E}{n_i}}$$

이며, 여기에서 p는 표본평균을 크기 순서로 배열한 수열에서 i번째의 표본평균과 j번째의 표본평균을 비교할 때 i번째부터 j번째까지의 표본평균의 개수 $j-i+1$을 뜻한다. 예를 들어 3번째의 표본평균과 5번째의 표본평균을 비교한다면 p는 3번째부터 5번째까지의 3개의 표본평균이므로 $p=3$이다. 그리고 γ_p는 **스튜던트화한 최소유의범위**라고 하며 유의수준 α와 자유도 $\nu_E = n-k$에 의하여 결정되고 부록 표 8에서 구한다. MS_E은 8.2.1절에서 오차에 대한 평균제곱이다. 다음 예제 8.3에서 Duncan의 검정방법을 설명하겠다.

예제 8.3 예제 8.1에서 Duncan의 다중범위검정을 하여라.

풀이 예제 8.1의 일원배치표에서 표본평균의 크기순서로 배열한다.

$\overline{x}_{4\cdot}$	$\overline{x}_{3\cdot}$	$\overline{x}_{1\cdot}$	$\overline{x}_{5\cdot}$	$\overline{x}_{2\cdot}$
2.8	4.0	5.2	6.6	7.8

예제 8.1의 분산분석표(표 8.4)에서 $\nu_E = 20$, $MS_E = 2.880$을 얻고 부록 표 8에서 $\nu = 20$, $p = 2, 3, 4, 5$에 대한 r_p를 구한다. $R_p = \gamma_p \sqrt{\frac{MS_E}{n_i}} = \gamma_p \sqrt{\frac{2.880}{5}} = \gamma_p 0.76$이므로 아래의 표를 작성한다.

p	2	3	4	5
γ_p	2.950	3.097	3.190	3.255
R_p	2.24	2.35	2.42	2.47

즉, $R_2 = 2.24$, $R_3 = 2.35$, $R_4 = 2.42$, $R_5 = 2.47$이다.

① 첫 번째와 두 번째의 비교

$\overline{x}_{2\cdot} - \overline{x}_{5\cdot} = 1.2 < R_2 = 2.24$이므로 $H_0 : \alpha_2 = \alpha_5$를 채택한다.

② 첫 번째와 세 번째의 비교

$\overline{x}_{2\cdot} - \overline{x}_{1\cdot} = 2.6 > 2.35 = R_3$이므로 $H_1 : \alpha_2 > \alpha_1$을 채택한다.

따라서 $\alpha_2 > \alpha_1$, $\alpha_2 > \alpha_4$이 된다.

③ 두 번째와 세 번째의 비교

$\overline{x}_{5\cdot} - \overline{x}_{1\cdot} = 1.4 < R_2 = 2.24$이므로 $H_0 : \alpha_5 = \alpha_1$을 채택한다.

④ 두 번째와 네 번째의 비교

$\overline{x}_{5\cdot} - \overline{x}_{3\cdot} = 2.6 > R_3 = 2.35$이므로 $H_1 : \alpha_5 > \alpha_4$을 채택한다.

따라서 $\alpha_5 > \alpha_3$이 된다.

⑤ 세 번째와 네 번째의 비교

$\overline{x}_{1\cdot} - \overline{x}_{3\cdot} = 1.2 < R_2 = 2.24$이므로 $H_0 : \alpha_1 = \alpha_3$를 채택한다.

⑥ 세 번째와 다섯 번째의 비교

$\overline{x}_{1\cdot} - \overline{x}_{4\cdot} = 2.4 > R_3 = 2.35$이므로 $H_1 : \alpha_1 > \alpha_4$을 채택한다.

⑦ 네 번째와 다섯 번째의 비교

$\overline{x}_{3\cdot} - \overline{x}_{4\cdot} = 1.2 < R_2 = 2.24$이므로 $H_0 : \alpha_3 = \alpha_4$를 채택한다.

이상의 결과를 효과가 동일한 것끼리 밑줄을 그으면 더욱 쉽게 알 수 있다.

평균	$\overline{x}_{4\cdot}$ 2.8	$\overline{x}_{3\cdot}$ 4.0	$\overline{x}_{1\cdot}$ 5.2	$\overline{x}_{5\cdot}$ 6.6	$\overline{x}_{2\cdot}$ 7.8
효과	α_4	α_3	α_1	α_5	α_2
	——— α_4, α_3	——— α_3, α_1	——— α_1, α_5	——— α_5, α_2	

2) t 검정

가설 $H_0 : \alpha_i = 0$이 기각되었을 때, 두 수준 사이의 효과를 비교하는 검정을 각 수준의 표본평균에 의하여 행하여야 한다. 모두 k개의 수준이 있을 때 ${}_kC_2 = \frac{k(k-1)}{2}$개의 두 수준효과를 비교하는 검정을 하여야 한다.

각 수준의 모분산 σ^2은 수준마다 동일하며, 모분산 σ^2의 불편추정량은

$$MS_E = \frac{SS_E}{n-k}$$

이며, i번째 평균 $\overline{X}_{i\cdot}$과 j번째의 평균 $\overline{X}_{j\cdot}$의 차 $\overline{X}_{i\cdot} - \overline{X}_{j\cdot}$의 분포는 다음과 같다. 증명은 생략한다.

정리 8.3 두 수준의 표본의 차, $\overline{X}_{i\cdot} - \overline{X}_{j\cdot}$의 분포

i번째의 수준의 효과 α_i와 j번째 수준의 효과 α_j에 대하여 $H_0 : \alpha_i = \alpha_j$하에서 통계량 T는

$$T = \frac{\overline{X}_{i\cdot} - \overline{X}_{j\cdot}}{S_E\sqrt{\frac{1}{n_i} + \frac{1}{n_j}}} \sim t(n-k)$$

이 성립한다. 여기서 S_E는 잔차의 평균제곱의 양의 제곱근 $\sqrt{MS_E}$를 나타낸다.

위 정리 8.3에 의하여 $H_0 : \alpha_i = \alpha_j$, $H_1 : \alpha_i \neq \alpha_j$(또는 $\alpha_i > \alpha_j$, $\alpha_i < \alpha_j$)를 검정하기 위해서 아래의 검정통계량의 값

$$t = \frac{\overline{x}_{i\cdot} - \overline{x}_{j\cdot}}{s_E\sqrt{\frac{1}{n_i} + \frac{1}{n_j}}}$$

를 계산하고, 자유도 $n-k$인 $t_{\alpha/2}(n-k)$를 구한다. 그리고 $|t| < t_{\alpha/2}$(또는 $t < t_\alpha$, $t > -t_\alpha$)이면 가설 H_0: $\alpha_i = \alpha_j$를 채택하고 $|t| \geq t_{\alpha/2}$(또는 $t \geq t_\alpha$, $t \leq -t_\alpha$)이면 가설 $H_0 : \alpha_i = \alpha_j$를 기각한다.

예제 8.4 앞의 예제 8.1에서 H_0: $\alpha_2 = \alpha_5$를 유의수준 $\alpha = 0.05$로 검정하여라.

풀이 $n_i = n_j = 5$, $k = 5$, $MS_E = 2.880$, $\overline{x}_{2\cdot} = 7.8$, $\overline{x}_{5\cdot} = 5.6$이므로

$$t = \frac{\overline{x}_{i\cdot} - \overline{x}_{j\cdot}}{s_E\sqrt{\frac{1}{n_i} + \frac{1}{n_j}}} = \frac{7.8 - 5.6}{\sqrt{2.880}\sqrt{\frac{1}{5} + \frac{1}{5}}} = 1.12$$

이고, 자유도는 $\nu_E = n-k = 25-5 = 20$이므로, $t_{0.05}(20) = 1.725$이다. $t = 1.12 < 1.725 = t_{0.05}(20)$이므로, 두 수준의 효과 α_2와 α_5는 차이가 없다는 가설을 채택한다.

8.3 이원배치법

8.3.1 반복이 없는 이원배치법

일원배치법의 분산분석에서는 특성치에 영향을 주는 인자가 하나였으나, 여기서는 특성치에 영향을 주는 인자가 두 가지인 경우를 생각해 보자. 하나의 인자는 행(row)에 배치하고 다른 하나의 인자는 열(column)에 배치한다. 행인자의 i 수준과 열인자의 j 수준에서의 관측값은 i 행 j 열의 위치에 배열하는 방법이 **이원배치법**(two-way classification)이다.

예를 들면 토마토를 재배하는데 토마토의 종류가 A_1, A_2, A_3의 세 종류이고, 이 세 종류의 각각에 네 종류의 비료 B_1, B_2, B_3, B_4를 살포하였을 때에 토마토의 생산량을 관찰하는 문제는 이원배치인 것이다.

일반화하면, 인자 A의 수준이 $A_1, A_2, \cdots, A_k$와 인자 B의 수준이 $B_1, B_2, \cdots, B_l$이 있다고 하자. 그리고 인자 A의 수준 A_i와 인자 B의 수준 B_j에서 관측값을 x_{ij}라고 표시하고 이를 표로 만들면 다음 표 8.7인 이원배치표가 된다.

표 8.7 ▸▸▸ 이원배치법의 자료구조

A \ B	B_1	B_2	$\cdots$	B_l	계	평균
A_1	x_{11}	x_{12}	$\cdots$	x_{1l}	$T_{1\cdot}$	$\bar{x}_{1\cdot}$
A_2	x_{21}	x_{22}	$\cdots$	x_{2l}	$T_{2\cdot}$	$\bar{x}_{2\cdot}$
$\vdots$	$\vdots$	$\vdots$		$\vdots$	$\vdots$	$\vdots$
A_k	x_{k1}	x_{k2}	$\cdots$	x_{kl}	$T_{k\cdot}$	$\bar{x}_{k\cdot}$
계	$T_{\cdot 1}$	$T_{\cdot 2}$	$\cdots$	$T_{\cdot l}$	$T_{\cdot\cdot}$	
평 균	$\bar{x}_{\cdot 1}$	$\bar{x}_{\cdot 2}$	$\cdots$	$\bar{x}_{\cdot l}$	$\bar{x}_{\cdot\cdot}$	

위의 표에서 $n = kl$, $\bar{x}_{i\cdot} = \dfrac{T_{i\cdot}}{l}$, $\bar{x}_{\cdot j} = \dfrac{T_{\cdot j}}{k}$, $T_{\cdot\cdot} = \sum_j \sum_i x_{ij}$, $\bar{x}_{\cdot\cdot} = \dfrac{T_{\cdot\cdot}}{n}$ 이다. 표 8.7에서 A인자를 **행인자**라고 하고, B인자를 **열인자**라고 한다. 관측값 x_{ij}에 대응되는 확률변수를 X_{ij}라고 하면, X_{ij}는 다음과 같은 모형으로 표시된다.

$$X_{ij} = \mu + \alpha_i + \beta_j + \epsilon_{ij}, \quad i = 1, \cdots, k, \; j = 1, \cdots, l$$

여기서 μ는 자료전체의 모평균이고 α_i는 수준 A_i의 주효과, β_j는 수준 B_j의 주효과이며, ϵ_{ij}는 실험의 우연오차인 오차항이며 $\epsilon_{ij} \sim N(0, \sigma^2)$이다. σ^2은 전체의 모분산이기도 하다. 8.2.1절에서와 같이 인자별 각 수준의 주효과의 합은 항상 0이다.

$$\sum^{k}\alpha_i = 0, \quad \sum^{l}\beta_j = 0$$

일원배치의 분산분석에서는 인자가 A 한 개이지만, 이원배치의 분산분석에서는 인자가 A, B 두 개이므로 2개의 가설을 세워야 한다. 인자 A에 대한 가설 $H_{0\alpha}$, B에 대한 가설은 $H_{0\beta}$라고 한다.

$H_{0\alpha}$: $\alpha_1 = \alpha_2 = \cdots = \alpha_k = 0$,

$H_{1\alpha}$: $\alpha_i \neq 0$인 i가 적어도 하나 존재한다.

$H_{0\beta}$: $\beta_1 = \beta_2 = \cdots = \beta_l = 0$,

$H_{1\beta}$: $\beta_j \neq 0$인 j가 적어도 하나 존재한다.

위 가설을 검정하기 위하여 변동(제곱합)들 사이의 관계를 알아야 한다. 이원배치 표에서 다음 몇 가지 변동(제곱합)을 정의한다.

총변동(총제곱합) : $SS_T = \sum_i^k \sum_j^l (X_{ij} - \overline{X}..)^2$,

자유도 : $\nu_T = n-1 = kl-1$

A간 변동(행처리제곱합) : $SS_A = l\sum_i^k (\overline{X}_{i\cdot} - \overline{X}..)^2$,

자유도 : $\nu_A = k-1$

B간 변동(열처리제곱합) : $SS_B = k\sum_j^l (\overline{X}_{\cdot j} - \overline{X}..)^2$,

자유도 : $\nu_B = l-1$

오차변동(오차제곱합) : $SS_E = \sum_i^k \sum_j^l (X_{ij} - \overline{X}_{i\cdot} - \overline{X}_{\cdot j} + \overline{X}_{..})^2$,

자유도 : $\nu_E = \nu_T - \nu_A - \nu_B = (k-1)(l-1)$

위 네 가지 변동 사이의 관계식이 다음 정리 8.4와 같다.

정리 8.4 변동 사이의 관계

$$\sum_i \sum_j (X_{ij} - \overline{X}..)^2 = l\sum_k (\overline{X}_{i\cdot} - \overline{X}..)^2 + k\sum_j (\overline{X}_{j\cdot} - \overline{X}..)^2 + \sum_i \sum_j (X_{ij} - \overline{X}_{i\cdot} - \overline{X}_{\cdot j} + \overline{X}..)^2,$$

$SS_T = SS_A + SS_B + SS_E$,

$\nu_T = n-1, \quad \nu_A = k-1, \quad \nu_B = l-1, \quad \nu_E = (k-1)(l-1)$

증명
$$
\begin{aligned}
SS_T &= \sum_i \sum_j (X_{ij} - \overline{X_{..}})^2 \\
&= \sum_i \sum_j \left[(\overline{X}_{i\cdot} - \overline{X}_{..}) + (\overline{X}_{\cdot j} - \overline{X}_{..}) \right. \\
&\quad \left. + (X_{ij} - \overline{X}_{i\cdot} - \overline{X}_{\cdot j} + \overline{X}_{..}) \right]^2 \\
&= \sum_i \sum_j (\overline{X}_{i\cdot} - \overline{X}_{..})^2 + \sum_i \sum_j (\overline{X}_{\cdot j} - \overline{X}_{..})^2 \\
&\quad + \sum_i \sum_j (X_{ij} - \overline{X}_{i\cdot} - \overline{X}_{\cdot j} + \overline{X}_{..})^2 \\
&= l \sum_i (\overline{X}_{i\cdot} - \overline{X}_{..})^2 + k \sum_j (\overline{X}_{\cdot j} - \overline{X}_{..})^2 \\
&\quad + \sum_i \sum_j (X_{ij} - \overline{X}_{i\cdot} - \overline{X}_{\cdot j} + \overline{X}_{..})^2 \\
&= SS_A + \ SS_B \ + \ SS_E
\end{aligned}
$$

여기서 $\sum\sum[\quad]^2$의 전개식에서 $\sum$(편차) $=0$이므로 중간항은 없어진다. SS_T, SS_A, SS_B, SSE의 계산은 다음 정리 8.5를 이용하면 간편하다.

정리 8.5 변동의 계산 (반복이 없는 이원배치법의 경우)

$$SS_T = \sum_i^k \sum_j^l x_{ij}^2 - \frac{T_{..}^2}{n}, \qquad \nu_T = n-1 = kl-1,$$

$$SS_A = \frac{1}{l} \sum_{i=1}^k T_{i\cdot}^2 - \frac{T_{..}^2}{n}, \qquad \nu_A = k-1,$$

$$SS_B = \frac{1}{k} \sum_j^l T_{\cdot j}^2 - \frac{T_{..}^2}{n}, \qquad \nu_B = l-1,$$

$$SS_E = SS_T - SS_A - SS_B, \qquad \nu_E = (k-1)(l-1).$$

위의 정리 8.5의 증명은 정리 8.2의 증명과 같은 방법으로 할 수 있다.

이제 분산 σ^2의 불편추정량을 8.2.1절에서와 같은 방법으로 구하여 보자. 위 식에서

$$MS_A = \frac{SS_A}{k-1}, \qquad MS_E = \frac{SS_E}{(k-1)(l-1)}$$

는 σ^2의 불편추정량이며 이와 똑같이

$$MS_B = \frac{SS_B}{l-1}$$

도 σ^2의 불편추정량임을 쉽게 알 수 있다. 다만 일원배치에서는 $\nu_E = n-k$이었으나 이원배치에서는 $\nu_E = (k-1)(l-1)$이므로 MS_E의 분모에 $n-k$ 대신 $(k-1)(l-1)$을 쓴다. 그리고

$$F_A = \frac{MS_A}{MS_E} \sim F[k-1, (k-1)(l-1)]$$

이며, $H_{0\alpha}$가 사실이 아닐 때 $MS_A > \sigma^2$이므로 기각역은 분포의 오른편에 존재하는 우측검정 형태를 취한다. 따라서 검정통계량의 값 $F_A > F_\alpha[k-1, (k-1)(l-1)]$이면 가설 $H_{0\alpha} : \alpha_i = 0$을 기각하고, '인자 A의 수준 사이의 효과의 차는 유의하다'라고 판정한다. 같은 방법으로

$$F_B = \frac{MS_B}{MS_E} \sim F[l-1, (k-1)(l-1)]$$

이며, 검정통계량의 값 $F_B > F_\alpha[l-1, (k-1)(l-1)]$이면 가설 $H_{0\beta} : \beta_j = 0$을 기각하고, '인자 B의 수준 사이의 효과의 차는 유의하다'라는 판정을 내린다.

이상을 요약해서 분산분석표를 만들면 아래의 표 8.8과 같다.

표 8.8 ▸▸▸ 이원배치법에 대한 분산분석표

요인	제곱합	자유도	평균제곱	검정통계량	임곗값
A	SS_A	$\nu_A = k-1$	$MS_A = \frac{SS_A}{k-1}$	$F_A = \frac{MS_A}{MS_E}$	$F_\alpha[k-1, (k-1)(l-1)]$
B	SS_B	$\nu_B = l-1$	$MS_B = \frac{SS_B}{l-1}$	$F_B = \frac{MS_B}{MS_E}$	$F_\alpha[l-1, (k-1)(l-1)]$
오차	SS_E	$\nu_E = (k-1)(l-1)$	$MS_E = \frac{SS_E}{(k-1)(l-1)}$		
총합	SS_T	$\nu_T = n-1$			

예제 8.5 어떤 화학공장에서 제품의 수율(yield, %)에 영향을 미칠 것으로 생각되는 반응온도와 원료를 인자로 취하여 반복이 없는 이원배치의 실험을 하였다. 각 인자의 수준은 다음과 같다.

	A_1	A_2	A_3	A_4	계
B_1	97.6	98.6	99.0	98.0	393.2
B_2	97.3	98.2	98.0	97.7	391.2
B_3	96.7	96.9	97.9	96.5	388
계	291.6	293.7	294.9	292.2	1172.4

제품의 수율에 대한 온도 간 차이는 없는지, 원료 간 차이는 없는지를 유의수준 $\alpha = 0.05$로 검정하여라.

풀이 온도의 효과를 각각 α_1, α_2, α_3, α_4 세 종류의 원료의 효과를 β_1, β_2, β_3 라고 한다.

1. 가설설정

   $H_{0\alpha}$: $\alpha_1 = \alpha_2 = \alpha_3 = \alpha_4 = 0$, $H_{1\alpha}$: $\alpha_i \neq 0$인 α_i가 적어도 하나 존재한다.

   $H_{0\beta}$: $\beta_1 = \beta_2 = \beta_3 = 0$, $H_{1\beta}$: $\beta_i \neq 0$인 β_i가 적어도 하나 존재한다.

2. 계산

   $k = 4,\ l = 3,\ n = 12,$

   $$SS_T = 97.6^2 + 98.6^2 + ... + 96.5^2 - \frac{1172.4^2}{12} = 6.22,$$

   $$SS_A = \frac{1}{3}(291.6^2 + 293.7^2 + 294.9^2 + 292.2^2) - \frac{1172.4^2}{12} = 2.22,$$

   $$SS_B = \frac{1}{4}(393.2^2 + 391.2^2 + 388^2) - \frac{1172.4^2}{12} = 3.44,$$

   $$SS_E = 6.22 - 2.22 - 3.44 = 0.56$$

분산분석표

요인	제곱합	자유도	평균제곱	검정통계량의 값	임곗값
A	2.22	3	0.74	7.96	$F_{0.05}(3,6) = 4.76$
B	3.44	2	1.72	18.49	$F_{0.05}(2,6) = 5.14$
오차	0.56	6	0.093		
총합	6.22	11			

3. 결과 판정: 인자 A에서의 검정통계량 값 $F_A = 7.96 > 4.76 = F_{0.05}(3, 6)$이므로 $H_{0\alpha}$: $\alpha_i = 0$를 채택한다. 즉 제품의 수율에 대한 온도의 효과는 차이가 있다. 인자 B에서의 검정통계량 값 $F_B = 18.49 > 5.14 = F_{0.05}(2, 6)$이므로 $H_{0\beta}$: $\beta_j = 0$를 기각한다. 따라서 제품수율에 대한 세 종류의 원료의 효과는 차이가 있다.

8.3.2 반복이 있는 이원배치법

8.3.1절에서의 반복이 없는 경우는 인자 A의 한 수준 A_i와 인자 B의 한 수준 B_j에 대하여 하나의 측정값 x_{ij}만을 취하였으나, 여기에서는 몇 번 반복측정하여 몇 개의 관측값 x_{ij1}, x_{ij2}, $\cdots$, x_{ijr}를 취하는 경우를 생각하자. 반복측정의 경우는 1회 측정보다 수준 간 효과의 차를 검정하는 데 있어서 신뢰성을 높일 수가 있고 두 인자 사이의 **교호작용**(interaction)을 분리하여 구할 수 있다. 예를 들면 예제 8.5에서 토마토 품종 사이의 효과, 비료 종류 사이의 효과뿐만 아니라 비료의 종류와 토마토의 품종 사이에 교호작용이 있는가를 검정할 수 있다.

8.3.1절의 이원배치법의 자료구조(표 8.7)에서 반복실험을 통해 얻은 관측값으로 다음 표 8.9 반복측정의 이원배치표를 작성한다.

두 수준사이에 교호작용이 있다고 생각되는 경우, 이를 검정하려면 A, B 두 인자의 각 수준 A_i, $B_j(i=1, 2, \cdots, k;\ j=1, 2, \cdots, l)$에 대하여 r개씩의 반복측정값을 구한다. 반복측정횟수는 r로서 동일한 경우를 생각한다. 관측값 x_{ijs}에 대응하는 확률변수 X_{ijs}의 모형은

표 8.9 ▸▸▸ 반복이 있는 이원배치법의 자료구조

	B_1	B_2	$\cdots$	B_l	합계	평균
A_1	x_{111} x_{112} $\vdots$ $x_{11\gamma}$	x_{121} x_{122} $\vdots$ $x_{12\gamma}$	$\cdots$ $\cdots$ $\cdots$	x_{1l1} x_{1l2} $\vdots$ $x_{1l\gamma}$	$T_{1\cdot\cdot}$	$\bar{x}_{1\cdot\cdot}$
	$T_{11\cdot}$ $\bar{x}_{11\cdot}$	$T_{12\cdot}$ $\bar{x}_{12\cdot}$	$\cdots$ $\cdots$	$T_{1l\cdot}$ $\bar{x}_{1l\cdot}$		
A_2	x_{211} x_{212} $\vdots$ $x_{21\gamma}$	x_{221} x_{222} $\vdots$ $x_{22\gamma}$	$\cdots$ $\cdots$ $\cdots$	x_{2l1} x_{2l2} $\vdots$ $x_{2l\gamma}$	$T_{2\cdot\cdot}$	$\bar{x}_{2\cdot\cdot}$
A_k	x_{k11} x_{k12} $\vdots$ $x_{k1\gamma}$	x_{k21} x_{k22} $\vdots$ $x_{k2\gamma}$	$\cdots$ $\cdots$ $\cdots$	x_{kl1} x_{kl2} $\vdots$ $x_{kl\gamma}$	$T_{k\cdot\cdot}$	$\bar{x}_{k\cdot\cdot}$
	$T_{k1\cdot}$ $\bar{x}_{k1\cdot}$	$T_{k2\cdot}$ $\bar{x}_{k2\cdot}$	$\cdots$ $\cdots$	$T_{kl\cdot}$ $\bar{x}_{kl\cdot}$		
합계	$T_{\cdot1\cdot}$	$T_{\cdot2\cdot}$	$\cdots$	$T_{\cdot l\cdot}$	$T_{\cdots}$	
평균	$\bar{x}_{\cdot1\cdot}$	$\bar{x}_{\cdot2\cdot}$	$\cdots$	$\bar{x}_{\cdot l\cdot}$		$\bar{x}_{\cdots}$

$$X_{ijs} = \mu + \alpha_i + \beta_j + (\alpha\beta)_{ij} + \epsilon_{ijs}, \quad i=1, \cdots, k, \; j=1, \cdots, l, \; s=1, \cdots, r$$

로 나타낼 수 있고, 여기에서 μ, α_i, β_j는 반복이 없는 경우와 같으며, $(\alpha\beta)_{ij}$는 A_i와 B_j의 교호작용의 효과이고 ϵ_{ijs}는 오차항으로서 정규분포를 한다. 따라서 다음 식이 성립한다.

$$\sum_i^k \alpha_i = 0, \; \sum_j^l \beta_j = 0, \; \sum_i^k (\alpha\beta)_{ij} = \sum_j^l (\alpha\beta)_{ij} = 0, \; \epsilon_{ijs} \sim \; N(0, \sigma^2)$$

반복측정의 분산분석에서는 교호작용이 있으므로 교호작용의 효과에 대한 가설 $H_{0(\alpha\beta)}$: $(\alpha\beta)_{ij} = 0$을 생각해야 한다. 반복측정의 경우에도 반복이 없는 경우와 마찬가지로 검정을 하기 위하여 변동, 분산의 추정량 및 검정통계량을 구해야 한다.

총변동: $SS_T = \sum_i^k \sum_j^l \sum_s^r (X_{ijs} - \overline{X}...)^2, \; \nu_T = n-1 = klr-1,$

A에 의한 변동: $SS_A = rl \sum_i^k (\overline{X}_i.. - \overline{X}...)^2, \; \nu_A = k-1,$

B에 의한 변동: $SS_B = rk \sum_j^l (\overline{X}._j. - \overline{X}...)^2, \; \nu_B = l-1.$

다음에 표 8.9의 반복이 있는 이원배치법의 다른 구조를 표 8.10과 같이 두 인자 A, B의 각 수준 A_i, B_j에 대한 kl개의 수준 (A_i, B_j)의 일원배치표로 작성하자. 표 8.10은 표 8.9와 내용이 동일한 것이다. 표 8.10에서

$$\begin{aligned} SS_T &= \sum_i \sum_j \sum_s (X_{ijs} - \overline{X}...)^2 \\ &= \sum_i \sum_j \sum_s \left\{(X_{ijs} - \overline{X}_{ij}.) + (\overline{X}_{ij}. - \overline{X}...)\right\}^2 \\ &= \sum_i \sum_j \sum_s (X_{ijs} - \overline{X}_{ij}.)^2 + r \sum_i \sum_j (\overline{X}_{ij}. - \overline{X}...)^2 \end{aligned}$$

표 8.10 ▸▸▸ 표 8.9의 변형

수준 AB	관측값				계	평균
A_1B_1	x_{111}	x_{112}	$\cdots$	x_{11r}	$T_{11}.$	$\overline{x}_{11.}$
A_1B_2	x_{121}	x_{122}	$\cdots$	x_{12r}	$T_{12}.$	$\overline{x}_{12.}$
$\vdots$	$\vdots$	$\vdots$		$\vdots$	$\vdots$	$\vdots$
A_iB_j	x_{ij1}	x_{ij2}	$\cdots$	x_{ijr}	$T_{ij}.$	$\overline{x}_{ij.}$
$\vdots$	$\vdots$	$\vdots$		$\vdots$	$\vdots$	$\vdots$
A_kB_l	x_{kl1}	x_{kl2}	$\cdots$	x_{klr}	$T_{kl}.$	$\overline{x}_{kl.}$
					$T...$	$\overline{x}...$

이고, 여기에서도 $\sum$(편차) $= 0$이므로 중간항은 없어진다.

$\sum\sum\sum(X_{ijs} - \overline{X}_{ij\cdot})^2$은 오차항 SS_E이다. $r\sum_i\sum_j(\overline{X}_{ij\cdot} - \overline{X}_{\cdots})^2$은 수준 (A_i, B_j)의 평균의 제곱합이고, 8.2.1절에서 다룬 일원배치의 급간변동(처리간 제곱합) SS_A와 같은 것인데 여기에서는 두 개의 인자 A, B가 있으므로 SS_{AB}로 나타낸다. 그러면

$$SS_T = SS_E + SS_{AB}$$

이고 자유도는 $\nu_T = \nu_E + \nu_{AB}$이다.

$$SS_{AB} = r\sum_i\sum_j(\overline{X}_{ij\cdot} - \overline{X}_{\cdots})^2, \quad \nu_{AB} = kl - 1,$$

$$SS_E = \sum_i\sum_j\sum_s(X_{ijs} - \overline{X}_{ij\cdot})^2, \quad \nu_E = \nu_T - \nu_{AB} = n - kl$$

이다. SS_{AB}는 다음과 같이 전개된다.

$$\begin{aligned} SS_{AB} &= r\sum_i\sum_j\left\{(\overline{X}_{i\cdot\cdot} - \overline{X}_{\cdots}) + (\overline{X}_{\cdot j\cdot} - \overline{X}_{\cdots}) + (\overline{X}_{ij\cdot} - \overline{X}_{i\cdot\cdot} - \overline{X}_{\cdot j\cdot} + \overline{X}_{\cdots})\right\}^2 \\ &= rl\sum_i(\overline{X}_{i\cdot\cdot} - \overline{X}_{\cdots})^2 + rk\sum_j(\overline{X}_{\cdot j\cdot} - \overline{X}_{\cdots})^2 \\ &\quad + r\sum_i\sum_j(\overline{X}_{ij\cdot} - \overline{X}_{i\cdot\cdot} - \overline{X}_{\cdot j\cdot} + \overline{X}_{\cdots})^2 \end{aligned}$$

위 식의 맨 끝항은 $SS_{A\times B}$로 나타내고 이를 **교호작용 변동**(variation of interaction)이라고 한다. 그러면 위 식은

$$SS_{AB} = SS_A + SS_B + SS_{A\times B}$$

이고 자유도 $\nu_{A\times B}$는 $\nu_{AB} = \nu_A + \nu_B + \nu_{A\times B}$이므로 $\nu_{A\times B} = \nu_{AB} - \nu_A - \nu_B = (kl-1) - (k-1) - (l-1) = (k-1)(l-1)$이다. SS_{AB}를 대입하면

$$SS_T = SS_A + SS_B + SS_{A\times B} + SS_E$$

이다. 이상을 요약하여 다음 정리 8.6을 얻는다.

정리 8.6 반복이 있는 이원배치법에서의 변동

$$\sum_i\sum_j\sum_s(X_{ijs}-\overline{X}\ldots)^2 = rl\sum_i(\overline{X}_i\ldots-\overline{X}\ldots)^2+rk\sum_j(\overline{X}._j.-\overline{X}\ldots)^2$$
$$+r\sum_i\sum_j(\overline{X}_{ij}.-\overline{X}_i\ldots-\overline{X}._j.+\overline{X}\ldots)^2$$
$$+\sum_i\sum_j\sum_s(X_{ijs}-\overline{X}_{ij}.)^2,$$

$$SS_T=SS_A+SS_B+SS_{A\times B}+SS_E,$$

$$\nu_T=n-1,\quad \nu_A=k-1,\quad \nu_B=l-1,\ \nu_{A\times B}=(k-1)(l-1),\quad \nu_E=n-kl$$

8.3.1절 정리 8.5에서와 같이 반복이 있는 이원배치법의 SS_T, SS_A, SS_B, $SS_{A\times B}$, SS_E는 정리 8.7을 이용하면 더욱 간편하게 구할 수 있다.

정리 8.7 변동의 계산 (반복이 있는 이원배치법의 경우)

$$SS_T=\sum_i\sum_j\sum_s x_{ijs}^2-\frac{T\ldots^2}{n},\qquad \nu_T=n-1,$$

$$SS_A=\frac{1}{rl}\sum_i T_i\ldots^2-\frac{T\ldots^2}{n},\qquad \nu_A=k-1,$$

$$SS_B=\frac{1}{rk}\sum_j T._j.^2-\frac{T\ldots^2}{n},\qquad \nu_B=l-1,$$

$$SS_{AB}=\frac{1}{r}\sum_i\sum_j T_{ij}.^2-\frac{T\ldots^2}{n},\qquad \nu_{AB}=kl-1,$$

$$SS_{A\times B}=SS_{AB}-SS_A-SS_B,\qquad \nu_{A\times B}=(k-1)(l-1),$$

$$SS_E=SS_T-SS_{AB},\qquad \nu_E=n-kl.$$

다음으로 분산 σ^2의 불편추정량을 생각하자. 8.2.1절에서와 동일한 이론으로 σ^2의 불편추정량을 구할 수 있다. 즉 귀무가설

$$H_{0\alpha}\ :\ \alpha_i=\ 0,\qquad i=1,\cdots,k$$
$$H_{0\beta}\ :\ \beta_i=\ 0,\qquad j=1,\cdots,l$$
$$H_{0(\alpha\beta)}\ :\ (\alpha\beta)_{ij}=\ 0,\qquad i=1,\cdots,k,\ j=i,\cdots,l$$

이 참일 때 다음 4개의 추정량은 모두 σ^2의 불편추정량이다.

$H_{0\alpha}$: $\alpha_i = 0$과 $H_{0\beta}$: $\beta_j = 0$의 의미는 앞 절 8.3.1절에서와 동일하고 $H_{0(\alpha\beta)}$: $(\alpha\beta)_{ij} = 0$은 "인자 A와 B 사이의 교호작용의 효과의 차이는 없다"를 의미한다.

$$MS_A = \frac{SS_A}{k-1},\ MS_B = \frac{SS_B}{l-1},\ MS_{A\times B} = \frac{SS_{A\times B}}{(k-1)(l-1)},\ MS_E = \frac{SS_E}{n-kl}$$

은 모두 σ^2의 불편추정량이다. 따라서

$$H_{0\alpha} : \alpha_i = 0\text{이 참일 때 } F_A = \frac{MS_A}{MS_E} \sim F(k-1, n-kl),$$

$$H_{0\beta} : \beta_j = 0\text{이 참일 때 } F_B = \frac{MS_B}{MS_E} \sim F(l-1, n-kl),$$

$$H_{0(\alpha\beta)} : (\alpha\beta)_{ij} = 0\text{이 참일 때 } F_{A\times B} = \frac{MS_{A\times B}}{MS_E} \sim F((k-1)(l-1), n-kl)$$

이므로, F_A, F_B, $F_{A\times B}$를 검정통계량으로 하여 위의 귀무가설을 검정할 수 있다.

유의수준 α에서 검정통계량의 값이 각각 $F_A, F_B, F_{A\times B}$라고 하면 $F_A > F_\alpha(k-1, n-kl)$, $F_B > F_\alpha(l-1, n-kl)$, $F_{A\times B} > F_\alpha((k-1)(l-1), n-kl)$이면 위의 가설을 기각한다.

이상의 이론을 요약하여 반복이 있는 이원배치법의 분산분석표를 작성하면 다음과 같다.

표 8.11 ▸▸▸ 반복이 있는 이원배치법의 분산분석표

요인	제곱합	자유도	평균제곱	검정통계량	임곗값
A	SS_A	$\nu_A = k-1$	$MS_A = \frac{SS_A}{k-1}$	$F_A = \frac{MS_A}{MS_E}$	$F_\alpha[k-1, n-kl]$
B	SS_B	$\nu_B = l-1$	$MS_B = \frac{SS_B}{l-1}$	$F_B = \frac{MS_B}{MS_E}$	$F_\alpha[l-1, n-kl]$
교호	$SS_{A\times B}$	$\nu_{A\times B} = (k-1)(l-1)$	$MS_{A\times B} = \frac{SS_{A\times B}}{(k-1)(l-1)}$	$F_{A\times B} = \frac{MS_{A\times B}}{MS_E}$	$F_\alpha[(k-1)(l-1), n-kl]$
오차	SS_E	$\nu_E = n-kl$	$MS_E = \frac{SS_E}{n-kl}$		
총합	SS_T	$\nu_T = n-1$			

예제 8.6 공장에서 시멘트(cement) 분쇄공정에서 시멘트 강도에 영향을 주는 여러 가지 요인 중에서 우선적으로 석고의 종류(A)와 석고첨가량으로 사용되는 SO_3

의 함량(B)이 어떤 영향을 주는지 실험하였다. 석고 종류의 효과, 첨가량에 대한 효과의 차가 있는가? 또 석고의 종류와 첨가량 사이에 교호작용의 효과가 있는지를 유의수준 0.05에서 분석하여라.

첨가량 \ 종류	A_1	A_2	A_3	합계	평균
B_1	305 302	322 325	320 322	1896	316.0
B_2	335 337	350 348	342 344	2056	342.7
B_3	366 364	326 324	338 336	2054	342.3
B_4	372 374	330 330	348 348	2102	350.3
B_5	376 373	327 330	350 350	2106	351.0
B_6	348 350	310 308	330 328	1974	329.0
합계 평균	4202 350.2	3930 327.5	4056 338.0	12188	 338.6

풀이 1. 가설설정

$H_{0\alpha}$: $\alpha_1 = \alpha_2 = \alpha_3 = 0$,

$H_{1\alpha}$: $\alpha_i \neq 0$인 i가 적어도 하나 존재한다.

$H_{0\beta}$: $\beta_1 = \beta_2 = \beta_3 = \beta_4 = \beta_5 = \beta_6 = 0$,

$H_{1\beta}$: $\beta_j \neq 0$인 j가 적어도 하나 존재한다.

$H_{0\alpha\beta}$: $(\alpha\beta)_{11} = (\alpha\beta)_{12} = ... = (\alpha\beta)_{34} = 0$,

$H_{1\alpha\beta}$: $(\alpha\beta)_{ij} \neq 0$인 (i, j)가 적어도 하나 존재한다.

$\alpha = 0.05$, $F_{0.05}(2, 24) = 3.40$, $F_{0.05}(3, 24) = 3.01$, $F_{0.05}(6, 24) = 2.51$

2. 계산

위의 자료에서 반복측정값의 합을 계산하여 다음과 같은 다음 표를 얻는다.

첨가량 \ 종류	A_1	A_2	A_3
B_1	607	647	642
B_2	672	698	686
B_3	730	650	674
B_4	746	660	696
B_5	749	657	700
B_6	698	618	658

$$SS_T = 305^2 + 302^2 + \cdots + 328^2 - \frac{12188^2}{36} = 13502.9,\ \ v_T = 36 - 1 = 35,$$

$$SS_A = \frac{1}{12}(4202^2 + 3930^2 + 4056^2) - \frac{12188^2}{36} = 3088.2,\ \ v_A = 3 - 1 = 2,$$

$$SS_B = \frac{1}{6}(1896^2 + 2056^2 + 2054^2 + 2102^2 + 2106^2 + 1974^2) - \frac{12188^2}{36}$$

$$= 5548.9,$$

$$v_B = 6 - 1 = 5,$$

$$SS_{AB} = \frac{1}{3}(607^2 + 672^2 + \cdots + 658^2) - \frac{12188^2}{36} = 13462.9,$$

$$SS_{A\times B} = 13462.9 - 3088.2 - 5548.9 = 4825.8,$$

$$v_{A\times B} = (3-1)(6-1) = 10,$$

$$SS_E = 13502.9 - 13462.9 = 40.0,\ \ v_E = 36 - 17 = 18.$$

분산분석표

요인	제곱합	자유도	평균제곱	검정통계량의 값	임곗값 $F_{0.05}$
종류(A)	3088.2	2	1544.1	695.5	$F_{0.05}(2,18) = 3.55$
첨가량(B)	5548.9	5	1109.8	499.9	$F_{0.05}(5,18) = 2.77$
교호작용($A\times B$)	4825.8	10	482.6	217.4	$F_{0.05}(10,18) = 2.41$
오차	40.0	18	2.22		
총합	13502.9	35			

3. 결과 판정

(1) $F_A = 695.5 > 3.55$ 이므로 $H_{0\alpha}$: $\alpha_i = 0$을 기각한다. 따라서 석고의 종류 사이에 효과는 다르다.

(2) $F_B = 499.9 > 2.77$ 이므로 $H_{0\beta}$: $\beta_j = 0$을 기각한다. 첨가량 사이의 효과는 다르다.

3) $F_{A \times B} = 217.4 > 2.41$이므로 $H_{0\alpha\beta}$: $(\alpha\beta)_{ij} = 0$을 기각한다. 석고의 종류와 첨가량의 교호작용의 효과가 있다.

8.4 SPSS 실습

8장에서 설명한 분산분석의 예제를 SPSS 22.0을 이용하여 분석하는 방법을 알아보도록 한다.

8.4.1 일원배치 분산분석

[예제 8.1]과 [예제 8.3]에서 수면제의 종류에 따른 수면의 증가시간에 차이가 있는지를 일원배치 분산분석과 Duncan의 다중범위검정을 실시해 보자.

① 데이터 입력: [예제 8.1]을 아래와 같이 SPSS 데이터 편집기 창에 입력한다. 수면제 종류를 1, 2, 3, 4, 5로 코딩한다.

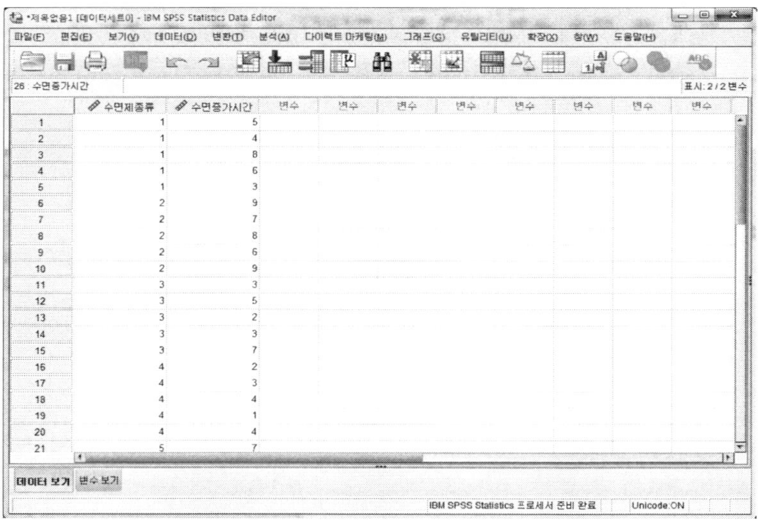

② 일원배치 분산분석을 위하여 **분석 → 평균비교 → 일원배치 분산분석**과 같이 순서대로 실행명령을 지정한다.

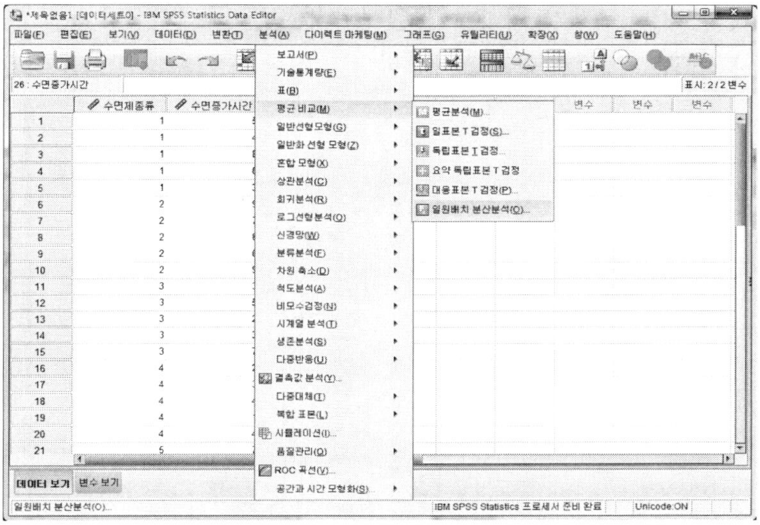

③ 일원배치 분산분석 대화상자에서 수면증가시간 변수를 [종속변수(E)]란으로 이동시키고 수면제종류 변수를 [요인(F)]란에 이동시킨다.

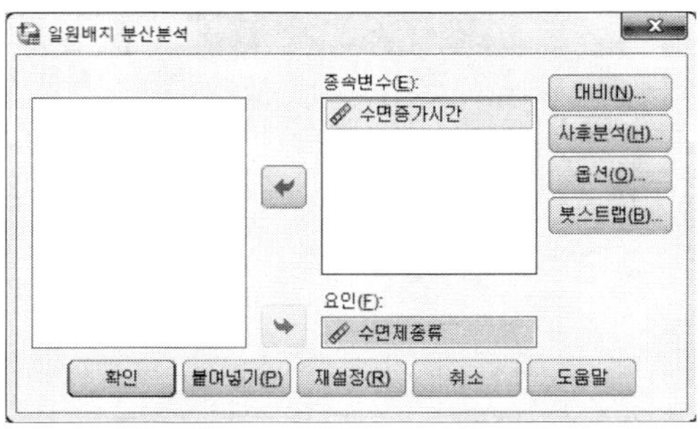

④ Duncan의 다중범위검정을 위하여 일원배치 분산분석 대화상자에서 우측의 [사후분석(H)]을 선택하고, 다중비교 방법들 중 [Duncan]을 체크하고 계속을 누른다.

⑤ 기술통계를 구하기 위하여 일원배치 분산분석 대화상자에서 우측의 [옵션(O)]을 선택하고 [기술통계(D)]를 체크하고 모집단의 등분산 검정을 위하여 [분산 동질성 검정(H)]을 체크하고 계속을 누른다.

⑥ 필요한 부분을 모두 지정한 후 확인을 누르면 출력 결과창에 다음과 같은 분석결과가 나타난다.

기술통계

수면증가시간

	N	평균	표준편차	표준오차	평균에 대한 95% 신뢰구간		최소값	최대값
					하한	상한		
1	5	5.20	1.924	.860	2.81	7.59	3	8
2	5	7.80	1.304	.583	6.18	9.42	6	9
3	5	4.00	2.000	.894	1.52	6.48	2	7
4	5	2.80	1.304	.583	1.18	4.42	1	4
5	5	6.60	1.817	.812	4.34	8.86	4	9
전체	25	5.28	2.390	.478	4.29	6.27	1	9

분산의 동질성 검정

수면증가시간

Levene 통계량	자유도1	자유도2	유의확률
.394	4	20	.810

ANOVA

수면증가시간

	제곱합	자유도	평균제곱	F	유의확률
집단-간	79.440	4	19.860	6.896	.001
집단-내	57.600	20	2.880		
전체	137.040	24			

사후검정

동질적 부분집합

수면증가시간

Duncan[a]

수면제종류	N	유의수준 = 0.05에 대한 부분집합			
		1	2	3	4
4	5	2.80			
3	5	4.00	4.00		
1	5		5.20	5.20	
5	5			6.60	6.60
2	5				7.80
유의확률		.277	.277	.207	.277

동질적 부분집합에 있는 집단에 대한 평균이 표시됩니다.

a. 조화평균 표본크기 5.000을(를) 사용합니다.

기술통계를 살펴보면 각 수면제 종류별 수면증가시간에 대한 평균, 표준편차, 표준오차, 평균에 대한 신뢰구간, 최솟값, 최댓값들이 나타나 있다. 분산분석이 가능하기 위해서는 모집단 등분산의 가정이 충족되어야 한다. 따라서 분산의 동질성 검정 결과를 보면 Levene의 통계량인 F값이 0.394이고 유의확률 값이 0.810으로 유의수준 0.05보다 크기 때문에 모집단의 분산이 동일하다는 귀무가설을 채택한다.

다음으로 분산분석 검정 결과를 보면 F값이 6.896이고 유의확률 값이 0.001로 유의수준 0.05보다 작기 때문에 귀무가설을 기각한다. 따라서 수면제의 종류에 따라 수면 증가 시간은 차이가 있다고 할 수 있다.

이와 같이 분산분석을 통해서 5개의 수면제의 종류에 따라 수면증가시간의 차이가 있다는 것이 입증되었으면 5개의 수면제가 서로 어떻게 차이가 있는지에 대한 의문이 생긴다. 이를 알아보는 분석을 사후검정이라고 한다. Duncan의 다중범위검정 결과를 살펴보면 5개의 수면제의 종류가 4개의 등질적 부분집합으로 분류되었는데 그 등질적 부분집합에 속한 수면제의 종류는 차이가 있지 않으므로 수면제의 종류 4와 3, 3과 1, 1과 5, 5와 2는 차이가 있지 않고 이들 외의 모든 수면제의 종류는 차이가 있다.

8.4.2 반복이 없는 이원배치 분산분석

[예제 8.5]에서 제품의 수율에 대한 반응온도와 원료종류 간의 차이는 없는지를 유의수준 $\alpha = 0.05$로 검정해 보자.

① 데이터 입력: [예제 8.5]를 아래와 같이 SPSS 데이터 편집기 창에 입력한다. 반응온도를 1, 2, 3, 4로 코딩하고 원료 종류를 1, 2, 3으로 코딩한다.

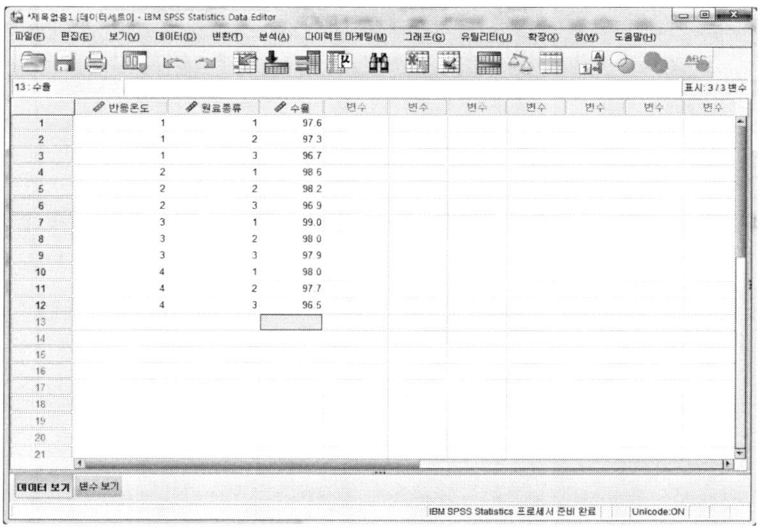

	반응온도	원료종류	수율
1	1	1	97.6
2	1	2	97.3
3	1	3	96.7
4	2	1	98.6
5	2	2	98.2
6	2	3	96.9
7	3	1	99.0
8	3	2	98.0
9	3	3	97.9
10	4	1	98.0
11	4	2	97.7
12	4	3	96.5

② 반복이 없는 이원배치 분산분석을 위하여 **분석 → 일반선형모형 → 일변량**과 같이 순서대로 실행명령을 지정한다.

③ 일변량 분석 대화상자에서 수율 변수를 [종속변수(D)]란으로 이동시키고 반응온도 변수와 원료종류 변수를 [고정요인(F)]란에 이동시킨다.

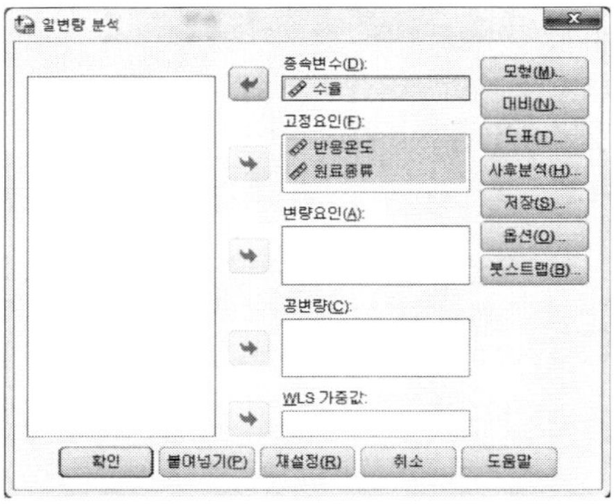

④ 일변량 대화상자에서 오른쪽 맨 위의 [모형(M)]을 선택한 후 모형설정에서 [사용자 정의(C)]를 체크하고 항 설정에서 [유형(P)]를 [주효과]로 선택한 후 반응온도와 원료종류를 [모형(M)]으로 이동시키고 계속을 누른다.

⑤ 필요한 부분을 모두 지정한 후 확인을 누르면 출력 결과창에 다음과 같은 분석결과가 나타난다.

개체-간 요인

		N
반응온도	1	3
	2	3
	3	3
	4	3
원료종류	1	4
	2	4
	3	4

개체-간 효과 검정

종속변수: 수율

소스	제 III 유형 제곱합	자유도	평균제곱	F	유의확률
수정된 모형	5.660[a]	5	1.132	12.129	.004
절편	114543.480	1	114543.480	1227251.571	.000
반응온도	2.220	3	.740	7.929	.016
원료종류	3.440	2	1.720	18.429	.003
오차	.560	6	.093		
전체	114549.700	12			
수정된 합계	6.220	11			

a. R 제곱 = .910 (수정된 R 제곱 = .835)

반응온도와 원료종류에 대한 주효과의 유의확률은 각각 0.016과 0.003으로 유의수준 0.05보다 작으므로 귀무가설을 기각한다. 즉 반응온도와 원료종류에 따른 제품의 수율은 통계적으로 유의하게 차이가 있다.

8.4.3 반복이 있는 이원배치 분산분석

[예제 8.6]에서 석고의 종류의 효과, 첨가량에 대한 효과의 차이가 있는지, 또 석고의 종류와 첨가량 사이에 교호작용의 효과가 있는지를 반복이 있는 이원배치 분산분석을 실시해 보자.

① 데이터 입력: [예제 8.6]을 다음과 같이 SPSS 데이터 편집기 창에 입력한다. 석고종류

를 1, 2, 3으로 코딩하고 첨가량의 종류를 1, 2, 3, 4, 5, 6으로 코딩한다.

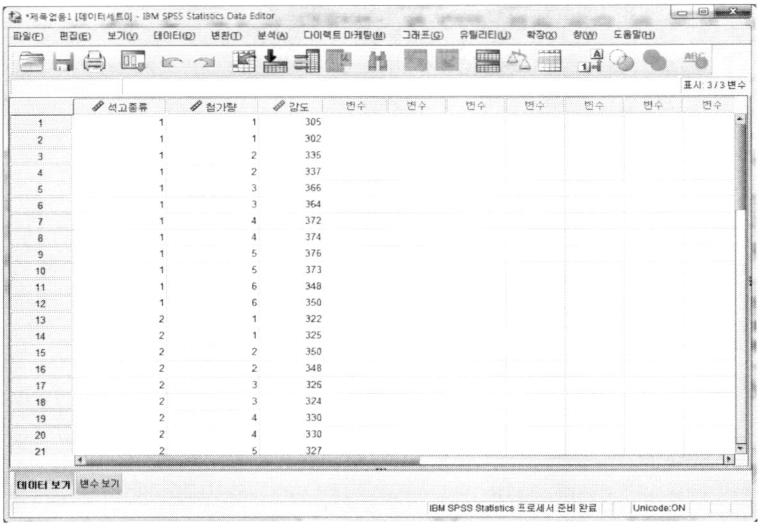

② 반복이 있는 이원배치 분산분석을 위하여 **분석 → 일반선형모형 → 일변량**과 같이 순서대로 실행명령을 지정한다.

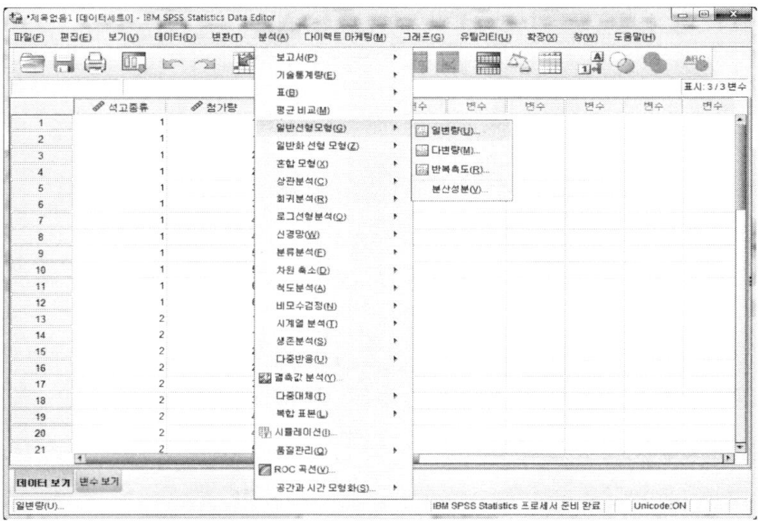

③ 일변량 대화상자에서 강도 변수를 [종속변수(D)]란으로 이동시키고 석고종류와 첨가량 변수를 [고정요인(F)]란에 이동시킨다.

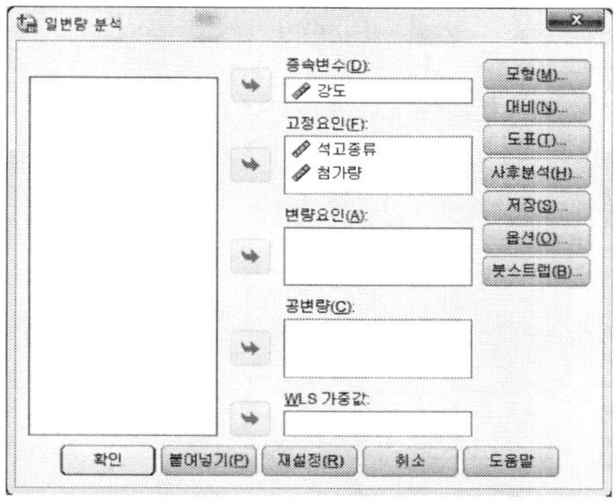

④ 일변량 대화상자에서 오른쪽 맨 위의 [모형(M)]을 선택한 후 모형설정에서 [완전요인모형(A)]을 체크하고 계속을 누른다.

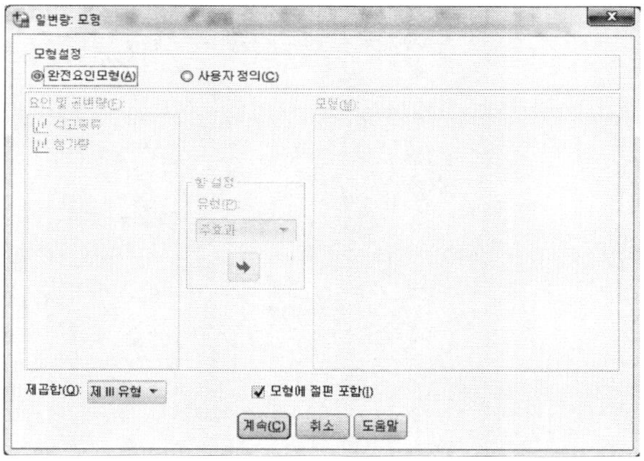

⑤ 일변량 대화상자에서 오른쪽 맨 아래의 [옵션(O)]을 선택한 후 기술통계량(D)을 체크하고 계속을 누른다.

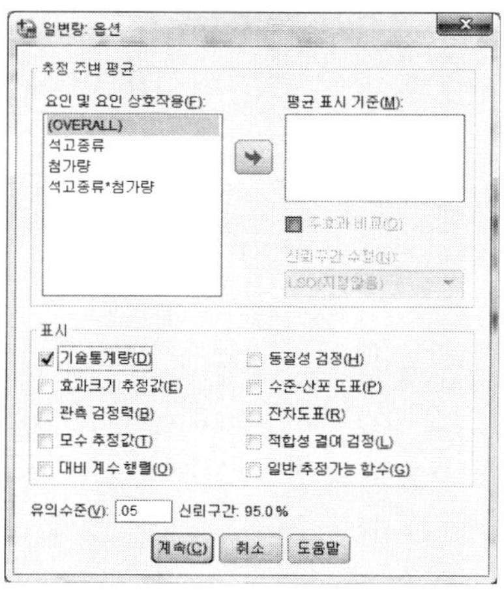

⑥ 필요한 부분을 모두 지정한 후 확인을 누르면 출력 결과창에 다음과 같은 분석결과가 나타난다.

기술통계량

종속변수: 강도

석고종류	첨가량	평균	표준편차	N
1	1	303.50	2.121	2
	2	336.00	1.414	2
	3	365.00	1.414	2
	4	373.00	1.414	2
	5	374.50	2.121	2
	6	349.00	1.414	2
	전체	350.17	26.013	12
2	1	323.50	2.121	2
	2	349.00	1.414	2
	3	325.00	1.414	2
	4	330.00	.000	2
	5	328.50	2.121	2
	6	309.00	1.414	2
	전체	327.50	12.369	12
3	1	321.00	1.414	2
	2	343.00	1.414	2
	3	337.00	1.414	2
	4	348.00	.000	2
	5	350.00	.000	2
	6	329.00	1.414	2
	전체	338.00	10.821	12
전체	1	316.00	9.859	6
	2	342.67	5.922	6
	3	342.33	18.392	6
	4	350.33	19.325	6
	5	351.00	20.630	6
	6	329.00	17.922	6
	전체	338.56	19.642	36

개체-간 효과 검정

종속변수: 강도

소스	제 III 유형 제곱합	자유도	평균제곱	F	유의확률
수정된 모형	13462.889[a]	17	791.935	356.371	.000
절편	4126315.111	1	4126315.111	1856841.800	.000
석고종류	3088.222	2	1544.111	694.850	.000
첨가량	5548.889	5	1109.778	499.400	.000
석고종류 * 첨가량	4825.778	10	482.578	217.160	.000
오차	40.000	18	2.222		
전체	4139818.000	36			
수정된 합계	13502.889	35			

a. R 제곱 = .997 (수정된 R 제곱 = .994)

반복이 있는 이원배치 분산분석에서는 두 개의 주효과(main effect)와 상호작용효과(interaction effect)가 분석된다.

(1) 주효과

i) 석고종류에 따라 시멘트의 강도효과에 차이를 보이는가?

ii) 첨가량에 따라 시멘트의 강도효과에 차이를 보이는가?

(2) 교호작용효과

iii) 석고종류와 첨가량은 서로 상호작용하여 시멘트의 강도효과에 영향을 즈는가?

먼저 첫 번째 주효과인 석고종류에 따른 시멘트의 강도효과의 차이를 살펴보면 개체-간 효과 검정에서 석고종류의 F값이 694.850이고 유의확률 값이 0.000으로 유의수준 0.05보다 작기 때문에 귀무가설을 기각한다. 즉 석고종류에 따른 시멘트의 강도효과가 유의하게 차이가 있다고 할 수 있다.

두 번째 주효과인 첨가량에 따른 시멘트의 강도효과에 차이를 보면 개체-간 효과 검정에서 첨가량의 F값이 499.400이고 유의확률 값이 0.000으로 유의수준 0.05보다 작기 때문에 귀무가설을 기각한다. 즉 첨가량에 따른 시멘트의 강도효과가 통계적으로 유의하게 차이가 있는 것으로 나타났다.

교호작용 효과 분석은 개체-간 효과 검정 결과에서 F값이 217.160이고 유의확률 값이 0.000으로 유의수준 0.05보다 작기 때문에 귀무가설을 기각한다. 즉 석고종류와 첨가량은 서로 상호작용하여 시멘트의 강도효과에 영향을 주는 것으로 나타났다.

연습문제

01 15마리의 토끼를 무작위로 5마리씩 3군으로 나누어 각 군의 피내(A_1), 피하(A_2), 복공내(A_3)에 일정량의 어떤 세포의 백신을 접종하여 일정일수가 지난 후 혈청 중 면역항체의 양을 측정하여 다음 표와 같은 결과를 얻었다. 이 결과를 분산분석하여라.

A_1	7	10	9	5	8
A_2	10	11	10	8	15
A_3	15	12	10	9	18

02 생물학 실험에서, 지정된 기간 동안 어떤 유형의 식물의 성장을 향상시키기 위하여 화학약품의 네 가지의 농도가 사용된다. 생존한 식물들에 대하여 다음과 같은 성장 자료가 cm 단위로 기록되었다.

1	8.2	8.7	9.4	9.2		
2	7.7	8.4	8.6	8.1	8.0	
3	6.9	5.8	7.2	6.8	7.4	6.1
4	6.8	7.3	6.3	6.9	7.1	

화학약품의 서로 다른 농도들에 대하여 이 식물들의 평균 성장에 유의한 차이가 있는가? 유의수준 0.01을 사용하여라.

03 A, B, C 세 분의 교수님이 각기 다른 강의실에서 같은 통계학을 강의하였고, 강의 후 시험 결과가 다음 표와 같다. 평균점수에서 유의차가 있는가? 유의수준 $\alpha = 0.05$로 검정하여라.

A	70	75	68	63	72	80	82	76	65	67	87		
B	80	79	69	80	75	77	85	87	70	68	82	83	80
C	85	80	75	90	73	80	79	82	87	59			

04 다음 표는 5종류의 술이 어느 슈퍼마켓에서 10일 동안 팔린 양을 나타낸 것이다.

A	45	60	33	36	31	40	43	48	50	45
B	28	32	35	21	20	47	25	38	30	28
C	27	12	35	41	19	31	23	20	25	23
D	42	40	23	35	42	30	38	32	53	29
E	31	29	45	30	32	22	35	29	42	30

1) 유의수준 $\alpha = 0.05$에서 다섯 종류의 술 판매량이 같은가를 검정하여라.

2) 유의수준 $\alpha = 0.05$로 Duncan의 다중범위검정을 실시하여라.

3) 술의 종류 B와 D 사이에 판매량의 평균의 유의한 차이가 있는지를 유의수준 $\alpha = 0.05$로 t 검정하여라.

05 다음 표는 A, B, C, D 4가지 사료를 쥐에게 일정기간 동안 주었을 때의 증가된 체중(단위: g)을 측정한 자료이다. (단, 유의수준 $\alpha = 0.05$를 사용)

1) 사료의 차이를 인정할 수 있는가?

2) 각 사료에 대한 평균의 차이를 Duncan의 다중범위검정을 이용하여 개별적으로 비교하여라.

사료	체중증가 (g)
A	228, 229, 216, 224, 208, 235, 229
B	206, 229, 220, 208, 228, 198
C	170, 193, 183, 180, 163, 204, 174
D	130, 127, 135, 126, 128, 145, 151, 139

06 화학분석을 실행하는 데 4개의 실험실이 사용되고 있다. 실험실들이 평균적으로 같은 결과를 주는지를 결정하기 위한 연구의 일부로, 동일한 물질의 표본들이 분석을 위하여 실험실로 보내진다. 4개의 실험실에 대한 분석결과가 다음과 같다.

A	B	C	D
58.7	62.7	55.9	60.7
61.4	64.5	56.1	60.3
60.9	63.1	57.3	60.9
59.1	59.2	55.2	61.4
58.2	60.3	58.1	62.3

1) 분산분석을 실시하고 실험실들에 관한 결론을 말하여라. 유의수준 0.05를 사용하여라.

2) 유의수준 0.01로 Duncan의 다중범위검정을 사용하여, 어떤 실험실들이 분석에서 평균적으로 다른지 결정하여라.

07 다음의 자료는 컴퓨터활용, 교양영어, 미적분학, 확률과 통계에서 5명의 학생이 얻은 최종 성적을 나타낸 것이다.

학생 \ 과목	컴퓨터활용	교양영어	미적분학	확률과 통계
1	68	57	73	61
2	83	94	91	86
3	72	81	63	59
4	55	73	77	66
5	92	68	75	87

유의수준 0.05를 사용하여 다음의 가설을 검정하여라.

1) 강좌들은 같은 난이도를 가지고 있다.

2) 학생들은 같은 능력을 가지고 있다.

08 유의수준 0.05로 다중범위검정을 사용하여, 연습문제 7번에서의 학생에 의하여 얻어진 평균 성적들을 분석하여라.

09 4개의 처리와 5개의 주제를 사용해서 비교하려는 실험이 행해졌다. 그래서 다음 자료를 얻었다.

처리 \ 주제	1	2	3	4	5
1	12.8	10.6	11.7	10.7	11.0
2	11.7	14.2	11.8	9.9	13.8
3	11.5	14.7	13.6	10.7	15.9
4	12.6	16.5	15.4	9.6	17.1

처리, 주제, 오차제곱의 합으로 분리하여 분산분석표를 작성하여라. 유의수준 0.05에서 처리 사이에 차이가 없다는 가설을 검정하여라.

10 아래의 자료는 어느 생산공장에서 5명의 기능공(B_1, B_2, B_3, B_4, B_5)이 4대의 기계(A_1, A_2, A_3, A_4)를 하루씩 사용하여 생산한 제품의 양을 조사한 결과이다. 제품을 생산하는 데 기능공 사이의 효과가 다른지, 기계들의 효과가 다른지를 분석하여라.

	B_1	B_2	B_3	B_4	B_5
A_1	90	98	99	100	96
A_2	92	92	93	94	98
A_3	95	93	91	96	90
A_4	98	96	97	93	99

11 다음 자료는 4개의 서로 다른 타자기로 4명의 비서에 의해 분당 기록된 글자수를 나타낸 것이다.

비서 \ 타자기 모델	Royal	IBM	UnderWood	Olivetti
김	78	62	71	77
최	57	49	62	60
박	60	78	72	83
이	71	66	59	67

유의수준 0.05를 사용하여 다음 가설을 검정하여라.

1) 비서들은 똑같은 속도로 친다.

2) 상이한 타자기는 속도에 영향을 주지 않는다.

12 접착된 플라스틱의 조각들을 떼어놓은 데에 필요한 힘을 결정하기 위하여 연구가 이루어졌다. 네 가지의 수준의 습도를 사용하여 플라스틱의 세 가지 유형을 시험하였다. 결과가 kg 단위로 다음과 같이 주어졌다.

플라스틱 유형 \ 습도	30%	50%	70%	90%
A	39.0	33.1	33.8	33.0
B	36.9	27.2	29.7	28.5
C	27.4	29.2	26.7	30.9

유의수준 0.05를 사용하여 분산분석표를 작성하고 결과를 설명하여라.

13 다음 자료는 독어, 중국어, 불어, 일어에 대하여 4명의 학생에게 4번 질문한 결과를 나타낸 것이다. 네 학과목의 난이도는 같은가? 학생들의 학습능력은 같은가? 학생과 한 과목 사이의 교호작용은 없는가를 $\alpha = 0.05$로 검정하여라.

학생	독어	중국어	불어	일어
1	88 63 79 80	51 58 72 65	73 81 77 77	87 81 92 76
2	79 96 56 68	85 95 67 88	82 36 80 68	80 93 62 67
3	67 66 51 89	74 47 59 82	91 95 59 92	77 70 84 73
4	35 60 64 70	76 49 26 76	43 52 42 32	55 49 53 56

14 네 종류의 기계와 세 사람의 기능공이 생산하는 제품의 생산량을 3회 반복하여 조사한 표이다. 다음을 유의수준 0.05로 검정하여라.

기능공 \ 기계	1	2	3	4
A	19 15 13	20 12 15	10 15 8	15 10 12
B	21 20 17	23 20 21	13 17 12	20 17 15
C	17 20 16	25 20 20	12 7 10	20 15 15

1) 세 기능공의 능력은 같은가?

2) 네 종류의 기계의 성능은 같은가?

3) 네 종류의 기계와 세 기능공 사이에 교호작용이 있는가?

15 세 종류의 쥐에 대한 미로실험에서 행동성을 조사하기 위해 2개의 환경조건에서 48마리 쥐를 실험하여 아래와 같은 실수점수를 얻었다.

환경 \ 쥐	A		B		C	
1	28	12	33	83	101	94
	22	23	36	14	33	56
	25	10	41	76	122	83
	36	86	22	58	35	23
2	72	32	60	89	136	120
	48	93	35	126	38	153
	25	31	83	110	64	128
	91	19	99	118	87	140

유의수준 0.01을 사용하여 다음 가설을 검정하여라.

1) 다른 환경에 대한 실수점수에서 차이는 없다.

2) 다른 종류에 대한 실수점수에서 차이는 없다.

3) 환경과 쥐의 종류는 교호작용이 없다.

16 3가지의 미사일 시스템 중 어느 것이 바람직한지 결정하기 위하여 수행된 실험에서 24회의 정지상태의 발사에 대하여 추진연료의 연소속도가 측정되었다. 네 가지의 추진연료유형이 사용되었다. 실험의 결과로 각 처리조합에서 연소속도의 관측값이 두 개씩 얻어졌다. 코딩을 한 후 자료는 다음과 같이 기록되었다.

미사일 시스템 \ 추진연료유형	b_1	b_2	b_3	b_4
a_1	34.0	30.1	29.8	29.0
	32.7	32.8	26.7	28.9
a_2	32.0	30.2	28.7	27.6
	33.2	29.8	28.1	27.8
a_3	28.4	27.3	29.7	28.8
	29.3	28.9	27.3	29.1

유의수준 0.05를 사용하여 다음의 가설을 검정하여라.

1) 서로 다른 미사일 시스템들이 사용될 때 평균 추진연료 연소속도에 차이가 없다.

2) 네 가지의 추진연료유형의 평균 추진연료 연소속도에 차이가 없다.

3) 미사일 시스템과 추진연료유형 사이에 교호작용이 없다.

9장

상관과 회귀

9.1 상관분석

2개의 변수 $(X_i,\ Y_i)$, $i = 1, 2, \ldots, n$를 관찰할 때 변수 X가 증가하면, 변수 Y가 증가 또는 감소하는 경우처럼 X와 Y가 어떤 종속적인 관계가 있는 경우가 있다. 두 종류 또는 그 이상의 변수들 사이에 존재하는 이와 같은 종속관계를 **상관관계**(correlation)라고 하며, 이 종속관계를 구체적인 함수관계로 파악할 때 이를 **회귀관계**(regression)라고 한다.

먼저 X와 Y 사이의 관계를 측정하는 문제를 생각해 보자. 예를 들어 어떤 제품회사에서 연간 광고료를 X라고 하고 그들의 연간 총 판매액을 Y라고 했을 때 광고료 X가 증가하면 매출액 Y는 어떻게 변하는지, 새 자동차의 수명을 X, 판매가격을 Y라고 할 때 수명 X와 가격 Y 사이에는 어떤 관계가 있는지를 알 필요가 있다.

두 확률변수 X와 Y 사이의 선형관계를 측정하기 위한 척도를 **선형상관계수**(linear correlation coefficient)라고 하고 표본의 상관계수를 r, 모집단의 상관계수를 ρ로 표시한다. 즉 r는 그림 9.1과 같이 점들이 직선 주위에 얼마나 밀집되어 흩어져 있는지를 측정하는 것이다. 기울기가 양(+)의 형태를 취하고 있으면 **양의 상관**(positive correlation)이라고 하고 기울기가 음(−)의 방향이면 **음의 상관**(negative correlation)이라고 한다. 그리고 점들이 직선에 조밀하게 밀집되어 있으면 강한 상관관계가 있다고 하고 그렇지 않으면 약한 상관관계가 있다고 한다. 점들이 직선을 이루지 않으면 상관관계가 없다고 한다.

그림 9.1과 같은 그림을 **산점도**(scatter diagram)라고 하는데, 이것에 의하면 (a)는 강한 양의 상관이고 (b)는 약한 음의 상관, 그 외에는 상관이 없는 것으로 볼 수 있다.

두 변수값 사이의 선형상관 정도를 측정하는 상관계수 $r = 0$이면 선형관계가 없으며, 그림 9.1의 (d)와 같이 점들이 2차형 포물선 주위에 밀집되어 있어도 직선이 아니므로 상관계수 r은 0에 가까운 값이다. 두 변수 X와 Y값 사이의 선형상관 측도를 Pearson의 **표본상관계수**(pearson's sample correlation coefficient)라고 하며 다음 정리 9.1에 의하여 구한다.

정리 9.1 표본상관계수

$$r = \frac{\frac{1}{n}\Sigma(x_i - \overline{x})(y_i - \overline{y})}{s_x\ s_y} = \frac{\Sigma x_i y_i - n\overline{x}\,\overline{y}}{\sqrt{(\Sigma x_i^2 - n\overline{x}^2)(\Sigma y_i^2 - n\overline{y}^2)}} = b_1\frac{s_x}{s_y}$$

여기서 $b_1 = \dfrac{c_{xy}}{s_x^2} = \dfrac{\frac{1}{n}\Sigma(x_i - \overline{x})(y_i - \overline{y})}{s_x^2}$, $c_{xy} = \dfrac{1}{n}\Sigma(x_i - \overline{x})(y_i - \overline{y})$이고 b_1은 다음의 9.2절에서 회귀계수(regression coefficient)로 쓰인다.

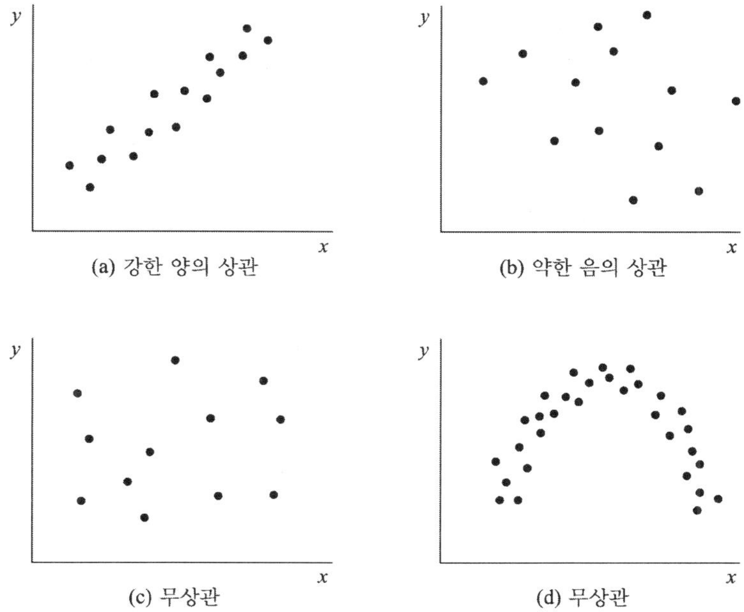

그림 9.1 ▸▸▸ 산점도

설명 그림 9.2의 산점도는 n개의 점 $(x_1, y_1), (x_2, y_2), \cdots, (x_n, y_n)$을 평면상에 표시한 것이다. x의 평균을 $\overline{x}$, y의 평균을 $\overline{y}$라고 하고, $(\overline{x},\ \overline{y})$를 새 좌표의 원점이라고 하면 n개의 점은 $(\overline{x},\ \overline{y})$를 중심으로 제1, 3사분면에 집중되어 있고, 제2, 4사분면에는 많지 않아 양의 상관관계를 나타내고 있다.

그리고 $x_i - \overline{x}$는 제1, 4사분면에서는 양(+)이고 제2, 3사분면에서는 음(−)이다. $y_i - \overline{y}$는 제1, 2사분면에서는 양(+)이고 제3, 4사분면에서는 음(−)이다. 따라서 $(x_i - \overline{x})(y_i - \overline{y})$는 제1, 3사분면에서는 양(+), 제2, 4사분면에서는 음(−)이며 그림과

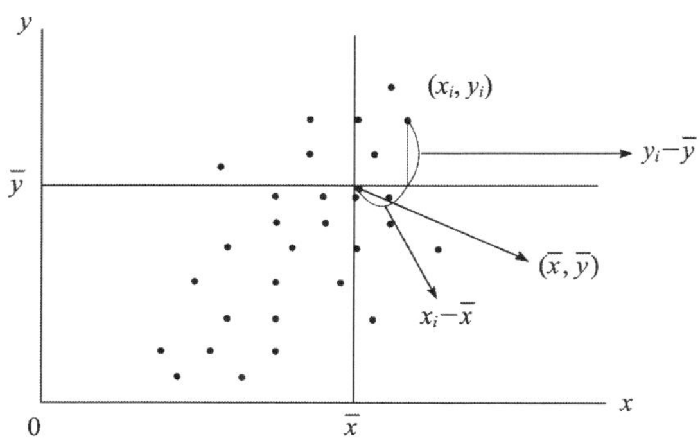

그림 9.2 ▸▸▸ 산점도

같이 양의 상관을 이루고 있으면 점들이 제1, 3사분면에 집중되어 있고 점 $(\overline{x},\ \overline{y})$로부터 멀리 떨어져 있는 점도 많으므로 $\sum(x_i-\overline{x})(y_i-\overline{y})$는 양(+)이고 절댓값도 클 것이다. 만약 X와 Y가 강한 양의 상관관계를 나타내고 있으면 $\sum(x_i-\overline{x})(y_i-\overline{y})$의 값은 양이고 절댓값이 더욱 커질 것이다. 그런데 이 값은 X, Y의 측정단위에 의존하므로 상대적인 측도가 필요하다. 따라서 이 값의 평균인 $\sum(x_i-\overline{x})(y_i-\overline{y})/n$를 이것과 단위가 같은 X, Y의 표준편차 s_x, s_y로 나눈 몫을 상관계수 r로 사용한다. 따라서 표본상관계수 r은

$$r=\frac{\frac{1}{n}\sum(x_i-\overline{x})(y_i-\overline{y})}{s_x s_y}=\frac{c_{xy}}{s_x s_y}$$

이다. 표본상관계수 r의 제곱인 r^2을 **결정계수**(coefficient of determination)라고 한다.

정리 9.2

모상관계수 ρ, 표본상관계수 r의 범위

$$-1\le\rho\le 1,\qquad -1\le r\le 1$$

증명 다음과 같은 t에 관한 식은 음이 될 수 없다.

$$q(t)=E\ [(X-\mu_x)t+(Y-\mu_y)]^2\ \ge 0,$$

$$t^2E(X-\mu_x)^2+2tE(X-\mu_x)(Y-\mu_y)+E(Y-\mu_y)^2\ \ge 0$$

t에 관한 2차식이 0 이상이므로 판별식은 $D\le 0$이어야 한다.

$$[E(X-\mu_x)(Y-\mu_y)]^2-E(X-\mu_x)^2E(Y-\mu_y)^2\ \le 0,$$

$$[Cov(X,Y)]^2-\sigma_x^2\,\sigma_y^2\ \le 0,\quad \rho^2=\frac{Cov(X,Y)}{\sigma_x^2\sigma_y^2}\le 1$$

이므로, $-1\le\rho\le 1$이다. 같은 방법으로 $r^2=\dfrac{c_{xy}^2}{s_x^2 s_y^2}\le 1$, $-1\le r\le 1$임을 증명할 수 있다.

$r=\pm 1$일 때 **완전상관**(complete correlation)이라고 한다. 산점도에서 완전상관인 경우에는 모든 점이 $y=b_0+b_1x$인 직선 위에 있으며, r의 값이 ± 1에 가까우면 가까울수록 많은 점들이 $y=b_0+b_1x$인 직선에 가까워진다. 여기서 결정계수 r^2은 점들 가운데서 직선 $y=b_0+b_1x$로 설명할 수 있는 점들의 비율을 나타낸다. 예를 들어 $n=100$이고

$r = 0.9$이면 $r^2 = 0.81$이므로 100개의 0.81인, 즉 100개의 81%인 81개의 점이 직선으로 설명될 수 있다는 의미이다.

예제 9.1 두 변량 X, Y의 자료가 다음과 같다. 상관계수를 구하고 그 의미를 설명하여라.

x	12	10	14	11	12	9
y	18	17	23	19	20	15

풀이 $\sum x_i = 68$, $\sum y_i = 112$, $\sum x_i y_i = 1,292$, $\sum x^2_{=786, i}$, $\sum y^2_{=2,128, i}$ $\overline{x} = 11.333$, $\overline{y} = 18.667$이므로

$$r = \frac{1,292 - 6 \times 11.3333 \times 18.6667}{\sqrt{(786 - 6 \times 11.3333^2)(2,128 - 6 \times 18.6667^2)}} = 0.947$$

이다.

$r = 0.947$이므로 강한 상관관계를 나타내고, $r^2 = 0.90$이므로 전체의 90%는 선형관계로 설명될 수 있다.

이상의 상관계수에 관한 것을 요약하면 다음 성질을 얻는다.

정리 9.3 상관계수의 성질

1) $r > 0$ 이면 양의 상관, $r < 0$ 이면 음의 상관, $r = 0$ 이면 무상관이다.
2) $r = \pm 1$이면 완전상관, $|r|$이 크면 강한 상관관계, $|r|$이 작으면 약한 상관관계를 나타낸다.
3) 결정계수 r^2은 선형관계로 표현할 수 있는 점의 비율을 나타낸다.

9.2 선형회귀분석

9.2.1 단순선형회귀

대부분의 자연현상이나 사회현상들은 관련된 여러 변수들의 상호작용에 의하여 발생한다고 볼 수 있다. 어떤 현상이 변수들의 인과관계에 의해서 나타날 때, 수학적인 함수 형태

로 그 관계를 규명하려는 시도가 빈번히 발생되고 있다. 예를 들어 초등학교 아동들의 평균신장이 학년에 따라 어떻게 변하고 있는가를 찾아보는 것이나, 어떤 플라스틱 제품의 강도가 공정상의 공정온도와 어떤 관련성을 가지고 있는가를 알고 싶은 경우 등이다. 이와 같이 변수들의 관련성을 그 변수들의 자료를 통하여 찾아낼 수 있다면 한 변수의 변화로부터 다른 변수의 변화를 예측할 수도 있으며, 관심 있는 변수의 최적값은 이 변수에 영향을 주는 다른 변수가 어떤 값을 취할 때 얻어질 것인가를 결정하는 데 도움을 줄 것이다.

회귀분석(regression analysis)이란 먼저 변수들 간의 관계를 나타내는 타당한 회귀방정식 또는 회귀모형을 이론적 근거나 경험에 바탕하여 설정하고 변수들의 관측된 값을 이용하여 그 모형을 추정한 다음, 추정한 모형에 의해서 변수들 간의 관계를 설명하거나 예측하는 데 이용되는 통계적 분석방법이다.

서로 관계를 가지고 있는 변수들 중에서 다른 변수에 의해 영향을 받는 변수를 **종속변수**(dependent variable)라고 한다. 종속변수는 우리가 설명하고자 하는 변수로 주로 다른 변수들에 대한 반응으로 관측되는 변수이므로 **반응변수**(response variable)라고도 한다. 그리고 종속변수에 영향을 주는 변수를 **독립변수**(independent variable)라고 하는데, 이는 종속변수를 설명하는 데 이용되는 변수이므로 **설명변수**(explanatory variable)라고도 한다. 회귀방정식은 몇 가지 형태로 분류할 수 있는데, 방정식에 포함된 설명변수의 개수에 따라 설명변수가 1개인 방정식을 단순회귀방정식(simple regression equation) 또는 **단순회귀모형**(simple regression model)이라고 하고 설명변수가 2개 이상일 때의 모형을 **다중회귀모형**(multiple regression model)이라고 한다. 또한 회귀방정식의 형태에 따라서도 분류할 수 있는데 모수의 선형함수로 주어지는 모형을 **선형회귀모형**(linear regression model)이라고 하며 모수의 비선형함수로 주어지는 모형을 **비선형회귀모형**(nonlinear regression model)이라고 한다. 이 책에서는 단순선형회귀에 대해서만 다루기로 한다.

1개의 종속변수 Y와 독립변수 X 간의 선형관계를 단순선형회귀라고 하는데, 먼저 예를 들어 설명한다. 수면제의 투여량에 따라 수면시간의 증가(효과)가 어떻게 변하는가를 조사하기 위하여 임의로 추출된 9명에게 실험을 하여 표 9.1과 같은 자료를 얻었다.

표 9.1 ▸▸▸ 수면제의 투여량과 수면시간 증가

사람	1	2	3	4	5	6	7	8	9
수면제의 양(x_i)	1.5	1.8	2.4	3.0	3.5	3.9	4.4	4.8	5.0
수면시간의 증가(y_i)	4.8	5.7	7.0	8.3	10.9	12.4	13.1	13.6	15.3

이 자료의 산점도는 그림 9.3이며 x가 증가하면 y도 증가하는 경향이 있고 대략 직선으로 나타남을 짐작할 수 있다. 이것을 **선형회귀직선**(linear regression line)이라고 한다.

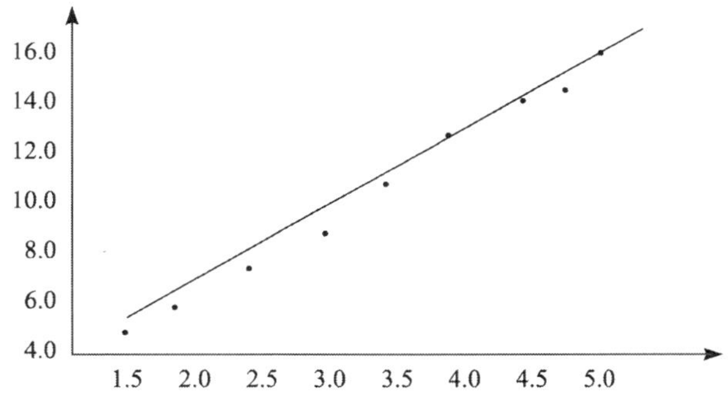

그림 9.3 ▸▸▸ 산점도와 회귀직선

이제 독립변수 X의 값 $x_1, x_2, \cdots, x_n$에서 측정된 종속변수 Y의 값 $y_1, y_2, \cdots, y_n$을 이용하여 모집단 회귀직선 $E[Y \mid x] = \beta_0 + \beta_1 x$를 추정해 보자. 이를 위해 다음의 관계식이 성립한다고 가정하자.

$$y_i = \beta_0 + \beta_1 x_i + \epsilon_i, \qquad i = 1, 2, \cdots, n$$

여기서, $\epsilon_i \sim N(0, \sigma^2)$을 따르는 서로 독립인 오차항이다.

모집단 회귀직선 $E[Y \mid x] = \beta_0 + \beta_1 x$를 추정하는 것은 표본자료$(x_i, y_i)$, $i = 1, 2, \cdots, n$으로부터 회귀계수 β_0, β_1를 추정하는 것이다. 이들을 추정하는 방법으로 가장 널리 이용되는 방법은 오차의 제곱합을 최소화하도록 추정하는 **최소제곱법**(method of least squares)이다. 여기서는 최소제곱법으로 β_0, β_1을 추정하는 방법을 설명한다.

X의 어떤 값 x_i에 대하여 Y의 실제 값 y_i와 기댓값 $E[Y|x_i]$의 차이를 나타내는 오차 ϵ_i는 아래와 같다.

$$\epsilon_i = y_i - E[Y|x_i] = y_i - \beta_0 - \beta_1 x_i$$

$\sum \epsilon_i^2$은 오차제곱의 합(sum of squares of error)이므로 이를 SSE로 표시하는데

$$SSE = \sum_{i=1}^{n} \epsilon_i^2 = \sum_{i=1}^{n} (y_i - \beta_0 - \beta_1 x_i)^2$$

이다. SSE가 최소가 되는 β_0, β_1을 찾기 위해서 SSE를 β_0와 β_1에 관하여 편미분하고 그 결과를 0이라고 놓고 β_0와 β_1을 구한다.

$$\frac{\partial(SSE)}{\partial\beta_0} = -2\sum_{i=1}^{n}(y_i - \beta_0 - \beta_1 x_i) = 0, \quad \frac{\partial(SSE)}{\partial\beta_1} = -2\sum_{i=1}^{n} x_i (y_i - \beta_0 - \beta_1 x_i) = 0$$

이며, 위의 두 방정식을 만족하는 β_0와 β_1의 추정된 값을 각각 b_0, b_1이라고 하고 이를 위 식에 대입하여 정리하면 아래와 같은 연립방정식을 얻는다.

$$\begin{cases} \sum_{i=1}^{n} y_i = nb_0 + b_1 \sum_{i=1}^{n} x_i \\ \sum_{i=1}^{n} x_i y_i = b_0 \sum_{i=1}^{n} x_i + b_1 \sum_{i=1}^{n} x_i^2 \end{cases}$$

위의 연립방정식을 정규방정식(normal equations)이라고 하며 이 정규방정식에서 b_0와 b_1을 구하면 정리 9.4와 같다.

정리 9.4 회귀계수의 추정

모집단 회귀직선 $E[Y \mid x] = \beta_0 + \beta_1 x$에서 회귀계수 β_0와 β_1의 최소제곱추정량 b_0, b_1은 다음과 같다.

$$b_1 = \frac{\sum_{i=1}^{n}(x_i - \overline{x})(y_i - \overline{y})}{\sum_{i=1}^{n}(x_i - \overline{x})^2} = \frac{\sum_{i=1}^{n} x_i y_i - n\overline{x}\,\overline{y}}{\sum_{i=1}^{n} x_i^2 - n\overline{x}^2}, \quad b_0 = \overline{y} - b_1 \overline{x}$$

추정된 회귀직선의 방정식은 $\hat{y} = b_0 + b_1 x$이다.

위와 같은 방법으로 구한 방정식을 X에 관한 Y의 회귀방정식이라고 한다. 추정된 회귀방정식 $\hat{y} = b_0 + b_1 x$의 정규방정식은 다음과 같이 쉽게 기억할 수 있다. 구하는 방정식 $\hat{y} = b_0 + b_1 x$에 먼저 양변에 $\sum$를 취하면 정규방정식의 첫 식이 된다. 즉

$$\sum_{i=1}^{n} y_i = \sum_{i=1}^{n} b_0 + b_1 \sum_{i=1}^{n} x_i$$

인데 b_0는 $\sum$에 대하여 상수와 같으므로 $\sum_{i=1}^{n} b_0 = nb_0$이다. 다음에는 양변에 x_i를 곱해 주면 정규방정식의 두 번째 식이 된다. 즉

$$\sum_{i=1}^{n} x_i y_i = b_0 \sum_{i=1}^{n} x_i + b_1 \sum_{i=1}^{n} x_i^2$$

이다.

예제 9.2 앞의 표 9.1에서 수면제의 투여량과 수면시간 증가에 대한 자료에서 수면제의 양(x)에 관한 수면시간의 증가(y)의 회귀직선의 방정식을 구하여라. 그리고 $x=2.0$일 때 y의 예측값은 얼마인가?

x	1.5	1.8	2.4	3.0	3.5	3.9	4.4	4.8	5.0	30.3
y	4.8	5.7	7.0	8.3	10.9	12.4	13.1	13.6	15.3	91.1
x^2	2.25	3.24	5.76	9.00	12.25	15.21	19.36	23.04	25.00	115.11
xy	7.20	10.26	16.80	24.90	38.15	48.36	57.64	65.28	76.50	345.09

풀이 $\bar{x}=\dfrac{1}{9}\times 30.3=3.3667,\ \bar{y}=\dfrac{1}{9}\times 91.1=10.1222,$

$$b_1=\frac{345.09-9\times 3.3667\times 10.1222}{115.11-9\times 3.3667}=2.9303,$$

$$b_0=10.1222-2.9303\times 3.3667=0.2568.$$

따라서 구하고자 하는 x에 관한 y의 회귀방정식은 $\hat{y}=0.2568+2.9303x$이고 $x=2.0$이면 $\hat{y}=0.2568+2.9303\times 2.0=6.1174$이다.

9.2.2 선형회귀계수의 검정

지금까지 모집단 회귀직선의 방정식 $E[Y|x]=\beta_0+\beta_1 x$를 n개의 표본자료 $(x_i,\ y_i)$를 이용하여 추정하는 방법을 설명하였다. 이제 표본회귀계수 $b_0,\ b_1$을 이용하여 모집단 회귀계수 $\beta_0,\ \beta_1$를 검정하는 문제를 생각하자.

그림 9.4에서 보는 바와 같이 표본회귀직선과 모회귀직선은 표본평균과 모평균 사이에 오차가 있는 것처럼 반드시 일치하는 것은 아니고 여기에도 오차가 발생한다.

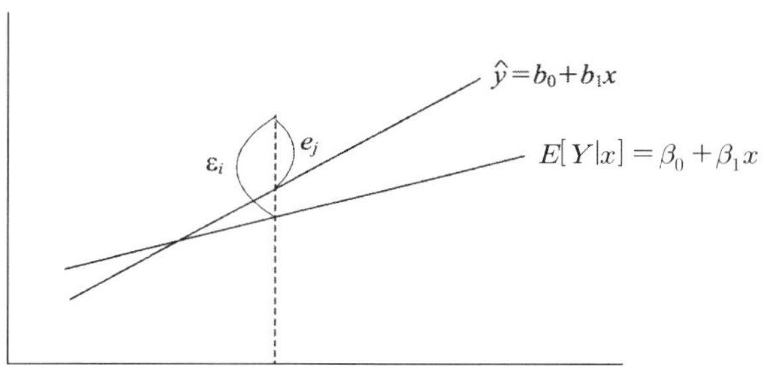

그림 9.4 ▸▸▸ e_i와 ϵ_i의 비교

확률오차 ϵ_i는 실제 값 y_i와 모회귀직선에서 $\beta_0 + \beta_1 x_i$와의 차이를 말하며, **잔차**(residual)를 의미하는 e_i는 실제 값 y_i와 표본회귀직선에서 $\hat{y_i}$와의 차이를 말한다. 즉 $y_i - \hat{y_i} = e_i$이다. 모회귀계수 β_0와 β_1을 검정하기 위해서는 먼저 모분산 σ^2의 불편추정량을 구해야 한다. 잔차제곱합 SSE는

$$\begin{aligned} SSE &= \sum_{i=1}^{n} e_i^2 = \sum_{i=1}^{n} (y_i - \hat{y_i})^2 \\ &= \sum_{i=1}^{n} (y_i - b_0 - b_1 x_i)^2 \\ &= \sum_{i=1}^{n} [(y_i - b_0 - b_1 \overline{x} - b_1 (x_i - \overline{x}))^2] \\ &= (n-1)\left[\frac{\sum_{i=1}^{n}(y_i - b_0 - b_1\overline{x})^2}{n-1} - \frac{b_1^2 \sum_{i=1}^{n}(x_i - \overline{x})^2}{n-1}\right] \\ &= (n-1)(S_y^2 - b_1^2 S_x^2) \end{aligned}$$

이고, 자유도 $\nu = n-2$이므로, **잔차평균제곱**(residual mean square)

$$S_e^2 = MSE = \frac{SSE}{n-2} = \frac{n-1}{n-2}(S_y^2 - b_1^2 S_x^2)$$

이며, $E(S^2) = \sigma^2$이 성립한다. 따라서 모분산 σ^2의 불편추정량은 $S_e^2 = MSE$이다.

정리 9.5 **σ^2의 불편추정량**

모분산 σ^2의 불편추정량 $S_e^2 = MSE$는 다음과 같다.

$$S_e^2 = MSE = \frac{SSE}{n-2} = \frac{n-1}{n-2}(S_y^2 - b_1^2 S_x^2)$$

$$SSE = (n-1)(S_y^2 - b_1^2 S_x^2)$$

예제 9.3 다음 표의 자료에서 x에 관한 y의 회귀직선의 방정식과 모분산 σ^2의 불편추정량의 값 s_e^2을 구하여라.

x	0	1	2	3	4
y	2	3	1	3	5

풀이

xy	0	3	2	9	20
x^2	0	1	4	9	16
y^2	4	9	1	9	25

$n=5$, $\sum x_i = 10$, $\sum y_i = 14$, $\sum xy = 34$, $\sum x^2 = 30$, $\sum y^2 = 48$, $\overline{x}=2$, $\overline{y}=2.8$이므로

$$b_1 = \frac{34-5\times 2\times 2.8}{30-5\times 2^2} = 0.6,\ \ b_0 = 2.8 - 0.6\times 2 = 1.6$$

이다. 따라서 추정된 회귀직선의 방정식은 $\hat{y}=1.6+0.6x$이다. σ^2의 불편추정량의 값 $s_e^2 = \frac{n-1}{n-2}(s_y^2 - b_1^2 s_x^2)$이므로

$$s_x^2 = \frac{30-5\times 2^2}{5-1} = 2.5, s_y^2 = \frac{48-5\times 2.8^2}{5-1} = 2.2,$$

$$s_e^2 = \frac{5-1}{5-2}(2.2-0.6^2\times 2.5) = 1.7333.$$

1) β_0에 대한 추론

이제 회귀계수 β_0, 즉 절편의 신뢰구간 추정과 검정을 생각해 보자. 그러기 위하여 β_0의 최소제곱불편추정량인 b_0에 관한 확률분포를 알아야 한다. 그런데

$$T = \frac{(b_0-\beta_0)S_x\sqrt{n(n-1)}}{S_e\sqrt{\sum x_i^2}} \sim t(n-2)$$

이므로, 자유도 $n-2$인 t 분포를 이용한다. 그러므로 6장, 7장의 추정과 검정이론에서처럼 다음을 유도한다.

$$P\left(-t_{\frac{\alpha}{2}}(n-2) < \frac{(b_0-\beta_0)S_x\sqrt{n(n-1)}}{S_e\sqrt{\sum x_i^2}} < t_{\frac{\alpha}{2}}(n-2)\right) = 1-\alpha,$$

위 식을 β_0에 관하여 정리하면,

$$P\left(b_0 - t_{\frac{\alpha}{2}}(n-2)\frac{S_e\sqrt{\sum x_i^2}}{S_x\sqrt{n(n-1)}} < \beta_0 < b_0 + t_{\frac{\alpha}{2}}(n-2)\frac{S_e\sqrt{\sum x_i^2}}{S_x\sqrt{n(n-1)}}\right) = 1-\alpha$$

이고, 따라서 β_0에 대한 신뢰구간과 검정은 정리 9.6과 같다.

정리 9.6 **β_0에 대한 신뢰구간과 검정**

1. 회귀계수 β_0에 대한 $100\times(1-\alpha)\%$ 신뢰구간은 다음과 같다.

$$\left(b_0 - t_{\frac{\alpha}{2}}(n-2)\frac{S_e\sqrt{\sum x_i^2}}{S_x\sqrt{n(n-1)}},\quad b_0 + t_{\frac{\alpha}{2}}(n-2)\frac{S_e\sqrt{\sum x_i^2}}{S_x\sqrt{n(n-1)}}\right)$$

2. $H_0 : \beta_0 = \beta_{00}$, $H_1 : \beta_0 \neq \beta_{00}$ (우측 : $\beta_0 > \beta_{00}$, 좌측 : $\beta_0 < \beta_{00}$)

   검정통계량의 값 $t = \dfrac{(b_0 - \beta_{00})s_x\sqrt{n(n-1)}}{s_e\sqrt{\sum x_i^2}}$ 이고, $|t| < t_{\frac{\alpha}{2}}(n-2)$이면

   $H_0 : \beta_0 = \beta_{00}$ 채택(우측: $t < t_\alpha(n-2)$, 좌측: $t > -t_\alpha(n-2)$이면 H_0 채택)

예제 9.4 예제 9.3의 자료에서

1) 회귀계수 β_0의 95% 신뢰구간을 구하여라.

2) 가설 $H_0 : \beta_0 = 2.0$, $H_1 : \beta_0 \neq 2.0$을 유의수준 5%로 검정하여라.

풀이 예제 9.3에서

1) $n=5$, $b_0 = 1.6$, $\sum x^2 = 30$, $i\ \ s^2 = 2.5x$이므로 $s_x = 1.581$.

$s_e^2 = 1.733$이므로 $s_e = 1.316$, $\nu = 5-2 = 3$, $t_{0.025}(3) = 3.182$이다. 따라서

$$\left(1.6 - 3.182\cdot\frac{1.316\sqrt{30}}{1.581\sqrt{5\times4}},\quad 1.6 + 3.182\cdot\frac{1.316\sqrt{30}}{1.581\sqrt{5\times4}}\right)$$
$$= (-1.645,\ 4.845)$$

2) $H_0 : \beta_0 = 2.0$, $H_1 : \beta_0 \neq 2.0$

$$t = \frac{(1.6-2.0)\times1.581\times\sqrt{5\times4}}{1.316\times\sqrt{30}} = 0.392,$$

$t = 0.392 < 3.182 = t_{0.025}(3)$이므로 $H_0 : \beta_0 = 2.0$을 채택한다.

2) β_1에 대한 추론

$E[Y|x] = \beta_0 + \beta_1 x$인 회귀계수 β_1의 구간추정과 검정을 위하여 β_1의 최소제곱추정량인 b_1의 분포를 알아야 한다. 그런데

$$T = \frac{(b_1 - \beta_1)S_x\sqrt{n-1}}{S_e} \sim t(n-2)$$

이므로 이 분포를 이용하여 β_1에 대한 구간추정과 검정을 할 수 있다.

$$P\left(-t_{\frac{\alpha}{2}}(n-2) < \frac{(b_1-\beta_1)\ S_x\sqrt{n-1}}{S_e} < t_{\frac{\alpha}{2}}(n-2)\right) = 1-\alpha,$$

이고, 이를 β_1에 대하여 정리하면

$$P\left(b_1 - t_{\frac{\alpha}{2}}(n-2)\frac{S_e}{S_x\sqrt{n-1}} < \ \beta_1 < b_1 + t_{\frac{\alpha}{2}}(n-2)\frac{S_e}{S_x\sqrt{n-1}}\right) = 1-\alpha$$

이다. 따라서 β_1에 대한 신뢰구간과 검정은 정리 9.7과 같다.

정리 9.7 β_1에 대한 신뢰구간과 검정

1. 신뢰도 $1-\alpha$인 회귀계수 β_1의 $100(1-\alpha)\%$ 신뢰구간은 다음과 같다.

$$\left(b_1 - t_{\frac{\alpha}{2}}(n-2)\cdot\frac{S_e}{S_x\sqrt{n-1}},\quad b_1 + t_{\frac{\alpha}{2}}(n-2)\cdot\frac{S_e}{S_x\sqrt{n-1}}\right)$$

2. $H_0 : \beta_1 = \beta_{10}$, $H_1 : \beta_1 \neq \beta_{10}$ (우측: $\beta_1 > \beta_{10}$, 좌측: $\beta_1 < \beta_{10}$)

   검정통계량의 값은 $t = \dfrac{(b_1-\beta_{10})s_x\sqrt{n-1}}{s_e}$이고, $|t| < t_{\frac{\alpha}{2}}(n-2)$이면

   $H_0 : \beta_1 = \beta_{10}$를 채택(우측: $t < t_\alpha(n-2)$, 좌측: $t > -t_\alpha(n-2)$이면 H_0 채택)

예제 9.5 앞 예제 9.3의 자료에서

1) 회귀계수 β_1의 95% 신뢰구간을 구하여라.

2) 가설 $H_0 : \beta_1 = 0.5$, $H_1 : \beta_1 \neq 0.5$을 유의수준 $\alpha = 0.05$로 검정하여라.

풀이 예제 9.3의 풀이에서

$n = 5$, $s_x^2 = 2.5$, $s_x = 1.581$, $s_e^2 = 1.733$, $s_e = 1.316$, $t_{0.025}(3) = 3.182$, $b_1 = 0.6$

1) β_1의 95% 신뢰구간은 다음과 같다.

$$\left(0.6 - 3.182\cdot\frac{1.316}{1.581\sqrt{4}},\ 0.6 + 3.182\cdot\frac{1.316}{1.581\sqrt{4}}\right)$$
$$= (-0.725,\ 1.925)$$

2) H_0: $\beta_1 = 0.5$, H_1: $\beta_1 \neq 0.5$

검정통계량의 값 $t = \dfrac{(0.6-0.5)\times 1.581\times\sqrt{5-1}}{1.316} = 0.240$이고

$t = 0.240 < 3.182 = t_{0.025}(3)$이므로 H_0: $\beta_1 = 0.5$을 채택한다.

3) 모회귀직선 $E[Y|x] = \beta_0 + \beta_1 x$의 구간추정

모회귀직선 $E[Y|x] = \beta_0 + \beta_1 x$의 최소제곱추정량은 $\hat{y} = b_0 + b_1 x$이다. 따라서 $x = x_0$일 때 $E[Y|x_0] = \beta_0 + \beta_1 x_0$의 신뢰구간추정은 점추정치 $\hat{y} = b_0 + b_1 x_0$와 다음 t 분포를 이용하여 구할 수 있다.

$$T = \frac{\widehat{y_0} - y_0}{S_e\sqrt{\dfrac{1}{n} + \dfrac{(x_0-\overline{x})^2}{(n-1)S_x^2}}} \sim t(n-2)$$

에서 유의수준 α인 y_0의 신뢰구간을 구한다.

$$P\left(-t_{\frac{\alpha}{2}}(n-2) < \frac{\widehat{y_0} - y_0}{S_e\sqrt{\dfrac{1}{n} + \dfrac{(x_0-\overline{x})^2}{(n-1)S_x^2}}} < t_{\frac{\alpha}{2}}(n-2)\right) = 1-\alpha,$$

$$P\left(\widehat{y_0} - t_{\frac{\alpha}{2}}(n-2)\cdot\frac{\widehat{y_0} - y_0}{S_e\sqrt{\dfrac{1}{n} + \dfrac{(x_0-\overline{x})^2}{(n-1)S_x^2}}} < y_0 \right.$$

$$\left. < \widehat{y_0} + t_{\frac{\alpha}{2}}(n-2)\cdot\frac{\widehat{y_0} - y_0}{s_e\sqrt{\dfrac{1}{n} + \dfrac{(x_0-\overline{x})^2}{(n-1)s_x^2}}}\right) = 1-\alpha$$

정리 9.8 $E[Y|x] = \beta_0 + \beta_1 x_0$**에 대한 신뢰구간**

$x = x_0$일 때 $E[Y|x] = \beta_0 + \beta_1 x_0$의 신뢰수준 $100\times(1-\alpha)\%$인 신뢰구간은 다음과 같다.

$$\left(\widehat{y_0} - t_{\frac{\alpha}{2}}(n-2)\cdot S_e\sqrt{\frac{1}{n} + \frac{(x_0-\overline{x})^2}{(n-1)S_x^2}},\ \widehat{y_0} + t_{\frac{\alpha}{2}}(n-2)\cdot S_e\sqrt{\frac{1}{n} + \frac{(x_0-\overline{x})^2}{(n-1)S_x^2}}\right)$$

예제 9.6 앞 예제 9.3의 자료와 예제 9.5의 결과를 이용해서 $x=5$일 때 $E[Y|5]$의 95% 신뢰구간을 구하여라.

풀이 $n=5,\ x_0=5,\ \bar{x}=2,\ s_x^2=2.5,\ s_e=1.316$이므로

$$\hat{y_5}=1.6+0.6x_0=1.6+0.6\times5=4.6$$

이다. 따라서 $t_{0.025}(3)=3.182$이므로 $E[Y|5]$의 95% 신뢰구간은

$$\left(4.6-3.182\times1.316\sqrt{\frac{1}{5}+\frac{(5-2)^2}{(5-1)\cdot2.5}},\right.$$
$$\left.4.6+3.182\times1.316\sqrt{\frac{1}{5}+\frac{(5-2)^2}{(5-1)\cdot2.5}}\right)$$
$$=(0.208,\quad 8.992)$$

이다.

앞의 예제 9.6에서 $x=6,7,8$일 때 $E[Y|x]$의 신뢰구간을 구해 보자.

$x=6$일 때 $\hat{y_6}=1.6+0.6\times6=5.2$이고 $E[Y|x=6]$의 신뢰구간은

$$5.2\pm3.182\times1.316\times\sqrt{\frac{1}{5}+\frac{(6-2)^2}{4\times2.5}}=5.2\pm5.618=(-0.418,\ 10.818),$$

$x=7$일 때 $\hat{y_7}=1.6+0.6\times7=5.8$이고 $E[Y|x=7]$의 신뢰구간은

$$5.8\pm3.182\times1.316\times\sqrt{\frac{1}{5}+\frac{(7-2)^2}{4\times2.5}}=5.8\pm6.881=(-1.081,\ 12.681),$$

$x=8$일 때 $\hat{y_8}=1.6+0.6\times8=6.4$이고 $E[Y|x=8]$의 신뢰구간은

$$6.4\pm3.182\times1.316\times\sqrt{\frac{1}{5}+\frac{(8-2)^2}{4\times2.5}}=6.4\pm8.163=(-1.763,\ 14.563)$$

이다.

$x=5,\ 6,\ 7,\ 8$일 때 $E[Y|x]=\beta_0+\beta_1x$의 신뢰구간을 그림으로 나타내면 그림 9.5

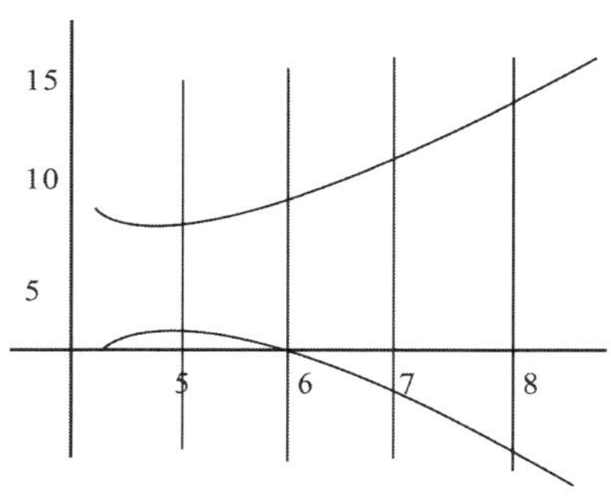

그림 9.5 ▸▸▸ 신뢰대

와 같은 영역이 생기는데 이 영역을 **신뢰대**(confidence belt)라고 한다.

9.2.3 회귀의 선형성에 관한 검정

x에 관한 y의 모회귀직선의 방정식 $E[Y|x]=\beta_0+\beta_1 x$에서 $\beta_1=0$이면, x의 어떤 값에 대해서도 $E[Y|x]=\beta_0$로 일정하게 되므로 x에 대한 y의 값을 추정할 수 없다. 이때 이 방정식은 회귀성을 갖지 않는다고 한다. 따라서 회귀성의 유무에 대한 검정, 즉 $\beta_1=0$에 대한 검정을 해야 한다.

표본회귀직선의 방정식 $\hat{y}=b_0+b_1 x$와 모회귀직선의 방정식 $E[Y|x]=\beta_0+\beta_1 x$에서 H_0: $\beta_1=0$, H_1: $\beta_1\neq 0$을 검정하는 데 분산분석을 이용하자.

분산분석을 이용한 회귀계수의 유의성 검정을 위해서 먼저 변동분해를 생각하자. 그림 9.6에서 보인 바와 같이 $y_i-\bar{y}$를 **총편차**(total deviation)라고 하고, $y_i-\hat{y_i}$를 회귀직선으로부터의 편차 또는 잔차라고 하는데 이것은 $\hat{y_i}-\bar{y}$가 회귀직선에 의해서 설명되는 편차이다. 그림 9.6에서

$$y_i-\bar{y}=\ (y_i-\hat{y_i})\ +\ (\hat{y_i}-\bar{y})$$

이며, 양변을 제곱하고 $\sum$을 취하면 가운데 항은 0이 되어 없어지고 제곱의 항만 남는다.

$$\sum(y_i-\bar{y})^2=\ \sum(y_i-\hat{y_i})^2+\ \sum(\hat{y_i}-\bar{y})^2$$

에서 $\sum(y_i-\bar{y})^2$은 **총변동**(total variation) 또는 **총제곱합**(total sum of squares)이라고 하며 기호 SST로 나타낸다. $\sum(\hat{y_i}-\bar{y})^2$은 **회귀변동**(regression variation) 또는 **회귀제곱합**(regression sum of squares)이라고 하며 기호 SSR로 나타내고, $\sum(y_i-\hat{y_i})^2$은 **잔차제곱합**(residual sum of squares)이라고 하고 SSE로 나타낸다. 자유도는 각각 $\nu_T=n-1$, $\nu_R=1$, $\nu_E=n-2$이고 다음의 식이 성립한다.

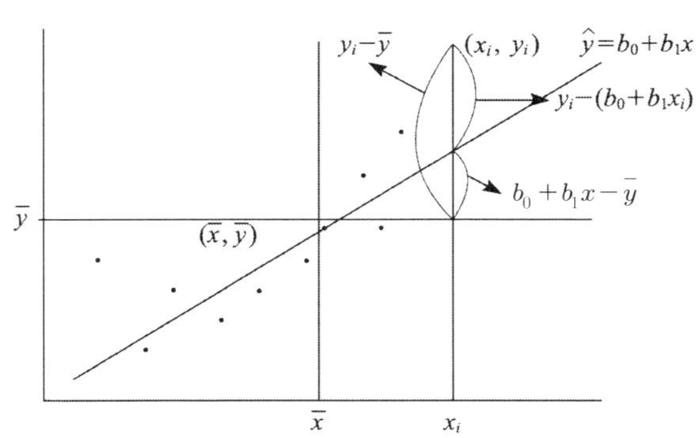

그림 9.6 ▸▸▸ 편차의 표현

$$SST = \sum y_i^2 - n\overline{y}^2,$$
$$SSE = \sum (y_i - \hat{y_i})^2 = (n-1)(S_y^2 - b_1^2 S_x^2),$$
$$SSR = SST - SSE,$$
$$\nu_T = \nu_R + \nu_E, \quad n-1 = 1 + (n-2).$$

따라서 **회귀평균제곱**(regression mean square) S_R^2과 **잔차평균제곱**(residual mean square) S_E^2은 다음과 같으며 S_E^2은 모분산 σ^2의 불편추정량이며, S_R^2은 $\beta_1 = 0$일 때에 σ^2의 불편추정량이다.

$$S_R^2 = \frac{SSR}{1}, \qquad S_E^2 = \frac{SSE}{n-2}$$

정리 9.9 단순회귀직선의 유의성 검정

단순회귀방정식 $E[Y|x] = \beta_0 + \beta_1 x$에서 $H_0 : \beta_1 = 0$의 검정은 아래의 F 통계량을 이용한다.

$$F = \frac{S_R^2}{S_E^2} \sim \ F\ (1, n-2)$$

유의수준 α에서 $F > F_\alpha(1, n-2)$이면 귀무가설 H_0를 기각한다.

위의 정리에서 가설 $H_0 : \beta_1 = 0$이 사실이 아니고 $H_1 : \beta_1 \neq 0$이 사실이라면 회귀평균제곱 S_R^2이 잔차평균제곱 S_E^2보다 상대적으로 크게 나타날 것이므로 기각역은

$$F > \ F_\alpha(1, n-2)$$

이면 $H_0 : \beta_1 = 0$를 기각하게 된다. 회귀직선의 유의성을 검정하는 데 필요한 분산분석표는 다음 표 9.2와 같다.

표 9.2 ▸▸▸ 회귀직선의 유의성 검정을 위한 분산분석표

요인	제곱합	자유도	평균제곱	검정통계량	임곗값
회귀	SSR	1	$S_R^2 = SSR\ /\ 1$	$F = \dfrac{S_R^2}{S_E^2}$	$F_\alpha(1, n-2)$
잔차	SSE	$n-2$	$S_E^2 = SSE\ /\ (n-2)$		
총합	SST	$n-1$			

예제 9.7 다음 표는 기억력 x와 판단력 y를 조사하여 얻은 자료이다. x에 관한 y의 표본회귀직선의 방정식을 구하고 회귀직선의 유의성을 검정하여라.

x	8	9	9	10	10	10	11	12	12	15
y	2	3	4	3	5	7	6	7	8	9

풀이 $H_0: \beta_1 = 0$, $H_1: \beta_1 \neq 0$

x^2	64	81	81	100	100	100	121	144	144	225
y^2	4	9	16	9	25	49	36	49	64	81
xy	16	27	36	30	50	70	66	84	96	135

$$\sum x_i = 106, \quad \sum y_i = 54, \quad \bar{x} = 10.6, \quad \bar{y} = 5.4,$$

$$\sum x_i^2 = 1160, \quad \sum y_i^2 = 340, \quad \sum x_i y_i = 610,$$

$$b_1 = \frac{\sum x_i y_i - n\bar{x}\,\bar{y}}{\sum x_i^2 - n\bar{x}^2} = \frac{610 - 10 \times 10.6 \times 5.4}{1160 - 10 \times 10.6^2} = 1.03,$$

$$s_x^2 = \frac{1160 - 10 \times 10.6^2}{9} = 4.04, \qquad s_y^2 = \frac{340 - 10 \times 5.4^2}{9} = 5.38,$$

$$SST = \sum y_i^2 - n\bar{y}^2 = 340 - 10 \times 5.4^2 = 48.40,$$

$$SSE = (n-1)(s_y^2 - b_1^2 s_x^2) = 9 \times (5.38 - 1.03^2 \times 4.04) = 9.85,$$

$$SSR = SST - SSE = 48.40 - 9.85 = 38.55,$$

$$\nu_T = 9, \quad \nu_R = 1, \quad \nu_E = 8.$$

요인	제곱합	자유도	평균제곱	검정통계량의 값	임곗값
회귀	38.55	1	$s_R^2 = 38.55$	$F = \frac{38.55}{1.23} = 31.34$	$F_{0.01}(1,8) = 11.26$
잔차	9.85	8	$s_E^2 = 9.85/8 = 1.23$		
총합	48.40	9			

$F = 31.34 > 11.26 = F_{0.01}(1, 8)$이므로 $\alpha = 0.01$에서 귀무가설 H_0를 기각한다.

9.3 SPSS 실습

9장에서 설명한 회귀분석의 예제를 SPSS 22.0을 이용하여 분석하는 방법을 알아보도록 한다.

9.3.1 상관계수

[예제 9.1]에서 두 변수 X, Y의 상관계수를 구해 보자.

① 데이터 입력: [예제 9.1]을 아래와 같이 SPSS 데이터 편집기 창에 입력한다.

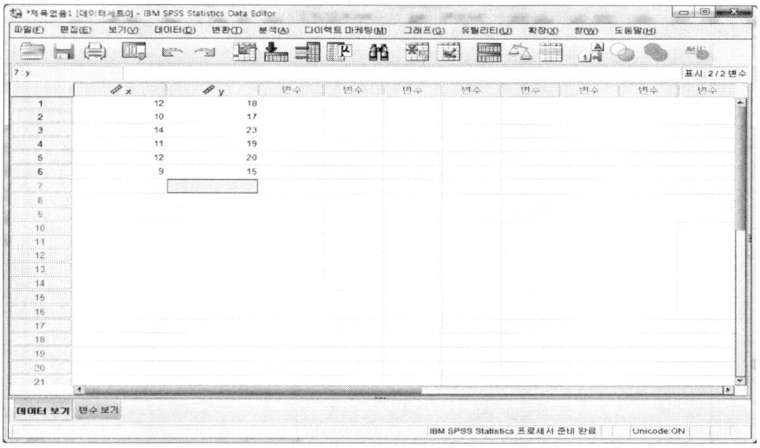

② 상관분석을 위하여 분석 → 상관분석 → 이변량 상관계수와 같이 순서대로 실행명령을 지정한다.

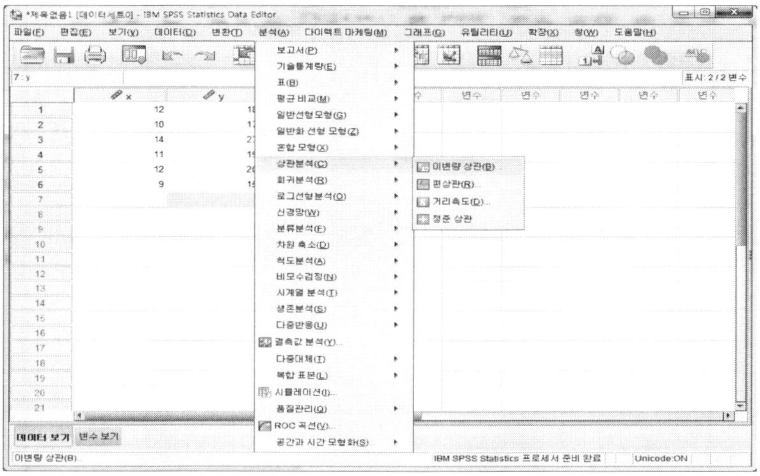

③ 이변량 상관계수 대화상자에서 x, y를 [변수(V)]란으로 이동시키고 하단에 있는 상관계수 중에서 Pearson을 체크한다. 하단부에 [유의한 상관계수 플래그(F)]는 통계적으로 유의한 상관계수 값에 *표시를 하겠다는 것을 나타낸다.

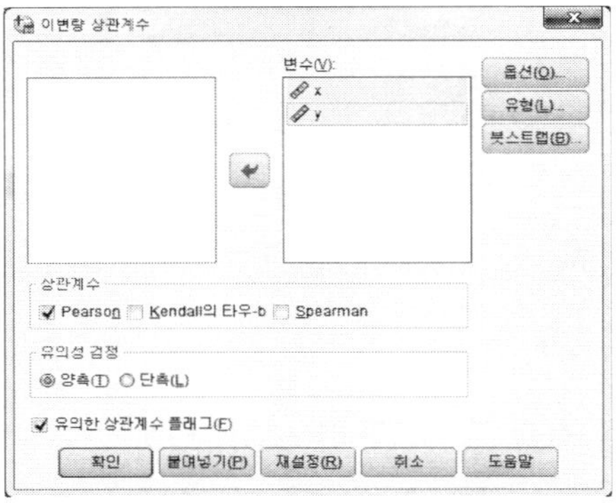

④ 필요한 부분을 모두 지정한 후 확인을 누르면 출력 결과창에 다음과 같은 분석결과가 나타난다.

상관관계

		x	y
x	Pearson 상관	1	.947**
	유의확률 (양측)		.004
	N	6	6
y	Pearson 상관	.947**	1
	유의확률 (양측)	.004	
	N	6	6

**. 상관관계가 0.01 수준에서 유의합니다(양측).

분석결과를 보면 Pearson의 상관계수 $r=0.947$이고 유의확률은 0.004로서 두 변수 x와 y 사이에 강한 상관관계가 있다는 것을 알 수 있다.

9.3.2 단순회귀분석

[예제 9.2]에서 수면제의 양(x)에 관한 수면시간의 증가(y)에 관한 단순회귀분석을 하여라.

① 데이터 입력: [예제 9.2]를 다음과 같이 SPSS 데이터 편집기 창에 입력한다.

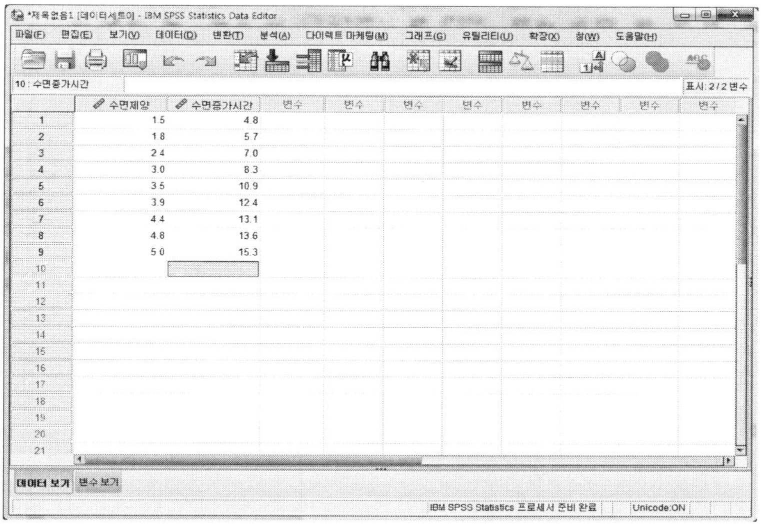

② 두 변수 간의 전반적인 관계를 살피기 위해 산점도를 통해 알 수 있다. 산점도를 그리기 위해 **그래프 → 레거시 대화 상자 → 산점도/점도표**와 같이 순서대로 실행 명령을 지정한다.

③ 산점도/점도표 대화상자에서 [단순 산점도]를 선택한 후 정의를 누른다.

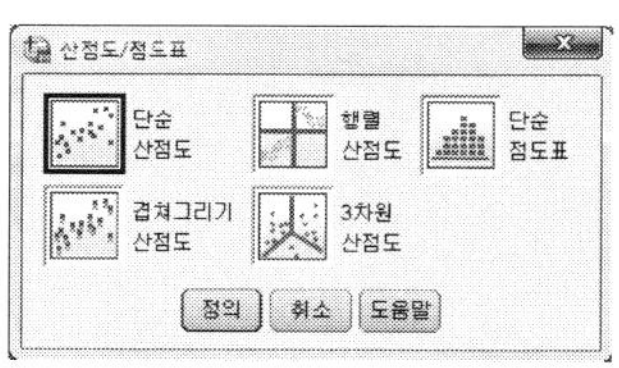

④ 산점도를 그리기 위하여 수면증가시간 변수를 [Y축]란으로 이동시키고 수면제양 변수를 [X축]란으로 이동시킨다.

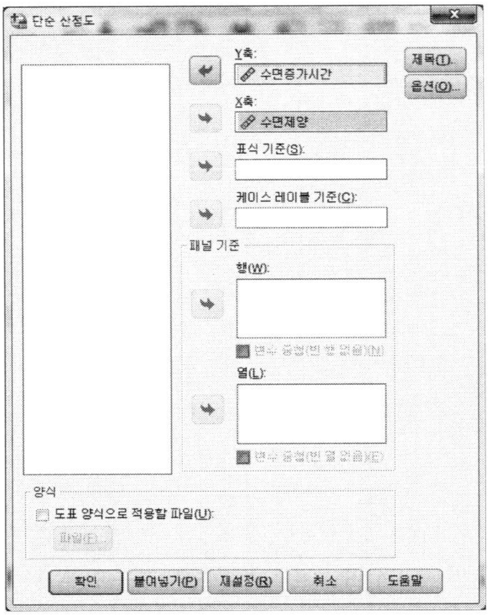

⑤ 확인을 누르면 출력 결과창에 다음과 같은 산점도가 나타난다.

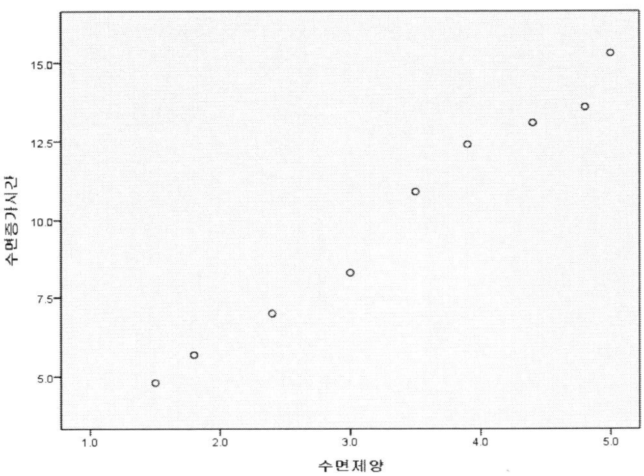

산점도를 보면 전체적으로 수면제의 양에 따라 수면증가시간이 매우 강한 양적 상관관계를 지니고 있다는 것을 알 수 있다. 따라서 수면제의 양이 수면증가시간에 영향을 미치는 경향을 지니고 있으므로 회귀분석을 실시하여 자세히 두 변수 간의 관계를 파악한다.

⑥ 단순회귀분석을 위하여 **분석 → 회귀분석 → 선형**과 같이 순서대로 실행명령을 지정한다.

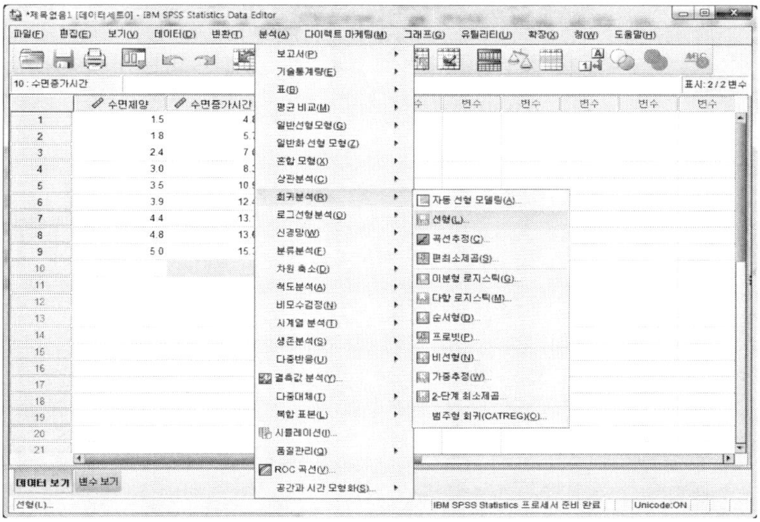

⑦ 선형회귀분석 대화상자에서 수면증가시간 변수를 [종속변수(D)]란으로 이동시키고 수면제양 변수를 [독립변수(I)]란으로 이동시킨다.

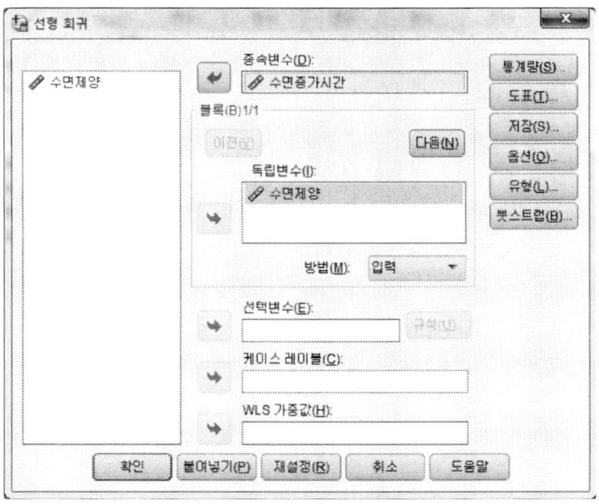

⑧ 필요한 부분을 모두 지정한 후 확인을 누르면 출력 결과창에 다음과 같은 분석결과가 나타난다.

모형 요약

모형	R	R 제곱	수정된 R 제곱	추정값의 표준오차
1	.991[a]	.982	.980	.5388

a. 예측자: (상수), 수면제양

ANOVA[a]

모형		제곱합	자유도	평균제곱	F	유의확률
1	회귀	112.484	1	112.484	387.516	.000[b]
	잔차	2.032	7	.290		
	전체	114.516	8			

a. 종속변수: 수면증가시간

b. 예측자: (상수), 수면제양

계수[a]

모형		비표준화 계수		표준화 계수	t	유의확률
		B	표준오차	베타		
1	(상수)	.257	.532		.483	.644
	수면제양	2.930	.149	.991	19.685	.000

a. 종속변수: 수면증가시간

결과를 살펴보면 독립변수인 수면제양의 투입방식은 모든 변수를 동시에 입력하는 입력(Enter)방식이 채택되었다. 모형요약을 보면 두 변수 간의 상관계수는 0.991으로 매우 높은 상관계가 있음을 보여 주고 있다. 결정계수 또는 설명력인 R^2은 독립변수에 의하여 설명되는 종속변수의 비율을 의미한다. 따라서 결정계수가 0.982이라는 것은 종속변수인 수면증가시간이 98.2% 정도로 독립변수인 수면제의 양에 의해서 설명된다는 것을 의미한다.

그리고 회귀식이 통계적으로 유의한지를 검정하는 분산분석표가 제시되었다. 여기서 분산분석은 모집단의 회귀선의 기울기가 0이라는 가설에 대한 검정이다. 분산분석표를 보면 F값이 387.516이고 유의확률 값이 0.000으로 유의수준 0.05보다 작으므로 회귀식은 통계적으로 유의하게 적합하다고 할 수 있다.

그 다음의 표에서는 회귀계수가 얼마인지를 알려준다. 이 분석결과에서 상수는 회귀식의 y절편이고 0.257이다. 독립변수인 수면제양의 B값이 회귀선의 기울기이다. 이 기울기(B)의 크기는 독립변수가 종속변수에 미치는 영향이다. 즉 B값이 클수록 관계의 정도가 크다는 것을 의미한다. 여기에서는 B값이 2.930으로 나타났다. 독립변수가 종속변수에 미치는 영향이 얼마나 유의한가를 검정해주기 위해서 t값과 유의확률 값이 제시되었다. t값은 19.685이고 유의확률 값이 0.000으로 유의수준 0.05보다 작으므로 통계적으로 유의하였다. 즉 수면제의 양은 수면증가시간에 영향을 미치고 있다고 할 수 있다. 이 회귀계수 값에 의하여 다음과 같은 회귀식이 만들어질 수 있다.

$$\text{수면증가시간}(\hat{y}) = 2.93 \times \text{수면제의 양}(x) + 0.257$$

연습문제

01 임의로 추출한 학생 6명의 수학점수와 영어점수이다. 상관계수를 구하여라.

수학점수	70	92	80	74	65	83
영어점수	74	84	63	87	78	90

02 연습문제 1번에서 $\rho = 0$인가를 $\alpha = 0.05$로 검정하여라.

1) 정규검정　　2) t-검정

03 다음 자료를 이용하여 상관계수를 구하고 그 의미를 설명하여라.

x	4	5	9	14	18	22	24
y	46	22	11	16	7	3	17

04 다음 자료는 출생아의 몸무게와 가슴둘레를 조사한 표이다.

몸무게(x)	2.7	2.2	4.4	5.5	3.2	4.3	2.3	4.3	3.7
가슴둘레(y)	29.5	26.3	32.2	36.5	28.3	29.5	28.6	30.5	32.4

1) 상관계수 r을 구하여라.

2) H_0: $\rho = 0$, H_1: $\rho > 0$를 $\alpha = 0.01$로 정규검정과 t 검정을 하여라.

3) 상관관계에 대하여 그 의미를 설명하여라.

05 A 회사와 B 회사의 직원 가운데 각각 35명과 40명을 추출하여 임금과 생산량의 상관계수를 구하였더니 $r_1 = 0.88$, $r_2 = 0.81$이었다. A 회사와 B 회사의 임금과 생산량의 상관계수는 차이가 있다고 할 수 있는가?

06 연습문제 3번에서 귀무가설 $\rho = -0.8$을 유의수준 0.05에서 검정하여라.

07 강우량에 따른 대기오염 제거 정도를 알아보기 위하여 다음과 같은 표를 얻었다. 다음 물음에 답하여라.

강우량(x)	4.3	4.5	5.9	5.6	6.1	5.2	3.8	2.1	7.5
대기오염 제거 정도(y)	126	121	116	118	114	118	132	141	108

1) 상관계수 r을 계산하여라.

2) $H_1: \rho \neq -0.5$에 대하여 $H_0: \rho = -0.5$을 유의수준 0.025에서 검정하여라.

3) 제거되는 오염 물질의 양의 변동 중 강우량의 변화에 의해 몇 %가 설명되는가?

08 다음 데이터를 이용하여 물음에 답하여라.

x	1	2	3	4	5	6
y	6	4	3	5	4	2

1) 회귀직선의 방정식을 구하여라.

2) 산점도를 나타내고 그 위에 직선을 그려라.

3) $x=4$일 때 y의 예측값을 구하여라.

09 다음 데이터는 어떤 공정에서 온도의 변화에 따라 당으로 변환된 양을 나타낸 것이다. 자료는 코딩된 것으로서 다음과 같이 기록되었다.

온도 x	1.0	1.1	1.2	1.3	1.4	1.5	1.6	1.7	1.8	1.9	2.0
전환된 당 y	8.1	7	8.5	9.8	9.5	8.9	8.6	10.2	9.3	9.2	10.5

1) 회귀직선을 추정하여라.

2) 코딩된 온도가 1.75일 때 당으로 변환되는 생산량을 추정하여라.

10 어떤 화학실험에서 온도 x와 반응효과 y의 측정값이 다음과 같다.

x	2.0	2.1	2.2	2.3	2.4	2.5	2.6
y	7.5	8.3	8.0	8.5	8.4	9.2	9.0

1) x에 관한 y의 회귀직선의 방정식을 구하여라.

2) $x=2.5$일 때 반응효과 y의 예측값을 구하여라.

11 아래의 표는 소매상이 일주일간의 광고비와 판매액 사이의 관계를 알아보기 위해 조사한 자료이다(단위: 만 원).

광고비	40	20	25	20	30	50	40	20	50	40	25	50
판매액	385	400	395	365	475	440	490	420	560	525	480	510

1) 산점도를 그려라.

2) 광고비를 이용하여 판매액을 예측하기 위한 회귀직선의 방정식을 구하여라.

3) 광고비가 35만 원일 때 판매액을 추정하여라.

12 연습문제 7번을 참조하여 다음 물음에 답하여라.

1) 강우량으로부터 대기오염 제거 정도를 예측하기 위한 회귀직선의 방정식을 구하여라.

2) 강우량이 $x = 4.8$일 때 대기오염 제거 정도를 추정하여라.

13 다음과 같은 자료를 이용하여 물음에 답하여라.

x	1	2	3	4	5
y	3	3	2	6	5

1) x에 관한 y의 회귀직선의 방정식을 구하여라.

2) σ^2의 불편추정량의 값 s_e^2을 구하여라.

3) $H_0 : \beta_0 = 0$, $H_1 : \beta_0 \neq 0$을 $\alpha = 0.05$로 검정하여라.

4) $H_0 : \beta_1 = 0$, $H_1 : \beta_1 \neq 0$을 $\alpha = 0.01$로 검정하여라.

5) 유의수준 5%인 β_0의 신뢰구간을 구하여라.

6) 유의수준 1%인 β_1의 신뢰구간을 구하여라.

14 다음 표는 철판에 입힌 아연피막의 두께를 표준법 y와 자력법 x의 2가지 방법으로 측정하여 얻은 값이다. 표준법은 시료의 표면을 긁어서 피막의 두께를 측정하는 방법이므로 가장 확실한 방법이나 재료를 손상하므로 될 수 있으면 재료를 손상하지 않는 자력법을 채용하고 싶다고 한다. 자력법으로 대치하여도 좋은가?

x	105	120	85	121	115	127	630	155	250	310	443
y	116	132	104	139	114	129	720	174	312	338	465

[힌트] 두 방법이 같다면 $y = x$여야 하고 이것은 모회귀방정식 $E[Y|x] = \beta_0 + \beta_1 x$에서 $\beta_0 = 0$, $\beta_1 = 1$임을 의미한다.

15 다음 표는 나이 x와 혈압 y를 조사한 자료이다.

x	0	4	8	12	16
y	3	7	13	12	20

1) x에 관한 y의 회귀방정식을 구하여라.

2) 회귀계수에 관한 가설 $H_0 : \beta_1 = 0$, $H_1 : \beta_1 \neq 0$을 검정하여라.

3) 표본회귀직선 $\hat{y_i} = b_0 + b_1 x_i$를 이용하여 $x = 5, 10, 15, 20$에 대응하는 모회귀직선 $E[Y|x_i] = \beta_0 + \beta_1 x_i$에 대한 95% 신뢰구간을 구하고 신뢰대를 그림으로 나타내어라.

16 다음 자료의 보고 물음에 답하여라.

x	0.5	1.5	3.2	4.2	5.1	6.5
y	1.3	3.4	6.7	8.0	10.0	13.2

1) 모회귀직선을 추정하여라.

2) 유의수준 0.10에서 $H_1 : \beta_0 \neq 0$에 대해 $H_0 : \beta_0 = 0$을 검정하여라.

17 연습문제 16번에 대하여 다음 물음에 답하여라.

1) s_x^2, s_y^2, s_e^2을 구하여라.

2) β_0에 대한 95% 신뢰구간을 구하여라.

3) β_1에 대한 95% 신뢰구간을 구하여라.

10장

범주형 자료분석

지금까지 다루어 온 통계적 분석방법들은 양적으로 관측된 자료를 분석하는 데 적합하였다. 그러나 때로 조사하려는 자료가 어떤 속성에 따라서 분류시켜 각 **범주**(category)에 속하는 도수로 주어질 수가 있다.

예를 들어 유권자들의 각 정당 후보자들에 대한 지지도를 출생지역, 연령, 성별 등으로 관측결과를 분류하거나 사람들의 결혼생활에 대한 만족도를 알아보기 위해 교육수준, 소득수준 등으로 관측결과를 분류하는 경우를 볼 수 있다.

이와 같이 모집단이나 특정 결과를 범주에 따라 분류시켜 도수화한 자료를 **범주화 자료**(categorical data)라고 하며 이러한 자료를 이용한 통계적 추론 방법을 **범주형 자료의 분석**(analysis of categorical data)이라고 한다. 이러한 범주형 자료분석의 대표적인 경우의 예를 들어보면 다음과 같다.

예 10.1 유전학 이론에 의하면, 어떤 쥐의 잡종은 8 : 4 : 3의 비율로 빨강, 검정, 흰 쥐를 낳는다고 한다. 교배된 150마리 중에서 빨강 쥐가 65마리, 검정 쥐가 50마리, 흰 쥐가 35마리로 관찰되었다. 교배실험의 결과는 유전학 이론에 어긋난다고 할 수 있는가?

예 10.2 정당인 1000명을 임의추출하여 내각책임제에 대한 찬반 여부를 조사하여 표 10.1을 얻었다. 이 자료에 의하면 소속 정당과 내각책임제 찬반 여부와의 관련성이 있다고 할 수 있는가?

표 10.1

	찬성	반대	미지	합계
A 당	182	213	203	598
B 당	154	138	110	402
합계	336	351	313	1000

예 10.3 어떤 회사에서 생산되는 제품의 불량품과 양품의 비율이 낮, 저녁, 밤에 따라 다른지를 결정하기 위해 낮에 생산된 제품 중 1200개, 저녁에 생산된 제품 중 1000개, 밤에 생산된 제품 중 800개를 임의추출하여 다음 표 10.2와 같은 결과를 얻었다. 낮, 저녁, 밤에 따른 제품의 불량률이 다르다고 할 수 있는가?

표 10.2

	낮	저녁	밤	합계
불량품	80	70	80	230
양 품	1120	930	720	2770
합 계	1200	1000	800	3000

예 10.1은 세 종류의 쥐의 잡종 분포에 대한 조사를 한 경우이다. 이와 같이 관측결과가 특정한 분포로부터 얻어진 관측값인지를 검정하는 것을 **적합도 검정**(goodness of fit test)이라고 한다.

예 10.2는 소속정당과 내각책임제에 대한 찬반 여부의 관계를 조사한 경우이다. 이와 같이 두 요인 간에 관계가 있는지를 검정하는 것을 **독립성 검정**(test of independence)이라고 한다.

예 10.3은 생산시간(낮, 저녁, 밤)에 따라 제품의 불량률이 동일한지를 검정하는 경우이다. 이와 같이 분포의 동일성을 검정하는 것을 **동질성 검정**(test of homogeneity)이라고 한다.

다음 절에서는 범주형 자료의 분석에서 기초가 되는 분포로서 다항분포를 소개하고, 대표적인 검정법에 대하여 설명하기로 한다.

10.1 다항분포

10.1.1 다항분포의 정의

관측된 결과가 어떤 특성을 갖는지에 따라 성공 또는 실패라고 하고 이러한 시행을 n번 독립적으로 반복 수행하였을 때 나올 수 있는 성공의 개수는 이항분포를 갖는 확률변수라고 하였다. 한편 1회의 시행결과 나올 수 있는 사건이 $k(\geq 3)$가 되는 확률실험을 **다항시행**(multinomial trial)이라고 한다. 이러한 다항시행을 n번 독립적으로 반복 수행하였을 때 각 사건들이 나타나는 횟수에 대한 확률분포는 다항분포를 따른다는 것을 4.3절에서 다루었다. 이 절에서는 다시 한 번 다항분포의 정의를 살펴보고, 이를 이용하여 다항분포들의 검정, 적합도 검정, 독립성 검정, 동질성 검정들에 대하여 생각해 보자.

정의 10.1 다항분포

한 번의 다항 시행에서 i번째 사건이 일어날 확률을 $p_i(i=1, 2, \cdots, k)$라고 하고 이러한 다항 시행을 n번 독립적으로 반복 수행하였을 때 i번째 사건이 일어난 횟수를 $N_i(i=1, 2, \cdots, k)$라고 하면 이들 $N_1, N_2, \cdots, N_k$들의 결합확률밀도함수는

$$P(N_1=n_1, N_2=n_2, \cdots, N_k=n_k)=\frac{n!}{n_1!\,n_2!\cdots n_k!}p_1^{n_1}p_2^{n_2}\cdots p_k^{n_k}$$

단, $p_1+p_2+\cdots+p_k=1$, $n_1+n_2+\cdots+n_k=n$으로 주어진다. 이때 $(N_1, N_2, \cdots, N_k)$는 시행횟수가 n이고 속성확률들이 $(p_1, p_2, \cdots, p_k)$인 다항분포(Multinomial distribution)를 따른다고 하고, 기호로서 다음과 같이 나타낸다.

$$(N_1, N_2, \cdots, N_k)\sim m(n, p_1, p_2, \cdots, p_k)$$

$(N_1, N_2, \cdots, N_k)$가 다항분포 $m(n, p_1, p_2, \cdots, p_k)$를 따를 때 N_i의 주변확률분포는 이항분포 $B(n, p_i)$가 된다. 따라서 N_i의 평균과 분산은 다음과 같다.

$$E(n_i) = np_i, \quad Var(n_i) = np_i(1-p_i)$$

10.1.2 다항분포의 검정

다항분포의 검정에서 주된 관심은 각 범주에 속하는 속성확률에 관한 검정, 즉 이들 속성확률이 어떤 특정한 값과 같은지의 여부를 표본자료를 통해서 검정하고자 하는 것이다.

k개의 범주를 갖는 다항분포에서 i번째 범주의 속성확률을 p_i라고 할 때 앞 절에서 소개한 다항분포에서 각각의 범주에 속할 확률이 $(p_1, p_2, \cdots, p_k)$인지를 검정하고자 한다.

p_i에 관한 귀무가설과 대립가설이 다음과 같이 주어졌다고 하자.

$H_0 : p_i = p_{i0}\ ,\quad i = 1, 2, \cdots, k$

$H_1 :$ 적어도 하나의 i에 대하여 $p_i \neq p_{i0}$이다.

위의 가설을 검정하기 위한 방법은 다음과 같다.

i번째 범주에 해당하는 관측도수 n_i와 귀무가설하에서 N_i의 기댓값, 즉 기대도수 np_i를 비교하는 것이다. 이때 관측도수와 기대도수들 사이에 별 차이가 없다면 귀무가설은 옳은 것으로 간주한다.

$$\chi^2 = \sum_{i=1}^{k} \frac{(N_i - np_{i0})^2}{np_{i0}}$$

정리 10.1 다항분포의 성질

$(N_1, N_2, \cdots, N_k)$가 다항분포 $m(n, p_1, p_2, \cdots, p_k)$를 따르고 속성확률 p_i에 관한 귀무가설과 대립가설이

$H_0 : p_i = p_{i0},\quad i = 1, 2, \cdots, k$

$H_1 :$ 적어도 하나의 i에 대하여 $p_i \neq p_{i0}$이다.

으로 주어졌다고 하자. 이때 통계량

$$\chi^2 = \sum_{i=1}^{k} \frac{(N_i - np_{i0})^2}{np_{i0}}$$

의 분포는 시행횟수 n이 클 경우에 H_0하에서 근사적으로 자유도가 $k-1$인 카이제곱분포 $\chi^2(k-1)$를 따른다.

앞의 정리에서 검정통계량 χ^2의 자유도가 $k-1$인 이유는 $p_1, p_2, \cdots, p_{k-1}$이 정해지면 $p_k = 1 - \sum_{i=1}^{k-1} p_i$로 구해지므로 나머지 한 개는 이들 $k-1$개의 값으로부터 자동적으로 정해지기 때문이다. 그리고 통계량 χ^2의 분포에 근거한 검정의 기각역은 다음과 같이 주어진다. $\chi^2 > \chi^2_\alpha(k-1)$이면 유의수준 α에서 H_0를 기각한다.

정리 10.2 다항분포의 검정

모집단의 분포: $(N_1, N_2, \cdots, N_k) \sim m(n, p_1, p_2, \cdots, p_k)$

가설: $H_0 : p_i = p_{i0}, \quad i = 1, 2, \cdots, k,$

H_1 : 적어도 하나의 i에 대하여 $p_i \neq p_{i0}$이다.

검정통계량: $\chi^2 = \sum_{i=1}^{k} \frac{(O_i - E_i)^2}{E_i}$,

여기서 $O_i = n_i$, i번째 속하는 관측도수

$E_i = np_{i0}$, H_0하에서 i번째 범주에 속하는 기대도수

기각역: 유의수준 α에서 $\chi^2 > \chi^2_\alpha(k-1)$.

10.2 적합도 검정

자료가 표 10.3과 같이 몇 개의 범주로 분류되어 관측도수 형태로 주어질 때 그 표본자료가 귀무가설하에서 제시된 각 칸의 비율이 실제자료에 적합한지를 검정해 볼 필요가 있다. 이처럼 관측도수가 확률이론에 의한 이론적 도수(기대도수)에 부합되는가, 즉 모집단의 분포가 어떤 특정한 확률분포를 따른다는 귀무가설에 대한 검정을 피어슨의 χ^2-적합도 검정(Pearson's goodness of fit test)이라고 한다.

표 10.3 ▸▸▸ 적합도 검정의 자료구조

범주	1	2	$\cdots$	k	합계
관측도수	O_1	O_2	$\cdots$	O_k	n

예제 10.1 유전학 이론에 의하면, 어떤 쥐의 잡종은 8: 4: 3의 비율로 빨강, 검정, 흰 쥐를 낳는다고 한다. 교배된 150마리 중에서 빨강 쥐가 65마리, 검정 쥐가 50마리, 흰 쥐가 35마리로 관찰되었다. 교배실험의 결과는 유전학 이론에 어긋난다고 할 수 있는지를 유의수준 0.05에서 검정하여라.

교배종	빨강 쥐	검정 쥐	흰 쥐	합계
관측도수(O_i)	65	50	35	150
기대도수(E_i)	80	40	30	150

풀이 H_0 : p_1(빨강 쥐) $= \frac{8}{15}$, p_2(검정 쥐) $= \frac{4}{15}$, p_3(흰 쥐) $= \frac{3}{15}$

H_1 : H_0가 아니다.

H_0가 사실이라면, 각 범주의 기대도수는 각각 다음과 같다.

$$\widehat{E_1} = 150 \times \frac{8}{15} = 80,\ \widehat{E_2} = 150 \times \frac{4}{15} = 40,\ \widehat{E_3} = 150 \times \frac{3}{15} = 30$$

n이 클 때, 검정통계량

$$\chi^2 = \sum_{i=1}^{3} \frac{(O_i - E_i)^2}{E_i} \sim \chi^2(2)$$

이므로 검정통계량의 값을 구하면

$$\chi^2 = \frac{(65-80)^2}{80} + \frac{(50-40)^2}{40} + \frac{(35-30)^2}{30} = 6.146$$

이고, 자유도 $\nu = 2$일 때 $\chi^2_{0.05} = 5.992$이고 $\chi^2 = 6.146 > 5.992 = \chi^2_{0.05}(2)$이므로 귀무가설이 기각된다.

예제 10.2 주사위를 60회 던졌을 때 각 눈이 다음 표와 같이 일어났다고 한다. 이 주사위가 정상적인 주사위인지를 유의수준 0.05에서 검정하여라.

눈	1	2	3	4	5	6	합계
관측도수(O_i)	15	7	4	11	6	17	60
기대도수(E_i)	10	10	10	10	10	10	60

풀이 주사위가 정상이라면 각 눈이 나타날 확률은 1/6이고 각 눈이 일어날 이론적인 도수는 $n=60$, $p_i=1/6\,(i=1,2,\cdots,6)$이므로 $\widehat{E}_i=60\times 1/6=10$이다. 그러므로 귀무가설과 대립가설은 아래와 같다.

$$H_0:\ p_1=p_2=\cdots=p_6=\frac{1}{6}$$

H_1: 주사위 각각의 눈이 나타날 확률이 모두 1/6은 아니다.

n이 클 때, 검정통계량

$$\chi^2=\sum_{i=1}^{6}\frac{(O_i-E_i)^2}{E_i}\quad\sim\quad\chi^2(5)$$

이므로 검정통계량의 값을 구하면

$$\begin{aligned}\chi^2&=\frac{(15-10)^2}{10}+\frac{(7-10)^2}{10}+\frac{(4-10)^2}{10}+\frac{(11-10)^2}{10}\\&\quad+\frac{(6-10)^2}{10}+\frac{(17-10)^2}{10}\\&=13.5\end{aligned}$$

이다. 자유도 $\nu=5$일 때 $\chi^2_{0.05}=11.07$이고 $\chi^2=13.5>11.07=\chi^2_{0.05}(5)$이므로 귀무가설이 기각된다. 즉 주사위의 각 눈이 나올 확률이 모두 1/6이 아니그로 주사위는 공정하지 않다.

위의 예제 10.1과 예제 10.2의 적합도 검정 절차를 정리 10.3의 결과로 나타낸다.

정리 10.3 적합도 검정의 절차

$p_i(i=1,\,2,\,\cdots,\,k)$를 관측값이 i 번째 범주에 속할 모비율이라고 하자.

1. H_0: $p_i=p_{i0}$, H_1 : "모든 p_i가 p_{i0}는 아니다"라는 가설을 설정한다.
2. 관측도수(O_i)와 기대도수(E_i)를 이용하여 아래의 검정통계량의 값을 계산한다.

$$\chi^2=\sum_{i=1}^{k}\frac{(O_i-\widehat{E}_i)^2}{\widehat{E}_i}$$

3. 검정통계량의 값 $\chi^2<\chi^2_\alpha(k-1)$이면 $H_0:p_i=p_{i0}$를 채택하고 $\chi^2>\chi^2_\alpha(k-1)$이면 H_0를 기각한다.

여기서 $p_{i0}(i=1,\,2,\,\cdots,\,k)$는 이론적으로 제시되는 값이다. 자유도($\nu$)를 결정하는 방법은 기대도수를 구할 때 표본에서 np_{i0}를 사용하면 자유도 $\nu = k-1$이고, 특히 r개의 미지 모수를 추정하여 기대도수를 구하였다면, 자유도 $\nu = k-1-r$이다.

예제 10.3 확률밀도함수가 $f(x) = x/10\,(x = 1, 2, 3, 4)$인 어떤 모집단으로부터 실제로 크기 30인 표본을 추출하여 다음과 같은 결과를 얻었다.

x	1	2	3	4	합계
O_i	3	5	10	12	30

실제 관찰도수와 이론도수는 적합한가? 즉 확률분포가 $f(x) = x/10$라고 할 수 있는가를 유의수준 0.05에서 검정하여라.

풀이 주어진 문제에 대하여 귀무가설과 대립가설을 다음과 같이 설정한다.

$$H_0:\ f(x) = \frac{x}{10},\ (x = 1,2,3,4), \qquad H_1:\ f(x) \neq \frac{x}{10}$$

H_0하에서 확률밀도함수는 $f(x) = x/10,\ x = 1, 2, 3, 4$이므로, 기대도수의 추정값들은

$$\widehat{E_1} = 30 \times \frac{1}{10} = 3,\ \widehat{E_2} = 30 \times \frac{2}{10} = 6,\ \widehat{E_3} = 30 \times \frac{3}{10} = 9,\ \widehat{E_4} = 30 \times \frac{4}{10} = 12$$

이고, 아래의 표로 나타낸다.

x	1		2	3	4	합계
O_i	3	(8)	5	10	12	30
E_i	3	(9)	6	9	12	30

따라서 검정통계량의 값은

$$\chi^2 = \sum_{i=1}^{3} \frac{(O_i - \widehat{E}_i)^2}{\widehat{E}_i} = \frac{(8-9)^2}{9} + \frac{(10-9)^2}{9} + \frac{(12-12)^2}{12} = \frac{2}{9} = 0.2222,$$

이다. 자유도 $\nu = 3-1 = 2$인 $x^2_{0.05}(2) = 5.991$이고, $\chi^2 = 0.2222 < 5.911 = \chi^2_{0.05}(2)$이므로 귀무가설 $H_0 : f(x) = x/10,\ x = 1, 2, 3, 4$를 기각할 수 없다. 즉 위 표본이 추출된 모집단의 확률분포는 $f(x) = x/10, (x = 1, 2, 3, 4)$이라고 할 수 있다.

기대도수가 너무 작으면 적합도 검정의 효율성이 떨어지므로 일반적으로 기대도수가 5 이하이면 예제 10.3의 표에서와 같이 5 이하의 기대도수를 갖는 칸을 옆에 있는 칸과 합쳐서 한 칸으로 만들어 준다. 예제 10.3에서 $k=4$이였으나 $x=1$, 2칸을 한 칸으로 합하였으므로 $k=3$이 되고 자유도는 $\nu=3-1=2$이다.

예제 10.4 다음 표는 배터리의 수명에 대한 도수분포표이다. 이 배터리 수명의 도수분포는 정규분포를 한다고 할 수 있는가를 검정하여라.

계급	관찰도수	기대도수
1.45~1.95	2	0.8
1.95~2.45	1	2.7
2.45~2.95	4	6.9
2.95~3.45	15	10.6
3.45~3.95	10	10.2
3.95~4.45	5	6.0
4.45~4.95	3	2.8

풀이 주어진 문제에 대하여 귀무가설과 대립가설은 다음과 같이 설정된다.

H_0: 배터리의 수명은 정규분포를 한다. 즉 $X \sim N(3.41, 0.703^2)$
H_1: 배터리의 수명은 정규분포를 하지 않는다.

위의 도수분포는 $N(\mu,\ \sigma^2)$를 한다고 할 때에 μ, σ^2가 알려져 있지 않으므로 이를 추정해야 한다. 이 표에서 평균과 표준편차를 구하면 $\overline{x}=3.41$, $s=0.703$이다. 위 표의 오른쪽에 있는 기대도수를 구하기 위하여 각 계급의 확률을 구해야 한다.

$$X \sim N(3.41, 0.703^2), \qquad Z=\frac{X-3.41}{0.703} \sim N(0,1)$$

을 이용하여 확률을 구해야 하는데 4번째 계급의 기대도수를 구하는 경우를 생각해보면, 4번째 계급의 확률은

$$\begin{aligned} P(2.95 < X < 3.45) &= P\left(\frac{2.95-3.41}{0.703} < \frac{X-3.41}{0.703} < \frac{3.45-3.41}{0.703}\right) \\ &= P(-0.65 < Z < 0.06) = 0.2661 \end{aligned}$$

이므로, 기대도수는 $\widehat{E_4}=40 \times 0.2661=10.6$이다. 이와 같은 방법으로 나머지 기대도수를 구하여 위 표를 완성시킨다. 그런데 기대도수가 5 이하인 3개의 칸(계급)을 옆 칸과 합하면 7개의 칸이 4개의 칸으로 줄어들고 평균과 표준편차를 추

정하였으므로 자유도 $\nu = k-1-2=1$이 되고, 합한 3개의 계급에 대한 기대도수는 $0.8+2.7+6.9=10.4$로 수정된다.

검정통계량의 값은

$$\chi^2 = \sum_{i=1}^{4} \frac{(O_i - \widehat{E}_i)^2}{\widehat{E}_i}$$
$$= \frac{(7-10.4)^2}{10.4} + \frac{(15-10.6)^2}{10.6} + \frac{(10-10.2)^2}{10.2} + \frac{(8-8.8)^2}{8.8}$$
$$= 3.015$$

이고, $\chi^2 = 3.015 < 3.841 = \chi^2_{0.05}(1)$이므로 H_0를 기각할 수 없다. 즉 배터리의 수명은 정규분포를 한다고 볼 수 있다.

10.3 독립성 검정

독립성 검정(independent test)은 예 10.2와 같이 어떤 모집단으로부터 임의로 추출된 표본이 두 가지 특성(A, B)에 의해서 분류될 때, 이 두 특성 간에 어떤 관련성이 있는가를 검정하는 방법이다. 폐암과 흡연 사이에 어떤 연관성이 있는가? 연령과 각 정당의 지지도와는 독립적인가? 등 실제적으로 우리가 접할 수 있는 다양한 예를 들 수 있다.

독립성 검정의 자료구조에 대하여 생각해 보자. 조사대상인 모집단에서 n개의 실험대상을 택하여 요인 A의 범주 A_i에 속하면서 요인 B의 범주 B_j에 속하는 도수 $N_{ij}(i=1,\cdots,r)(j=1,\cdots,c)$를 관측한다. 따라서 독립성 검정의 자료구조는 표 10.4와 같이 주어진다. 표 10.4와 같은 표를 **분할표**(contingency table)라고 한다.

표 10.4 ▸▸ 독립성 검정의 자료구조($r \times c$ 분할표)

	B_1	B_2	$\cdots$	B_c	합계
A_1	n_{11}	n_{12}	$\cdots$	n_{1c}	$n_{1\cdot}$
A_2	n_{21}	n_{22}	$\cdots$	n_{2c}	$n_{2\cdot}$
$\vdots$	$\vdots$	$\vdots$	$\vdots$	$\vdots$	$\vdots$
A_r	n_{r1}	n_{r2}	$\cdots$	n_{rc}	$n_{r\cdot}$
합계	$n_{\cdot 1}$	$n_{\cdot 2}$	$\cdots$	$n_{\cdot c}$	n

이때 한 실험대상이 각각의 범주에 속할 확률을

$p_{ij}=$ 범주 A_i, B_j에 동시에 속할 확률
$p_{i\cdot}=$ 범주 A_i에 속할 확률
$p_{\cdot j}=$ 범주 B_j에 속할 확률

과 같이 정의하면, 독립성 검정에서의 귀무가설과 대립가설을 각각

$$H_0: p_{ij}=p_{i\cdot}\, p_{\cdot j}(i=1, \cdots, r,\ j=1, \cdots, c), \qquad H_1: H_0\text{가 아니다.}$$

로 세울 수 있다. 즉, 귀무가설 H_0하에서는 요인 A와 요인 B가 서로 영향을 미치지 않는다.

귀무가설 H_0하에서, 도수$(N_{11}, \cdots, N_{1c}, N_{21}, \cdots, N_{2c}, \cdots, N_{r1}, \cdots, N_{rc})$는 다항분포 $m(n, p_{11}, \cdots, p_{1c}, p_{21}, \cdots, p_{2c}, \cdots, p_{r1}, \cdots, p_{rc})$를 따르므로, 귀무가설 H_0와 대립가설 H_1의 차이를 나타내는 측도로서

$$\sum_{i=1}^{r}\sum_{j=1}^{c}\frac{(O_{ij}-E_{ij})}{E_{ij}}=\sum_{i=1}^{r}\sum_{j=1}^{c}\frac{(N_{ij}-np_{i\cdot}p_{\cdot j})^2}{np_{i\cdot}p_{\cdot j}}$$

를 생각할 수 있다. 또한 다항분포의 성질로부터, 귀무가설하에서

$$\sum_{i=1}^{r}\sum_{j=1}^{c}\frac{(N_{ij}-np_{i\cdot}p_{\cdot j})^2}{np_{i\cdot}p_{\cdot j}} \sim \chi^2(rc-1)$$

이 성립한다. 그러나 $p_{1\cdot}, \cdots, p_{r\cdot}(p_{1\cdot}+\cdots+p_{r\cdot}=1)$과 $p_{\cdot 1}, \cdots, p_{\cdot c}(p_{\cdot 1}+\cdots+p_{\cdot c}=1)$는 미지의 모수들이며, 추정되어야 할 모수의 개수는 $(r-1)+(c-1)$개이므로, 독립성 검정에서 사용되는 검정통계량은

$$\chi^2=\sum_{i=1}^{r}\sum_{j=1}^{c}\frac{(O_{ij}-\widehat{E_{ij}})}{\widehat{E_{ij}}}=\sum_{i=1}^{r}\sum_{j=1}^{c}\frac{(N_{ij}-n\hat{p}_{i\cdot}\hat{p}_{\cdot j})^2}{n\hat{p}_{i\cdot}\hat{p}_{\cdot j}}$$

이고, 자유도는 $(r-1)(c-1)$이므로, 귀무가설 H_0의 기각역은 다음과 같이 주어진다.

$$\chi^2=\sum_{i=1}^{r}\sum_{j=1}^{c}\frac{(O_{ij}-\widehat{E_{ij}})}{\widehat{E_{ij}}} \ge \chi^2_{\alpha}((r-1)(c-1))$$

여기서, 귀무가설 H_0하에서 기대도수는

$$\hat{E}_{ij} = n\hat{p}_i.\hat{p}._j = N_i.N._j / n \ (i=1, \cdots, r, \ j=1, \cdots, c)$$

로 추정한다. 이상을 요약하면 다음과 같다.

독립성 검정에서의 기각역:

$$\chi^2 = \sum_{i=1}^{r}\sum_{j=1}^{c} \frac{(O_{ij} - \hat{E}_{ij})}{\hat{E}_{ij}} \geq \chi_\alpha^2((r-1)(c-1)), \quad \hat{E}_{ij} = N_i.N._j / n$$

예제 10.5 정당인 중에서 1000명을 임의추출하여 내각책임제에 대한 찬반 여부를 조사하여 다음 표 10.5를 얻었다. 이 자료에 의하면 소속정당과 내각책임제 찬반 여부가 관련성이 있는지를 유의수준 $\alpha = 0.05$에서 검정하여라.

표 10.5 ▸▸▸ 2×3 분할표

	찬성	반대	미지	합계
A 당	182	213	203	598
B 당	154	138	110	402
합계	336	351	313	1000

위와 같은 표를 2×3 분할표(contingency table)라고 한다.

풀이 주어진 문제에 대하여 귀무가설과 대립가설은 다음과 같이 설정한다.

H_0 : 찬반 여부와 정당과는 독립이다.

H_1 : 찬반 여부와 정당과는 독립이 아니다.

표 10.5에서 기대도수를 구해야 하므로 아래와 같이 확률을 추정해야 한다. $P(A$당이고, 찬성$) = P(A \cap$ 찬$) = P(A) \cdot P($찬$)$(독립이므로)인데 $P(A)$와 $P($찬$)$을 추정해야 한다. 표 10.5에서

$$\hat{P}(A) = \frac{598}{1000}, \ \hat{P}(B) = \frac{402}{1000}, \ \hat{P}(\text{찬}) = \frac{336}{1000},$$

$$\hat{P}(\text{반}) = \frac{351}{1000}, \ \hat{P}(\text{미}) = \frac{313}{1000}$$

와 같이 추정할 수 있으므로

$$\hat{P}(A \cap \text{찬}) = \hat{P}(A) \cdot \hat{P}(\text{찬}) = \frac{598}{1000} \cdot \frac{336}{1000},$$

$$\vdots \qquad \vdots \qquad \vdots$$

$$\hat{P}(B \cap \text{미}) = \hat{P}(B) \cdot \hat{P}(\text{미}) = \frac{402}{1000} \cdot \frac{313}{1000}$$

이다. A당으로서 찬성일 기대도수 $\hat{E}_{11}$을 구하면 다음과 같다.

$$\hat{E}_{11} = n \cdot \hat{P}(A \cap \text{찬}) = 1000 \cdot \frac{336}{1000} \cdot \frac{598}{1000} = \frac{336 \cdot 598}{1000} = 200.9$$

$\hat{E}_{11}$을 구하는 계산을 요약해서 간단히 하면

$$\hat{E}_{11} = \frac{(1\text{행의 합}) \times (1\text{열의 합})}{\text{총합}}$$

와 같은데, 이런 방법으로 계산해서 다음 표 10.6의 기대도수표를 만들 수 있다.

표 10.6 ▸▸▸ 기댓값

	찬성	반대	미지	계
A 당	200.9	209.9	187.2	598
B 당	135.1	141.1	125.8	402
계	336	351	313	1000

자유도 $\nu = (r-1)(c-1) = (2-1)(3-1) = 2$인데 이것은 $k-1 = 6-1 = 5$에서 미지모수 $P(A)$, $P(\text{찬})$, $P(\text{반})$를 추정하였기 때문이다. 검정통계량의 값은

$$\chi^2 = \sum_{j=1}^{3} \sum_{i=1}^{2} \frac{(O_{ij} - \hat{E}_{ij})^2}{\hat{E}_{ij}}$$

$$= \frac{(182 - 200.9)^2}{200.9} + \cdots + \frac{(110 - 125.8)^2}{125.8} = 7.854$$

이고, $\chi^2 = 7.854 > 5.991 = \chi^2_{0.05}(2)$이므로 귀무가설 H_0를 기각할 수 있다. 따라서 소속정당과 내각책임제 찬반 여부는 관련성이 있다. 즉 소속정당에 따라서 찬반비율이 다르다.

10.4 동일성 검정

동일(동질)성 검정(test of homogeneity)은 r개의 **부모집단**(subpopulation)으로부터 미리 정해진 크기의 표본을 추출하여 각 부모집단들의 범주별 반응비율이 같은가를 검정할 때 적용하는 방법이다.

동질성 검정의 자료구조에 대하여 생각해 보자. 첫째, 조사대상인 모집단을 r개의 부모집단(subpopulation) $A_1, \cdots, A_r$로 분할하고, 각각의 부모집단 A_i에서 f_i개의 실험대상을 택하여 요인 B의 서로 배반인 범주 $B_1, \cdots, B_c$에 속하는 도수 $n_{i1}, \cdots, n_{ic}$를 관측한다. 따라서 동질성 검정의 자료구조는 표 10.7과 같이 주어진다.

표 10.7 ▸▸▸ 동질성 검정의 자료구조

부모집단	범주 B				합계
	B_1	B_2	$\cdots$	B_c	
A_1	n_{11}	n_{12}	$\cdots$	n_{1c}	f_1
A_2	n_{21}	n_{22}	$\cdots$	n_{2c}	f_2
$\vdots$	$\vdots$	$\vdots$	$\vdots$	$\vdots$	$\vdots$
A_r	n_{r1}	n_{r2}	$\cdots$	n_{rc}	f_r
합계	$n_{\cdot 1}$	$n_{\cdot 2}$	$\cdots$	$n_{\cdot c}$	f

이때 부모집단 A_i에 속하는 한 실험대상이 범주 $B_1, \cdots, B_c$에 속할 확률을 각각 $p_{i1}, \cdots, p_{ic} (p_{i1} + \cdots + p_{ic} = 1)$라고 하면, 동질성 검정에서의 귀무가설과 대립가설을 각각

$$H_0 : (p_{i1}, \cdots, p_{ic}) = (p_{11}, \cdots, p_{1c}) \ (i = 2, \cdots, r), \quad H_1 : H_0\text{가 아니다.}$$

로 세울 수 있다. 즉 귀무가설 H_0하에서는 한 실험대상이 범주 B_j에 속할 확률은 어느 부모집단에 대해서도 동일하다.

귀무가설 H_0하에서 도수$(n_{i1}, \cdots, n_{ic})$는 다항분포 $m(f_i, p_{11}, \cdots, p_{1c})$를 따르므로 귀무가설 H_0와 대립가설 H_1의 차이를 나타내는 측도로서

$$\sum_{i=1}^{r}\sum_{j=1}^{c}\frac{(O_{ij}-E_{ij})}{E_{ij}} = \sum_{i=1}^{r}\sum_{j=1}^{c}\frac{(N_{ij}-f_i\, p_{1j})^2}{f_i\, p_{1j}}$$

를 생각할 수 있다. 그런데 귀무가설 H_0하에서

$$(N_{i1}, \cdots, N_{ic}) \sim m(f_i, p_{11}, \cdots, p_{1c})\text{이고, 서로 독립이므로 } (i=1, \cdots, r)$$

다항분포의 성질로부터

$$\sum_{i=1}^{r}\sum_{j=1}^{c}\frac{(N_{ij}-f_i\,p_{1j})^2}{f_i\,p_{1j}} \sim \chi^2(c-1)\text{이고, 서로 독립이다 } (i=1, \cdots, r).$$

따라서 카이제곱분포의 가법성으로부터

$$\sum_{i=1}^{r}\sum_{j=1}^{c}\frac{(N_{ij}-f_i\,p_{1j})^2}{f_i\,p_{1j}} \sim \chi^2(r(c-1))$$

이 성립한다. 그러나 $p_{11}, \cdots, p_{1c}(p_{11}+\cdots+p_{1c}=1)$는 미지의 모수로서 추정되어야 하며, 이때 추정되는 모수의 개수는 $c-1$개다. 그러므로 동질성 검정에서 사용되는 검정통계량은

$$\chi^2 = \sum_{i=1}^{r}\sum_{j=1}^{c}\frac{(O_{ij}-\hat{E}_{ij})}{\hat{E}_{ij}} = \sum_{i=1}^{r}\sum_{j=1}^{c}\frac{(N_{ij}-f_i\hat{p}_{1j})^2}{f_i\hat{p}_{1j}}$$

이고, 자유도는 $(r-1)(c-1)$이므로, 귀무가설 H_0의 기각역은 다음과 같이 주어진다.

$$\chi^2 = \sum_{i=1}^{r}\sum_{j=1}^{c}\frac{(O_{ij}-\hat{E}_{ij})}{\hat{E}_{ij}} \geq \chi^2_{\alpha}((r-1)(c-1))$$

여기서 귀무가설 H_0하에서 기대도수는 다음과 같이 추정된다.

$$\hat{E}_{i1} = f_i\hat{p}_{11} = f_i\,N._1/f, \cdots, \hat{E}_{ic} = f_i\hat{p}_{1c} = f_i\,N._c/f$$

이상을 요약하면 다음과 같다.

동질성 검정에서의 기각역:

$$\chi^2 = \sum_{i=1}^{r}\sum_{j=1}^{c}\frac{(O_{ij}-\hat{E}_{ij})}{\hat{E}_{ij}} \geq \chi^2_{\alpha}((r-1)(c-1)),$$

$$\hat{E}_{i1} = f_i\,N._1/f, \cdots, \hat{E}_{ic} = f_i\,N._c/f$$

예제 10.6 어떤 회사에서 생산되는 제품의 불량품과 양품의 비율이 낮, 저녁, 밤에 따라 다른지를 결정하기 위해 다음과 같은 자료를 수집하였다. 낮, 저녁, 밤에 만들어지는 제품의 불량률이 같은지를 유의수준 0.025에서 검정하여라.

	낮	저녁	밤	합계
불량품	80	70	80	230
양　품	1120	930	720	2770
합　계	1200	1000	800	3000

풀이 p_1, p_2, p_3를 낮, 저녁, 밤에 생산된 불량률이라고 하면, 검정하고자 하는 가설은 다음과 같다.

H_0 : 낮, 저녁, 밤에 생산되는 제품의 불량률은 서로 같다.

H_1 : 낮, 저녁, 밤에 생산되는 제품의 불량률은 서로 같지 않다.

기대도수 $\hat{E}_{11} = \dfrac{230 \times 1200}{3000} = 92, \ \cdots, \ \hat{E}_{23} = \dfrac{2770 \times 800}{3000} = 738.7$

와 같이 계산하면 아래의 표로 나타낼 수 있다.

	기대도수		
	낮	저녁	밤
불량품	92.0	76.7	61.3
양　품	1108.0	923.3	738.7

자유도 $\nu = (2-1)(3-1) = 2$이고, 검정통계량의 값은

$$\chi^2 = \frac{(80-92)^2}{92} + \cdots + \frac{(720-738.7)^2}{738.7} = 8.476$$

이고, $\chi^2 = 8.476 > 7.378 = \chi^2_{0.025}(2)$이므로 H_0를 기각할 수 있다. 즉 낮, 저녁, 밤에 생산되는 제품의 불량률에 차이가 있다고 할 수 있다.

10.5 SPSS 실습

10장에서 설명한 범주형 자료분석의 예제를 SPSS 22.0을 이용하여 분석하는 방법을 알아보도록 한다.

10.5.1 적합도 검정

[예제 10.1]에서 교배실험의 결과는 유전학 이론인 어떤 쥐의 잡종은 8 : 4 : 3에 어긋난다고 할 수 있는지를 유의수준 0.05에서 검정하여라.

① 데이터 입력: [예제 10.1]을 아래와 같이 SPSS 데이터 편집기 창에 입력한다. 교배쥐에서 빨강 쥐를 1, 검정 쥐를 2, 흰 쥐를 3으로 코딩한다.

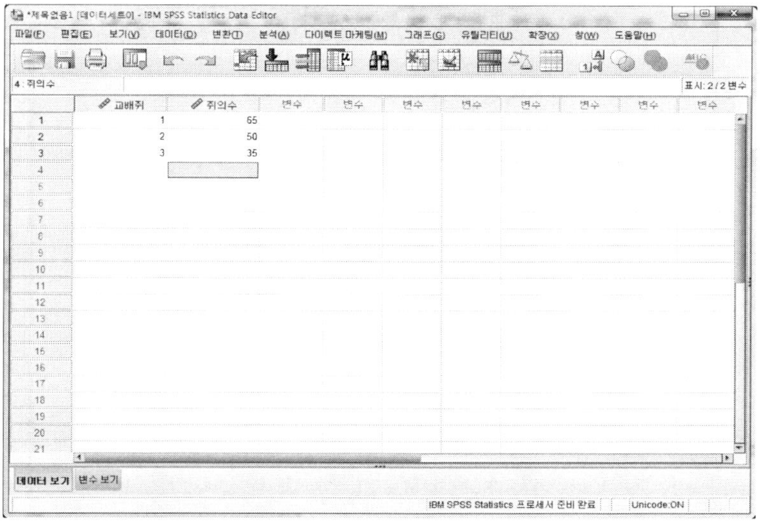

② 이와 같은 입력 자료를 가지고 적합도 검정을 실시하기 위하여 쥐의 수 변수에 대하여 가중치를 부여해 주어야 한다. SPSS에서는 모든 입력 자료를 하나의 경우로 인식하기 때문에 인원수에 입력된 값이 하나의 수가 아닌 인원수로 인식되도록 하기 위해서이다. 우선 가중치를 부여하기 위해서는 데이터 → 가중 케이스와 같이 순서대로 실행명령을 지정한다.

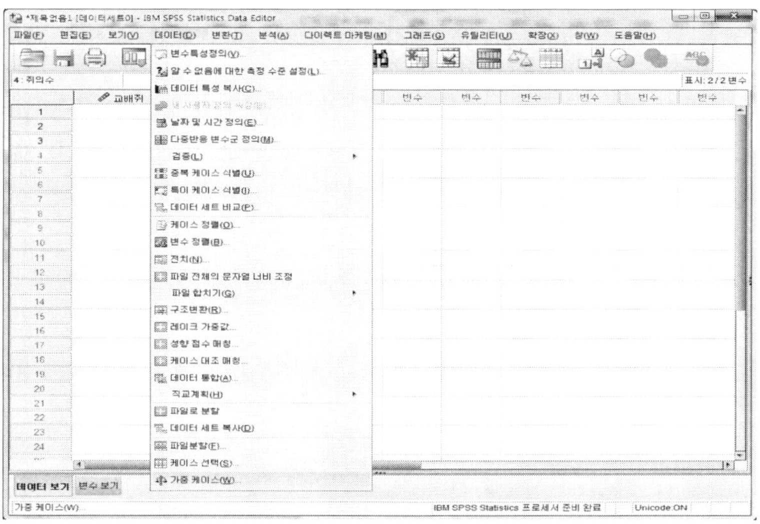

③ 가중 케이스 대화상자에서 [가중 케이스 지정(W)]를 선택하고 취의 수 변수를 [빈도 변수(F)]란으로 이동시킨다.

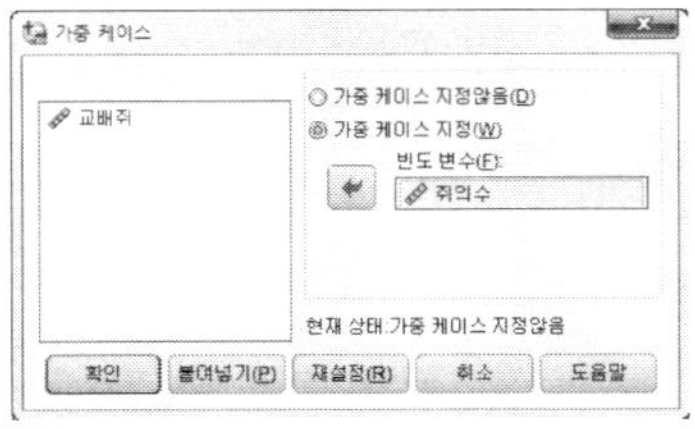

④ 가중 케이스를 지정해 주었으면 적합도 검정을 위하여 **분석 → 비모수 검정 → 레거시 대화상자 → 카이제곱 검정**과 같이 순서대로 실행명령을 지정한다.

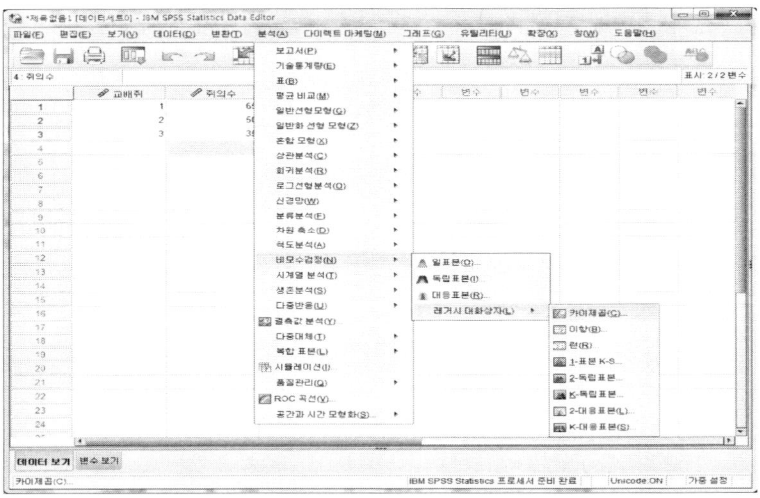

⑤ 카이제곱 검정 대화상자에서 교배쥐 변수를 [검정 변수(T)]란으로 이동시키고 하단의 기대값에서 [값(V)]란에 차례대로 $8/15 = 0.533$, $4/15 = 0.267$, $3/15 = 0.200$을 입력하여 추가한다.

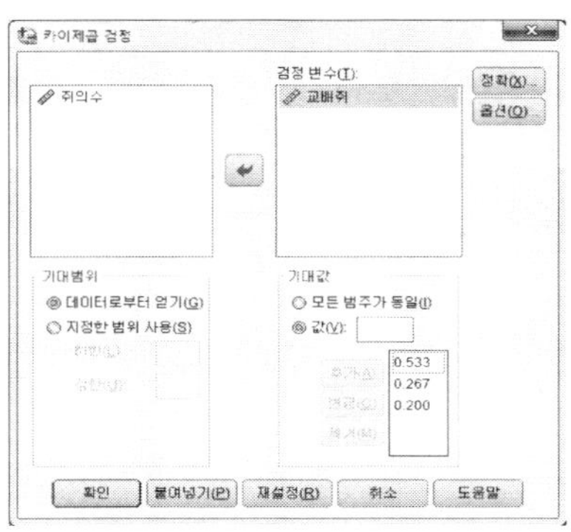

⑥ 필요한 부분을 모두 지정한 후 확인을 누르면 출력 결과창에 다음과 같은 분석결과가 나타난다.

교배쥐

	관측빈도	기대빈도	잔차
1	65	80.0	-15.0
2	50	40.1	10.0
3	35	30.0	5.0
전체	150		

검정 통계량

	교배쥐
카이제곱	6.101[a]
자유도	2
근사 유의확률	.047

a. 0개의 셀 (0.0%)은(는) 5보다 작은 기대빈도를 가집니다. 기대 빈도 셀 값 중 최소값은 30.0입니다.

적합도 검정 결과를 보면 카이제곱 값이 6.101이고 유의확률 값이 0.047르서 유의수준 0.05보다 작으므로 귀무가설을 기각한다. 즉, 교배실험의 결과 유전학 이론에 어긋난다고 할 수 있다.

[예제 10.2]에서 주사위는 정상적인 주사위인가를 유의수준 0.05에서 검정하여라.

① 데이터 입력: [예제 10.2]를 아래와 같이 SPSS 데이터 편집기 창에 입력한다. 주사위 눈을 1, 2, 3, 4, 5, 6으로 코딩한다.

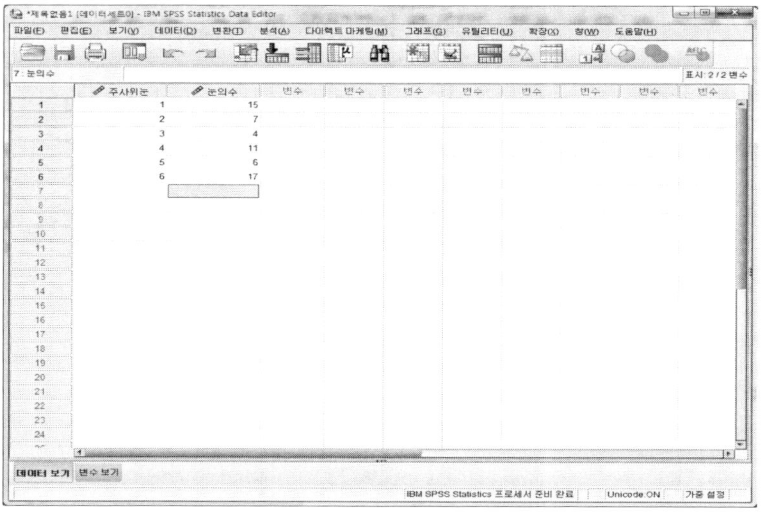

② 이와 같은 입력 자료를 가지고 적합도 검정을 실시하기 위하여 눈의 수 변수에 대하여 가중치를 부여하기 위해서는 **데이터 → 가중 케이스**와 같이 순서대로 실행명령을 지정한다.

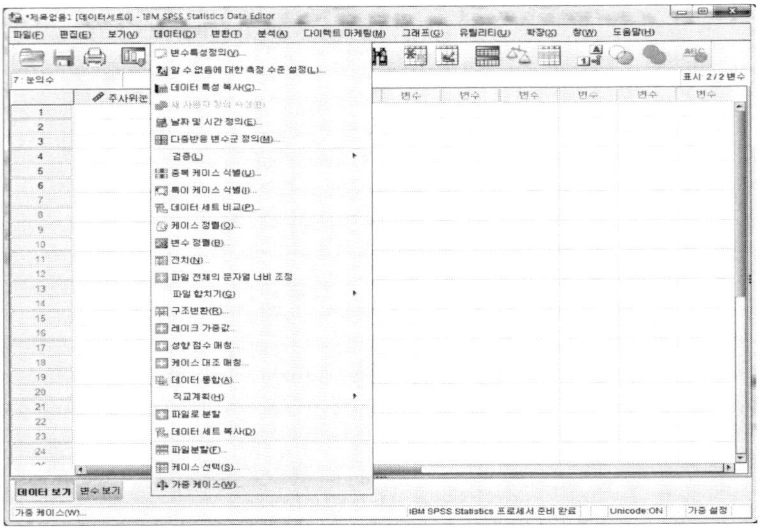

③ 가중 케이스 대화상자에서 [가중 케이스 지정(W)]를 선택하고 눈의 수 변수를 [빈도 변수(F)]란으로 이동시킨다.

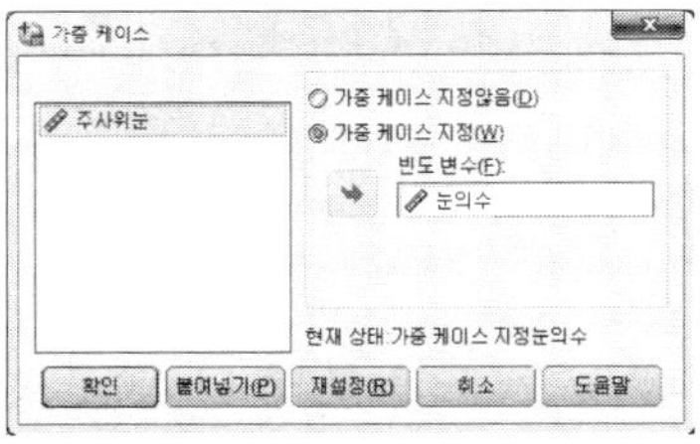

④ 가중 케이스를 지정해 주었으면 적합도 검정을 위하여 분석 → 비모수 검정 → 레거시 대화상자 → 카이제곱 검정과 같이 순서대로 실행명령을 지정한다.

⑤ 카이제곱 검정 대화상자에서 주사위눈 변수를 [검정 변수(T)]란으로 이동시키고 하단의 기대값에서 [모든 범주가 동일(I)]을 선택한다.

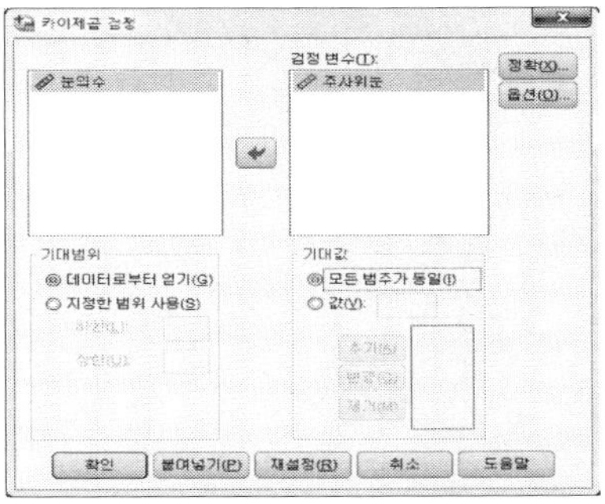

⑥ 필요한 부분을 모두 지정한 후 확인을 누르면 출력 결과창에 다음과 같은 분석결과가 나타난다.

주사위눈

	관측빈도	기대빈도	잔차
1	15	10.0	5.0
2	7	10.0	-3.0
3	4	10.0	-6.0
4	11	10.0	1.0
5	6	10.0	-4.0
6	17	10.0	7.0
전체	60		

검정 통계량

	주사위눈
카이제곱	13.600[a]
자유도	5
근사 유의확률	.018

a. 0개의 셀 (0.0%)은(는) 5보다 작은 기대빈도를 가집니다. 기대 빈도 셀 값 중 최소값은 10.0입니다.

적합도 검정 결과를 보면 카이제곱 값은 13.600이고 유의확률 값이 0.018로 유의수준 0.05보다 작으므로 귀무가설을 기각한다. 즉, 주사위의 각 눈이 나올 확률이 $\frac{1}{6}$이라고 할 수 없으므로, 이 주사위는 정상적이라고 볼 수 없다.

10.5.2 독립성 검정

[예제 10.5]에서 소속정당과 찬반 여부와의 관련성을 유의수준 0.05에서 검정하여라.

① 데이터 입력: [예제 10.5]을 아래와 같이 SPSS 데이터 편집기 창에 입력한다. 정당은 A당을 1로, B당을 2로 입력하고, 찬반 여부는 찬성을 1로, 반대를 2로, 미지를 3으로 입력한다.

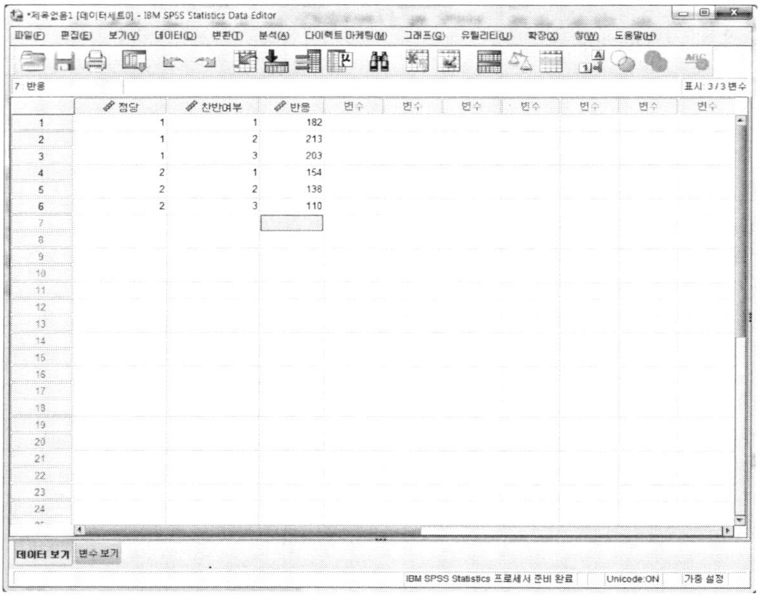

② 이와 같은 입력 자료를 가지고 독립성 검정을 실시하기 위하여 반응 변수에 대하여 가중치를 부여하기 위해서는 **데이터 → 가중 케이스**와 같이 순서대로 실행명령을 지정한다.

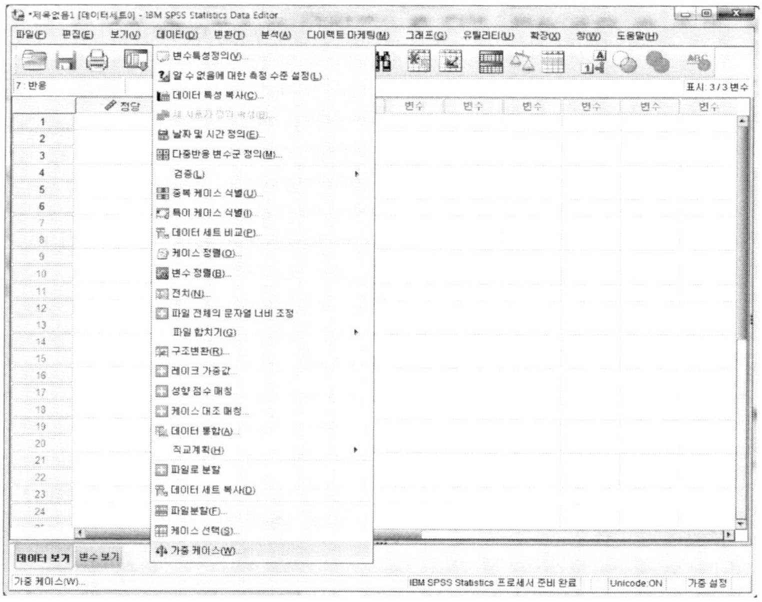

③ 가중치 케이스 대화상자에서 [가중 케이스 지정(W)]를 선택하고 반응 변수를 [빈도 변수(F)]란으로 이동시킨다.

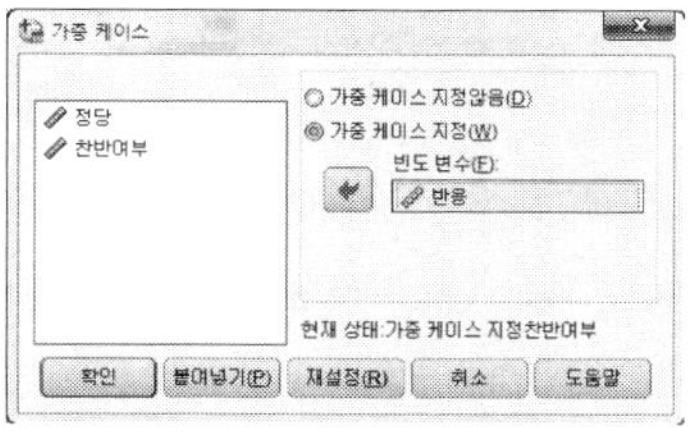

④ 가중 케이스를 지정해 주었으면 독립성 검정을 위하여 **분석 → 기술통계량 → 교차분석**과 같이 순서대로 실행명령을 지정한다.

⑤ 교차분석 대화상자에서 정당 변수를 [행(O)]란으로 이동시키고 찬반여부 변수를 [열(C)]란으로 이동시킨다.

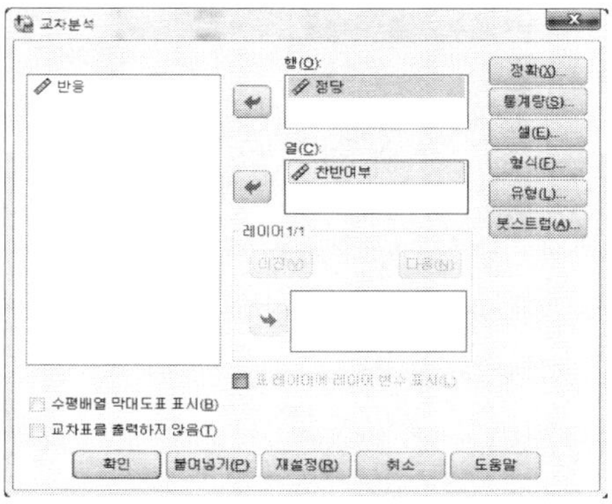

⑥ 교차분석 대화상자 우측에 있는 [통계량(S)]를 선택한 후 [카이제곱(H)]을 체크하고 계속을 누른다.

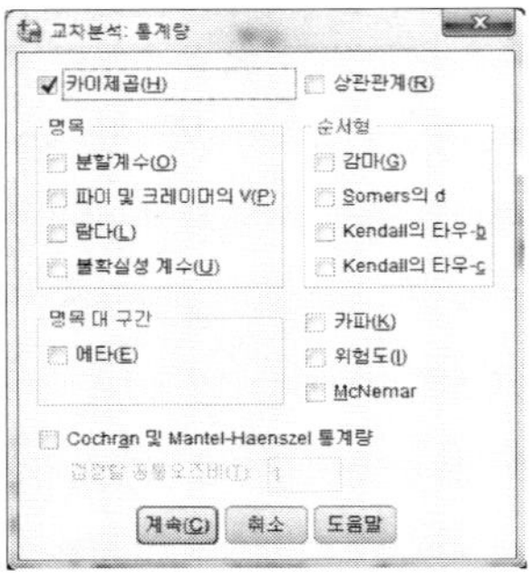

⑦ 교차분석 대화상자 우측에 있는 [셀(E)]를 선택한 후 [관측빈도(O)]와 [기대빈도(E)]를 각각 체크하고 계속을 누른다.

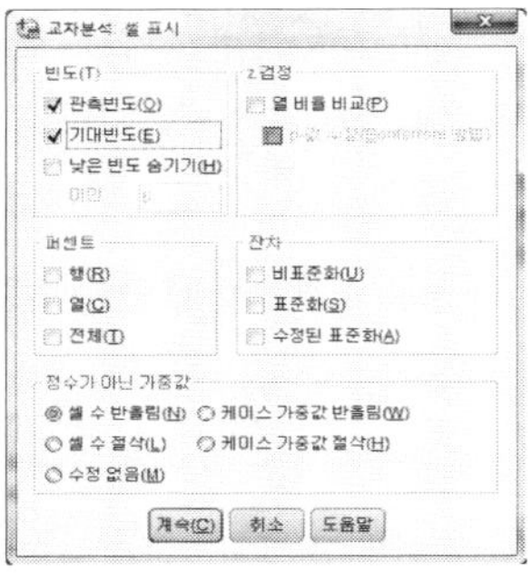

⑧ 필요한 부분을 모두 지정한 후 확인을 누르면 출력 결과창에 다음과 같은 분석결과가 나타난다.

정당 * 찬반여부 교차표

			찬반여부			
			1	2	3	전체
정당	1	빈도	182	213	203	598
		기대빈도	200.9	209.9	187.2	598.0
	2	빈도	154	138	110	402
		기대빈도	135.1	141.1	125.8	402.0
전체		빈도	336	351	313	1000
		기대빈도	336.0	351.0	313.0	1000.0

카이제곱 검정

	값	자유도	근사 유의확률 (양측검정)
Pearson 카이제곱	7.878[a]	2	.019
우도비	7.874	2	.020
선형 대 선형결합	7.740	1	.005
유효 케이스 수	1000		

a. 0 셀 (0.0%)은(는) 5보다 작은 기대 빈도를 가지는 셀입니다. 최소 기대빈도는 125.83입니다.

독립성 검정 결과를 보면 Pearson 카이제곱 값이 7.878이고 유의확률 값이 0.019로 유의수준 0.05보다 작으므로 귀무가설을 기각한다. 따라서 소속정당과 찬반 여부와는 관련성이 있다. 즉, 정당에 따라서 찬반비율이 다르다.

10.5.3 동일성 검정

[예제 10.6]에서 낮, 저녁 그리고 밤에 만들어지는 제품의 불량률이 같은지를 유의수준 0.025에서 검정하여라.

① **데이터 입력: [예제 10.6]을 아래와 같이 SPSS 데이터 편집기 창에 입력한다. 제품상태에서 불량품을 1, 우량품을 2로 입력**하고, 시간은 낮을 1, 저녁을 2, 밤을 3으로 입력한다.

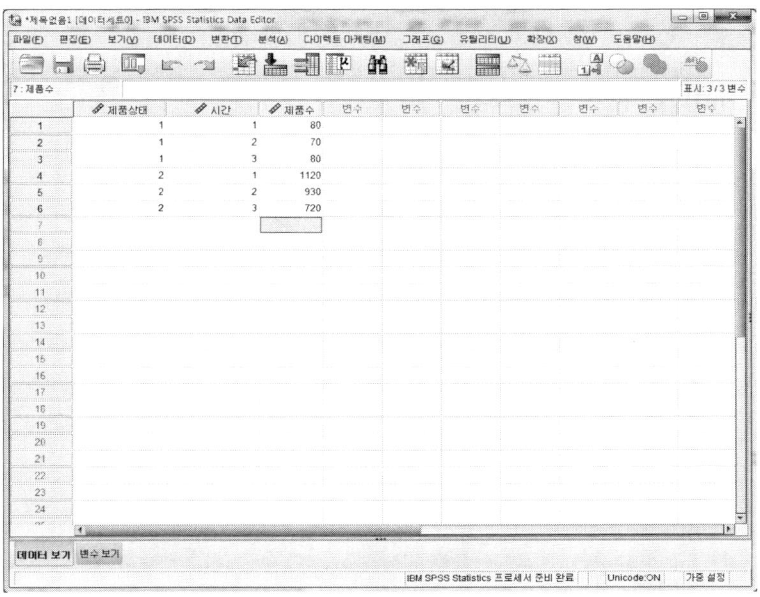

② 이와 같은 입력 자료를 가지고 동일성 검정을 실시하기 위하여 제품수 변수에 대하여 가중치를 부여하기 위해서는 **데이터 → 가중 케이스**와 같이 순서대로 실행명령을 지정한다.

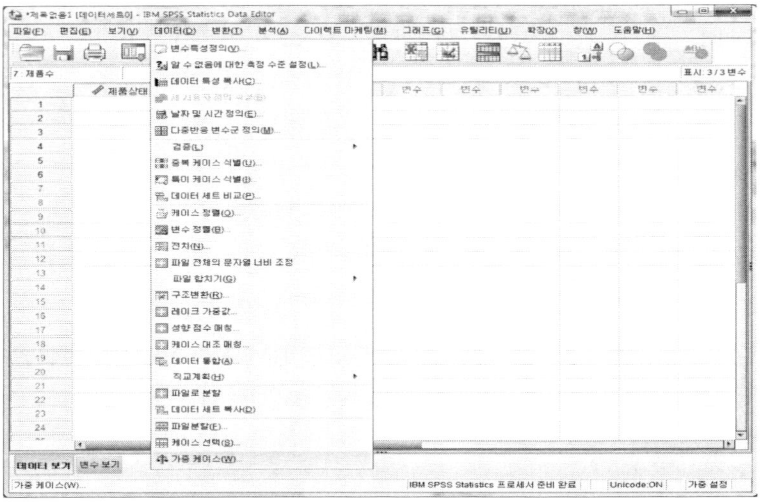

③ 가중 케이스 대화상자에서 [가중 케이스 지정(W)]를 선택하고 제품수 변수를 [빈도 변수(F)]란으로 이동시킨다.

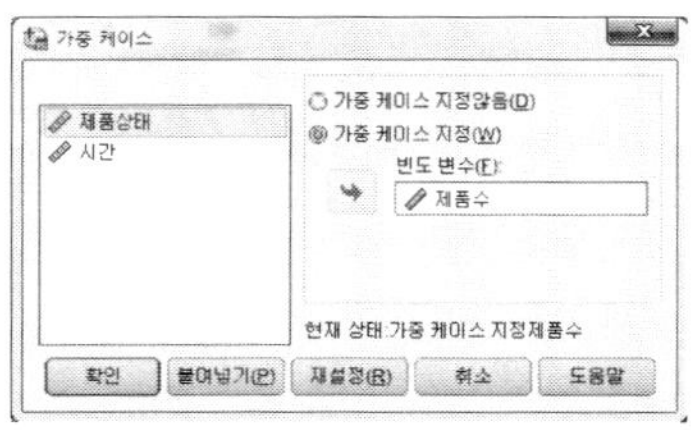

④ 가중 케이스를 지정해 주었으면 동일성 검정을 위하여 **분석 → 기술통계량 → 교차분석**과 같이 순서대로 실행명령을 지정한다.

⑤ 교차분석 대화상자에서 제품상태 변수를 [행(O)]란으로 이동시키고 시간 변수를 [열(C)]란으로 이동시킨다.

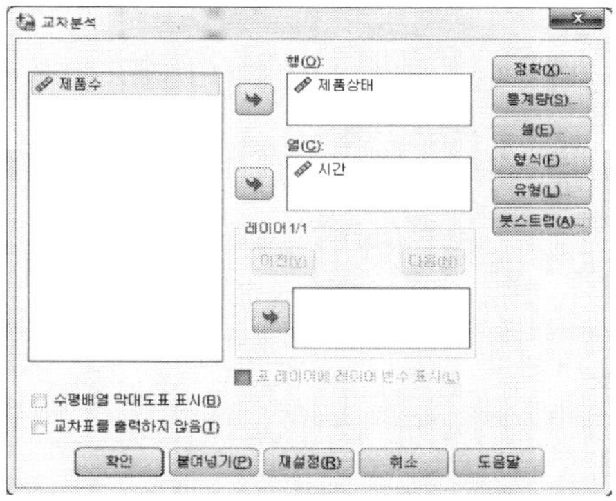

⑥ 교차분석 대화상자 우측에 있는 [통계량(S)]를 선택한 후 [카이제곱(H)]을 체크하고 계속을 누른다.

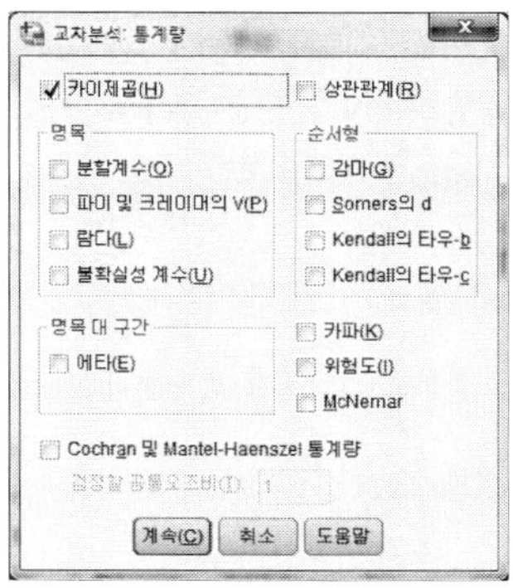

⑦ 교차분석 대화상자 우측에 있는 [셀(E)]를 선택한 후 [관측빈도(O)]와 [기대빈도(E)]를 각각 체크하고 계속을 누른다.

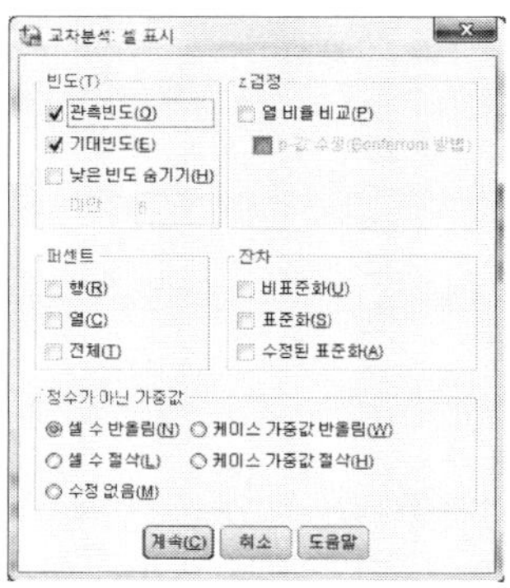

⑧ 필요한 부분을 모두 지정한 후 확인을 누르면 출력 결과창에 다음과 같은 분석결과가 나타난다.

제품상태 * 시간 교차표

			시간			
			1	2	3	전체
제품상태	1	빈도	80	70	80	230
		기대빈도	92.0	76.7	61.3	230.0
	2	빈도	1120	930	720	2770
		기대빈도	1108.0	923.3	738.7	2770.0
전체		빈도	1200	1000	800	3000
		기대빈도	1200.0	1000.0	800.0	3000.0

카이제곱 검정

	값	자유도	근사 유의확률 (양측검정)
Pearson 카이제곱	8.476[a]	2	.014
우도비	8.068	2	.018
선형 대 선형결합	6.822	1	.009
유효 케이스 수	3000		

a. 0 셀 (0.0%)은(는) 5보다 작은 기대 빈도를 가지는 셀입니다. 최소 기대빈도는 61.33입니다.

동일성 검정 결과를 보면 pearson의 카이제곱 값은 8.476이고 유의확률 값이 0.014로 유의수준 0.025보다 작으므로 귀무가설은 기각된다. 따라서 낮, 저녁, 밤에 따라서 제품의 불량률에 차이가 있다고 할 수 있다.

연습문제

01 불량률이 5%인 상품을 다수 구입하여 그 중에서 400개를 무작위로 뽑아 검사한 결과, 불량품 28개가 나왔다. 모집단의 불량률은 과연 5%인가? 유의수준 0.05에서 검정하여라.

02 40마리의 쥐를 T자형 미로에 몰아 넣었더니 22마리가 왼쪽으로 18마리가 오른쪽으로 돌았다. 쥐에 위치습성이 있는가? 유의수준 0.05에서 검정하여라.

03 동전을 100번을 던져서 앞면이 63번, 뒷면이 37번 관찰되었다. 이것은 균형 잡힌 동전인가? 유의수준 0.05를 사용하여라.

04 한 개의 동전을 표면이 나올 때까지 던졌다. 그리고 던진 수 X를 기록하였다. 256번의 실험을 되풀이한 후 다음과 같은 결과를 얻었다.

x	1	2	3	4	5	6	7	8	합계
f	136	60	34	12	9	1	3	1	256

X의 관찰된 분포가 기하분포 $g(x; 0.5)$, $x = 1,2,3,4,5,6,7,8$에 적합한가를 유의수준 0.05로 검정하여라.

05 어느 기계가 땅콩, 개암, 캐슈, 피캔을 5 : 2 : 2 : 1의 비율로 섞게 되어 있다. 이러한 혼합된 열매 500개를 포함하는 캔이 269개의 땅콩, 112개의 개암, 74개의 캐슈, 45개의 피캔을 가지고 있는 것으로 밝혀졌다. 이 기계가 열매들을 5 : 2 : 2 : 1의 비율로 섞고 있다는 가설을 유의수준 0.05에서 검정하여라.

06 어느 특정한 학기에 대한 통계학 강좌의 성적들이 다음과 같았다.

성적	A	B	C	D	F
f	14	18	32	20	16

성적들의 분포가 균일하다는 가설을 유의수준 0.05에서 검정하여라.

07 어떤 대도시에서 200명의 사람들을 임의추출하여 그들이 1주일 동안에 구입한 복권의 수를 조사하였더니 다음과 같은 결과가 나타났다.

복권 수	0	1	2	3	4	5 이상
사람 수	52	60	55	18	8	7

위의 표에서 5장 이상 복권을 구입한 사람들을 조사하였더니 그들 중에서 세 사람이 5장을, 두 사람이 6장을, 한 사람이 7장을, 또 한 사람이 10장의 복권을 구입하였다. 이 자료를 근거로 이 도시에서 사람들이 구입하는 주택복권의 수는 1주일에 평균 1장인 포아송 분포를 따른다고 볼 수 있는가? 유의수준 0.05에서 검정하여라.

08 어떤 영화를 본 174명의 남녀에게 비평을 구하였더니 아래의 표와 같았다. 남녀의 의견에 유의한 차이가 있는가? 유의수준 0.05에서 검정하여라.

	매우 좋다	보통이다	신통치 않다	합계
남	29	58	21	108
여	19	26	21	66
합계	48	84	42	174

09 모두 퇴직한 200명의 결혼한 남자들로 이루어진 확률표본이 교육수준과 자녀의 수에 따라 분류되었다.

	자녀의 수			합계
	0-1	2-3	3명 이상	
중졸	14	37	32	83
고졸	19	42	17	78
대졸 이상	12	17	10	39
합계	45	96	59	200

가족의 수는 아버지의 교육수준과 독립이라는 가설을 유의수준 0.05에서 검정하여라.

10 대학생 400명의 확률표본을 학년과 음주습관에 따라 다음과 같이 분류하였다.

	1학년	2학년	3학년	4학년	합계
알콜 중독자	29	41	33	28	131
음주자	32	29	36	39	136
비음주자	55	34	27	17	133
합계	116	104	96	84	400

학년과 음주습관이 독립이라는 가설을 검정하여라. 유의수준 0.05를 사용하여라.

11 초등학교에서 영어를 가르치는 것에 찬성하는 서울, 부산, 대구, 광주에서의 학부모의 비율 사이에 차이가 있는지 결정하기 위한 조사가 이루어졌다. 이들 각 도시에서 임의로 추출한 100명의 학부모의 응답은 다음 표와 같다.

	서울	부산	대구	광주	합계
찬성	84	72	67	81	304
반대	16	28	33	19	96
합계	100	100	100	100	400

초등학교에서 영어를 가르치는 것을 찬성하는 학부모의 비율이 이들 네 도시에 대하여 같다고 할 수 있는가? 유의수준 0.01에서 검정하여라.

12 30명의 성인들로 이루어진 확률표본이 성별과 1주일 동안의 TV 시청시간에 따라 분류되었다.

	남성	여성	합계
25시간 이상	5	9	14
25시간 미만	9	7	16
합계	14	16	30

유의수준 0.01을 사용하여, 성별과 TV 시청시간은 독립이라는 가설을 검정하여라.

13 흡연습관에 대한 고혈압의 의존도를 연구하기 위한 실험에서 180명의 사람들에 대하여 다음의 자료가 취해졌다.

	비흡연자	적당한 흡연자	심한 흡연자	합계
고혈압	21	36	40	97
정상혈압	48	26	19	93
합계	69	62	59	190

고혈압의 유무는 흡연습관과 독립이라는 가설을 검정하여라. 유의수준 0.05를 사용하여라.

14 어느 회사에서는 신입사원들의 업무수행능력과 그들의 대학 4년간의 성적 사이에 어떤 연관성이 있는지를 알아보기 위해서 임의로 200명의 신입사원들을 추출하여 조사한 결과 다음과 같은 분할표를 얻었다.

	A	B	C	D	합계
우수	38	31	11	3	83
보통	21	34	14	5	74
저조	6	11	17	9	43
합계	65	76	42	17	200

신입사원들의 업무수행능력과 그들의 대학성적 사이에 연관성이 있다고 볼 수 있는가? 유의수준 0.05에서 검정하여라.

15 어떤 병을 앓고 있는 환자 가운데 혈청주사를 놓을 환자를 34명, 놓지 않을 환자를 43명 임의추출하여 치료한 결과가 다음과 같다. 이 자료에 의하면 혈청주사를 놓고, 놓지 않음에 따라 병세가 다르다고 할 수 있는가? 유의수준 0.05를 사용하여라.

	완쾌된다	완쾌되지 않는다	합계
혈청주사를 놓음	26	8	34
혈청주사를 놓지 않음	30	13	43
합계	56	21	77

11장

통계적 품질관리

11.1 서론

생산자가 제공하는 제품이나 서비스는 소비자의 욕구를 충족시키기 위하여 소비자가 요구하는 조건을 만족해야 한다. 여기서 제품이나 서비스가 소비자의 욕구 충족이라는 목적에 도달하는 정도를 품질이라고 한다. 즉 품질이란, 제품의 유용성을 정해 주는 특성 또는 제품이 그 사용목적을 수행하기 위하여 갖추어야 할 성질이라고 할 수 있다.

한국공업규격(KS A 3001)에서는 **품질관리**(quality control)를 "수요자의 요구에 맞는 품질의 제품을 경제적으로 만들어 내기 위한 모든 수단의 체계이다. 근대적인 품질관리는 통계적 수단을 채택하고 있으므로, 특히 **통계적 품질관리**(statistical quality control)라고도 부른다"라고 정의하고 있다. 그러나 엄격히 말한다면 통계적 품질관리는 품질관리의 일부분으로 통계학의 모든 통계적 수법을 이용하여 실시하는 품질관리를 말한다.

통계적 품질관리의 발달 초기 단계에서는 제조단계에서 많이 사용되는 관리도법과 샘플링 검사법이 품질관리에서만 전용되는 통계적 기법으로 통계적 품질관리의 주를 이루었으나 점점 품질관리의 영역이 확대됨으로써 추정과 검정, 분산분석, 회귀분석 등 여러 분석들까지 통계적 기법으로 사용되고 있다. 이 장에서는 통계적 품질관리의 축을 이루는 샘플링 검사법과 관리도법에 대해서만 간단히 다루기로 한다.

11.2 샘플링 검사

11.2.1 샘플링 검사

검사(inspection)란 본래 제품을 어떤 방법으로 측정한 결과를 평가기준과 비교하여 개개의 물품의 양호, 불량, 또는 로트에 대해서 합격, 불합격의 판정을 내리는 것을 의미한다. 검사는 제품의 생산과정을 공업규격에 알맞도록 하여 소비자의 만족도를 높일 수 있도록 생산과정에서 여러 단계를 거쳐 품질검사를 실시해야 한다. 또한 적합성 검사, 공정검사, 출하 검사 등의 여러 검사를 통해서 제품의 합격 여부를 결정하는 것 이외에도 제품관리에 중요한 역할을 수행하여야 한다.

품질검사방법으로는 **전수검사**(total inspection)와 **샘플링 검사**(sampling inspection)가 있다. 전수검사는 출하되는 제품을 하나하나 모두 검사하는 방법이고 샘플링 검사는 일부제품을 표본추출하여 검사하는 방법이다. 실제로 전수검사가 샘플링 검사보다 불량품을 완전히 제거할 수 있다고 생각할 수도 있으나 검사에 드는 비용과 시간, 검사항목, 검사의 성질상 잘못 검사할 가능성도 배제할 수 없다. 따라서 여러 조건을 고려하여 전수검사가 바람직하지 않을 경우 전수검사보다 샘플링 검사를 한다. 특히 파괴검사인 경우는 샘플링 검사를 실시한다.

샘플링 검사에서는 전수검사에 비해 다음과 같은 몇 가지 장단점들이 있다.

① 샘플링 검사는 검사하는 제품의 수가 적으므로 개당 검사에 드는 비용을 줄이고 개당 검사시간을 늘릴 수 있다.
② 검사특성상 전수검사가 불가능한 경우에 샘플링 검사를 사용할 수 있다.
③ 샘플링 검사는 합격된 로트라고 하더라도 검사되지 않은 제품에 대해서는 어느 정도 불량품이 포함되는 것을 인정하지 않을 수 없다.
④ 불합격 로트는 공급자에게 그대로 되돌려지므로 공급자의 품질관리 및 향상에 기폭제 역할을 한다.

샘플링 검사에서는 검사 전에 샘플링 검사방식을 정하며 검사방식을 품질특성 성질에 따라 분류한다. 검사방식은 표본의 크기와 합격판정기준에 의해 결정된다. 예를 들어 1000개의 제품으로 되어 있는 로트에서 30개의 표본을 뽑아서 검사한다고 하자. 판정기준은 표본 중에 불량품이 3개 이하이면 로트를 합격판정하고, 4개 이상이면 불합격판정한다. 이런 방식이 샘플링 검사방식이다.

11.2.2 검사특성곡선

샘플링 검사에서는 로트에 있는 모든 제품을 검사하지 않고 추출된 일부 표본만을 검사하기 때문에 판정에 있어서 오류가 발생한다. 즉 양품의 로트를 불합격판정하거나 불량품의 로트를 합격판정하는 오류가 발생한다. 일반적으로 불량률 p, 로트의 크기 N, 표본의 크기 n 그리고 합격판정기준의 불량개수 c인 로트가 검사에서 합격할 확률 $L(p)$는 통계이론에 기초하여 초기하분포를 이용한다. 이때 $L(p)$의 곡선을 p에 대하여 그래프로 표시하여 이를 **검사특성곡선**(operating characteristic curve)이라고 한다. 간단히 OC 곡선이라고도 한다.

그림 11.1에서 α는 낮은 불량률을 갖는 좋은 품질의 로트가 검사과정에서 불합격판정을 받게 되는 확률이므로 생산자위험이라고 한다. 한편 β는 높은 불량률을 갖는 나쁜 품질의 로트가 검사 시 합격판정을 받게 되는 확률이므로 소비자가 이 제품을 사용하게 될 위험을 가지고 있으므로 소비자위험이라고 한다.

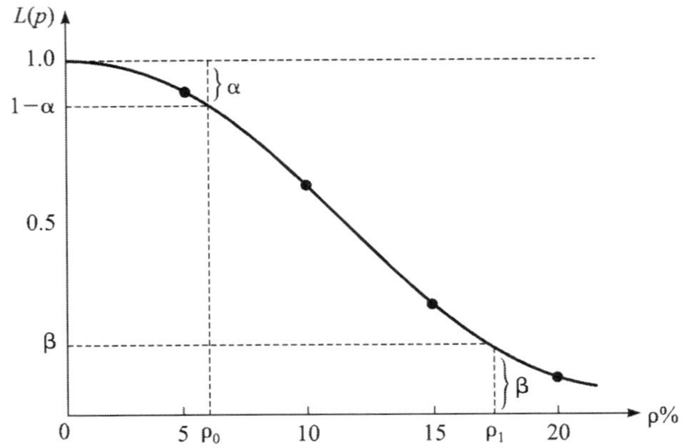

그림 11.1 ▸▸▸ OC 곡선

검사특성곡선(OC 곡선)

샘플링 검사방식(N, n, c)에 대하여 로트가 합격할 확률은

$$L(p) = \sum_{x=0}^{c} f(x) = \sum_{x=0}^{c} \frac{\binom{Np}{x}\binom{N-Np}{n-x}}{\binom{N}{n}}$$

으로 얻어진다. 이 $L(p)$를 p에 대하여 그래프로 그려놓은 곡선을 검사특성곡선 또는 OC곡선이라고 한다.

일반적으로 초기하분포 $L(p)$의 확률 계산은 N과 n이 클 경우 그 계산이 매우 복잡하다. 이 경우에는 잘 알려진 이항분포, 포아송분포, 정규분포를 이용하여 근사적으로 $L(p)$값을 구할 수 있다. 이항분포와 포아송분포에서 $L(p)$를 계산할 때는 부록의 표 1과 표 2를 이용하면 편리하다.

(1) 이항분포의 사용

초기하분포에서 N이 매우 크고, $n/N << 0.1$인 경우에는 다음과 같이 $L(p)$를 근사적으로 계산할 수 있다.

$$L(p) = \sum_{x=0}^{c} \binom{n}{x} p^x (1-p)^{n-x}$$

(2) 포아송분포의 사용

N이 매우 크고, $n/N \ll 0.1$이며, p가 작은 경우($p \leq 0.1$)에 이항분포는 평균이 np

인 포아송분포로 근사시킬 수 있다. 따라서 $L(p)$를 다음과 같이 근사적으로 계산할 수 있다.

$$L(p) = \sum_{x=0}^{c} e^{-np} (np)^x / x!$$

(3) 정규분포의 사용

이항분포에서 n이 크면(대개 30 이상) 중심극한정리에 의하여 평균 np, 분산 $np(1-p)$인 정규분포로 근사시킬 수 있다. 따라서 $L(p)$를 연속성 보정하여 다음과 같이 근사적으로 계산할 수 있다.

$$L(p) = P\{0 \le X \le c\} \approx \Phi\left(\frac{c+1/2-np}{\sqrt{np(1-p)}}\right) - \Phi\left(\frac{c-1/2-np}{\sqrt{np(1-p)}}\right)$$

예제 11.1 $N=50$, $n=10$, $c=0$인 샘플링 검사에서 로트의 불량률 $p=10(\%)$일 때 로트의 합격률 $L(p)$를 구하여라.

풀이 초기하분포를 이용하여 계산하면, $pN = 0.1 \times 50 = 5$ 이고, 로트의 합격률은

$$L(p) = p(x=0) = \frac{\binom{pN}{x}\binom{N-pN}{n-x}}{\binom{N}{n}} = \frac{\binom{5}{0}\binom{45}{10}}{\binom{50}{10}}$$

$$= 0.3016$$

이 된다.

11.2.3 샘플링 검사의 분류

(1) 검사단위 품질 표시방법별 분류

① 계수형 샘플링 검사

계수형 샘플링 검사(sampling inspection by attributes)는 검사제품을 단순히 불량품의 개수 또는 결점수를 적용하여 합격판정, 불합격판정을 하는 샘플링 검사 기법으로 검사설비, 계산이 간단하고 검사소요시간이 적게 드나 검사기록을 다른 목적에 이용하는 정도가 낮다는 단점이 있다.

② 계량형 샘플링 검사

계량형 샘플링 검사(sampling inspection by variables)란 특성값(길이, 중량, 강도 등)이 연속적인 값을 갖는 경우에 평균값에 따라 합격판정, 불합격판정을 검사하는 샘플링 기법을 말하며, 계산이 복잡하고 검사소요시간이 많이 걸리나 검사기록을 다른 목적에 이용하는 정도가 높다.

(2) 샘플링 검사의 형태별 분류

① 규준형

낮은 불량률을 갖는 좋은 품질의 로트가 불합격되는 것을 원치 않는 생산자와 높은 불량률을 갖는 나쁜 로트가 합격되는 것을 피하고 싶은 소비자의 요구가 동시에 만족되도록 하는 검사를 말한다.

② 선별형

샘플링 검사에 의하여 합격된 로트는 그대로 받아들이되 불합격된 로트는 전수선별에 의하여 불량품이 모두 가려지게 되는 형태의 검사이다.

③ 조정형

좋은 품질을 제공하는 공급자와 그렇지 못한 공급자를 구별하여 좋은 공급자에게는 합격을 많이 시키게 되는 수월한 검사를 적용하여 공급자로 하여금 품질향상을 하도록 자극을 주려는 의도의 검사형태이다.

④ 연속생산형

샘플링 검사에서 로트로 구분하지 않고 연속해서 생산되어 나오는 제품의 특성을 고려하여 선별하는 검사를 말한다.

11.2.4 샘플링 검사의 설계

계수형 샘플링 검사에 있어서 규준형 1회 샘플링 검사, 규준형 축차 샘플링 검사, 계수 선별형 1회 샘플링 검사, 조정형 샘플링 검사, 연속생산형 샘플링 검사 등이 있고 계량형 샘플링 검사에서도 마찬가지로 규준형 1회 샘플링 검사, 규준형 축차 샘플링 검사, 조정형 샘플링 검사 등이 실시되고 있다. 이 장에서는 계수형 샘플링 검사 중에서 가장 기본이 되는 계수규준형 1회 샘플링 검사에 대해서만 알아보도록 하자.

계수규준형 1회 샘플링 검사는 1회만의 거래, 검사로트에 관한 사전정보를 모르는 경우, 파괴검사 등과 같이 전수검사가 불가능할 때 적용할 수 있는 검사이다. 시료의 크기

표 11.1 ▸▸▸ 계수규준형 1회 샘플링 검사표

왼쪽 글자는 n, 오른쪽 글자는 c

$P_1(\%)$ / $P_0(\%)$	0.71 0.90	0.91 1.12	1.13 1.40	1.41 1.80	1.81 2.24	2.25 2.80	2.81 3.55	3.56 4.50	4.51 5.60	5.61 7.10	7.11 9.00	9.01 11.2	11.3 14.0	14.1 18.0	18.1 22.4	22.5 28.0	28.0 35.5	$P_1(\%)$ / $P_0(\%)$
0.090 0.112	*	400 1	↓	←	↓	→	60 0	50 0	←	↓	↓	←	↓	↓	↓	↓	↓	0.090 0.112
0.113 0.140	*	↓	300 1	↓	←	↓	→	↑	40 0	←	↓	↓	←	↓	↓	↓	↓	0.113 0.140
0.141 0.180	*	500 2	↓	250 1	↓	←	↓	→	↑	30 0	←	↓	↓	←	↓	↓	↓	0.141 0.180
0.181 0.224	*	*	400 2	↓	200 1	↓	←	↓	→	↑	25 0	←	↓	↓	←	↓	↓	0.181 0.224
0.225 0.280	*	*	500 3	300 2	↓	150 1	↓	←	↓	→	↑	20 0	←	↓	↓	←	↓	0.225 0.280
0.281 0.355	*	*	*	400 3	250 2	↓	120 1	↓	←	↓	→	↑	15 0	←	↓	↓	←	0.281 0.355
0.356 0.450	*	*	*	500 4	300 3	200 2	↓	100 1	↓	←	↓	→	↑	15 0	←	↓	↓	0.356 0.450
0.451 0.560	*	*	*	*	400 4	250 3	150 2	↓	80 1	↓	←	↓	→	↑	10 0	←	↓	0.451 0.560
0.561 0.710	*	*	*	*	500 6	300 4	200 3	120 2	↓	60 1	↓	←	↓	→	↑	7 0	←	0.561 0.710
0.711 0.900	*	*	*	*	*	400 6	250 4	150 3	100 2	↓	50 1	↓	←	↓	→	↑	5 0	0.711 0.900
0.901 1.12		*	*	*	*	*	300 6	200 4	120 3	80 2	↓	40 1	↓	←	↓	↑	↑	0.901 1.12
1.13 1.40			*	*	*	*	500 10	250 6	150 4	100 3	60 2	↓	30 1	↓	←	↓	↑	1.13 1.40
1.41 1.80				*	*	*	*	400 10	200 6	120 4	80 3	50 2	↓	25 1	↓	←	↓	1.41 1.80
1.81 2.24					*	*	*	*	300 10	150 6	100 4	60 3	40 2	↓	20 1	↓	←	1.81 2.24
2.25 2.80						*	*	*	*	250 10	120 6	70 4	50 3	30 2	↓	15 1	↓	2.25 2.80
2.81 3.55							*	*	*	*	200 10	100 6	60 4	40 3	25 2	↓	10 1	2.81 3.55
3.56 4.50								*	*	*	*	150 10	80 6	50 4	30 3	20 2	↓	3.56 4.50
4.51 5.60									*	*	*	*	120 10	60 6	40 4	25 3	15 2	4.51 5.60
5.61 7.10										*	*	*	*	100 10	50 6	30 4	20 3	5.61 7.10
7.11 9.00											*	*	*	*	70 10	40 6	25 4	7.11 9.00
9.01 11.2												*	*	*	*	60 10	30 6	9.01 11.2
$P_1(\%)$ $P_2(\%)$	0.71 0.90	0.91 1.12	1.13 1.40	1.41 1.80	1.81 2.24	2.25 2.80	2.81 3.55	3.56 4.50	4.51 5.60	5.61 7.10	7.11 9.00	9.01 11.2	11.3 14.0	14.1 18.0	18.1 22.4	22.5 28.0	28.0 35.5	$P_1(\%)$ $P_2(\%)$

비고: 화살표는 그 방향의 n, c를 사용한다.
　　* 표는 표 11.2의 보조표에서 따른다.
　　빈칸에 대해서는 샘플링 검사방법이 없다.

n과 합격판정 개수 c에 의해 결정된다.

이 샘플링 검사방법의 설계는 사전에 결정된 생산자위험과 소비자위험을 동시에 만족시켜야 하므로 설계되는 OC 곡선은 사전에 결정된 생산자 위험점(p_0, $1-\alpha$)과 소비자 위험점(p_1, β)을 통과해야 한다.

만약 이항분포에 의한 근사계산이 가능하다면 주어진 α, β를 동시에 만족시키는 샘플링 검사방식은 다음 관계식을 만족시켜야 한다.

$$\begin{cases} \sum_{x=0}^{c} \binom{n}{x} p_0^x (1-p_0)^{n-x} = 1-\alpha, \\ \sum_{x=0}^{c} \binom{n}{x} p_1^x (1-p_1)^{n-x} = \beta \end{cases}$$

일반적으로 많이 사용되는 α, β값은 $\alpha = 0.05$, $\beta = 0.1$이다. 위의 식을 이용하여 n, c를 구하는 것은 어려우므로 표 11.1과 표 11.2를 이용하여 근사적으로 n, c를 정한다.

예제 11.2 $p_0 = 2\%$, $p_1 = 10\%$, $\alpha = 0.05$, $\beta = 0.1$을 만족시키는 샘플링 검사방식에 대하여 알아보아라.

풀이 표 11.2의 p_0란에서 1.81~2.24(%)의 행과 p_1란에서 9.01~11.2의 열이 만나는 곳에서 ($n = 60$, $c = 3$)을 쉽게 결정할 수 있다. 즉 시료의 크기 $n = 60$의 표본을 취하여 검사를 실시하고, 여기서 만약 불량품의 수가 $c = 3$개 이하이면 해당 로트를 합격시키고 4개 이상이면 불합격처리한다.

표 11.2 ▸▸▸ 계수규준형 1회 샘플링 검사 설계보조표

p_1/p_0	c	n
17이상	0	$2.56/p_0+115/p_1$
16~7.9	1	$17.8/p_0+194/p_1$
7.8~5.6	2	$40.9/p_0+266/p_1$
5.5~4.4	3	$68.3/p_0+334/p_1$
4.3~3.6	4	$98.5/p_0+400/p_1$
3.5~2.8	6	$164/p_0+527/p_1$
2.7~2.3	10	$308/p_0+770/p_1$
2.2~2.0	15	$502/p_0+1065/p_1$
1.99~1.86	20	$704/p_0+1350/p_1$

11.3 관리도법

11.3.1 관리도

제조업의 경우, 아무리 정밀도가 높은 기계를 이용해도 환경 요인, 재료, 노동자의 숙련정도와 같은 변동에 의해 품질이 변하게 된다. 이러한 자연 변동은 통제 불가능한 배경소음으로 간주될 수 있다. 이외에도 품질에 영향을 주는 다른 변동을 생각해 볼 수 있다. 예를 들어 오염된 재료, 잘못된 기계의 정밀도, 잘못된 도구 사용 등 원래의 상태로 돌릴 수 있는 변동이 있다. 이러한 변동의 원인을 품질관리에서는 **이상원인**(assignable cause)이라고 한다. **관리도**(control chart)는 제품 품질에 영향을 주는 이상원인을 파악하는 도구이다. 즉 관리도가 어떤 공정의 **이상상태**(out of control)를 보여 주고 있다면, 그 원인을 조사하고 적절한 조치를 취할 수 있게 된다.

품질관리법에 있어서 관리한도를 정하는 데 가장 많이 사용되는 방법은 3σ법이다. 3σ법이라고 함은, 제품 특성치의 모집단 평균을 μ, 표준편차를 σ라고 할 때 관리한도를

$$\mu \pm 3\sigma$$

와 같이 정하여 주는 방법이다. 여기서 μ, $\mu+3\sigma$, $\mu-3\sigma$를 각각 **중심선**(central line, CL), **관리상한선**(upper control limit, UCL), **관리하한선**(lower control limit, LCL)이라고 한다. 즉

$$\begin{aligned} CL &= \mu, \\ UCL &= \mu+3\sigma, \\ LCL &= \mu-3\sigma \end{aligned}$$

특성치 x가 정규분포할 때에는

$$P\{\mu-3\sigma \le x \le \mu+3\sigma\} = 0.9973$$

이므로 특성치 x가 관리한도 밖의 값을 취할 확률은 (1−0.9973), 즉 0.27%에 지나지 않아, 정상적인 생산공정에서 이러한 특성치는 거의 나타나지 않는다고 생각할 수 있으므로 만약 이러한 특성치가 나타난다면 생산공정에 이상이 생겼다고 보는 것은 당연한 일이다.

검사결과의 타점이 관리한도 밖으로 나갈 때에는 공정에 이상의 유무를 점검하고, 이상이 발견되면 즉시로 이를 시정하여 정상적인 공정에 들어가도록 하여야 한다. 그러나 타점이 관리한도 밖으로 나가지 않는 경우라고 할지라도 공정에 이상이 생겼다고 볼 수 있는 경우가 있다. 이를테면

① 중심선 CL의 한쪽에 타점이 몰리는 경우
② 타점이 상승 또는 하강의 경향을 가질 때
③ 런(run)의 길이가 긴 것이 나타나는 경우

를 말한다. 여기서 런(run)이라는 것은 중심선의 한쪽에 연속해서 나타난 점의 군을 말한다. 런의 길이(length of run)란 한 런에 포함되어 있는 점의 수이다. 일반적으로 런의 길이가 6 이상이면 길다고 말하고 이상원인이 있다고 생각할 수 있다.

11.3.2 계수형 관리도

(1) 불량계수(pn) 관리도

정상적인 생산공정에서 나타나는 제품의 모집단불량률, 즉 공정불량률이 p인 생산공정에서 임의추출한 크기 n인 표본 중의 불량품의 개수를 x라고 하면 x는 이항분포를 하므로, x의 평균 μ_x, 표준편차 σ_x는 각각 다음과 같이 된다.

$$\mu_x = np, \sigma_x = \sqrt{np(1-p)}$$

관리도의 중심선 CL 및 두 한도선 UCL 및 LCL은 다음과 같다.

$$CL = np,$$
$$UCL = np + 3\sqrt{np(1-p)},$$
$$LCL = np - 3\sqrt{np(1-p)}.$$

이와 같이 만든 관리도를 pn 관리도라고 한다. 이때 일정시간마다 주의 추출하여 검사할 표본의 크기는

$$np = 1 \sim 5 \text{ 즉, } n = \frac{1}{p} \sim \frac{5}{p}$$

정도로 하는 것이 좋다.

예제 11.3 공정불량률 $p = 0.04$ 인 생산공정에서 크기 25인 표본을 추출하여 검사하는 경우의 pn 관리도를 만들어라.

풀이 $np = 25 \times 0.04 = 1.00$, $3\sqrt{np(1-p)} = 2.94$ 이고, 따라서 관리중심선과 두 한도선은

$$CL = 1.00,$$
$$UCL = 1.00 + 2.94 = 3.94,$$

$$LCL = 1.00 - 2.94 = -1.94 < 0\,.$$

따라서 관리도는 그림 11.2와 같이 된다. 여기서 $LCL < 0$이므로 기입할 필요 없다.

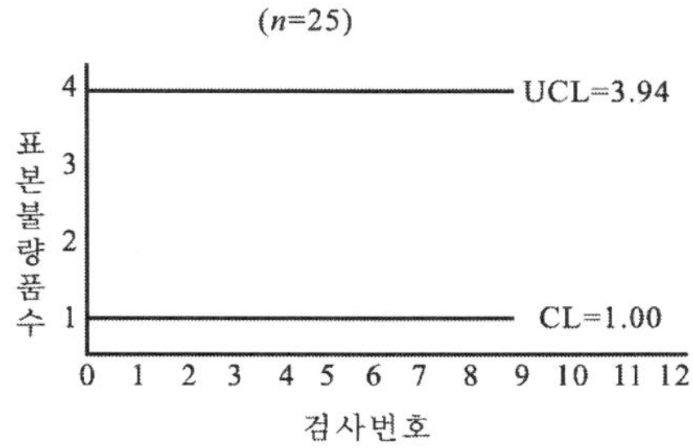

그림 11.2 ▸▸▸ pn 관리도

예제 11.4 어떤 제품에 대하여 1회의 검사개수 $n = 100$ 중에서 나타난 불량품의 개수를 20회에 걸쳐서 조사한 결과는 다음 표와 같다. 이 자료에 의거하여 pn 관리도를 만들어라.

검사번호	1	2	3	4	5	6	7	8	9	10
표본크기 n	100	100	100	100	100	100	100	100	100	100
불량개수 np	4	2	0	5	3	2	4	5	2	6
불량률	0.04	0.02	0.00	0.05	0.03	0.02	0.04	0.05	0.02	0.06
검사번호	11	12	13	14	15	16	17	18	19	20
표본크기 n	100	100	100	100	100	100	100	100	100	100
불량개수 np	1	4	1	0	2	3	1	6	1	3
불량률	0.01	0.04	0.01	0.00	0.02	0.03	0.01	0.06	0.01	0.03

풀이 관리도를 실제의 생산공정의 관리에 사용할 때에는 일반적으로 공정불량률 p는 미지인 경우가 많으므로 예비조사에서 그 추정치 $\bar{p}$를 구해야 한다. 이 예제는 그와 같은 경우이다. 일반적으로 $\bar{p}$를 구함에 있어서는 20~25회(이 예제에서는 20회를 사용하였다)의 검사결과를 이용한다. 즉

$$\bar{p} = \frac{\text{총불량품수}}{\text{총검사갯수}} = \frac{\sum np}{\sum n} \approx 0.0275\ ,\ \ n\bar{p} = 100 \times 0.0275 = 2.75\,,$$

$$3\sqrt{n\bar{p}(1-\bar{p})} = 3\sqrt{100 \times 0.0275 \times 0.9725} = 4.906\,,$$

이고, 따라서 관리중심선과 두 한도선은

$$CL = 2.75\,,$$

$$UCL = 2.75 + 4.906 = 7.656,$$
$$LCL = 2.75 - 4.906 = -2.156 < 0$$

이며, 관리도는 그림 11.3과 같이 된다.

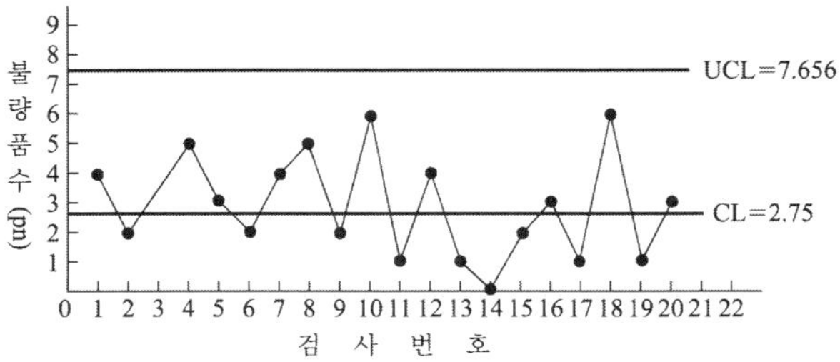

그림 11.3 ▸▸▸ *pn* 관리도

그림 11.3을 보아서 알 수 있는 바와 같이 자료로 사용한 20회의 검사결과에는 위의 한도 밖으로 나간 것이 없다. 만약 한도 밖으로 나간 경우에는 그 원인을 규명하되 그 원인이 밝혀지면 그 점을 제외하고 다시 중심선 및 한도선을 계산하여 고쳐야 하며, 원인이 밝혀지지 않으면 그대로 사용한다.

(2) 불량률(p) 관리도

앞에서 표본불량률 $\frac{x}{n}$의 평균 및 표준편차는 각각 p, $\sqrt{\frac{p(1-p)}{n}}$ 이므로 불량률을 관리하는 관리도를 다음과 같이 만들 수 있다.

$$CL = p,$$
$$UCL = p + 3\sqrt{\frac{p(1-p)}{n}},$$
$$LCL = p - 3\sqrt{\frac{p(1-p)}{n}}$$

이와 같이 만든 관리도를 p 관리도라고 한다. pn 관리도나 p 관리도는 그 본질은 같은 것이지만 전자는 그 중심선 및 한도선이 모두 n을 포함하고 있으나 후자에 있어서는 중심선이 n을 포함하지 않으므로 표본의 크기 n이 일정하지 않은 경우에는 후자가 좋다. 이 경우에 있어서도 1회의 검사에 사용할 표본의 크기는 전자의 경우와 마찬가지로

$$np = 1 \sim 5 \text{ 즉, } n = \frac{1}{p} \sim \frac{5}{p}$$

가 적당하다.

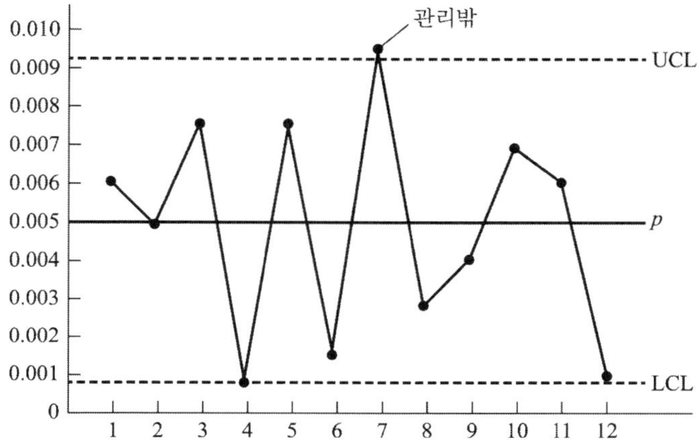

그림 11.4 ▸▸▸ p−관리도

예제 11.5 어떤 생산공정에서 하루에 2500개씩 제품을 추출하여 12주 동안 검사하였더니 다음과 같은 자료가 얻어졌다. 불량률 관리도를 그려라.

표본번호	1	2	3	4	5	6	7	8	9	10	11	12
불량개수	15	12	19	2	19	4	24	7	10	17	15	3

풀이 표본불량률은 12주 동안 2500개씩 실험하였고 불량개수의 합이 147개이므로

$$CL = \frac{147}{12 \cdot 2500} = 0.0049\,,$$

$$UCL = 0.0049 + 3\sqrt{\frac{0.0049 \cdot 0.9951}{2500}} = 0.00909\,,$$

$$LCL = 0.0049 - 3\sqrt{\frac{0.0049 \cdot 0.9951}{2500}} = 0.00071$$

임을 알 수 있다. 따라서 관리도는 그림 11.4처럼 된다.

그림 11.4에서 표본 7이 관리상한선을 넘었음을 알 수 있다. 그러므로 공정이 관리 밖에 있다고 할 수 있으며, 그 주의 성과가 나쁜 이유를 밝혀야 한다.

(3) 결점수(c) 관리도

미리 정한 일정단위 중에 있는 결점수 c는 포아송분포를 하므로 그의 평균을 $\bar{c}$라고 하면 그 표준편차는 $\sqrt{\bar{c}}$ 이다. 그러므로 결점수 c를 관리하기 위한 관리도의 중심선

CL, 관리상한 UCL, 관리하한 LCL은 다음과 같이 구할 수 있다.

$$CL = \bar{c},$$
$$UCL = \bar{c} + 3\sqrt{\bar{c}},$$
$$LCL = \bar{c} - 3\sqrt{\bar{c}}$$

실제에 있어서는 단위당 결점수 c의 평균 $\bar{c}$는 미지이므로 이를 다음과 같이 추정한다.

$$\bar{c} = \frac{1}{k}\sum_{i=1}^{k} c_i$$

여기서, c_i 즉 $c_1, c_2, c_3, \cdots, c_k$는 k개의 단위체에 대하여 검사한 결점수이다. $k \geq 25$ 정도로 취하는 것이 좋다. 또 단위체의 크기는 그 안에 결점의 수효가 1~5개 들어 있을 정도로 정한다.

예제 11.6 10매의 마대를 한 단위체로 하고 그 중의 결점수를 일정한 크기 25단위체에 대하여 조사한 것이다. 관리도의 관리한계를 구하여라.

검사번호	결점수	검사번호	결점수
1	17	14	11
2	14	15	18
3	6	16	13
4	23	17	22
5	5	18	6
6	7	19	22
7	10	20	23
8	19	21	9
9	29	22	15
10	18	23	20
11	25	24	6
12	5	25	24
13	8	계	375

풀이 관리도의 중심선은 $CL = \bar{c} = \frac{375}{25} = 15$,

관리상한은 $UCL = 15 + 3\sqrt{15} = 26.6$,

관리하한은 $LCL = 15 - 3\sqrt{15} = 3.4$

이다.

(4) 단위당 결점수(u) 관리도

시료의 크기 n이 일정하지 않은 공정에서 시료 중의 결점수를 관리하는 경우를 X라고 하면, 단위당 결점수 $u=\frac{X}{n}$이다. 검사 단위당 평균 결점수를 $E(u)=\mu$라고 할 때, 시료의 크기가 n인 X는 평균이 $n\mu$인 포아송분포를 따른다. 따라서 u의 평균 및 분산은 각각 μ, μ/n이므로 관리한계선은 다음과 같다.

$$CL=\mu,$$
$$UCL=\mu+3\sqrt{\frac{\mu}{n}},$$
$$LCL=\mu-3\sqrt{\frac{\mu}{n}}.$$

실제로 μ를 모를 때에는 다음과 같이 추정값 $\overline{\mu}$를 사용한다.

$$\overline{\mu}=\frac{\text{발견된 총결점수}}{\text{총검사단위수}}=\frac{\sum c}{\sum n}$$

예제 11.7 섬유공장에서 결점수를 조사한 자료이다. 이 자료로부터 u 관리도를 작성하여라.

검사번호	시료 크기	결점수	단위당 결점수	UCL	LCL
1	10	24	2.400	3.498	0.737
2	10	11	1.100	3.498	0.737
3	15	33	2.200	3.244	0.990
4	15	41	2.733	3.244	0.990
5	15	35	2.333	3.244	0.990
6	20	40	2.000	3.093	1.141
7	20	42	2.100	3.093	1.141
8	20	35	1.750	3.093	1.141
9	10	25	2.500	3.498	0.737
10	10	21	2.100	3.498	0.737
계	145	307	2.117		

풀이 관리도의 중심선은 $CL=\overline{u}=\frac{\sum c}{\sum n}=\frac{307}{145}=2.117,$

$n=10$일 때

관리상한은 $UCL=\overline{u}+3\sqrt{\frac{\overline{u}}{n}}=2.117+3\sqrt{\frac{2.117}{10}}=3.498,$

관리하한은 $LCL = \bar{u} - 3\sqrt{\dfrac{\bar{u}}{n}} = 2.117 - 3\sqrt{\dfrac{2.117}{10}} = 0.737$

$n = 15$일 때

관리상한은 $UCL = \bar{u} + 3\sqrt{\dfrac{\bar{u}}{n}} = 2.117 + 3\sqrt{\dfrac{2.117}{15}} = 3.244$,

관리하한은 $LCL = \bar{u} - 3\sqrt{\dfrac{\bar{u}}{n}} = 2.117 - 3\sqrt{\dfrac{2.117}{10}} = 0.990$

$n = 20$일 때

관리상한은 $UCL = \bar{u} + 3\sqrt{\dfrac{\bar{u}}{n}} = 2.117 + 3\sqrt{\dfrac{2.117}{20}} = 3.093$,

관리하한은 $LCL = \bar{u} - 3\sqrt{\dfrac{\bar{u}}{n}} = 2.117 - 3\sqrt{\dfrac{2.117}{10}} = 1.141$

이다. 따라서 u 관리도 그래프를 그리면 다음 그림과 같다.

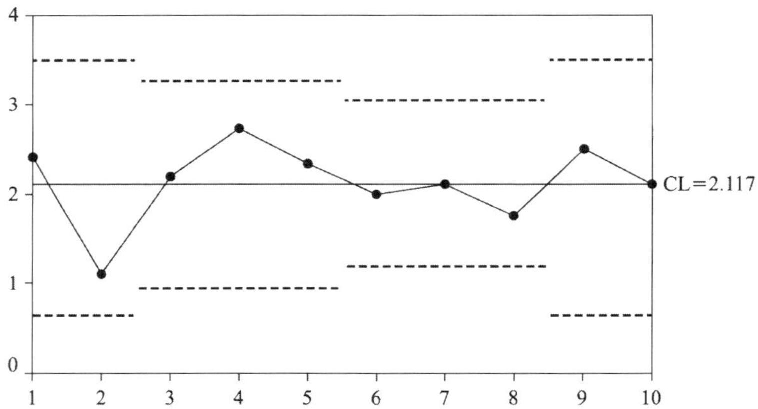

그림 11.5 ▸▸▸ u 관리도

11.3.3 계량형 관리도

제품의 특성치의 평균, 범위 등 연속적 변량에 관련하는 품질을 관리하는 방법을 생각해 보도록 한다. 계량형 품질특성인 경우 공정평균과 산포를 모두 관리상태로 관리해야 한다. 공정평균을 관리하는 데 $\overline{X}$ 관리도가 이용되며 공정산포를 관리하는 데 R 관리도가 이용된다.

(1) 범위(R) 관리도

평균 μ, 분산 σ^2인 정규모집단으로부터 크기 nk인 임의표본을 추출하여 그 단위자료를 랜덤하게 배열한 후 차례로 n 개씩 끊어 k 조로 나눌 때 각 조의 범위를 R_1, R_2, $\cdots$, R_k 이라고 하고 그 평균을 $\overline{R}$ 즉

$$\overline{R} = \frac{1}{k}\sum_{i=1}^{k} R_i$$

라고 하면, $\overline{R}$의 기댓값 $E(\overline{R})$, $\overline{R}$의 표준편차 $\sigma_{\overline{R}}$는 각각 다음과 같이 된다.

$$E(\overline{R}) = d_2\sigma, \quad \sigma_{\overline{R}} = d_3\sigma / \sqrt{k}$$

여기서 d_2, d_3는 표본의 크기에 따라 정해지는 상수로서 표 11.3에 준 바와 같다.

표 11.3 ▸▸▸ d_2, d_3의 값

n	d_2	$1/d_2$	d_3
2	1.1284	0.8862	0.8525
3	1.6926	0.5906	0.8884
4	2.0588	0.4857	0.8798
5	2.3259	0.4299	0.8641
6	2.5344	0.3946	0.8480
7	2.7044	0.3698	0.8332
8	2.8472	0.3512	0.8198
9	2.9700	0.3367	0.8078
10	3.0775	0.3249	0.7971

위 식에 의하여

$$E(\overline{R}/d_2) = \sigma$$

와 같이 되며, 따라서 $\overline{R}/d_2$는 모표준편차의 불편추정량이다.

예제 11.8 다음은 정규모집단으로부터 추출한 임의표본이라고 한다. 범위를 사용하여 모표준편차를 추정하여라.

20.0	17.8	18.5	17.8	14.0	14.5	13.5	15.3	21.0	16.2
19.0	18.0	16.5	13.0	16.8	14.8	20.0	17.9	15.5	15.5

풀이 위의 자료를 고루 섞은 다음 랜덤하게 다시 배열한 것을 4개씩 끊어 다음과 같이 5조로 분할한다.

표본의 조의 번호	자료치				범위
1	17.8	13.0	14.5	14.8	4.8
2	15.5	17.8	18.5	16.5	3.0
3	20.0	16.2	20.0	14.0	6.0
4	18.0	15.3	13.5	17.9	4.5
5	21.0	16.8	19.0	15.5	5.5
계					23.8

범위의 평균 $\overline{R}$는

$$\overline{R} = \frac{23.8}{5} = 4.76$$

이고, 또 $n=4$ 이므로 표 11.3에서 $1/d_2 = 0.4857$ 이다. 그러므로 구하는 표준편차의 불편추정량 $\hat{\sigma}$ 는

$$\hat{\sigma} = \overline{R}/d_2 = 4.76 \times 0.4857 = 2.27$$

이다.

(2) $\overline{X}$ 관리도

정상적인 상태에서 생산되는 제품의 어떤 품질특성치의 평균 및 표준편차가 각각 μ 및 σ 인 생산공정에서 추출한 크기 n 인 임의표본의 평균을 $\overline{X}$ 라고 하면, $\overline{X}$ 의 기대치 및 표준편차는 각각 μ 및 $\sigma/\sqrt{n}$ 과 같이 되므로 관리도의 중심선 CL, 관리상한 UCL, 관리하한 LCL 은 각각 다음과 같이 된다.

$$CL = \mu,$$
$$UCL = \mu + 3\sigma/\sqrt{n},$$
$$LCL = \mu - 3\sigma/\sqrt{n}$$

이와 같이 만든 관리도를 $\overline{X}$ 관리도라고 한다. 여기서 μ 및 σ 는 일반적으로 미지인 경우가 많으므로 미리 이를 추정해 두어야 한다. 그러기 위해서는 정상적으로 안정된 생산공정으로부터 크기 n(일반적으로 4~6 정도로 취함)인 표본을 k(보통 20~25정도)조 추출하여 각 조의 평균 및 범위, $\overline{X}_i$ 및 $R_i(i=1,\ 2,\ \cdots,\ k)$를 구하여 다음과 같이 추정한다.

$$\hat{\mu} = \frac{1}{k}\sum_{i=1}^{k}\overline{x}_i,$$

$$\hat{\sigma} = \overline{R}/d_2 \quad \text{단, } R = \frac{1}{k}\sum_{i=1}^{k} R_i$$

여기서 d_2는 표 11.3에서 구해지는 상수이다. $\overline{X}$ 관리도에 있어서는 생산공정으로부터 추출할 표본의 크기 n이 4~6 정도가 가장 좋다고 알려지고 있다.

예제 11.9 어떤 공정에서 30분 간격으로 4개씩, 20조의 시료를 측정한 결과 $\sum\overline{X} = 1600$, $\sum R = 22$값을 얻었다. $\overline{X}$ 관리도의 관리한계를 작성하여라.

풀이 $\hat{\mu} = \frac{1}{k}\sum_{i=1}^{k}\overline{x}_i$, $\hat{\sigma} = \overline{R}/d_2$이므로,

$$\hat{\mu} = \frac{\sum\overline{x}}{k} = \frac{1600}{20} = 80, \overline{R} = \sum\frac{R}{k} = \frac{22}{20} = 1.1,$$

$$\hat{\sigma} = \overline{R}/d_2 = \frac{1.1}{2.059} = 0.53$$

이 되고, 따라서 관리도의 중심선과 두 관리한계선은

$$CL = \hat{\mu} = 80,$$
$$UCL = \hat{\mu} + 3\hat{\sigma}/\sqrt{n} = 80 + 3 \cdot 0.265 = 80.80,$$
$$LCL = \hat{\mu} - 3\hat{\sigma}/\sqrt{n} = 80 - 3 \cdot 0.265 = 79.20$$

이 된다.

(3) $\overline{X} - R$ 관리도

생산공정에 있어서 제품의 특성치의 표준편차 σ는 그 공정을 규정하는 중요한 정수이며 공정에 큰 이상이 생기지 않는 한 σ는 변하지 않는다. 따라서 앞에서 말한 $\overline{X}$ 관리도에 있어서는 σ가 변하지 않는다는 전제하에 평균만을 관리할 수 있다. 그러므로 어떤 원인에 대하여 σ가 변했을 때에는 먼저 만든 $\overline{X}$ 관리도는 소용없게 된다. 그러므로 $\overline{X}$ 이외에 σ에 대한 관리도 동시에 행함으로써 비로소 $\overline{X}$ 관리도는 정의가 있다. 그런데 표준편차의 계산을 표본추출할 때마다 계산하는 것은 불편하므로 앞에서 말한 범위와 표준편차와의 상이의 관계에 의하여 정규모집단으로부터 추출한 표본에 대해서는 그 범위를 표준편차의 대용으로 쓸 수 있다. 제품의 특성치는 거의 정규분포하므로 다음과 같은 범위관리도를 표준편차관리도 대신 사용하여 간접적으로 표준편차를 관리한다.

범위관리도, 즉 R 관리도의 중심선 CL, 관리상한 UCL, 관리하한 LCL은

$$CL = E(R) = d_2\sigma,$$
$$UCL = E(R) + 3\sigma_R = d_2\sigma + 3d_3\sigma = (d_2 + 3d_3)\sigma,$$
$$LCL = E(R) - 3\sigma_R = (d_2 - 3d_3)\sigma$$

와 같이 된다. σ는 일반적으로 미지이므로

$$\hat{\sigma} = \overline{R}/d_2,\ \text{단}\ \overline{R} = \frac{1}{k}\sum_{i=1}^{k} R_i$$

를 대용하여, 위의 관리기준선은 다음과 같이 쓸 수 있다.

$$CL = \overline{R},$$
$$UCL = (1 + 3d_3/d_2)\overline{R} = U_n\overline{R},$$
$$LCL = (1 - 3d_3/d_2)\overline{R} = L_n\overline{R}$$

U_n 및 L_n의 값은 다음 표를 사용하여 구할 수 있다.

표 11.4 ▸▸▸ U_n 및 L_n의 값

표본: n	2	3	4	5	6	7	8	9	10
U_n	3.266	2.575	2.282	2.115	2.004	1.924	1.684	1.816	1.777
L_n	0	0	0	0	0	0.076	0.136	0.184	0.233

$\overline{X}$와 범위 R을 동시에 관리하는 관리도를 **$\overline{X} - R$ 관리도**라고 한다. $\overline{X} - R$ 관리도를 사용할 때에도 생산공정에서 추출 검사할 표본의 크기 n은 4~6 정도가 가장 좋다.

예제 11.10 다음 표는 어떤 제품의 생산공정에서 추출한 크기 5인 임의표본을 10조 추출한 것이다. 이를 이용하여 $\overline{X} - R$ 관리도의 관리한계를 작성하여라.

표본의 번호	측정치 x					범위 R	표본평균치 $\overline{x}$
1	9.16	10.68	10.11	11.05	10.09	1.89	10.22
2	10.83	11.35	11.01	9.46	10.28	1.89	10.96
3	11.37	9.23	9.11	10.61	7.46	3.91	10.34
4	11.55	9.08	9.80	11.11	8.48	3.07	9.86
5	9.82	8.61	10.99	9.99	9.78	2.38	9.84
6	10.36	11.27	10.45	10.59	11.52	1.16	10.84
7	10.35	8.09	10.50	9.08	9.70	2.41	9.54
8	10.36	11.28	9.31	8.36	10.42	2.92	9.95
9	12.82	10.05	9.05	11.17	11.22	3.77	10.87
10	10.14	7.87	9.24	10.24	8.93	2.37	9.30
계						25.77	101.72

풀이 $\mu \fallingdotseq \dfrac{101.72}{10} = 10.17$, $\overline{R} = \dfrac{25.77}{10} = 2.577$, $n=5$이므로 표 11.3에서

$$1/d_2 = 0.4299$$

이다. 그러므로 $\sigma \fallingdotseq 2.577 \times 0.4299 = 1.107$이 되고, 따라서 $\overline{X}$ 관리도의 기준선은

$$CL = 10.17,$$
$$UCL = 10.17 + \frac{3 \times 1.107}{\sqrt{5}} = 11.63,$$
$$LCL = 10.17 - \frac{3 \times 1.107}{\sqrt{5}} = 8.72$$

이 된다. 또 R 관리도의 기준선은 $CL \fallingdotseq 2.577 = 2.58$이고, 표 11.4에서 $U_5 = 2.115$, $L_5 = 0$이므로

$$UCL \fallingdotseq 2.115 \times 2.577 = 5.45,$$
$$LCL \fallingdotseq 0$$

이다.

주의 본 예에서는 μ, σ를 추정하는 데 크기 5인 표본을 10조 취하였으나 실제에 있어서는 20~25조 정도 취하여야 한다.

11.4 SPSS 실습

11장에서 설명한 통계적 품질관리의 관리도 작성에 관한 예제를 SPSS 22.0을 이용하여 작성해 보자.

11.4.1 계수형 관리도(np 관리도, p 관리도, c 관리도, u 관리도)

1) np 관리도

[예제 11.4]를 이용하여 np 관리도를 작성하여라.

① 데이터 입력: [예제 11.4]을 다음과 같이 SPSS 데이터 편집기 창에 입력한다.

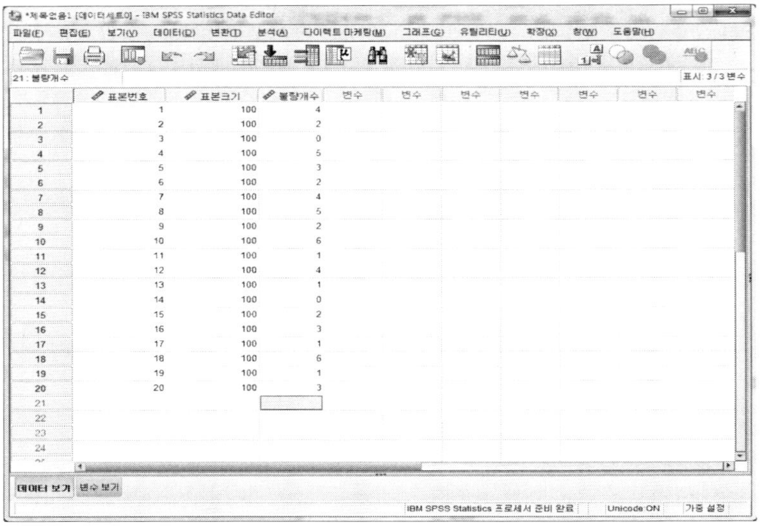

② np 관리도를 작성하기 위해서는 **분석 → 품질관리 → 관리도**와 같이 순서대로 실행명령을 지정한다.

③ 관리도 대화상자에서 [p, np]를 선택하고 데이터 구성에 [케이스들이 부집단으로 측정(S)]을 선택하고 정의를 누른다.

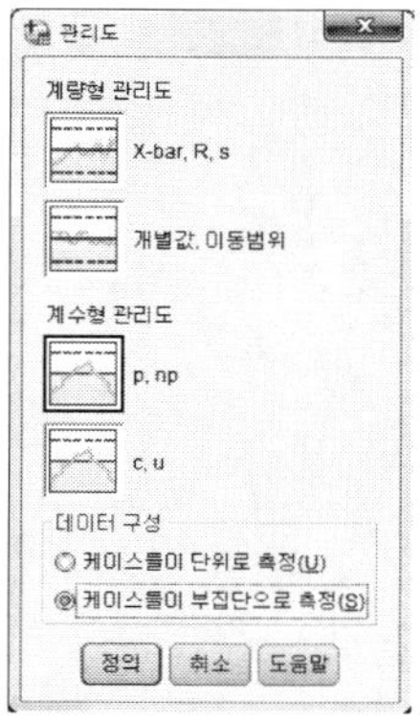

④ p, np 관리도 대화상자에서 [부적합수(N)]란으로 불량개수 변수를 이동시키고 [부집단 레이블 변수(L)]란으로 표본번호 변수를 이동시키고 대화상자의 중단에 위치한 [표본크기]에서 [변수(V)]란으로 표본크기 변수를 이동시키고 하단에 위치한 [도표]에서 [np(부적합수)(U)]를 선택한다.

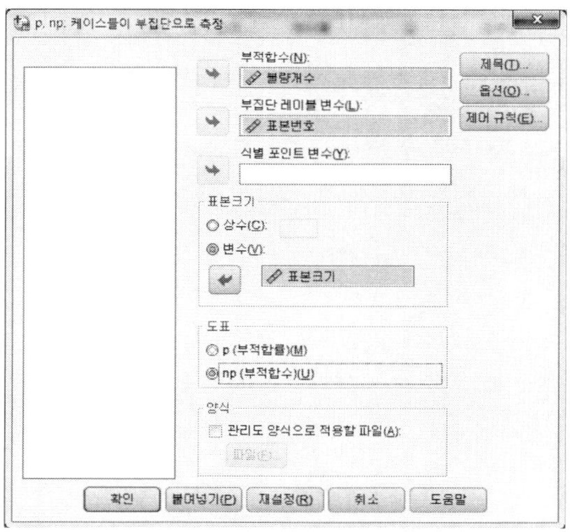

⑤ 필요한 부분을 모두 지정한 후 확인을 누르면 출력 결과창에 관리도가 나타난다.

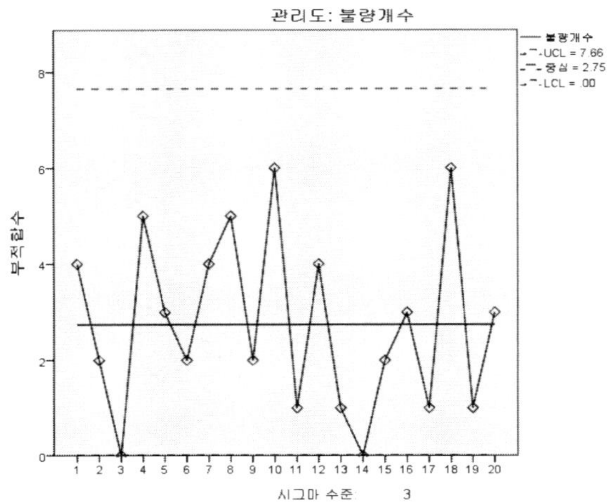

[np 관리도]

2) p 관리도

[예제 11.5]를 이용하여 p 관리도를 작성하여라.

① 데이터 입력: [예제 11.5]를 다음과 같이 SPSS 데이터 편집기 창에 입력한다.

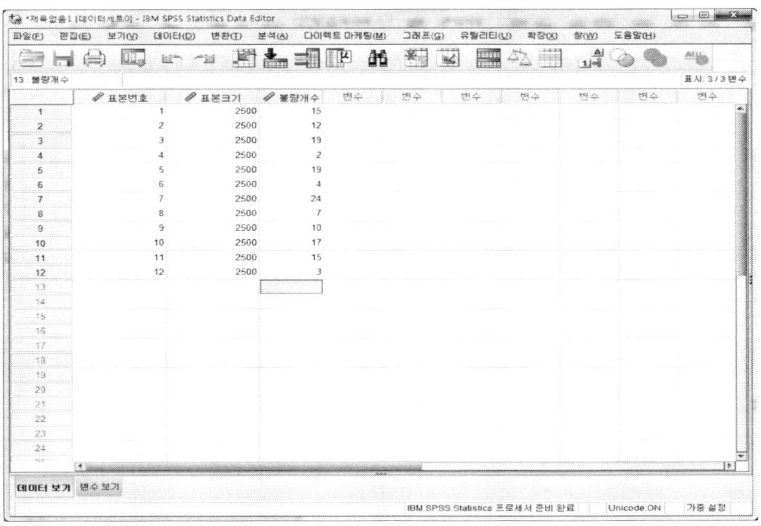

② p 관리도를 작성하기 위해서는 **분석 → 품질관리 → 관리도**와 같이 순서대로 실행 명령을 지정한다.

③ 관리도 대화상자에서 [p, np]를 선택하고 데이터 구성에 [케이스들이 부집단으로 측정(S)]을 선택하고 정의를 누른다.

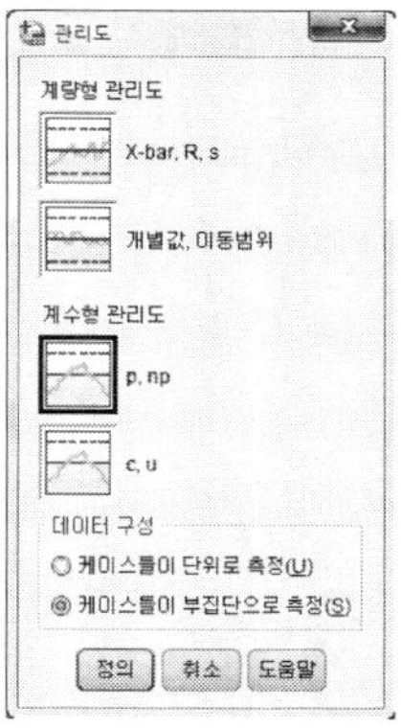

④ p, np 관리도 대화상자에서 [부적합수(N)]란으로 불량개수 변수를 이동시키고 [부집단 레이블 변수(L)]란으로 표본번호 변수를 이동시키고 대화상자의 중간에 위치한 [표본크기]에서 [변수(V)]란으로 표본크기 변수를 이동시키고 하단에 위치한 [도표]에서 [p(부적합률)(M)]를 선택한다.

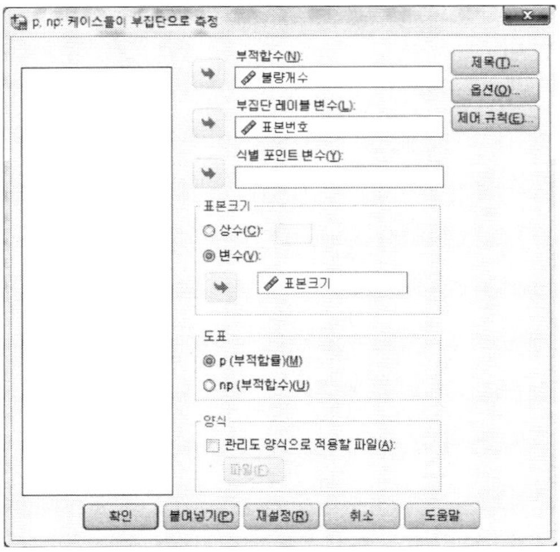

⑤ 필요한 부분을 모두 지정한 후 확인을 누르면 출력 결과창에 관리도가 나타난다.

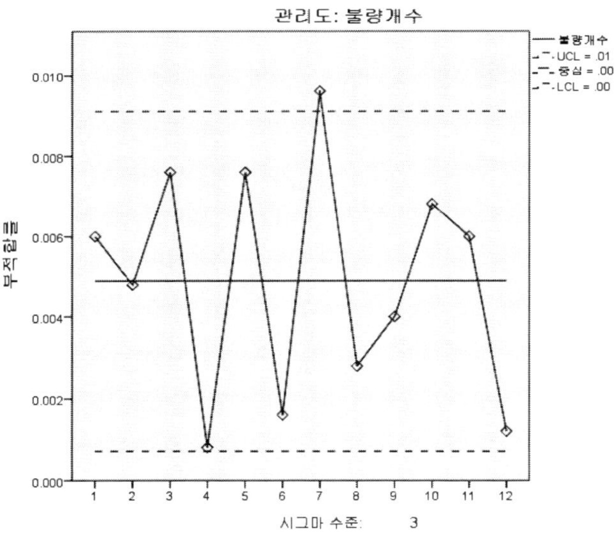

[p 관리도]

3) 결점수(c) 관리도

[예제 11.6]을 이용하여 결점수(c) 관리도를 작성하여라.

① 데이터 입력: [예제 11.6]을 다음과 같이 SPSS 데이터 편집기 창에 입력한다.

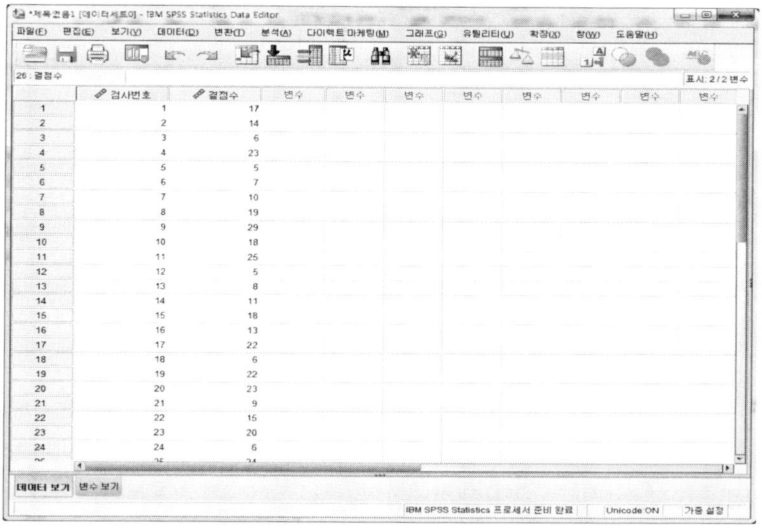

② 결점수(c) 관리도를 작성하기 위해서는 **분석 → 품질관리 → 관리도**와 같이 순서대로 실행명령을 지정한다.

③ 관리도 대화상자의 계수형 관리도에서 [c, u]를 선택하고 정의를 누른다.

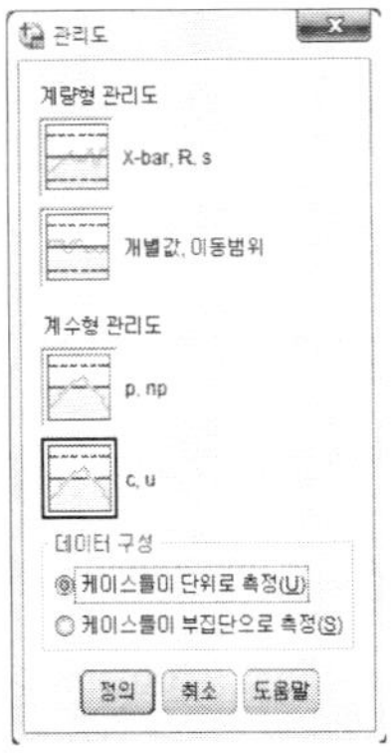

④ c, u 관리도 대화상자에서 [공정특성 변수(C)]란으로 결점수 변수를 이동시키고 [부집단 정의 변수(D)]란으로 검사번호 변수를 이동시키고 대화상자의 중간에 위치한 [도표]에서 [c(부적합수)(B)]를 선택한다.

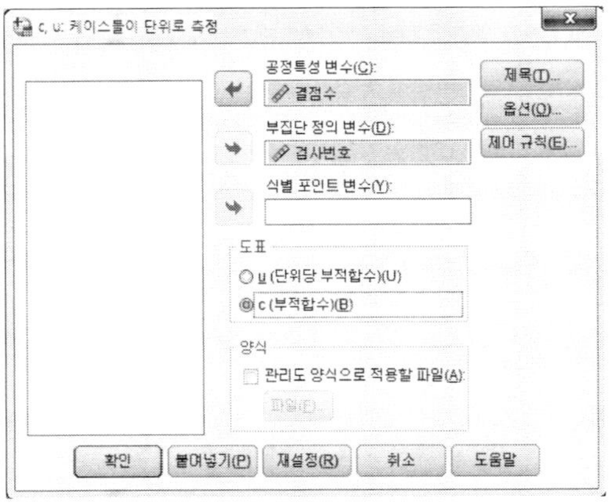

⑤ 필요한 부분을 모두 지정한 후 확인을 누르면 출력 결과창에 관리도가 나타난다.

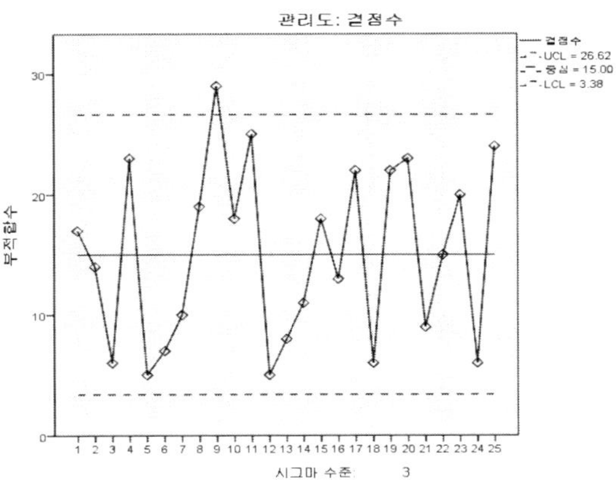

[c 관리도]

4) 단위당 결점수(u) 관리도

[예제 11.7]을 이용하여 단위당 결점수(u) 관리도를 작성하여라.

① 데이터 입력: [예제 11.7]을 아래와 같이 SPSS 데이터 편집기 창에 입력한다.

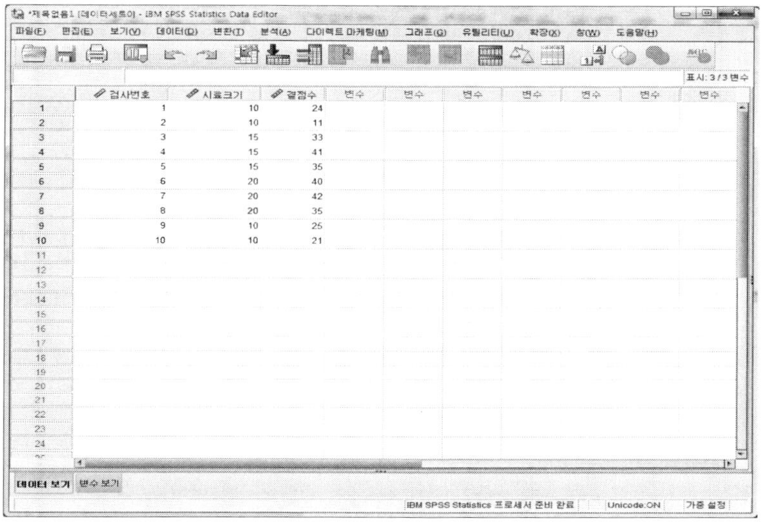

② 단위당 결점수(u) 관리도를 작성하기 위해서는 **분석 → 품질관리 → 관리도**와 같이 순서대로 실행명령을 지정한다.

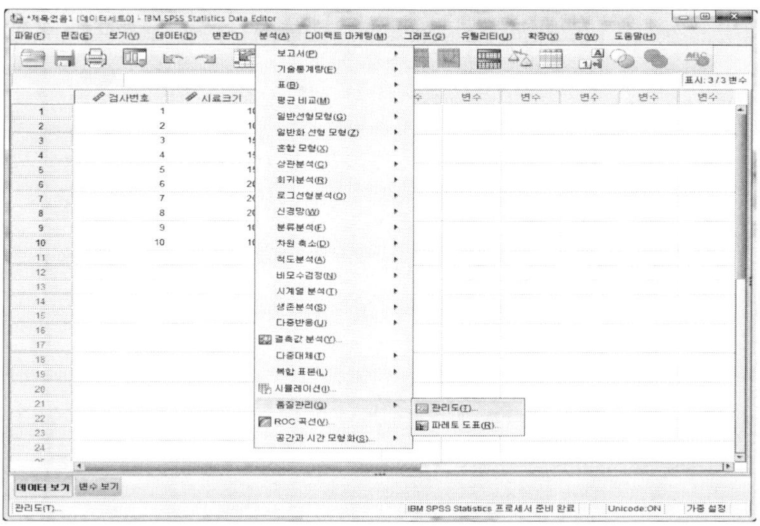

③ 관리도 대화상자에서 [c, u]를 선택하고 하단의 데이터 구성에서 [케이스들이 부집단으로 측정(S)]을 선택하고 정의를 누른다.

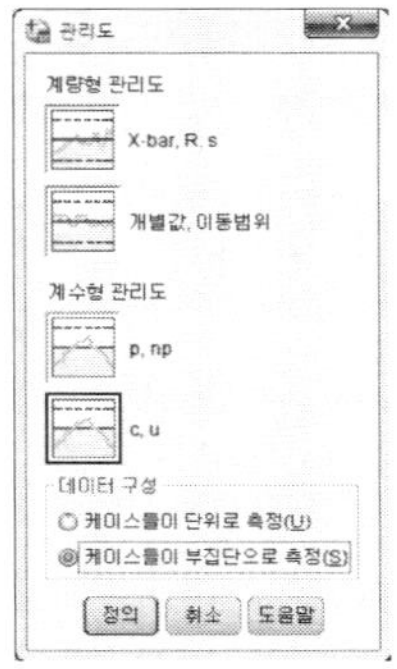

④ c, u 관리도 대화상자에서 [부적합수(N)]란으로 결점수 변수를 이동시키고 [부집단 레이블 변수(L)]란으로 검사번호 변수를 이동시키고 대화상자의 중간에 위치한 [표본크기]에서 [변수(V)]란으로 시료크기 변수를 이동시키고 하단에 위치한 도표에서 [u(단위당 부적합수)(U)]를 선택한다.

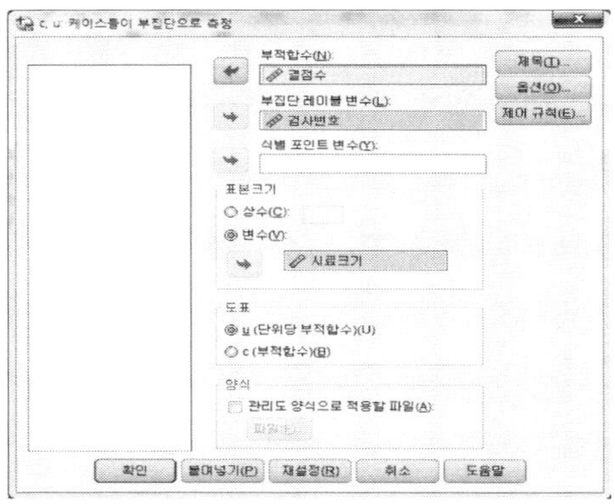

⑤ 필요한 부분을 모두 지정한 후 확인을 누르면 출력 결과창에 관리도가 나타난다.

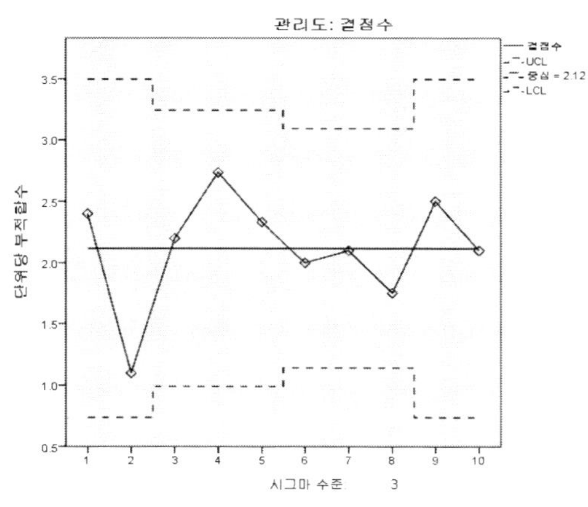

[u 관리도]

11.4.2 계량형 관리도(범위(R) 관리도, $\overline{X}$ 관리도)

[예제 11.10]을 이용하여 범위(R) 관리도와 $\overline{X}$ 관리도를 작성하여라.

① 데이터 입력: [예제 11.10]을 아래와 같이 SPSS 데이터 편집기 창에 입력한다.

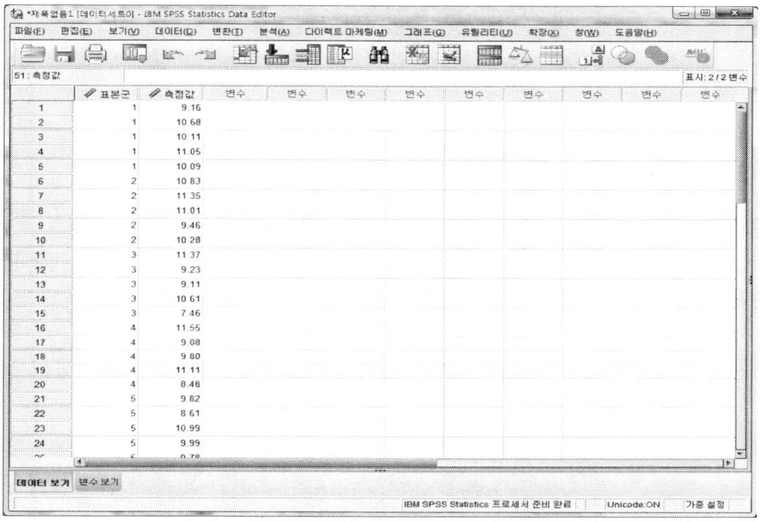

② 범위(R) 관리도와 $\overline{X}$ 관리도를 작성하기 위해서는 분석 → 품질관리 → 관리도와 같이 순서대로 실행명령을 지정한다.

③ 관리도 대화상자에서 [X-bar, R, s]를 선택하고 정의를 누른다.

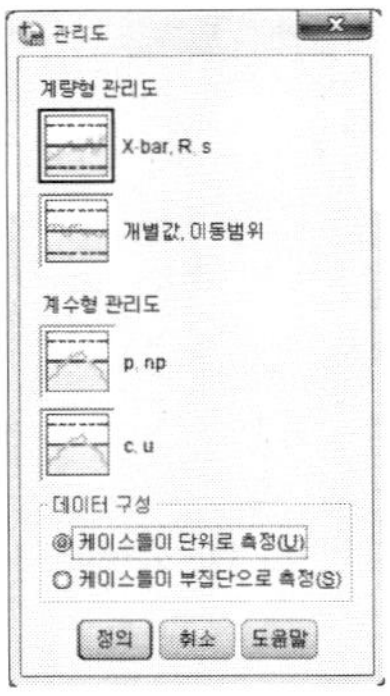

④ X-bar, R, s 관리도 대화상자에서 [표본(M)]란으로 측정값 변수를 이동시키고 [부집단 레이블 변수(L)]란으로 표본군 변수를 이동시키고 대화상자의 중간에 위치한 [도표]에서 [범위를 사용하는 X-Bar]를 선택한다.

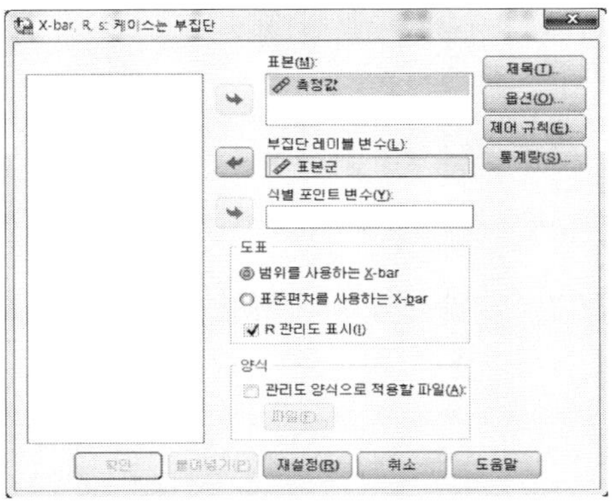

⑤ 필요한 부분을 모두 지정한 후 확인을 누르면 출력 결과창에 관리도가 나타난다.

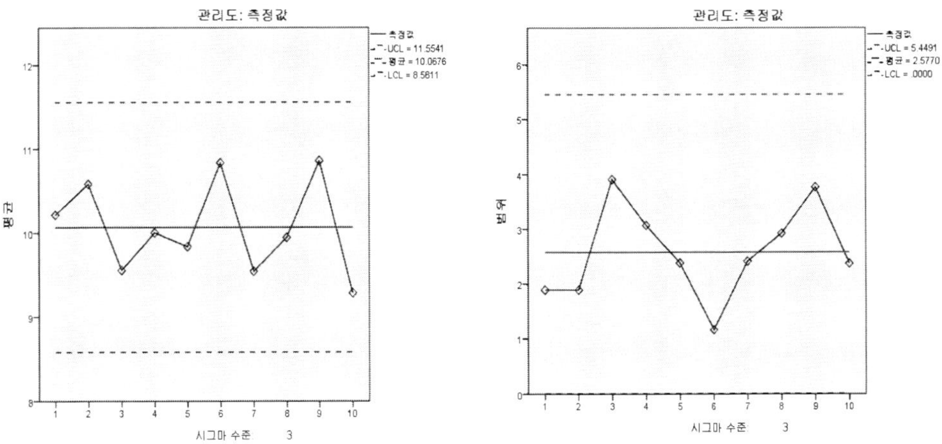

[$\overline{X}$ 관리도와 R 관리도]

연습문제

01 $N = 200$, $n = 5$, $c = 1$인 샘플링 검사방식에서 로트의 불량률 $p = 6(\%)$인 경우 이 로트가 합격할 확률 $L(p)$를 이항분포식을 이용하여 구하여라.

02 어느 공정에서 생산되는 불량률은 대략 5%임을 알고 있다. 이 공정에서 생산되는 제품 로트에 대해 $n = 50$, $c = 1$인 샘플링 검사방식을 적용했을 때 로트가 합격할 확률 $L(p)$를 구하여라.

03 $N = 50$, $n = 10$, $c = 1$인 샘플링 검사방식에서 로트의 불량률 $p = 10(\%)$일 때 로트의 합격률을 구하여라.

04 $N = 400$, $n = 10$, $c = 0$인 샘플링 검사에 대하여 초기하분포를 이용하여 $p = 0.5\%$, 1%, 5%, 10%, 20%에서 $L(p)$를 구하고 이를 곡선으로 연결하여 검사특성곡선을 그려보아라.

05 $N = 2500$, $n = 10$, $p = 1\%$이고 로트가 합격할 확률이 $L(p) = 0.905$일 때 합격판정 개수 c를 구하여라.

06 $p_0 = 0.10(\%)$, $p_1 = 1.5(\%)$인 계수규준형 1회 샘플링 검사방식에서 (n, c)를 조사하여라.

07 계수규준형 1회 샘플링 검사에서 $p_0 = 0.4(\%)$, $p_1 = 1.2(\%)$일 경우 시료의 크기를 결정하여라.

08 $n = 300$개의 제품을 매일 검사하여 불량품의 수를 조사하였더니 다음과 같은 결과가 나타났다. 다음 물음에 답하여라.

일	1	2	3	4	5	6	7	8	9	10	11	12	13	14	15	16	17	18	19	20
불량품수	6	5	6	4	15	7	8	2	0	4	5	8	9	7	5	2	3	7	8	10

1) p 관리도를 작성하여라.

2) 공정이 관리상태에 있는지를 조사하여라.

09 어떤 부품 공장에서 부품을 100개씩 도금하고 있다. 이 공장을 관리하기 위해서 100개마다 불량품 25군을 조사하여 $\sum pn = 68$의 값을 얻었다. pn 관리도를 작성하여라.

10 다음 자료를 사용하여 $\bar{x} - R$ 관리도의 관리한계를 구하여라.

No.	측정치				No.	측정치			
	x_1	x_2	x_3	x_4		x_1	x_2	x_3	x_4
1	60	49	38	47	14	59	55	24	11
2	62	47	59	50	15	50	76	63	38
3	54	37	42	57	16	33	51	38	57
4	49	50	49	30	17	42	43	40	42
5	58	39	53	51	18	51	42	50	50
6	43	36	58	64	19	71	63	69	57
7	52	53	53	39	20	49	53	56	64
8	59	58	55	54	21	47	69	46	61
9	57	53	64	53	22	65	55	41	43
10	53	30	49	53	23	50	44	50	56
11	24	63	50	55	24	28	51	42	41
12	51	46	43	70	25	56	50	53	48
13	44	32	45	38					

11 어느 공장에서 하루에 5개씩 시료를 채취하여 A 부품의 두께를 $\bar{x} - R$ 관리도로 관리하고자 한다. 25군의 시료를 채취하여 데이터를 정리한 결과 $\sum \bar{x} = 50.36$, $\sum R = 12.0$이었다. $\bar{x}$ 관리도의 관리한계를 구하여라.

12 다음의 결점수 관리도용 데이터시트(data sheet)를 이용하여 결점수 관리도의 관리한계를 구하여라.

로트번호	1	2	3	4	5	6	7	8	9	10	합계
결 점 수	18	13	13	15	21	17	18	16	15	19	165

12장

비모수 통계학

지금까지 이 책에서 논의된 가설-검정 절차의 대부분은 확률표본이 정규모집단으로부터 추출됐다는 가정을 기초로 하고 있다. 다행스럽게도, 이들 검정의 대부분은 특히 표본의 크기가 클 때, 정규성과는 약간 동떨어진 경우에 대해서도 여전히 믿을 만한 것이다. 통상적으로, 이들 검정절차를 **모수적 방법**(parametric methods)이라고 불러 왔다.

이 장에서는 "모집단이 연속이다"라는 가정을 제외하고는 근원적인 모집단의 분포가 어떤 분포를 하는지에 대한 가정을 하지 않는 **비모수** 또는 **분포무관 방법**(nonparametric or distribustion-free methods)이라고 하는 검정절차들을 생각해 보도록 한다.

12.1 비모수 검정

비모수 검정은 최근에 여러 가지 이유로 호소력을 얻고 있다. 첫째로는 관련된 계산이 매우 빠르고 처리하기에 쉽기 때문이고, 둘째로는 필요한 자료가 양적 측정자료가 아니고 "결함이 있느냐" 또는 "결함이 없느냐", "예" 또는 "아니오" 등과 같은 질적 반응자료의 형태가 필요하게 되고, 또는 빈도수 대신에 순위를 부여한 순위척도의 값이 사용되기 때문이다. 순위척도에 대해서는 특별한 순서에 따라서 개체들에 순위가 부여되고, 비모수 검정은 이들의 다양한 순위를 분석한다. 예를 들면, 두 명의 심사위원이 5개의 회사의 맥주 제품에 대하여 최고품이라고 믿어지는 상표에 1의 등급을 부여하고, 두 번째 좋은 품질의 상표에 2의 등급을 부여하는 방법으로 제품들에 순위를 부여한다. 비모수 검정은 두 심사위원 사이에 어떤 의견의 일치가 있는지를 결정하는데 사용될 수 있다. 세 번째는 아마도 비모수 검정을 이용하는 가장 중요한 장점으로 모수적 방법보다 가정의 제약을 덜 받는다는 것이다.

또한 비모수 검정과 관련된 단점도 있다는 것을 지적할 수 있다. 비모수 검정은 표본에 의해 제공된 모든 정보를 이용하지는 않는다. 이러한 정보 손실의 결과로서 두 방법이 모두 다 이용 가능할 때, 비모수 검정이 대응하는 모수적 검정보다 효율성이 약간 떨어진다. 결과적으로 비모수 검정이 똑같은 제2종 오류를 범할 확률을 얻기 위해서는 대응하는 모수적 검정보다는 표본의 크기가 더 커야 할 것이다.

요약하자면, 모수적 검정과 비모수적 검정 두 가지 모두가 같은 자료에 대하여 이용할 수 있다면, "빠르고 그리고 쉬운" 비모수 검정은 지양하고 더 효율적인 모수적 방법을 실행해야 한다. 그러나 정규성의 가정이 타당하지 않거나 또는 항상 양적 측정자료만을 가질 수는 없다는 사실을 인식할 때, 통계학자들에 의하여 제시된 많은 유용한 비모수적 방법을 사용할 수 있다는 것은 다행스러운 일이다.

12.2 부호검정

모집단이 근사적으로 정규분포를 따르거나 또는 표본이 크다는 가정이 있을 때만 귀무가설 $\mu=\mu_0$가 타당하다는 검정에 대해서는 6.2절에서 다루었다. 그러나 $n<30$이고 모집단이 결정적으로 정규분포를 따르지 않는다면, 비모수 검정에 의존해야만 한다. 아마도 실행하기에 가장 쉽고 가장 빠른 검정은 **부호검정**(sign test)이라고 하는 검정법이다. 크기 n의 확률표본에 기초한 적절한 대립가설에 대하여 귀무가설 $H_0: \mu=\mu_0$를 검정할 때에, μ_0보다 큰 각각의 표본값에는 + 부호를, μ_0보다 작은 각각의 표본값에는 − 부호를 부여한다. 만일 귀무가설이 참이고 모집단이 대칭이면 + 부호의 합은 대략 − 부호의 합과 같게 된다. 하나의 부호가 더 빈번하게 나타날 때, 모평균 μ가 μ_0와 같다는 가설을 기각하게 된다.

부호검정은 μ_0가 관측값들 가운데 어느 것과도 같을 수 없는 상황에서만 이용할 수 있다. 모집단이 연속일 때, 비록 μ_0와 같은 표본값이 나타났을 때, 그 값들은 분석에서는 제외되어야만 하고 표본의 크기는 μ_0와 같은 개수만큼 대응해서 축소된다.

부호검정에 대한 적절한 검정통계량은 확률표본에서 + 부호의 수를 나타내는 확률변수 X로 나타난다. 귀무가설 $\mu=\mu_0$가 사실이라면 표본값이 + 부호이든, − 부호이든 확률값은 1/2이다. 결과적으로, 계산 가능한 단측 대립가설과 양측 대립가설에 대해 유의수준과 비교해서 검정통계량 X는 H_0가 사실일 때 모수 $p=1/2$인 이항확률분포를 갖는다. 예를 들면 검정

$$H_0: \ \mu=\mu_0,$$
$$H_1: \ \mu<\mu_0$$

에서 + 부호의 비가 1/2보다 충분히 작으면, 즉 확률변수의 x값이 작을 때, H_1의 편을 들어 H_0를 기각하게 된다. 그러므로 α를 초과하지 않는 크기의 최대기각역은 아래 부등식의 형태로 얻어지고

$$x \le k_\alpha'$$

여기에서 k_α'는 6.4절에서 정의된 것처럼,

$$P(X \le k_\alpha';\ \mu=\mu_0\text{일 때}) = \sum_{x=0}^{k_\alpha'} b(x;\ n,\ \frac{1}{2}) \le \alpha$$

를 만족하는 최대정수이다.

X가 이산형 확률변수이므로 기각역의 크기는 α보다 작지만, α를 넘지 않고 가능

한 한 α에 접근하게 될 것이다. 이것은 단지 표본의 크기가 작은 경우에 대한 문제이다.

예를 들어 $n=15$이고 $\alpha=0.05$일 때, 부록의 표 1에서

$$P(X \leq 3;\ u = u_0\text{일 때}) = \sum_{x=0}^{3} b(x;\ 15,\ \frac{1}{2}) = 0.0176$$

을 얻을 수 있고,

$$P(X \leq 4;\ u = u_0\text{일 때}) = \sum_{x=0}^{4} b(x;\ 15,\ \frac{1}{2}) = 0.0592$$

이다. 따라서 $\alpha=0.05$를 넘지 않는 크기의 기각역은 $X \leq 3$으로 주어진다. 다음의 가설

$$H_0:\ \mu = \mu_0,$$
$$H_1:\ \mu > \mu_0$$

를 검정하기 위해서 + 부호의 비가 1/2보다 충분히 크기만 하다면, 즉 x가 클 때, H_1의 편을 들어 H_0를 기각한다. 그러므로 α를 넘지 않는 최대기각역의 크기는 아래 부등식의 형태로 얻어지고

$$x \geq k_\alpha$$

여기서 k_α는 6.4절에서처럼 이항확률분포에 의하여 계산된다. 마지막으로, 가설

$$H_0:\ \mu = \mu_0,$$
$$H_1:\ \mu \neq \mu_0$$

를 검정하기 위해서 + 부호의 비가 1/2보다 충분히 작거나 또는 클 때, H_1의 편을 들어 H_0를 기각한다. 물론, 이것은 x가 충분히 작거나 또는 충분히 클 때와 일치한다. 그러므로 α를 넘지 않는 최대기각역의 크기는

$$x \leq k'_{\frac{\alpha}{2}} \text{ 그리고 } x \geq k_{\frac{\alpha}{2}}$$

로 주어진다.

k'와 k의 값은 표본의 크기가 작을 때, $p=1/2$인 이항확률분포의 표로부터 얻을 수 있기 때문에 $n>10$일 때 이항분포에 대한 정규곡선 근사를 이용할 수 있다. 예를 들어 + 부호, 즉 $x=6$인 크기 $n=20$의 확률표본에 대해 유의수준 $\alpha=0.05$에서, 가설

$$H_0:\ \mu = \mu_0,$$
$$H_1:\ \mu < \mu_0$$

를 검정한다고 가정하자. 정규곡선 근사를 이용하여, 기각역은 $z < -1.645$로 주어진다. 그러면

$$\mu = np = (20)(0.5) = 10,$$
$$\sigma = \sqrt{npq} = \sqrt{(20)(0.5)(0.5)} = 2.236$$

이고, 그러므로

$$z = \frac{6-10}{2.236} = -1.79$$

를 얻는다. 따라서 귀무가설을 기각한다.

예제 12.1 다음의 자료는 충전용 절단기가 재충전하기 이전에 작동하는 시간을 나타낸다: 1.5, 2.2, 0.9, 1.3, 2.0, 1.6, 1.8, 1.5, 2.0, 1.2, 1.7. 부호검정을 이용하여 이 특별한 절단기가 재충전하기 전에 평균적으로 1.8시간 작동한다는 가설을 유의수준 0.05에서 검증하여라.

풀이 6단계 절차를 이용하여,

1. $H_0: \mu = 1.8$.
2. $H_1: \mu \neq 1.8$.
3. 유의수준: $\alpha = 0.05$.
4. 기각역: $x \leq k'_{0.025}$ 그리고 $x \geq k_{0.025}$, 여기서 x는 + 부호의 수이다.
5. 계산: 만일 1.8을 초과하면 "+" 부호, 1.8보다 작으면 "−" 부호로 각각의 값을 바꾸고 1.8과 같은 값 하나는 무시한다. 그러면 $n = 10, x = 3$인 부호의 열

$$- + - - + - - + - -$$

을 얻는다.

6. 판정: 부록의 표 1에서 $k'_{0.025} = 1$이고 $k_{0.025=9}$이다. $x = 3$은 채택역에 속하므로 귀무가설을 채택하고 평균 작동시간은 유의수준하에서 1.8시간과 다르지 않다라고 결론을 내린다.

연속인 표본공간 위에서 정의된 두 개의 비정규모집단으로부터 관측값들의 n개의 쌍을 뽑았을 때, 하나의 모집단으로부터의 확률표본에 근거하여 $\mu = \mu_0$의 검정에 대한 부호검정을 이용할 수 있다. 귀무가설 $\mu_1 = \mu_2$ 또는 $\mu_D = 0$를 검정할 때, d_i가 양수인지 음수인지에 달려있는 + 혹은 − 부호로 관측값의 쌍의 차이 d_i를 바꾸고 앞에

서와 같은 절차를 따르면 된다. 또한 쌍으로 된 관측값에 대하여 귀무가설 $\mu_1 - \mu_2 = d_0$를 검정하기 위해서 부호검정을 이용할 수도 있다. 그러면 각각의 d_i를 d_0로 조정하고 다음에 조정된 차가 양수인지 음수인지에 달려 있는 + 혹은 − 부호로 각각의 조정된 차를 대치한다. 이 절에서는 모집단은 대칭이라고 가정을 해 왔다. 그러나 비록 모집단이 비대칭이라 할지라도, 똑같은 절차를 수행할 수는 있지만 가설은 모평균보다는 오히려 모집단 중앙값을 설정하게 된다.

예제 12.2 택시 회사가 A 회사 타이어 대신에 B 회사 타이어를 사용하는 것이 연료소비를 개선할 수 있는가를 결정하려고 한다. 12대의 택시가 A 회사 타이어를 장착하고 규정된 점검 코스를 주행하였다. 또 운전자를 바꾸지 않고 같은 차에 B 회사 타이어를 장착하고 다시 한 번 같은 점검 코스를 주행하였다. 가솔린 소비는 리터당 km 단위로 다음과 같이 기록되었다.

택시	1	2	3	4	5	6	7	8	9	10	11	12
A 회사 타이어	4.2	4.7	6.6	7.0	6.7	4.5	5.7	6.0	7.4	4.9	6.1	5.2
B 회사 타이어	4.1	4.9	6.2	6.9	6.8	4.4	5.7	5.8	6.9	4.9	6.0	4.9

유의수준 0.05에서 A 회사 타이어를 장착한 택시가 B 회사 타이어를 장착한 택시보다 연료소비에서 더 경제적이라고 결론을 내릴 수 있는가? 이항분포에 대한 정규 근사를 이용하여 검증하여라.

풀이 μ_1과 μ_2를 각각, A 회사 타이어를 장착한 택시에 대한 리터당 평균 주행거리와 B 회사 타이어를 장착한 택시에 대한 리터당 평균 주행거리로 정의하자.

1. H_0: $\mu_1 - \mu_2 = 0$.
2. H_1: $\mu_1 - \mu_2 > 0$.
3. 유의수준: $\alpha = 0.05$.
4. 기각역: $z > 1.645$.
5. 계산: 자료를 조사해 보면 8개의 + 부호, 2개의 − 부호, 그리고 2개는 0이 된다. 따라서 0이 되는 자료를 제외하면 $n = 10$이고 $x = 8$이다. 따라서

$$\mu = np = (10)(0.5) = 5,$$
$$\sigma = \sqrt{npq} = \sqrt{(10)(0.5)(0.5)} = 1.581,$$

이므로

$$z = \frac{8-5}{1.581} = 1.90$$

이 된다.

6. 판정: H_0을 기각하며, 평균적으로 A 회사 타이어가 연료소비를 개선한다는 결론을 내릴 수 있다.

부호검정은 이용하기에 가장 간단한 비모수절차 가운데 하나일 뿐만 아니라, 수리적인 크기로는 기록할 수 없지만 양적 반응과 음적 반응으로 나타낼 수 있는 양분된 자료에도 이용할 수 있는 부가적인 장점이 있다. 예를 들면, "맞히다" 또는 "빗맞히다"와 같은 질적 반응으로 기록되는 실험, 그리고 감식가가 요구된 성분이 "적당한지" 또는 "적당하지 않은지"를 입증하는데 "+" 또는 "−"로 기록되는 감각 형태의 실험에도 부호검정이 이용된다.

12.3 윌콕슨의 부호-순위 검정

부호검정은 일표본의 경우에 관측값과 μ_0 사이의 차이에 대한 +와 − 부호, 또는 쌍으로 된 표본의 경우에서 쌍으로 된 관측값들의 차이의 +와 − 부호만을 이용한다. 그러나 부호검정은 이 차이값들의 양은 고려하지 않는다. 부호와 양을 다루는 검정은 1945년에 프랭크 윌콕슨(Frank Wilcoxon)에 의해 제시되었으며, 지금은 주로 **윌콕슨의 부호-순위 검정**(Wilcoxon signed-rank test)이라고 하고, 쌍으로 된 관측값의 경우에는 종종 **쌍으로 된 관측값에 대한 윌콕슨 검정**(Wilcoxon test for paired observation)이라고 한다.

윌콕슨의 부호-순위 검정에 의하여 연속이고 대칭인 하나의 모집단에 대해 가설 $\mu = \mu_0$을 검정하거나 또는 연속이고 대칭인 두 개의 모집단에 대하여 가설 $\mu_1 = \mu_2$를 검정하기 위해서 먼저 차이가 0이 되는 모든 값을 제외하고 부호는 고려하지 않으며 나머지 d_i들에 순위를 부여한다. 절댓값이 가장 작은 d_i에 1의 순위를 부여하고, 다음으로 작은 값에 2의 순위를 부여하며, 같은 방법으로 이를 계속한다. 두 개 또는 그 이상의 값의 차이의 절댓값이 같을 때, 차가 구별되지 않으면 부여된 순위들의 평균 순위를 부여한다. 예를 들어 다섯 번째와 여섯 번째 값이 절댓값이 같다면, 각각의 순위는 5.5가 부여된다. 가설 $\mu = \mu_0$또는 $\mu_1 = \mu_2$가 사실이라면, 양의 차이에 대응하는 순위의 합은 음의 차이에 대응하는 순위의 합과 거의 같아야만 한다. 이들 양의 차이의 합과 음의 차이의 합을 w_+와 w_-로 각각 나타낸다. w_+와 w_- 가운데 더 작은 값을 w로 나타낸다.

반복해서 표본을 선택할 때, w_+와 w_-를 구할 수 있고 그러므로 이들에 따라서 w도 변한다. 따라서 대응하는 확률변수 W_+, W_-, W의 값으로써 w_+, w_-, w를 생각할 수 있다. w_+가 작고 w_-가 클 때에만 대립가설 $\mu < \mu_0$(또는 $\mu_1 < \mu_2$)의 편을 들어 귀무가설 $\mu = \mu_0$(또는 $\mu_1 = \mu_2$)를 기각할 수 있다. 마찬가지로, w_+가 크고 w_-가 작을 때에만 대립가설 $\mu > \mu_0$(또는 $\mu_1 > \mu_2$)가 채택될 수 있다. 양측 대립가설에 대하여는 w_+가 크든지, w_-가 크든지 w가 충분히 작기만 한다면 H_1의 편을 들어 H_0을 기각할 수 있다. 그러므로 대립가설이 무엇이든 간에 적절한 통계량 W_+, W_- 또는 W의 값이 충분히 작을 때, 귀무가설을 기각한다. 다양한 검정 결과가 표 12.1에 요약되어 있다.

$n < 5$이고 유의수준이 단측검정의 경우 0.05, 양측검정인 경우 0.10을 넘지 않으면 언제든지 w의 값이 항상 귀무가설의 채택을 이끌어낼 수 있다는 것을 보이는 것은 쉬운 일이다.

표 12.1 ▸▸▸ 윌콕슨의 부호-순위 검정

H_0을 검정	대립가설 H_1	계산
$\mu = \mu_0$	$\mu < \mu_0$ $\mu > \mu_0$ $\mu \neq \mu_0$	w_+ w_- w
$\mu_1 = \mu_2$	$\mu_1 < \mu_2$ $\mu_1 > \mu_2$ $\mu_1 \neq \mu_2$	w_+ w_- w

그러나 $5 \leq n \leq 30$일 때, 부록의 표 9에서 단측검정에 대하여 유의수준 0.01, 0.025, 0.05에 대한 W_+, W_-의 근사임곗값을 얻을 수 있고, 양측검정에 대하여 유의수준 0.02, 0.05, 0.10에 대한 W의 근사임곗값을 얻는다. 예를 들어 $n = 12$일 때, 부록의 표 9에서 유의수준 0.05에서 단측대립가설 $\mu < \mu_0$에 대하여 $w_+ \leq 17$을 얻을 수 있다.

예제 12.3 윌콕슨의 부호-순위 검정을 이용하여 예제 12.1을 검증하여라.

풀이 다음 6단계 절차에 따르면,

1. $H_0: \mu = 1.8$.
2. $H_1: \mu \neq 1.8$.
3. 유의수준: $\alpha = 0.05$.
4. 기각역: 1.8과 같은 한 개의 측정값을 제외하면 $n = 10$이므로, 부록의 표 9에

서 기각역은 $w \le 8$이다.

5. 계산: 각각의 측정값으로부터 1.8을 뺀 뒤에 부호를 무시하고 각 차에 순위를 부여하면

d_i	−0.3	0.4	−0.9	−0.5	0.2	−0.2	−0.3	0.2	−0.6	−0.1
순위	5.5	7	10	8	3	3	5.5	3	9	1

이제 $w_+ = 13$이고 $w_- = 42$이므로 w_+와 w_- 가운데서 더 작은 값은 $w = 13$이다.

6. 판정: 앞에서와 마찬가지로 H_0을 채택하고 유의수준하에서 평균작동시간은 1.8과 다르지 않다고 결론을 내린다.

$n > 15$일 때, W_+(또는 W_-)의 표본분포는 평균이

$$\mu w_+ = \frac{n(n+1)}{4}$$

이고 분산이

$$\sigma^2 w_+ = \frac{n(n+1)(2n+1)}{24}$$

인 정규분포에 접근한다. 이런 경우에 통계량

$$Z = \frac{(W_+ - \mu w_+)}{\sigma w_+}$$

가 검정에 대한 기각역을 결정하는 데 사용된다.

또한 윌콕슨의 부호-순위 검정은 귀무가설 $\mu_1 - \mu_2 = \mu_D = d_0$을 검정하기 위해서도 사용할 수 있다. 이런 경우에 모집단은 대칭일 필요가 없다. 앞에서와 마찬가지로 d_i 대신에 d_0을 대입한 후 같은 절차를 이용할 수 있다.

예제 12.4 대학 4학년이 졸업시험 전공과목에서 미리 예상문제를 얻는다면 그의 점수를 적어도 50점은 더 올릴 수 있다고 주장한다. 이 주장을 검증하기 위하여 20명의 4학년 학생들을 대학에서 처음 3년 동안의 전체 평균성적이 거의 같은 쌍으로 10쌍으로 나누었다. 예상문제와 답은 시험 1주 전에 각 쌍의 한 사람에게 무작위로 제공되었다. 시험점수는 다음과 같다.

	쌍									
	1	2	3	4	5	6	7	8	9	10
예상문제를 가진 학생	531	621	663	579	451	660	591	719	543	575
예상문제를 갖지 않은 학생	509	540	688	502	424	683	568	748	530	524

유의수준 0.05에서 예상문제가 점수를 50점보다 적게 올린다는 대립가설에 대하여 점수를 50점 올릴 수 있다는 귀무가설을 검정하자.

풀이 μ_1: 예상문제를 받은 학생들의 평균 점수,

μ_2: 예상문제를 받지 않은 학생들의 평균 점수

라고 하자. 다음 6단계 절차를 따르면,

1. $H_0: \mu_1 - \mu_2 = 50$.
2. $H_1: \mu_1 - \mu_2 < 50$.
3. 유의수준: $\alpha = 0.05$.
4. 기각역: $n = 10$이므로, 부록의 표 9로부터 기각역은 $w_+ \leq 11$이다.
5. 계산:

	쌍									
	1	2	3	4	5	6	7	8	9	10
d_i	22	81	−25	77	27	−23	23	−29	13	51
$d_i - d_0$	−28	31	−75	27	−23	−73	−27	−79	−37	1
순위	5	6	9	3.5	2	8	3.5	10	7	1

이제 $w_+ = 6 + 3.5 + 1 = 10.5$를 얻는다.

6. 판정: H_0를 기각하고 예상문제는 평균적으로 50점만큼은 올릴 수 없다는 결론을 내린다.

12.4 윌콕슨의 순위-합 검정

이 절에서는 모집단으로부터 독립인 표본이 뽑혔을 때, 정규분포를 따르지 않는 두 개의 연속인 모집단의 평균을 비교하기 위해서 윌콕슨에 의해 제안된 매우 간단한 비모수적 절차를 생각해 보자. 6.3절에서 다루었던 이표본 t 검정 대신에 이 비모수적

방법을 **윌콕슨의 순위합 검정**(Wilcoxon rank-sum test) 또는 **윌콕슨의 이표본 검정**(Wilcoxon two-sample test)이라고 한다.

어떤 적절한 대립가설에 대하여 귀무가설 $H_0: \mu_1 = \mu_2$를 검정해 보자. 우선 각각의 모집단으로부터 확률표본을 뽑는다. n_1을 더 작은 표본에서 관측값들의 수라고 하고 n_2를 더 큰 표본에서 뽑은 관측값들의 수라고 하자. 표본의 크기가 같을 때는 임의로 n_1과 n_2라고 할 수 있을 것이다. 혼합표본 $n_1 + n_2$개의 관측값들을 오름차순으로 배열하고 각각의 관측값들에 1, 2, 3, ..., $n_1 + n_2$의 순위를 부여한다. 순위가 동률일 경우(이상적인 관측값), 순서를 구별할 수 없다면 각각의 관측값들에 관측값들이 가지고 있는 순위값의 평균을 부여한다.

작은 표본에서 n_1개의 관측값들에 대응하는 순위의 합을 나타낸다. 총합 $w_1 + w_2$는 두 표본에서 관측값들의 수에만 의존하고, 실험의 결과에는 아무런 영향을 받지 않는다. 그러므로 $n_1 = 3$이고 $n_2 = 4$이면 $w_1 + w_2 = 1 + 2 + \cdots + 7 = 28$이고 관측값들의 수치적인 값은 고려할 필요가 없다. 일반적으로

$$w_1 + w_2 = \frac{(n_1 + n_2)(n_1 + n_2 + 1)}{2},$$

이것은 정수 1, 2, 3, $\cdots$, $n_1 + n_2$의 산술적인 합이다. 일단 w_1을 결정하면 w_2는 다음 수식

$$w_2 = \frac{(n_1 + n_2)(n_1 + n_2 + 1)}{2} - w_1$$

에 의하여 쉽게 구할 수 있다.

크기 n_1과 n_2개의 표본을 반복하여 뽑을 때, w_1은 예정되어 있으므로 w_2는 w_1에 따라서 변한다. 따라서 확률변수 W_1과 W_2의 값으로서 각각 w_1과 w_2를 생각할 수 있다. w_1이 작고 w_2가 크기만 하다면 대립가설 $\mu_1 < \mu_2$의 편을 들어 귀무가설 $\mu_1 = \mu_2$가 기각될 것이다. 유사하게, w_1이 크고 w_2가 작기만 하다면 대립가설 $\mu_1 > \mu_2$가 채택될 수 있다. 양측검정에 대해서도 w_1이 작고 w_2가 크거나 또는 w_1이 크고 w_2가 작기만 하다면 H_1의 편을 들어 H_0을 기각할 수도 있다. 다시 말하자면, w_1이 충분히 작다면 대립가설 $\mu_1 < \mu_2$가 채택되고, w_2가 충분히 작다면 대립가설 $\mu_1 < \mu_2$가 채택된다. 그리고 w_1과 w_2 가운데 작은 값이 충분히 작으면 대립가설 $\mu_1 \neq \mu_2$가 채택된다. 실제적으로 관련된 통계량 U_1 또는 U_2의 값

$$u_1 = w_1 - \frac{n_1(n_1 + 1)}{2}$$

또는

$$u_2 = w_2 - \frac{n_2(n_2+1)}{2}$$

에 근거하거나 혹은 U_1과 U_2 가운데 최솟값인 통계량 U의 값에 근거해서 결론을 내린다. U_1과 U_2는 대칭인 표본분포를 갖고 또 0에서부터 $u_1 + u_2 = n_1 n_2$인 $n_1 n_2$까지의 구간 내의 값들을 가정하기 때문에 이들 통계량은 기각값의 표 구성을 간단하게 한다.

u_1과 u_2에 대한 수식으로부터 w_1이 작을 때 u_1이 작아지고, w_2가 작을 때 u_2가 작아진다는 것을 알 수 있다. 결과적으로 적당한 통계량 U_1, U_2 또는 U가 부록의 표 10에서 주어진 구하고자 하는 기각값보다 작거나 같은 값을 가정할 때는 언제나 귀무가설을 기각할 수 있을 것이다. 여러 가지 검정절차가 표 12.2에 요약되어 있다.

표 12.2 ▸▸▸ 윌콕슨의 순위-합 검정

H_0를 검증	대립가설 H_1	계산
$\mu_1 = \mu_2$	$\mu_1 < \mu_2$ $\mu_1 > \mu_2$ $\mu_1 \neq \mu_2$	u_1 u_2 u

부록의 표 10으로부터 단측검정에 대한 유의수준 0.001, 0.01, 0.025, 0.05의 U_1과 U_2의 기각값을 얻을 수 있고, 양측검정에 대한 유의수준 0.002, 0.02, 0.05, 0.10의 U의 기각값을 구할 수 있다. u_1, u_2, 또는 u의 관측값이 표에 나타난 기각값보다 작거나 같은 값이면 표에 주어진 유의수준에서 귀무가설을 기각한다. 예를 들어 크기가 $n_1 = 3$이고 $n_2 = 5$, 이때 $w_1 = 8$이 되는 확률표본에 대하여 유의수준 0.05에서 $\mu_1 < \mu_2$라는 대립가설에 대하여 귀무가설 $\mu_1 = \mu_2$를 검정하려 한다고 가정하자. 그러면

$$u_1 = 8 - [\frac{(3)(4)}{2}] = 2$$

가 된다.

단측검정은 통계량 U_1에 근거한다. 부록의 표 10을 이용해서 $u_1 \leq 1$일 때, 귀무가설 $\mu_1 = \mu_2$를 기각한다. $u_1 = 2$는 채택역에 속하게 되므로, 귀무가설을 기각할 수 없다.

예제 12.5 두 회사에서 생산되는 담배에 함유된 니코틴을 측정했을 때, 다음과 같은 자료를 얻었다(단위: mg).

A 회사 제품	2.1	4.0	6.3	5.4	4.8	3.7	6.1	3.3		
B 회사 제품	4.1	0.6	3.1	22.5	4.0	6.2	1.6	2.2	1.9	5.4

두 회사의 담배에 함유된 니코틴의 양이 같지 않다는 대립가설에 대하여 두 회사의 담배에 함유된 평균 니코틴 함량은 같다는 귀무가설을 유의수준 0.05에서 검증하여라.

풀이 $n_1 = 8$, $n_2 = 10$이고 6단계의 절차로 진행하면,

1. H_0: $\mu_1 = \mu_2$.
2. H_1: $\mu_1 \neq \mu_2$.
3. 유의수준: $\alpha = 0.05$.
4. 기각역: $\mu \leq 17$(부록의 표 10에서)
5. 계산: 관측값들이 오름차순으로 배열되고 1부터 18까지 순위를 부여한다. 작은 표본에 속하는 관측값들의 순위는 밑줄이 그어져 있다. 이제

$$w_1 = 4 + 8 + 9 + 10.5 + 13 + 14.5 + 16 + 18 = 93$$

이고

$$w_2 = [\frac{(18)(19)}{2}] - 93 = 78$$

이다. 그러므로

$$\mu_1 = 93 - [\frac{(8)(9)}{2}] = 57,$$
$$\mu_2 = 78 - [\frac{(10)(11)}{2}] = 23,$$

따라서 $\mu = 23$이다.

6. 판정: H_0을 채택하고 두 회사의 담배에 함유된 평균 니코틴의 함유량은 차이가 없다고 결론을 내린다.

혼합 표본	0.6	1.6	1.9	2.1	2.2	2.5	3.1	3.3	3.7	4.0	4.0	4.1	4.8	5.4	5.4	6.1	6.2	6.3
순위	1	2	3	4	5	6	7	8	9	10.5	10.5	12	13	14.5	14.5	16	17	18

n_1과 n_2의 크기가 증가할 때, U_1(또는 U_2)의 표본분포는 평균이

$$\mu_{U_1} = \frac{n_1 n_2}{2}$$

이고 분산이

$$\sigma^2_{U_1} = \frac{n_1 n_2 (n_1 + n_2 + 1)}{12}$$

인 정규분포에 근사한다. 결과적으로 n_2가 20보다 크고 n_1이 적어도 10일 때, 통계량

$$Z = \frac{U_1 - \mu_{U_1}}{\sigma_{U_1}}$$

을 이용하여, H_1의 형태에 의존하는 표준정규분포의 한쪽이나 또는 양쪽의 꼬리에 떨어지는 기각역으로 검정할 수 있다.

윌콕슨의 순위-합 검정의 이용은 정규분포를 따르지 않는 모집단에 국한되지는 않는다. 모집단이 정규분포를 따를 때, 비록 제2종 오류를 범할 확률이 커지기는 하지만 이표본 t 검정 대신에 사용할 수도 있다. 윌콕슨의 순위-합 검정은 결과적으로 정규분포를 따르지 않는 모집단에 대하여 t 검정보다 항상 우수하다.

12.5 크루스칼-왈리스 검정

크루스칼-왈리스 검정은 또한 크루스칼-왈리스 H 검정이라고 하는데 $k > 2$인 표본의 경우에 대한 윌콕슨의 이표본 검정을 일반화시킨 검정법이다. 이 검정법은 k개의 독립된 표본이 이상적인 모집단으로부터 뽑혔다는 귀무가설을 검정하기 위해서 사용된다. 이 검정법은 1952년 W. H. 크루스칼(Kruskall)과 W. A. 왈리스(Wallis)에 의해 소개되었으며, 표본이 정규모집단으로부터 뽑혔다는 가정을 할 수 없을 때, 일원배치 분산분석에서 평균의 동일성을 검증하는 F 검정 대신에 이용하는 비모수적 검정이다.

$n_i(i = 1, 2, \ldots, k)$를 i번째 표본에서 관측값들의 수라고 하자. 먼저 k개의 표본을 혼합하여 오름차순으로 $n = n_1 + n_2 + \cdots + n_k$개의 관측값들을 배열하고, 각 관측값들에 $1, 2, \cdots, n$까지 적절한 순위를 부여한다. 순위가 동률인 경우(이상적인 관측값), 순서를 구별할 수 없다면 관측값들의 평균순위를 각 관측값들에 부여하는 일반적인 절차를 따른다. i번째 표본에서 n_i개의 관측값들에 대응되는 순위의 합을 확률변수 R_i로 나타낸다. 이제 통계량

$$H = \frac{12}{n(n+1)} \sum_{i=1}^{k} \frac{R_i^2}{n_i} - 3(n+1)$$

을 생각해 보자. 이 통계량은 H_0가 참일 때, 그리고 각 표본이 적어도 다섯 개의 관측값들로 구성되어 있다면 자유도 $k-1$을 갖는 카이제곱분포에 매우 잘 근사한다. 통계량 H의 값을 h라고 하자. 이때

$$h = \frac{12}{n(n+1)} \sum_{i=1}^{k} \frac{r_i^2}{n_i} - 3(n+1)$$

이고, r_i은 R_i의 값, r_2은 R_2의 값으로 가정한다. 이상적이지 않은 모집단으로부터 독립적인 표본을 뽑았을 때, h가 크다는 사실로부터 H_0을 검정하는 결정적인 기준을 마련할 수 있다.

크루스칼-왈리스 검정(Kruskal-Wallis test)

k개의 독립된 표본이 동일한 모집단으로부터 뽑혔다는 귀무가설을 검정하기 위해서,

$$h = \frac{12}{n(n+1)} \sum_{i=1}^{k} \frac{r_i^2}{n_i} - 3(n+1)$$

을 계산한다. 만일 h가 자유도 $v = k-1$을 갖는 기각역 $h > \chi_\alpha^2$에 속하면 유의수준 α에서 H_0을 기각하고, 그렇지 않으면 H_0을 채택한다.

예제 12.6 서로 다른 세 개의 미사일 시스템들이 좋은가를 결정하는 실험에서 추진연료 점화율이 측정되었다. 측정된 자료는 표 12.3과 같다.

표 12.3 ▸▸▸ 추진연료 점화율

미사일 시스템									
	1	24.0	16.7	22.8	19.8	18.9			
	2	23.2	19.8	18.1	17.6	20.2	17.8		
	3	18.4	19.1	17.3	17.3	19.7	18.9	18.8	19.3

크루스칼-왈리스 검정을 이용하여 유의수준 $\alpha = 0.05$에서 추진연료 점화율이 세 개의 미사일 시스템에 대해 동일하다는 귀무가설을 검증하여라.

풀이 1. H_0 : $\mu_1 = \mu_2 = \mu_3$.

2. H_1 : 세 개의 평균이 모두 같지는 않다.

3. 유의수준: $\alpha = 0.05$.
4. 기각역: $h > \chi^2_{0.05} = 5.991$.
5. 계산: 표 12.4에서 각 미사일 시스템에 대하여 19개의 관측값들에 순위를 부여하고 순위합을 구한다. 이제 $n_1 = 5$, $n_2 = 6$, $n_3 = 8$ 그리고 $r_1 = 61.0$, $r_2 = 63.5$, $r_3 = 65.5$이고 통계량 H의 값은

$$h = \frac{12}{(19)(20)}[\frac{61.0^2}{5} + \frac{63.5^2}{6} + \frac{65.5^2}{8}] - (3)(20)$$
$$= 1.66$$

이다.
6. 판정: $h = 1.66$은 기각역 $h > 5.991$에 떨어지지 않으므로, 추진연료 점화율이 세 개의 미사일 체계에 대하여 동일하다는 귀무가설을 기각할 만한 증거가 불충분하다.

표 12.4 ▸▸▸ 추진연료 점화율에 대한 순위

미사일 시스템	1	19	1	17	14.5	9.5	$r_1 = 61$			
	2	18	14.5	6	4	16	5	$r_2 = 63.5$		
	3	7	11	2.5	2.5	13	9.5	8	12	$r_3 = 65.5$

12.6 SPSS 실습

12장에서 설명한 비모수통계 자료분석의 예제를 SPSS 24.0을 이용하여 분석하는 방법을 알아보도록 한다.

12.6.1 부호검정

[예제 12.2]에서 A회사 타이어를 장착한 택시가 더 경제적이라고 할 수 있는지 유의수준 0.05에서 검정하여라

① 데이터 입력: [예제 12.2]를 아래와 같이 SPSS 데이터 편집기 창에 입력한다.

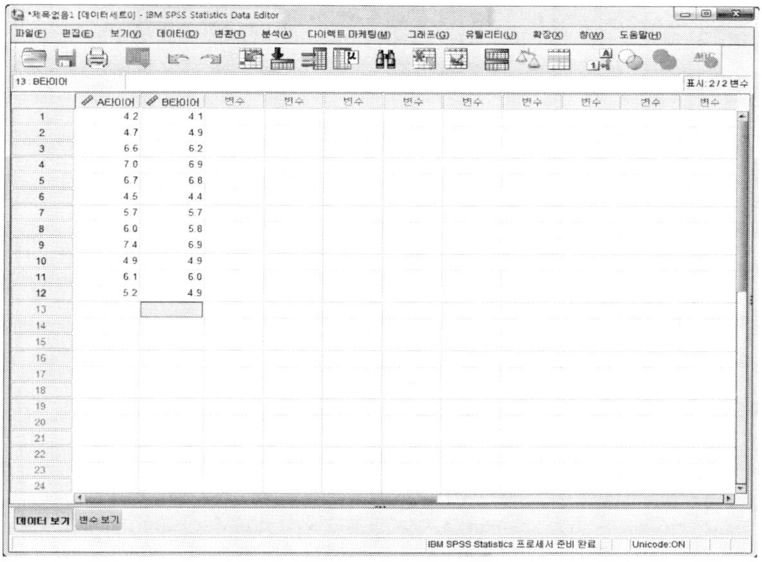

② 부호검정을 하기 위하여 **분석 → 비모수검정 → 레거시 대화상자 → 2-대응표본**과 같이 순서대로 실행명령을 지정한다.

③ 2-대응표본 비모수검정 대화상자에서 [검정 대응(T)]란으로 변수를 이동시킨다. A 회사 타이어가 B 회사 타이어보다 경제적인지를 검정하기 위해서, [변수1]에는 비교하고자 하는 대상인 B타이어 변수를 넣고, [변수2]에는 기준이 되는 A타이어 변수를 넣는다. 부호검정을 하기 위해 하단의 [검정 유형]에서 [부호(S)]를 선택한다.

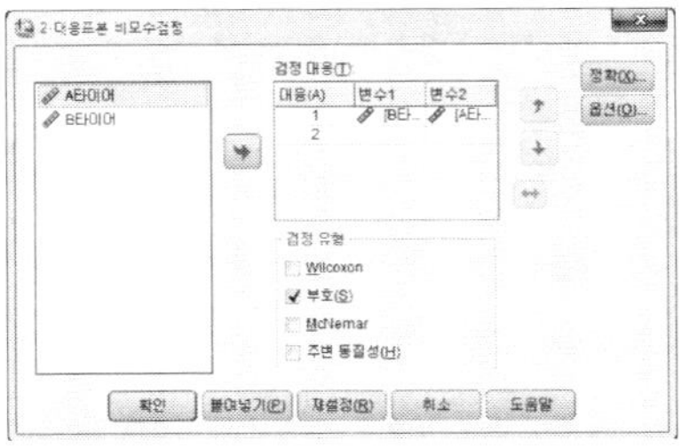

④ 2-대응표본 비모수검정에서 우측 상단의 [정확(X)]을 선택한 후 [정확검정(E)]를 선택하고 계속을 누른다.

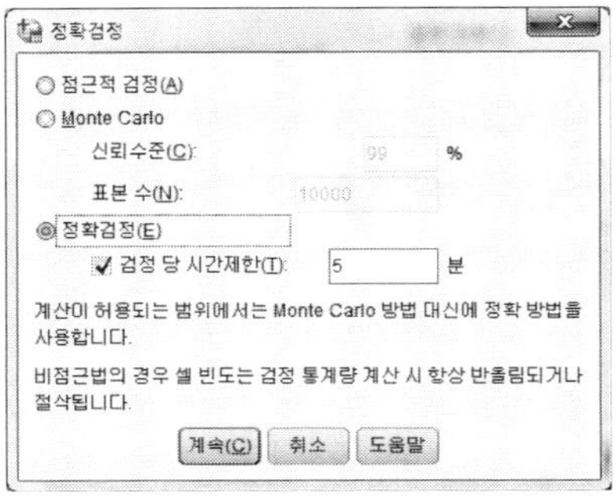

⑤ 필요한 부분을 모두 지정한 후 확인을 누르면 출력 결과창에 다음과 같은 분석 결과가 나타난다.

비모수 검정

부호검정

빈도

		N
A타이어 - B타이어	음수차이[a]	2
	양수차이[b]	8
	동순위[c]	2
	전체	12

a. A타이어 < B타이어
b. A타이어 > B타이어
c. A타이어 = B타이어

검정 통계량[a]

	A타이어 - B타이어
정확 유의확률(양측)	.109[b]
정확 유의확률(단측)	.055
포인트 확률	.044

a. 부호검정
b. 이항분포를 사용함.

첫 번째 표의 부호검정 결과를 보면, 2개의 − 부호, 8개의 + 부호와 2개의 0이 나타났다. 정확한 유의확률(단측)은 0.055로 유의수준 0.05보다 근소한 차이로 크게 나타나 귀무가설을 기각할 수 없다. 따라서 A 회사 타이어가 B 회사 타이어보다 더 경제적이라고 말하기에는 모호하므로 윌콕슨의 부호순위 검정을 실시한다.

⑥ 앞의 2-대응표본 비모수검정 대화상자에서 중간에 있는 [검정 유형]에서 [Wilcoxon]을 선택한 후, 우측 상단의 [정확(X)]에서 [정확검정(E)]를 선택하고 계속을 누른다.

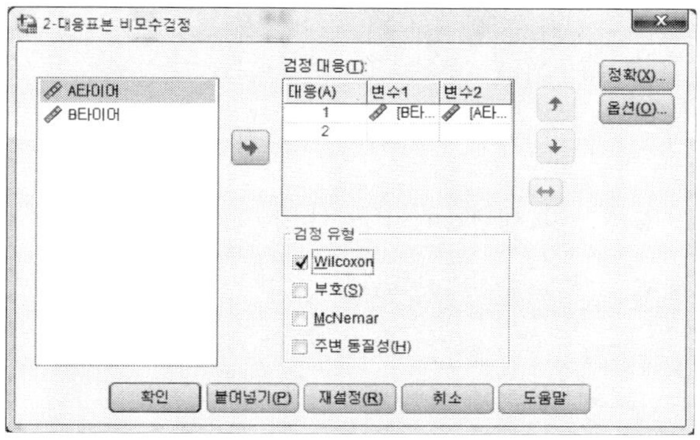

⑦ 필요한 부분을 모두 지정한 후 확인을 누르면 출력 결과창에 다음과 같은 분석 결과가 나타난다.

Wilcoxon 부호순위 검정

순위

		N	평균 순위	순위합
A타이어 - B타이어	음의 순위	2[a]	4.75	9.50
	양의 순위	8[b]	5.69	45.50
	동순위	2[c]		
	전체	12		

a. A타이어 < B타이어

b. A타이어 > B타이어

c. A타이어 = B타이어

검정 통계량[a]

	A타이어 - B타이어
Z	-1.860[b]
근사 유의확률(양측)	.063
정확 유의확률(양측)	.078
정확 유의확률(단측)	.039
포인트 확률	.010

a. Wilcoxon 부호순위 검정

b. 음의 순위를 기준으로.

첫 번째 표는 Wilcoxon의 부호순위 검정 통계량 W_+를 계산한 것으로, A 타이어와 B 타이어의 평균 주행거리의 차이값에 절댓값을 취한 후, 순위를 매긴 절대 순위를 부호에 따라 합한 결과이다. 그 결과 양의 순위합 W_+는 45.50으로 나타났다.

두 번째 표는 부호순위 검정 통계량 W_+를 표준화시킨 Z값이 -1.860로 나타났으며, 정확한 유의확률(단측)이 0.039로 유의수준 0.05보다 작기 때문에 귀무가설을 기각한다. 따라서 평균적으로 A 회사의 타이어가 더 경제적이라고 결론을 내릴 수 있다.

12.6.2 윌콕슨의 부호-순위 검정

[예제 12.4]에서 예상문제가 점수를 50점 올릴 수 있다는 귀무가설을 유의수준 0.05에서 검정하여라

① 데이터 입력: [예제 12.4]를 아래와 같이 SPSS 데이터 편집기 창에 입력한다.

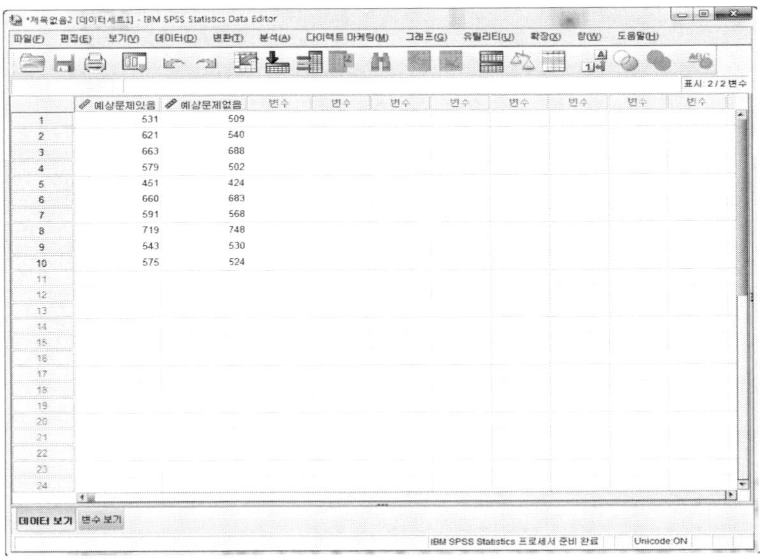

② 비모수 검정에서는 검정값 50을 따로 지정할 수 없기 때문에 변수변환을 사용하여 새로운 검정 변수를 생성한다. **변환 → 변수계산**과 같이 순서대로 실행명령을 지정한다.

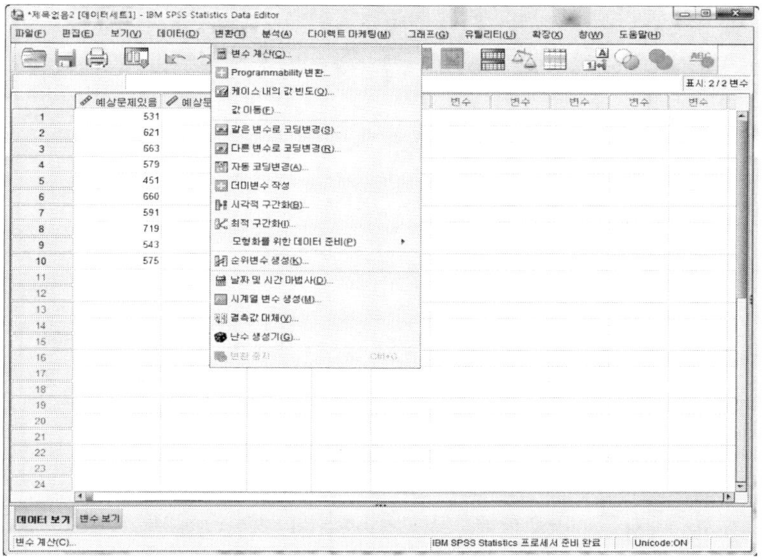

③ 변수 계산 대화상자에서 [숫자표현식(E)]에 예상문제없음 변수에 50을 더해주고, 왼쪽 상단의 [목표변수(T)]에 새로운 변수명을 정의한 후 확인을 누른다.

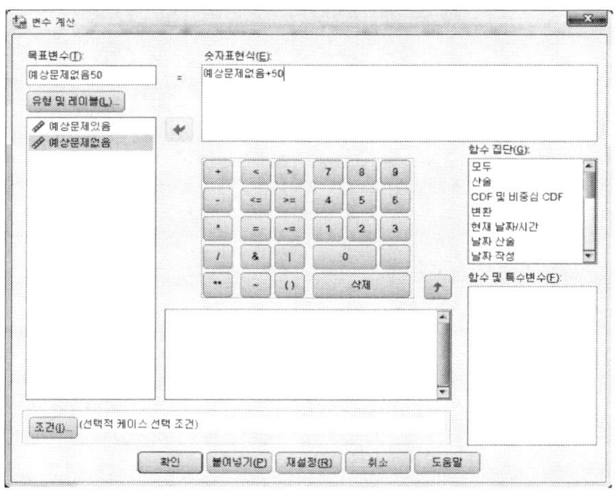

④ 검정을 위해 생성한 새로운 변수가 나타난다.

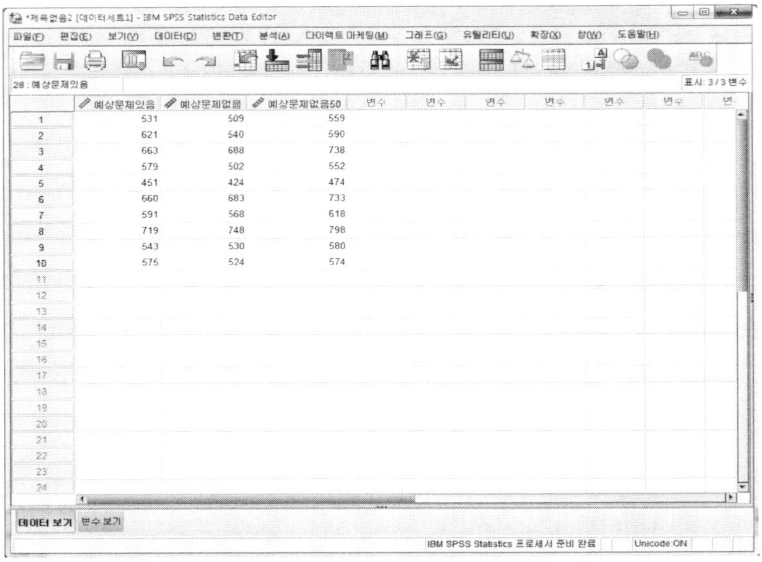

⑤ 2-대응표본 비모수 검정을 하기 위해 **분석 → 비모수검정 → 레거시 대화상자 → 2-대응표본**과 같이 순서대로 실행명령을 지정한다.

⑥ 2-대응표본 비모수검정 대화상자에서 [검정 대응(T)]란으로 변수를 이동시킨다. 예상문제를 받은 학생이 예상문제를 받지 않은 학생보다 평균 점수가 높은지 검정하기 위해서, [변수1]에는 비교를 위해 새로 생성한 예상문제없음50 변수를 넣고, [변수2]에는 기준이 되는 예상문제있음 변수를 넣는다. 윌콕슨의 부호-순

위 검정을 하기 위해 하단의 [검정 유형]에서 [Wilcoxon]을 선택한다.

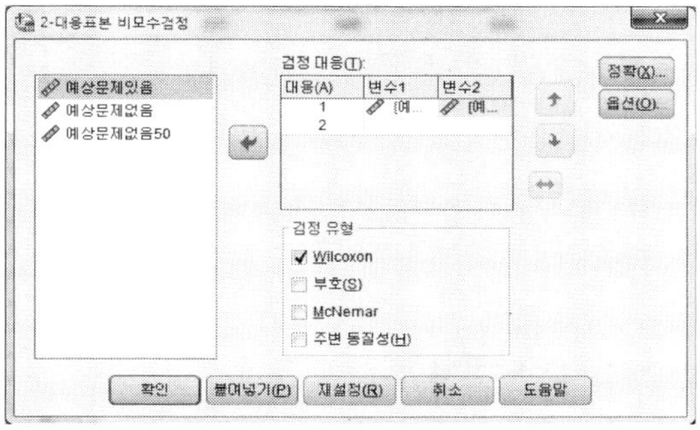

⑦ 2-대응표본 비모수검정에서 우측 상단의 [정확(X)]을 선택한 후 [정확검정(E)]를 선택하고 계속을 누른다.

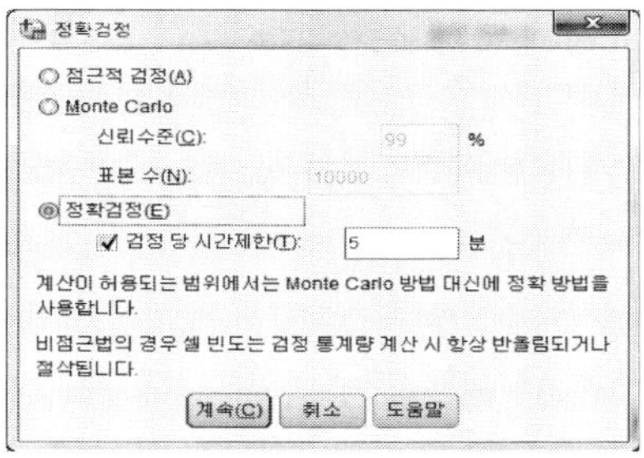

⑧ 필요한 부분을 모두 지정한 후 확인을 누르면 출력 결과창에 다음과 같은 분석 결과가 나타난다.

Wilcoxon 부호순위 검정

순위

		N	평균 순위	순위합
예상문제있음 - 예상문제없음50	음의 순위	7[a]	6.36	44.50
	양의 순위	3[b]	3.50	10.50
	동순위	0[c]		
	전체	10		

a. 예상문제있음 < 예상문제없음50
b. 예상문제있음 > 예상문제없음50
c. 예상문제있음 = 예상문제없음50

검정 통계량[a]

	예상문제유 - 예상문제무50
Z	-1.734[b]
근사 유의확률(양측)	.083
정확 유의확률(양측)	.090
정확 유의확률(단측)	.045
포인트 확률	.006

a. Wilcoxon 부호순위 검정
b. 양의 순위를 기준으로.

첫 번째 표는 Wilcoxon의 부호순위 검정 통계량 양의 순위합 W_+는 10.50으로 나타났다.

두 번째 표는 부호순위 검정 통계량 W_+를 표준화시킨 Z값이 -1.734로 나타났으며, 정확한 유의확률(단측)이 0.045로 유의수준 0.05보다 작기 때문에 귀무가설이 기각된다. 따라서 예상문제를 받은 학생들의 평균점수가 받지 않은 학생들의 평균점수보다 50점만큼 오른다고 할 수 없다.

12.6.3 윌콕슨의 순위-합 검정

[예제 12.5]에서 두 회사의 담배에 함유된 평균 니코틴 함량이 같다는 귀무가설을 유의수준 0.05에서 검정하여라.

① 데이터 입력: [예제 12.5]를 아래와 같이 SPSS 데이터 편집기 창에 입력한다.

② 2-독립표본 비모수 검정을 위하여 **분석 → 비모수검정 → 레거시 대화상자 → 2-독립표본**과 같이 순서대로 실행명령을 지정한다.

③ 2-독립 표본 비모수검정 대화상자에서 니코틴양 변수를 [검정 변수(T)]란으로 이동시키고 회사 변수를 [집단변수(G)]란에 이동시킨다. [집단 정의(D)]가 활성화되면 선택하여 회사를 1과 2로 구분하였으므로 집단1에 1, 집단2에 2를 입력하고 계속을 누른다. 하단의 [검정 유형]에서 [Mann-Whitney의 U]를 선택한다. 이 검정은 윌콕슨의 순위-합 검정이라고도 한다.

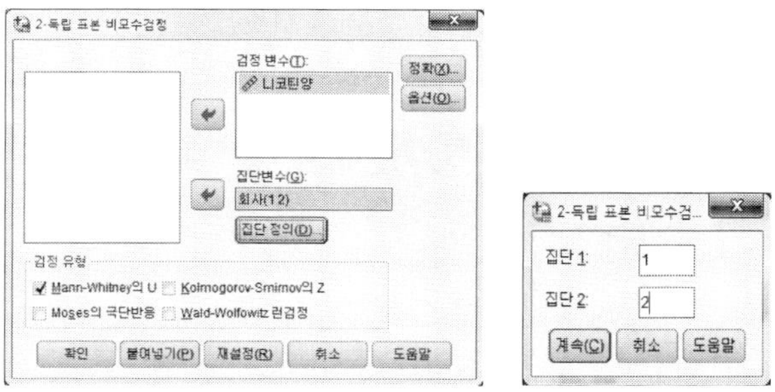

④ 확인을 누르면 출력 결과창에 다음과 같은 분석결과가 나타난다.

Mann-Whitney 검정

순위

	회사	N	평균 순위	순위합
니코틴양	1	8	10.75	86.00
	2	10	8.50	85.00
	전체	18		

검정 통계량[a]

	니코틴양
Mann-Whitney의 U	30.000
Wilcoxon의 W	85.000
Z	-.889
근사 유의확률(양측)	.374
정확 유의확률[2*(단측 유의확률)]	.408[b]

a. 집단변수: 회사

b. 동순위에 대해 수정된 사항이 없습니다.

첫 번째 표를 살펴보면 회사1(A)이 회사2(B)보다 니코틴 함량이 약간 많은 것으로 보인다.

두 번째 표를 살펴보면 U통계량 값은 30.000으로 나타났고, W는 85.000으로 나타났다. 정확 유의확률이 0.408로 유의수준 0.05보다 크기 때문에 귀무가설을 기각할 수 없다. 따라서 두 회사의 담배에 함유된 평균 니코틴 함량이 차이가 있다고 할 수 없다.

12.6.4 크루스칼-왈리스 검정

[예제 12.6]에서 추진연료 점화율이 세 개의 미사일 시스템에 대해 동일하다는 귀무가설을 유의수준 0.05에서 검정하여라

① 데이터 입력: [예제 12.6]를 아래와 같이 SPSS 데이터 편집기 창에 입력한다. 미사일 변수를 1, 2, 3으로 코딩한다.

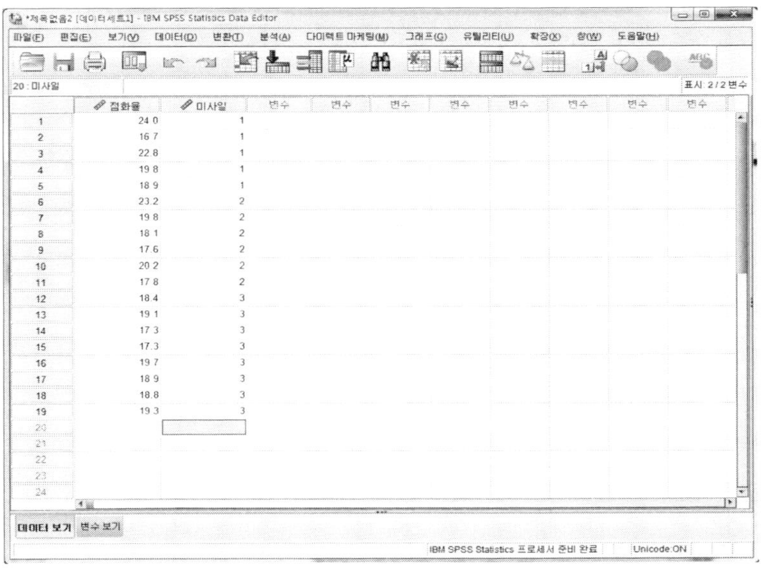

② K-독립표본 비모수 검정을 위하여 **분석 → 비모수검정 → 레거시 대화상자 → K-독립표본**과 같이 순서대로 실행명령을 지정한다.

③ K-독립 표본 비모수검정 대화상자에서 점화율 변수를 [검정 변수(T)]란으로 이동시키고 미사일 변수를 [집단변수(G)]로 이동시킨 후 [범위지정(D)]가 활성화되면 선택하여 회사를 1, 2, 3으로 구분하였으므로 최소값에 1, 최대값에 3을 입력하고 계속을 누른다. 하단의 [검정 유형]에서 [Kruskal-Wallis의 H]를 선택한다.

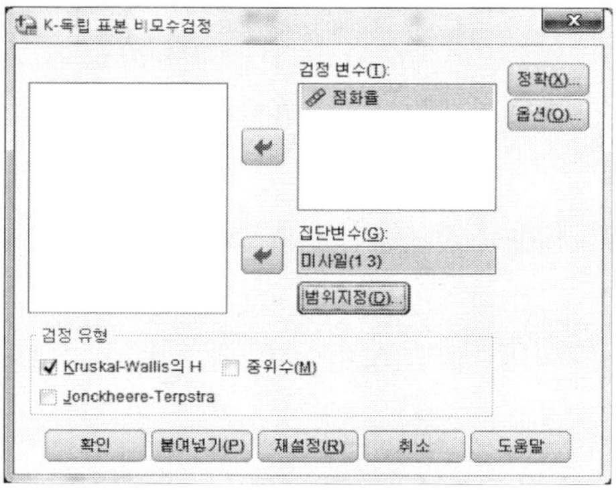

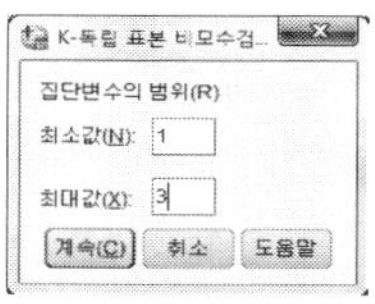

④ K-독립 표본 비모수검정 대화상자에서 우측 상단의 [정확(X)]을 선택한 후 [정확검정(E)]를 선택하고 계속을 누른다.

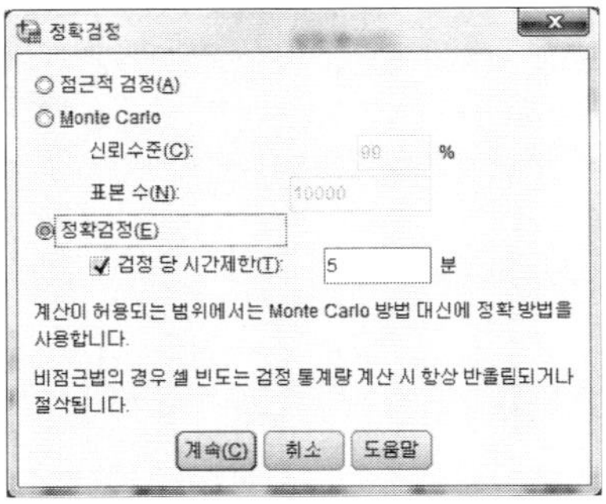

⑤ 확인을 누르면 출력 결과창에 다음과 같은 분석결과가 나타난다.

Kruskal-Wallis 검정

순위

	미사일	N	평균 순위
점화율	1	5	12.20
	2	6	10.58
	3	8	8.19
	전체	19	

검정 통계량[a,b]

	점화율
카이제곱	1.663
자유도	2
근사 유의확률	.435
정확 유의확률	.454
포인트 확률	.000

a. Kruskal Wallis 검정

b. 집단변수: 미사일

첫 번째 표를 살펴보면 미사일1, 미사일2, 미사일3 순으로 추진연료 점화율이 높은 것으로 나타났다.

두 번째 표에서 크루스칼-왈리스의 H통계량 값은 1.663으로 나타났다. 근사 유의확률이 0.435, 정확 유의확률이 0.454로 유의수준 0.05보다 크므로 귀무가설을 기각할 수 없다. 따라서 세 개의 미사일의 추진연료 점화율이 다르다고 할 수 없다.

연습문제

01 의사의 진료를 받기 위하여 대기 중인 12명의 환자에 대해서, 환자들 각각은 의사의 진단을 받기 전에 17, 32, 25, 15, 28, 25, 20, 12, 35, 20, 26, 24분을 기다렸다. 부호검정을 이용하여 환자가 진찰실을 들어오기 전까지 기다리는 시간이 평균적으로 20분을 넘지 않는다는 의사의 주장을 유의수준 $\alpha = 0.05$에서 검증하여라.

02 식품검사관이 외국에서 수입되는 잼의 불순물을 조사하기 위하여 어떤 상표의 잼 항아리 15개를 조사하였다. 자료는 다음과 같다. 2.4, 2.3, 1.7, 1.7, 2.3, 1.2, 1.1, 3.6, 3.1, 1.0, 4.2, 1.6, 2.5, 2.4, 2.3. 이항분포에 대한 정규근사를 이용하여, 이 상표의 잼에서 "불순물의 평균 퍼센트가 2.5%가 아니다"라는 대립가설에 대하여 "평균 퍼센트가 2.5%이다."라는 귀무가설을 검증하기 위하여 유의수준 $\alpha = 0.05$에서 부호검정을 실행하여라.

03 페인트 공급자는 새로운 첨가물이 아크릴 페인트의 마르는 시간을 단축시켜 줄 것이라고 주장한다. 그의 주장을 검증하기 위해서 12개의 널판지가 페인트칠 되었는데, 각 널판지의 절반은 보통의 첨가물을 포함하는 페인트로, 그리고 다른 절반은 새로운 첨가물을 포함하는 페인트로 칠이 되었다. 마르는 시간은 시간단위로 다음과 같이 주어졌다.

널판지		1	2	3	4	5	6	7	8	9	10	11	12
마르는 시간 (단위: 시간)	새로운 첨가물	6.4	5.8	7.4	5.5	6.3	7.8	8.6	8.2	7.0	4.9	5.9	6.5
	보통의 첨가물	6.6	5.8	7.8	5.7	6.0	8.4	8.8	8.4	7.3	5.8	5.8	6.5

부호검정을 이용하여 유의수준 $\alpha = 0.05$에서 새로운 첨가물이 페인트의 마르는 시간을 단축시키는 데 있어서 보통의 첨가물과 다르지 않다는 귀무가설을 검증하여라.

04 대기 중에 일산화황을 측정하는 두 가지 형태의 기구가 대기오염 실험에서 비교되었다. 다음은 2주 동안 매일 기록된 자료가 있다.

일		1	2	3	4	5	6	7	8	9	10	11	12	13	14
일산화황	기구 A	0.96	0.82	0.75	0.61	0.89	0.64	0.81	0.68	0.65	0.84	0.59	0.94	0.91	0.77
	기구 B	0.87	0.74	0.63	0.55	0.76	0.70	0.69	0.57	0.53	0.88	0.51	0.79	0.84	0.63

이항분포에 대한 정규근사를 이용하여, 두 개의 서로 다른 기구가 서로 다른 결과를 이끌어 내는지 결정하기 위하여, 유의수준 $\alpha = 0.01$에서 부호검정을 시행하여라.

05 윌콕슨의 부호-순위 검정을 이용하여 연습문제 1의 자료를 분석하여라.

06 담배제조업자는 담배 B에 포함된 타르가 담배 A에 포함된 타르보다 적다고 주장한다. 이 주장을 검증하기 위하여 타르 함유량을 다음과 같이 측정하였다(단위: mg).

담배 A	12	9	13	11	14
담배 B	8	10	7		

윌콕슨 순위-합 검정을 이용하여 이 주장이 타당한지를 유의수준 $\alpha = 0.05$ 에서 검증하여라.

07 다음 자료는 포켓용 과학계산기의 두 가지 형태를 재충전하기 전까지 작동되는 시간을 나타낸다.

계산기 A	5.5	5.6	6.3	4.6	5.3	5.0	6..2	5.8	5.1
계산기 B	3.8	4.8	4.3	4.2	4.0	4.9	4.5	5.2	4.5

윌콕슨 순위-합 검정을 이용하여 $\alpha = 0.01$ 에서 완전히 충전된 상태에서 계산기 A가 계산기 B 보다 작동시간이 길다고 결정할 수 있는지를 검증하여라.

08 2개의 공정과정에서 생산되는 낚싯줄이 있다. 줄이 끊어지는 평균 강도에 차이가 있는지를 결정하기 위해서 각 생산과정에서 10개씩 뽑아서 끊어지는 강도에 대해 조사하였다. 자료는 다음과 같다.

과정 1	10.4	9.8	11.5	10.0	9.9	9.6	10.9	11.8	9.3	10.7
과정 2	8.7	11.2	9.8	10.1	10.8	9.5	11.0	9.8	10.5	9.9

윌콕슨 순위-합 검정을 이용하여 $\alpha = 0.01$ 에서 두 공정과정에 의해 생산된 낚싯줄의 끊어지는 평균 강도에 차이가 있는지를 검증하여라.

09 다음의 자료는 세 가지 형태의 포켓용 과학계산기를 재충전하기 전까지 작동시간을 나타낸다.

계산기	A	4.9	6.1	4.3	4.6	5.3		
	B	5.5	5.4	6.2	5.85	5.5	5.2	4.8
	C	6.4	6.8	5.6	6.5	6.3	6.6	

크루스칼-왈리스 검정을 이용하여 유의수준 $\alpha = 0.01$ 에서 세 개의 계산기 모두 작동 시간은 같다는 귀무가설을 검증하여라.

13장

신뢰성

13.1 신뢰성의 개념

신뢰성(reliability)이란 시간의 측면에서 본 품질로서 일정기간 동안 주어진 기능을 원활하게 수행할 수 있는 제품의 능력을 말한다. 즉 제품을 오랫동안 고장 없이 잘 사용할 수 있다면 신뢰성이 높은 것이다. 추상적인 낱말로서의 신뢰성이나, 신뢰성을 확률로서 정의하는 신뢰도는 모두 영어로 reliability로 쓰여진다. 이것은 rely+ability로서 "맡겨둘 수 있는 능력"을 의미한다. 그러나 너무 막연한 의미이므로 신뢰성과 신뢰도를 다음과 같이 정의하는 것이 확실하다.

- 신뢰성: 시스템, 제품 또는 부품 기능의 시간적 안전성을 나타내는 성질
- 신뢰도: 시스템, 제품 또는 부품이 어떤 정해진 조건하에서 의도하는 기간 중에 고장 없이 정해진 기능을 발휘하는 확률

신뢰도란 어떤 제품이 얼마나 잘 작동하는지에 대한 척도이다. 구체적으로 말하면 신뢰도란 어떤 제품이 기술된 시간의 기간 동안 주어진 환경하에서 요구되는 기능을 수행할 확률이다.

제품을 사용하는 고객이 신뢰도에 대해 관심을 갖는 대상이 된다. 제조업자들은 제품을 설계하고 시험하고 유통하여 최종적으로 소비자에게 전달한다. 제품이 의도한 대로 작동할 것인가? 그러기를 바라지만 종종 그렇지 못하여 오작동의 결과가 매우 심각해질 수 있다. 즉 안전사고, 재정적 손실, 소비자 불만족을 가져다 줄 수 있다. 그러므로 책임성 있는 기술에 있어서 신뢰도는 제조성, 시험, 기능성 등을 동시에 고려해야 한다. 결코 모든 것이 결정된 후의 사후 고려사항으로 처리해서는 안된다.

제품이 고장 나면 사람들은 그것을 즉시 버리거나 고쳐서 사용한다. 반면 훈련된 기술자들은 고장 난 제품을 버리거나 고쳐서 사용하기 전에 각 제품을 면밀히 검사하기를 원한다. 이와 같은 검사를 통해 기술자는 그의 지식을 확장해 나가고 신뢰도를 개선하며 더 적은 비용을 들여서 더 많은 수입을 올리는 결과를 가져오게 된다.

13.2 신뢰성의 측도

신뢰도란 확률로써 정의되었는데, 어떤 제품의 신뢰도란 시간 $t=0$에서 쓰기 시작한 제품의 몇 %가 임의의 시점 t에서 고장나지 않고 남아 있는가를 나타내는 잔존률이라고 볼 수 있다. 따라서 신뢰도는 시간 t의 함수이다.

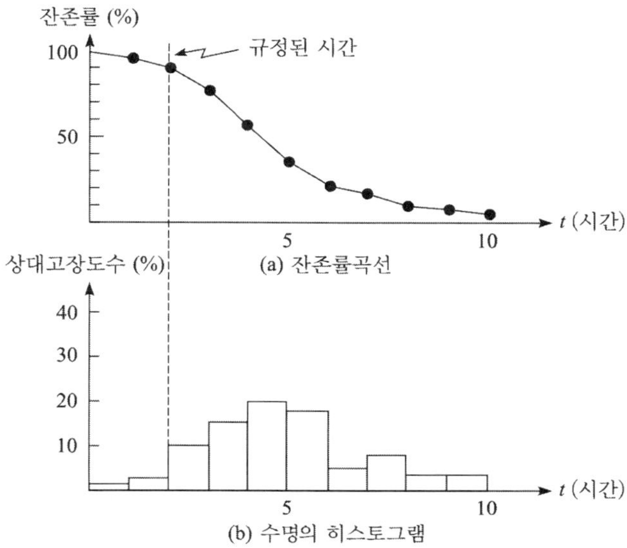

그림 13.1 ▸▸▸ 잔존률곡선과 수명의 히스토그램

제품의 신뢰도를 측정하려면 동일품질이라고 생각되는 다수의 샘플에 대해서 그것들이 기능을 잃고 고장 나는 시간을 관측해야 한다. 동일 로트의 제품을 모두 관측하면 정확한 신뢰도가 구해지겠지만, 이것이 실제로 불가능하므로 한정된 샘플에 대해서만 관측할 수 밖에 없다. 예를 들면 동일 로트로 만들어진 어떤 전기제품에 대하여 100대의 제품을 랜덤하게 택한 후, 이 100대에 대해서 고장 나기까지의 시간을 조사하면 그 결과 시간에 대한 고장수의 히스토그램과 잔존률곡선이 그림 13.1과 같이 나타난다.

그림 13.1의 데이터는 100대라는 한정된 샘플에 관한 값이지만, 샘플의 크기를 한없이 늘려가면 잔존률곡선이나 히스토그램은 샘플마다의 변동이 없어지고, 제품 전체 본래의 미끈한 잔존률곡선과 수명을 나타내는 곡선에 수렴해 갈 것이다.

이 전기제품은 시간 $t=0$에서는 잔존률이 100%이지만 시간이 경과함에 따라서 점차 0에 가까워지는 하강곡선이 된다. 이와 같은 잔존률곡선이 그림 13.2와 같은 신뢰도 $R(t)$가 된다. $R(t)$는 시간 t 의 함수이므로 이를 신뢰도함수(reliability function)라고 한다. 제품의 수명을 나타내는 확률변수를 T라고 할 때, 신뢰도함수는

$$R(t) = P(T > t) = 1 - F(t)$$

이다.

그림 13.1의 히스토그램은 샘플의 크기를 한없이 늘려갈 경우 고장발생시간(또는 수명시간)의 밀도함수 $f(t)$가 되고 그림 13.2의 두 번째 그림과 같이 미끈한 곡선을 갖게 된다.

한편 신뢰도 $R(t)$와는 반대로 어느 기간까지 전체의 몇 %가 고장인가를 나타내는

척도를 불신뢰도라고 하고 $F(t)$로 표시한다. $R(t)$와 $F(t)$와의 관계는 그림 13.2에서 보는 바와 같이 언제나

$$R(t) + F(t) = 1$$

의 관계에 있다. 왜냐하면 정상상태에 잔존하는 부분과 고장나서 비정상상태에 빠진 부분의 합은 언제나 100%, 즉 1이기 때문이다. 이 식은 $R(t)$와 $F(t)$ 간의 상호 보완성을 나타낸다. 신뢰도를 알려면 고장나지 않은 편을 관측해야 하겠지만, 반대로 고장난 부분(불신뢰도)을 관측해도 알 수 있는 것이다.

그림 13.1 (b)의 히스토그램의 극한으로 얻어진 고장 발생시간의 밀도함수 $f(t)$는 단위시간당 전체의 몇 %가 고장났는가 하는 빈도를 나타내는 것이며, 수학적으로는 $F(t)$ 또는 $-R(t)$의 시간미분이다. 즉

$$f(t) = \frac{dF(t)}{dt} = -\frac{dR(t)}{dt}$$

가 성립한다. 또한 역으로 고장밀도함수 $f(t)$를 시간 0에서 t까지 적분한 면적이 그림 13.2에서 보는 바와 같이 불신뢰도 $F(t)$의 값(높이)과 같다. 즉

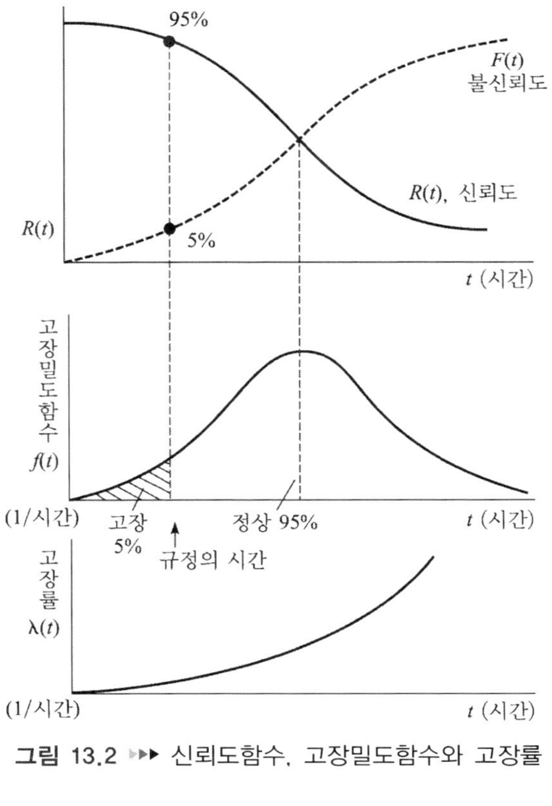

그림 13.2 ▸▸▸ 신뢰도함수, 고장밀도함수와 고장률

$$F(t) = \int_0^t f(x)\,dx$$

가 된다.

신뢰도를 다룰 때에는 **고장률**(failure rate)이라는 척도를 자주 쓰게 되는데, 이것은

$$\lambda(t) = \frac{f(t)}{R(t)} = \frac{-\dfrac{dR(t)}{dt}}{R(t)}$$

으로 정의된다. 고장률 $\lambda(t)$는 t시간까지 고장없이 살아남은 부분, 즉 $R(t)$ 중에서 다음 순간 고장 날 제품의 비율을 나타낸다.

고장률과 신뢰도와의 관계는

$$\lambda(t) = \frac{f(t)}{R(t)} = \frac{-\dfrac{dR(t)}{dt}}{R(t)}$$

으로, 위 식을 시간으로 적분하면 구해진다. 즉

$$R(t) = e^{-\int_0^t \lambda(x)\,dx}$$

의 관계가 성립한다.

평균수명은 제품이 고장 날 때까지의 평균시간으로, 수명 T의 기댓값으로

$$E(T) = \int_0^\infty t\, f(t)dt$$

이다. 평균수명에서 고장이 나도 수리해서 쓸 수 있는 제품인 경우에는 **평균고장간격시간**(mean time between failures, ***MTBF***)이라는 용어를 사용한다. 이는 수리완료에서 다음 고장까지(또는 고장에서 고장까지) 제품이 정상상태에 머무르는 무고장 동작시간이며, 그 평균에 해당한다. *MTBF*는 그 시간 동안 제품이 동작하면 평균 1회 고장 나는 시간의 길이이다. 고장 나면 수명이 없어지는 제품인 경우에는 **고장까지의 평균시간**(mean time to failure, ***MTTF***)이라는 용어를 사용한다. 이는 고장 날 때까지의 수명을 말하며, 그 제품의 평균수명을 의미한다.

13.3 고장률의 기본형

고장률은 시간 t 의 함수이다. 고장률 $\lambda(t)$가 시간의 증가에 따라 감소하는 것은 **감소형**(decreasing failure rate, DFR)이라고 하고, 고장률이 시간의 변화에 관계없이 일정한 것을 **일정형**(constant failure rate, CFR)이라고 하며, 고장률이 시간이 증가함에 따라 증가하는 것을 **증가형**(increasing failure rate, IFR)이라고 한다. 고장률에는 기본적으로 3가지 형이 있으며, 각 형에 따라서 $f(t)$, $R(t)$도 다른 패턴(pattern)을 갖는다.

고장률의 기본적인 3가지 형과 고장확률밀도함수와는 일정한 관계를 가지고 있다. 따라서 이들의 관계를 종합하면 그림 13.3과 같다.

13.3.1 감소형

감소형은 초기에 고장률이 높고 시간이 갈수록 감소하여 고장률이 줄어드는 경우이다. 그림 13.3에서 보는 바와 같이 고장률 $\lambda(t)$, 고장밀도함수 $f(t)$, 신뢰도 $R(t)$ 등이 모두 감소함수의 모양으로 나타난다. 전자제품의 대부분이 이 경우에 속하며, 고장 나기 쉬운 결함을 가진 부품들이 초기에 고장을 잘 일으키지만, 시간이 갈수록 높은 신뢰의 것만이 남는 형이다.

이와 같은 형의 부품에서는 사전교환 등에 의한 **예방보전**(preventive maintenance,

고장률의 형	신뢰도 $R(t)$	고장밀도함수 $f(t)$	고장률 $\lambda(t)$	와이블분포 $R(t)=e^{-t^m/t_0}$ 의 모수	보전효과
(a) 감소형 *DFR*	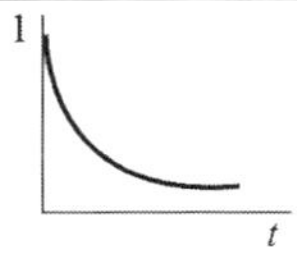	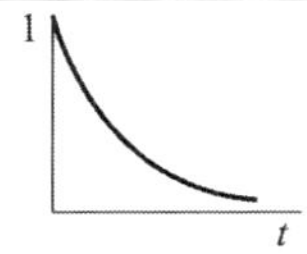	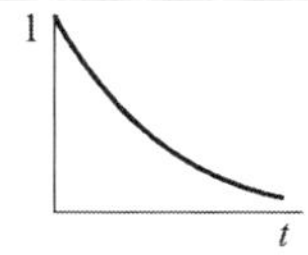	$m<1$	예방보전은 하지 않음, 디버깅(debugging)이 유효.
(b) 일정형 *CFR*	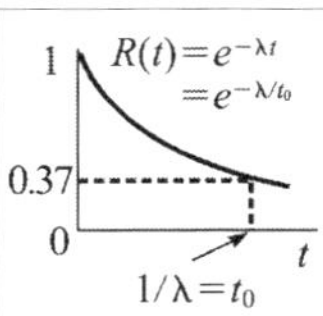	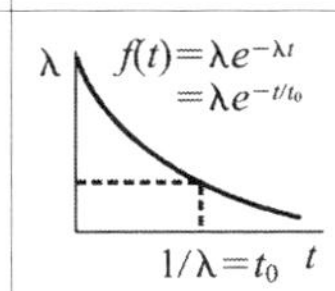	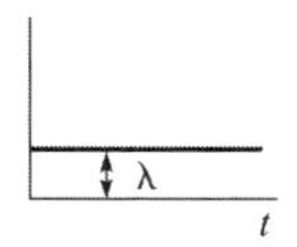	$m=1$	예방보전(preventive maintenance)은 효과 없음.
(c) 증가형 *IFR*	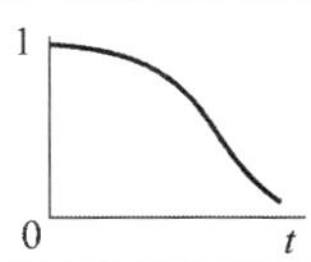	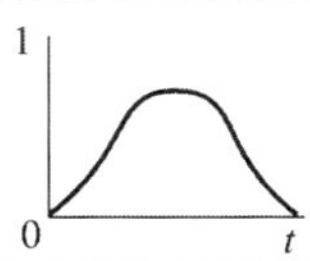	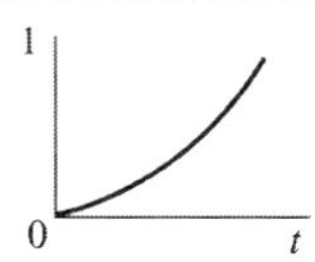	$m>1$	고장이 집중적으로 일어나기 전에 예방보전으로 교환하면 유효.

그림 13.3 ▸▸ 고장률의 3가지 기본형

PM)을 실시하는 것은 무의미하며, 도리어 방치할수록 좋아지므로 오히려 사용에 앞서서 에이징(aging)을 행하여 초기에 높은 고장률 부분을 제거시키고 양호품만을 뽑아서 쓰는 것이 바람직하다. 이처럼 에이징에 의한 안정화의 과정을 디버깅(debugging), 또는 번인(burn-in)이라고 한다.

13.3.2 일정형

일정형은 많은 구성부품에서 이루어지는 제품에서 흔히 볼 수 있는 전형적인 패턴으로, 고장률 $\lambda(t)$는 어떤 시각에서 보아도 일정하므로 시간 t 의 함수가 아니며

$$\lambda(t) = \lambda$$

로 나타내어 일정하게 해 준다. 이 경우에 고장률, 즉 시간당 일어나는 고장의 비율은 일정하지만, 어떤 시점에서 고장이 일어나는가는 완전히 랜덤하다.

고장률과 신뢰도와의 관계식은

$$R(t) = e^{-\int_0^t \lambda(x)dx}$$

이다. 위 식에 $\lambda(t) = \lambda$를 대입시키면

$$R(t) = e^{\int_0^t \lambda dx} = e^{-\lambda t}$$

로서 표현된다. 따라서 신뢰도는 지수형이며 고장까지의 무고장 동작시간은 지수분포에 따름을 알 수 있다. 대부분의 전자제품 혹은 공업제품은 여러 개의 부품으로 구성되어 몇 개의 고장원인을 가지며, 그것을 구성하는 부품의 어느 것인가가 고장 나면 제품이 고장 난다. 제품을 구성하는 각 부품의 고장패턴이 다르거나, 또 고장 난 부품을 그때그때 교환하면 고장이 일어나는 방식은 완전히 랜덤하게 되며, 제품의 고장률은 일정하다고 간주된다. 이 때문에 지수분포는 신뢰성에서 가장 대표적인 분포형으로 간주된다.

13.3.3 증가형

증가형은 그림 13.3에서 보는 바와 같이 점차로 고장률이 상승하는 형이며, 마모되는 부품, 볼베어링, 사람의 노화현상에서 찾아볼 수 있다. 이 형의 고장은 마모나 노화에 의하여 어떤 시점에서 집중적으로 고장이 일어나는 특징을 가지며, 고장밀도함수 $f(t)$가 정규분포에 근사하게 기술되는 경우가 많다. 평균을 $\mu = MTBF$(또는 $MTTF$), 표준편차를 σ로 하면, 흔히 고장밀도함수는

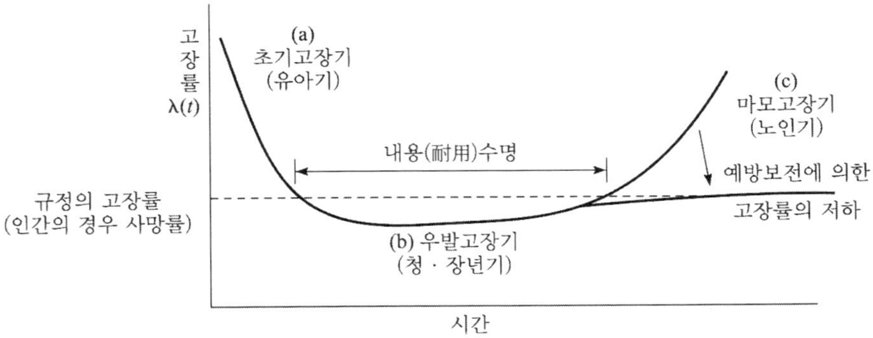

그림 13.4 ▸▸▸ 욕조곡선의 고장률패턴

$$f(t) = \frac{1}{\sqrt{2\pi\sigma^2}} e^{-\frac{1}{2}\left(\frac{t-\mu}{\sigma}\right)^2}$$

으로 표현된다. 이 경우에는 고장이 집중적으로 일어나기 직전에 교환[이를 **예방보전**(preventive maintenance)이라고 함]을 하면 고장을 사전에 방지할 수 있는 특징이 있다.

13.3.4 욕조곡선

대부분의 단순한 부품들은 앞에서 기술한 기본적인 3가지 형으로 그 고장률을 기술할 수 있으나, 여러 가지 부품으로 구성된 제품이나 시스템에서는 그 고장패턴이 복잡한 경우가 많다. 이런 제품들의 가장 전형적인 고장률 패턴은 그림 13.4에서 나타낸 것과 같은 **욕조곡선**(bath tub curve)이다.

욕조곡선의 성질을 이해하려면 연령에 따른 인간의 사망률곡선을 생각하면 좋다. 제품이 많은 부품으로 구성되듯이 사람의 몸도 많은 부품으로 이루어진 시스템이라고 생각할 수 있다. 인간의 사망률은 유아기에는 외계에 대한 저항력이 약하므로 사망률이 높지만 성장함에 따라 청·장년기에는 가장 낮고 거의 일정해진다. 그리고 노년에 들어서면 각 부분에 노화현상이 발생하여 사망률이 급격히 상승한다.

제품에서 고장률이 감소하는 기간은 설계의 미비나 공정불량 등에 의하여 초기고장이 나는 부분으로 초기고장기간(initial failure period) 또는 **디버깅**(debugging)기간이라고 한다. 디버깅은 "벌레를 잡아 없앤다"라는 뜻으로 결함을 제거하여 신뢰성을 높이는 작업이 진행되어야 하는 기간을 의미한다.

초기고장기간이 지나면 고장률이 시간적으로 거의 일정하게 안정되는 **우발고장기간**(random failure period)이 온다. 이 기간에는 고장이 우발적(랜덤)으로 발생하며, 제품의 고장률이 가장 낮고 안정되어 있으므로 제품의 왕성한 활동기에 해당한다. 이 기간의 길이를 내용수명기간이라고 한다. 어떤 제품이든지 간에 규정된 고장률이 정해져 있으며,

내용수명기간은 그 고장률이 그림 13.4에서와 같이 규정의 고장률보다 낮다. 이 내용수명기간을 지나면 고장으로 인한 제품의 유지비가 많이 필요하므로 제품을 폐기하는 것이 오히려 득이 되는 경우가 보통이다.

우발고장기간이 지나면 **마모고장기간**(wear-out period)이 오며, 이때에는 제품을 구성하는 부품의 마모나 노화에 의하여 고장이 일어난다. 그러나 마모가 시작되기 전에 사전교환 등에 의한 예방보전을 통하여 고장률을 작게 할 수 있으며, 내용수명기간을 연장시킬 수도 있다.

13.4 고장시간의 지수분포

제품의 전형적인 고장률 패턴에서 우발고장기간의 고장밀도함수 $f(t)$가 지수분포를 하며, 또한 대부분 간단한 제품의 고장발생확률을 지수분포로 나타낼 수 있으므로, 지수분포는 신뢰성에서 가장 대표적인 분포라고 하겠다. 지수분포의 자세한 내용은 4.8절에서 소개하였다. 지수분포에 따르는 고장은 어느 시점에서 보아도 완전히 랜덤하게 균등한 비율로 발생하며, 신뢰도는 하향곡선을 그리게 된다.

제품의 수명 T가 고장률이 λ인 지수분포를 따를 때 T의 확률밀도함수 $f(t)$는

$$f(t)=\lambda e^{-\lambda t}, \quad t \geq 0$$

이고, 누적분포함수 $F(t)$는

$$F(t)=1-e^{-\lambda t}, \quad t \geq 0$$

이다. 따라서 신뢰도 $R(t)$는

$$R(t)=1-F(t)=e^{-\lambda t}, \quad t \geq 0$$

이며, 고장률 $\lambda(t)$는

$$\lambda(t)=\frac{f(t)}{R(t)}=\frac{\lambda e^{-\lambda t}}{e^{-\lambda t}}=\lambda$$

이다. 제품수명이 지수분포를 따를 때의 고장률은 일정형임을 알 수 있다. 또한 평균수명은

$$E(t)=\int_0^{\infty} t\, f(t)dt=\frac{1}{\lambda}=MTBT \quad \text{또는} \quad MTTF$$

이다. 고장률과 평균수명은 역의 관계가 있음을 알 수 있다.

신뢰성이론을 적용하여 제품의 수명패턴에 대한 검정을 하거나 추정을 수행하기 위해서는 적절한 고장자료를 수집해야 한다. 기술의 발달로 인하여 제품의 수명이 매우 길어짐에 따라 정상적인 가동상태에서의 고장자료 수집은 기간이 너무 많이 소요될 뿐만 아니라 제품의 개발기간이 제품의 수명에 비하여 매우 짧기 때문에 가능한 한 빠르고 경제적인 방법으로 자료수집이 수행되어야 한다. 전체시험부품의 고장시간에 대한 완전자료(complete data)를 수집하게 된다면 이론의 개발이나 실제 자료의 적용이 쉬울 뿐만 아니라 자료를 적용했을 경우에의 계산과정도 간단해지게 된다. 그러나 현실적으로는 완전자료를 수집하는 것이 매우 어렵거나 경우에 따라서는 불가능한 경우가 대부분으로 이러한 경우에는 다음과 같은 형태의 불완전자료(incomplete data)를 이용할 수밖에 없게 된다.

(i) 정시중단자료(Type I censored data): 시험 중에 있는 모든 부품들이 고장 날 때까지 기다리지 않고 미리 계획한 일정한 시점에서 시험을 중단하게 되는 경우에 얻어지는 고장자료.

(ii) 정수중단자료(Type II censored data): 정해진 개수의 제품이 고장 났을 때 시험을 중단하고 얻어지는 자료.

(iii) 랜덤중단자료(Randomly I censored data): 시험 중에 있는 부품들의 시험 중단시점이 확률변수로 간주되어 일정한 분포를 가지는 경우에 얻어지는 자료. 동물실험이나 임상실험 등에서 많이 나타나게 된다. 또한 부품인 경우에도 자연발생적인 고장발생이나 계획된 시험중단 이외의 경우에 발생된다.

13.4.1 평균수명의 점추정

고장률이 λ인 지수분포라고 가정되는 경우에 대한 평균수명의 추정문제를 다루어 보자. 이 경우에는

$$\widehat{MTBF} \quad \text{또는} \quad \widehat{MTTF} = \frac{1}{\hat{\lambda}} = \frac{1}{\dfrac{r}{T}} = \frac{T}{r}$$

에 의하여 $MTBF$의 점추정치를 구할 수 있다. 여기에서 T는 관측하고 있는 n개의 제품 개개의 동작시간을 모두 누계한 총동작시간이며, r은 그 중에서 고장이 발생한 불량제품의 수이다. $MTBF$ 대신에 $MTTF$를 사용할 수도 있으나, 표현의 간편함을 위해 $MTTF$는 생략하기로 한다.

(1) 완전자료

시험대상이 되는 n개의 부품들의 고장시간들이 모두 관측되었을 때 얻어진 자료가 $t_1, t_2, \cdots, t_n$인 경우 $MTBF$의 추정치는

$$\widehat{MTBF} = \frac{\sum_{i=1}^{n} t_i}{n}$$

이다.

(2) 불완전자료(수리가능한 제품)

고장시간의 분포가 지수분포라고 가정되는 경우에 대한 $MTBF$의 추정문제의 공식에 의하여 $MTBF$를 추정하되, T는 몇 번 고장 나더라도 관측대상 전체의 동작시간의 총합으로 한다. 그림 13.5에서 T는 실선길이의 총합이고, r은 ×를 한 개수로서 총 고장수이다. 이때 제품번호는 시장에 나간 순으로 배열하는 것이 좋다. 그림 13.5에서 (a)는 중단시간 t_c가 없는 경우로 T는 실선길이의 총합이고, (b)는 중단시간, t_c가 있는 경우로 $T = nt_c$가 된다. 일반적으로 장시간 관측하는 것은 어려우므로 (a)의 경우에는 고장 나는 개수를 미리 정해 놓고 관측하는 것이 좋다.

제품의 $MTBF$ 추정방법은 그림 13.5에서와 같이 두 가지 방법이 있다. 한 가지는 n개의 제품에 대하여 관측(시험)을 시작하여 미리 정해진 개수 r번째가 고장 난 시점에서 중단하는 경우로 **정수중단시험**(testing until r items fail)이라고 하며, 또 한 가지는 시간을 미리 정해 놓고 그때까지 고장 난 제품의 수 r개를 가지고 추정하는 **정시중단시험**(testing until a truncated time)이 있다.

정수중단과 정시중단의 두 가지 경우에 $MTBF$의 점추정치는

$$\widehat{MTBF} = \frac{T}{r}$$

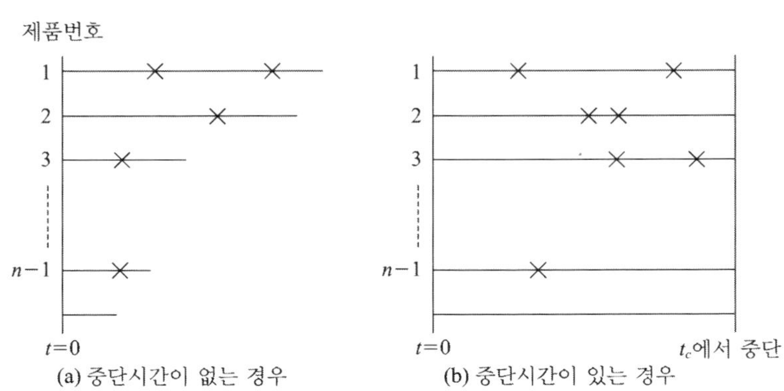

그림 13.5 ▸▸▸ 수리하면서 사용하는 제품의 $MTBF$ 추정

의 공식에서 얻을 수 있다. 그러나 T의 계산방법에 다음과 같이 약간의 차이가 있다.

정수중단 : $T = n \cdot t_r$

정시중단 : $T = n \cdot t_c$

단, t_r: r번째 고장발생시간, t_c: 시험중단시간

예제 13.1 6개의 정밀기계를 상업용로에 설치하였다. 기압계가 고장나면 수리하면서 사용하였다. 그러나 840시간만에 8번째의 고장이 발생하여 좀 더 고가품으로 변형하기 위하여 노를 정지시켰다. $MTBF$를 구하여라.

풀이

$$\widehat{MTBF} = \frac{n \cdot t_r}{r} = \frac{6 \times 840}{8} = 630(\text{시간}).$$

예제 13.2 한 화학공장에는 24개의 공정제어회로가 있다. 5000시간의 공장가동 중 회로가 14번 고장 났다. 고장 날 때마다 회로는 수리하면서 사용하였다. 이때 $MTBF$를 구하여라.

풀이

$$\widehat{MTBF} = \frac{n \cdot t_c}{r} = \frac{24 \times 5000}{14} = 8571(\text{시간}).$$

(3) 불완전자료(수리하지 못하는 제품)

수리하지 못하며 고장과 더불어 수명이 다한 것으로 생각하는 제품의 $MTTF$(이 경우는 $MTBF$는 생각하지 않음) 추정방법은 그림 13.6에서와 같이 정수중단시험과 정시중단시험의 방법이 있다.

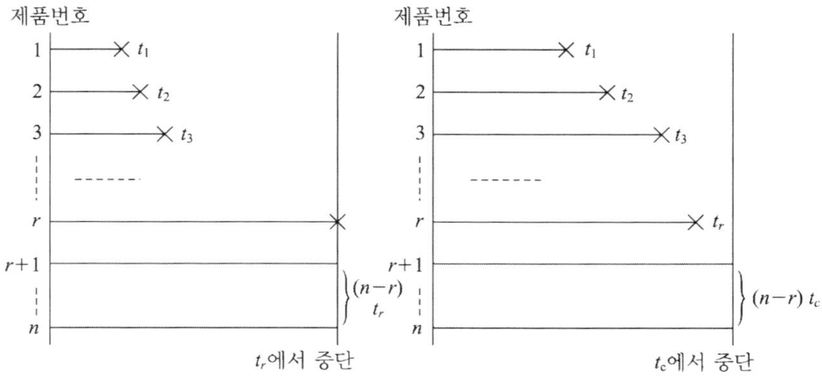

(a) 정수중단(갯수 r이 미리 정하여짐)　(b) 정시중단(시간 t_c가 미리 정하여짐)

그림 13.6 ▸▸ 수리하지 못하는 제품의 $MTTF$ 추정

정수중단과 정시중단의 두 가지 경우에 $MTTF$의 점추정치는

$$\widehat{MTTF} = \frac{T}{r}$$

의 공식에서 얻을 수 있다. 그러나 T의 계산방법에 다음과 같이 약간의 차이가 있다.

정수중단 : $T = \sum_{i=1}^{r} t_i + (n-r)t_r$,

정시중단 : $T = \sum_{i=1}^{r} t_i + (n-r)t_c$,

단, r: 고장개수, t_i: 고장발생시간,

t_r: r번째 고장발생시간, t_c: 시험중단시간

예제 13.3 20개의 회전기를 시험하여 이 중 9개가 고장 날 때까지 시험을 계속하였다. 고장시간은 다음과 같다. 이때 $MTTF$를 구하여라.

27.4, 14.4, 13.5, 5.1, 10.5, 27.7, 20.0, 29.1, 23.6

풀이

$$\widehat{MTTF} = \frac{\sum_{i=1}^{r} t_i + (n-r)t_r}{r} = \frac{171.3 + (20-9) \times 29.1}{9} = 54.6\,(\text{일}).$$

예제 13.4 수리하지 못하는 20개의 제품을 30일간 시험을 하였다. 이 기간 중 고장 난 9개의 고장시간(일)은 다음과 같다. 이때 $MTTF$를 구하여라.

27.4, 14.4, 13.5, 5.1, 10.5, 27.7, 20.0, 29.1, 23.6

풀이

$$\widehat{MTTF} = \frac{\sum_{i=1}^{r} t_i + (n-r)t_c}{r} = \frac{171.3 + (20-9) \times 30}{9} = 55.7\,(\text{일}).$$

13.4.2 평균수명의 구간추정

평균수명의 점추정치는 평균으로서의 값이므로 통계적인 확실성을 가지고 추정하려면 구간추정을 할 필요가 있다. 표 13.1에는 정수중단과 정시중단에 대한 $MTBF$의 신뢰구간을 신뢰수준 $1-\alpha$에서 구하여 놓은 것이 있다.

표 13.1 ▸▸▸ $MTBF(MTTF)$의 신뢰구간

추정방법	정수중단	정시중단
양쪽추정	$\left[\frac{2r(\widehat{MTBF})}{x^2(2r,\alpha/2)}, \frac{2r(\widehat{MTBF})}{x^2(2r,1-\alpha/2)}\right]$	$\left[\frac{2r(\widehat{MTBF})}{x^2(2(r+1),\alpha/2)}, \frac{2r(\widehat{MTBF})}{x^2(2r,1-\alpha/2)}\right]$
한쪽추정	$\left[\frac{2r(\widehat{MTBF})}{x^2(2r,\alpha)}, \infty\right]$	$\left[\frac{2r(\widehat{MTBF})}{x^2(2(r+1),\alpha)}, \infty\right]$

만약 관측된 고장수가 충분히 많으면(25개 이상), 정규분포를 가정해서 다음과 같이 신뢰구간을 구할 수도 있다.

$$\text{양쪽추정: } \widehat{MTBF} \pm z_{\alpha/2}\frac{\widehat{MTBF}}{\sqrt{r}},$$

$$\text{한쪽추정: } \left[\widehat{MTBF} - z_{\alpha}\frac{\widehat{MTBF}}{\sqrt{r}}, \infty\right]$$

예제 13.5 어떤 제품에 대하여 $MTTF$를 추정하기 위하여 $n=50$개의 제품의 수명을 정시중단 $t_{c=100}$일을 정해 놓고 관측하였더니 총 고장수는 $r=10$개이고, 총 동작시간은

$$T = \sum_{i=10}^{10} t_i + (50-10)(100) = 4500\text{시간}$$

이었다. 신뢰수준 90%로 양쪽추정에 의한 $MTTF$의 구간추정을 실시하여라.

풀이 먼저 점추정값을 구해 보면

$$\widehat{MTTF} = \frac{T}{r} = \frac{4500}{10} = 450 \text{ (시간)}$$

이 된다. 다음으로 양쪽추정에 의한 신뢰구간의 하한과 상한은 각각 다음과 같다.

$$\text{신뢰하한: } \frac{2r(\widehat{MTTF})}{x^2(2(r+1),\alpha/2)} = \frac{2(10)(450)}{x^2(22,0.05)} = \frac{9,000}{33.9} \fallingdotseq 266,$$

$$\text{신뢰상한: } \frac{2r(\widehat{MTTF})}{x^2(2r,1-\alpha/2)} = \frac{2(10)(450)}{x^2(20,0.95)} = \frac{9,000}{10.85} \fallingdotseq 830$$

따라서 $MTTF$의 90% 신뢰구간은 (266시간, 830시간)이 된다.

13.5 고장시간의 와이블분포

앞에서 언급된 바와 같이 일정형에서는 지수분포를, 증가형에서는 정규분포를 한다. 감소형에서는 신뢰도 $R(t)$를 두 지수분포의 혼합형

$$R(t) = pe^{-\lambda_1 t} + (1-p)e^{\lambda_2 t} \ (\lambda_1 \gg \lambda_2)$$

으로 나타낼 수 있다.

그러나 세 가지의 다른 형에 제각기 지수분포나 정규분포를 구분해서 사용하는 것은 번거롭기도 하며, 시시각각으로 고장률의 형이 변화하는 경우에 이것을 좀 더 통일적으로 나타내는 확률분포가 바람직하다. 이 목적을 위하여 와이블(Weibull)분포가 사용된다. 와이블분포는

$$R(t) = e^{-t^m / t_0}$$

의 형을 가지며, m을 형상모수, t_0를 척도모수라고 한다. 그림 13.3에서 구별하여 놓은 것과 같이 m의 값에 따라서 분포의 형이 달라진다. $m < 1$이면 감소형, $m = 1$이면 일정형, $m > 1$이면 증가형이 된다.

4.9절에서 다루었던 와이블분포에 대하여 살펴보도록 하자. 와이블분포를 생각할 때에는 확률밀도함수 $f(t)$와 누적분포함수 $F(t)$를 다음과 같이 정의한다.

$$f(t) = \frac{m(t-r)^{m-1}}{t_0} e^{-\frac{(t-r)^m}{t_0}}, \ t \geq r$$

$$F(t) = 1 - R(t) = 1 - e^{-\frac{(t-r)^m}{t_0}}, \ t \geq r$$

여기에서 $F(t)$는 불신뢰도에 해당하고, 3개의 모수 m, t_0, r은 다음과 같이 정의한다.

m: 형상모수(shape parameter),
t_0: 척도모수(scale parameter),
r: 위치모수(location parameter)

와이블분포는 모수 m, t_0에 의하여 여러 가지 분포(지수분포, 정규분포 등)에 대응할 수 있으며, 모수 r은 타임래그(time lag)의 효과가 있을 때

$$R(t) = e^{-\frac{(t-r)^m}{t_0}}$$

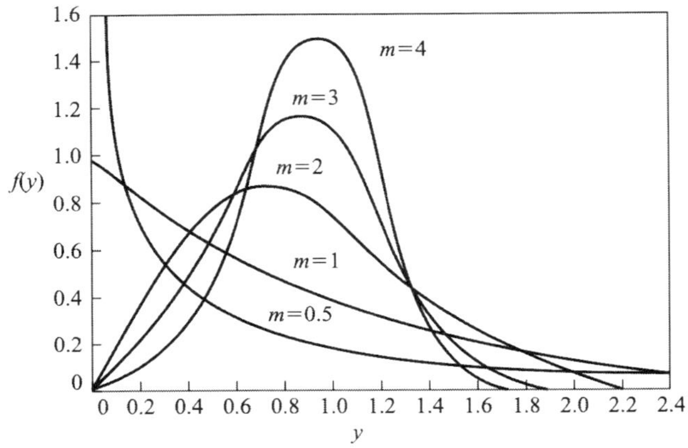

그림 13.7 ▸▸▸ 와이블분포의 확률밀도함수의 모양

으로 하여 사용하는 것이 실제 데이터에 잘 맞는다. 위 식에서 $r=0$으로 놓으면 와이블분포가 된다.

와이블분포의 확률밀도함수(고장밀도함수)는 $r=0$인 경우에

$$y = t/\eta,\ \eta = t_0^{1/m}$$

으로 변환시키면

$$f(y) = my^{m-1}e^{-ym}$$

을 얻게 된다. $f(y)$의 모양을 알기 위하여 형상모수를 변화시켜 가며 그래프를 그려 보면 그림 13.7를 얻을 수 있다.

이 그림에서 보는 바와 같이 $m=1$이면 지수분포의 모양을 하고, $m=3$인 경우에 정규분포에 가깝다. m의 크기가 $2<m<4$이면 고장시간의 분포는 정규분포에 가깝다고 말할 수 있으며, $m=3.2$일 때가 가장 정규분포에 근사하다고 알려져 있다.

예제 13.6 어떤 부품의 고장시간의 분포가 $m=4$, $\eta=1000$, $r=1000$인 와이블분포를 따른다면 사용시간 $t=1500$일 때의 신뢰도와 고장률을 구하여라.

풀이 신뢰도는 $R(1500) = e^{-\left(\frac{1500-1000}{1000}\right)^4} = e^{-(0.5)^4} = 0.939$,

고장률은 $\lambda(1500) = \dfrac{4}{1000}\left(\dfrac{1500-1000}{1000}\right)^3 = 0.0005\,(시간)$이다.

13.6 시스템의 신뢰도

여러 가지 부품으로 구성된 시스템(부품)에서 각 부품의 신뢰성을 알고 있을 때, 그 시스템의 신뢰성을 어떻게 구할 수 있는가? 이것은 시스템이 어떤 형태로서 이루어져 있는가를 알면 구할 수 있다. 기본적으로 시스템의 구성은 **직렬 시스템**(series system)과 **병렬 시스템**(parallel system)으로 되어 있다. 경우에 따라서는 이 두 가지를 혼합한 시스템도 많이 사용된다.

13.6.1 직렬 시스템

시스템을 기능적으로 보았을 때, 그것이 몇 개의 부분 시스템(부품)으로 구성되어 있고, 그 중 하나의 부품이 고장 나더라도 전체 시스템이 고장이 나며 각 부품의 신뢰도가 서로 독립이면, 이 시스템은 직렬 시스템으로 볼 수 있다. 이 경우에 시스템의 신뢰도 $R_s(t)$는 구성부품의 신뢰도 $R_i(t)$의 곱으로 된다. 즉 n개의 부품으로 이루어져 있는 경우에는

$$R_s(t) = R_1(t) \cdot R_2(t) \cdots R_n(t) = \prod_{i=1}^{n} R_i(t)$$

에 의하여 구한다. 부품 i 의 시간 t 에서의 신뢰도 $R_i(t)$는 1보다 작으므로, 시간 t에서의 직렬 시스템 $R_s(t)$는 구성부품의 신뢰도보다 작으며, 부품의 수 n이 커질수록 시스템 신뢰도는 감소함을 알 수 있다. 그림 13.8의 (a)는 직렬 시스템이 $n=3$인 경우에 대하여 보여 주고 있다.

만약 각 부품의 신뢰도가 지수분포에 따른다면 $R_i(t) = e^{-\lambda_i t}$이므로

$$\begin{cases} R_s(t) = e^{-(\lambda_1 + \lambda_2 + \cdots + \lambda_n)t} = e^{-\lambda t}, \\ \lambda = \lambda_1 + \lambda_2 + \lambda_n = \sum_{i=1}^{n} \lambda_i \end{cases}$$

가 된다. 즉 지수분포가 적용되는 직렬 시스템에서 시스템 전체의 고장률은 각 부품의 고장률을 합한 결과가 된다. 이 결과로부터 직렬 시스템에 대해서는 각 부품의 고장데이터를 분석하여 시스템 전체의 고장을 예측할 수 있다. 또한 각각의 부품이 같은 $MTTF$를 가지고 있고, n개의 부품을 직렬로 연결할 때, 이 시스템의 $MTTF$는 $MTTF/n$으로 줄어드는 것을 쉽게 짐작할 수 있다.

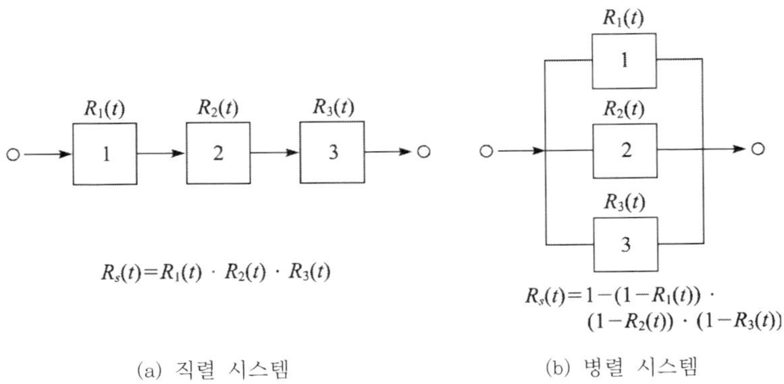

그림 13.8 ▸▸▸ 시스템의 구조

13.6.2 병렬 시스템

두 개 이상의 구성부품이 동시에 작동하고 있을 때, 이 중 하나만이라도 고장이 나 있지 않으면 그 시스템이 고장 나지 않는 그림 13.8의 (b)와 같은 모형을 병렬 시스템이라고 한다. 이 경우에는 구성부품이 모두 고장이 나야 시스템 전체가 고장이 나므로 시스템의 불신뢰도 $F_p(t)$는 각 부품의 불신뢰도 $F_i(t)$의 곱으로 표시된다.

$$F_p(t)=\prod_{i=1}^{n}F_i(t)$$

따라서 시스템의 신뢰도 $R_p(t)$는

$$\begin{aligned}R_p(t)&=1-F_p(t)\\&=1-\prod_{i=1}^{n}F_i(t)=1-\prod_{i=1}^{n}(1-R_i(t))\end{aligned}$$

으로 표현된다.

병렬 시스템에서는 부품의 수가 증가할수록 시스템 신뢰도는 증가한다. 이처럼 부품의 추가에 의해 신뢰도를 높일 수 있는 성질을 **중복**(redundancy)이라고 한다. 중복에 의해 시스템 신뢰도를 높일 수 있으나, 생산원가가 더 높아지고 장치가 복잡해져서 복합적인 고장이 발생하는 문제점이 있으므로 시스템 설계 시 이런 점들을 종합적으로 고려하여야 한다.

각 부품의 신뢰도가 지수분포에 따른다면 각각의 부품이 동일한 $MTTF$를 가질 때 n개의 부품을 병렬로 연결한 경우, 시스템의 $MTTF$는

$$MTTF\left(1+\frac{1}{2}+\frac{1}{3}+\cdots+\frac{1}{n}\right)$$

으로 길어짐을 보일 수 있다.

예제 13.7 다음과 같이 4개의 부품으로 구성된 시스템이 있다.

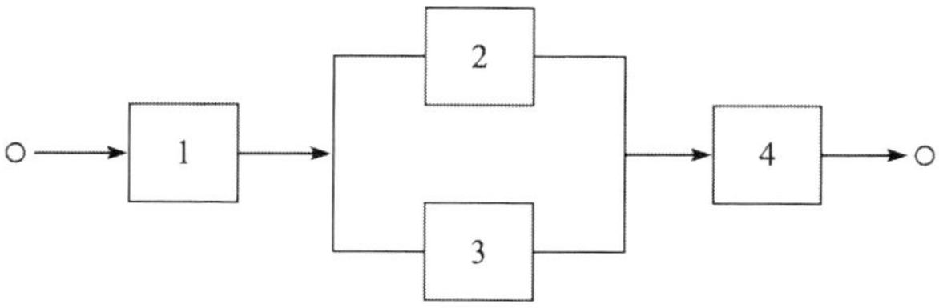

각 부품이 서로 독립적으로 기능을 발휘하고 있다고 하자. 만약 어떤 시각 t^*에서 각 부품의 신뢰도가 $R_1(t^*)=0.8$, $R_2(t^*)=0.7$, $R_3(t^*)=0.9$, $R_4(t^*)=0.75$이라면, 이 시각에서 시스템 전체의 신뢰도는 얼마인가?

풀이 시스템에서 병렬모양에 해당하는 부품 2와 3의 신뢰도는 다음과 같다.

$$\begin{aligned} R_p(t^*) &= 1-(1-R_2(t^*))(1-R_3(t^*)) \\ &= 1-(1-0.7)(1-0.9)=0.970 \end{aligned}$$

이 된다. 이 병렬모양을 신뢰도 $R_p(t^*)=0.97$을 갖는 하나의 부품으로 간주하면 시스템 전체는 하나의 직렬 시스템이 된다. 따라서 그 신뢰도는

$$\begin{aligned} R_s(t^*) &= R_1(t^*)R_p(t^*)R_4(t^*) \\ &= (0.8)(0.97)(0.75)=0.582 \end{aligned}$$

가 됨을 알 수 있다.

이 장은 신뢰도에 대해 거대하게 성장하는 분야에 대한 간단한 서론에 지나지 않는다. 미래의 기술자들은 소비자들을 위한 품질의 개선에 대한 일반적인 노력의 일환으로 제품과 서비스 신뢰도에 항상 주의를 기울여야 한다. 앞으로 다가올 시대에는 어떤 시스템이나 제품이 극히 적은 고장률을 갖게 될 것이라고 예측하고 있다. 신뢰도의 증진은 계속해서 새로운 기술적 설계전략을 요구하게 될 것이다. 분명히 이 같은 전략들은 기술의 보다 큰 사용을 위해 계속 논의될 것이며, 신뢰도는 기능, 제조능력, 시험능력, 서비스 능력과 더불어 설계초기에 통합될 것이다.

연습문제

01 전구가 1000시간의 평균 수명을 갖는다고 광고한다. 전구는 안정기의 고장기간에 있다고 가정하여라. 신뢰도가 50% 되는 시간은 언제인가?

02 어떤 유형의 건전지는 지수 함수적인 고장률을 갖는다고 가정한다. 건전지의 90%가 36개월의 보장기간 후에 고장 난다면 λ는 어떤 값을 가져야 하는가?

03 지수분포를 따르는 제품이 있다. $MTBF$와 같은 시간에 그 제품의 몇 %가 만족하게 동작하고 있는가? $MTBF$의 $\frac{1}{2}, \frac{1}{3}, \frac{1}{100}$ 등의 시간에서의 신뢰도는 얼마인가?

04 어떤 지수분포에 따르는 제품에 대하여 $MTBF$를 추정하기 위하여 $n=40$개의 제품을 마감시간 $t_c=100$일을 정하여 놓고 시험하였다. 단, 고장이 나면 즉각적으로 수리하여 시험을 계속하였다. 100일에서 통계를 내어 보니 총고장건수가 80번이었다. $MTBF$의 점 추정치와 95% 신뢰구간(양쪽추정으로)으로 구하여라.

05 어떤 시점에서 신뢰도가 $R=0.98$이 되는 부품 10개를 사용하고 있는 기기가 있다. 이 기기는 어느 부품이 고장이 나더라도 가동이 되지 않는다. 이 시점에서 이 기기의 신뢰도는 얼마인가? 만약 이러한 기기 2대를 병렬로 사용하는 시스템이 있다면 이 시점에서 이 시스템의 신뢰도는 얼마인가?

06 다음과 같이 구성된 시스템이 있다. 만약 어떤 시점 t에서 각 부품의 신뢰도가 모두 $R_i(t)=0.9$, $i=1, 2, \cdots, 8$이라면 이 시스템의 신뢰도는 시각 t에서 얼마인가?

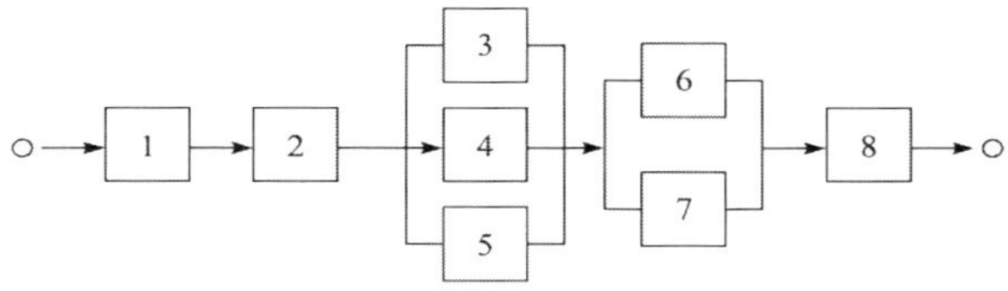

07 시스템이 15,000개의 부품으로 구성되어 있고 각 부품은 안정 고장기간 안에 있다고 가정하자. 각 부품의 고장률은 $\lambda=10$ FITS이다. 또한 부품 중 어느 하나가 고장을 일으키면 시스템은 고장난 것으로 가정한다. 예상 월간 시스템 고장은 얼마인가?

08 250개의 IC칩(각 λ_{MSIC} = 10, FITS), 12개의 선형 ICs(각 λ_{LIC}= 35 FITS), 125개의 실리콘 트랜지스터(각 λ_T= 20 FITS), 350개의 탄소피막저항(각 λ_R= 1 FITS)과 300개의 세라믹 커패시터(각 λ_C= 1 FITS)로 구성되어 있는 회로기판이 있다. 이들 각 소자는 회로가 정상적으로 동작하기 위해서 동작해야 한다. 어떤 시간 t_0에서 봤을 때 회로가 동작하고 있다고 한다. 10,000h 이후에 회로가 동작할 확률은 무엇인가? 독립성을 가정하여라.

09 유인 우주선에서 사용되는 컴퓨터 시스템은 3개의 독립적인 서브 시스템으로 구성되어 있다. 컴퓨터 시스템은 서브 시스템 중 어느 2개가 정상 동작하면 정상적으로 동작한다. 각 서브 시스템에 대한 고장률이 λ라고 하면 컴퓨터 시스템에 대한 신뢰도는 얼마인가? λ의 항으로 컴퓨터 시스템의 평균 고장시간은 무엇인가? 둘 모두가 동작해야 할 2개의 독립적인 서브 시스템을 갖는 시스템에 비해 이 같은 시스템의 설계의 가치가 어떤가를 말하여라.

10 전화 시스템은 2개의 중계선의 사용을 요구한다. 3개의 독립적인 중계선을 갖도록 시스템이 설계되어서 3개 중 어느 2개 선이 동작하면 동작하는 것으로 생각한다. 중계선에 대한 고장률은 1λ라고 가정하여라. 시스템의 신뢰도는 얼마인가? 단지 2개의 독립적인 중계선을 갖는 시스템에 비해 이 시스템의 가치(성능)가 어떤가를 말하여라.

11 전원장치가 의도한 응용에는 너무 신뢰할 수 없는 것으로 알려졌다. 고장률은 1년에 2번이다. 전원장치를 사용하여 시스템의 신뢰도를 개선시키기 위하여 버스로부터 고장이 난 전원을 차단시켜주는 릴레이와 함께 병렬로 3개의 전원을 연결하기로 결정하였다. 차단 릴레이는 전원장치보다 훨씬 믿을 만하다고 할 수 있는가? 단, 고장에 관한 한 3개의 전원장치는 독립적이라고 가정하여라.

한글 SPSS 24.0 사용법

1 한글 SPSS 24.0에 대하여

SPSS(Statistical Package for Social Science: 사회과학 통계 패키지)는 컴퓨터를 사용하여 복잡한 자료를 편리하고 쉽게 처리·분석할 수 있도록 만들어진 통계분석 전용 소프트웨어이다. SPSS는 DOS 버전에서 시작하여 Windows의 운영체제에 맞게 만들어진 Windows 버전으로 발전하였다. Windows 버전에서는 아이콘을 클릭하여 여러 가지 통계적 분석을 손쉽게 처리할 수 있는 시스템으로 보완되었다. SPSS는 SAS (Statistical Analysis System)와 더불어 연구자들에 의해서 널리 사용되고 있는 프로그램으로 특히 사회과학 분야에서 탁월한 통계분석 패키지로 알려져 있다.

이 SPSS 패키지를 적절하게 잘 이용하면 원하는 분석결과를 손쉽게 얻을 수 있다. 단순한 통계치에서부터 복잡한 통계결과를 구체적인 수치, 표 그리고 그래프로 만들 수 있으며, 이것을 통하여 다른 사람들이 쉽게 이해할 수 있는 보고서를 작성할 수 있다. 또한, 여타의 데이터베이스에서 작성된 자료를 직접 불러와 사용할 수도 있고, 분석 자료를 다른 프로그램에서 사용할 수 있어 그 활용 범위가 상당히 넓다.

최근에는 합리적이고 객관적인 의사결정의 중요성이 강조되고 있는 컴퓨터가 널리 보급되면서 통계 패키지를 사용한 통계분석이 정부기관, 연구소, 기업체와 같은 다양한 분야에서 많이 사용되고 있다. 이외에도 학문적 연구에서 경험적 데이터를 분석·처리하여 연구결과를 얻는 데에도 매우 유용한 도구가 될 수 있다.

2 한글 SPSS 24.0의 설치

한글 SPSS 24.0을 설치하려면 다음과 같은 시스템 사양이 필요하다.

메모리(RAM): 4GB 이상(32bit), 8GB 이상(64bit)
여유공간: 2GB 이상
운영체제: Windows 7, Windows 8, Windows 8.1, Windows 10, Mac OS X 10.10, Red Hat Enterprise Linux 6 and 7, Ubuntu 14.04 LTS

이상과 같은 환경에서 SPSS 프로그램을 다음과 같이 설치한다.

(1) SPSS 24.0 CD를 드라이브에 넣는다. 그러면 그림 1과 같은 화면이 나타난다.

그림 1 ▸▸▸ SPSS 24.0 초기 설치화면

(2) 『IBM SPSS Statistics 24 설치』를 마우스로 지정하고 순서에 따라 진행하면 프로그램 설치가 완료된다.

3 SPSS 24.0의 기본구성

SPSS 24.0은 기본적으로 데이터 편집기, 뷰어, 피벗 테이블 편집기, 차트 편집기, 텍스트 결과 편집기, 구문 편집기 등과 같은 6가지 유형의 창으로 구성되어 있다. 그리고 각 창에는 해당 창의 운영에 필요한 메뉴가 있어 이를 통해 필요한 작업을 실행시킬 수 있다.

창 유 형	설 명
데이터 편집기	데이터 편집기는 데이터 파일의 내용을 표시한다. 데이터 편집기를 사용하여 새 데이터 파일을 작성하거나 기존의 데이터 파일을 수정할 수 있다. 여러 개의 데이터 파일을 열어 둔 경우 각각의 데이터 파일에 대해 별도의 데이터 편집기 창이 열린다.
뷰어	모든 통계분석 결과, 테이블 및 차트가 뷰어에 표시된다. 이러한 결과를 편집하고 저장하여 나중에 다시 사용할 수 있다. 뷰어 창은 결과를 생성하는 프로시저를 처음 실행할 때 자동으로 열린다.
피벗 테이블 편집기	피벗 테이블에 표시된 결과는 피벗 테이블 편집기를 사용하여 여러 가지 방법으로 수정된다. 텍스트를 편집하고, 행과 열의 데이터를 전환하고, 색상을 추가하고, 다항표를 작성하고, 선택적으로 결과를 감추거나 표시할 수 있다.

차트 편집기	도표 창에서 고해상도 차트를 수정할 수 있다. 색상을 바꾸거나 다른 글꼴 유형이나 크기를 선택할 수 있으며, 수평축과 수직축을 바꾸거나 3차원 산점도를 회전하고 차트 유형 자체를 바꿀 수 있다.
텍스트 결과 편집기	피벗 테이블에 나타나지 않는 텍스트 결과는 텍스트 결과 편집기를 사용하여 수정할 수 있다. 결과를 편집하고 글꼴 특성(유형, 스타일, 색상, 크기)을 바꿀 수 있다.
구문 편집기	대화상자의 선택을 구문 창에 붙여넣어 선택을 명령 구문 형식으로 표시할 수 있다. 이러한 명령을 파일로 저장하여 다음 세션 때 사용할 수 있다.

4 SPSS의 도구들

SPSS 프로그램을 시작하면 그림 2와 같은 데이터 편집기 창이 나타난다. 맨 위쪽에 제목표시줄이 있다. 이 제목표시줄은 현재 작업 중인 파일의 제목을 나타내준다. 바로 밑에 있는 "메뉴"는 대부분의 다른 윈도우 프로그램과 비슷한 구조를 가지고 있으며, 11개의 메뉴로 구성되어 있다.

메 뉴	설 명
파일(F)	파일 메뉴로 새로운 파일을 만들거나 데이터 파일을 열고 자장하며 기타 응용 프로그램에서 작성된 파일을 변형하고 인쇄하는 기능을 수행한다.
편집(E)	편집 메뉴로 기존 자료로 편집하여 통계분석에 알맞도록 변환을 수행한다.
보기(V)	보기 메뉴로 도구모음의 표시, 상태표시줄의 설정과 해제, 변수값 설명이나 데이터 설명에 대한 출력 등을 제어한다.
데이터(D)	데이터 메뉴로 변수 정의, 변수와 케이스 삽입, 파일합치기 등과 같이 자료파일에 변화를 가져오는 기능을 한다.
변환(T)	변환 메뉴로 데이터 파일에서 작성된 자료와 변수를 변경하여 새로운 수식을 가지는 자료와 변수를 만든다.
분석(A)	분석 메뉴로 작성된 자료를 가지고 기술통계, 빈도분석, 분산분석 등 실질적인 통계분석을 다룬다.
다이렉트 마케팅(M)	인구학적 특성, 구매이력, 그리고 다른 특성들을 이용하여 다이렉트 마케팅 캠페인 결과를 향상시키기 위한 분석들을 제공한다.
그래프(G)	그래프 메뉴로 막대도표, 원도표, 산점도와 같은 그래프를 작성하여 분석결과를 보다 용이하게 볼 수 있도록 한다.
유틸리티(U)	데이터 파일의 변수정보와 변수목록을 제어한다.
창(W)	SPSS 창 간에 활동창을 변경하거나 열려 있는 SPSS 창을 아이콘으로 표시할 수 있도록 한다.
도움말(H)	도움말 메뉴로 SPSS 주요기능에 대한 도움말을 제공한다.

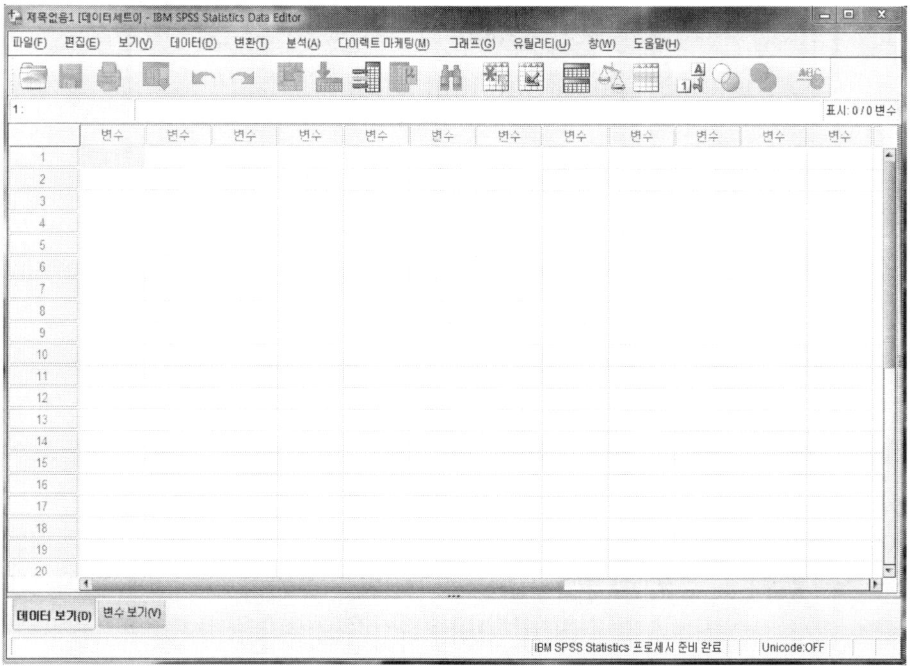

그림 2 ▸▸▸ SPSS 초기화면

5 자료 입력

SPSS를 이용하여 통계분석을 하기 우해서는 우선 수집된 자료를 입력해야 한다. 아래의 자료를 이용하여 자료를 입력하는 방법에 대해 알아보기로 한다. 다음 표는 C 대학교 통계학과 1학년 학생 5명의 중간고사 성적에 대한 자료이다.

학생	성별	컴퓨터활용	교양영어	미적분학	확률과통계
철수	남자	68	57	73	61
미애	여자	83	94	91	86
영희	여자	72	81	63	59
영철	남자	55	73	77	66
태훈	남자	92	68	75	87

(1) 데이터 편집기 창에 직접 입력하기

① 위의 데이터를 SPSS 프로그램의 초기화면인 데이터 편집기 창에서 그림 3에서와 같이 직접 입력한다.

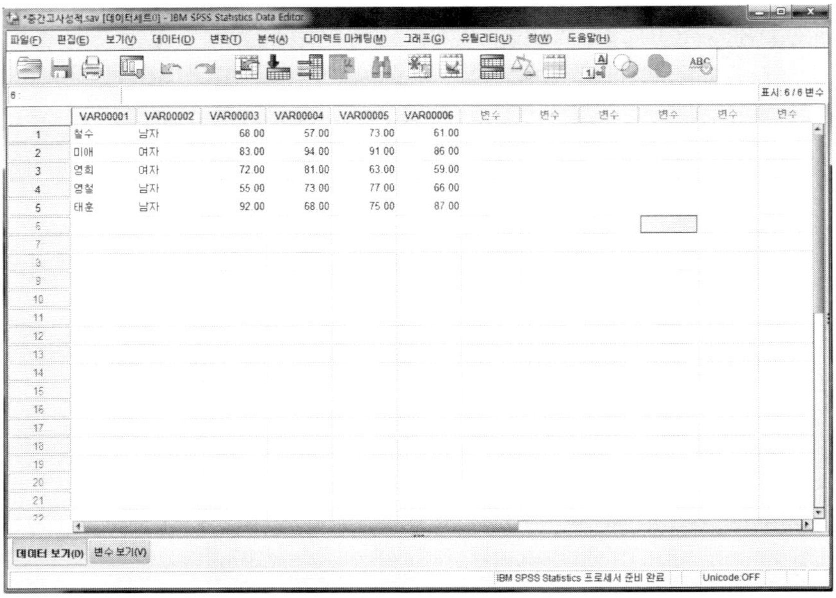

그림 3 ▸▸▸ 입력자료

② 데이터를 모두 입력하였으면 변수의 이름을 지정하고 소수점이하자릿수를 지정하는 것과 같이 변수를 정의하는 작업을 해야 한다. 불러온 초기화면의 하단에 있는 [변수 보기]를 클릭하면 다음과 같은 화면이 나타난다.

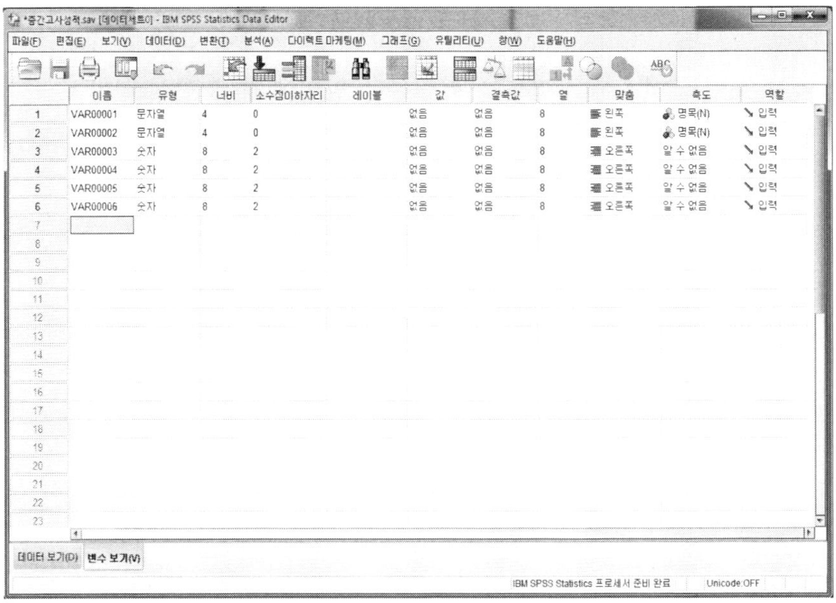

그림 4 ▸▸▸ 입력자료 변수 편집기 창

③ 이 [변수 보기]의 창에서 각각의 변수의 [이름], [유형], [너비], [소수점이하자리], [레이블], [값], [결측값], [열], [맞춤], [측도]를 지정할 수 있도록 되어 있다.

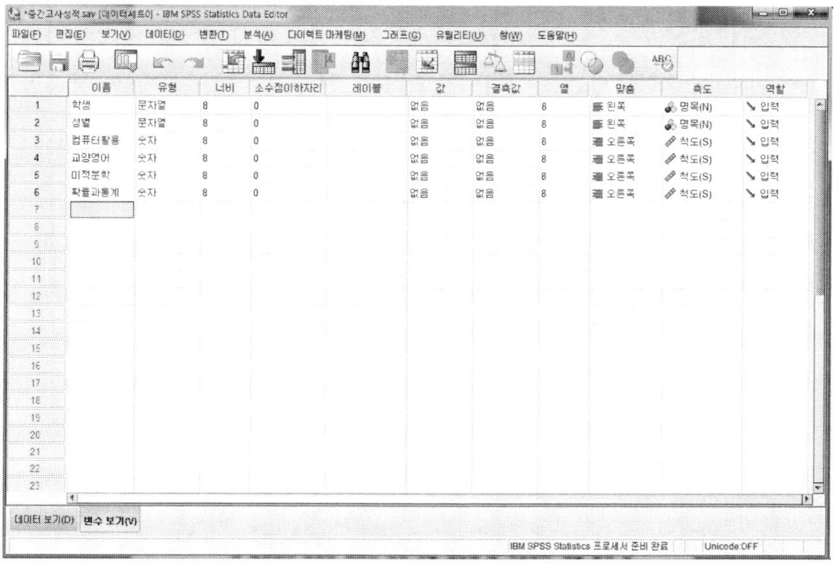

그림 5 ▸▸▸ 입력자료 변수 편집기 창

④ 각각의 변수명은 그림 5에서와 같이 [이름]란에 해당 변수명을 기입하면 된다. [유형]은 변수의 유형을 지정하는 곳으로 해당 셀을 클릭하면 콤보박스가 나타나고 이를 누르면 그림 6과 같은 대화상자가 나타난다.

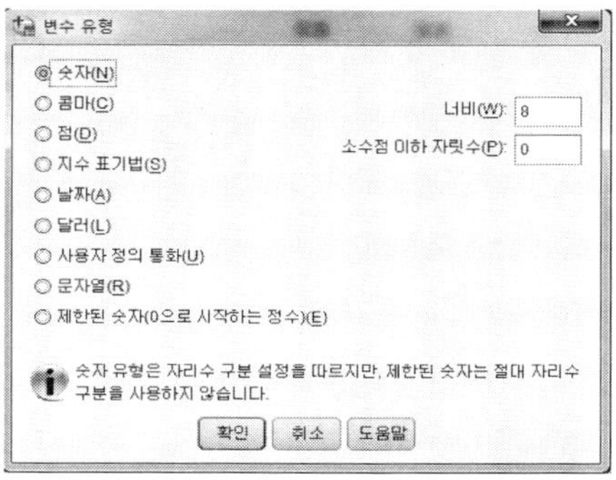

그림 6 ▸▸▸ 변수유형 대화상자

변수값이 수치로 주어진 경우에는 숫자를 지정해 주고, 문자로 주어진 경우에는 문자열을 지정해 주어야 한다. 너비란은 입력자료의 너비를 지정하는 곳으로 여기서는 8자리로 되어 있다. 너비를 임의로 조정하고자 할 경우는 해당 셀을 클릭하여 화살표가 나타나면 원하는 너비만큼 변경할 수 있다. 그리고 디폴트값으로 되어 있는 [소수점이하자리]를 변경시킬 수 있다. [레이블]란은 변수에 대한 구체적인 설명을 덧붙일 필요가 있는 경우에 사용된다. 그 다음의 [값]란에는 범주의 변수값을 나타내기 위하여 변수값이 수치로 주어진 경우 이를 설명할 때 사용된다. 예를 들어 위 데이터에서 성별의 변수값이 남자는 1로 여자는 2로 입력되었다고 가정하면(이런 방식이 더욱 일반적이다) 그림 7과 같이 변수값 설명을 지정할 수 있다. [결측값]란은 분석에서 제외되는 데이터값을 지정할 때 사용되고, [맞춤]란은 자료의 정렬방식을 지정할 때 사용된다. 또한 [측도]란은 자료의 척도종류들을 나타내주면 된다.

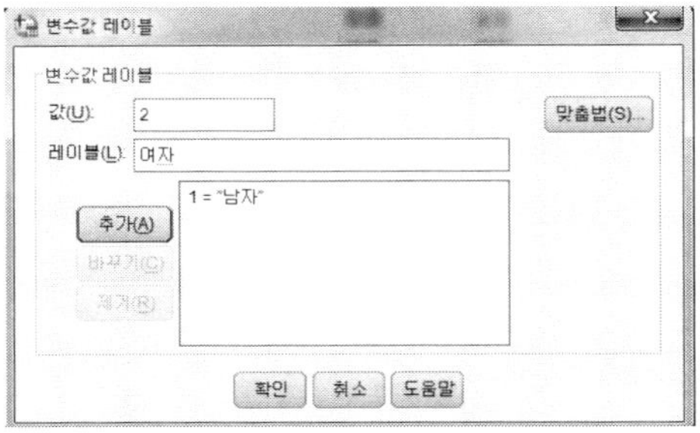

그림 7 ▸▸▸ 변수값 레이블 대화상자

⑤ 이와 같은 방식으로 변수정의가 끝나면, 하단의 [데이터 보기]를 누른다. 그러면 그림 8에서와 같이 사용자가 원하는 방식으로 보기 좋게 정리된 입력데이터를 얻을 수 있다.

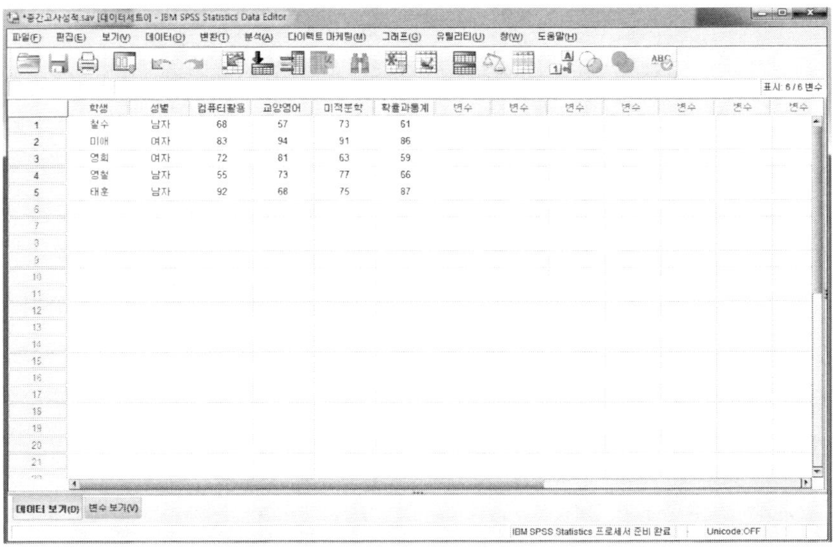

그림 8 ▸▸▸ 데이터 편집기 창

2) Microsoft Excel에서 작성된 데이터를 SPSS로 불러오기

① SPSS 프로그램은 다른 응용프로그램에서 작성된 데이터 파일을 불러와서 통계분석을 할 수 있다. 위의 데이터를 그림 9에서와 같이 Excel에서 작업을 한다.

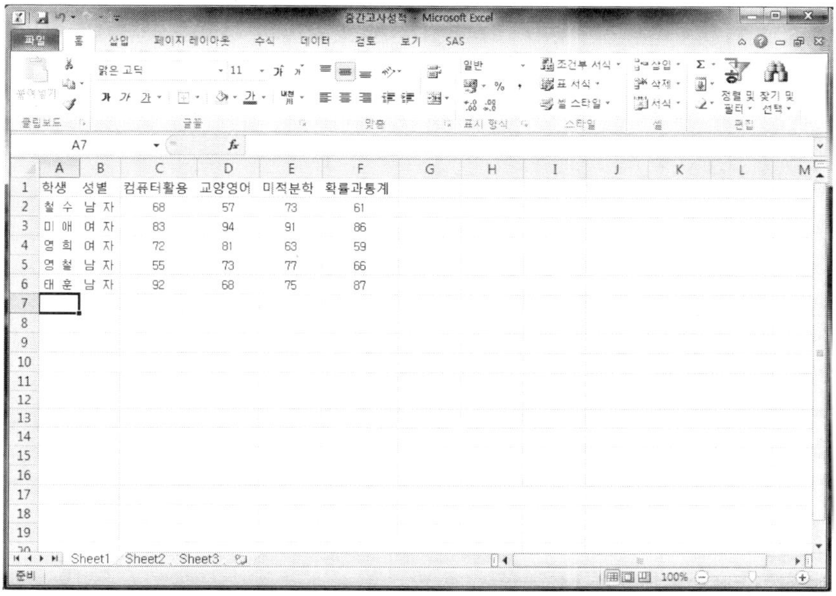

그림 9 ▸▸▸ Excel의 입력자료

② Excel 프로그램에서 입력된 데이터에 경로를 지정하여 그림 10에서와 같이 [파일 형식(T)]을 'Excel 통합문서'로 저장한다.

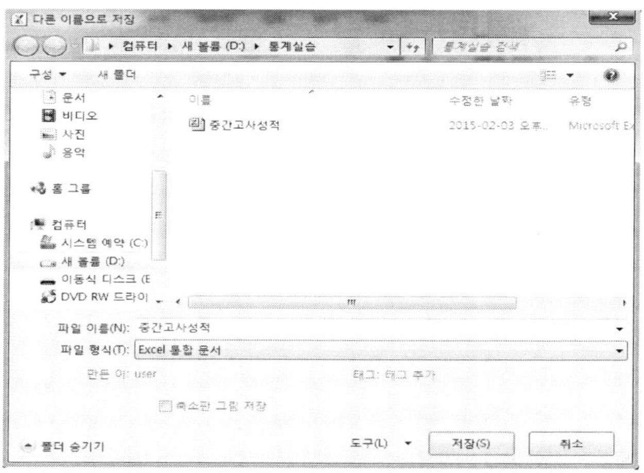

그림 10 ▸▸▸ Excel에서 자료 저장

③ Excel 파일을 SPSS 프로그램에서 불러오기 위해서 그림 11에서와 같이 지정한다.

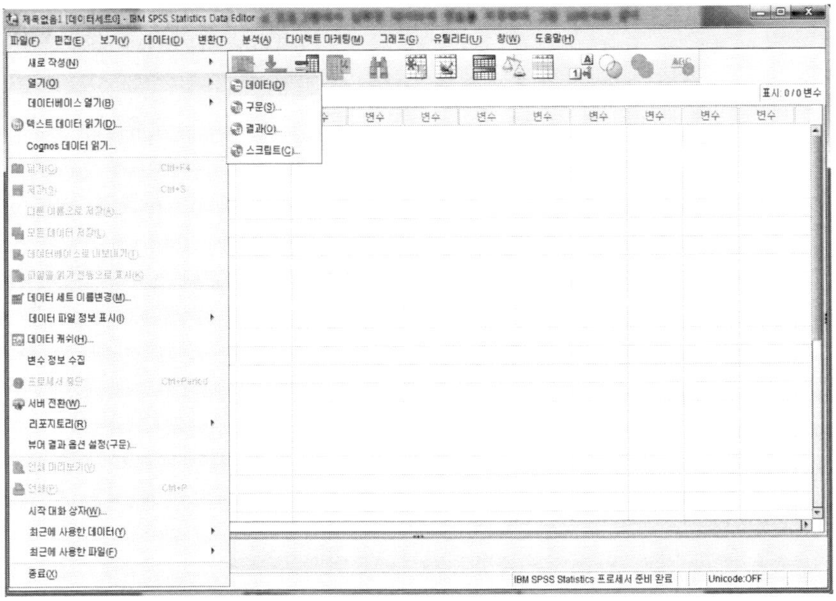

그림 11 ▸▸▸ 실행명령 지정

④ 그림 12의 데이터 열기 대화상자에서 Excel에서 저장된 경로를 지정해 준다.

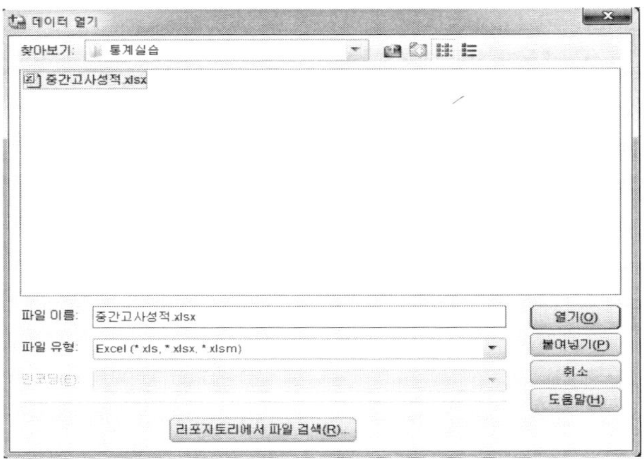

그림 12 ▸▸▸ 데이터 열기 대화상자

⑤ 그 다음에 그림 13에서와 같이 파일옵션 열기 대화상자가 나타나면 [변수이름 읽어오기]를 지정하고 확인을 클릭하면 그림 14에서와 같이 SPSS 데이터 편집기 창에 데이터가 나타난다.

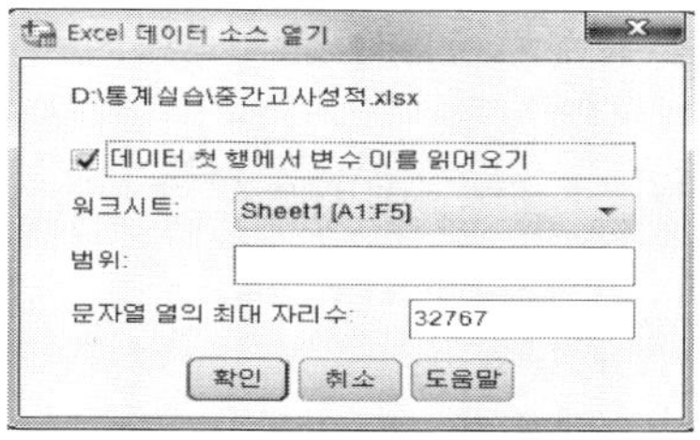

그림 13 ▸▸▸ 옵션열기 대화상자

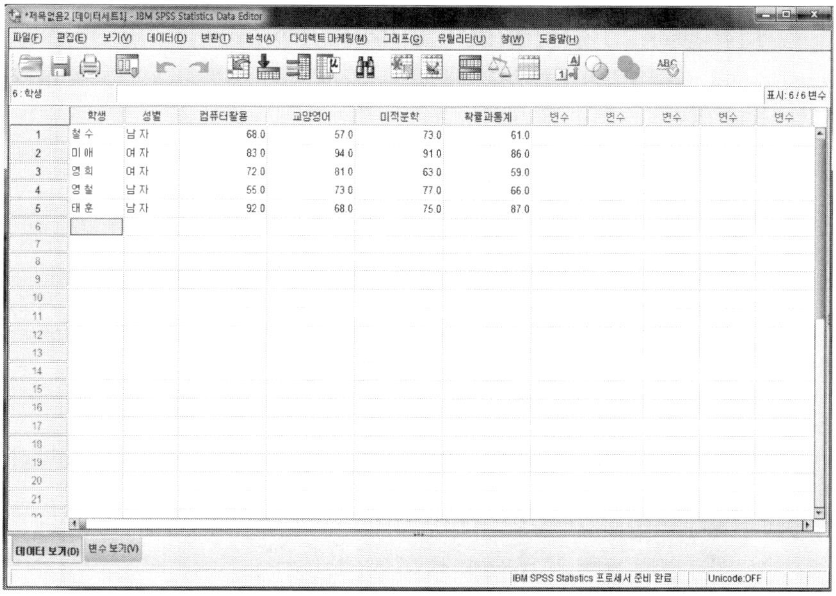

그림 14 ▸▸▸ 데이터 편집기 창

6 SPSS를 이용한 변수 계산 실습

기존의 변수를 이용하여 새로운 변수를 만들고, 이들 새로운 변수값을 변환하는 과정을 살펴보기로 한다. 예를 들어 앞에서 사용한 중간고사 성적에 대하여 각 학생별 전체적인 성적을 알아보기 위하여 합계성적 또는 평균성적을 계산할 필요가 있다.

앞에서 사용한 예제를 이용하여 중간고사 성적의 합계와 평균을 계산하는 방법을 알아보자.

① 그림 15에서와 같이 입력자료를 불러온다.

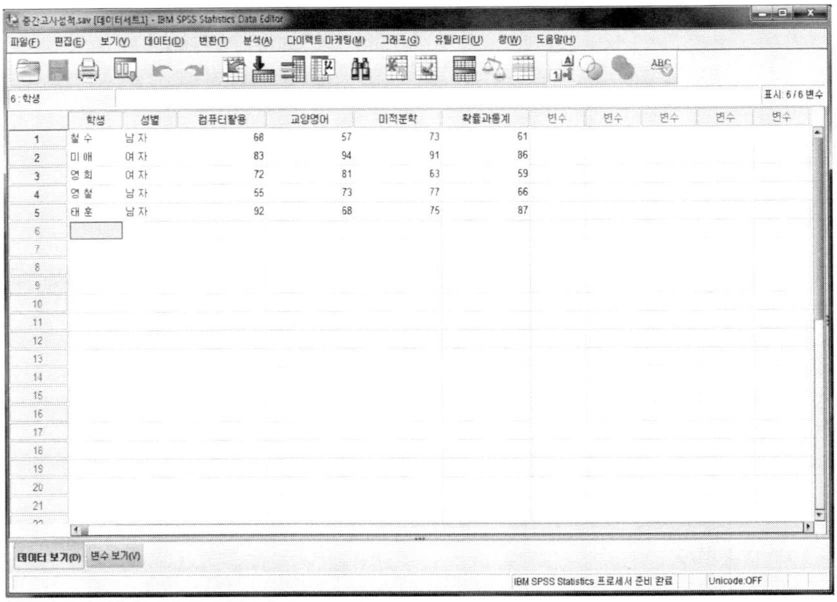

그림 15 ▸▸▸ 입력

② 이 자료에서 4과목의 합계를 내기 위하여 그림 16에서와 같이 지정해 준다.

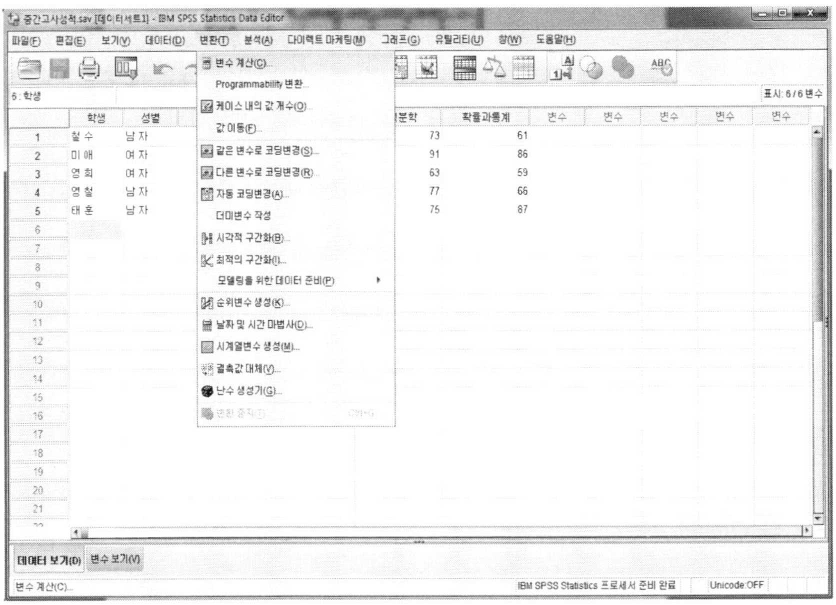

그림 16 ▸▸▸ 수행명령 지정

③ 그림 17에서와 같이 변수 계산 대화상자가 나타나면 [목표변수(T)]를 지정해주고, [숫자표현식(E)]에 4과목 성적을 더해주고, 확인을 클릭한다.

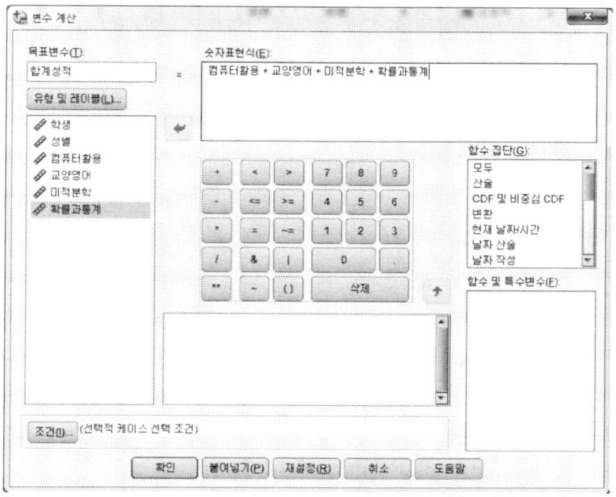

그림 17 ▸▸▸ 변수 계산 대화상자

④ 그러면 그림 18에서와 같이 입력자료의 마지막 column에 새로운 합계성적이 생겨난다.

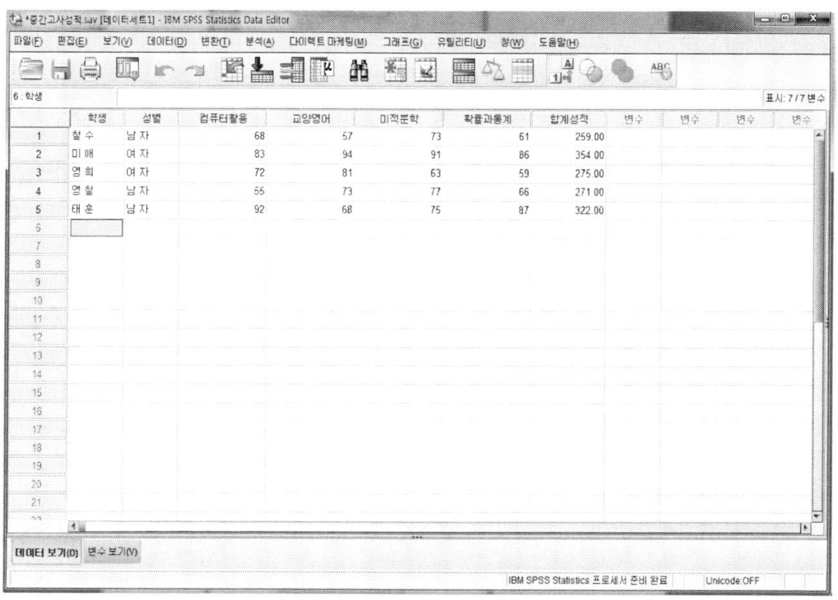

그림 18 ▸▸▸ 새로운 변수의 생성

⑤ 평균의 경우 그림 19에서와 같이 [숫자표현식(E)]에 모두 더한 4과목 성적을 과목 수인 4로 나누어주면 평균값을 계산할 수 있다. 그러면 그림 20에서와 같이 새로운 평균성적 변수가 생겨난다.

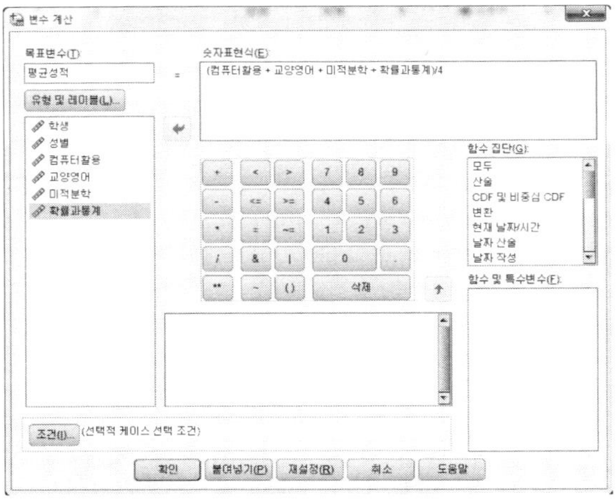

그림 19 ▸▸▸ 변수 계산 대화상자

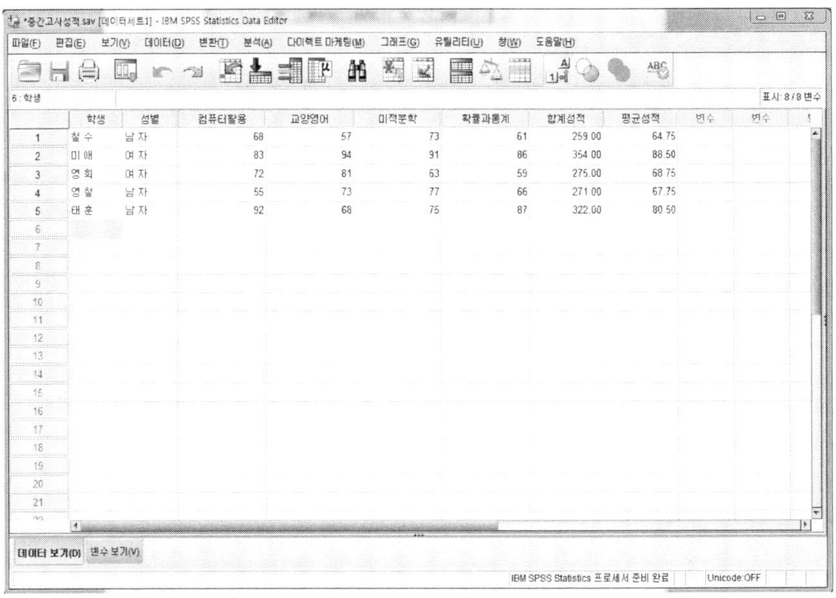

그림 20 ▸▸▸ 새로운 변수의 생성

7 케이스 선택 실습

통계분석을 하다보면 일정한 조건에 해당하는 변수만을 분석해야 할 때가 종종 있다. 예를 들어 중간고사 성적 중에서 남자만 선택하여 분석하고 싶을 경우 케이스 선택의 기능(Select Case)을 사용하면 편리하다. 앞에서 사용한 중간고사 성적 예제를 이용하여 케이스 선택 실습을 해 보도록 하자.

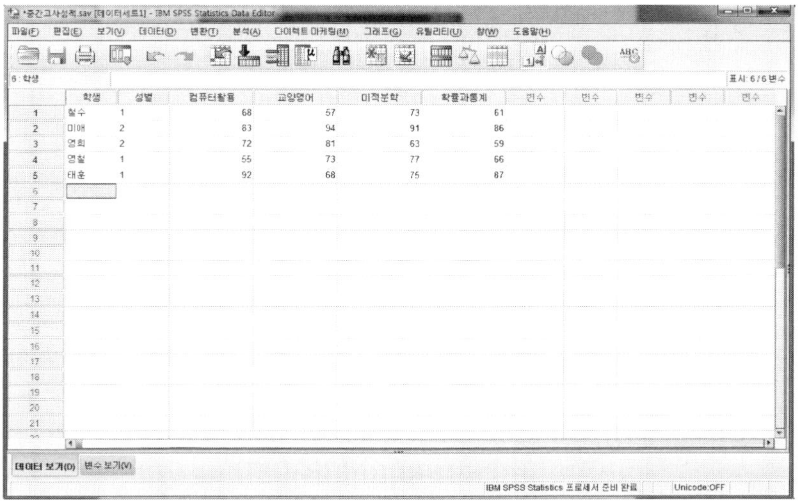

그림 21 ▸▸▸ 입력자료

① 그림 21의 자료에서 케이스 선택을 하기 위하여 그림 22에서와 같이 지정한다.

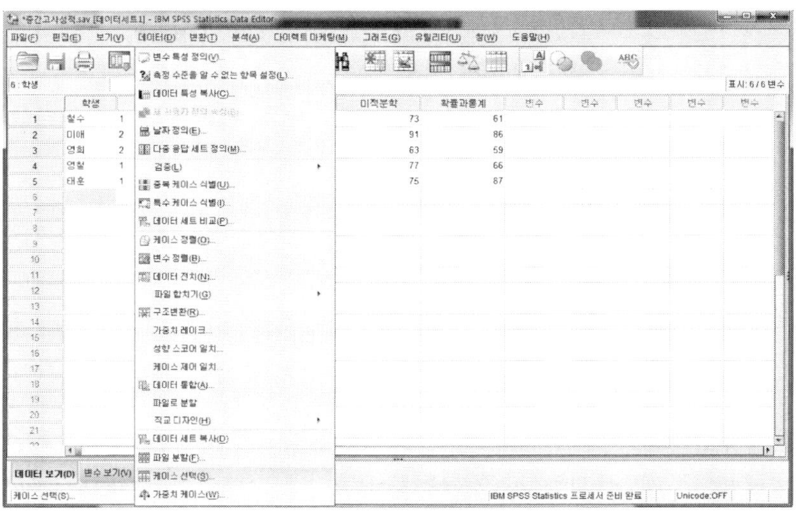

그림 22 ▸▸▸ 실행명령 지정

② 그러면 그림 23에서와 같이 케이스 선택 대화상자가 나타난다.

그림 23 ▸▸▸ 케이스 선택 대화상자

③ 여기에서 [조건을 만족하는 케이스(C)]를 지정하고 [조건(I)]를 클릭하면 그림 24에서와 같은 대화상자가 나타난다. 그리고 예를 들어 남자(변수값=1)만을 선택하여 분석하고자 하는 경우 변수 [성별]을 오른쪽으로 이동시키고 [성별=1]이라는 조건식을 만들어준다.

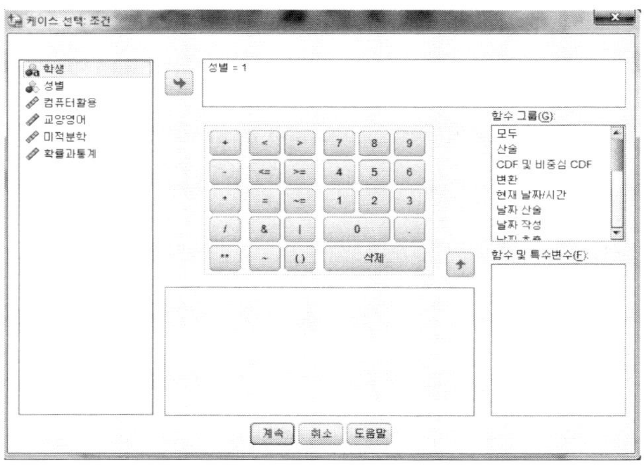

그림 24 ▸▸▸ 케이스 선택 조건 대화상자

④ 그러면 그림 25에서와 같이 데이터 편집창의 좌측 case를 나타내는 곳에 선택되지 않은 case에서 사선이 그려져 있는 것을 확인할 수 있다. 이는 사선이 그려진 case(여기서는 변수값이 2인 여자에 해당하는)는 분석에서 제외된다는 것을 나타

내고 있다. 이 상태에서 분석을 할 경우 선택된 남자의 사례만을 대상으로 분석하게 된다. 그리고 케이스 선택을 해제하고자 할 경우에는 그림 23의 케이스 선택 대화상자에서 [전체 케이스(A)]를 선택하면 된다.

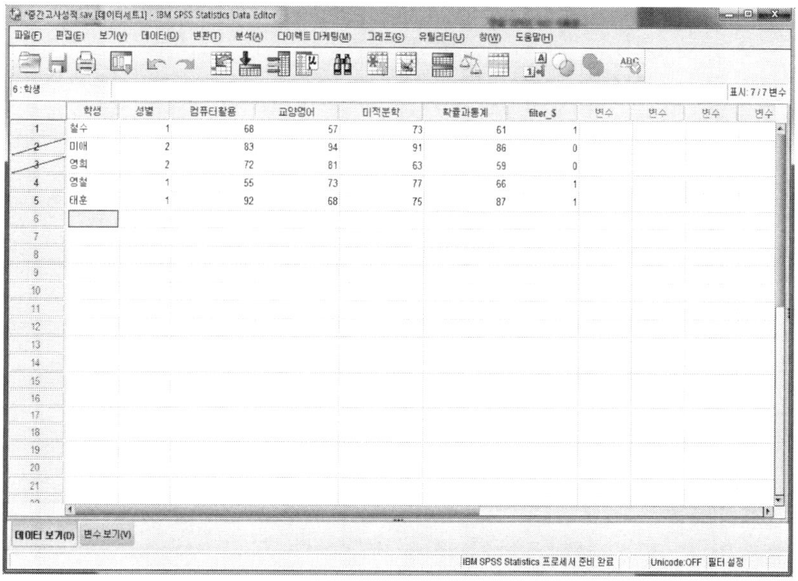

그림 25 ▸▸▸ 케이스가 선택된 입력자료

부록

1. 이항분포표
2. 포아송분포표
3. χ^2 분포의 임곗값
4. 표준정규확률변수의 누적분포표
5. F 분포표
6. t 분포표
7. 난수표
8. 최소 유의 스튜던트화 범위 r_p표
9. Wilcoxon의 부호-순위 검정에 대한 기각값표
10. Wilcoxon의 순위-합 검정에 대한 기각값표

1. 이항분포표

$X \sim B(n,p)$일 때 $P(X \leq c) = \sum_{x=0}^{c} \binom{n}{r} p^x (1-p)^{n-x}$의 값을 표시한다.

		p										
	c	.05	.10	.20	.30	.40	.50	.60	.70	.80	.90	.95
$n=1$	0	.950	.900	.800	.700	.600	.500	.400	.300	.200	.100	.050
	1	1.000	1.000	1.000	1.000	1.000	1.000	1.000	1.000	1.000	1.000	1.000
$n=2$	0	.902	.810	.640	.490	.360	.250	.160	.090	.040	.010	.002
	1	.997	.990	.960	.910	.840	.750	.640	.510	.360	.190	.097
	2	1.000	1.000	1.000	1.000	1.000	1.000	1.000	1.000	1.000	1.000	1.000
$n=3$	0	.857	.729	.512	.343	.216	.125	.064	.027	.008	.001	.000
	1	.993	.972	.896	.784	.648	.500	.352	.216	.104	.028	.007
	2	1.000	.999	.992	.973	.936	.875	.784	.657	.448	.271	.143
	3	1.000	1.000	1.000	1.000	1.000	1.000	1.000	1.000	1.000	1.000	1.000
$n=4$	0	.815	.656	.410	.240	.130	.063	.026	.008	.002	.000	.000
	1	.986	.948	.819	.652	.475	.313	.179	.084	.027	.004	.000
	2	1.000	.996	.973	.916	.821	.688	.525	.348	.181	.052	.014
	3	1.000	1.000	.998	.992	.974	.938	.870	.760	.590	.344	.185
	4	1.000	1.000	1.000	1.000	1.000	1.000	1.000	1.000	1.000	1.000	1.000
$n=5$	0	.774	.590	.328	.168	.078	.031	.010	.002	.000	.000	.000
	1	.977	.919	.737	.528	.337	.188	.087	.031	.007	.000	.000
	2	.999	.991	.942	.837	.683	.500	.317	.163	.058	.009	.001
	3	1.000	1.000	.993	.969	.913	.813	.663	.472	.263	.081	.023
	4	1.000	1.000	1.000	.998	.990	.969	.922	.832	.672	.410	.226
	5	1.000	1.000	1.000	1.000	1.000	1.000	1.000	1.000	1.000	1.000	1.000
$n=6$	0	.735	.531	.262	.118	.047	.016	.004	.001	.000	.000	.000
	1	.967	.886	.665	.420	.233	.109	.041	.011	.002	.000	.000
	2	.998	.984	.901	.744	.544	.344	.179	.070	.017	.001	.000
	3	1.000	.999	.983	.930	.821	.656	.456	.256	.099	.016	.002
	4	1.000	1.000	.998	.989	.959	.891	.767	.580	.345	.114	.033
	5	1.000	1.000	1.000	.999	.996	.984	.953	.882	.738	.469	.265
	6	1.000	1.000	1.000	1.000	1.000	1.000	1.000	1.000	1.000	1.000	1.000
$n=7$	0	.689	.478	.210	.082	.028	.008	.002	.000	.000	.000	.000
	1	.956	.850	.577	.329	.159	.063	.019	.004	.000	.000	.000
	2	.996	.974	.852	.647	.420	.227	.096	.029	.005	.000	.000
	3	1.000	.997	.967	.874	.710	.500	.290	.126	.033	.003	.000
	4	1.000	1.000	.995	.971	.904	.773	.580	.353	.148	.026	.004

		p										
		.05	.10	.20	.30	.40	.50	.60	.70	.80	.90	.95
	c											
	5	1.000	1.000	1.000	.996	.981	.938	.841	.671	.423	.150	.044
	6	1.000	1.000	1.000	1.000	.998	.992	.972	.918	.790	.522	.302
	7	1.000	1.000	1.000	1.000	1.000	1.000	1.000	1.000	1.000	1.000	1.000
$n=8$	0	.663	.430	.168	.058	.017	.004	.001	.000	.000	.000	.000
	1	.943	.813	.503	.255	.106	.035	.009	.001	.000	.000	.000
	2	.994	.962	.797	.552	.315	.145	.050	.011	.001	.000	.000
	3	1.000	.995	.944	.806	.594	.363	.174	.058	.010	.000	.000
	4	1.000	1.000	.990	.942	.826	.637	.406	.194	.056	.005	.000
	5	1.000	1.000	.999	.989	.950	.855	.685	.448	.203	.038	.006
	6	1.000	1.000	1.000	.999	.991	.965	.894	.745	.497	.187	.057
	7	1.000	1.000	1.000	1.000	.999	.996	.983	.942	.832	.570	.337
	8	1.000	1.000	1.000	1.000	1.000	1.000	1.000	1.000	1.000	1.000	1.000
$n=9$	0	.630	.387	.134	.040	.010	.002	.000	.000	.000	.000	.000
	1	.929	.775	.436	.196	.071	.020	.004	.000	.000	.000	.000
	2	.992	.947	.738	.463	.232	.090	.025	.004	.000	.000	.000
	3	.999	.992	.914	.730	.483	.254	.099	.025	.003	.000	.000
	4	1.000	.999	.980	.901	.733	.500	.267	.099	.020	.001	.000
	5	1.000	1.000	.997	.975	.901	.746	.517	.270	.086	.008	.001
	6	1.000	1.000	1.000	.996	.975	.910	.768	.537	.262	.053	.008
	7	1.000	1.000	1.000	1.000	.996	.980	.929	.804	.564	.225	.071
	8	1.000	1.000	1.000	1.000	1.000	.998	.990	.960	.866	.613	.370
	9	1.000	1.000	1.000	1.000	1.000	1.000	1.000	1.000	1.000	1.000	1.000
$n=10$	0	.599	.349	.107	.028	.006	.001	.000	.000	.000	.000	.000
	1	.914	.736	.376	.149	.046	.011	.002	.000	.000	.000	.000
	2	.988	.930	.678	.383	.167	.055	.012	.002	.000	.000	.000
	3	.999	.987	.879	.650	.382	.172	.055	.011	.001	.000	.000
	4	1.000	.998	.967	.850	.633	.377	.166	.047	.006	.000	.000
	5	1.000	1.000	.994	.953	.834	.623	.367	.150	.033	.002	.000
	6	1.000	1.000	.999	.989	.945	.828	.618	.350	.121	.013	.001
	7	1.000	1.000	1.000	.998	.988	.945	.833	.617	.322	.070	.012
	8	1.000	1.000	1.000	1.000	.998	.989	.954	.851	.624	.264	.086
	9	1.000	1.000	1.000	1.000	1.000	.999	.994	.972	.893	.651	.401
	10	1.000	1.000	1.000	1.000	1.000	1.000	1.000	1.000	1.000	1.000	1.000
$n=15$	0	.463	.206	.035	0.005	.000	.000	.000	.000	.000	.000	.000
	1	.829	.549	.167	.035	.005	.000	.000	.000	.000	.000	.000
	2	.964	.816	.398	.127	.027	.004	.000	.000	.000	.000	.000
	3	.995	.944	.648	.297	.091	.018	.002	.000	.000	.000	.000

						p						
		.05	.10	.20	.30	.40	.50	.60	.70	.80	.90	.95
	c											
	4	.999	.987	.836	.515	.217	.059	.009	.001	.000	.000	.000
	5	1.000	.998	.939	.722	.403	.151	.034	.004	.000	.000	.000
	6	1.000	1.000	.982	.869	.610	.304	.095	.015	.001	.000	.000
	7	1.000	1.000	.996	.950	.787	.500	.213	.050	.004	.000	.000
	8	1.000	1.000	.999	.985	.905	.696	.390	.131	.018	.000	.000
	9	1.000	1.000	1.000	.996	.966	.849	.597	.278	.016	.002	.000
	10	1.000	1.000	1.000	.999	.991	.941	.783	.485	.164	.013	.001
	11	1.000	1.000	1.000	1.000	.998	.982	.909	.703	.352	.056	.005
	12	1.000	1.000	1.000	1.000	1.000	.996	.973	.873	.602	.184	.036
	13	1.000	1.000	1.000	1.000	1.000	1.000	.995	.965	.833	.451	.171
	14	1.000	1.000	1.000	1.000	1.000	1.000	1.000	.995	.965	0.794	.537
	15	1.000	1.000	1.000	1.000	1.000	1.000	1.000	1.000	1.000	1.000	1.000
$n=20$	0	.358	.122	.012	.001	.000	.000	.000	.000	.000	.000	.000
	1	.736	.392	.069	.008	.001	.000	.000	.000	.000	.000	.000
	2	.925	.677	.206	.035	.004	.000	.000	.000	.000	.000	.000
	3	.984	.867	.411	.107	.016	.001	.000	.000	.000	.000	.000
	4	.997	.957	.630	.238	.051	.006	.000	.000	.000	.000	.000
	5	1.000	.989	.804	.416	.126	.021	.002	.000	.000	.000	.000
	6	1.000	.998	.913	.608	.250	.058	.006	.000	.000	.000	.000
	7	1.000	1.000	.968	.772	.416	.132	.021	.001	.000	.000	.000
	8	1.000	1.000	.990	.887	.596	.252	.057	.005	.000	.000	.000
	9	1.000	1.000	.997	.952	.755	.412	.128	.017	.001	.000	.000
	10	1.000	1.000	.999	.983	.872	.588	.245	.048	.003	.000	.000
	11	1.000	1.000	1.000	.995	.943	.748	.404	.113	.010	.000	.000
	12	1.000	1.000	1.000	.999	.979	.868	.584	.228	.032	.000	.000
	13	1.000	1.000	1.000	1.000	.994	.942	.750	.392	.087	.002	.000
	14	1.000	1.000	1.000	1.000	.998	.979	.874	.584	.196	.011	.000
	15	1.000	1.000	1.000	1.000	1.000	.994	.949	.762	.370	.043	.003
	16	1.000	1.000	1.000	1.000	1.000	.999	.984	.893	.589	.133	.016
	17	1.000	1.000	1.000	1.000	1.000	1.000	.996	.965	.794	.323	.075
	18	1.000	1.000	1.000	1.000	1.000	1.000	.999	.992	.931	.608	.264
	19	1.000	1.000	1.000	1.000	1.000	1.000	1.000	.999	.988	.878	.642
	20	1.000	1.000	1.000	1.000	1.000	1.000	1.000	1.000	1.000	1.000	1.000
$n=25$	0	.277	.072	.004	.000	.000	.000	.000	.000	.000	.000	.000
	1	.642	.271	.027	.002	.000	.000	.000	.000	.000	.000	.000
	2	.873	.537	.098	.009	.000	.000	.000	.000	.000	.000	.000
	3	.966	.764	.234	.033	.002	.000	.000	.000	.000	.000	.000

	p										
	.05	.10	.20	.30	.40	.50	.60	.70	.80	.90	.95
c											
4	.993	.902	.421	.090	.009	.000	.000	.000	.000	.000	.000
5	.999	.967	.617	.193	.029	.002	.000	.000	.000	.000	.000
6	1.000	.991	.780	.341	.074	.007	.000	.000	.000	.000	.000
7	1.000	.998	.891	.512	.154	.022	.001	.000	.000	.000	.000
8	1.000	1.000	.953	.677	.274	.054	.004	.000	.000	.000	.000
9	1.000	1.000	.983	.811	.425	.115	.013	.000	.000	.000	.000
10	1.000	1.000	.994	.902	.586	.212	.034	.002	.000	.000	.000
11	1.000	1.000	.998	.956	.732	.345	.078	.006	.000	.000	.000
12	1.000	1.000	1.000	.983	.846	.500	.154	.017	.000	.000	.000
13	1.000	1.000	1.000	.994	.922	.655	.268	.044	.002	.000	.000
14	1.000	1.000	1.000	.998	.966	.788	.414	.098	.006	.000	.000
15	1.000	1.000	1.000	1.000	.987	.885	.575	.189	.017	.000	.000
16	1.000	1.000	1.000	1.000	.996	.946	.726	.323	.047	.000	.000
17	1.000	1.000	1.000	1.000	.999	.978	.846	.488	.109	.002	.000
18	1.000	1.000	1.000	1.000	1.000	.993	.926	.659	.220	.009	.000
19	1.000	1.000	1.000	1.000	1.000	.998	.971	.807	.383	.033	.001
20	1.000	1.000	1.000	1.000	1.000	1.000	.991	.910	.579	.098	.007
21	1.000	1.000	1.000	1.000	1.000	1.000	.998	.967	.766	.236	.034
22	1.000	1.000	1.000	1.000	1.000	1.000	1.000	.991	.902	.463	.127
23	1.000	1.000	1.000	1.000	1.000	1.000	1.000	.998	.973	.729	.358
24	1.000	1.000	1.000	1.000	1.000	1.000	1.000	1.000	.996	.928	.723
25	1.000	1.000	1.000	1.000	1.000	1.000	1.000	1.000	1.000	1.000	1.000

2. 포아송분포표

$X \sim Poisson(\lambda)$일 때 $P(X \leq c) = \sum_{x=0}^{c} \frac{e^{-\lambda}\lambda^x}{x!}$의 값을 표시한다.

	λ									
c	.1	.2	.3	.4	.5	.6	.7	.8	.9	1.0
0	.905	.819	.741	.670	.607	.549	.497	.449	.407	.368
1	.995	.982	.963	.938	.910	.878	.844	.809	.772	.736
2	1.000	.999	.996	.992	.986	.977	.966	.953	.937	.920
3	1.000	1.000	1.000	.999	.998	.997	.994	.991	.987	.981
4	1.000	1.000	1.000	1.000	1.000	1.000	.999	.999	.998	.996
5	1.000	1.000	1.000	1.000	1.000	1.000	1.000	1.000	1.000	.999
6	1.000	1.000	1.000	1.000	1.000	1.000	1.000	1.000	1.000	1.000

c	1.1	1.2	1.3	1.4	1.5	1.6	1.7	1.8	1.9	2.0
0	.333	.301	.273	.247	.223	.202	.183	.165	.150	.135
1	.699	.663	.627	.592	.558	.525	.493	.463	.434	.406
2	.900	.879	.857	.833	.809	.783	.757	.731	.704	.677
3	.974	.966	.957	.946	.934	.921	.907	.891	.875	.857
4	.995	.992	.989	.986	.981	.976	.970	.964	.954	.947
5	.999	.998	.998	.997	.996	.994	.992	.990	.987	.983
6	1.000	1.000	1.000	.999	.999	.999	.998	.997	.997	.995
7	1.000	1.000	1.000	1.000	1.000	1.000	1.000	.999	.999	.999
8	1.000	1.000	1.000	1.000	1.000	1.000	1.000	1.000	1.000	1.000

c	2.1	2.2	2.3	2.4	2.5	2.6	2.7	2.8	2.9	3.0
0	.122	.111	.100	.091	.082	.074	.067	.061	.055	.050
1	.380	.355	.331	.308	.287	.267	.249	.231	.215	.199
2	.650	.623	.596	.570	.544	.518	.494	.469	.446	.423
3	.839	.819	.799	.779	.758	.736	.714	.692	.670	.647
4	.938	.928	.916	.904	.891	.877	.863	.848	.832	.815
5	.980	.975	.970	.964	.958	.951	.943	.935	.926	.916
6	.994	.993	.991	.988	.986	.983	.979	.976	.971	.966
7	.999	.998	.997	.997	.996	.995	.993	.992	.990	.988
8	1.000	1.000	.999	.999	.999	.999	.998	.998	.997	.996
9	1.000	1.000	1.000	1.000	1.000	1.000	.999	.999	.999	.999
10	1.000	1.000	1.000	1.000	1.000	1.000	1.000	1.000	1.000	1.000

	λ									
c	3.1	3.2	3.3	3.4	3.5	3.6	3.7	3.8	3.9	4.0
0	.045	.041	.037	.033	.030	.027	.025	.022	.020	.018
1	.185	.171	.159	.147	.136	.126	.116	.107	.099	.092
2	.401	.380	.359	.340	.321	.303	.285	.269	.253	.238
3	.625	.603	.580	.558	.537	.515	.494	.473	.453	.433
4	.798	.781	.763	.744	.725	.706	.687	.668	.648	.629
5	.906	.895	.883	.871	.858	.844	.830	.816	.801	.785
6	.961	.955	.949	.942	.935	.927	.918	.909	.899	.889
7	.986	.983	.980	.977	.973	.969	.965	.960	.955	.949
8	.995	.994	.993	.992	.990	.988	.986	.984	.981	.979
9	.999	.998	.998	.997	.997	.996	.995	.994	.993	.992
10	1.000	1.000	.999	.999	.999	.999	.998	.998	.998	.997
11	1.000	1.000	1.000	1.000	1.000	1.000	1.000	.999	.999	.999
12	1.000	1.000	1.000	1.000	1.000	1.000	1.000	1.000	1.000	1.000

c	4.5	5.0	5.5	6.0	6.5	7.0	7.5	8.0	8.5	9.0
0	.011	.007	.004	.002	.002	.001	.001	.000	.000	.000
1	.061	.040	.027	.017	.011	.007	.005	.003	.002	.001
2	.174	.125	.008	.062	.043	.030	.020	.014	.009	.006
3	.342	.265	.202	.151	.112	.082	.059	.042	.030	.021
4	.532	.440	.358	.285	.224	.173	.132	.100	.074	.055
5	.703	.616	.529	.446	.369	.301	.241	.191	.150	.116
6	.831	.762	.686	.606	.527	.450	.378	.313	.256	.207
7	.913	.867	.809	.744	.673	.599	.525	.453	.386	.324
8	.960	.932	.894	.847	.792	.729	.662	.593	.523	.456
9	.983	.968	.946	.916	.877	.830	.776	.717	.653	.587
10	.993	.986	.975	.957	.933	.901	.862	.816	.763	.706
11	.998	.995	.989	.980	.966	.947	.921	.888	.849	.803
12	.999	.998	.966	.991	.984	.973	.957	.936	.909	.876
13	1.000	.999	.998	.996	.993	.987	.978	.966	.949	.926
14	1.000	1.000	.999	.999	.997	.994	.990	.983	.973	.959
15	1.000	1.000	1.000	.999	.999	.998	.995	.992	.986	978
16	1.000	1.000	1.000	1.000	1.000	.999	.998	.996	.993	.989
17	1.000	1.000	1.000	1.000	1.000	1.000	.999	.998	.997	.995
18	1.000	1.000	1.000	1.000	1.000	1.000	1.000	.999	.999	.998
19	1.000	1.000	1.000	1.000	1.000	1.000	1.000	1.000	.999	.999
20	1.000	1.000	1.000	1.000	1.000	1.000	1.000	1.000	1.000	1.000

3. χ^2 분포의 임곗값

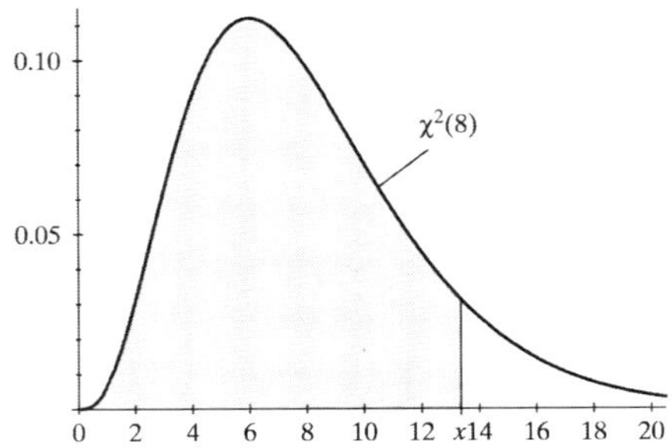

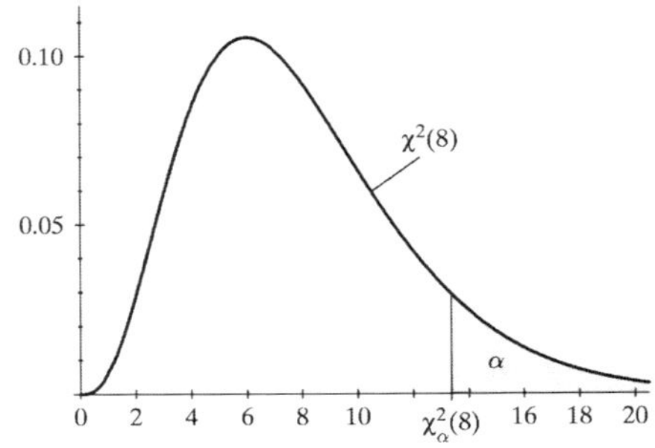

$$P(X \le x) = \int_0^x \frac{1}{\Gamma(r/2)2^{r/2}} w^{r/2-1} e^{-w/2} dw$$

	$P(X \le x)$							
	0.010	0.025	0.050	0.100	0.900	0.950	0.975	0.990
r	$\chi^2_{0.99}(r)$	$\chi^2_{0.975}(r)$	$\chi^2_{0.95}(r)$	$\chi^2_{0.90}(r)$	$\chi^2_{0.10}(r)$	$\chi^2_{0.05}(r)$	$\chi^2_{0.025}(r)$	$\chi^2_{0.01}(r)$
1	0.000	0.001	0.004	0.016	2.706	3.841	5.024	6.635
2	0.020	0.051	0.103	0.211	4.605	5.991	7.378	9.210
3	0.115	0.216	0.352	0.584	6.251	7.815	9.348	11.34
4	0.297	0.484	0.711	1.064	7.779	9.488	11.14	13.28
5	0.554	0.831	1.145	1.610	9.236	11.07	12.83	15.09
6	0.872	1.237	1.635	2.204	10.64	12.59	14.45	16.81
7	1.239	1.690	2.167	2.833	12.02	14.07	16.01	18.48
8	1.646	2.180	2.733	3.490	13.36	15.51	17.54	20.09
9	2.088	2.700	3.325	4.168	14.68	16.92	19.02	21.67
10	2.558	3.247	3.940	4.865	15.99	18.31	20.48	23.21
11	3.053	3.816	4.575	5.578	17.28	19.68	21.92	24.72
12	3.571	4.404	5.226	6.304	18.55	21.03	23.34	26.22
13	4.107	5.009	5.892	7.042	19.81	22.36	24.74	27.69
14	4.660	5.629	6.571	7.790	21.06	23.68	26.12	29.14
15	5.229	6.262	7.261	8.547	22.31	25.00	27.49	30.58
16	5.812	6.908	7.962	9.312	23.54	26.30	28.84	32.00
17	6.408	7.564	8.672	10.08	24.77	27.59	30.19	33.41
18	7.015	8.231	9.390	10.86	25.99	28.87	31.53	34.80
19	7.633	8.907	10.12	11.65	27.20	30.14	32.85	36.19
20	8.260	9.591	10.85	12.44	28.41	31.41	34.17	37.57
21	8.897	10.28	11.59	13.24	29.62	32.67	35.48	38.93
22	9.542	10.98	12.34	14.04	30.81	33.92	36.78	40.29
23	10.20	11.69	13.09	14.85	32.01	35.17	38.08	41.64
24	10.86	12.40	13.85	15.66	33.20	36.42	39.36	42.98
25	11.52	13.12	14.61	16.47	34.38	37.65	40.65	44.31
26	12.20	13.84	15.38	17.29	35.56	38.88	41.92	45.64
27	12.88	14.57	16.15	18.11	36.74	40.11	43.19	46.96
28	13.56	15.31	16.93	18.94	37.92	41.34	44.46	48.28
29	14.26	16.05	17.71	19.77	39.09	42.56	45.72	49.59
30	14.95	16.79	18.49	20.60	40.26	43.77	46.98	50.89
40	22.16	24.43	26.51	29.05	51.80	55.76	59.34	63.69
50	29.71	32.36	34.76	37.69	63.17	67.50	71.42	76.15
60	37.48	40.48	43.19	46.46	74.40	79.08	83.30	88.38
70	45.44	48.76	51.74	55.33	85.53	90.53	95.02	100.4
80	53.34	57.15	60.39	64.28	96.58	101.9	106.6	112.3

This table is abridged and adapted from Table III in *Biometrika Tables for Statisticians*, edited by E.S.Pearson and H.O.Hartley.

4. 표준정규확률변수의 누적분포표

(a) 표준정규분포함수

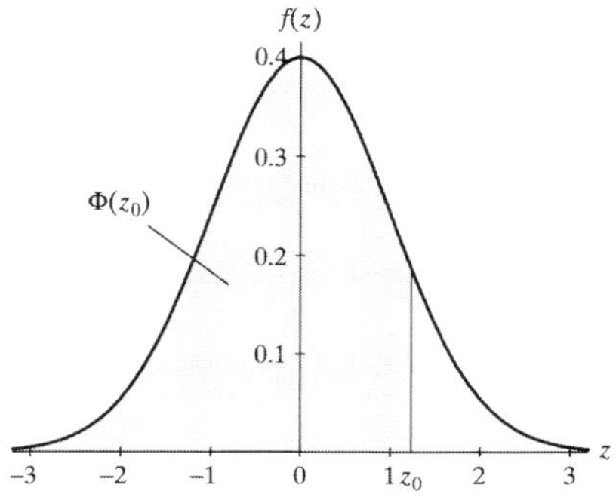

$$P(Z \le z) = \Phi(z) = \int_{-\infty}^{z} \frac{1}{\sqrt{2\pi}} e^{-w^2/2}\, dw$$

$$\Phi(-z) = 1 - \Phi(z)$$

z	0.00	0.01	0.02	0.03	0.04	0.05	0.06	0.07	0.08	0.09
0.0	0.5000	0.5040	0.5080	0.5120	0.5160	0.5199	0.5239	0.5279	0.5319	0.5359
0.1	0.5398	0.5438	0.5478	0.5517	0.5557	0.5596	0.5636	0.5675	0.5714	0.5753
0.2	0.5793	0.5832	0.5871	0.5910	0.5948	0.5987	0.6026	0.6064	0.6103	0.6141
0.3	0.6179	0.6217	0.6255	0.6293	0.6331	0.6368	0.6406	0.6443	0.6480	0.6517
0.4	0.6554	0.6591	0.6628	0.6664	0.6700	0.6736	0.6772	0.6808	0.6844	0.6879
0.5	0.6915	0.6950	0.6985	0.7019	0.7054	0.7088	0.7123	0.7157	0.7190	0.7224
0.6	0.7257	0.7291	0.7324	0.7357	0.7389	0.7422	0.7454	0.7486	0.7517	0.7549
0.7	0.7580	0.7611	0.7642	0.7673	0.7703	0.7734	0.7764	0.7794	0.7823	0.7852
0.8	0.7881	0.7910	0.7939	0.7967	0.7995	0.8023	0.8051	0.8078	0.8106	0.8133
0.9	0.8159	0.8186	0.8212	0.8238	0.8264	0.8289	0.8315	0.8340	0.8365	0.8389
1.0	0.8413	0.8438	0.8461	0.8485	0.8508	0.8531	0.8554	0.8577	0.8599	0.8621
1.1	0.8643	0.8665	0.8686	0.8708	0.8729	0.8749	0.8770	0.8790	0.8810	0.8830
1.2	0.8849	0.8869	0.8888	0.8907	0.8925	0.8944	0.8962	0.8980	0.8997	0.9015
1.3	0.9032	0.9049	0.9066	0.9082	0.9099	0.9115	0.9131	0.9147	0.9162	0.9177
1.4	0.9192	0.9207	0.9222	0.9236	0.9251	0.9265	0.9279	0.9292	0.9306	0.9319
1.5	0.9332	0.9345	0.9357	0.9370	0.9382	0.9394	0.9406	0.9418	0.9429	0.9441
1.6	0.9452	0.9463	0.9474	0.9484	0.9495	0.9505	0.9515	0.9525	0.9535	0.9545
1.7	0.9554	0.9564	0.9573	0.9582	0.9591	0.9599	0.9608	0.9616	0.9625	0.9633
1.8	0.9641	0.9649	0.9656	0.9664	0.9671	0.9678	0.9686	0.9693	0.9699	0.9706
1.9	0.9713	0.9719	0.9726	0.9732	0.9738	0.9744	0.9750	0.9756	0.9761	0.9767
2.0	0.9772	0.9778	0.9783	0.9788	0.9793	0.9798	0.9803	0.9808	0.9812	0.9817
2.1	0.9821	0.9826	0.9830	0.9834	0.9838	0.9842	0.9846	0.9850	0.9854	0.9857
2.2	0.9861	0.9864	0.9868	0.9871	0.9875	0.9878	0.9881	0.9884	0.9887	0.9890
2.3	0.9893	0.9896	0.9898	0.9901	0.9904	0.9906	0.9909	0.9911	0.9913	0.9916
2.4	0.9918	0.9920	0.9922	0.9925	0.9927	0.9929	0.9931	0.9932	0.9934	0.9936
2.5	0.9938	0.9940	0.9941	0.9943	0.9945	0.9946	0.9948	0.9949	0.9951	0.9952
2.6	0.9953	0.9955	0.9956	0.9957	0.9959	0.9960	0.9961	0.9962	0.9963	0.9964
2.7	0.9965	0.9966	0.9967	0.9968	0.9969	0.9970	0.9971	0.9972	0.9973	0.9974
2.8	0.9974	0.9975	0.9976	0.9977	0.9977	0.9978	0.9979	0.9979	0.9980	0.9981
2.9	0.9981	0.9982	0.9982	0.9983	0.9984	0.9984	0.9985	0.9985	0.9986	0.9986
3.0	0.9987	0.9987	0.9987	0.9988	0.9988	0.9989	0.9989	0.9989	0.9990	0.9990
α	0.400	0.300	0.200	0.100	0.050	0.025	0.020	0.010	0.005	0.001
z_α	0.253	0.524	0.842	1.282	1.645	1.960	2.054	2.326	2.576	3.090
$z_{\alpha/2}$	0.842	1.036	1.282	1.645	1.960	2.240	2.326	2.576	2.807	3.291

(계속)

z	0.00	0.01	0.02	0.03	0.04	0.05	0.06	0.07	0.08	0.09
−3.4	0.0003	0.0003	0.0003	0.0003	0.0003	0.0003	0.0003	0.0003	0.0003	0.0002
−3.3	0.0005	0.0005	0.0005	0.0004	0.0004	0.0004	0.0004	0.0004	0.0004	0.0003
−3.2	0.0007	0.0007	0.0006	0.0006	0.0006	0.0006	0.0006	0.0005	0.0005	0.0005
−3.1	0.0010	0.0009	0.0009	0.0009	0.0009	0.0008	0.0008	0.0008	0.0007	0.0007
−3.0	0.0013	0.0013	0.0013	0.0012	0.0012	0.0011	0.0011	0.0011	0.0010	0.0010
−2.9	0.0019	0.0018	0.0017	0.0017	0.0016	0.0016	0.0015	0.0015	0.0014	0.0014
−2.8	0.0026	0.0025	0.0024	0.0023	0.0023	0.0022	0.0021	0.0021	0.0020	0.0019
−2.7	0.0035	0.0034	0.0033	0.0032	0.0031	0.0030	0.0029	0.0028	0.0027	0.0026
−2.6	0.0047	0.0045	0.0044	0.0043	0.0041	0.0040	0.0039	0.0038	0.0037	0.0036
−2.5	0.0062	0.0060	0.0059	0.0057	0.0055	0.0054	0.0052	0.0051	0.0049	0.0048
−2.4	0.0082	0.0080	0.0078	0.0075	0.0073	0.0071	0.0069	0.0068	0.0066	0.0064
−2.3	0.0107	0.0104	0.0102	0.0099	0.0096	0.0094	0.0091	0.0089	0.0087	0.0084
−2.2	0.0139	0.0136	0.0132	0.0129	0.0125	0.0122	0.0119	0.0116	0.0113	0.0110
−2.1	0.0179	0.0174	0.0170	0.0166	0.0162	0.0158	0.0154	0.0150	0.0146	0.0143
−2.0	0.0228	0.0222	0.0217	0.0212	0.0207	0.0202	0.0197	0.0192	0.0188	0.0183
−1.9	0.0287	0.0281	0.0274	0.0268	0.0262	0.0256	0.0250	0.0244	0.0239	0.0233
−1.8	0.0359	0.0352	0.0344	0.0336	0.0329	0.0322	0.0314	0.0307	0.0301	0.0294
−1.7	0.0446	0.0436	0.0427	0.0418	0.0409	0.0401	0.0392	0.0384	0.0375	0.0367
−1.6	0.0548	0.0537	0.0526	0.0516	0.0505	0.0495	0.0485	0.0475	0.0465	0.0455
−1.5	0.0668	0.0655	0.0643	0.0630	0.0618	0.0606	0.0594	0.0582	0.0571	0.0559
−1.4	0.0808	0.0793	0.0778	0.0764	0.0749	0.0735	0.0722	0.0708	0.0694	0.0681
−1.3	0.0968	0.0951	0.0934	0.0918	0.0901	0.0885	0.0869	0.0853	0.0838	0.0823
−1.2	0.1151	0.1131	0.1112	0.1093	0.1075	0.1056	0.1038	0.1020	0.1003	0.0985
−1.1	0.1357	0.1335	0.1314	0.1292	0.1271	0.1251	0.1230	0.1210	0.1190	0.1170
−1.0	0.1587	0.1562	0.1539	0.1515	0.1492	0.1469	0.1446	0.1423	0.1401	0.1379
−0.9	0.1841	0.1814	0.1788	0.1762	0.1736	0.1711	0.1685	0.1660	0.1635	0.1611
−0.8	0.2119	0.2090	0.2061	0.2033	0.2005	0.1977	0.1949	0.1922	0.1894	0.1867
−0.7	0.2420	0.2389	0.2358	0.2327	0.2296	0.2266	0.2236	0.2206	0.2177	0.2148
−0.6	0.2743	0.2709	0.2676	0.2643	0.2611	0.2578	0.2546	0.2514	0.2483	0.2451
−0.5	0.3085	0.3050	0.3015	0.2981	0.2946	0.2912	0.2877	0.2843	0.2810	0.2776
−0.4	0.3446	0.3409	0.3372	0.3336	0.3300	0.3264	0.3228	0.3192	0.3156	0.3121
−0.3	0.3821	0.3783	0.3745	0.3707	0.3669	0.3632	0.3594	0.3557	0.3520	0.3483
−0.2	0.4207	0.4168	0.4129	0.4090	0.4052	0.4013	0.3974	0.3936	0.3897	0.3859
−0.1	0.4602	0.4562	0.4522	0.4483	0.4443	0.4404	0.4364	0.4325	0.4286	0.4247
−0.0	0.5000	0.4960	0.4920	0.4880	0.4840	0.4801	0.4761	0.4721	0.4681	0.4641

(b) 표준정규분포의 오른쪽 꼬리부분 확률

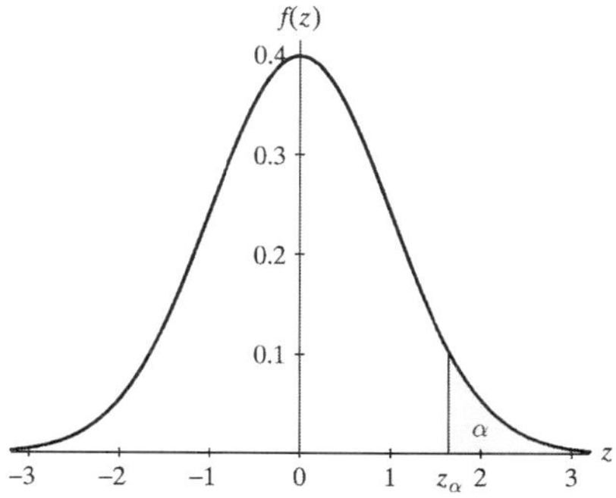

$$P(Z > z_\alpha) = \alpha$$

$$P(Z > z) = 1 - \Phi(z) = \Phi(-z)$$

z_α	0.00	0.01	0.02	0.03	0.04	0.05	0.06	0.07	0.08	0.09
0.0	0.5000	0.4960	0.4920	0.4880	0.4840	0.4801	0.4761	0.4721	0.4681	0.4641
0.1	0.4602	0.4562	0.4522	0.4483	0.4443	0.4404	0.4364	0.4325	0.4286	0.4247
0.2	0.4207	0.4168	0.4129	0.4090	0.4052	0.4013	0.3974	0.3936	0.3897	0.3859
0.3	0.3821	0.3783	0.3745	0.3707	0.3669	0.3632	0.3594	0.3557	0.3520	0.3483
0.4	0.3446	0.3409	0.3372	0.3336	0.3300	0.3264	0.3228	0.3192	0.3156	0.3121
0.5	0.3085	0.3050	0.3015	0.2981	0.2946	0.2912	0.2877	0.2843	0.2810	0.2776
0.6	0.2743	0.2709	0.2676	0.2643	0.2611	0.2578	0.2546	0.2514	0.2483	0.2451
0.7	0.2420	0.2389	0.2358	0.2327	0.2296	0.2266	0.2236	0.2206	0.2177	0.2148
0.8	0.2119	0.2090	0.2061	0.2033	0.2005	0.1977	0.1949	0.1922	0.1894	0.1867
0.9	0.1841	0.1814	0.1788	0.1762	0.1736	0.1711	0.1685	0.1660	0.1635	0.1611
1.0	0.1587	0.1562	0.1539	0.1515	0.1492	0.1469	0.1446	0.1423	0.1401	0.1379
1.1	0.1357	0.1335	0.1314	0.1292	0.1271	0.1251	0.1230	0.1210	0.1190	0.1170
1.2	0.1151	0.1131	0.1112	0.1093	0.1075	0.1056	0.1038	0.1020	0.1003	0.0985
1.3	0.0968	0.0951	0.0934	0.0918	0.0901	0.0885	0.0869	0.0853	0.0838	0.0823
1.4	0.0808	0.0793	0.0778	0.0764	0.0749	0.0735	0.0721	0.0708	0.0694	0.0681
1.5	0.0668	0.0655	0.0643	0.0630	0.0618	0.0606	0.0594	0.0582	0.0571	0.0559
1.6	0.0548	0.0537	0.0526	0.0516	0.0505	0.0495	0.0485	0.0475	0.0465	0.0455
1.7	0.0446	0.0436	0.0427	0.0418	0.0409	0.0401	0.0392	0.0384	0.0375	0.0367
1.8	0.0359	0.0351	0.0344	0.0336	0.0329	0.0322	0.0314	0.0307	0.0301	0.0294
1.9	0.0287	0.0281	0.0274	0.0268	0.0262	0.0256	0.0250	0.0244	0.0239	0.0233
2.0	0.0228	0.0222	0.0217	0.0212	0.0207	0.0202	0.0197	0.0192	0.0188	0.0183
2.1	0.0179	0.0174	0.0170	0.0166	0.0162	0.0158	0.0154	0.0150	0.0146	0.0143
2.2	0.0139	0.0136	0.0132	0.0129	0.0125	0.0122	0.0119	0.0116	0.0113	0.0110
2.3	0.0107	0.0104	0.0102	0.0099	0.0096	0.0094	0.0091	0.0089	0.0087	0.0084
2.4	0.0082	0.0080	0.0078	0.0075	0.0073	0.0071	0.0069	0.0068	0.0066	0.0064
2.5	0.0062	0.0060	0.0059	0.0057	0.0055	0.0054	0.0052	0.0051	0.0049	0.0048
2.6	0.0047	0.0045	0.0044	0.0043	0.0041	0.0040	0.0039	0.0038	0.0037	0.0036
2.7	0.0035	0.0034	0.0033	0.0032	0.0031	0.0030	0.0029	0.0028	0.0027	0.0026
2.8	0.0026	0.0025	0.0024	0.0023	0.0023	0.0022	0.0021	0.0021	0.0020	0.0019
2.9	0.0019	0.0018	0.0018	0.0017	0.0016	0.0016	0.0015	0.0015	0.0014	0.0014
3.0	0.0013	0.0013	0.0013	0.0012	0.0012	0.0011	0.0011	0.0011	0.0010	0.0010
3.1	0.0010	0.0009	0.0009	0.0009	0.0008	0.0008	0.0008	0.0008	0.0007	0.0007
3.2	0.0007	0.0007	0.0006	0.0006	0.0006	0.0006	0.0006	0.0005	0.0005	0.0005
3.3	0.0005	0.0005	0.0005	0.0004	0.0004	0.0004	0.0004	0.0004	0.0004	0.0003
3.4	0.0003	0.0003	0.0003	0.0003	0.0003	0.0003	0.0003	0.0003	0.0003	0.0002

5. F 분포표

$F \sim F(n, m)$일 때 $P(F > F_{\alpha,n,m}) = \alpha$의 값을 표시한다.

$\alpha = 0.1$

m \ n	1	2	3	4	5	6	7	8	9	10	11	12	15	20	24	30	40	60	120	∞
1	39.86	49.50	53.59	55.83	57.24	58.20	58.91	59.44	59.86	60.19	60.47	60.71	61.22	61.74	62.00	62.26	62.53	62.79	63.06	63.33
2	8.53	9.00	9.16	9.24	9.29	9.33	9.35	9.37	9.38	9.39	9.40	9.41	9.42	9.44	9.45	9.46	9.47	9.47	9.48	9.49
3	5.54	5.46	5.39	5.34	5.31	5.28	5.27	5.25	5.24	5.23	5.22	5.22	5.20	5.18	5.18	5.17	5.16	5.15	5.14	5.13
4	4.54	4.32	4.19	4.11	4.05	4.01	3.98	3.95	3.94	3.92	3.91	3.90	3.87	3.84	3.83	3.82	3.80	3.79	3.78	3.76
5	4.06	3.78	3.62	3.52	3.45	3.40	3.37	3.34	3.32	3.30	3.28	3.27	3.24	3.21	3.19	3.17	3.16	3.14	3.12	3.10
6	3.78	3.46	3.29	3.18	3.11	3.05	3.01	2.98	2.96	2.94	2.92	2.90	2.87	2.84	2.82	2.80	2.78	2.76	2.74	2.72
7	3.59	3.26	3.07	2.96	2.88	2.83	2.78	2.75	2.72	2.70	2.68	2.67	2.63	2.59	2.58	2.56	2.54	2.51	2.49	2.47
8	3.46	3.11	2.92	2.81	2.73	2.67	2.62	2.59	2.56	2.54	2.52	2.50	2.46	2.42	2.40	2.38	2.36	2.34	2.32	2.29
9	3.36	3.01	2.81	2.69	2.61	2.55	2.51	2.47	2.44	2.42	2.40	2.38	2.34	2.30	2.28	2.25	2.23	2.21	2.18	2.16
10	3.29	2.92	2.73	2.61	2.52	2.46	2.41	2.38	2.35	2.32	2.30	2.28	2.24	2.20	2.18	2.16	2.13	2.11	2.08	2.06
11	3.23	2.86	2.66	2.54	2.45	2.39	2.34	2.30	2.27	2.25	2.23	2.21	2.17	2.12	2.10	2.08	2.05	2.03	2.00	1.97
12	3.18	2.81	2.61	2.48	2.39	2.33	2.28	2.24	2.21	2.19	2.17	2.15	2.10	2.06	2.04	2.01	1.99	1.96	1.93	1.90
13	3.14	2.76	2.56	2.43	2.35	2.28	2.23	2.20	2.16	2.14	2.12	2.10	2.05	2.01	1.98	1.96	1.93	1.90	1.88	1.85
14	3.10	2.73	2.52	2.39	2.31	2.24	2.19	2.15	2.12	2.10	2.07	2.05	2.01	1.96	1.94	1.91	1.89	1.86	1.83	1.80
15	3.07	2.70	2.49	2.36	2.27	2.21	2.16	2.12	2.09	2.06	2.04	2.02	1.97	1.92	1.90	1.87	1.85	1.82	1.79	1.76
20	2.97	2.59	2.38	2.25	2.16	2.09	2.04	2.00	1.96	1.94	1.91	1.89	1.84	1.79	1.77	1.74	1.71	1.68	1.64	1.61
30	2.88	2.49	2.28	2.14	2.05	1.98	1.93	1.88	1.85	1.82	1.79	1.77	1.72	1.67	1.64	1.61	1.57	1.54	1.50	1.46
40	2.84	2.44	2.23	2.09	2.00	1.93	1.87	1.83	1.79	1.76	1.74	1.71	1.66	1.61	1.57	1.54	1.51	1.47	1.42	1.38
60	2.79	2.39	2.18	2.04	1.95	1.87	1.82	1.77	1.74	1.71	1.68	1.66	1.60	1.54	1.51	1.48	1.44	1.40	1.35	1.29
120	2.75	2.35	2.13	1.99	1.90	1.82	1.77	1.72	1.68	1.65	1.63	1.60	1.55	1.48	1.45	1.41	1.37	1.32	1.26	1.19
∞	2.71	2.30	2.08	1.94	1.85	1.77	1.72	1.67	1.63	1.60	1.57	1.55	1.49	1.42	1.38	1.34	1.30	1.24	1.17	1.00

$\alpha = 0.05$

m \ n	1	2	3	4	5	6	7	8	9	10	11	12	15	20	24	30	40	60	120	∞
1	161,5	199,5	215,7	224,6	230,2	234,0	236,8	238,9	240,5	241,9	243,0	243,9	244,7	245,4	249,1	250,1	251,1	252,2	253,3	254,3
2	18,51	19,00	19,16	19,25	19,30	19,33	19,35	19,37	19,38	19,40	19,40	19,41	19,43	19,45	9,45	19,46	19,47	19,48	19,49	19,50
3	10,13	9,55	9,28	9,12	9,01	8,94	8,89	8,85	8,81	8,79	8,76	8,74	8,70	8,66	8,64	8,62	8,59	8,57	8,55	8,53
4	7,71	6,94	6,59	6,39	6,26	6,16	6,09	6,04	6,00	5,96	5,94	5,91	5,86	5,80	5,77	5,75	5,72	5,69	5,66	5,63
5	6,61	5,79	5,41	5,19	5,05	4,95	4,88	4,82	4,77	4,74	4,70	4,68	4,62	4,56	4,53	4,50	4,46	4,43	4,40	4,36
6	5,99	5,14	4,76	4,53	4,39	4,28	4,21	4,15	4,10	4,06	4,03	4,00	3,94	3,87	3,84	3,81	3,77	3,74	3,70	3,67
7	5,59	4,74	4,35	4,12	3,97	3,87	3,79	3,73	3,68	3,64	3,60	3,57	3,51	3,44	3,41	3,38	3,34	3,30	3,27	3,23
8	5,32	4,46	4,07	3,84	3,69	3,58	3,50	3,44	3,39	3,35	3,31	3,28	3,22	3,15	3,12	3,08	3,04	3,01	2,97	2,93
9	5,12	4,26	3,86	3,63	3,48	3,37	3,29	3,23	3,18	3,14	3,10	3,07	3,01	2,94	2,90	2,86	2,83	2,79	2,75	2,71
10	4,96	4,10	3,71	3,48	3,33	3,22	3,14	3,07	3,02	2,98	2,94	2,91	2,85	2,77	2,74	2,70	2,66	2,62	2,58	2,54
11	4,84	3,98	3,59	3,36	3,20	3,09	3,01	2,95	2,90	2,85	2,82	2,79	2,72	2,65	2,61	2,57	2,53	2,49	2,45	2,40
12	4,75	3,89	3,49	3,26	3,11	3,00	2,91	2,85	2,80	2,75	2,72	2,69	2,62	2,54	2,51	2,47	2,43	2,38	2,34	2,30
13	4,67	3,81	3,41	3,18	3,03	2,92	2,83	2,77	2,71	2,67	2,63	2,60	2,53	2,46	2,42	2,38	2,34	2,30	2,25	2,21
14	4,60	3,74	3,34	3,11	2,96	2,85	2,76	2,70	2,65	2,60	2,57	2,53	2,46	2,39	2,35	2,31	2,27	2,22	2,18	2,13
15	4,54	3,68	3,29	3,06	2,90	2,79	2,71	2,64	2,59	2,54	2,51	2,48	2,40	2,33	2,29	2,25	2,20	2,16	2,11	2,07
20	4,35	3,49	3,10	2,87	2,71	2,60	2,51	2,45	2,39	2,35	2,31	2,28	2,20	2,12	2,08	2,04	1,99	1,95	1,90	1,84
30	4,17	3,32	2,92	2,69	2,53	2,42	2,33	2,27	2,21	2,16	2,13	2,09	2,01	1,93	1,89	1,84	1,79	1,74	1,68	1,62
40	4,08	3,23	2,84	2,61	2,45	2,34	2,25	2,18	2,12	2,08	2,04	2,00	1,92	1,84	1,79	1,74	1,69	1,64	1,58	1,51
60	4,00	3,15	2,76	2,53	2,37	2,25	2,17	2,10	2,04	1,99	1,95	1,92	1,84	1,75	1,70	1,65	1,59	1,53	1,47	1,39
120	3,92	3,07	2,68	2,45	2,29	2,18	2,09	2,02	1,96	1,91	1,87	1,83	1,75	1,66	1,61	1,55	1,50	1,43	1,35	1,25
∞	3,84	3,00	2,60	2,37	2,21	2,10	2,01	1,94	1,88	1,83	1,79	1,75	1,67	1,57	1,52	1,46	1,40	1,32	1,23	1,00

$\alpha = 0.025$

m \ n	1	2	3	4	5	6	7	8	9	10	11	12	15	20	24	30	40	60	120	∞
1	647,8	799,5	864,2	899,6	921,9	937,1	948,2	956,7	963,3	968,6	973,0	976,7	984,9	993,1	997,3	1001	1006	1010	1014	1018
2	38,51	39,00	39,17	39,25	39,30	39,33	39,36	39,37	39,39	39,40	39,41	39,41	39,43	39,45	39,46	39,46	39,47	39,48	39,49	39,50
3	17,44	16,04	15,44	15,10	14,88	14,73	14,62	14,54	14,47	14,42	14,37	14,34	14,25	14,17	14,12	14,08	14,04	13,99	13,95	13,90
4	12,22	10,65	9,98	9,60	9,36	9,20	9,07	8,98	8,90	8,84	8,79	8,75	8,66	8,56	8,51	8,46	8,41	8,36	8,31	8,26
5	10,01	8,43	7,76	7,39	7,15	6,98	6,85	6,76	6,68	6,62	6,57	6,52	6,43	6,33	6,28	6,23	6,18	6,12	6,07	6,02
6	8,81	7,26	6,60	6,23	5,99	5,82	5,70	5,60	5,52	5,46	5,41	5,37	5,27	5,17	5,12	5,07	5,01	4,96	4,90	4,85
7	8,07	6,54	5,89	5,52	5,29	5,12	4,99	4,90	4,82	4,76	4,71	4,67	4,57	4,47	4,41	4,36	4,31	4,25	4,20	4,14
8	7,57	6,06	5,42	5,05	4,82	4,65	4,53	4,43	4,36	4,30	4,24	4,20	4,10	4,00	3,95	3,89	3,84	3,78	3,73	3,67
9	7,21	5,71	5,08	4,72	4,48	4,32	4,20	4,10	4,03	3,96	3,91	3,87	3,77	3,67	3,61	3,56	3,51	3,45	3,39	3,33
10	6,94	5,46	4,83	4,47	4,24	4,07	3,95	3,85	3,78	3,72	3,66	3,62	3,52	3,42	3,37	3,31	3,26	3,20	3,14	3,08
11	6,72	5,26	4,63	4,28	4,04	3,88	3,76	3,66	3,59	3,53	3,47	3,43	3,33	3,23	3,17	3,12	3,06	3,00	2,94	2,88
12	6,55	5,10	4,47	4,12	3,89	3,73	3,61	3,51	3,44	3,37	3,32	3,28	3,18	3,07	3,02	2,96	2,91	2,85	2,79	2,72
13	6,41	4,97	4,35	4,00	3,77	3,60	3,48	3,39	3,31	3,25	3,20	3,15	3,05	2,95	2,89	2,84	2,78	2,72	2,66	2,60
14	6,30	4,86	4,24	3,89	3,66	3,50	3,38	3,29	3,21	3,15	3,09	3,05	2,95	2,84	2,79	2,73	2,67	2,61	2,55	2,49
15	6,20	4,77	4,15	3,80	3,58	3,41	3,29	3,20	3,12	3,06	3,01	2,96	2,86	2,76	2,70	2,64	2,59	2,52	2,46	2,40
20	5,87	4,46	3,86	3,51	3,29	3,13	3,01	2,91	2,84	2,77	2,72	2,68	2,57	2,46	2,41	2,35	2,29	2,22	2,16	2,09
30	5,57	4,18	3,59	3,25	3,03	2,87	2,75	2,65	2,57	2,51	2,46	2,41	2,31	2,20	2,14	2,07	2,01	1,94	1,87	1,79
40	5,42	4,05	3,46	3,13	2,90	2,74	2,62	2,53	2,45	2,39	2,33	2,29	2,18	2,07	2,01	1,94	1,88	1,80	1,72	1,64
60	5,29	3,93	3,34	3,01	2,79	2,63	2,51	2,41	2,33	2,27	2,22	2,17	2,06	1,94	1,88	1,82	1,74	1,67	1,58	1,48
120	5,15	3,80	3,23	2,89	2,67	2,52	2,39	2,30	2,22	2,16	2,10	2,05	1,94	1,82	1,76	1,69	1,61	1,53	1,43	1,31
∞	5,02	3,69	3,12	2,79	2,57	2,41	2,29	2,19	2,11	2,05	2,00	1,94	1,83	1,71	1,64	1,57	1,48	1,39	1,27	1,00

6. t 분포표

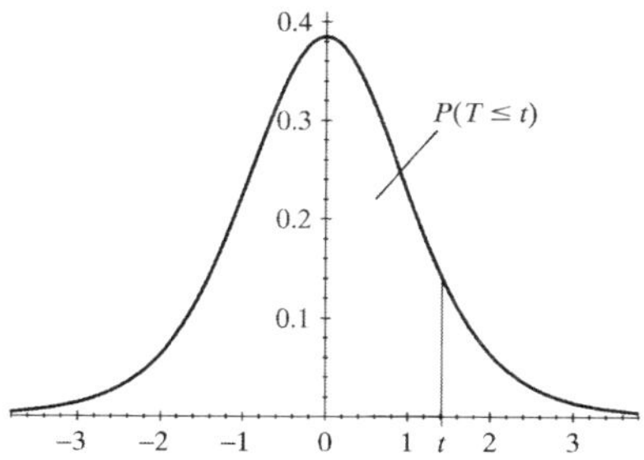

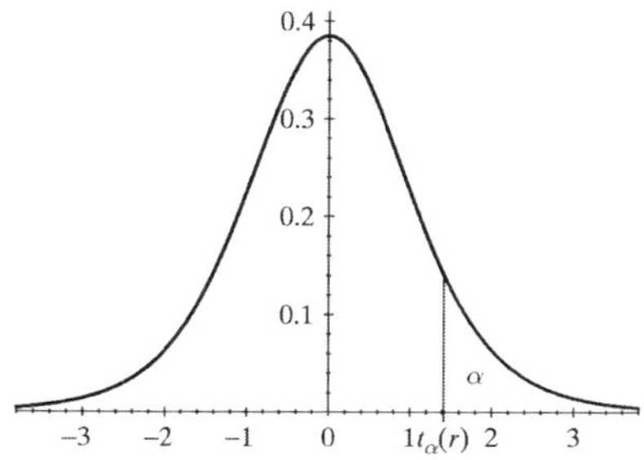

$$P(T \le t) = \int_{-\infty}^{t} \frac{\Gamma[(r+1)/2]}{\sqrt{\pi r}\,\Gamma(r/2)(1+w^2/r)^{(r+1)/2}}\,dw$$

$$P(T \le -t) = 1 - P(T \le t)$$

	$P(T \le t)$						
	0.60	0.75	0.90	0.95	0.975	0.99	0.995
r	$t_{0.40}(r)$	$t_{0.25}(r)$	$t_{0.10}(r)$	$t_{0.05}(r)$	$t_{0.025}(r)$	$t_{0.01}(r)$	$t_{0.005}(r)$
1	0.325	1.000	3.078	6.314	12.706	31.821	63.657
2	0.289	0.816	1.886	2.920	4.303	6.965	9.925
3	0.277	0.765	1.638	2.353	3.182	4.541	5.841
4	0.271	0.741	1.533	2.132	2.776	3.747	4.604
5	0.267	0.727	1.476	2.015	2.571	3.365	4.032
6	0.265	0.718	1.440	1.943	2.447	3.143	3.707
7	0.263	0.711	1.415	1.895	2.365	2.998	3.499
8	0.262	0.706	1.397	1.860	2.306	2.896	3.355
9	0.261	0.703	1.383	1.833	2.262	2.821	3.250
10	0.260	0.700	1.372	1.812	2.228	2.764	3.169
11	0.260	0.697	1.363	1.796	2.201	2.718	3.106
12	0.259	0.695	1.356	1.782	2.179	2.681	3.055
13	0.259	0.694	1.350	1.771	2.160	2.650	3.012
14	0.258	0.692	1.345	1.761	2.145	2.624	2.997
15	0.258	0.691	1.341	1.753	2.131	2.602	2.947
16	0.258	0.690	1.337	1.746	2.120	2.583	2.921
17	0.257	0.689	1.333	1.740	2.110	2.567	2.898
18	0.257	0.688	1.330	1.734	2.101	2.552	2.878
19	0.257	0.688	1.328	1.729	2.093	2.539	2.861
20	0.257	0.687	1.325	1.725	2.086	2.528	2.845
21	0.257	0.686	1.323	1.721	2.080	2.518	2.831
22	0.256	0.686	1.321	1.717	2.074	2.508	2.819
23	0.256	0.685	1.319	1.714	2.069	2.500	2.807
24	0.256	0.685	1.318	1.711	2.064	2.492	2.797
25	0.256	0.684	1.316	1.708	2.060	2.485	2.787
26	0.256	0.684	1.315	1.706	2.056	2.479	2.779
27	0.256	0.684	1.314	1.703	2.052	2.473	2.771
28	0.256	0.683	1.313	1.701	2.048	2.467	2.763
29	0.256	0.683	1.311	1.699	2.045	2.462	2.756
30	0.256	0.683	1.310	1.697	2.042	2.457	2.750
∞	0.253	0.674	1.282	1.645	1.960	2.326	2.576

7. 난수표

00000	10097	32533	76520	13586	34673	54876	80959	09117	39292	74945
00001	37542	04805	64894	74296	24805	24037	20636	10402	00822	91665
00002	08422	68953	19645	09303	23209	02560	15953	34764	35080	33606
00003	99019	02529	09376	70715	38311	31165	88676	74397	04436	27659
00004	12807	99970	80157	36147	64032	36653	98951	16877	12171	76833
00005	66065	74717	34072	76850	36697	36170	65813	39885	11199	29170
00006	31060	10805	45571	82406	35303	42614	86799	07439	23403	09732
00007	85269	77602	02051	65692	68665	74818	73053	85247	18623	88579
00008	63573	32135	05325	47048	90553	57548	28468	28709	83491	25624
00009	73796	45753	03529	64778	35808	34282	60935	20344	35273	88435
00010	98520	17767	14905	68607	22109	40558	60970	93433	50500	73998
00011	11805	05431	39808	27732	50725	68248	29405	24201	52775	67851
00012	83452	99634	06288	98083	13746	70078	18475	40610	68711	77817
00013	88685	40200	86507	58401	36766	67951	90364	76493	29609	11062
00014	99594	67348	87517	64969	91826	08928	93785	61368	23478	34113
00015	65481	17674	17468	50950	58047	76974	73039	57186	40218	16544
00016	80124	35635	17727	08015	45318	22374	21115	78253	14385	53763
00017	74350	99817	77402	77214	43236	00210	45521	64237	96286	02655
00018	69916	26803	66252	29148	36936	87203	76621	13990	94400	56418
00019	09893	20505	14225	68514	46427	56788	96297	78822	54382	14598
00020	91499	14523	68479	27686	46162	83554	94750	89923	37089	20048
00021	80336	94598	26940	36858	70297	34135	53140	33340	42050	82341
00022	44104	81949	85157	47954	32979	26575	57600	40881	22222	06413
00023	12550	73742	11100	02040	12860	74697	96644	89439	28707	25815
00024	63606	49329	16505	34484	40219	52563	43651	77082	07207	31790
00025	61196	90446	26457	47774	51924	33729	65394	59593	42582	60527
00026	15474	45266	95270	79953	59367	83848	82396	10118	33211	59466
00027	94557	28573	67897	54387	54622	44431	91190	42592	92927	45973
00028	42481	16213	97344	08721	16868	48767	03071	12059	25701	46670
00029	23523	78317	73208	89837	68935	91416	26252	29663	05522	82562
00030	04493	52494	75246	33824	45862	51025	61962	79335	65337	12472
00031	00549	97654	64051	88159	96119	63896	54692	82391	23287	29529
00032	35963	15307	26898	09354	33351	35462	77974	50024	90103	39333
00033	59808	08391	45427	26842	83609	49700	13021	24892	78565	20106
00034	46058	85236	01390	92286	77281	44077	93910	83647	70617	42941

8. 최소 유의 스튜던트화 범위 r_p표

$\alpha = 0.05$

v	p 2	3	4	5	6	7	8	9	10
1	17.97	17.97	17.97	17.97	17.97	17.97	17.97	17.97	17.97
2	6.085	6.085	6.085	6.085	6.085	6.085	6.085	6.085	6.085
3	4.501	4.516	4.516	4.516	4.516	4.516	4.516	4.516	4.516
4	3.927	4.013	4.033	4.033	4.033	4.033	4.033	4.033	4.033
5	3.635	3.749	3.797	3.814	3.814	3.814	3.814	3.814	3.814
6	3.461	3.587	3.649	3.680	3.694	3.697	3.697	3.697	3.697
7	3.344	3.477	3.548	3.588	3.611	3.622	3.626	3.626	3.626
8	3.261	3.399	3.475	3.521	3.549	3.566	3.575	3.579	3.579
9	3.199	3.339	3.420	3.470	3.502	3.523	3.536	3.544	3.547
10	3.151	3.293	3.376	3.430	3.465	3.489	3.505	3.516	3.522
11	3.113	3.256	3.342	3.397	3.435	3.462	3.480	3.493	3.501
12	3.082	3.225	3.313	3.370	3.410	3.439	3.459	3.474	3.484
13	3.055	3.200	3.289	3.348	3.389	3.419	3.442	3.458	3.470
14	3.033	3.178	3.268	3.329	3.372	3.403	3.426	3.444	3.457
15	3.014	3.160	3.250	3.312	3.356	3.389	3.413	3.432	3.446
16	2.998	3.144	3.235	3.298	3.343	3.376	3.402	3.422	3.437
17	2.984	3.130	3.222	3.285	3.331	3.366	3.392	3.412	3.429
18	2.971	3.118	3.210	3.274	3.321	3.356	3.383	3.405	3.421
19	2.960	3.107	3.199	3.264	3.311	3.347	3.375	3.397	3.415
20	2.950	3.097	3.190	3.255	3.303	3.339	3.368	3.391	3.409
24	2.919	3.066	3.160	3.226	3.276	3.315	3.345	3.370	3.390
30	2.888	3.035	3.131	3.199	3.250	3.290	3.322	3.349	3.371
40	2.858	3.006	3.102	3.171	3.224	3.266	3.300	3.328	3.352
60	2.829	2.976	3.073	3.143	3.198	3.241	3.277	3.307	3.333
120	2.800	2.947	3.045	3.116	3.172	3.217	3.254	3.287	3.314
∞	2.772	2.918	3.017	3.089	3.146	3.193	3.232	3.265	3.294

(계속)

$\alpha = 0.01$

v	p								
	2	3	4	5	6	7	8	9	10
1	90.03	90.03	90.03	90.03	90.03	90.03	90.03	90.03	90.03
2	14.04	14.04	14.04	14.04	14.04	14.04	14.04	14.04	14.04
3	8.261	8.321	8.321	8.321	8.321	8.321	8.321	8.321	8.321
4	6.512	6.677	6.740	6.756	6.756	6.756	6.756	6.756	6.756
5	5.702	5.893	5.989	6.040	6.065	6.074	6.074	6.074	6.074
6	5.243	5.439	5.549	5.614	5.655	5.680	5.694	5.701	5.703
7	4.949	5.145	5.260	5.334	5.383	5.416	5.439	5.454	5.464
8	4.746	4.939	5.057	5.135	5.189	5.227	5.256	5.276	5.291
9	4.596	4.787	4.906	4.986	5.043	5.086	5.118	5.142	5.160
10	4.482	4.671	4.790	4.871	4.931	4.975	5.010	5.037	5.058
11	4.392	4.579	4.697	4.780	4.841	4.887	4.924	4.952	4.975
12	4.320	4.504	4.622	4.706	4.767	4.815	4.852	4.883	4.907
13	4.260	4.442	4.560	4.644	4.706	4.755	4.793	4.824	4.850
14	4.210	4.391	4.508	4.591	4.654	4.704	4.743	4.775	4.802
15	4.168	4.347	4.463	4.547	4.610	4.660	4.700	4.733	4.760
16	4.131	4.309	4.425	4.509	4.572	4.622	4.663	4.696	4.724
17	4.099	4.275	4.391	4.475	4.539	4.589	4.630	4.664	4.693
18	4.071	4.246	4.362	4.445	4.509	4.560	4.601	4.635	4.664
19	4.046	4.220	4.335	4.419	4.483	4.534	4.575	4.610	4.617
20	4.024	4.197	4.312	4.395	4.459	4.510	4.552	4.587	4.617
24	3.956	4.126	4.239	4.322	4.386	4.437	4.480	4.516	4.546
30	3.889	4.056	4.168	4.250	4.314	4.366	4.409	4.445	4.477
40	3.825	3.988	4.098	4.180	4.244	4.296	4.339	4.376	4.408
60	3.762	3.922	4.031	4.111	4.174	4.226	4.270	4.307	4.340
120	3.702	3.858	3.965	4.044	4.107	4.158	4.202	4.239	4.272
∞	3.643	3.796	3.900	3.978	4.040	4.091	4.135	4.172	4.205

9. Wilcoxon의 부호-순위 검정에 대한 기각값표

n	단측검정 $\alpha = 0.01$ 양측검정 $\alpha = 0.02$	단측검정 $\alpha = 0.025$ 양측검정 $\alpha = 0.05$	단측검정 $\alpha = 0.05$ 양측검정 $\alpha = 0.10$
5			1
6		1	2
7	0	2	4
8	2	4	6
9	3	6	8
10	5	8	11
11	7	11	14
12	10	14	17
13	13	17	21
14	16	21	26
15	20	25	30
16	24	30	36
17	28	35	41
18	33	40	47
19	38	46	54
20	43	52	60
21	49	59	68
22	56	66	75
23	62	73	83
24	69	81	92
25	77	90	101
26	85	98	110
27	93	107	120
28	102	117	130
29	111	127	141
30	120	137	152

10. Wilcoxon의 순위-합 검정에 대한 기각값표

$\alpha = 0.001$에서의 한쪽 꼬리 검정 또는 $\alpha = 0.002$에서의 양쪽 꼬리 검정

n_1 \ n_2	6	7	8	9	10	11	12	13	14	15	16	17	18	19	20
1															
2															
3												0	0	0	0
4					0	0	0	1	1	1	2	2	3	3	3
5		0	0	1	1	2	2	3	3	4	5	5	6	7	7
6	0	1	2	2	3	4	4	5	6	7	8	9	10	11	12
7		2	3	3	5	6	7	8	9	10	11	13	14	15	16
8			5	5	6	8	9	11	12	14	15	17	18	20	21
9				7	8	10	12	14	15	17	19	21	23	25	26
10					10	12	14	17	19	21	23	25	27	29	32
11						15	17	20	22	24	27	29	32	34	37
12							20	23	25	28	31	34	37	40	42
13								26	29	32	35	38	42	45	48
14									32	36	39	43	46	50	54
15										40	43	47	51	55	59
16											48	52	56	60	65
17												57	61	66	70
18													66	71	76
19														77	82
20															88

$\alpha = 0.01$에서의 한쪽 꼬리 검정 또는 $\alpha = 0.02$에서의 양쪽 꼬리 검정

n_1 \ n_2	5	6	7	8	9	10	11	12	13	14	15	16	17	18	19	20
1																
2									0	0	0	0	0	0	1	1
3			0	0	1	1	1	2	2	2	3	3	4	4	4	5
4	0	1	1	2	3	3	4	5	5	6	7	7	8	9	9	10
5	1	2	3	4	5	6	7	8	9	10	11	12	13	14	15	16
6		3	4	6	7	8	9	11	12	13	15	16	18	19	20	22
7			6	8	9	11	12	14	16	17	19	21	23	24	26	28
8				10	11	13	15	17	20	22	24	26	28	30	32	34
9					14	16	18	21	23	26	28	31	33	36	38	40
10						19	22	24	27	30	33	36	38	41	44	47
11							25	28	31	34	37	41	44	47	50	53
12								31	35	38	42	46	49	53	56	60
13									39	43	47	51	55	59	63	67
14										47	51	56	60	65	69	73
15											56	61	66	70	75	80
16												66	71	76	82	87
17													77	82	88	93
18														88	94	100
19															101	107
20																114

(계속)

$\alpha = 0.025$에서의 한쪽 꼬리 검정 또는 $\alpha = 0.05$에서의 양쪽 꼬리 검정

	n_2																
n_1	4	5	6	7	8	9	10	11	12	13	14	15	16	17	18	19	20
1																	
2					0	0	0	0	1	1	1	1	1	2	2	2	2
3		0	1	1	2	2	3	3	4	4	5	5	6	6	7	7	8
4	0	1	2	3	4	4	5	6	7	8	9	10	11	11	12	13	13
5		2	3	5	6	7	8	9	11	12	13	14	15	17	18	19	20
6			5	6	8	10	11	13	14	16	17	19	21	22	24	25	27
7				8	10	12	14	16	18	20	22	24	26	28	30	32	34
8					13	15	17	19	22	24	26	29	31	34	36	38	41
9						17	20	23	26	28	31	34	37	39	42	45	48
10							23	26	29	33	36	39	42	45	48	52	55
11								30	33	37	40	44	47	51	55	58	62
12									37	41	45	49	53	57	61	65	69
13										45	50	54	59	63	67	72	76
14											55	59	64	67	74	78	83
15												64	70	75	80	85	90
16													75	81	86	92	98
17														87	93	99	105
18															99	106	112
19																113	119
20																	127

$\alpha = 0.05$에서의 한쪽 꼬리 검정 또는 $\alpha = 0.10$에서의 양쪽 꼬리 검정

	n_2																	
n_1	3	4	5	6	7	8	9	10	11	12	13	14	15	16	17	18	19	20
1																	0	0
2			0	0	0	1	1	1	1	2	2	3	3	3	3	4	4	4
3	0	0	1	2	2	3	4	4	5	5	6	7	7	8	9	9	10	11
4		1	2	3	4	5	6	7	8	9	10	11	12	14	15	16	17	18
5			4	5	6	8	9	11	12	13	15	16	18	19	20	22	23	25
6				7	8	10	12	14	16	17	19	21	23	25	26	28	30	32
7					11	13	15	17	19	21	24	26	28	30	33	35	37	39
8						15	18	20	23	26	28	31	33	36	39	41	44	47
9							21	24	27	30	33	36	39	42	45	48	51	54
10								27	31	34	37	41	44	48	51	55	58	62
11									34	38	42	46	50	54	57	61	65	69
12										42	47	51	55	60	64	68	72	77
13											51	56	61	65	70	75	80	84
14												61	66	71	77	82	87	92
15													72	77	83	88	94	100
16														83	89	95	101	107
17															96	102	109	115
18																109	116	123
19																	123	130
20																		138

연습문제 해답

2 장

1. $\mu = 34.5$.

3. $M_o = 6,\ 7$.

5. 1) $\mu = 35.67$. 2) $M_e = 32.5$. 3) $M_o = 29$.

7. $\bar{x} = 75.56$, i) $s^2 = 4,\ s = 2$; ii) $s^2 = 4,\ s = 2$.

9. 1) $\mu = 51.33$. 2) $s = \sqrt{1.11} \doteqdot 1.0536$.

11. 1) $R = 2$. 2) $\sigma^2 = 0.4422$. 3) $CV = 0.2078$.

13. 2,560,000(원)

17.

시간(분)	계급값	도수	누적도수	상대도수	누적상대도수
0.1~0.8	0.45	5	5	0.10	0.10
0.9~1.6	1.25	9	14	0.18	0.28
1.7~2.4	2.05	15	29	0.30	0.58
2.5~3.2	2.85	10	39	0.20	0.78
3.3~4.0	3.65	6	45	0.12	0.90
5.1~4.8	4.45	2	47	0.04	0.94
5.9~5.6	5.25	1	48	0.02	0.96
5.7~6.4	6.05	2	50	0.04	1
합계		50		1	

19. 1)

단위: 0.01

제 2 도수 ↓	제 1 도수 ↓	줄기 ↓	잎 ↓
1	1	6	12
2	1	14	50
3	1	15	60
4	1	18	89
6	2	19	61 94
7	1	20	65
11	4	21	42 51 72 95
12	1	22	90
(2)	2	25	10 45
12	1	27	88
11	2	28	17 80
9	2	29	21 38
7	7	30	11 41 50 60 80 90

합계: 26개

2) 최솟값: 6.12 ; $Q_1 = 20.295$; $Q_2 = 25.275$; $Q_3 = 30.26$; 최댓값: 30.90.

3)

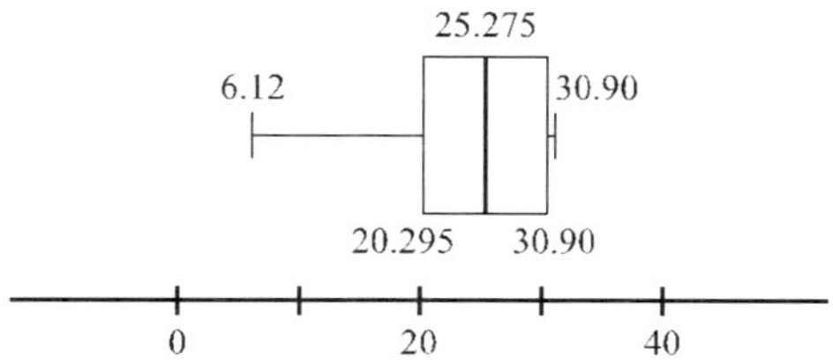

보통이상점과 극단이상점은 없다.

4) 분포형태는 좌측으로 길게 늘어진 좌비대칭이다.

3장

1. $\overline{A}$={책, 동전, 지도}

3. 1)

x \ y	1	2	3	4	5	6
1	(1, 1)	(1, 2)	(1, 3)	(1, 4)	(1, 5)	(1, 6)
2	(2, 1)	(2, 2)	(2, 3)	(2, 4)	(2, 5)	(2, 6)
3	(3, 1)	(3, 2)	(3, 3)	(3, 4)	(3, 5)	(3, 6)
4	(4, 1)	(4, 2)	(4, 3)	(4, 4)	(4, 5)	(4, 6)
5	(5, 1)	(5, 2)	(5, 3)	(5, 4)	(5, 5)	(5, 6)
6	(6, 1)	(6, 2)	(6, 3)	(6, 4)	(6, 5)	(6, 6)

2)

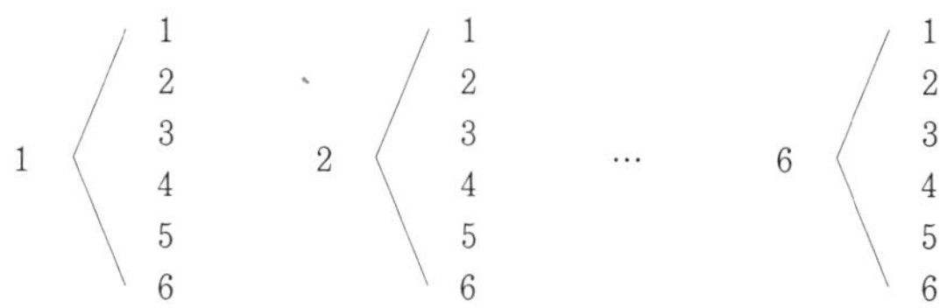

5. $S=\{(x, y)\mid x^2+y^2 \leq 3^2$

7.

1) $S=\{(3), (1, 3), (2, 3), (4, 3), (5, 3), (6, 3), (1, 1, 3), (1, 2, 3), (1, 4, 3), \cdots$

2) $E=\{(3), (1, 3), (2, 3), (4, 3), (5, 3), (6, 3), (1, 1, 3), (1, 2, 3), (1, 4, 3),$
$(1, 5, 3), (1, 6, 3), (2, 1, 3), (2, 2, 3), (2, 4, 3), (2, 5, 3), (2, 6, 3),$
$(4, 1, 3), (4, 2, 3), (4, 4, 3), (4, 5, 3), (4, 6, 3), (5, 1, 3), (5, 2, 3),$
$(5, 4, 3), (5, 5, 3), (5, 6, 3), (6, 1, 3), (6, 2, 3), (6, 4, 3), (6, 5, 3),$

9. 1) 0.3. 2) 0.2.

11. 0.25.

13. 0.9021.

15. 0.144.

17. 0.53719.

19. 0.2162.

21. 0.0744.

23. 1) $\frac{1}{3}$.　　　2) 0.3.

25.

x	0	1	2	3	4	계
$P(X=x)$	5/126	40/126	60/126	20/126	1/126	1

27.

x	0	1	2	3	4	계
$P(X=x)$	1/42	5/21	10/21	5/21	1/42	1

29.

x	0	1	2	계
$P(X=x)$	2/7	4/7	1/7	1

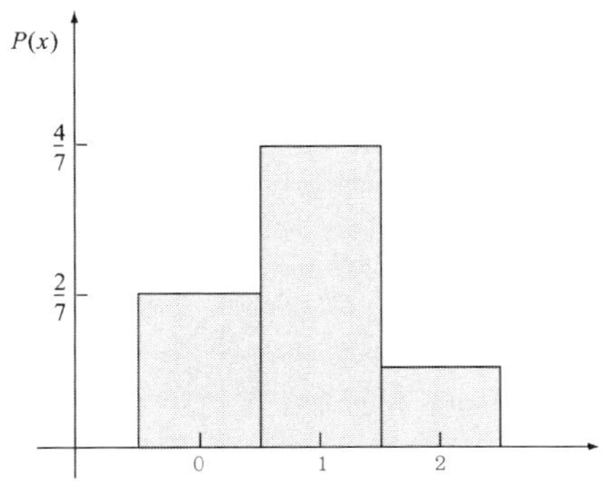

31. 1) 0.667.　　　2) 0.333.

33. 1) $c=\frac{1}{36}$.　　　2) $c=\frac{1}{15}$.

35. 1) $f_1(x)=\frac{2}{3}x+\frac{2}{3}\,(0<x\le 1)$.　　2) $f_2(y)=2y+\frac{1}{3}\,(0\le y<1)$.　　3) $\frac{5}{12}$.

37. 1) $P(X=x,\ Y=y) = \dfrac{{}_3C_x \cdot {}_2C_y \cdot {}_3C_{4-x-y}}{{}_8C_4}$; $x=0,1,2,3,\ \ y=0,1,2$.

2) 0.5.

3)

y	0	1	2	계
$f(y\|2)$	$\dfrac{9}{30}$	$\dfrac{18}{30}$	$\dfrac{3}{30}$	1

4) 0.6.

39. X와 Y는 서로 독립.

41. $\dfrac{1}{3}$.

43. X의 주변 pdf

x	0	1	2	3	계
$f_1(x)$	20/84	45/84	18/84	1/84	1

Y의 주변 pdf

y	0	1	2	계
$f_2(y)$	35/84	42/84	7/84	1

$\mu_x = 1$; $\mu_y = \dfrac{2}{3}$; $E(XY) = \dfrac{1}{2}$; $\sigma_x^2 = \dfrac{1}{2}$; $\sigma_y^2 = \dfrac{7}{18}$.

45.

x	1	2	3	4	5	계
$P(X=x)$	6/252	60/252	120/252	60/252	6/252	1

$E(X)=3$; $V(X) = \dfrac{2}{3}$.

47. $E[g(x)]=7.1$; $V[g(x)]=4.99$.

49. 1) $E(X) = \dfrac{2}{3}$; $V(X) = \dfrac{2}{9}$.

2) $E(X) = \dfrac{1}{3}$; $V(X) = \dfrac{2}{9}$.

51. $f_1(x) = 2x, (0 \le x \le 1)$; $f_2(y) = 4y, (0 \le y \le \dfrac{1}{\sqrt{2}})$; $E(X) = \dfrac{2}{3}$; $E(Y) = \dfrac{\sqrt{2}}{3}$;

$V(X) = \dfrac{1}{18}$; $V(Y) = \dfrac{1}{36}$; $Cov(X,\ Y)=0$; $\rho_{X \cdot Y}=0$.

53. $E[g(x)]=9.2$; $V[g(x)]=7.56$.

55. $E[g(X,\ Y)]=1$; $V[g(X,\ Y)] = \dfrac{7}{10}$.

4 장

1. $E(X) = 0.5$; $V(X) = 0.25$.
3. 초기하분포를 이용하면

x	0	1	2	3	계
$f(x)$	0.5965	0.3579	0.0447	0.0009	

5. 0.3134 .
7. 4엔진 항공기($p = 0.9728$)가 2엔진 항공기($p = 0.96$)에 비해 더 안전하다.
9. 0.1032 .
11. 0.9453 .
13. 1) 0.1008 . 2) 0.4232 .
15. 0.080 .
17. 1) 0.1151 . 2) 0.5403 . 3) $k = 16.375$. 4) $k = 20.55$.
19. 11.12% .
21. 20(명) .
23. 0.9514 .
25. 0.4364 .
27. 1) 0.3679 . 2) 0.6065 .

5 장

1. {1009, 3376, 3586, 3467, 3548, 3929, 2749, 4500, 0013, 0480, 2962, 2403, 3610, 4020, 0822}
3. 1) $n = 64$일 때 : $\sqrt{V(\overline{X})} = 0.7$; $n = 196$일 때 : $\sqrt{V(\overline{X})} = 0.4$; 즉, 표준오차는 0.7에서 0.4로 감소.
   2) $n = 784$일 때: $\sqrt{V(\overline{X})} = 0.2$; $n = 49$일 때: $\sqrt{V(\overline{X})} = 0.8$; 즉, 표준오차는 0.2에서 0.8로 증가.
5. 0.004 .
7. 0.33 .
9. 11.070 .
11. 0.01 .
13. 0.9641 .

6 장

1. $\hat{\mu} = 296.4$; $s^2 = 65.15$.
3. $E(T_1) = \mu$; $E(T_2) = \mu$; $E(T_3) = \mu$; T_1, T_2, T_3는 모두 μ의 불편추정량이다.

$V(T_1)=\dfrac{\sigma^2}{4}$; $V(T_2)=\dfrac{13\sigma^2}{25}$; $V(T_3)=\dfrac{7\sigma^2}{18}$;

$V[T_1] < V[T_2] < V[T_3]$이므로 추정량 T_1이 T_3보다 유효하며, T_3이 T_2보다 유효하다.

5. $[13.3811, 15.8189]$.
7. 139명 이상.
9. $[0.0811,\ 0.2523]$.
11. $[-11.24,\ -6.56]$.
13. $[-6262.6780,\ 2662.6780]$.
15. $[0.598,\ 0.658]$.
17. $n=1400$.
19. $[-0.03,\ 0.25]$.
21. $[0.076,\ 2.862]$.

7장

1. $z=-2.76 < -1.96=-z_{0.025}$이므로 H_0를 기각할 수 있다. p값 : 0.0029.
3. $t=0.748 < 2.571=t_{0.025}(5)$이므로 H_0를 기각할 수 없다.
5. $t=3.6507 > 1.729=t_{0.05}(19)$이므로 H_0를 기각할 수 있다.
7. $z=-2.585 < 1.645=z_{0.05}$이므로 H_0를 기각할 수 없다.
9. $t=-0.9225 < 2.479=t_{0.01}(26)$이므로 H_0를 기각할 수 없다.
11. $|t|=3.3761 > 2.228=t_{0.025}(10)$이므로 H_0를 기각할 수 있다.
13. $|t|=1.4086 < 1.761=t_{0.05}(14)$이므로 H_0를 기각할 수 없다.
15. $|z|=3.289 > 2.58=z_{0.005}$이므로 H_0를 기각할 수 있다.
17. $|z|=2.358 > 1.96=z_{0.025}$이므로 H_0를 기각할 수 있다.
19. $\chi^2=42.365 > 36.415=\chi^2_{0.05}(24)$이므로 H_0를 기각할 수 있다.
21. $f=0.501$; $F_{0.975}(9, 8)=0.244 < 0.501 < 4.36=F_{0.025}(9, 8)$이므로 H_0를 기각할 수 없다.

8장

1.

요인	제곱합	자유도	평균제곱	검정통계량	임곗값
처리	63.333	2	31.667	3.942	3.89
오차	96.4	12	8.033		
계	159.733	14			

H_0를 기각 ; 효과는 유의한 차이가 있다.

3.

요인	제곱합	자유도	평균제곱	검정통계량	임곗값
처리	213.5582	2	106.779	1.951	3.31
오차	1696.5594	31	54.728		
계	1910.1176	33			

H_0를 채택 ; 교수님 간 평균점수는 동일하다고 볼 수 있다.

5. 1)

요인	제곱합	자유도	평균제곱	검정통계량	임곗값
처리	36053.292	3	12017.74	93.688	3.01
오차	3078.565	24	128.274		
계	39131.857	27			

H_0를 기각 ; 사료의 차이를 인정한다.

2) α_1과 α_2만 차이가 없다(즉, $\alpha_1 = \alpha_2$), 그밖에는 차이가 있다.

7.

요인	제곱합	자유도	평균제곱	검정통계량	임곗값
B	1618.7	4	404.675	4.367	$F_{0.05}(4,12) = 3.26$
A	42.15	3	14.05	0.152	$F_{0.05}(3,12) = 3.49$
오차	1112.1	12	92.635		
계	2772.95	19			

인자 B : $H_{0\beta}$를 기각 ; 학생들 간 같은 능력을 가지고 있지 않다.

인자 A : $H_{0\alpha}$를 채택 ; 과목 간 같은 난이도를 가지고 있다고 볼 수 있다.

9.

요인	제곱합	자유도	평균제곱	검정통계량	임곗값
A	23.238	3	7.746	3.327	$F_{0.05}(3,12) = 3.49$
B	45.283	4	11.321	4.863	$F_{0.05}(4,12) = 3.26$
오차	26.937	12	2.245		
계	95.458	19			

$H_{0\alpha}$를 채택 ; 처리 사이에 차이가 없다.

11.

요인	제곱합	자유도	평균제곱	검정통계량	임곗값
A	662.5	3	220.833	4.040	$F_{0.05}(3,9) = 3.86$
B	137.5	3	45.833	0.838	$F_{0.05}(3,9) = 3.86$
오차	492	9	54.667		
계	1292	15			

인자 A : $H_{0\alpha}$를 기각 ; 비서들은 똑같은 속도로 글자를 치지 않는다.

인자 B : $H_{0\beta}$를 채택 ; 모델에 따라 속도에 영향을 주지 않는다.

13.

요인	제곱합	자유도	평균제곱	검정통계량	임곗값
A	5922.5	3	1974.167	10.412	$F_{0.05}(3,48)=2.80$
B	273.875	3	91.292	0.481	$F_{0.05}(3,48)=2.80$
$A\times B$	2854.625	9	317.181	1.673	$F_{0.05}(9,48)=2.08$
오차	9010	48	189.604		
계	18152	63			

인자 A : $H_{0\alpha}$를 기각 ; 학생들의 학습능력은 같지 않다.

인자 B : $H_{0\beta}$를 채택 ; 4과목 난이도는 같다.

교호작용 $A\times B$: $H_{0(\alpha\beta)}$를 채택 ; 교호작용은 없다.

15.

요인	제곱합	자유도	평균제곱	검정통계량	임곗값
A	14875.521	1	14875.521	14.808	$F_{0.01}(1,42)=7.28$
B	18154.167	2	9077.083	9.036	$F_{0.01}(2,42)=5.16$
$A\times B$	1235.167	2	617.583	0.615	$F_{0.01}(2,42)=5.16$
오차	42192.625	42	1004.586		
계	76457.479	47			

인자 A : $H_{0\alpha}$를 기각 ; 다른 환경에 대한 실수점수가 차이가 있다.

인자 B : $H_{0\beta}$를 기각 ; 다른 종류에 대한 실수점수가 차이가 있다.

교호작용 $A\times B$: $H_{0(\alpha\beta)}$를 채택 ; 환경과 쥐의 종류는 교호작용이 없다.

9장

1. $r=0.240$.

3. $r=-0.671$; 상관계수는 음의 상관관계를 나타내고, $r^2=0.45$로 전체의 45%는 선형관계로 설명될 수 있다.

5. $r_1^2=0.7744$; $r_2^2=0.6561$; A회사와 B회사의 임금과 생산량의 상관계수는 차이가 있다고 보기 어렵다.

7. 1) $r=-0.979$.

   2) $|z|=4.283>2.24=-z_{0.0125}$이므로 H_0를 기각할 수 있다.

   3) $r^2=0.9584$이므로 약 96%가 설명된다.

9. 1) $\hat{y}=5.905+2.1x$.　　　2) 9.58.

11. 1)

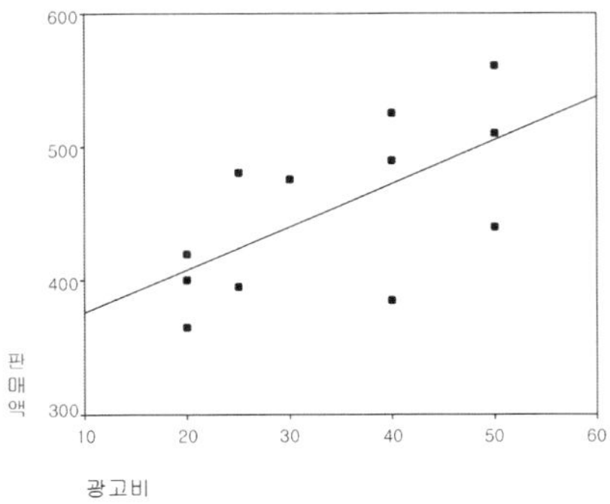

2) $\hat{y} = 343.732 + 3.220x$.

3) 456.432

13. 1) $\hat{y} = 1.7 + 0.7x$.

2) 1.967.

3) $|t| = 1.159 < 3.182 = t_{0.025}(3)$이므로 H_0를 기각할 수 없다.

4) $|t| = 1.579 < 5.841 = t_{0.05}(3)$이므로 H_0를 기각할 수 없다.

5) $[-2.98,\ 6.38]$.

6) $[-1.89,\ 3.29]$.

15. 1) $\hat{y} = 3.2 + 0.975x$.

2) $|t| = 5.730 > 3.182 = t_{0.025}(3)$이므로 H_0를 기각할 수 있다.

3) $x = 5$ 일 때; $[4.608, 11.542]$,
$x = 10$ 일 때; $[9.701, 16.199]$,
$x = 15$ 일 때; $[12.952,\ 22.698]$,
$x = 20$ 일 때; $[15.517,\ 29.883]$,

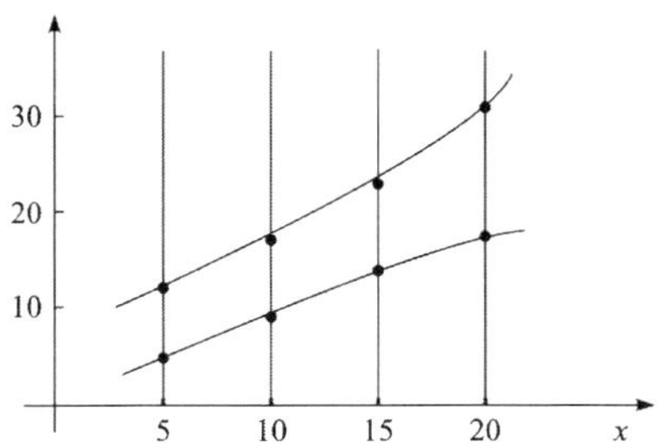

17. 1) $s_x^2 = 5.028,\ s_y^2 = 18.784,\ s_e^2 = 0.098$.

2) $[-0.354,\ 1.052]$.

3) $[1.7558,\ 2.1018]$.

10 장

1. $\chi^2 = 3.3684 < 3.841 = \chi^2_{0.05}(1)$이므로 H_0를 기각할 수 없다. 즉, 불량률은 5%를 따른다고 할 수 있다.

3. $\chi^2 = 6.76 > 3.841 = \chi^2_{0.05}(1)$이므로 H_0를 기각할 수 있다. 즉, 균형 잡힌 동전이 아니다.

5. $\chi^2 = 10.144 > 7.815 = \chi^2_{0.05}(3)$이므로 H_0를 기각할 수 있다. 즉, 열매의 비율은 5:2:2:1이 아니다.

7. $\chi^2 = 81.4798 > 11.070 = \chi^2_{0.05}(5)$이므로 H_0를 기각할 수 있다. 즉, 주택복권은 포아송분포를 따르지 않는다.

9. $\chi^2 = 7.464 < 9.488 = \chi^2_{0.05}(4)$이므로 H_0를 기각할 수 없다. 즉, 교육정도와 자녀의 수는 독립이다.

11. $\chi^2 = 10.197 < 11.344 = \chi^2_{0.01}(3)$이므로 H_0를 기각할 수 없다. 즉, 지역에 따라서 영어를 가르치는 찬반율은 동일하다고 할 수 있다.

13. $\chi^2 = 19.577 > 5.992 = \chi^2_{0.05}(2)$이므로 H_0를 기각할 수 있다. 즉, 고혈압의 유무와 흡연습관은 독립이 아니다. 즉, 관계가 있다.

15. $\chi^2 = 0.449 < 3.843 = \chi^2_{0.05}(1)$이므로 H_0를 기각할 수 없다. 즉, 혈청주사는 놓거나 놓지 않아도 병세는 같다. 즉, 관계가 없다.

11 장

1. 0.968.

3. 0.742.

5. $c = 0$.

7. $n = 849,\ c = 6$.

9. $CL = 2.72,\ UCL = 7.6,\ LCL = -2.16 < 0,$

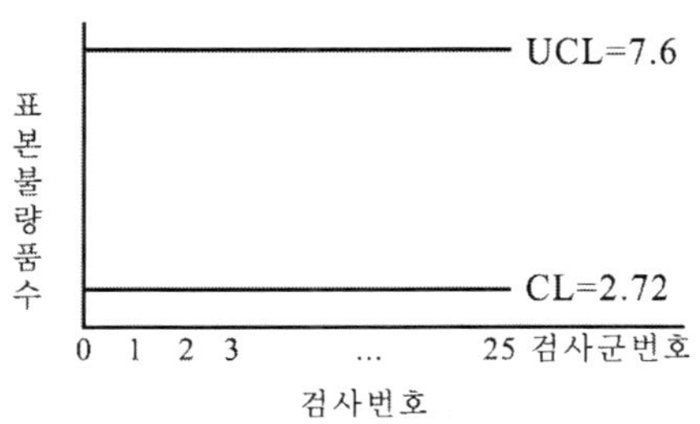

11. $CL = 2.014,\ UCL = 2.29,\ LCL = 1.74$.

12 장

1. $x=7$; H_0 채택
2. $Z=-2.14$; H_0 기각
3. $x=2$; H_0 채택
4. $z=2.67$; H_0 기각
5. $w_-=12.5$; H_0 채택
6. $u_1=1$; 주장이 타당하다
7. $u_2=5$; 작동시간이 길다
8. $u=43.5$; $\mu_1=\mu_2$
9. $h=10.47$; H_0 기각

13 장

1. 693.147(시간).

3. $(t=MTBF)$일 때 $R(t)\fallingdotseq 37\%$; $(t=\dfrac{MTBF}{2})$일 때 $R(t)\fallingdotseq 61\%$;

   $(t=\dfrac{MTBF}{3})$일 때 $R(t)\fallingdotseq 72\%$; $(t=\dfrac{MTBF}{100})$일 때 $R(t)\fallingdotseq 99\%$.

5. i) $R_s(t)\fallingdotseq 81\%$(직렬); ii) $R_p(t)\fallingdotseq 96.65\%$(병렬).

7. $R_s(t)\fallingdotseq 90\%$.

9. i) 신뢰도: $R_s(t)=3e^{-2\lambda t}-2e^{-3\lambda t}$;

   ii) 평균고장시간: $\dfrac{1}{\lambda}$;

   iii) 2개의 독립적인 시스템 신뢰도 $R(t)=e^{-2\lambda t}$이고, $R_s(t)=3e^{-2\lambda t}-2e^{-3\lambda t}>e^{-2\lambda t}=R(t)$이므로, 3개의 독립적인 시스템을 갖는 시스템이 정상 동작할 신뢰도가 높다.

11. 1년 사용 시 하나의 전원장치는 신뢰도가 13.53%, 차단릴레이를 사용한 장치의 신뢰도는 35.35%이므로, 즉 차단릴레이를 사용한 전원장치가 더 받을만하다.

참고문헌

1. Devore, Jay L. *Paobability and statistics for engineering and the sciences*, 5th ed. Duxbury, Thomson Learning., 2000.
2. Hogg, R. V. and Tanis, E. A. *Probability and Statistical Inference*, 7th ed. Prentice Hall International, Inc., 2006.
3. Johnson, R. A. *Miller and Freund's Probability and Statistics for Enginees*, 5th ed. Englewood Cliffs, New Jersey: Prentics-Hall, Inc., 1994.
4. Mendenhall, W. and Sincich, T. *Statistics for Engineering and the Sciencs*, 4th ed. Englewood Cliffes, New Jersey: Prentice-Hall International, Inc., 1995.
5. Ostle, B., Turner, Jr. C. R., Hicks, C. R., and McElrath G. W. *Engineerig Statistics -The Industrial Experience-* . Thomson Publishing, Inc., 1996.
6. Ross, S. *A First Course in Probability* 6th ed. Prentice Hall International, Inc., 2002.
7. Walpole, R. E., and R. H. Myers. *Probability and Statistics for Engineers and Scinetists*, 5th ed. New York: Macmillan Publishing Co. Inc., 1993.
8. Williams R. H. *Electrical Engineering Probability*, West Publishing Com., 1991.
9. 김병휘 외 6인. 「통계학의 이해, 초판」. 자유아카데미, 2002.
10. 김병휘 외 4인. 「확률 및 통계」, 자유아카데미, 2004.
11. 김상익 외 4인, 「통계학의 이해와 응용」, 민영사, 2002.
12. 김우철 외 3인, 「현대통계학」, 영지문화사, 제4판. 1998.
13. 조병엽, 최규정, 「통계학과 전산처리」, 조선대출판부, 개정판. 2000.
14. 한국통계학회. 「통계학용어집」, 자유아카데미, 1997.

찾아보기

저자 소개

권용만
경북대학교 통계학과 졸업
서울대학교 대학원 통계학과 박사 졸업
현) 조선대학교 컴퓨터통계학과 교수
E-mail: ymkwon@chosun.ac.kr

장인홍
조선대학교 수학교육과 졸업
한양대학교 대학원 수학과 통계학 박사 졸업
현) 조선대학교 컴퓨터통계학과 교수
E-mail: inchang@chosun.ac.kr

이공계를 위한 확률과 통계학 제4판
- SPSS 통계분석내용 포함 -

저　　자　권용만 · 장인홍
발 행 인　김지영
발 행 처　자유아카데미
주　　소　경기도 파주시 회동길 37-42
　　　　　파주출판도시
전　　화　031-955-1321
팩　　스　031-955-1322
홈페이지　www.freeaca.com
전자우편　main@freeaca.com (대표)
　　　　　editor@freeaca.com (편집)
　　　　　crm@freeaca.com (영업)
등　　록　제406-2003-017호, 1980. 7. 12
제4판1쇄　2017년 8월 10일 발행
제4판9쇄　2025년 8월 10일 발행
정　　가　30,000원

저자와의
협의하에
인지생략

ISBN 979-11-5808-139-3 93310